“十三五”国家重点出版物出版规划项目
卓越工程能力培养与工程教育专业认证系列规划教材
（电气工程及其自动化、自动化专业）

供配电技术

主编　雍　静　杨　岳
参编　王晓静　杨本强　曾礼强

机械工业出版社

本书按教育部卓越工程师教育培养计划的要求，以技术原理为基础，以供配电工程体系为构架，遵循最新工程标准和规范，进行内容的组织和编写，系统地介绍用户供配电系统基本构成及特性、分析计算及工程设计方法。

全书共9章，第1章介绍电力系统的背景知识及其与供配电系统的关系，第2章介绍供配电系统的结构，第3章介绍负荷的特性和规律以及负荷的估计方法，第4章介绍供配电系统的短路电流及其计算方法，第5章介绍供配电系统的继电保护原理及设置方法，第6章介绍供配电系统的主要电气设备及线缆的参数确定方法，第7章介绍低压配电系统的接地形式及故障保护技术，第8章介绍建筑物防雷及供配电系统过电压保护技术，第9章介绍供配电系统电能质量的基本概念及治理措施。附录收录了常用的工程数据，可供学生了解实例、完成作业，也可部分满足供配电系统课程设计与毕业设计的需要。

本书重视基础理论与工程技术方法之间的关联，围绕解决问题的过程强化对学生的工程训练和工程意识的培养，可作为电气工程及其自动化、自动化、建筑电气与智能化等专业本科学生的专业课教材，也可作为相关工程技术人员的参考书，还可供注册电气工程师供配电专业考试复习与培训使用。

图书在版编目（CIP）数据

供配电技术/雍静，杨岳主编. —北京：机械工业出版社，2021.2（2024.2重印）

“十三五”国家重点出版物出版规划项目　卓越工程能力培养与工程教育专业认证系列规划教材. 电气工程及其自动化、自动化专业

ISBN 978-7-111-67480-1

Ⅰ.①供…　Ⅱ.①雍…　②杨…　Ⅲ.①工厂-供电系统-高等学校-教材②工厂-配电系统-高等学校-教材　Ⅳ.①TM727.3

中国版本图书馆CIP数据核字（2021）第025511号

机械工业出版社（北京市百万庄大街22号　邮政编码100037）
策划编辑：路乙达　责任编辑：路乙达　王　荣
责任校对：刘雅娜　封面设计：鞠　杨
责任印制：单爱军
北京虎彩文化传播有限公司印刷
2024年2月第1版第4次印刷
184mm×260mm · 24印张 · 591千字
标准书号：ISBN 978-7-111-67480-1
定价：69.00元

电话服务	网络服务
客服电话：010-88361066	机　工　官　网：www.cmpbook.com
010-88379833	机　工　官　博：weibo.com/cmp1952
010-68326294	金　　书　　网：www.golden-book.com
封底无防伪标均为盗版	机工教育服务网：www.cmpedu.com

“十三五”国家重点出版物出版规划项目

卓越工程能力培养与工程教育专业认证系列规划教材

（电气工程及其自动化、自动化专业）

编审委员会

序

工程教育在我国高等教育中占有重要地位，高素质工程科技人才是支撑产业转型升级、实施国家重大发展战略的重要保障。当前，世界范围内新一轮科技革命和产业变革加速进行，以新技术、新业态、新产业、新模式为特点的新经济蓬勃发展，迫切需要培养、造就一大批多样化、创新型卓越工程科技人才。目前，我国高等工程教育规模世界第一。我国工科本科在校生约占我国本科在校生总数的1/3，近年来我国每年工科本科毕业生约占世界总数的1/3以上。如何保证和提高高等工程教育质量，如何适应国家战略需求和企业需要，一直受到教育界、工程界和社会各方面的关注。多年以来，我国一直致力于提高高等教育的质量，组织并实施了多项重大工程，包括卓越工程师教育培养计划（以下简称卓越计划）、工程教育专业认证和新工科建设等。

卓越计划的主要任务是探索建立高校与行业企业联合培养人才的新机制，创新工程教育人才培养模式，建设高水平工程教育教师队伍，扩大工程教育的对外开放。计划实施以来，各相关部门建立了协同育人机制。卓越计划要求试点专业要大力改革课程体系和教学形式，依据卓越计划培养标准，遵循工程的集成与创新特征，以强化工程实践能力、工程设计能力与工程创新能力为核心，重构课程体系和教学内容；加强跨专业、跨学科的复合型人才培养；着力推动基于问题的学习、基于项目的学习、基于案例的学习等多种研究性学习方法，加强学生创新能力训练，“真刀真枪”做毕业设计。卓越计划实施以来，培养了一批获得行业认可、具备很好的国际视野和创新能力、适应经济社会发展需要的各类型高质量人才，教育培养模式改革创新取得突破，教师队伍建设初见成效，为卓越计划的后续实施和最终目标的达成奠定了坚实基础。各高校以卓越计划为突破口，逐渐形成各具特色的人才培养模式。

2016年6月2日，我国正式成为工程教育“华盛顿协议”第18个成员，标志着我国工程教育真正融入世界工程教育，人才培养质量开始与其他成员达到了实质等效，同时，也为以后我国参加国际工程师认证奠定了基础，为我国工程师走向世界创造了条件。专业认证把以学生为中心、以产出为导向和持续改进作为三大基本理念，与传统的内容驱动、重视投入的教育形成了鲜明对比，是一种教育范式的革新。通过专业认证，把先进的教育理念引入了我国工程教育，有力地推动了我国工程教育专业教学改革，逐步引导我国高等工程教育实现从课程导向向产出导向转变、从以教师为中心向以学生为中心转变、从质量监控向持续改进转变。

在实施卓越计划和开展工程教育专业认证的过程中，许多高校的电气工程及其自动化、自动化专业结合自身的办学特色，引入先进的教育理念，在专业建设、人才培养模式、教学内容、教学方法、课程建设等方面积极开展教学改革，取得了较好的效果，建设了一大批优质课程。为了将这些优秀的教学改革经验和教学内容推广给广大高校，中国工程教育专业认证协会电子信息与电气工程类专业认证分委员会、教育部高等学校电气类

专业教学指导委员会、教育部高等学校自动化类专业教学指导委员会、中国机械工业教育协会自动化学科教学委员会、中国机械工业教育协会电气工程及其自动化学科教学委员会联合组织规划了“卓越工程能力培养与工程教育专业认证系列规划教材（电气工程及其自动化、自动化专业）”。本套教材通过国家新闻出版广电总局的评审，入选了“十三五”国家重点图书。本套教材密切联系行业和市场需求，以学生工程能力培养为主线，以教育培养优秀工程师为目标，突出学生工程理念、工程思维和工程能力的培养。本套教材在广泛吸纳相关学校在“卓越工程师教育培养计划”实施和工程教育专业认证过程中的经验和成果的基础上，针对目前同类教材存在的内容滞后、与工程脱节等问题，紧密结合工程应用和行业企业需求，突出实际工程案例，强化学生工程能力的教育培养，积极进行教材内容、结构、体系和展现形式的改革。

经过全体教材编审委员会委员和编者的努力，本套教材陆续跟读者见面了。由于时间紧迫，各校相关专业教学改革推进的程度不同，本套教材还存在许多问题。希望各位老师对本套教材多提宝贵意见，以使教材内容不断完善提高。也希望通过本套教材在高校的推广使用，促进我国高等工程教育教学质量的提高，为实现高等教育的内涵式发展贡献一份力量。

卓越工程能力培养与工程教育专业认证系列规划教材
（电气工程及其自动化、自动化专业）
编审委员会

前　言

本书强调对学生工程能力的培养，深入充分地阐述电气工程基本原理和基础理论与工程问题的关联性，试图以此帮助学生学习并掌握探寻、归纳、分析和解决工程实际问题的一般方法；强调对学生工程意识的培养，采用大量现行工程标准和规范，结合实际工程案例，帮助学生建立成本、效率、标准化以及系统性的概念。本书既可作为电气专业本科教材，也可作为相关专业工程技术人员的培训用书和参考用书。

本书与现有供配电系统教材相比，内容上有如下特点：在供配电系统结构部分，增加了系统可靠性评估方法，介绍了对不同变电站主接线和网络拓扑可靠性的定量评估方法；在负荷特性部分，增加了负荷模型的内容，介绍了供配电系统的网络元件特性和负荷特性的区别，帮助学生更好地认识负荷的复杂性；在电能质量部分，增加了电能质量问题的描述方法和解决电能质量问题的技术方法，使学生了解这已成为目前实际工程领域中，对电能质量有严格要求的用户亟需的常规技术手段。

本书凝聚了编者多年来的课程教学经验及工程实践经验，是在之前多部相关教材基础上，根据目前供配电技术的发展状况，查阅大量的相关书刊、资料以及现行的国家标准、规范，进行内容的调整、补充，重新组织而成。在此向所有参考文献的作者致以衷心的感谢。

本书由重庆大学雍静、杨岳任主编，负责全书的构思、编写组织和统稿工作。第1、9章由雍静编写，第2、3章由王晓静和雍静合作编写，第4章由曾礼强编写，第5、7、8章由杨岳编写，第6章由杨本强编写。研究生朱子齐、龚磊、汪旱丰、陆家明、张箴杭等参与了本书部分插图的绘制、编排和校对工作。

本书的出版得到重庆大学电气工程学院领导和老师们的关心和大力支持，在此向他们表示真诚的感谢！

由于编者水平有限，书中不妥和错误之处在所难免，恳请读者和使用本书同行不吝赐教，编者万分感激。

编　者

目　　录

第 1 章

绪　　论

本章主要讲授电力系统的基本概念、运行特点，电力系统标准电压的规定及适用范围，电力系统与供配电系统的关系，用户的用电负荷等级及对供配电系统的基本要求等，是后续各章节的引导部分。

1.1　电力系统

1.1.1　电力工业发展简况

1882 年 4 月，世界上首座商用电站——纽约珍珠街电站发电，标志着电力工业诞生。该电站采用蒸汽机驱动直流发电机，向 59 个用户，约 3000 盏 110V 白炽灯供电。其初期负荷（用电设备容量）为 30kW，供电范围为 2.5km^2。同年 9 月，德国建成第一条线路电压为 2.4kV，从德国米斯巴赫（Miesbach）到慕尼黑（Munich）的 57km 长距离直流输电线路。

1885—1886 年，“电力牵引之父”弗兰克·史普拉（Frank J. Sprague）发明了世界上第一台实用的直流电机；威廉·史丹利（William Stanley）发明了世界上第一台商用变压器。

1888 年，尼古拉·特斯拉（Nikola Tesla）展示了无刷交流感应电动机；1890 年，第一条线路电压为 4kV，长度为 21km，从美国俄勒冈（Oregon）到波特兰（Portland）的单相高压交流输电线路建成。1891 年，第一条从德国劳芬（Lauffen）到法兰克福（Frankfort）的三相高压交流输电线路建成，该线路电压为 15kV，长度为 175km。

我国电力工业发源于 1882 年英国商人开办的上海电气公司所属乍浦路电灯厂，装机容量为 12kW；1904 年，比利时商人与北洋军阀在天津成立电车电灯公司，并于 1906 年开始了中国应用交流电的历史；1924 年，江苏建成第一条 33kV 输电线路；1935 年，东北出现 154kV 输电线路。

随着电能需求的日益增加，要求大容量、远距离电力输送，于是规模越来越大的电力系统应运而生。衡量电力系统规模的主要指标是发电机装机容量和全年发电量。其中发电机装机容量是指电力系统中安装的发电机组有功功率总和，以千瓦（kW）、兆瓦（MW）、吉瓦（GW）等为单位；全年发电量指电力系统中所有发电机组全年实际发出电能的总和，以千瓦时（kW·h）、兆瓦时（MW·h）、吉瓦时（GW·h）等为单位。

1949年后，我国电力工业持续快速增长，从世界第20多位发展到2016年的世界首位。表1-1列出代表性年份的全国发电机装机容量和全年发电量数据。

表1-1　不同时期全国发电机装机容量和全年发电量数据

年份	1949	1978	2002	2016
全国发电机装机容量/kW	185万	5712万	3.53亿	15.5亿
全年发电量/kW·h	43亿	2566亿	16400亿	57399亿

电能是二次能源，由各种一次能源转换而来，如煤、天然气、水力、核能、太阳能、风能等；同时，电能也可方便地转换成各种其他形式的能源，如机械能、光能、热能等，供人们使用。

电能具有一次能源所不具备的诸多优势，如：便于大规模生产和远距离传输、便于精确地实现分散、定时、定量、定点使用；是化石燃料清洁利用的最好方式；是新能源和可再生能源进行转换利用的有效方式。

1.1.2　电力系统构成

构成电力系统是为了安全、高效地将各种一次能源转换的电能合理分配给用电设备。电力系统主要包含发电、输变电、变配电、用电四个环节，由发电厂、变电站、电力线路和用电设备联系在一起组成的统一整体，分别起到生产、转换分配、输送和使用电能的作用。电力系统的基本构成如图1-1所示，其中除去发电厂和用电设备以外的部分称为电力网，简称电网；包含原动机的部分，则称为动力系统。一个国家或地区的电力系统可以由多个相对独立的电力系统通过相互联络组成。

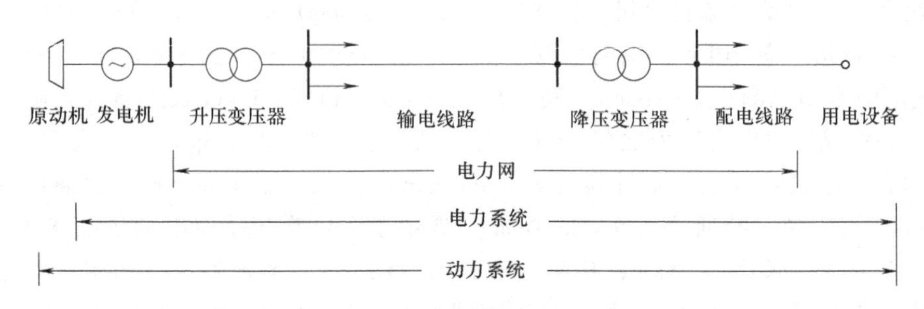

图1-1　电力系统的基本构成

电力系统各个环节的作用如下。

1. 发电

电能是二次能源，必须由某种一次能源转换而来，这个转换过程就是发电。发电的场所称为发电厂或发电站，根据一次能源的性质，可分成火力发电厂、水力发电厂、核电厂、风力发电场、光伏电站等。一次能源大都无法或者难以搬运，因此，多数发电厂建设在一次能源所在地。

2. 输变电

发电厂生产的电能不一定能全部就地使用，需要输送一定的距离，供给远方用户。要实现大功率、远距离电能传输，必须将发电厂发出的电能进行电压升高处理，以降低电能传输

损耗，于是就需要升压变电站。经升压变电站升压后，通过输电线路，就可以将电能远距离输送到有用电需求的区域。

3. 变配电

高压输电线路输送来的电力由于电压太高，不能直接给用电设备使用，需要通过降压变电站进行降压处理，再按要求分配给散布在各处的用电设备。又由于用电负荷对电压等级以及容量的需求各不相同，电能的降压和分配，分成不同的层次完成。这样，由各种层次的降压变电站和配电线路就构成了变配电环节。

4. 用电

用电就是将电能转换为其他形式的能源，如机械能、热能、光能等，完成用户特定功能的过程。这个过程通过用电设备实现，如电动机、电炉、照明设备等。

1.1.3　电力系统特性

电力系统以电能为产品，与其他工业产品的生产、运输和消费相比，有如下一些显著的特性。

1. 用户电能需求量的随机和不可控性

电能用户种类繁多，分布广泛。不同用户对电能需求量的时间、空间分布难以控制。用户电能需求量有可能在很短时间内出现大的波动，其波动幅度与用户规模有关。一般地，用户数量越多、电能需求量越大，负荷随机波动幅度就越小，负荷波动越有规律可循，负荷预测也越容易。

2. 电力一次能源时空分布的局限性

电能由各种一次能源转换而来。大部分一次能源分布受地域限制，不能或不方便运输。而电能用户并不一定集中在有丰富一次能源的地区，于是往往需要将电力远距离输送到用户所在地。

某些一次能源除了受地域限制，还受时间限制，如太阳能、风能、潮汐等，在用户需要电能的时候，并不一定能够保证提供。

3. 电能生产、传输和使用的同时性

发电机发电的同时，必须有用电设备使用电能，发电所用的一次能源才能得到转换利用。以目前的技术水平，电能还不能大规模存储，因此电能生产、传输和使用必须同时进行。由于用户用电需求的不可控性，以及电力一次能源时空分布的局限性，发电量和用电量很难自然地匹配，这就要求电力系统必须有能力实时地对系统发电量和用电量进行平衡。二者不能平衡的后果是，系统频率和电压偏离正常范围，甚至失去稳定性，导致系统崩溃。

电力系统功率平衡包括有功功率平衡和无功功率平衡。其中，有功功率平衡主要决定系统频率的稳定。这是因为系统频率由发电机转速决定，当系统有功缺额时，必然导致发电机转速降低，进而系统频率降低，反之亦然。无功功率平衡主要决定系统电压的稳定。这是因为发电机端电压与其发出的无功电流相位相关，感性无功有去磁作用，导致发电机端电压下降。当系统感性负荷缺额时，发电机降低端电压来增加感性无功出力，反之亦然。

可见，电力系统功率平衡是电力系统安全可靠运行的根本。实践中，电力系统必须在设计阶段对电源进行合理布局、对网络进行合理构造；运行时，采用先进的负荷预测技术、调度技术及自动控制技术，对系统负荷进行正确预测，并结合各类设备和电网实时运行信息，如电压、电流、频率、负荷等，对电力系统各元器件进行合理的操作和调整，如调整发电机出力，调整负荷分布，投切电容器、电抗器等，从而确保电力系统发、输、配、用电平衡。

为有效达成电力系统发、输、配、用电的平衡，电力系统通常采用联网运行。即：将多个不同区域和不同类型的电源组成网络，实现电源之间的协调和互补，有效统筹各种电源的发电能力，降低发电成本。联网运行的电力系统，也同时实现了不同用户间用电峰谷的平抑，降低负荷波动性，增强系统电压、频率的调节能力，提高系统运行稳定性。

4. 电力系统暂态过程的快速性

电力系统由各类电气设备、线路和负荷构成，其中任何一部分发生故障都可能导致系统参数不正常，即系统电压、电流、频率的不正常变动，严重时，甚至导致系统崩溃。常见的系统故障或不正常状态，如元器件短路、过负荷等，通常伴随剧烈的暂态过程。系统故障很难预测，因此电力系统必须具备快速发现故障，切除故障元器件，调整系统结构，恢复系统正常运行的能力。这一功能由电力系统配备的保护与自动化系统完成。

5. 不同用户对供电质量要求的差异性

电能具有商品属性，电能用户对供电质量是有要求的。供电质量包括供电可靠性和电能质量。供电可靠性是指对用户提供电能的连续性，一般用某一时间段的停电次数和时间来衡量；对于配电系统，电能质量主要指电压质量，即电压水平、波形畸变率等。不同用户对供电质量要求各异，例如：电热设备对供电连续性、波形质量等要求都不高；精密仪器、计算机设备等对电能的电压水平和连续供电要求很高；控制设备对电压波形也有很高要求。电力系统要保证电能质量指标达到不同用户的要求，必须进行实时的电能质量调节和控制。

1.1.4 现代电力系统新特点

近年来，随着新能源的大量利用，现代通信、传感、控制技术的快速发展，电力系统从电源、负荷、结构到功能出现重要变化，体现在以下方面。

1. 可再生能源的接入

可再生能源通常经过电力电子装置接入系统，改变了常规电力系统大型集中同步机电源的性质，因此电源特性和模型发生了变化。这使得系统的设计、运行、调度诸方面需要重新考虑。大部分可再生能源具有较强的不可控性，电力系统必须有更大的弹性来容纳大量不可控电源的接入。

小型分布式可再生能源在用户端的接入，使得用户也具备了电源的性质。这样，配电系统由传统的单向电力传输变为双向，保护和计量都变得更为复杂。

2. 系统元器件与负荷的非线性特性

系统元器件与负荷的非线性——电力电子器件的广泛使用，改变了电力系统线性元器件为主的特性，使得系统分析更加复杂。

3. 大量的监测控制数据

大量监测数据提供了系统的各种信息，因此有可能合理利用这些信息，实现系统元器件的状态监测、故障预警、精确故障定位等。

4. 需求响应技术

可以最大限度通过用户参与，进行用户需求调节，实现与电源的互动。

1.2　电力系统及设备电压

1.2.1　电力系统电压与传输能力

电力线路是电能传输的主要载体。电力线路主要以铜或铝为导电材料，具有一定的电阻，在交流环境下，线路还具有一定的电感（包括自感和互感），如图 1-2 所示。

当电流流过线路时，会在电阻上产生有功功率损耗，在电感上产生无功功率损耗。电流越大，线路越长，损耗越大。电流流过线路还会在其阻抗上产生一定电压降落，使得线路首末端电压出现差异。电流越大，线路越长，线路首末端电压差异越大。电力系统运行时，总希望线路上功率损耗和线路首末端的电压差异越小越好。

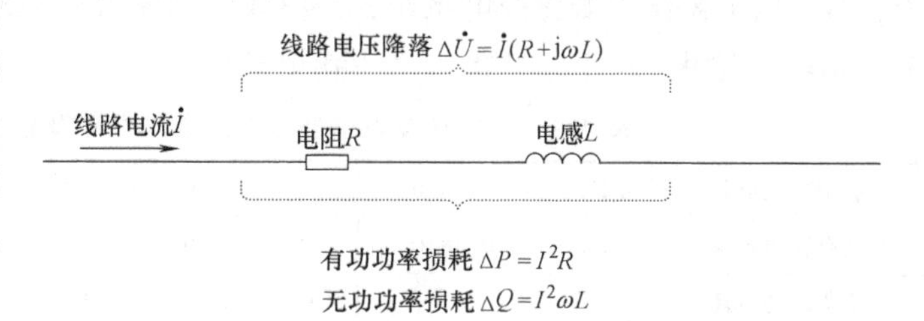

图 1-2　电流在线路上流过时产生电压降落和电能损耗

根据电路基本知识，功率一定时，电压与电流成反比，因此提高线路电压可以有效降低线路电流。电压越高，电流越小，相同输电线路上的电压降落和功率损耗也较小；同时，由于电流小，因此线路、电气设备等的载流部分所需的截面积小，经济性好。但是，对于设备的绝缘来讲，电压越高，对设备绝缘耐受能力的要求就越高，变压器、开关等设备以及线路的绝缘投资也就越大。

综合考虑上述因素，对应一定的电能输送功率和输送距离，必然存在一个最为经济、合理的系统电压。然而，从设备制造角度考虑，为保证产品生产的标准化和系列化，又不应该任意设置系统电压，而是规定一系列电压等级，根据系统和负荷的具体情况，选择使用大致合理的电压等级。

表 1-2 中列出了根据运行数据和经验，确定的不同系统电压下合理的输送功率和输送距离。

表 1-2　系统电压、电能输送功率和输送距离的关系（括号内数据为电缆，括号外数据为架空线）

系统电压/kV	输送功率/kW	输送距离/km
0.22	≤50(100)	≤0.15(0.2)
0.38	≤100(175)	≤0.25(0.35)
3	100~1000	1~3
6	100~1200(3000)	4(<3)~15
10	200~2000(4000)	6(<6)~20
20	400~4000	12~40
35	2000~15000	20~50
110	10000~30000	50~150
220	100000~500000	200~300
330	200000~800000	200~600
500	1000000~1500000	150~850

1.2.2 电力系统标准电压

从电能输送功率、输送距离与系统电压的关系可知，不同供电范围需要使用不同的系统电压。国际电工委员会（IEC）制定的标准 IEC 60038：2009《Standard Voltages》，提供了针对 50Hz 和 60Hz 工频频率的两个标准电压系列。我国在其 50Hz 系列基础上，经适当修改制定了国家标准 GB/T 156—2017《标准电压》。

表 1-3 列出我国国家标准中 220kV 及以下主要标准电压及相应设备的额定电压。一般认为，1kV 以下系统为低压配电系统，3～35kV 系统为中压配电系统，66～220kV 系统为高压配电系统，220kV 及以上系统为高压输电系统。

表 1-3　220kV 及以下交流系统标准电压及相关设备的额定电压　　（单位：kV）

系统标称电压		0.22/0.38	0.38/0.66	3	6	10	20	35	66	110	220
用电设备额定电压		0.22/0.38	0.38/0.66	3	6	10	20	35	66	110	220
设备最高电压		—	—	3.6	7.2	12	24	40.5	72.5	126	252
交流发电机额定电压		0.23/0.40	0.40/0.69	3.15	6.3	10.5	20 24 26	—	—	—	—
变压器额定电压	一次绕组	0.22/0.38	0.38/0.66	3 3.15	6 6.3	10 10.5	20 21	35	66	110	220
	二次绕组	0.23/0.40	0.40/0.69	3.15 3.3	6.3 6.6	10.5 11	21 22	38.5	69	121	242
系统平均额定电压		0.23/0.40	0.40/0.69	3.15	6.3	10.5	21	37	69	115	231

表 1-3 中，系统标称电压、设备最高电压和额定电压的定义如下。

1）系统标称电压（nominal system voltage）是用以标志或识别系统电压的给定值，以 U_N 表示，可以认为是对某一电压等级的命名。

由于线路和设备上流过电流时，在线路或设备阻抗上存在电压降落，因此，即便同一等级的电力系统，各点实际电压也是不相同的，而是处于系统最高和最低电压之间。所谓系统最高/最低电压（highest/lowest voltage of a system）是指系统正常运行的任何时间，系统中任何一点上所出现的最高/最低运行电压值。

2）设备最高电压（highest voltage for equipment）体现设备的绝缘能力，即该设备绝缘可以承受的系统最高电压。

3）设备额定电压（rated voltage of equipment）是指由制造商对一电气设备在规定的工作条件下所规定的电压，以 U_r 表示。

在某标称电压系统中运行的发电、变电和用电设备，由于接于系统的不同供电点，因此实际运行电压是不相同的。为使设备尽量运行于其额定电压，针对同一设备，有不同的额定电压。如表 1-3 中，同一标称电压下的变压器有多个不同的额定电压，使用时，需要根据变压器接入系统的位置，确定选择合适的额定电压。

1.2.3 设备额定电压确定

1. 电压偏差的概念

由于电流流过线路或者设备引起的电压降落，造成同一标称电压系统的各点电压不一

致，因此定义电压偏差百分比来定量描述这种差异。电压偏差百分比 $\Delta U\%$ 由式（1-1）定义，为实际电压与系统标称电压之差的百分比。

$$\Delta U\% = \frac{U-U_{\rm N}}{U_{\rm N}} \times 100\% \tag{1-1}$$

式中，U 为设备接入点的系统实际电压；$U_{\rm N}$ 为系统的标称电压。

设备的允许电压偏离与设备的类型相关，一般来讲，允许电压偏移百分比为±5%是较为常见的要求。

2. 设备额定电压

电力系统中的电气设备主要包含用电设备（各种负荷）、发电设备（发电机）和变电设备（变压器），其额定电压因设备及其接入系统的位置而异。

（1）用电设备额定电压

用电设备额定电压通常都采用系统标称电压。

由于用电设备大都为感性负荷，系统经线路向用电设备输送电能时，沿线路的电压分布往往是首端电压高于末端电压，如图 1-3 所示，即 $U_0>U_1>U_2>U_3$。这时，如果将线路首端电压设置为设备额定电压（即系统标称电压），那么各个设备（负荷）所取得的实际电压就会远低于设备要求的额定电压。于是，系统通常会调节供电线路电压，使得线路首端电压 U_0 适当高于系统标称电压 $U_{\rm N}$。这样，沿线系统实际电压偏离用电设备额定电压（等于系统标称电压）的程度就可以维持在较小范围。

图 1-3　线路上沿线电压变化示意图

（2）发电机额定电压

考虑到一般用电设备允许电压偏离百分比为±5%。当发电机接于线路首端，直接向线路供电时，考虑到线路电压降，同时为保证线路首端接入点的设备电压偏离不大于+5%，发电机输出端实际电压就应为标称电压的 105%。由于发电机的额定电压定义为其输出额定电流时的电压，因此，发电机额定电压应为系统标称电压的 1.05 倍，即 $U_{\rm r\cdot G}=1.05U_{\rm N}$。

（3）变压器额定电压

变压器一次侧与电源相接，相当于受电设备；二次侧向负荷供电，又相当于电源。需注意的是，变压器二次侧额定电压规定为空载电压。当其承受额定负荷时，变压器内部约有5%的电压降。考虑这些因素，变压器的一、二次侧额定电压应按如下方式确定。

1）直接和发电机相连时，变压器一次侧额定电压应等于发电机额定电压；因为发电机额定电压 $U_{\rm r\cdot G}=1.05U_{\rm N}$，于是此时变压器一次侧额定电压 $U_{\rm r1\cdot T}=1.05U_{\rm N}$。

2）接入系统其他位置时，变压器一次侧额定电压应等于系统标称电压，即 $U_{\rm r1\cdot T}=U_{\rm N}$。

3）变压器二次侧供电线路较长时，为使线路首端实际电压较系统标称电压高 5%，以满足线路首端电压偏差要求，并考虑额定负荷时变压器内部 5%的电压降，变压器二次侧额定电压应为系统标称电压的 1.1 倍，即 $U_{\rm r2\cdot T}=1.1U_{\rm N}$。

4）当变压器二次侧与用电设备间电气距离很近，线路电压降落很小时，变压器二次侧额定电压可为系统标称电压的1.05倍，即 $U_{r2\cdot T}=1.05U_N$。

表1-3中各设备的额定电压，就是按上述原则规定的可选电压。

图1-4为一个具有4个电压等级的简化系统。这4个电压等级的标称电压分别为 U_{N1}、U_{N2}、U_{N3} 和 U_{N4}，其发电机、变压器和电气设备的额定电压如图中所示。

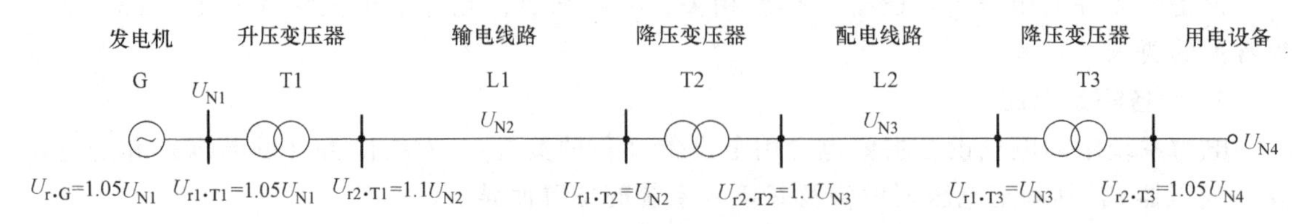

图1-4 用电设备、发电机、变压器的额定电压取值

同一标称电压系统中，各点实际电压还会随着负荷及运行方式的变化而变化，为了保证系统电压在各种情况下均符合要求，变压器通常设置有用以改变电压比的若干分接头。适当选择变压器分接头，可在±2.5%、±2×2.5%或者±3×2.5%范围内调整变压器绕组匝数，即调整变压器电压比，从而一定程度调整变压器二次电压，使系统供电电压在不同运行状态下，更接近用电设备额定电压。

(4) 系统平均额定电压

表1-2中最后一行列出系统平均额定电压。规定该值的目的在于：整个电力系统存在多个电压等级，在进行某些系统运行参数计算时，涉及电压等级归算问题。因为线路上首末端电压不同，因此导致归算时计算复杂。为简化计算，对应每一标称电压的系统，都规定一个平均额定电压，并认为线路上任一点电压都等于系统平均额定电压。工程实践证明，这种假设造成的误差是可以接受的。

系统平均额定通常规定为上级变压器二次侧额定电压和下级变压器一次侧额定电压的平均值，大约为系统标称电压的1.05倍。

1.3 供配电系统

供配电系统是电力系统的组成部分，涉及电力系统电能发、输、配、用的后两个环节。由于电力系统联网运行，供配电系统实质上是指以满足用户用电需求为目的，从电力系统网络的某节点取电，合理地将电能降压分配给用户的系统。供配电系统的运行特点、要求和电力系统基本相同。由于供配电系统直接面向用电设备的使用者，安全性尤其重要。

各种规模的城镇是电力用户集中的区域。城市电网是为向城镇提供可靠和经济的电能供应，而专门配置的公共电网。城市电网的主网架可以认为是城市供配电系统的电源。“供配电技术”课程的主要关注点为供配电系统，因此本节在讲述供配电系统之前，先简要介绍其典型的电源来源——城市电网的结构与特点。

1.3.1 城市电网的结构与特点

城市电网是城市行政区划内为城市供电的各级电压电网的总称，简称城网。经由城网供电的用户是电力系统的主要负荷中心。城网的构架规模与城市社会经济发展水平和建设规模、负荷增长速度、负荷密度等密切相关，决定了城网的电压等级序列、系统接线、容载比等。

城网由送电网、高压配电网、中压配电网和低压配电网组成。城网电压等级同样应该符合国家标准 GB/T 156—2017《标准电压》的规定。送电网电压等级一般城市为 220kV、330kV，大型城市为 500kV；高压配电网电压等级主要为 110kV，根据城市规模可扩展至 220kV、330kV 等；中压配电网电压等级为 10kV、20kV；低压配电网电压为 380/220V。

图 1-5 是城网结构的示意图。图中送电网是城市主网架，通常环绕在城市周边。为保证可靠性，一般采用双环路的结构，即由两回输电线路构成的环形网。送电网上设置多个变电站，称为枢纽变电站。这些枢纽变电站将送电网的双环网分成若干段。任意一段线路发生故障，可以通过适当的调度，改变送电网上的功率方向，保证各个枢纽变电站正常运行。枢纽变电站内通常设置 2~4 台变压器，变压器容量也都有一定冗余，因此送电网可靠性很高。送电网的电力来源可以是城市及周边的发电厂，或者是电力系统中别的电源，例如三峡电站这类大型电源。也可以与别的城市的城网或者其他地区的输电网进行联络，实现电能的互通有无。

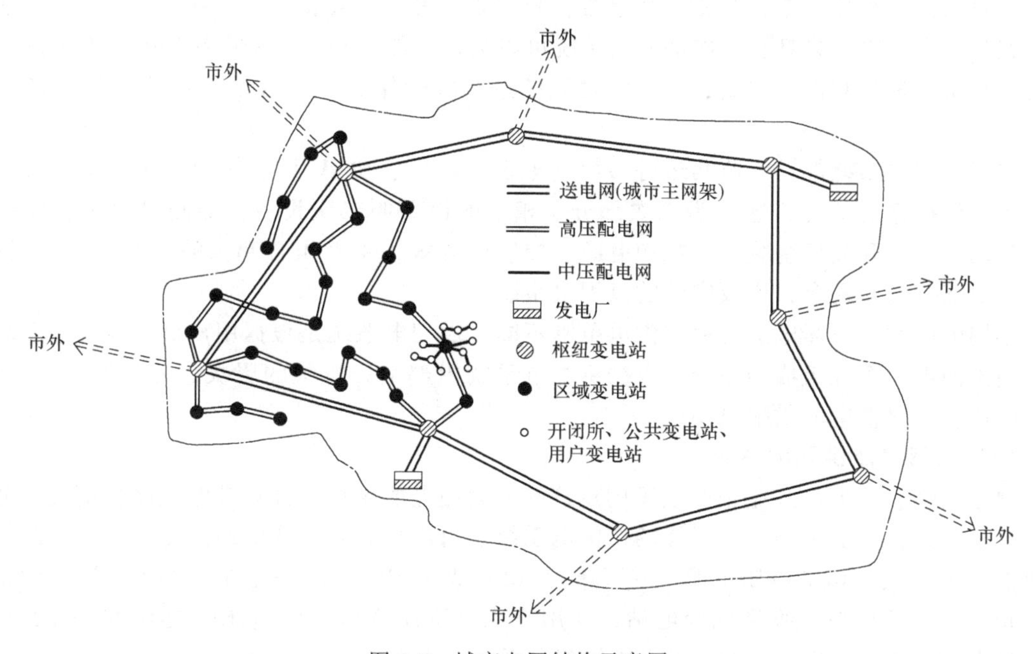

图 1-5　城市电网结构示意图

设置在送电网的枢纽变电站一般不直接向用户供电（除非临近的高压用户），而是将电能进行降压处理，提供给如图 1-5 所示的城市高压配电网（该图只示出城网的部分高压配电网）。城市高压配电网向区域变电站提供电源，区域变电站的位置根据地理区域及负荷密度确定。变电站内按需求设置 2~4 台变压器，当然，区域变电站内的变压器容量远小于枢纽变电站内的变压器容量。高压配电网通常也是由双回路架空线或者电缆线路组成，双回线路的电源可以由同一区域变电站提供，也可以由不同的区域变电站提供。

区域变电站将电能进一步降压处理后，可以直接向中压用户供电，也可以向公共中压配电网供电。中压配电网为了将电能分配给多个中压用户，可以利用开闭所，将中压电源分成若干回路，分配给不同用户；还可以在中压配电网上设置公共变电站，将中压电源降压为低压，提供低压用户使用。

1.3.2 供配电系统组成

由城网结构可见，配电网内部没有与电网联网的电源，因此供配电系统中功率流动方向是单向的，即从电源端流向用户端。供配电系统的网络结构与电力用户对电能的需求量和地理位置分布密切相关。电力用户一般是指直接与电力公司签订供用电协议的单位、部门或者是个人，可以是工业企业、商业企业、学校、医院、住宅小区等。不同电力用户之间，电能需求量和地理分布范围差异很大。因为每一电压等级都有一个合适的供电容量和供电范围，所以不同电力用户对电压等级的要求也就有很大区别。大型用户可能需要 110kV，甚至 220kV 电压等级的电源接入，中型用户可能需要 35kV 或者 10kV 电源接入，小型用户则只需要 380V 或者 220V 电源接入。

与电力系统类似，供配电系统由一次部分和二次部分组成。

系统中用于变换和传输电能的部分称为一次部分，相应的电气设备称为一次设备，如变压器、发电机、开关、电力线路、互感器、避雷器、无功补偿装置等。由一次设备组合起来的电路叫一次回路。只具有一次部分的系统可以进行电能的接受、变换和分配，但无法对系统的运行状态进行监控和测量，更无法对系统进行故障保护（即自动发现并排除故障）和控制。

实际供配电系统都具备监测运行参数（电流、电压、功率等）、保护一次设备、自动进行开关投切操作的部分，这称为二次部分。相应的设备叫二次设备，如测量仪表、保护装置、自动装置、开关控制装置、操作电源、控制电源等，由其组合起来的电路叫二次回路。一、二次部分相互配合，构成完整的供配电系统。

不同电能用户所需电能功率和供电范围不同，供配电系统是根据用户负荷规模建立起来的，由不同电压等级组成的系统。根据供配电系统内部电压等级的层次，可分为二级降压、一级降压和直接供电的供配电系统。

(1) 二级降压供配电系统

对于大型、特大型工业企业或民用建筑群等大型电能用户，针对其电能需求量大、分布范围广的特点，一般采用二级降压的供配电系统。由用户总降压变电站接受城网高压配电网提供的 220kV 或 110kV 电压电源，并降压为 10kV 或 20kV（或 3kV、6kV 供中压用电设备使用）电压，送至用户二级降压变电站；在用户二级降压变电站将电压降至 0.38/0.22kV 向低压用电设备供电。图 1-6 为二级降压供配电系统示意图。

(2) 一级降压供配电系统

对于中型建筑或工业企业等中型电能用户，一般采用一级降压的供配电系统，由用户降压变电站接受城网中压配电网提供的 10kV、20kV 电压电源，将其降压至 0.38/0.22kV 向低压用电设备供电。图 1-7 所示为接受开闭所电源的一级降压供配电系统示意图。

(3) 低压直接供电供配电系统

对于小型建筑或工业企业等小型用户，根据其电能需求量的大小以及周边供配电设施的情况，可直接由公共变电站的 0.38/0.22kV 电源向用户供电。

1.3.3 用户对供配电系统的要求

电网通过供配电系统向用户供应电能，电能用户主要为工业、商业和居民用户三类。经

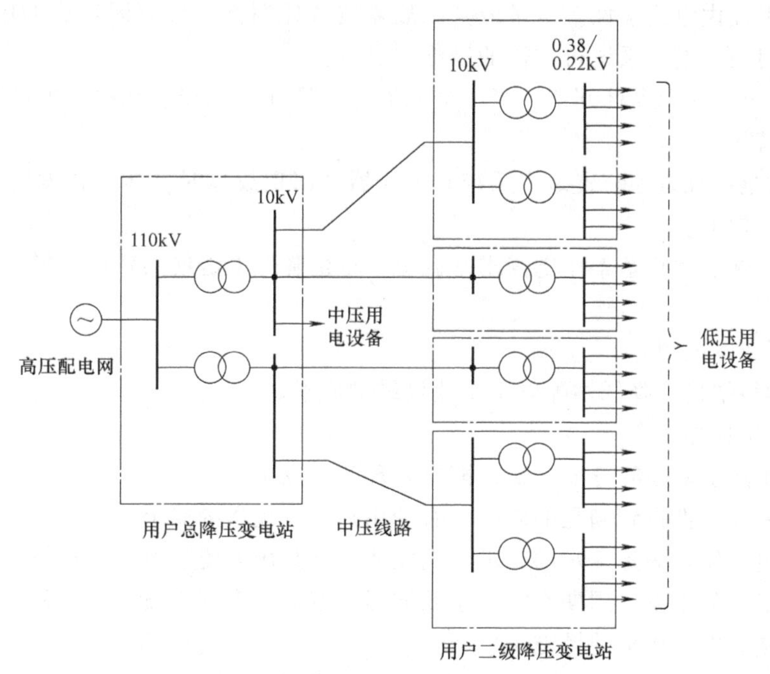

图 1-6 二级降压供配电系统示意图

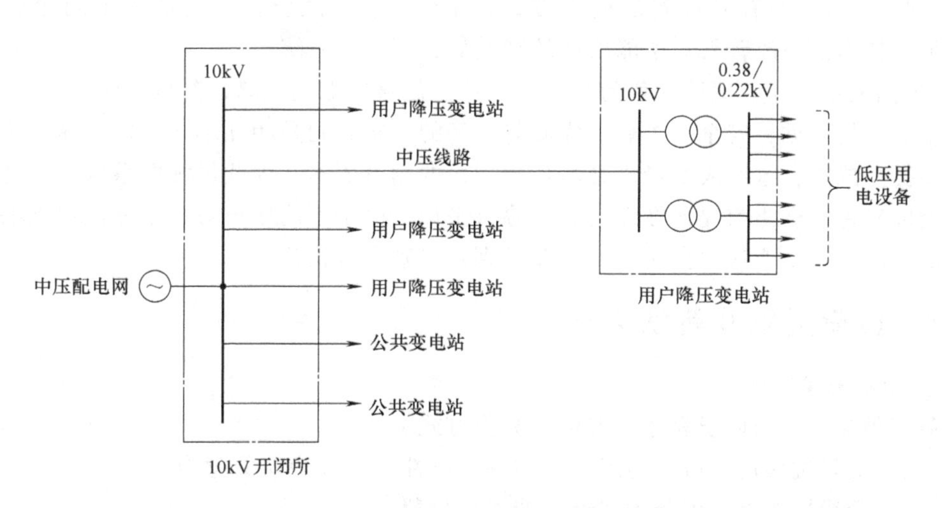

图 1-7 接受开闭所电源的一级降压供配电系统示意图

济发达国家这三类用户的用电比例约为 38%、27%和 30%。通常将向工业用户供电的供配电系统称为工业企业供配电系统，将向商业和居民用户供电的供配电系统称为民用供配电系统。

电能用户对供配电系统最基本的要求是安全。

安全是指供配电系统应该具备保障用户安全用电的技术措施。供配电系统直接面向电力用户，绝大部分电力用户，特别是低压用户为非电气专业人员，对系统运行的安全性有特殊要求。

在供配电系统能安全供电的基础上，电能用户就有可靠和经济的要求。

可靠是指保证供电连续性。尽量减少因故障或者计划检修等原因造成的中断供电频次，缩短中断供电时间。增加系统可靠性的措施主要有：

1）增加供电系统元器件冗余。当一个元器件故障（变压器、线路、电源等）时，有备用元器件进行替代。

2）增加供电系统自动装置。当系统某个元器件出现故障时，能尽快发现并排除故障元器件，迅速恢复供电。

经济是指在保证用户基本用电需求基础上，尽量降低电能使用费用。增加系统经济性措施主要有：

1）采用低成本电源。

2）简化网络结构，降低供配电系统建设维护成本。

3）降低网络损耗。

上述措施本质上就是降低发、输、配电各环节的成本。

在可靠性和经济性得到满足的同时，有的用户还有优质的需求。

优质是指电能质量满足一定的要求。电能质量通常用电流、电压波形特征描述。理想的交流电波形是额定频率下，周期性的纯正弦波形，偏离这个理想波形一定程度就称为存在电能质量问题。增强电能质量的措施主要有：

1）采用电能质量控制装置，对偏离的电压、电流波形进行纠正。

2）限制非线性负荷及设备的接入方式。非线性负荷及设备是电能质量问题的主要来源，可采取技术措施改善其对电能质量的影响后，再接入系统。

3）隔离波动负荷。使波动负荷与其他负荷有足够的电气距离，降低影响。

由上述分析可见，安全、可靠、优质与经济的要求之间是相互矛盾的。可靠和优质供电通常需要提高成本，这些成本最后必然计入用户的用电成本。因此供配电系统的设计和运行实际上是以确保安全为前提，在后三者间寻求平衡。由于不同用户对各个方面要求的程度不同，因此供配电系统应该根据用户的负荷类别及级别进行构建。

1.3.4 负荷类别及等级划分

1. 负荷的分类方式

负荷多种多样，为便于表述，有诸多分类方式。

1）按负荷阻抗属性，可分为阻性、容性、感性、混合特性负荷等。

2）按负荷线性属性，可分为线性、非线性负荷。

3）按负荷功能属性，可分为照明负荷、动力负荷、空调负荷等。

4）按负荷所属用户性质，可分为住宅负荷、商业负荷、工业负荷、公用事业/政府负荷（包括街道照明、绿化供水用电、灌溉和牵引负荷）等。

5）按负荷运行连续性属性，可分为连续运行负荷、断续运行负荷、间歇性负荷、周期性负荷、短时负荷等。

6）按负荷需要的供电相数，可分为单相负荷、两相负荷、三相负荷等。

负荷还可以按照重要性（即对可靠性要求）和敏感性（即对电能质量要求）进行划分。

2. 负荷重要性等级

负荷重要性等级的划分是为了平衡供电可靠性和经济性之间的关系。这里的重要性是指

负荷对供电连续性要求的严格程度。换句话说，就是中断供电造成人身伤害和经济损失的程度，危害程度越高，相应的负荷重要性越强，级别就越高。比如，医院手术室绝对不能中断供电，而宿舍电热水装置中断半小时供电则影响不大。负荷对可靠性要求不同，供电系统电源及元器件的冗余就不同，这直接影响电能成本，即导致经济性不同。

以下是国家标准 GB 50052—2009《供配电系统设计规范》规定的负荷级别划分原则。

（1）（一级负荷中）特别重要负荷

中断供电将造成人员伤亡，或重大设备损坏，或发生中毒、爆炸和火灾等情况的负荷，以及特别重要场所的不允许中断供电的负荷，为特别重要负荷。

例如，中压及以上的锅炉、大型压缩机等生产装置，当其工作电源突然中断时，若不能确保安全停车，则可能引起爆炸、火灾、人员伤亡。那么那些给锅炉供水的给水泵、给压缩机供润滑油的润滑油泵，就是特别重要负荷。

另外，民用建筑中大型金融中心的关键电子计算机系统和防盗报警系统、大型国际比赛场馆的记分系统及监控系统等，或者为及时处理事故、防止事故扩大、保证工作人员的抢救和撤离，而必须保证的用电负荷，也都是特别重要负荷。

（2）一级负荷

中断供电将造成人身伤害，或经济上造成重大损失，或影响重要用电单位的正常工作的负荷，都属于一级负荷，例如，由于停电，使重大设备损坏、重大产品报废、用重要原料生产的产品大量报废、国民经济中重点企业的连续生产过程被打乱需要长时间才能恢复等的负荷；再如，大型银行营业厅的照明，一般银行的防盗系统，大型博物馆、展览馆的防盗信号电源，珍贵展品室的照明等，一旦中断供电可能会造成银行失窃或珍贵文物、珍贵展品被盗的负荷。

（3）二级负荷

中断供电将在经济上造成较大损失，或影响较重要用电单位正常工作的负荷，属于二级负荷，例如，由于停电，使主要设备损坏、大量产品报废、连续生产过程被打乱需较长时间才能恢复、重点企业大量减产等的负荷；再如，交通枢纽、通信枢纽等用电单位中的重要负荷，以及中断供电将造成大型影剧院、大型商场等较多人员集中的重要公共场所秩序混乱的负荷。

（4）三级负荷

不属于上述级别的负荷都是三级负荷。

在建立向某区域供电的供配电系统时，应分别统计（一级负荷中）特别重要负荷及一、二、三级负荷的数量和容量，研究在系统出现故障时，如何根据负荷等级保障不同级别负荷的供电连续性。

3. 负荷敏感性级别

负荷敏感性级别划分是为了解决电能质量与经济性之间的矛盾。由于电压波形等电能质量问题，有的负荷在供电连续的情况下，仍然会出现功能障碍。例如，畸变电压波形中的谐波有可能引起电气设备控制系统误动作，间谐波有可能使照明设备产生可见的光通量波动，引起视觉不适，而这些电能质量问题却不会影响电热设备的功能。因此，负荷对电能质量的不同敏感性也导致供配电系统的不同配置，例如是否需要安装电能质量调节装置等。

根据负荷对电能质量的敏感程度和对电能质量指标的要求，可将其分为极敏感负荷、敏感负荷及普通负荷。

1.3.5 不同重要等级负荷对电源的要求

可靠的电源对保障供电连续性起到至关重要的作用。显然，级别越高的负荷对电源可靠性要求就越高。在供配电系统中，电源可靠性不是由单一电源保障，而是通过若干不同电源的配合，达到足够的电源可靠性。

1. 双重电源（duplicate supply）

双重电源是指向负荷供电的两个电源是相对独立的，当一个电源故障时，另一个电源不会同时受到损坏。

事实上，任一地区电力系统的主干电网都只有一个，用户无论从该电网取几回电源，也无法得到严格意义上的两个独立电源。当两个来自相同主干电网的电源回路之间电气联系较弱或者电气距离较远时，其相互之间的影响程度就较弱，可以视为相对独立。当上述条件得不到满足时，只能采用一个独立于电力系统的电源与一个来自于电力系统的电源一起，构成双重电源。

依照目前的技术经济条件，常采用如下方式构成双重电源。

1）两个电源分别来自两个不同的发电厂，如图 1-8a 所示。此时因为两个发电厂各自独立运行，二者不会有相互影响。

2）两个电源分别来自两个不同的区域变电站，且区域变电站的进线电压不低于 35kV，如图 1-8b 所示。此时，认为两个电力系统电源有足够远的电气距离，相互联系弱，可视作两个独立电源。

3）两个电源分别来自一个区域变电站和一个自备发电设备，如图 1-8c 所示。

双重电源使用时，可采用一个电源供电，另一电源备用的方式；也可采用两个电源各供一部分负荷，相互备用的方式。

2. 特别重要负荷对电源的要求

由于在实际公共电网中很难得到两个真正独立的电源，电网各种故障都可能引起全部电源同时失去，造成停电事故，因此，特别重要负荷除应由双重电源作为主电源供电外，还需具有与电网不并列的、完全独立的应急电源。可作为应急电源者，有独立于正常电源的发电机组，供电网络中独立于正常电源的专用馈电线路，蓄电池（UPS、EPS 等），干电池等。

主电源和应急电源之间一般是不允许并联运行的。这是因为两个电源互相独立，其运行频率很难完全一致，并联条件较难满足。加之正常情况下，不需要使用应急电源的电力，所以应急电源平时都处于离线备用方式。当主电源故障的时候，为了保证对特别重要负荷的持续供电，应急电源必须立即替代故障电源对负荷供电。这里的“立即”可以解释为要求两个电源之间的切换以不妨碍负荷使用的速度进行。电源间的切换时间可以采用如下技术措施保障。

1）采用快速自起动的发电机组，其起动时间一般在 10s 以内，起动后使用自动投入装置向负荷供电，可用于允许中断供电时间大于 15s 的负荷。

2）独立于正常电源之外的专用馈电线路，采用自动投入装置投入时，可用于允许中断供电时间小于自动投入装置动作时间的负荷。

3）采用蓄电池装置作为应急电源，可用于允许停电时间为毫秒级、小容量、可使用直流电源的负荷。

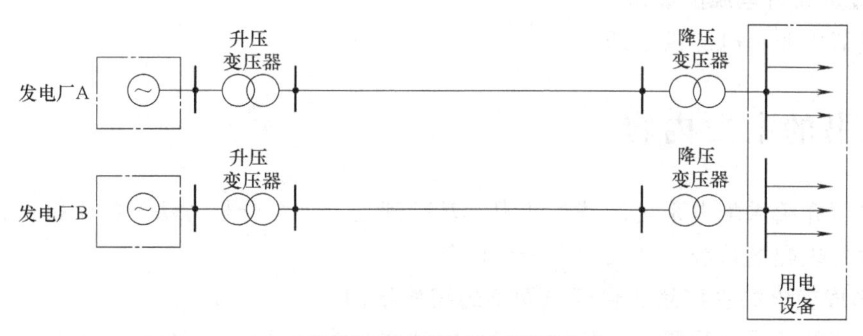

a) 两个电源分别来自两个不同发电厂

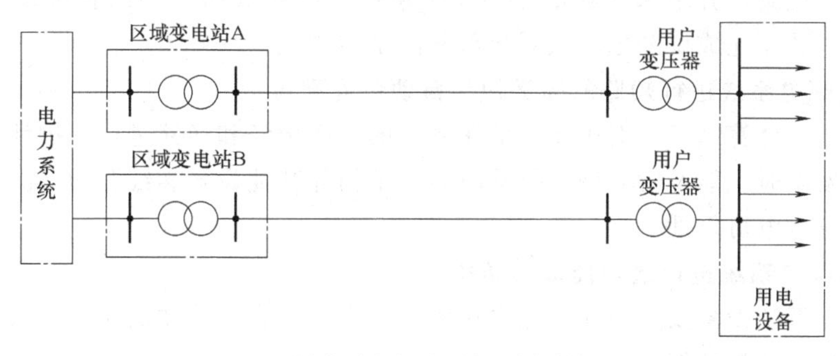

b) 两个电源分别来自两个区域变电站

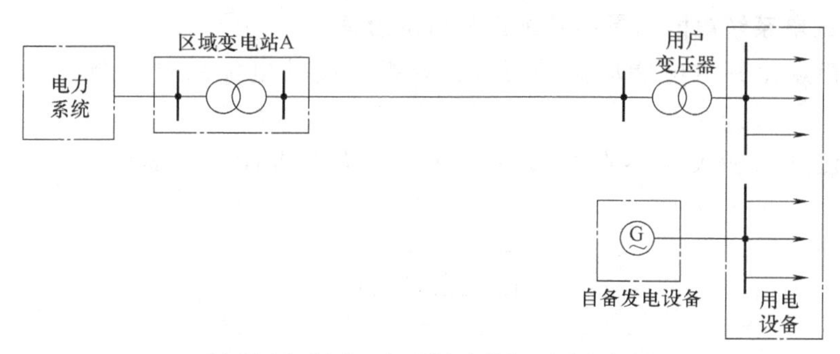

c) 两个电源分别来自一个区域变电站和一个自备发电设备

图 1-8　满足双重电源要求的电源示例

4）采用静止型不间断供电装置，可用于允许停电时间为秒级的小容量交流负荷。

需要说明的是，多数应急电源，如 UPS、EPS、干电池电源等都有有限的供电时间。对应急电源的供电时间要求，应按用电设备需要的工作时间确定。

3. 一级负荷对电源的要求

任何单一电源都不能保证不发生故障，因此一级负荷应配置双重电源保障供电连续性。

4. 二级负荷对电源的要求

二级负荷可以采用无相互独立要求的两回线路作为电源，也可以由一回 6kV 及以上专用的架空线路供电。

当采用架空线时，可由一回专用架空线供电。这主要是考虑架空线路的常见故障检修周期较短，而并非电缆的故障率高。事实上，电缆的故障率较架空线低。

5. 三级负荷对电源的要求

三级负荷一般单电源供电即可。

1.4 本书的主要内容

本书主要介绍供配电系统的基本知识、基础理论、计算分析方法及技术措施；核心内容是构建合理的供配电系统，涉及如下主要任务。

(1) 形成变电站主接线和供配电网络的拓扑结构

根据负荷的性质和重要性，分析确定变电站主接线形式和供配电网络的拓扑结构；然后根据负荷计算和短路计算结果，确定主接线（包括中压和低压）中的各种设备参数以及配电线路的参数，从而完成供配电一次系统部分的主体构成。

(2) 对供配电系统进行短路故障保护和自动装置配置

根据短路电流计算结果，对中压和低压系统的一次设备和线路进行保护计算和配置，以达到短路故障发生时，能及时发现和排除故障，不损坏其他设备和线路的目的。同时配合自动装置提高系统供电可靠性。

(3) 对供配电系统进行过电压故障防护

根据供配电系统设备及其负荷的过电压耐受水平，结合建筑物的防雷要求，配置过电压和雷击电磁脉冲的防护装置。

(4) 对供配电系统电能质量问题进行分析及治理

根据负荷特点及其对电能质量的要求，分析可能的电能质量问题，提出合理的解决方案。

完成上述任务的相关内容在本书各个章节中均有讲述，各部分之间的关系如图 1-9 所示。

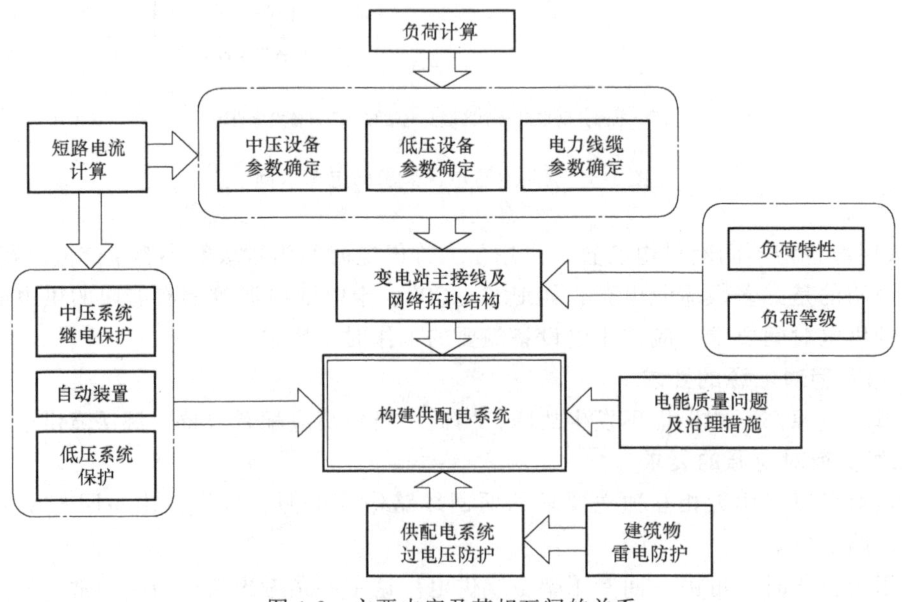

图 1-9　主要内容及其相互间的关系

思考与练习题

1-1 电力系统与供配电系统的关系和区别是什么？

1-2 对于给定的电压等级的线路，当其向某已知容量和供电距离的负荷供电时，可采取什么措施降低线路上的电压降落和功率损耗？

1-3 请写出电力系统主要一次设备的名称，并理解各自的主要用途。

1-4 请问高压、中压和低压配电网的主要电压等级分别有哪些？

1-5 试确定图1-10所示供配电系统中，发电机、变压器及用电设备的额定电压，并说明原因。

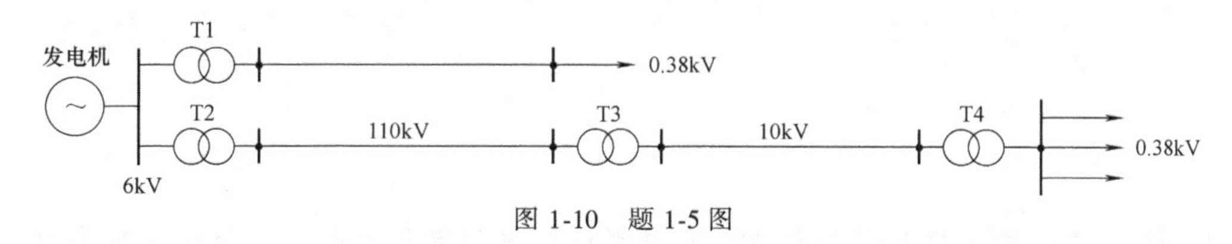

图1-10 题1-5图

1-6 假设一回三相线路，其导线能够承载的最大电流是100A，请问若不考虑线路的绝缘耐受能力，该回线路在0.38kV、6kV和10kV的电压（线电压）下，可以传送的最大视在功率分别是多少？

1-7 线路AB的等效电路如图1-11所示，线路上流过200A负荷电流，电流相位滞后于B点电压30°，分别计算该负荷电流在线路电阻、电抗上的电压降，并画出A点电压、B点电压与线路阻抗电压降之间的相量关系。

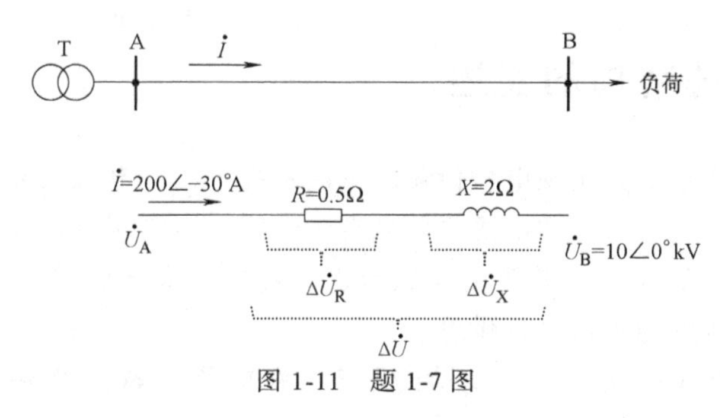

图1-11 题1-7图

1-8 如图1-12所示，有满足双重电源要求的两个电源S1和S2分别通过两台容量为800kV·A的变压器同时向一组一级负荷供电。一级负荷总容量是1000kV·A，请问这样的配电系统满足要求吗？为什么？需要做什么改动才能满足要求？

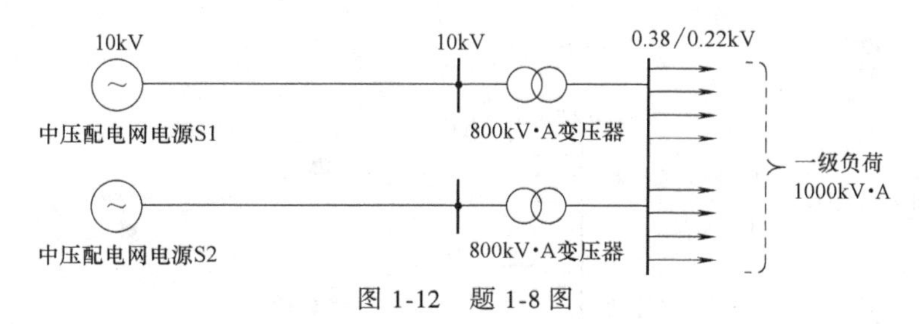

图1-12 题1-8图

第 2 章

供配电系统结构

本章介绍供配电系统的基本结构，包括变配电站的电气主接线和供配电系统的网络接线两部分内容。其中变配电站主接线部分实现供配电系统电压变换和电能分配的功能，供配电系统接线结构实现电源与负荷之间的电能传输。此外，本章还将介绍与供配电系统运行相关的导体配置形式及中性点运行方式，以及对简单供配电系统进行供电可靠性评估的方法。

2.1　供配电系统结构的表述

供配电系统的结构是指其实现电能传输的一次系统中，各电气元器件相互连接的电气关系和空间位置关系。供配电系统的电源主要来自于电网，当电网接入点电压等级高于供配电系统中负荷要求的电压等级时，需要由变压器进行降压，降压后的电源又需要分成若干回路，向处于不同地理位置的负荷进行供电。

图 2-1 所示为一个具有 10 个低压负荷的用户，在接受 10kV 电源供电时，将此电源进行降压分配时的简化供配电系统结构。

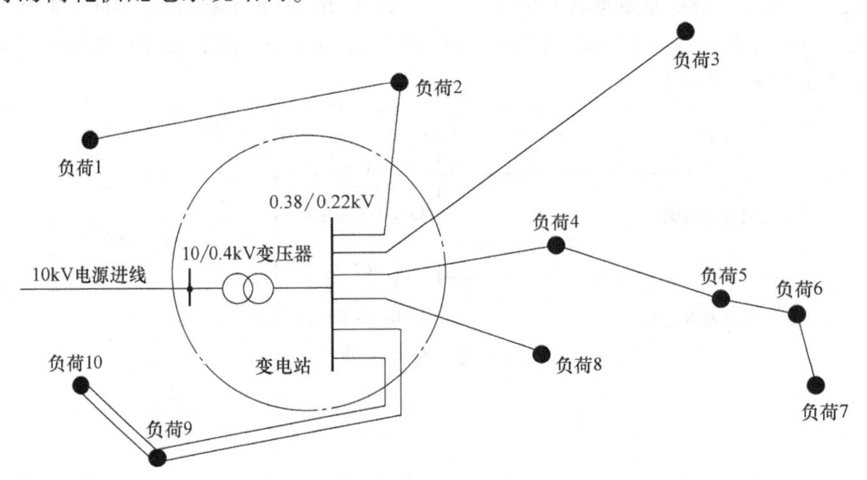

图 2-1　简化供配电系统结构示意图

可见，电能的降压和分配在变配电站内完成，其一次回路的电气接线称为主接线；负荷受电点与变配电站向该负荷提供电源的配电点之间的线路连接关系称为供配电网络拓扑。

1. 变配电站主接线

从负荷的角度看，变配电站是一个处于电源位置的供电设施，但这个电源本身并不生产电能，它只是接受公共电网的电能，并转供给负荷。因此，变配电站承担了接受电能（简称受电）与供给电能（简称馈电）的双重任务。针对不同的电源与负荷情况，以及负荷对系统可靠性、经济性、运行灵活性等的不同要求，变配电站应具有不同电能分配方式，也就是不同的变配电站主接线。

2. 供配电网络接线

由于变配电所、自备发电站等供电系统的电源设施总是集中在一个或者少数几个地点，而负荷一般散布在不同的地方，因此如何将集中的电能分配给散布的负荷，就产生了供配电网络接线的问题。电源与负荷之间是靠电力线路进行电能传输的，供配电网络中，电源和负荷为网络的结点，电力线路为网络的边。

供配电系统的负荷具有相对性，对于上级供配电设施，下级供配电设施就是负荷。因此，不只是末端供配电设施与负荷之间才存在网络接线问题，各层次供配电设施之间也存在同样问题。供配电网络接线的确定除考虑负荷等级、类别、量值大小、运行要求等因素外，还应着重考虑负荷的位置分布。例如，图 2-1 中，负荷 1 和负荷 7 是不适合用同一个变电站出线回路进行供电的。

对于一个电能用户来说，变配电站主接线和供配电网络接线确定后，其整体供配电系统结构即确定。

2.2　变配电站电气主接线及配电装置

2.2.1　主接线的含义

电气主接线是指由各种开关电器、电力变压器、母线、电力电缆或者导线、移相电容器、避雷器等电气设备依一定次序相连接的接受和分配电能的电路。简单地说，就是反映变配电站受、馈电方式的一次接线。电气主接线只表示上述电气设备的电气连接关系，与其具体安装地点无关。

主接线图是以单线图形式表达电气主接线电路的电路图。主接线图中，各电气设备使用国家标准统一规定的图形符号和文字符号表示。

2.2.2　一次系统主要设备功能及工程表述

1. 一次系统常用设备

一次系统常用设备的名称、图形符号和文字符号见表 2-1。

2. 主要一次设备功能

(1) 母线

母线又称汇流排，是受、馈电转换的枢纽（见图 2-2），电气上相当于一个节点，但有充分的长度提供足够的接线位置。

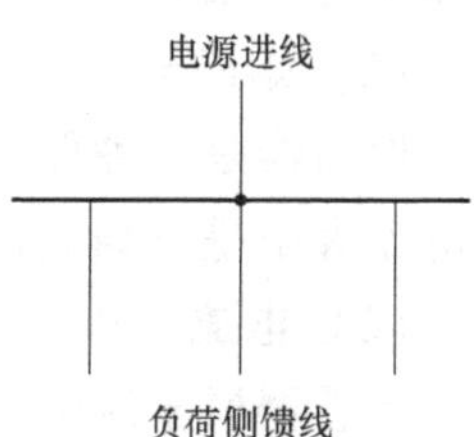

图 2-2　受电与馈电转换

表 2-1　常用的一次设备及符号

设备名称	图形符号	文字符号		设备名称	图形符号	文字符号	
		单字母	双字母			单字母	双字母
变压器		T		母线		W	WA/WC[①]
断路器		Q	QA	电流互感器[②]		B	BE
负荷隔离开关		Q	QB	电压互感器[③]		B	BE
隔离开关		Q	QB	避雷器		F	FE
熔断器		F	FA	线路		W	WB/WD[④]

① WA 表示高压母线，WC 表示低压母线。

② 从左到右依次表示：单个二次绕组、单铁心双二次绕组、双铁心双二次绕组。

③ 从左到右依次表示：双绕组和三绕组电压互感器。

④ WB 表示高压电缆，WD 表示低压电缆。

(2) 断路器

断路器是一种开关电器，能投入、切除正常负荷，并能切断故障电路。故障回路的故障电流通常很大（如短路电流），切断故障回路需专门的灭弧装置，所以断路器主触点设于灭弧装置内，无法观察其通断状态，即断开时无可见断点。

考虑使用安全，除小容量低压断路器外，一般断路器均不能单独使用，必须与能产生可见断点的隔离电器配合使用。

(3) 负荷开关

负荷开关也是一种开关电器，能投入、切除正常负荷和一定程度的过负荷电流。负荷开关灭弧能力不及断路器，不能开断短路电流，断开时有明显可见断点。

(4) 隔离开关

隔离开关是一种隔离电器。隔离电路的带电与非带电部分，只能投入、切除空载或者很小（几安培）的负荷。隔离开关没有专门的灭弧装置，断开时有明显可见断点，往往与断路器配合使用。

(5) 熔断器

熔断器是一种保护电器，用于自动切断过负荷较大的回路或短路回路，切断回路的时间与电流大小呈反相关性，一般具有很强的灭弧能力。

(6) 电流（电压）互感器

互感器属于测量电器，隔离一、二次系统，主要作用是将一次系统的信息传递到二次系统。具体来讲，就是将大电流（高电压）变成小电流（低电压），以取得测量与保护用电流

（电压）信号。

（7）并联电容器

并联电容器用于无功补偿。供配电系统大多是感性负荷，从系统汲取感性无功，致使系统中无功成分增加，功率因数下降；电容器向系统汲取容性无功，使得系统中的感性和容性无功相互抵消，提高功率因数。

3. 开关电器组合方式

对电气设备或配电线路进行投入、切除，是由各种开关电器实施的。开关电器的设置，既要考虑到负荷投切、故障开断等运行问题，又要考虑到检修维护的安全问题，因此常采用以下两种组合方式。

（1）断路器+隔离开关组合

该组合如图 2-3a 所示，其中断路器用于投切正常的负荷电流，并开断短路故障电流，满足运行要求；检修时通过隔离开关将被检修部分与电源隔离，保证检修安全。隔离开关应设置在断路器的电源侧，若断路器两侧都有送电的可能，则两侧都应设置隔离开关。当断路器的负荷侧无电流倒送可能时，则省去断路器负荷侧的隔离开关。

该组合有严格的操作顺序，要求为：断开回路时，先断开断路器，再断开隔离开关；接通回路时，先闭合隔离开关，后闭合断路器。

图 2-3b 为以插接方式实现的隔离开关。现在的中（低）压系统广泛使用移开（抽屉）式开关柜，断路器装在小车（抽屉）上，两端有插接头，开关柜中有与插接头对应的固定式插接座。检修断路器时，必须将小车（抽屉）拉出柜体，这时插接头和插接座之间脱离了电接触，整个小车（抽屉）明显脱离电路，柜体中两组固定式插接头之间肯定断开。在这种情况下，因插接座间断口已具有了隔离电源的功能，就不用再设置隔离开关。开关柜还必须具备闭锁功能，在断路器未断开的情况下，小车不能被拉出，可杜绝带负荷断开插头插座的误操作。

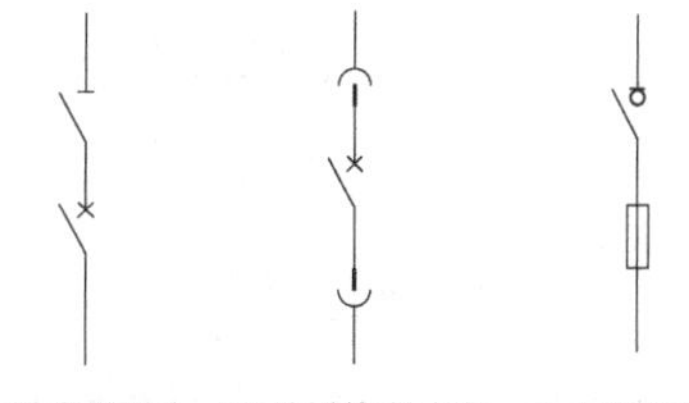

a) 断路器+隔离开关组合　b) 以插接方式实现的隔离开关　c) 负荷开关+熔断器组合

图 2-3　开关电器的组合方式

（2）负荷开关+熔断器组合

当正常负荷投入、切除时，使用负荷开关操作；回路过负荷或者短路时，由熔断器自动切断电路。该组合通常选用带隔离功能的负荷开关，在检修时隔离电源，如图 2-3c 所示。为了避免系统缺相运行，一般要求只要有一相熔断器熔断，就必须联动断开负荷开关。

2.2.3　基本主接线形式

1. 单元式接线——线路-变压器组

单元式接线用于只有一回进线和一回出线的场合；只有一种运行方式，如图 2-4 所示。这是向三级负荷供电的变压器一次侧常用的主接线形式。其中图 2-4a 中变压器的投入、切除和保护由设于进线线路首端的开关电器完成，但是进线线路必须很短。

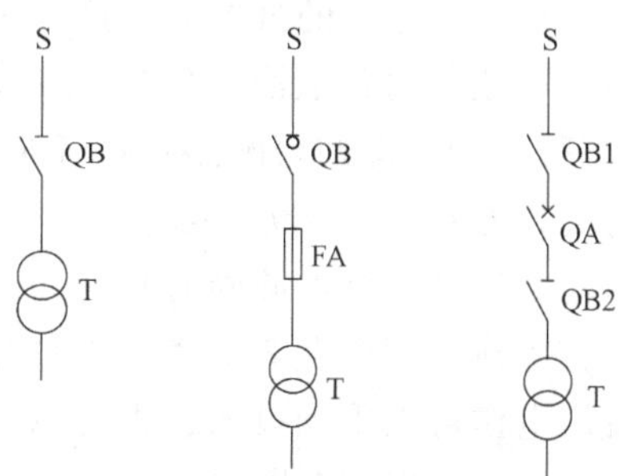

a) 进线开关为隔离开关　b) 进线开关为负荷开关+熔断器　c) 进线开关为隔离开关+断路器

图 2-4　单元式接线

2. 单母线接线

单母线接线是中、低压配电系统中最常见的一种主接线形式。顾名思义，这种接线形式中只有一条母线，单母线接线又可分为单母线不分段接线、单母线分段接线、单母线带旁路接线等，下面加以分析。

(1) 单母线不分段接线

1）单电源单母线接线。如图 2-5 所示，这种主接线将一路电源进线转换为若干路馈出线，实现电能分配的功能。图中，QA0 称为受电断路器或电源进线断路器，QA1～QA3 称为馈电、馈线或出线断路器。

2）双电源单母线接线。如图 2-6 所示，这种接线实际上是对电源进线实施了备用。一般情况下，一路电源（如 1#电源）为工作电源，其容量足以负担所有负荷，另一路电源（如 2#电源），其容量可以与 1#电源相同，也可以只负担一级或一、二级负荷。这种接线方式因为有备用进线回路，供电可靠性提高，但在母线故障时仍然会导致负荷全部停电。

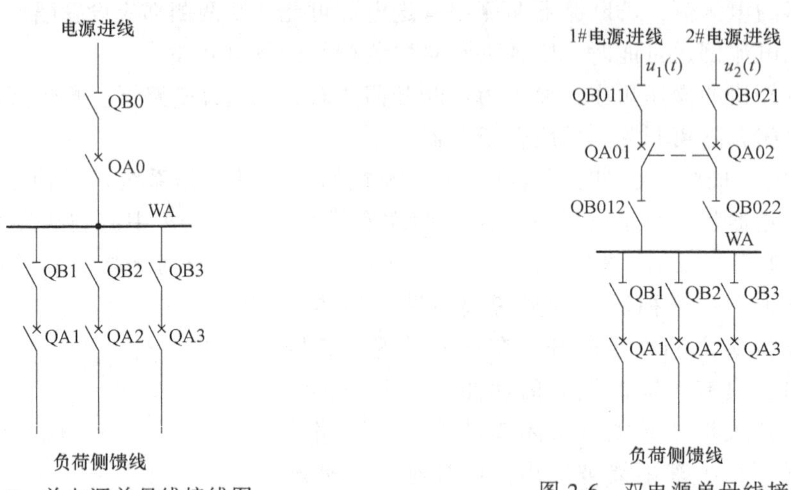

图 2-5 单电源单母线接线图

图 2-6 双电源单母线接线

在运行中，应谨慎处理两路电源进线的关系。若不能确保两路电源电压在量值、相位和频率上相同，则一定不能将两路电源进线同时投入到母线上，否则将出现类似短路的情况。图 2-7 就是两路进线电源电压幅值相等，相序不一致时的情况。这时，两个电源间会产生一个电压差，其量值与相位差值大小有关。这个电压差作用于阻抗很小的母线上，可能会产生远高于正常负荷电流值的过电流。这一过电流或者烧毁元器件，或者使保护动作，造成停电。

为了避免将两路电源同时投入到母线，需要对图 2-6 中两路电源进线断路器 QA01 和 QA02 进行互锁，即两台断路器在任何时候都不能同时闭合。这意味着即使 1#电源已停电，也一定要在 QA01 已经断开的情况下，才能闭合 QA02。否则，若 1#电源在停电后，又突然来电，就会出现两路电源同时投在母线上的情况。这种闭锁关系应通过技术手段（而非管理手段）实施，以避免人为差错造成事故。

备用电源可以手动投入，也可以自动投入，取决于负荷允许的停电时间。

3）单母线环形接线。图 2-6 所示的接线，取消进线断路器的闭锁，就构成了所谓的环形接线单元。该接线中电源功率由一条进线输入后，一部分供本变配电站使用，另其余部分由另一条进线输出到其他电能用户。

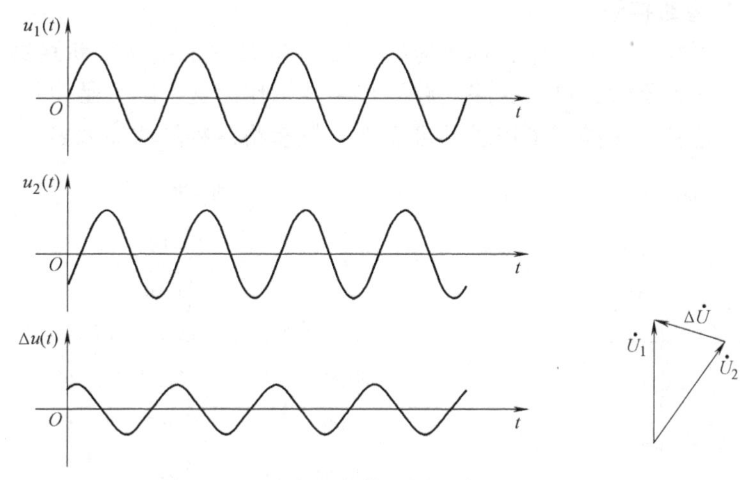

图 2-7　两路电源相位不同所产生的电压差

之所以称这种接线为环形接线单元，是因为它是构成环形配电网络（见 2. 3. 3 节）的一个固定环节。但本接线本身并未形成环形拓扑。供配电工程中，这种接线的开关通常不采用断路器，而是采用负荷隔离开关。

（2）单母线分段接线

图 2-8 为单母线分段的主接线，即母线用断路器 QA 分成两段，QA 称为分段断路器（或者联络断路器）。单母线分段接线的运行方式主要有以下两种。

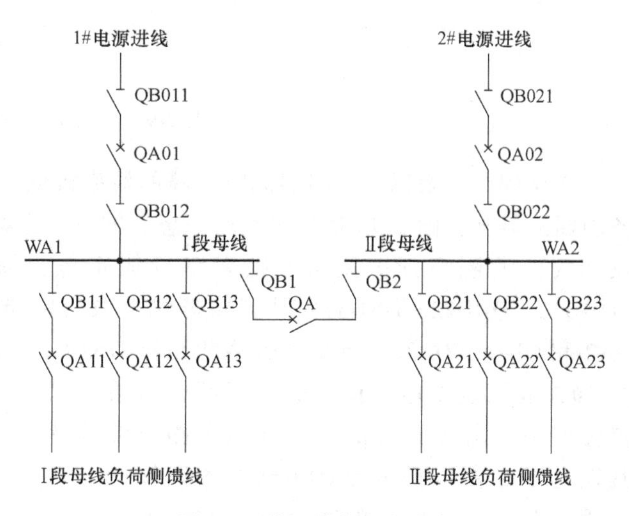

图 2-8　单母线分段主接线

1）两路电源同时工作、互为备用。正常工作时 QA 断开，1#和 2#电源分别通过Ⅰ、Ⅱ段母线向各自的负荷供电。当其中一路电源（如 1#电源，称为故障电源）停电时，断开 QA01，闭合 QA，由另一路电源（如 2#电源，称为正常电源）向两段母线上的负荷供电。应注意正常电源的供电容量问题。若其容量不足以供给两段母线的所有负荷，则应在闭合 QA 前，先切除一些不重要的负荷，以保证重要负荷的供电连续性。

2）两路电源一路工作、一路备用。设 1#电源为工作电源，2#为备用电源。正常工作时，QA01 和 QA 闭合，QA02 断开，由工作电源向所有负荷供电；当 1#电源停电时，由 2#电源向所有负荷或者重要负荷供电。

与双电源单母线接线相比，当发生一段母线故障时，单母线分段接线仍可由另一段母线向部分负荷供电，提高了供电可靠性，但多用了一台分段断路器和与之配套的隔离开关。

单母线分段接线也存在着两个电源的关系问题。若两个电源不满足并列运行条件，则 QA01、QA02 和 QA 三台断路器在任何时候都最多只能有两台同时闭合。备用电源的投入也是既可手动，又可自动。

(3) 单母线带旁路接线

在正常通路旁再加设一个通路，称为旁路。图 2-9a 是一个给馈线断路器加旁路的例子，当正常断路器故障或检修时，可由旁路断路器代替其工作，这实际上是为每个正常断路器都设置了一个备用。这种做法提高了接线的可靠性，但断路器数量增加太多。

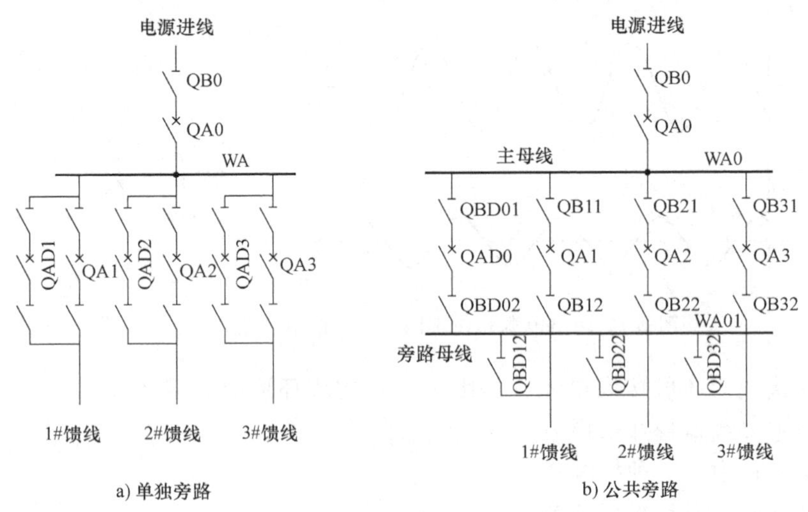

a) 单独旁路　　b) 公共旁路

图 2-9　旁路母线的应用

考虑到两台及以上断路器同时故障的概率极低，能否给所有馈线断路器设置一个公共的备用断路器呢？图 2-9b 就是实现这一想法的一个方案。图中，若 QAD0（称为旁路断路器）及其两侧的隔离开关闭合，则旁路母线带电，每一出线回路均可通过旁路隔离开关（QBD12、QBD22、QBD32）从旁路母线上取得电能。以 2#馈线为例，检修 QA2 时，断开 QA2 和 QB21、QB22，再闭合旁路断路器 QAD0，则 2#馈线恢复供电。由于旁路母线的存在，使得任何一个出线回路都可以利用旁路母线作为其馈电断路器，于是 QAD0 成为各馈线的公共备用断路器。从广义的冗余设计技术来讲，这种做法属于 $n+1$ 备用，而图 2-9a 属于 $2n$ 备用。

3. 双母线接线

这是一种对母线设置备用的主接线形式，如图 2-10 所示。通过有选择地闭合 QB01 或者 QB02，可以确定由哪一段母线来受电；每路馈线也都可以通过隔离开关来选择所要连接的母线。采用这种接线方式时，若一段母线发生故障，则可由另一段母线承担其所有任务。

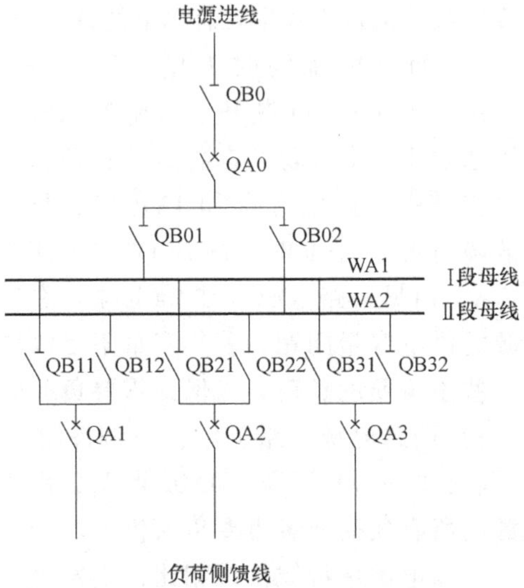

图 2-10　双母线接线

4. 桥式接线

桥式接线也叫作 H 形接线，用于有 n 回进线和 n 回出线的情况，通常是二进二出或三进三出。桥式接线主要用于中、高压系统。桥式接线实际是单母线分段接线中进出线回路数相同，且取消进线或出线断路器时的特殊情况。将此时的母线联络断路器称为桥断路器。桥式接

线分为外桥式接线和内桥式接线。

外桥式接线桥断路器在进线断路器的外侧（即进线侧），如图 2-11a 所示。内桥式接线桥断路器在进线断路器的内侧（即出线侧），如图 2-11b 所示。

内、外桥式接线因为其进线或出线侧断路器的缺省，与单母线分段接线相比，灵活性稍差，因此需要根据变电站所在位置和使用特点的不同，选择不同的接线方式。内、外桥式接线的主要使用特点比较见表 2-2。

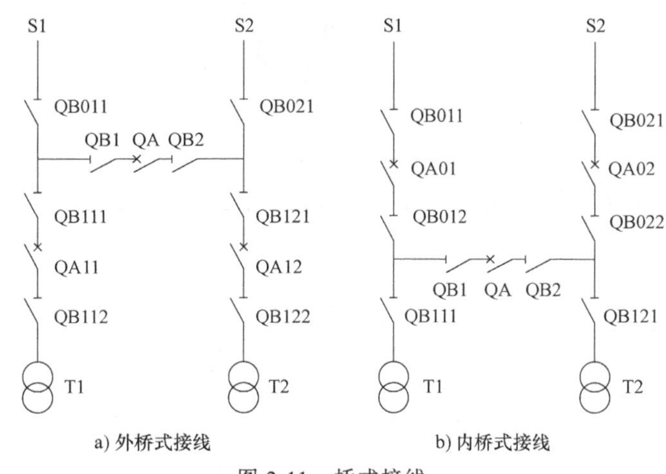

a) 外桥式接线　　b) 内桥式接线

图 2-11　桥式接线

表 2-2　内、外桥式接线的主要使用特点比较

特点	外桥式接线	内桥式接线
可靠性	桥式接线具有单母线分段接线中电源回路可备用的特点，有较高的供电可靠性	
投切变压器	出线侧有断路器。当出线侧接变压器时，便于切除变压器，因此适合负荷波动大，需经常对变压器进行投切操作的场合	出线侧无断路器。当出线侧接变压器时，不方便切除变压器，因此适合负荷较平稳，不需要经常对变压器进行投切操作的场合
投切电源进线	进线侧无断路器。不便于经常切除进线段线路，因此只适合进线段供电线路较短，不易故障的场合	进线侧有断路器。方便切除进线段线路，因此适合进线段供电线路较长，较易发生线路故障的场合
适用的变电站类型	允许变电站有较稳定的穿越功率，可作为中间型变电站，易于构成环网	要求变电站无穿越功率，适合作为终端型变电站

2.2.4　变配电站典型主接线及成套变配电装置

根据上述基本主接线形式，通过合理选择各个电压等级的变配电站主接线后，就可以得到变电站的主接线。

1. 变配电站典型主接线

图 2-12 所示为一典型的变电站主接线图。

该主接线中，只有一回电源来自电网，因此采用自备柴油发电机作备用电源。当电网提供的电源中断供电时，柴油发电机自动投入，满足一、二级负荷的供电要求。变电站高压侧采用单母线接线，低压侧采用单母线分段接线。

值得注意的是，当两个电源不具备并列运行的条件时，各进线回路断路器和母线分段断路器之间必须考虑互锁关系。例如，图 2-12 中低压侧两个变压器 T1、T2 出线一般视为两个电源，断路器 QA1、QA2 和母线联络断路器 QA01 之间，任何时候只能有两个断路器闭合，以保证双电源不并列运行。变压器 T2 出线断路器 QA2、柴油发电机出线断路器 QA3 及 T2 低压母线与柴油发电机母线之间的联络断路器 QA02 之间，也有类似的互锁要求。

断路器间的互锁有两种实现方式。一种是电气互锁，利用断路器的辅助触点（断路器辅助触点反映断路器主触点的通断状态）构成一定的逻辑关系置于其二次接线的合闸回路中。当逻辑关系不满足时，合闸回路不能工作，无法合闸。另一种是机械互锁，是利用机械装置实现的互锁。图中，虚线所连接的断路器之间应有互锁关系。显然，各母线段之间联络

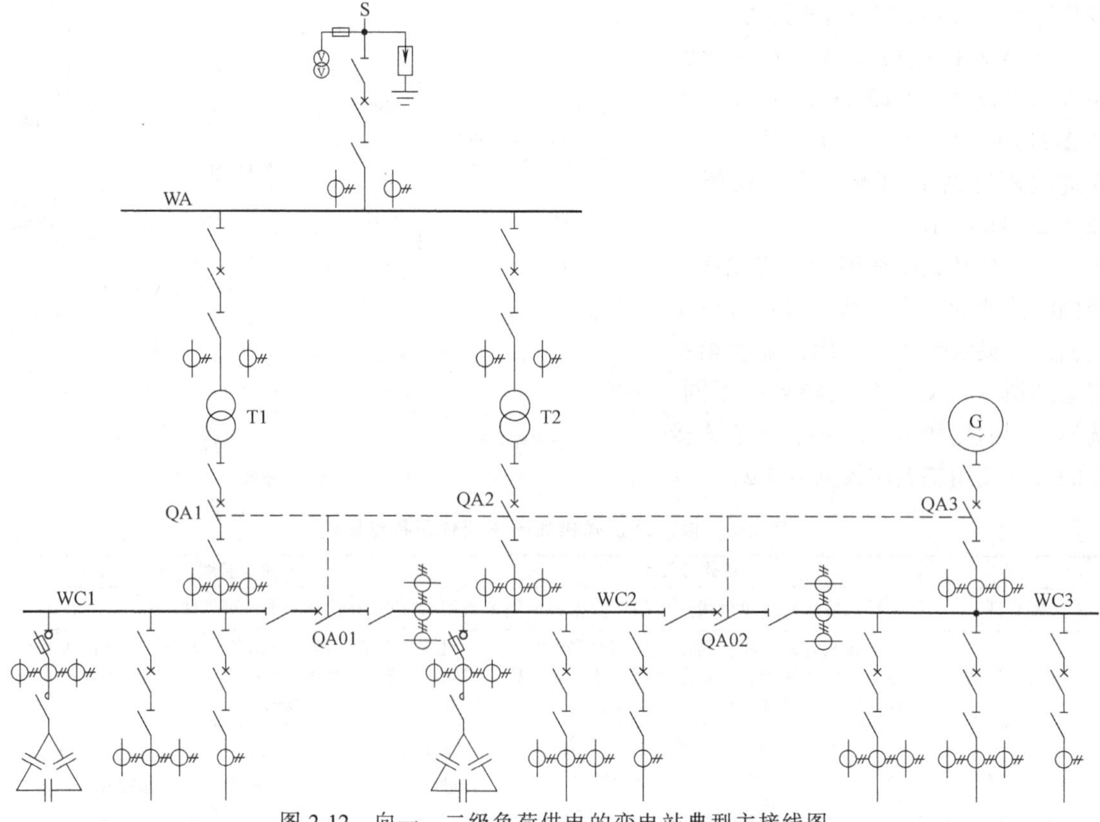

图 2-12　向一、二级负荷供电的变电站典型主接线图

关系越多，其互锁关系越复杂。

2. 变配电站成套配电装置

配电装置就是根据主接线的要求连接起来，用来接受和分配电能的若干电气设备的组合。其目的是满足主接线的电气要求。

构成配电装置的电气设备除了主接线图中所表达的一次回路电气设备之外，还包括为使主接线得到正常工作所必需的二次回路电气设备，如控制电器、保护电器和测量电器等。

将如图 2-13a 的 10kV 主接线做一些变形，就可得到图 2-13b 所示的电路图，可以看出，二者的电路是等效的，只是画法不同，后者称为配置图，由若干不同的电路单元组合而成。

观察图 2-13b，发现构成主接线的单元形式只有有限的几种，如果能够将这些单元的电气元器件预先在工厂进行组合，集成在独立的柜体内，那么在现场的安装工作量就可以小很多，占地面积也小，同时也提高了配电装置的安装质量。

这种预先在工厂里面，按主接线要求和设备参数选装的配电装置，称为成套配电装置。成套配电装置包括了每个单元一、二次回路中的电气元器件，每个单元柜称为开关柜。

图 2-14 所示为一个 10kV 开关柜的结构示意图。图 2-15 为一些典型的 10kV 开关柜一次接线图。

低压系统主接线也采用类似的成套配电装置，不同的是，由于低压开关体积较小，每一个同样大小的柜体内可以容纳多个配电单元，如图 2-16 所示。其中图 2-16a 为一般形式的主接线图；图 2-16b 是经过适当变换，可由开关柜组合起来的主接线图，可见，AN03、AN04、AN05 柜内都容纳了不止一个回路的出线单元。

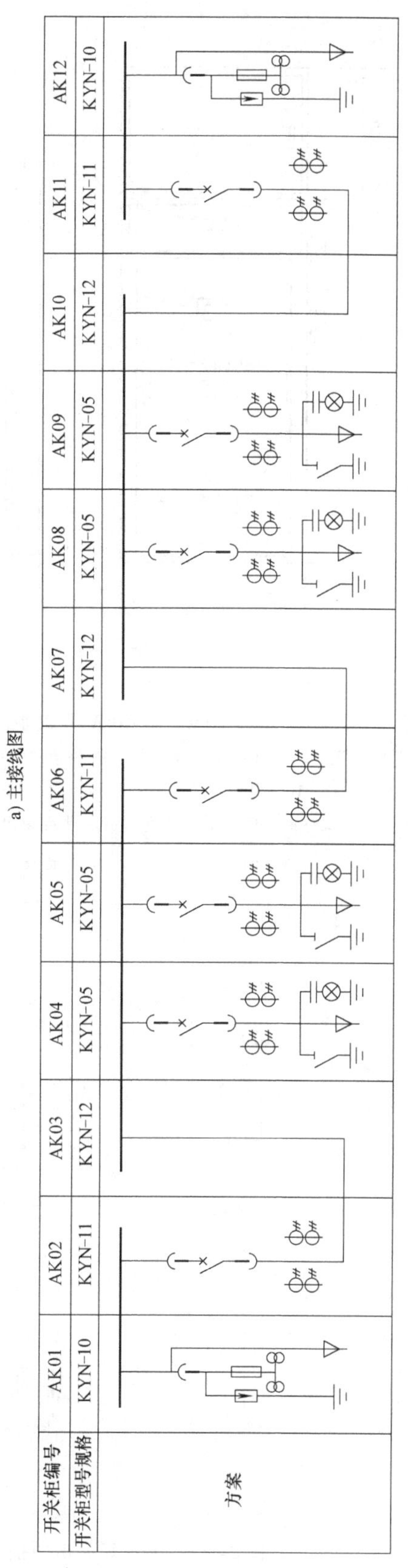

a) 主接线图

b) 主接线配置图

图 2-13 10kV 主接线图与主接线配置图

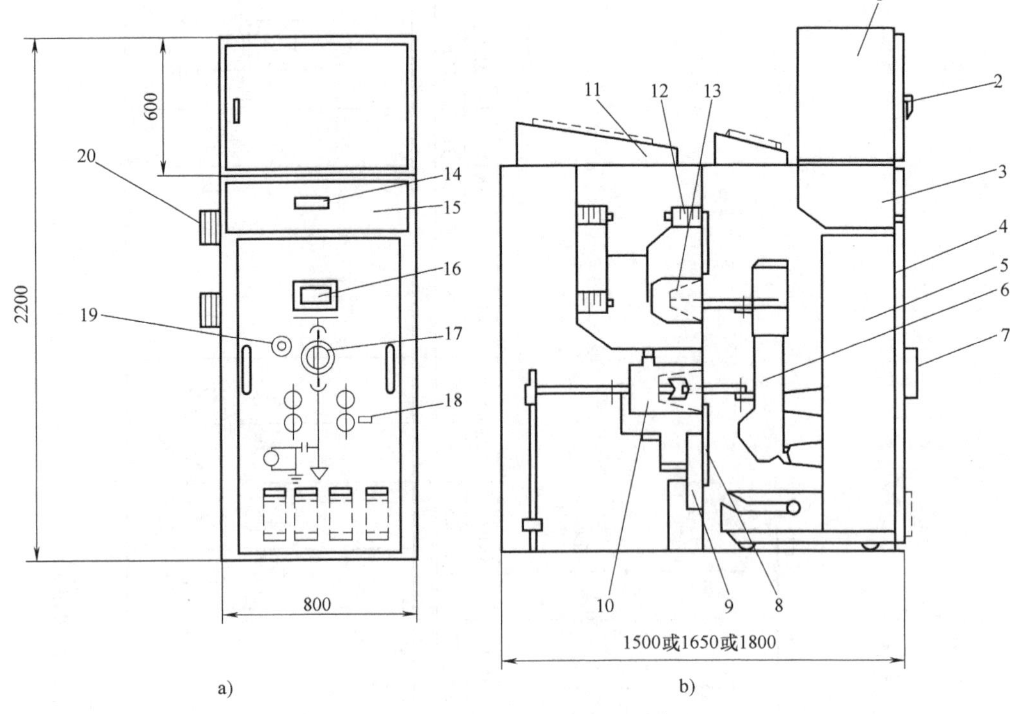

图 2-14　10kV 开关柜的结构（手车式）

1—继电器仪表室　2—手柄　3—端子室　4—手车面板　5—手车　6—断路器　7—手车把手　8—活门　9—接地开关　10—电流互感器　11—防护罩　12—支持绝缘子　13——次触点盒　14—铭牌　15—端子室　16—观察窗　17—手车位置指示及锁定旋钮　18—分合观察孔　19—紧急跳闸按钮　20—套管

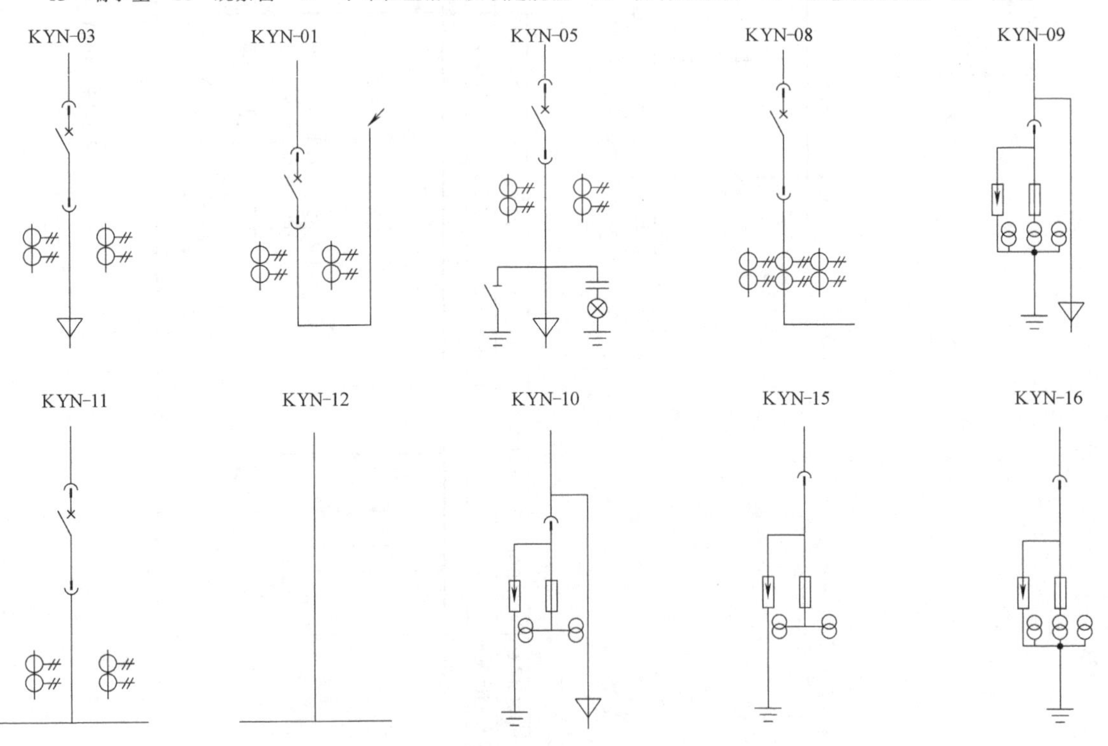

图 2-15　10kV 开关柜的柜内接线方案（手车式）

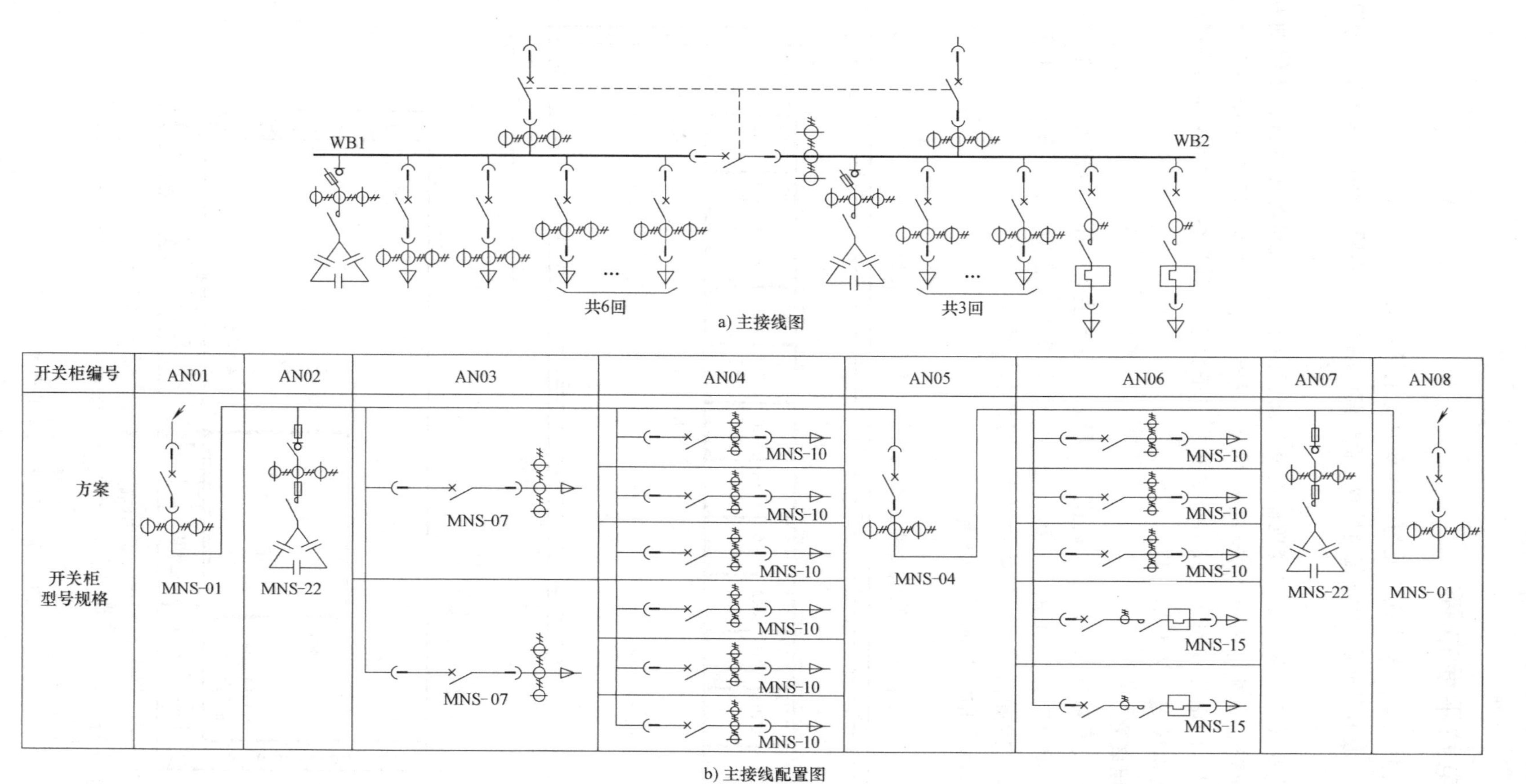

a) 主接线图

b) 主接线配置图

图 2-16　低压系统主接线图与主接线配置图

2.2.5 变电站平面布置

这里只介绍由成套配电装置构成的中压室内变电站布置。

室内变电站一般由变压器、中压配电装置、低压配电装置、电容器、控制室和值班室等组成。

1. 变压器

变压器有油浸式变压器和干式变压器之分，前者使用绝缘油做绝缘材料，绝缘油有可燃特性，因此必须安装在满足一定要求的专门的变压器室内；后者采用环氧树脂等不可燃绝缘材料绝缘，可以与配电装置安装在同一个房间。当干式变压器具备一定的外壳防护等级时，还可以和低压配电装置紧挨并排安装。

2. 中压配电装置

带可燃油电气元器件的中压配电装置，一般装设在单独的中压配电室内；无油中压配电装置可以和低压配电装置安装在同一房间内；配电装置的布置应考虑便于设备的搬运、检修、试验和操作，因此需要留出足够的操作、巡视和检修空间。

中压配电室的典型布置如图 2-17 所示。

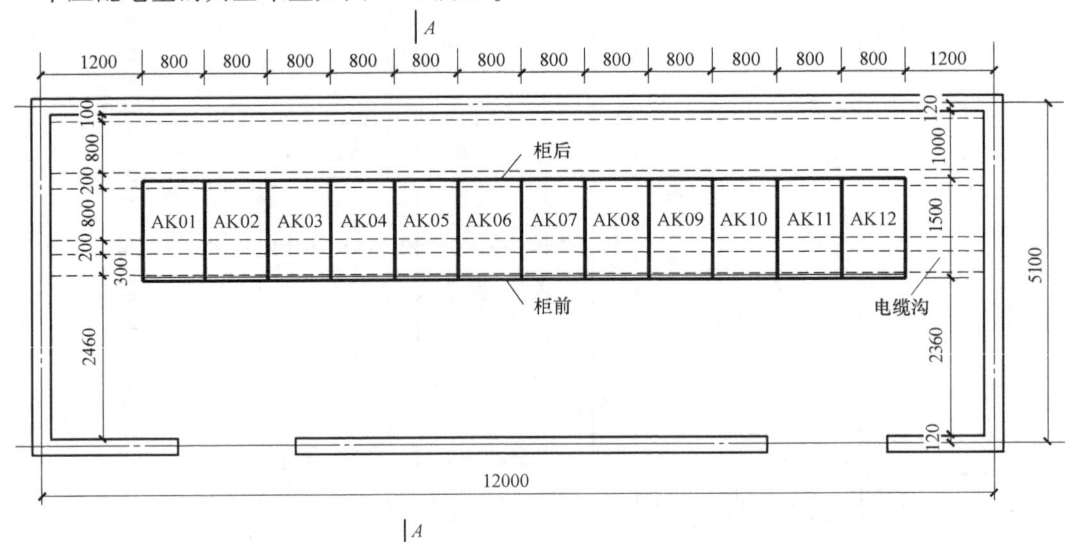

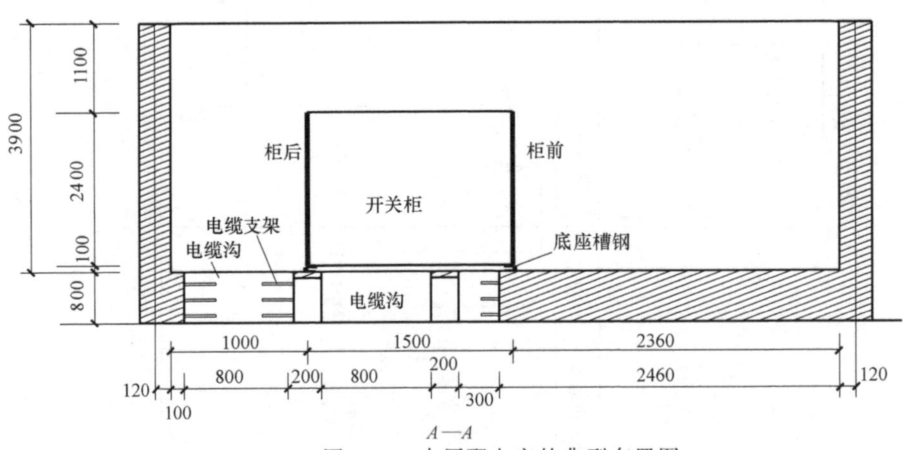

图 2-17 中压配电室的典型布置图

3. 低压配电装置

低压配电装置内一般没有可燃部分，可以与无油中压装置及无油变压器安装在同一室内空间。同样，开关柜四周也需要留出足够的操作、巡视和检修空间。

图 2-18 所示是低压配电装置的典型布置。

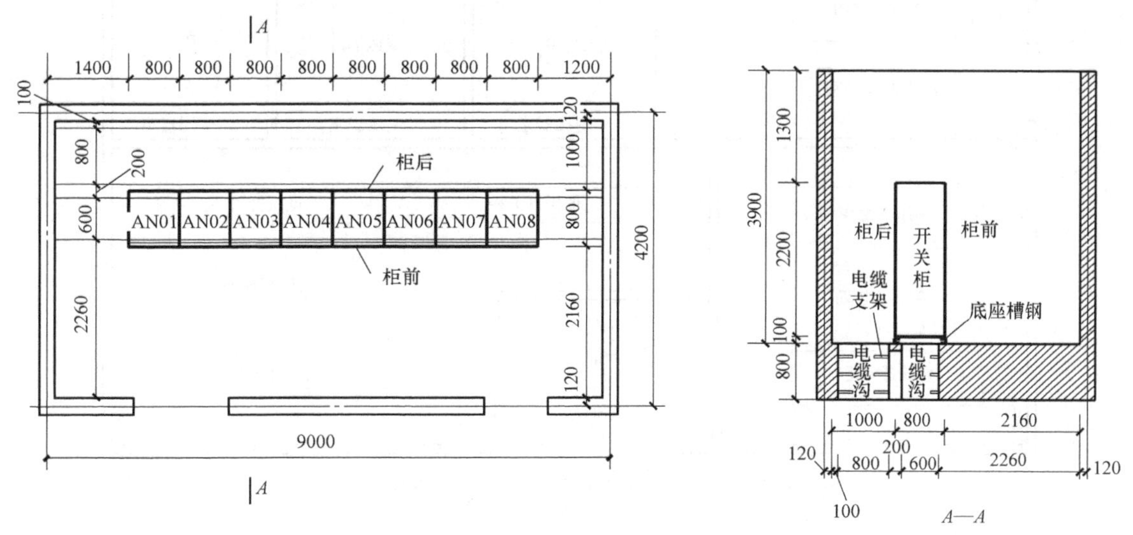

图 2-18　低压配电室的典型布置

4. 电容器

中压变电站的电容器组主要用于无功功率补偿，按补偿所在电压等级分为中压电容器组和低压电容器组。

中压电容器组提出需要安装在单独的电容器室内，低压电容器则一般可与低压配电装置安装在一起。

5. 控制室

只有当变、配电站规模较大时才设置单独的控制室。

6. 室内中压变电站的典型布置

1）当变压器、高压开关、电容器等均采用无油设备时，变压器室、高低压配电室、电容器室和值班室可设于一个房间内。典型布置如图 2-19 所示。

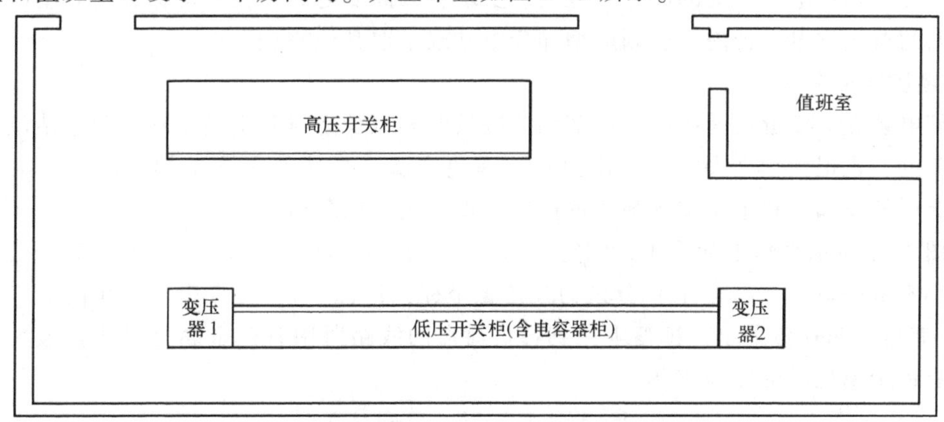

图 2-19　室内变电站典型布置（采用无油设备）

2）当变压器、高压开关、电容器等采用含可燃油设备时，变压器室、高低压配电室、电容器室和值班室应分开设置。典型布置如图 2-20 所示。

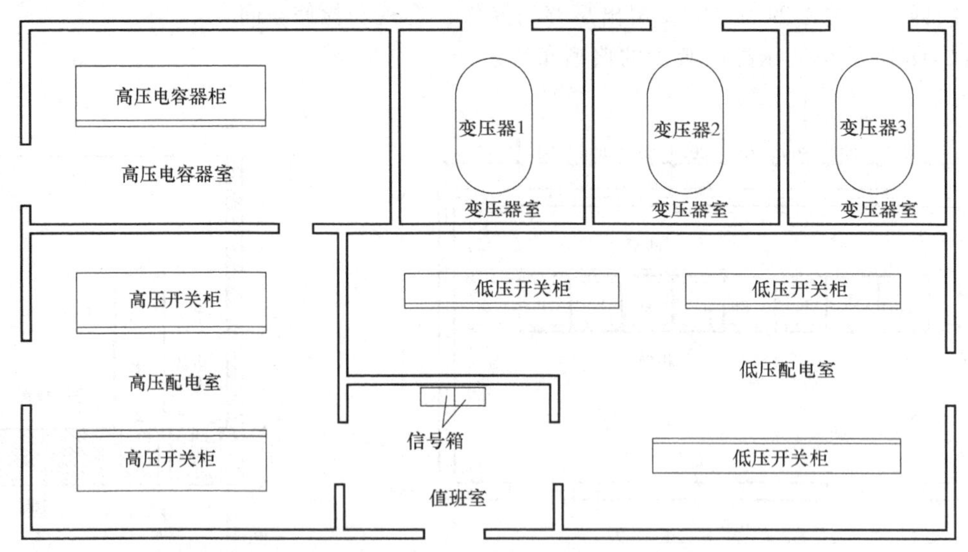

图 2-20　室内变电站典型布置（采用含可燃油设备）

7. 户外箱式变电站

户外箱式变电站是将高低压配电装置、变压器等集中装设在一个柜体内。其内部将高、低压配电装置，变压器分别隔离安装，采用电缆进出线，箱体外形可按要求做成与使用环境协调的各种造型，直接装于户外，用于不便设室内变、配电站的场合，如向由多层建筑组成的居民区供电，向道路照明、沿道路装饰照明等供电。

2.2.6　变配电站位置确定

变电站位置对于供配电系统来说是非常重要的，必须考虑技术性、经济性以及环境等各方面的因素。

1. 技术性要求

由于电压等级决定线路最大的输送功率和输送距离，供电半径过大会导致线路上电压损失太大，使末端用电设备处的电压不能满足要求，因此变电站的位置应保证所有用电负荷均处于该站的有效供电半径内。否则应增加变电站或采取其他措施。

2. 经济性要求

变配电装置应接近负荷中心，以节约一次投资和减少运行时电能损耗。变电站位置决定了线路长度，也很大程度决定了一次投资（有色金属）的大小和电能损耗的大小。下面根据有色金属耗量和线路电能损耗最小的原则，做一定量的分析。

如图 2-21 所示直角坐标系中，假定 L_1（x_1，y_1），L_2（x_2，y_2），…，L_n（x_n，y_n）为一系列大小不等的负荷，（x_i，y_i）分别为其位置坐标，T（x，y）为变电站所在位置。

1）有色金属耗量最小，即变电站到各负荷点的线路所用有色金属材料体积最小。配电线路总有色金属耗量的体积 V 为

$$V=3(A_1l_1+A_2l_2+\cdots+A_nl_n) \tag{2-1}$$

式中，A_i为第 i 回线路（$i=1$，2，3，…，n）的导线截面积；l_i为第 i 回线路的导线长度。

假定导线载流的电流密度 J 相同，可得：

$$V=3(I_1l_1+I_2l_2+\cdots+I_nl_n)/J$$
$$=\frac{\sqrt{3}}{UJ}(S_1l_1+S_2l_2+\cdots+S_nl_n) \tag{2-2}$$

即
$$V=\frac{\sqrt{3}}{UJ}\sum_1^n S_i\sqrt{(x_i-x)^2+(y_i-y)^2} \tag{2-3}$$

式中，S_i 为第 i 个负荷的视在功率。

令
$$\frac{\partial V}{\partial x}=0，\frac{\partial V}{\partial y}=0$$

便可求得线路有色金属消耗量最少的变电站位置（x，y）。

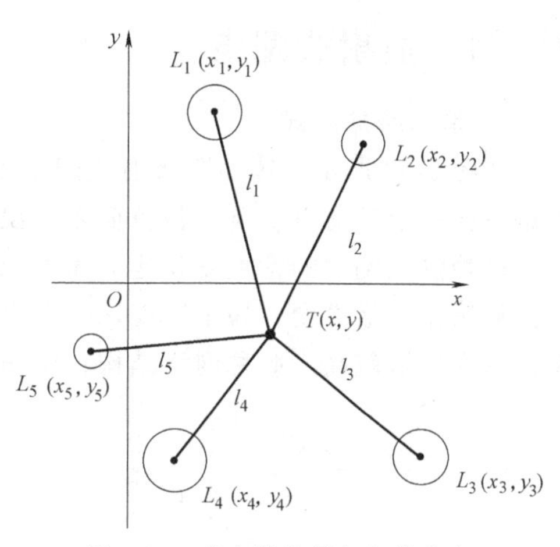

图 2-21　变电站位置与负荷分布

2）线路电能损耗最小，即全系统线路损耗之和 ΔP 最小。

$$\Delta P=3(I_1^2R_1+I_2^2R_2+\cdots+I_n^2R_n) \tag{2-4}$$

因为
$$R_i=\frac{\rho l_i}{A_i}$$

所以
$$\Delta P=\frac{\sqrt{3}\rho J}{U}\sum_1^n S_i\sqrt{(x_i-x)^2+(y_i-y)^2} \tag{2-5}$$

为求其功率损耗最小的变电站位置（x，y），令

$$\frac{\partial \Delta P}{\partial x}=0，\frac{\partial \Delta P}{\partial y}=0$$

比较式（2-3）和式（2-5），对这两式分别求极值，其结果是一致的，所以线路有色金属耗量最小和线路电能损耗最小的条件可以同时满足。

3. 环境因素

变电站安装位置还应该考虑以下一些环境条件。

1）变配电设备通常体积较大，不易拆卸，应考虑运输通道。

2）剧烈振动会使变配电设备导电部分的连接螺栓松动，接触电阻变大，发热加剧甚至设备损坏；高温场所会使电气设备正常运行时超过其允许温度或不能达到额定出力。因此应避免变电站设置在剧烈振动和高温场所。

3）在多尘或有腐蚀性气体场所、潮湿或易积水场所等，电气元器件易受到损坏，应该避免也应避免有爆炸危险或有火灾危险区域。

2.3　供配电网络接线及线路结构

供配电网络接线的主要有放射式、树干式和环式，以及由上述三种形式派生出来的其他形式。

2.3.1 放射式配电

1. 单回路放射式

如图 2-22 所示，单回路放射式网络由电源端采取一对一的方式直接向负荷供电，每条线路只向一个负荷点供电，各负荷之间没有任何电气联系。

这种供电网络的特点是供电可靠性较高。当任意一回线路故障时，不影响其他回路供电，且操作灵活方便，易于实现保护和自动化；但需要的配电设备数目多，有色金属耗量较大，一次投资较高。此种网络结构在中压和低压系统中均较常见。

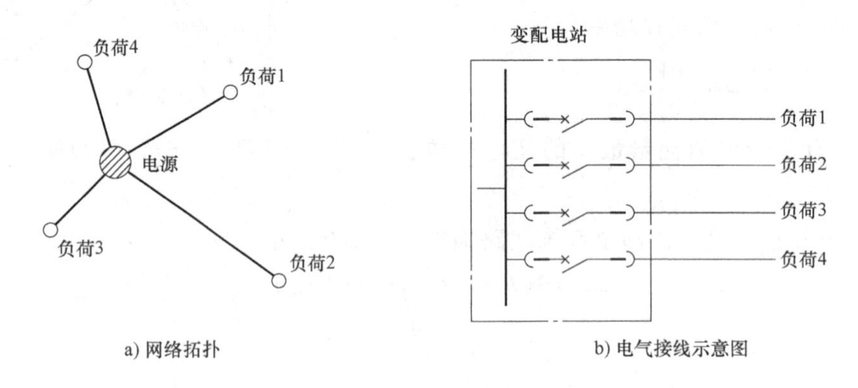

图 2-22　单回路放射式配电

2. 双回路放射式

如图 2-23 所示，双回路放射式网络的每个负荷均由两回放射式回路供电。对于重要的负荷，为保证供电回路故障时不影响对用户供电，采用此方式，但其高额的一次投资是显而易见的，因此一般仅用于确需高可靠性的用户。同时可将双回路的电源端接于不同的电源，以保证电源和线路同时得以备用。此种网络结构在向一、二级负荷供电的中压和低压系统中均很常用。

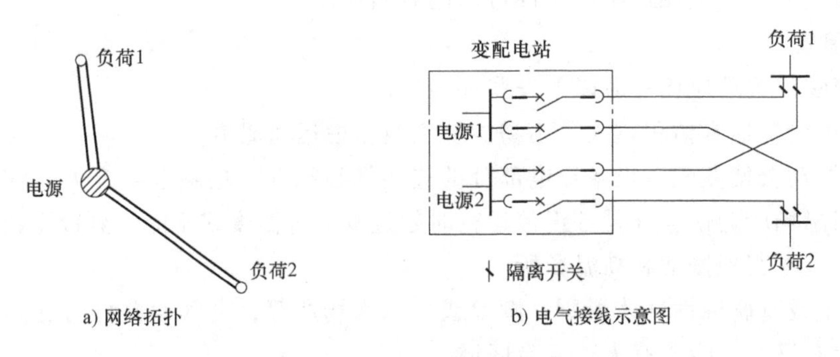

图 2-23　双电源双回路放射式配电

3. 带公共备用线的放射式

如图 2-24 所示，带公共备用线的放射式网络，任何一条配电线路发生故障或停电检修时，都可以切换至公共备用线上，保证继续供电，提高可靠性。此种网络结构一般在中压系统中应用。

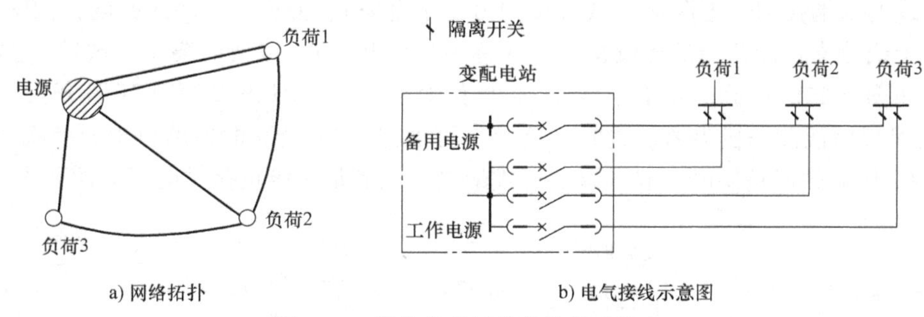

a) 网络拓扑　　b) 电气接线示意图

图 2-24　带公共备用线的放射式配电

2.3.2　树干式配电

1. 单回路树干式

如图 2-25a 所示，树干式网络结构是由电源端向负荷端配出干线，在干线的沿线引出数条分支线向用户供电。

这种网络结构的优点是，电源端出线回路数较放射式少，节约一次投资；但其可靠性较差，配电干线检修或故障时，会使所有用户停电。如果采用图 2-25b 所示接线，当干线中某一用户的保护装置拒动时，也可能引起干线的保护装置跳闸停电，因此只能向三级负荷供电。

为提高可靠性，可采用串联树干式结构，如图 2-25c 所示。此时，当干线上出线故障时，可将故障点以后的线路切除，缩小停电范围，此种结构通常用于中压系统。

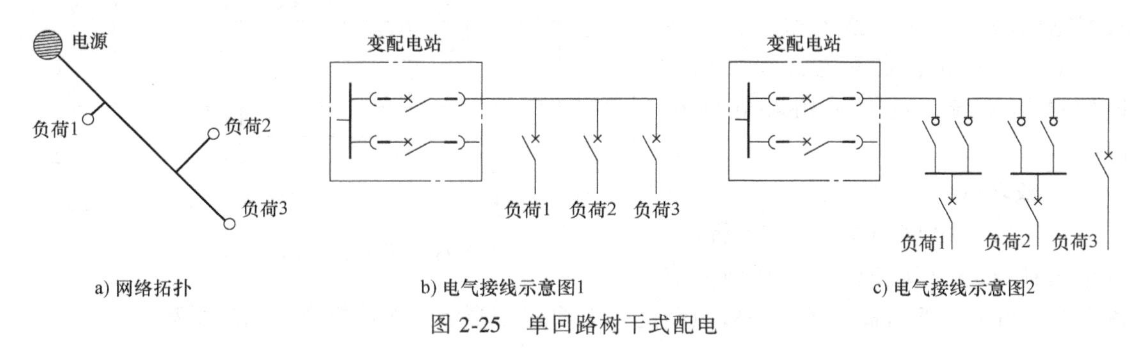

a) 网络拓扑　　b) 电气接线示意图1　　c) 电气接线示意图2

图 2-25　单回路树干式配电

2. 双回路树干式

如图 2-26 所示，每个用户都由两条干线同时供电。

对于可靠性要求高，负荷容量小且负荷性质基本一致，线路敷设方便的用户，采用双回路干线式供电，使线路有备用，同时可将双回线路引自不同的电源，实现电源和线路的备用，达到向一、二级负荷供电的目的。

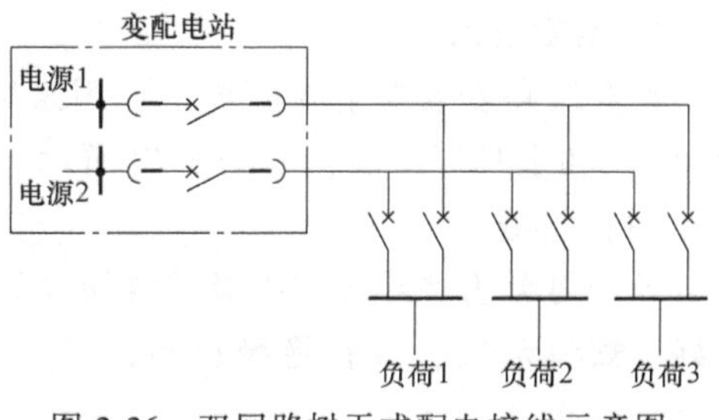

图 2-26　双回路树干式配电接线示意图

2.3.3　环式配电

1. 单环式

环式配电是树干式配电的一种延伸，将树干

式配电干线的末端接回到电源端（或者接到另一个电源），便构成了环式配电，如图 2-27 所示。每一干线分支点的两端都要设置开关（称为环路开关），以便隔离干线故障，提高供电可靠性。如图 2-27b 所示，如果干线 F 点处发生了故障，只需要断开环路开关 QB12 和 QB21，就可以将故障路段隔离。这时，负荷 1 可通过 QA1 接通的回路供电，负荷 2、3、4 可通过 QA2 接通的回路供电。双电源单环式配电方式满足一级负荷供电可靠性要求。

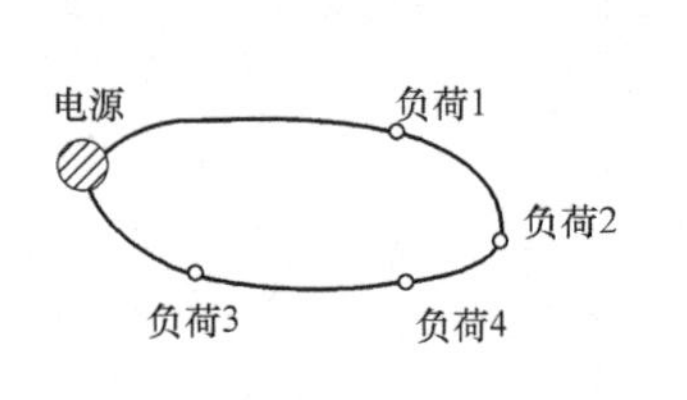

a) 网络拓扑

b) 单电源单环配电方式电气接线示意图

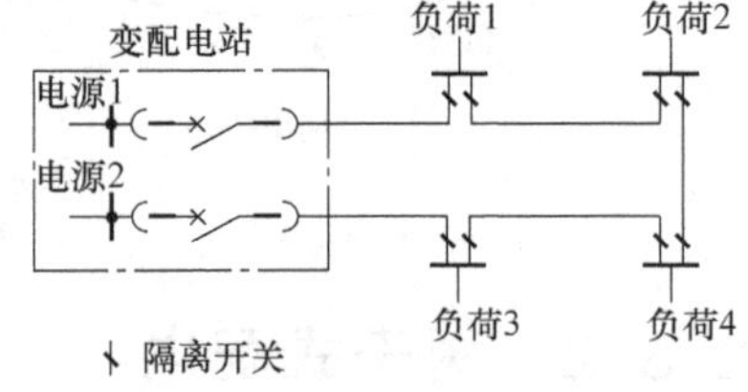

c) 双电源单环配电方式电气接线示意图

图 2-27　单环式配电

环式有开环和闭环两种运行方式。由于闭环运行需要满足一些特定的条件，运行控制要求也相对较高，因此在供配电系统中多采用开环运行方式，即正常运行时环路中有一只环路开关是处于断开状态的，这只开关所处位置称为开环点。开环点设置在何处，也是关系系统性能的一个较为复杂的问题。

环式配电网络结构清晰，可靠性也较高，网络中任何一段线路检修均不会造成用户长时间停电。但所有环路线路和环路开关都要承受环路功率，因而投资比树干式配电网络大，保护整定和运行切换较为复杂。通常，在配电自动化程度比较高的系统，适合采用环式配电网络。

2. 双环式

双环式供电网络如图 2-28 所示，每个负荷都可以从任何一个环网中取得电源，可靠性非常高，满足一级负荷的供电要求，当然一次性投资也相应增高。

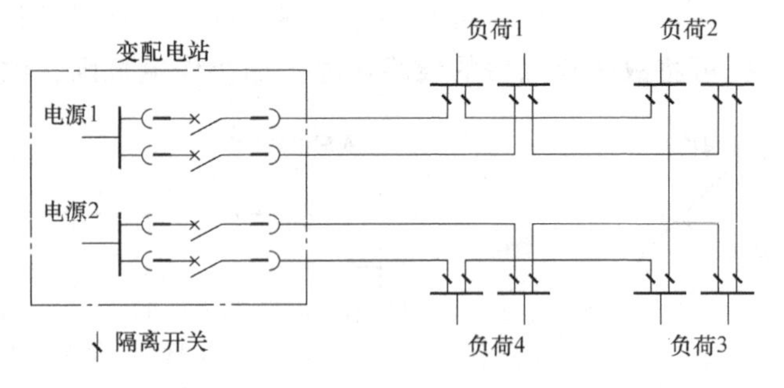

图 2-28　双电源双环式配电接线

2.3.4　线路结构

供电网络由电力线路采用一定拓扑方式将电源和负荷联系起来，电力线路有架空线路和电力电缆线路两类。

1. 架空线路

架空线路安装在室外电杆上，用来输送电能。架空线路由导线、绝缘子、横担、电杆（杆塔）和金具等组成，如图 2-29 所示。

(1) 导线

导线可分为裸导线和绝缘导线两大类。高、中压架空线路一般采用裸导线，它的散热性能好、载流量大、节省绝缘材料；低压架空线一般采用绝缘导线，以利于人身和设备的安全。

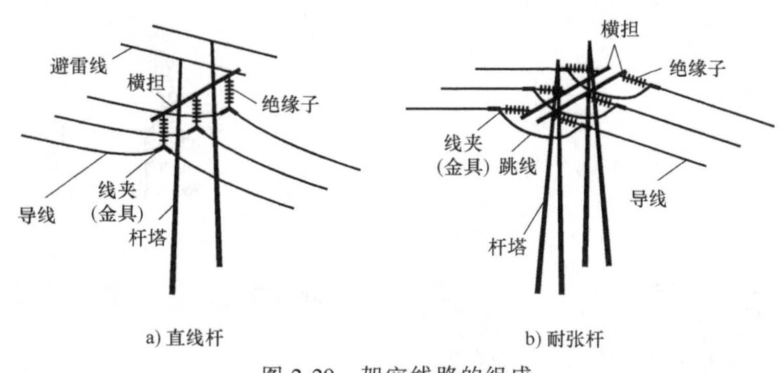

图 2-29 架空线路的组成

当导线截面积大于 16mm^2 时，均采用多股线绞制而成，即绞线。采用绞线是为了增加导线的可挠性，便于生产、运输及安装。裸绞线的结构如图 2-30 所示。采用钢芯铝绞线的目的是增加导线强度，因为铝线比较软，强度不够。由于交流电流的趋肤效应，大部分电流分布在导线外围，钢芯部分没有多少电流通过，所以钢芯铝绞线也不影响导线的载流能力。

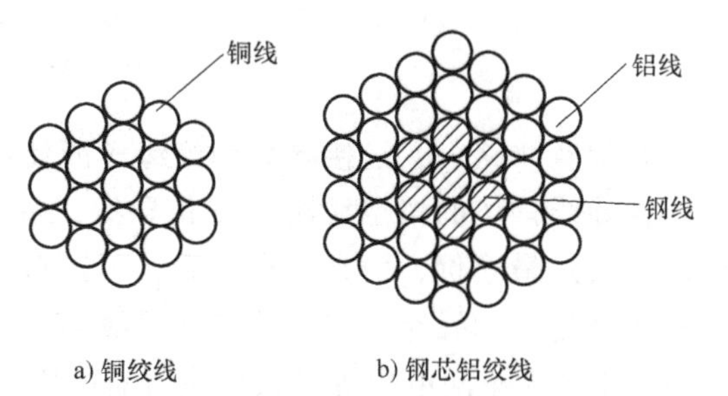

图 2-30 裸绞线的结构

有的架空线路杆塔顶部还有额外的一根或者两根钢绞线，叫作避雷线。避雷线不用于输送电力，用于防雷电直击。避雷线每隔几根杆塔会接一次地。由于避雷线位置比导线更高，雷击会发生在避雷线上，从而保护导线；雷击后的强大雷电流，经避雷线的接地点，迅速传导入地、散流。

(2) 电杆

电杆是支撑架空线路导线的杆塔。

根据所用材料的不同，杆塔主要有木杆、铁塔和钢筋混凝土杆等。

按照使用目的和受力情况的不同，杆塔通常分为直线杆、转角杆、耐张杆（发生断线时不影响下段线路的杆塔）、终端杆、换位杆（将各相导线换位而使其各相电抗基本相等）和跨越杆（跨越较宽的江河峡谷和铁路、公路等）等。

直线杆的杆头与其余杆型的杆头结构有较大区别。当线路断线时，直线杆的杆头绝缘子在承受单侧线路拉力时会遭破坏，同时直线杆会受单侧拉力倾覆，导致连续倒杆，因此，即使在线路的直线段，在设有若干直线杆后，也应使用一根耐张杆。耐张杆能承受单侧线路拉力，同时杆头以跳线连接两侧线路，绝缘子和线路均不会因单侧线路拉力而损坏。

架空线三相导线在杆塔可以采用水平排列、垂直排列或者三角形排列等安装方式，也可以两回三相线路同杆架设。

(3) 横担、绝缘子、金具

横担设于杆塔上，用于安装绝缘子，使导线保持一定距离。

架空线路绝缘子用于支持或悬挂导线，并使之与杆塔绝缘。绝缘子由陶瓷、玻璃或硅橡胶等材料制成，需要有足够的电气和机械强度，其主要形式有针式、悬式和棒式三种，如图 2-31 所示。

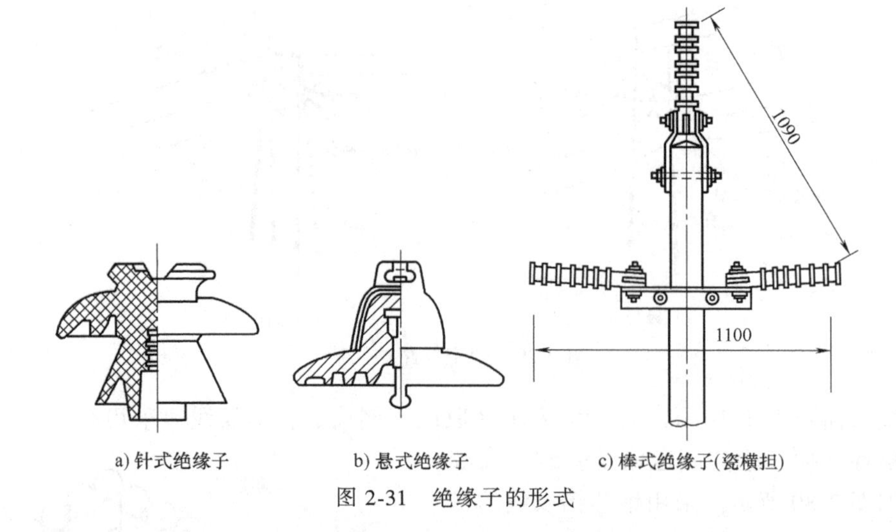

a) 针式绝缘子　b) 悬式绝缘子　c) 棒式绝缘子(瓷横担)

图 2-31　绝缘子的形式

在架空线路上，连接导线和绝缘子所使用的各种金属部件统称为金具。

裸导线构成的架空线路，三相导线之间，以及相线和地之间的绝缘都是通过空气实现的。空气是最廉价，而且击穿以后，可以自动恢复绝缘能力的绝缘介质。由于是空气绝缘，电压等级越高的线路，需要的空气绝缘间隔就越大，因此走廊宽度和离地高度就越大。

表 2-3 为不同电压等级架空线所需的空中电气走廊宽度。另外，架空线应尽可能减少与其他设施的交叉和跨越建筑物，并应该与建筑物保持一定的距离。

表 2-3　不同电压等级架空线所需的空中电气走廊宽度

架空线电压等级/kV	6~10	35	110	220
架空线空中电气走廊宽度/m	6	12~20	15~25	30~40

架空线路架设和维护成本低，但是需要占用大量地面上的空间，也有碍美观，因此在城市配电网中，越来越多地被电力电缆线路替代。

2. 电力电缆

(1) 电力电缆的构造

高压和低压电力电缆结构大同小异。图 2-32 所示为低压电力电缆的组成，包括导体、绝缘层、护套层和铠装层几个部分。高压电力电缆另外专门有均匀电场用的半导体及金属屏蔽层。

电力电缆的导体通常采用多股铜绞线或铝绞线，以便于弯曲存放和施工。根据电缆中导体数量的不同可分为单芯、三芯、四芯和五芯电缆。单芯电缆可以做相线或者中性线用，其导线截面是圆形的；三芯、四芯和五芯电缆，一根电缆就是一个回路，其导体的截面通常是扇形的。多芯电缆线芯数的选择根据不同的导体形式确定，后续章节将对导体形式有详细介绍。

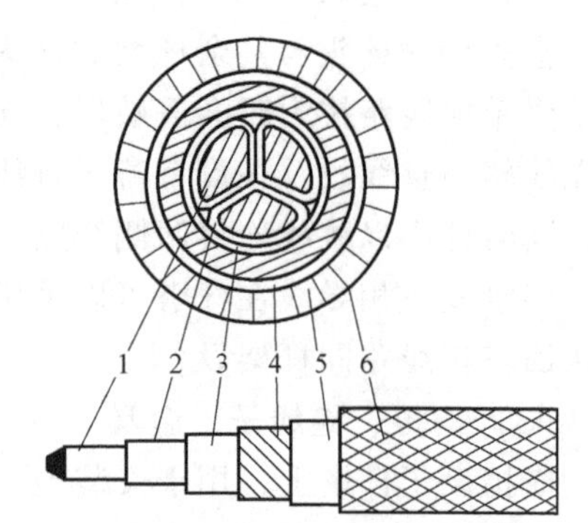

图 2-32　低压电力电缆的组成

1—导线（体）　2—相绝缘层　3—带绝缘层

4—护套层　5—铠装层　6—外护套层

绝缘层的作用是使电缆中导体之间、导体与保护层之间保持绝缘。绝缘材料的种类很多，常见的有绝缘油浸纸、橡胶、聚氯乙烯、交联聚乙烯和氧化镁等。目前中、低压系统中，主要采用聚氯乙烯和交联聚乙烯绝缘电力电缆。

电力电缆的绝缘层外均有一层保护层，或称为护套层。它用来保护绝缘层，使其在运输、敷设过程中免受机械损伤，防止水分侵入。外护层材料有铅、铝、聚氯乙烯、聚乙烯等。聚氯乙烯绝缘电缆和交联聚乙烯绝缘电缆采用聚氯乙烯或聚乙烯护套，前者阻燃性能较好，后者防水性能优越。

电缆还可带铠装层，铠装层一般有钢带、细钢丝、粗钢丝等，设于外护套层的里面，适用于运行时易受压、受拉等场合。

中、低压供配电系统中常用的电力电缆型号有氯乙烯绝缘聚氯乙烯护套电缆（VV）、氯乙烯绝缘聚乙烯护套电缆（VV）、交联聚乙烯绝缘聚氯乙烯护套电缆（YJV）、交联聚乙烯绝缘聚乙烯护套电缆（YJ）和矿物绝缘电缆［BTTZ（Q）］等。

(2) 电缆的敷设方式和要求

电缆敷设方式主要有直接埋地敷设、电缆沟内敷设、电缆隧道中敷设、电缆托盘或线槽内敷设、穿管敷设或明敷设。图 2-33 为几种常见的电缆敷设方式。

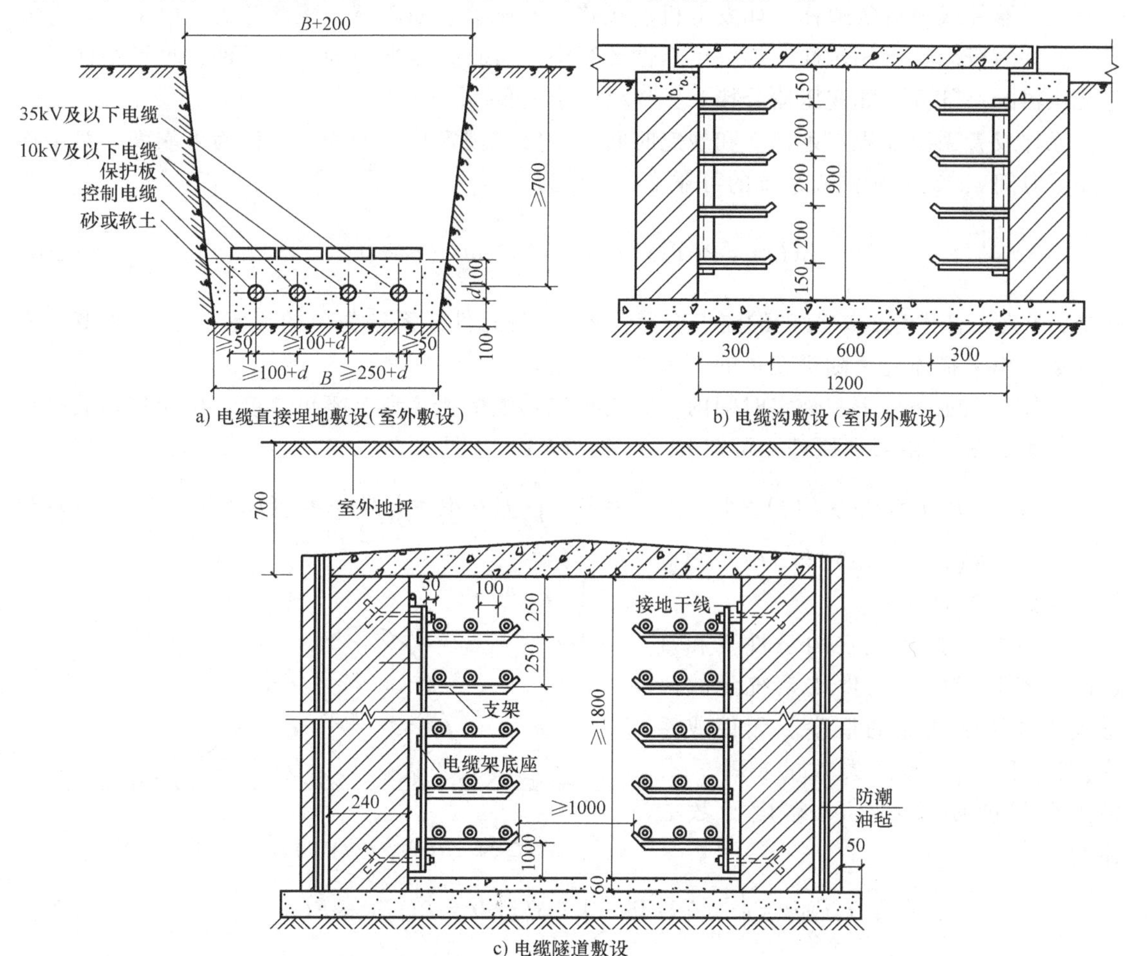

图 2-33 电缆敷设方式示意图（室外敷设）

2.4 供配电系统可靠性分析

对于用户来说，都希望供电连续性好，即减少停电次数和停电时间。供配电系统由各种不同的电力设备组成，这些设备在运行时可能发生故障导致非计划停电，也可能因为需要定期检修而计划停电。上述原因会造成供电连续性得不到完全保证。对供配电系统进行可靠性评估就是通过对各种设备故障概率的评估，预测供配电系统在规定时间内，发生故障的可能性，以便评估其对不同用户负荷可能造成的停电损失，以及评估对某个用户（负荷）供电时，预期供电连续性是否能够得到保障。

2.4.1 可靠性基本概念

1. 基本概念

可靠性是元件或者系统在规定条件下和规定时间内，完成规定功能的能力。可靠性的三个要素是规定条件、规定时间、规定功能。

系统可靠性评估中，元件是指在可靠性统计、分析、评估中不需要再细化，并视为整体的一组元器件或设备的通称，如发电机、线路、变压器、断路器、隔离开关、电抗器和电容器。元件的概念具有相对性，如：可靠性计算中，可将变压器作为一个元件，也可根据需要将变压器的一部分，如变压器分接头，作为一个元件。

元件或者系统在规定条件下和规定时间内，完成规定功能的概率，称为可靠度。对于连续变量时间 t，定义元件或系统的可靠度 $R(t)$ 为

$$R(t)=P(T>t)=\int_t^{\infty} f(t)\,\mathrm{d}t \quad (t \geqslant 0) \tag{2-6}$$

式中，T 为表征发生失效时刻的随机变量；$P(t)$ 为元件或系统失效的概率；$f(t)$ 为概率密度函数，用来描述连续随机变量的概率分布。

元件在规定条件下和规定时间内，丧失规定功能的概率称为不可靠度，也叫累积故障概率，记为 $F(t)$。由对偶原理，可知 $R(t)+F(t)=1$，于是，有

$$P(T \leqslant t)=F(t)=1-R(t)=1-\int_t^{\infty} f(t)\,\mathrm{d}t=\int_0^t f(t)\,\mathrm{d}t \quad (t \geqslant 0) \tag{2-7}$$

因此，$R(t)$、$F(t)$ 与 $f(t)$ 之间的关系如图 2-34 所示。

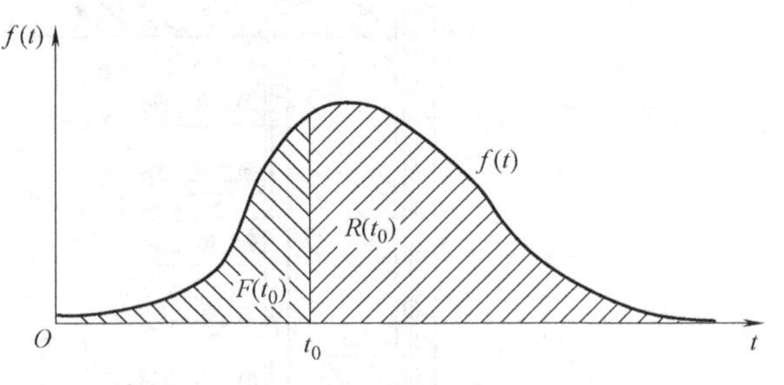

图 2-34 $R(t)$、$F(t)$ 与 $f(t)$ 之间的关系

可靠度是指在规定的条件下和规定的时间区间内，元件或系统无故障持续完成规定功能的概率。元件或系统在区间（t_1，t_2）失效的概率，分别由可靠度函数和不可靠度函数表述为

$$\int_{t_1}^{t_2} f(t)\,\mathrm{d}t=\int_{-\infty}^{t_2} f(t)\,\mathrm{d}t-\int_{-\infty}^{t_1} f(t)\,\mathrm{d}t=F(t_2)-F(t_1) \tag{2-8}$$

和

$$\int_{t_1}^{t_2} f(t)\,\mathrm{d}t = \int_{t_1}^{\infty} f(t)\,\mathrm{d}t - \int_{t_2}^{\infty} f(t)\,\mathrm{d}t = R(t_1) - R(t_2) \tag{2-9}$$

定义故障率为：工作到某时刻尚未发生故障的元件，在该时刻或单位时间内发生故障的概率。用条件概率的概念，故障率描述为

$$\begin{aligned}\lambda(t) &= \lim_{\Delta t\to 0}\frac{P(t<T\leqslant t+\Delta t \mid T>t)}{\Delta t} = \lim_{\Delta t\to 0}\frac{P(t<T\leqslant t+\Delta t)}{\Delta t\cdot P(T>t)}\\ &= \lim_{\Delta t\to 0}\frac{R(t)-R(t+\Delta t)}{\Delta t\cdot R(t)} = \frac{1}{R(t)}\left[-\frac{\mathrm{d}}{\mathrm{d}t}R(t)\right]\end{aligned} \tag{2-10}$$

式（2-10）两边求积分得

$$R(t) = \mathrm{e}^{-\int_0^t \lambda(t)\mathrm{d}t} \tag{2-11}$$

当 λ 为常数时，式（2-11）简化为 $R(t) = \mathrm{e}^{-\lambda t}$。

故障率可按单一元件或某类元件、单位线路长度、同杆架设线路等分类对其进行计算。例如，我国 2004 年 220kV 变压器的故障率为 1.68 次/(100 台 · 年)，220kV 架空线路的故障率为 0.243 次/(100km · 年)。

2. 可靠性函数的曲线

许多实际元件的故障率曲线如图 2-35 所示，由于它的形状而常常被称为浴盆曲线。通常将其分为三个区间，区间 Ⅰ 为初期损坏或调试阶段。它可能由于大批量产品中的次品或设备制造过程中的偶然缺陷或设备在初期运行的不稳定等因素造成，这时故障率是一个随时间下降的曲线。区间 Ⅱ 为正常使用或有效寿命期，故障率为常数，这时故障的发生纯属偶然，适用于指数分布。区间 Ⅲ 则代表衰耗或元件疲劳屈服的阶段，这时故障率随时间急剧上升。

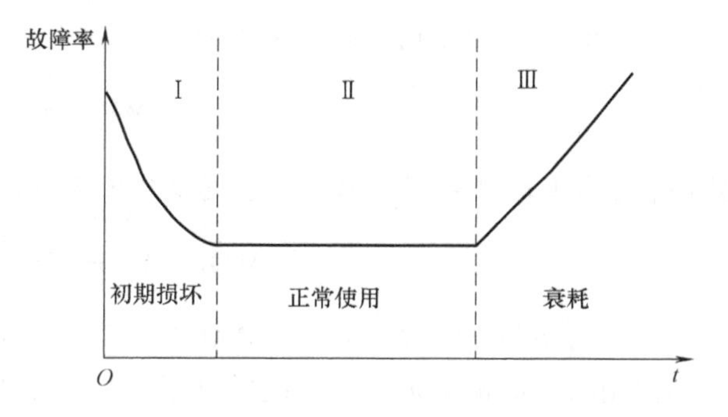

图 2-35　许多实际元件的故障率曲线

3. 元件的可靠性的特征参数

理论上，预期寿命为

$$E(t) = \int_0^{\infty} t f(t)\,\mathrm{d}t = \int_0^{\infty} \mathrm{e}^{-\lambda t}\mathrm{d}t = \frac{1}{\lambda} \tag{2-12}$$

由若干元件构成的系统，可以分成可修系统和不可修系统。顾名思义，可修复系统是指通过维修而恢复功能的系统。不可修系统是指组成系统的各个元件失效后，不对失效元件进行维修。不进行维修的原因也许是技术上不可能进行维修，或是经济上不值得进行维修，也可能系统本身可修，但为了方便分析，近似地当作不可修系统进行研究。

对于不可修系统，元件正常使用寿命 $E(T)$ 还可以定义平均无故障持续工作时间 (Mean Time To Failure，MTTF)，并表示为

$$\mathrm{MTTF} = \overline{m} = \frac{1}{\lambda}$$

式中，λ 为故障率，是常数；$\overline{m}$ 为平均无故障间隔时间，也是不可修元件的平均寿命。

对于可修系统，假设系统因维修造成的工作状态和停用状态如图 2-36 所示。则元件正常使用寿命 $E(T)$ 也可以定义平均失效间隔时间（Mean Time Between Failures，MTBF），并可表示为

$$\mathrm{MTBF}=\overline{T}=\overline{m}+\overline{r}=\frac{\sum_{i=1}^{n} m_i}{n}+\frac{\sum_{i=1}^{n} r_i}{n}=\mathrm{MTTF}+\mathrm{MTTR} \tag{2-13}$$

式中，$\overline{T}$ 为平均循环周期时间，它表示元件正常运行一个完整周期的时间，即元件从工作、失效、维修到重新开始工作的时间；$\overline{r}$ 为平均修复时间（Mean Time To Repair，MTTR）。

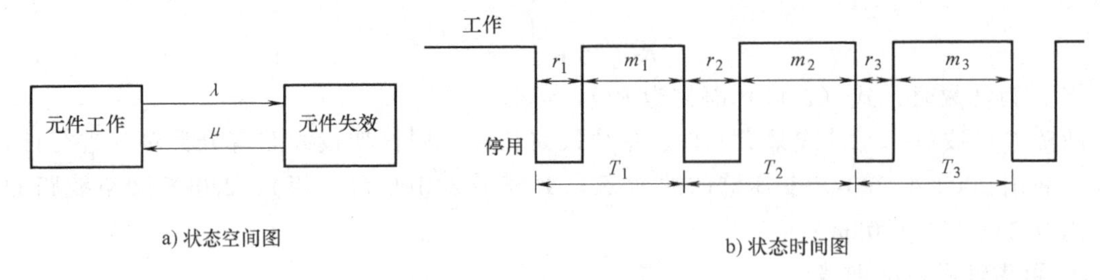

图 2-36　单个元件两态模型

平均修复时间 MTTR 还可定义为

$$\mathrm{MTTR}=\overline{r}=\frac{1}{\mu} \tag{2-14}$$

式中，μ 为平均修复率。因此对于可修系统来讲，元件正常使用寿命还可定义为

$$\mathrm{MTBF}=\overline{T}=\overline{m}+\overline{r}=\frac{1}{\lambda}+\frac{1}{\mu}=\frac{\lambda+\mu}{\lambda\mu} \tag{2-15}$$

对于两态系统，要么处于工作状态，要么处于停用状态，因此分别将处于工作状态的概率和停用状态的概率定义为系统的可用度和不可用度，即

$$A=\frac{\overline{m}}{\overline{T}}=\frac{\mathrm{MTTF}}{\mathrm{MTTF}+\mathrm{MTTR}}=\frac{\mu}{\lambda+\mu} \tag{2-16}$$

$$U=1-A=\frac{\overline{r}}{\overline{T}}=\frac{\mathrm{MTTR}}{\mathrm{MTTF}+\mathrm{MTTR}}=\frac{\lambda}{\lambda+\mu} \tag{2-17}$$

式中，A 为系统的可用度；U 为系统的不可用度。

2.4.2　不可修系统可靠性分析

工程可靠性分析常常用到利用网络图形的形式来模拟元件的可靠性性能及其相互间的影响，这样可以使可靠性的逻辑分析更为直观和简化。网络图形根据系统原理图的元件与系统的功能关系，按系统可靠性等效的原则绘制，并称之为可靠性框图。可靠性框图由代表元件的方框、逻辑关系连线和节点组成，实际工程往往表示成由元件串联、并联、网状联结或者这三者组合的图形。本节只介绍串联系统和并联系统的可靠性分析。

1. 串联系统

当系统中任一元件故障，系统即失效，则称这种系统为串联系统。由代表元件的框串联

构成的网络，即为原系统串联等效的可靠性框图。考察由两个独立元件 A 和 B 构成的串联系统，如图 2-37 所示。这就意味着两个元件都必须工作才能保证系统实现规定的功能，则有

$$R_{sys}=R_A R_B \tag{2-18}$$

式中，R_{sys} 为系统成功运行的概率，即可靠度；R_A、R_B 分别为元件 A 和 B 的可靠度。

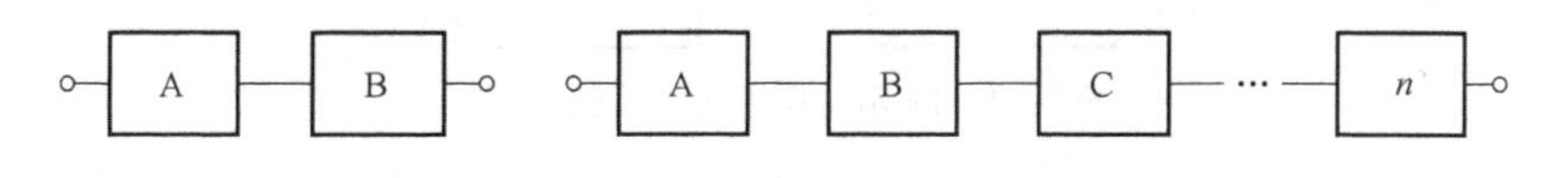

a) 两元件串联系统　　b) 多元件串联系统

图 2-37　不可修串联系统等效的可靠性框图

对于 n 个元件串联的系统，式（2-18）可推广而得

$$R_{sys}=\prod_{i=1}^{n} R_i \tag{2-19}$$

在一些实际应用中，或许计算系统失效概率比计算可靠度更方便，且系统成功运行和失效是互补事件，故系统的不可靠度为

$$Q_{sys}=1-\prod_{i=1}^{n} R_i \tag{2-20}$$

2. 并联系统

当系统任一元件运行，系统即能完成规定的功能，则称这种系统为并联系统，如图 2-38 所示。考察由两个独立元件 A 和 B 构成的并联系统，只有当两个元件全部失效，系统才失效，故系统的不可靠度和可靠度为

$$Q_{sys}=Q_A Q_B \tag{2-21}$$

$$R_{sys}=1-Q_A Q_B \tag{2-22}$$

式中，Q_A、Q_B 分别为元件 A 和 B 的不可靠度。

图 2-38　不可修并联系统等效的可靠性框图

推广至 n 个独立元件并联的系统则有

$$Q_{sys}=\prod_{i=1}^{n} Q_i \tag{2-23}$$

$$R_{sys}=1-\prod_{i=1}^{n} Q_i=1-\prod_{i=1}^{n}(1-R_i) \tag{2-24}$$

由以上分析可知，串联系统的可靠度随着系统元件的增多而下降；并联系统则是随着系统元件的增多而提高。但是，增加并联元件个数会增加系统的初投资、质量和体积，并增加所需要的维修量，所以必须谨慎地权衡得失。

2.4.3　可修系统可靠性分析

工程系统经常采用维修的手段来改善系统的可靠性。维修可分为预防性和故障后的修复性维修两类。预防性维修是通过定期检查整个运行系统，对所有元件进行清洁、调整，更换接近衰耗期的元件以及检查和修复失效的冗余元件等，以使系统始终具有所要求的性能和可靠性水平。

1. 串联系统

由于计入了元件的修复过程，在框图中需要增加模拟修复过程的参数。两个元件的串联系统逻辑框图如图 2-39 所示。

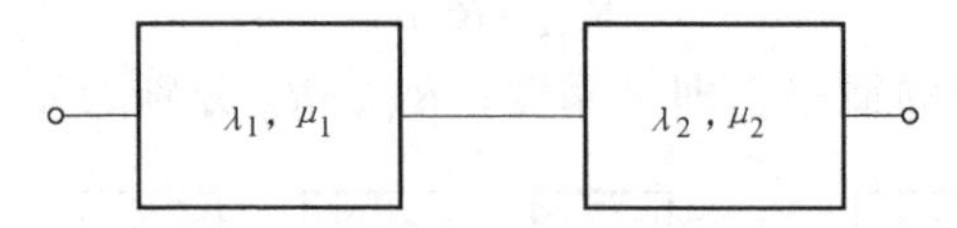

图 2-39　两元件串联系统逻辑框图

根据两个事件同时发生的概率计算规则可知

$$A_{sys}=A_1A_2 \tag{2-25}$$

$$\frac{\mu_1}{\lambda_1+\mu_1}\cdot\frac{\mu_2}{\lambda_2+\mu_2}=\frac{\mu_{sys}}{\lambda_{sys}+\mu_{sys}} \tag{2-26}$$

由于串联系统中任一元件故障，系统即失效，所以有

$$\lambda_{sys}=\lambda_1+\lambda_2 \tag{2-27}$$

将式（2-26）代入式（2-25），整理后可得

$$r_{sys}=\frac{1}{\mu_{sys}}=\frac{\lambda_1r_1+\lambda_2r_2+\lambda_1\lambda_2r_1r_2}{\lambda_{sys}} \tag{2-28}$$

当$\frac{\lambda}{\mu}\ll 1$时，式（2-28）可化简为

$$r_{sys}=\frac{\lambda_1r_1+\lambda_2r_2}{\lambda_{sys}} \tag{2-29}$$

根据上面的推理，在大多数工程近似计算中，可推广到 n 个元件串联的计算公式，即

$$A_{sys}=\prod_{i=1}^{n}A_i \tag{2-30}$$

$$\lambda_{sys}=\prod_{i=1}^{n}\lambda_i \tag{2-31}$$

$$r_{sys}=\frac{\sum_{i=1}^{n}\lambda_ir_i}{\lambda_{sys}} \tag{2-32}$$

2. 并联系统

两个元件的并联逻辑框图如图 2-40 所示。如串联系统的推理过程，当$\frac{\lambda}{\mu}\ll 1$时，可得到用于工程近似计算中的 n 个元件的并联系统的计算公式为

$$U_{sys}=\prod_{i=1}^{n}U_i \tag{2-33}$$

$$\lambda_{sys}=\prod_{i=1}^{n}\lambda_i\frac{\sum_{i=1}^{n}\lambda_i}{\prod_{i=1}^{n}\mu_i} \tag{2-34}$$

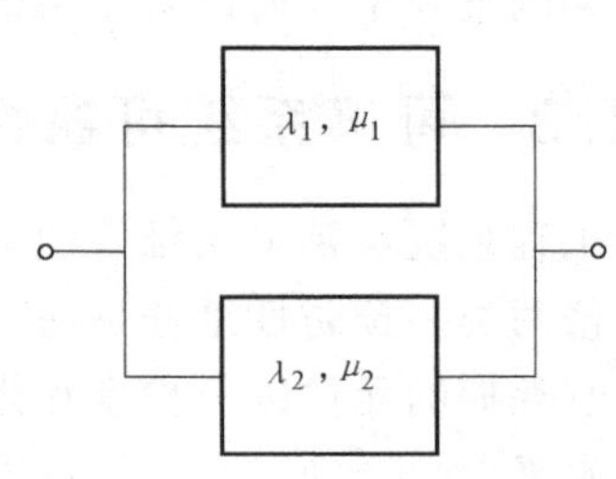

图 2-40　两元件并联系统逻辑框图

$$\mu_{sys} = \sum_{i=1}^{n} \mu_i \tag{2-35}$$

放射式配电和树干式配电属于串联系统，可以用各元件的串联组合来分析可靠性。在纯粹的树干式配电线路上，线路末端的用户不可避免地具有最差的可靠性。对于一、二级负荷，为了提高用户的供电可靠性，需要进行并联配电。存在很多形式的冗余配电系统，包括具有冗余通路的环式配电，以及双回路或带公共备用线的放射式配电方式、双回路树干式配电方式等具有来自两条馈线的配电可选方案。这些配电方式的可靠性分析可由上面的方法，将相对复杂系统可靠性模型中相应的串、并联支路归并起来从而使系统逐步得到简化，直到简化为一个等效元件。图 2-41 为双回路放射式配电系统的可靠性框图，该系统的逻辑步骤是：将元件 1~4 等效为元件 A，将元件 5~8 等效元件为 B，最后归并等效元件 A 和 B 得到等效元件 C。等效元件 C 的参数就代表了系统的可靠性。

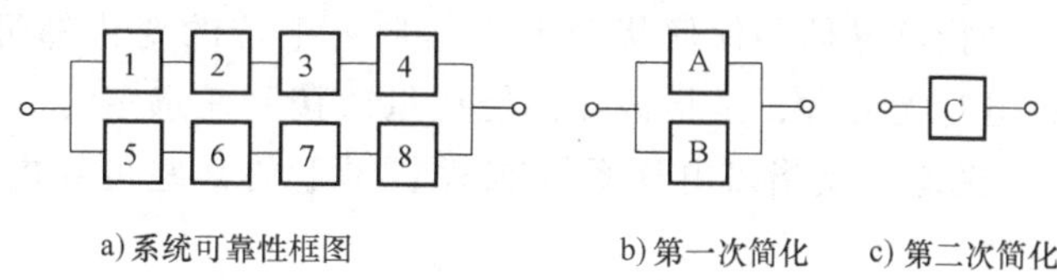

图 2-41　双回路放射式配电系统可靠性分析

2.4.4　配电系统可靠性分析举例

例 2-1　图 2-42 为一条长 4km 的配电干线，用以向某负荷中心供电。其中，3km 为架空敷设，1km 为埋地电缆敷设。埋地电缆两端有连接终端。根据 10 年运行记录，平均每公里架空线和电缆分别发生故障 2 次和 1 次。每个电缆接线终端的故障率为 0.3%次/(个·年)。此外，架空线、电缆和每个电缆接头的平均修复时间为 3h、28h 和 3h。请计算：(1) 该配电干线的故障率；(2) 配电干线平均故障修复时间；(3) 配电干线的可用度和不可用度。

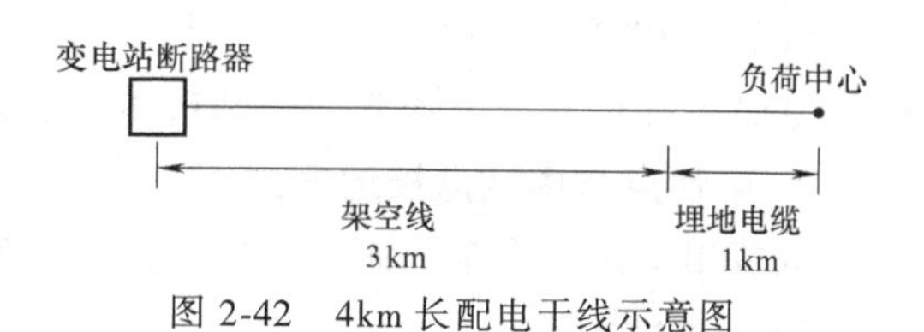

图 2-42　4km 长配电干线示意图

解：该系统为串联系统。

(1) 配电干线的故障率为各元件故障率之和：

$$\lambda_{sys} = \sum_{i=1}^{3} \lambda_i = \lambda_{OH} + \lambda_{UG} + 2\lambda_{CT} = \left(3 \times \frac{2}{10} + 1 \times \frac{1}{10} + 2 \times 0.003\right) 次/年 = 0.706 次/年$$

式中，λ_{OH} 为每公里架空线年故障率；λ_{UG} 为每公里埋地电缆年故障率；λ_{CT} 为每个电缆接线端年故障率。

(2) 配电干线平均故障修复时间为

$$r_{sys} = \frac{\sum_{i=1}^{3} \lambda_i r_i}{\lambda_{sys}} = \frac{(3 \times 0.2) \times 3 + (1 \times 0.1) \times 28 + (2 \times 0.003) \times 3}{0.706} \text{h} = \frac{4.618}{0.706} \text{h} = 6.54 \text{h}$$

(3) 不可用度为

$$U = \frac{\text{MTTR}}{\text{MTTR} + \text{MTTF}} = \frac{\bar{r}}{\bar{r} + \bar{m}} = \frac{6.54}{8760} = 0.075\%$$

可用度 $A = 1 - U = 99.925\%$

2.5 供配电系统导体配置形式及中性点运行方式

2.5.1 术语

1. 电气“地”与电气“接地”

电气上的“地”，是指可以用来作为参考电位且电容无穷大的导体。可以作为参考电位，是指该导体在任何扰动下，其自身电位的变化都可以忽略不计，可看成建立电位的基准；电容无穷大，是指该导体能提供或接受任意多的电荷，能承受任意多的电能。

“接地”是指将电气系统或者装置上的某些可导电部分与“地”进行电气连接的技术措施。

就接地所起的作用看，接地可以有以下几种类别：

(1) 功能性接地

功能性接地指保证系统（设备）正常运行或者正确实现其功能所做的接地，又称为工作接地，如电力系统中性点接地、单极大地回流输电系统接地等。

(2) 保护性接地

保护性接地指以保护人身和设备安全所做的接地，如电击防护接地、防雷接地、防静电接地、阴极保护接地等。

(3) 电磁兼容接地

电磁兼容接地指以降低电磁骚扰水平、提高抗扰度所做的接地，又称高频接地。

2. 中性点与中性点接地方式

就多相工频交流系统而言，中性点在工程应用中通常有如下两种含义。

(1) 电气中性点

电气中性点指多相系统电源或负荷端存在这样一个电气上的点，从该点到各相端子间的电压绝对值相等。

(2) 电路（或系统、绕组）中性点

电路中性点指多相系统导体元件星形（Y）或曲折联结中的公共点，又称为电路星形接点或中间点。

电气中性点本质上不是一个实际网络上的点，比如在△联结绕组上就找不到这个点的位置，但作为一个电气上的点，该点是存在的，如在相量图上就可以找到这个点，还可以说△联结负荷发生了中性点位移等。电路中性点是实际网络上的一个点，是电路结构上的中心点。大多数情况下，多相对称系统电气上的中性点正好落在电源或负荷星形联结的电路中性点上，所以为了方便，在不致引起混淆的情况下，可以笼统地使用“中性点”这个称谓。

系统中性点接地方式，指工频交流系统中发电机或变压器绕组中性点与大地的电气连接，在输变电系统中又常称为系统中性点运行方式。

3. 可导电部分

可导电部分指系统或环境中能传导电流的部分，其承载电流的能力可能有规定，也可能没有。通常关注以下几种类别：

(1) 装置外露可导电部分

装置外露可导电部分指平时不带电压，但故障情况下可能带电压的电气装置或设备的容易触及的金属外壳，有时简称为设备外壳。并不是所有的电气设备都有外露可导电部分，如塑壳电视机等家用电器就没有外露可导电部分。

(2) 装置外界可导电部分

装置外界可导电部分指给定场所中不属于电气装置或设备组成部分的导体，如场地中的金属管道等就属于装置外界可导电部分。

(3) 导体

导体指用于承载规定电流的可导电部分。工频交流系统中导体主要有如下几种。

1）相导体（相线、L 线），指接于电源相端子，并在正常工作时起传输电能作用的导体。相导体属于线导体的一种，是线导体在交流系统中的具体体现，线导体在直流系统中称为极导体。

2）中性导体（中性线、N 线），指接于电源中性点端子，并能在正常工作时起传输电能作用的导体。直流系统中与之对应的中间导体，又称为 M 线。

3）保护导体（保护线、PE 线），指为安全目的设置的导体，通常是为防止电击伤害而用来与下列任一部位做电气连接的导体：

① 装置外露可导电部分。

② 装置外界可导电部分。

③ 总接地线或总等电位联结端子。

④ 接地极。

⑤ 电源接地点或人工接地点。

在正常情况下，PE 导体上是没有电流的，它不承担传输电能的任务，但在故障情况下，它可能有电流通过。

用于保护接地的 PE 导体称为保护接地导体。

4）保护接地中性导体（保护接地中性线、PEN 线），指兼具有保护接地导体和中性导体功能的导体。

图 2-43 所示为各种导体的图形符号。

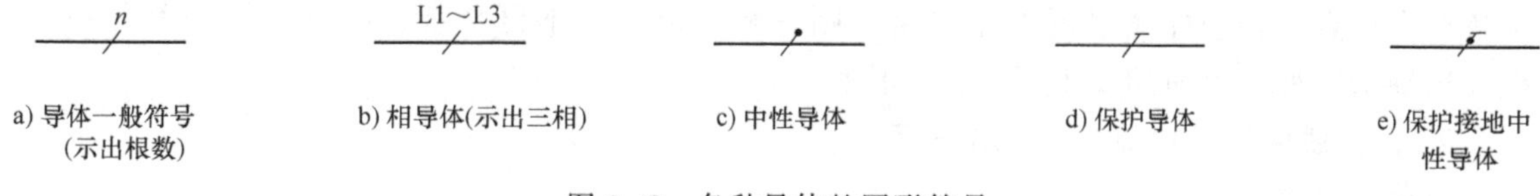

图 2-43　各种导体的图形符号

(4) 带电导体

带电导体属于带电部分，带电部分指系统正常运行带电的可导电部分，带电导体包括相导体和中性线导体，但按惯例不包括 PEN 导体。

2.5.2　三相系统

电力系统一般均为交流多相（或直流多极）系统，三相电路是供配电系统分析计算的

重要基础之一。

1. 交流三相平衡电路中的电压和电流

三相平衡电路又常称为三相对称电路。严格地讲，三相平衡（Balanced）与三相对称（Symmetric）的含义并不完全一致，但在大多数情况下，它们没有实质的区别。因此若无特别说明，后面可以混用这两个术语。

三相平衡电路，应该是三相电源电压平衡、电网三相阻抗相等、三相负荷相等。

图 2-44 所示为一具有中性线的三相平衡丫联结电路。图中，$\dot{E}_{U}$、$\dot{E}_{V}$、$\dot{E}_{W}$ 为等效三相电源电动势，Z_{G} 为等效电源内阻抗，$\dot{U}_{UN}$、$\dot{U}_{VN}$、$\dot{U}_{WN}$ 为电源端输出相电压，$\dot{U}_{UO}$、$\dot{U}_{VO}$、$\dot{U}_{WO}$ 为三相负荷相电压。三相电源电动势满足量值相等、相位各差 120°的条件，可表达为以下关系：

$$\dot{E}_{U}=E\mathrm{e}^{\mathrm{j}\alpha},\dot{E}_{V}=\dot{E}U\mathrm{e}^{-\mathrm{j}120^{\circ}}=E\mathrm{e}^{\mathrm{j}(\alpha-120^{\circ})},\dot{E}_{W}=\dot{E}U\mathrm{e}^{\mathrm{j}120^{\circ}}=E\mathrm{e}^{\mathrm{j}(\alpha+120^{\circ})}$$

在忽略阻抗的前提下，因为 O 点与 N 点等电位，负荷相电压和电源输出相电压是相等的，各相负荷相电压和相电流形式上也满足以上关系，如图 2-45 所示。

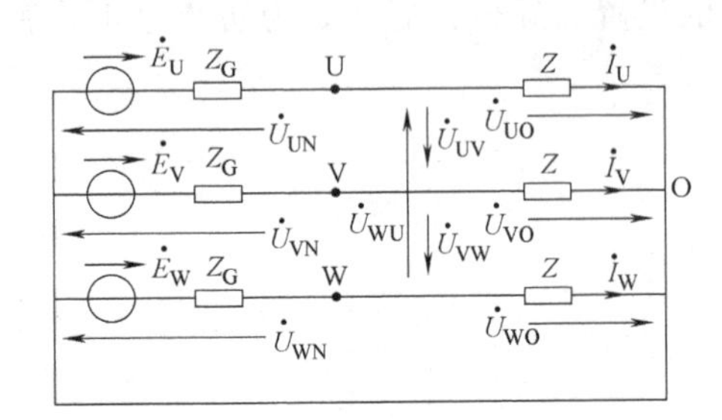

图 2-44　三相平衡电路图

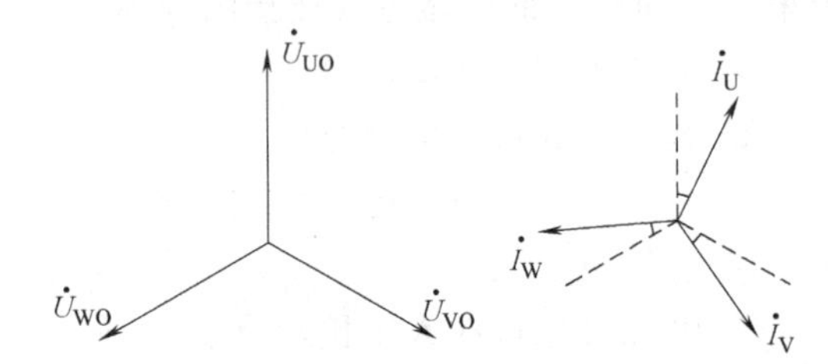

图 2-45　三相平衡电路中的电压和电流

从图 2-46 可以看出，负荷阻抗上三相电流之和等于 0，三相电压之和也等于 0。从电流瞬时值来看，任一时刻流入某相的电流，一定等于从其他两相流出的电流之和，因此中性线上电流始终为 0。

若三相负荷阻抗不相等，则中性线上会有电流通过，根据 KCL，这个电流等于三相电流之和。若不计中性线阻抗，则 N 点和 O 点仍是等电位，三相负荷电压仍然平衡，O 点仍是负荷中性点；若中性线阻抗不能忽略，则各相负荷电压不再平衡，O 点不再是负荷中性点，这种情况称为负荷端发生了中性点位移。

2. 相、线电压（电流）之间的关系

负荷上线电压为

$$\dot{U}_{UV}=\dot{U}_{UO}+\dot{U}_{OV}=\dot{U}_{UO}-\dot{U}_{VO}=\sqrt{3}\,\dot{U}_{UO}\mathrm{e}^{\mathrm{j}30^{\circ}} \tag{2-36}$$

对 $\dot{U}_{VW}$、$\dot{U}_{WU}$ 可做同样推导，如图 2-46 所示。仅从量值上看，若以 U_{φ} 表示相电压，U_{L} 表示线电压，则有关系

$$U_{L}=\sqrt{3}\,U_{\varphi} \tag{2-37}$$

图 2-46 也可以有另一种画法，如图 2-47 所示。该图中，以平面上的坐标点对应电路上的节点，坐标点之间的几何向量正好等于电路上相应节点之间的电压相量。这种相量图又称

为位势图，在供配电系统分析时有用到。

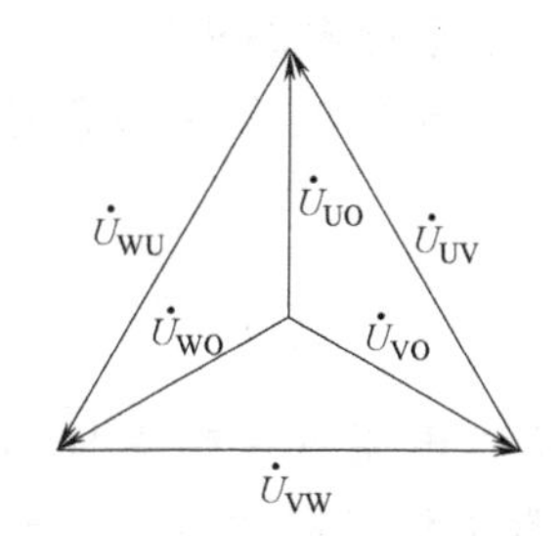

图 2-46　线电压与相电压之间的关系图

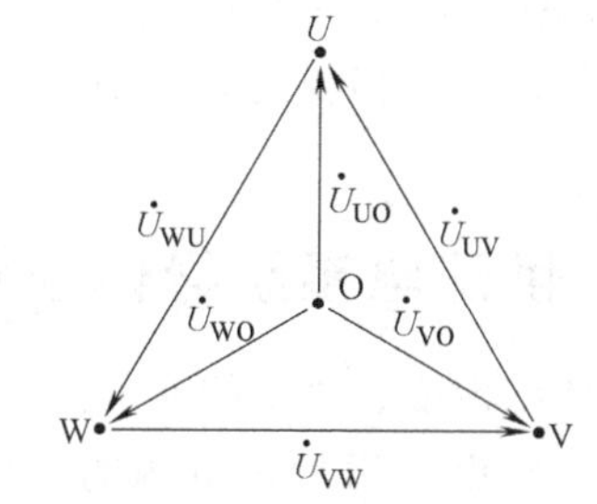

图 2-47　线电压与相电压的位势图画法

在Y联结的情况下，负荷上线电流 I_L 和相电流 I_φ 为同一个电流，即

$$I_L = I_\varphi \tag{2-38}$$

△联结的三相电路，其相、线电压和相、线电流之间的关系与Y联结是呈对偶关系。

3. 交流三相平衡电路中的功率

根据以上讨论可得出如下结论：平衡交流三相系统中各相功率瞬时值之和等于常量，且等于三相有功功率之和。这是三相“平衡”一词的另一个由来，它表明发电机只要求原动机输出恒定的轴功率，而不是随时间做正弦变化的轴功率。

就有功功率而言，三相负荷总功率应为三相功率之和，即

$$P = 3U_\varphi I_\varphi \cos\varphi \tag{2-39}$$

对于Y联结，$U_L = \sqrt{3}U_\varphi$，$I_L = I_\varphi$；对于△联结，$U_L = U_\varphi$，$I_L = \sqrt{3}I_\varphi$。将其代入式（2-39），不论Y联结还是△联结，均有

$$P = \sqrt{3}U_L I_L \cos\varphi \tag{2-40}$$

同理，对于Y联结和△联结系统，以下关系总是成立：

$$Q = \sqrt{3}U_L I_L \sin\varphi \tag{2-41}$$

$$S = \sqrt{3}U_L I_L = \sqrt{P^2 + Q^2} \tag{2-42}$$

$$I_L = \frac{S}{\sqrt{3}U_L} \tag{2-43}$$

式（2-39）~式（2-43）中，P 为三相总有功功率（kW）；Q 为三相总无功功率（kvar）；S 为三相总视在功率（kV · A）；U_φ 为相电压（kV）；U_L 为线电压（kV）；I_φ 为相电流（A）；I_L 为线电流（A）；φ 为负荷功率因数角。

4. 交流三相电路求解

将图 2-44 所示的平衡三相电路，列写成 KVL 和 KCL 方程，可以容易地得到其单相等效电路，如图 2-48 所示。单相等效电路的电压为相电压。即使三相电路无中性线，只要三相平衡，仍可以按图 2-48 所示电路求解，因为这时负荷中性点 O 与电源中性点 N 等电位，KVL 方程与有中性线时相同，且由于有中性线时中性线中并无电流，因此 KCL 方程也相同，两种情况完全等效。

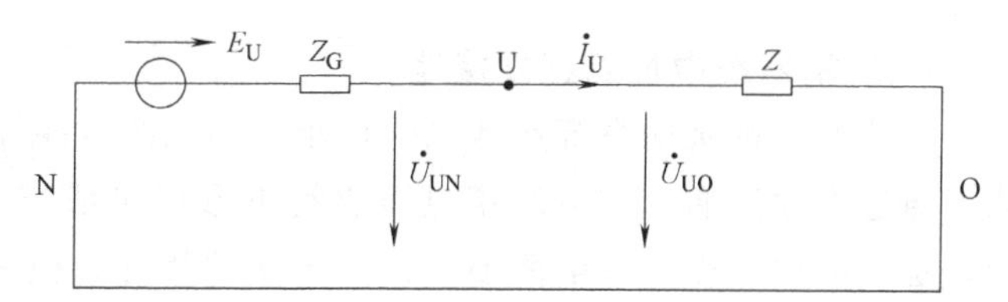

图 2-48　平衡三相系统的单相等效电路

对于负荷或电源为△联结的情况，可用△-Y变换将其转换成后再求解。

应当提醒的是，对于不平衡三相供配电系统的求解，与不平衡电路求解并不完全相同，原因在于不平衡三相供配电系统的三相等效电路中，各相元器件的有些参数是不同且未知的。

2.5.3 供配电系统导体配置

按照 IEC 标准，“X 相 X 线”系统的提法，是指低压配电系统按带电导体形式的分类。所谓“X 相”指的是电源的相数，“X 线”指的是正常工作时通过电流的导体（称为带电导体）根数，包括相线和中性线，图 2-49 是系统带电导体形式的示例。图中，PE 线出现在低压系统中，用于与保护的配合及电击防护，它在系统正常工作时是不带电的，因此不计入导体的数量中。关于 PE 线和 PEN 线的含义和用途，将在低压配电系统中详细介绍。

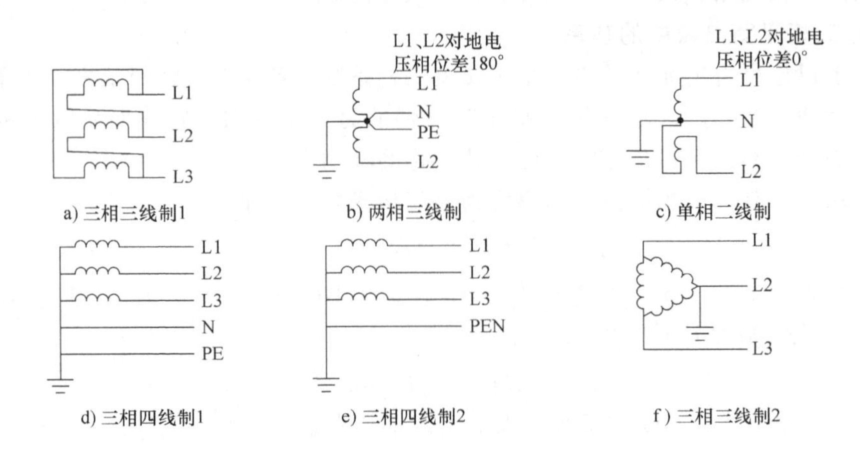

图 2-49　系统带电导体形式的示例

2.5.4 供配电系统中性点接地方式

中、高压系统中性点接地方式主要有中性点直接接地、中性点阻抗接地、中性点消弧线圈接地和中性点不接地等几种，关联的因素主要是接地故障电流和故障过电压。接地故障电流关系着系统供电连续性和设备安全性问题，接地故障过电压则关系着绝缘和造价问题，并由此带来对系统一系列技术要求的不同。

工程上一般将中性点直接接地和中性点低阻抗接地系统称为大接地电流系统，简称大接地系统；将中性点高阻抗接地和中性点不接地系统统称为小接地电流系统，简称小接地系统。

1. 三相系统中性点直接接地

中性点直接接地系统接地电阻很小，当系统发生单相接地故障时，故障接地点与电源接地点通过大地连通，在电源相电压驱动下形成量值较大的故障电流，如图 2-50 所示。为保护系统元器件不被故障电流损坏，系统保护装置会很快切断故障元器件，导致故障元器件负荷侧电网停电。由于单相接地故障是系统常见的故障，因此该接地形式对系统供电可靠性有

明显影响。

系统正常工作时，相对地电压为相电压，最高按$\frac{U_m}{\sqrt{3}}$考虑（U_m 为系统最高线电压有效值），并以此作为基本的相对地绝缘要求。中性点直接接地系统在发生单相接地故障时，故障相对地电压降低，中性点对地电压上升，非故障相对地电压也上升，但升幅较小，一般低于 1.4p.u.（1p.u. =$\frac{U_m}{\sqrt{3}}$，即系统最高相电压有效值），且持续时间很短，因此对系统的相对地绝缘不会提出额外的要求。

2. 三相系统中性点不接地

中性点不接地系统发生单相故障时，由于只有一个接地点，不能形成显在的故障回路，故障电流只是量值很小的系统对地分布电容电流，损坏系统元器件的可能性小，因此系统可以在一定时间内继续运行，供电可靠性得以提高，如图 2-51 所示。但故障时中性点对地电压升高到接近相电压，非故障相对地工频电压由正常时的相电压升高到接近线电压，当接地不稳定并出现间歇性电弧时，故障相会出现（1.5~2.5）p.u. 的对地间歇性电弧过电压，非故障相甚至可高达（2.5~3.5）p.u.，这对系统的相对地绝缘提出了额外的要求。

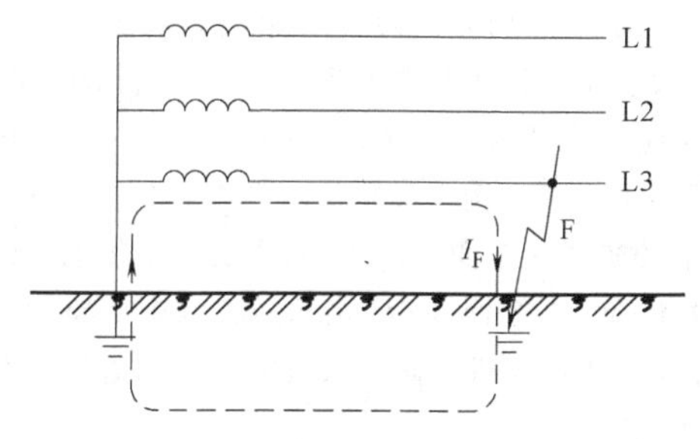

图 2-50　中性点直接接地系统接地故障图

L1、L2—非故障相　L3—故障相

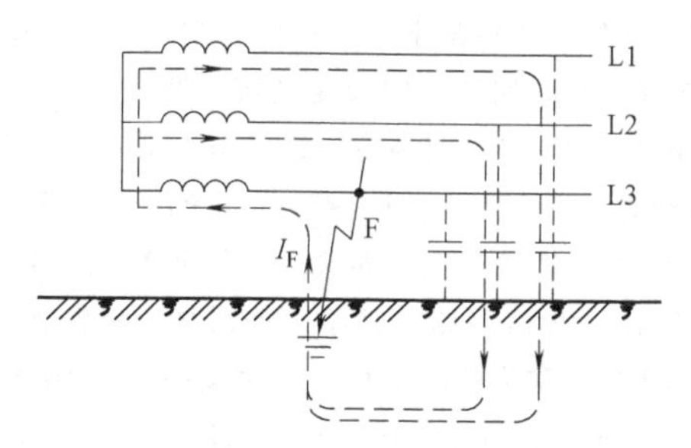

图 2-51　中性点不接地系统接地故障

L1、L2—非故障相　L3—故障相

3. 我国中、高压系统中性点接地方式

由于小接地系统发生单相接地故障时，非故障相对地电压大幅升高，考虑到相对地绝缘投资，以及超高压系统绝缘的技术瓶颈问题，因此我国 110kV 及以上高压和超高压系统基本上都采用中性点直接接地方式，单相接地故障即为单相短路故障。

35kV 及以下系统因防雷需要，其相地绝缘水平远高于正常工频相电压要求，工频耐压裕量较大。在 35kV 及以下系统采用中性点不接地或高阻抗接地形式，即可获得较高的供电可靠性，又不会在绝缘上增加过多额外的投资，因此我国 35kV、10kV 和 6kV 系统大多采用中性点不接地或者经消弧线圈接地。

20 世纪 80 年代中后期开始，由于中压电网大量采用电力电缆，接地电容电流急剧增大，单相接地导致损坏和继发相间短路的事件频繁发生，因此部分地区在 10kV 和 35kV 系统上陆续采用了低阻抗接地系统，将单相接地故障变成短路故障，由系统短路保护迅速予以切除。20kV 中压系统在我国投入运行还很少，在试运行的系统中，有采用低阻抗接地的，也有采用不接地的。

思考与练习题

2-1 请判断以下说法是否正确。

1）架空线杆塔是接地的，因此正常情况下，架空绝缘子承受的电压为相电压。

2）电力电缆缆芯导体对地绝缘高于相间绝缘。

3）只有中性点接地系统才可能有中性线。

2-2 断路器、负荷开关、隔离开关的区别是什么？

2-3 什么叫主接线？中、低压供配电系统中常用的主接线形式有哪几种？各有何特点？

2-4 主接线中母线的作用是什么？

2-5 断路器两侧隔离开关的作用是什么？什么情况下可只在断路器电源侧装设？

2-6 开关电器组合使用的原因是什么？负荷开关和断路器什么情况下可以不配置隔离开关单独使用？

2-7 某工厂仅一栋厂房，作为一个电力用户申请供电。因用电负荷较大，选用了标称电压35kV供电电源，变配电所设置在厂房内。由于该厂房中有部分10kV中压用电设备，因此变配电所选用了35/10.5/0.4kV三绕组变压器。试讨论该供配电系统与典型的一次降压系统和二次降压系统的异同。

2-8 图2-8所示为单母线分段接线，两个电源进线来自不同的上级变电所，正常运行模式为双电源独立工作，互为备用。备用切换模式为：若遇$1^{\#}$（或$2^{\#}$）电源停电，瞬间合上分段断路器QA，由$2^{\#}$（或$1^{\#}$）电源向母线Ⅰ段（或Ⅱ段）上负荷供电。试分析这种备用运行模式有什么隐患。

2-9 什么叫供配电网络结构？中、低压供配电系统中常见的网络结构有哪几种？各有何特点？

2-10 某高层建筑内设变电站一处，有两回10kV电源进线，拟选用4台变压器。其中，2台800kV·A变压器T1、T2向空调制冷机组供电，低压侧各有5个出线回路，全部为三级负荷；1台630kV·A变压器T3向动力设备供电，低压侧共有6个出线回路，其中2个回路为一级负荷中特别重要负荷，1个回路为一级负荷，2个回路为二级负荷，1个回路为三级负荷；另1台1000kV·A变压器T4向照明设备供电，低压侧共有10个出线回路，其中3个回路为一级负荷中特别重要负荷，2个回路为一级负荷，3个回路为二级负荷，2个回路为三级负荷；同时设一台0.40kV、350kW自备柴油发电机，向一级负荷中特别重要负荷供电。试根据上述条件设计两种不同的变电站主接线，并比较优劣。

2-11 图2-52a为某电力用户∏接分支的树干式配电方案，图2-52b为同一用户的环式配电方案，试分析两种配电方式对配电干线容量的要求有无不同。

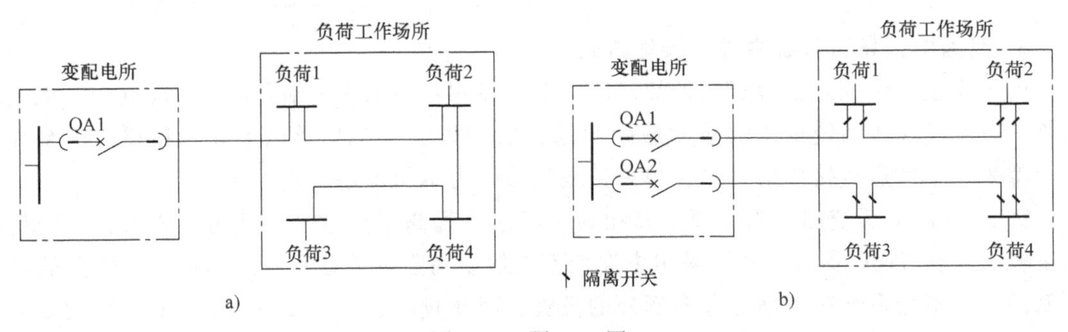

图2-52 题2-11图

2-12 图2-53所示为中性点不接地三相对称系统，E为参考地。当L3相导体接地时，忽略系统对地电容电流，L3相电位近似为参考地电位，系统三相电源相电压$\dot{U}_{UN}$、$\dot{U}_{VN}$、$\dot{U}_{WN}$量值及相位关系与正常情况相同。试用KVL计算系统中性点N和相导体L1、L2对参考地的电压。

2-13 图2-54所示为中性点不接地三相对称系统，E为参考地。当L3相导体接地时，忽略系统对地电

容电流，L3 相电位近似为参考地电位，系统三相电源相电压 $\dot{U}_U$、$\dot{U}_V$、$\dot{U}_W$ 量值及相位关系与正常情况相同。试用 KVL 计算系统中性点 N 和相导体 L1、L2 对参考地的电压。

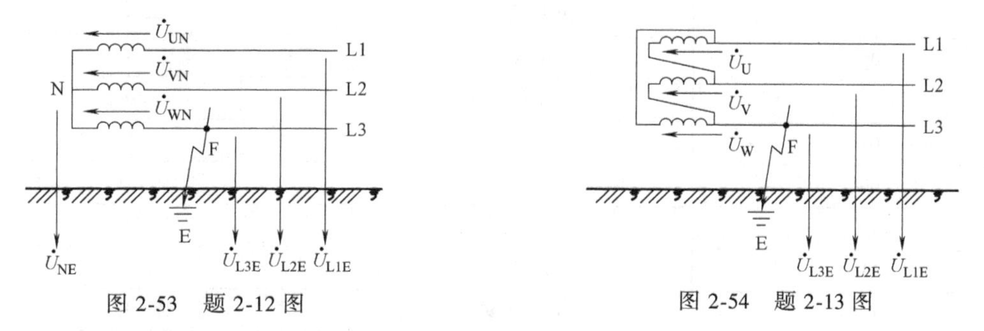

图 2-53 题 2-12 图　　图 2-54 题 2-13 图

2-14 某 15 层建筑物的负荷及楼层分布情况见表 2-4、表 2-5，已知变电站有 2 台变压器，由一回 10kV 市电电源供电。低压侧单母线分段接线，另设低压柴油发电机组 1 台。试设计由变电站低压侧向各负荷供电的供电网络。

表 2-4 题 2-14 表 1

楼层	功能	楼层设备编号			
F16	设备房	11	12	13	
F15	住宅	09	10		
F14		09	10		
F13		09	10		
F12		09	10		
F11		09	10		
F10		09	10		
F9		09	10		
F8	写字间	07	06	09	
F7		07	06	09	
F6		07	06	09	
F5		07	06	09	
F4		07	06	09	
F3	商场	05	06	09	
F2		05	06	09	08
F1		05	06	09	08
F-1	设备房	01	02	03	04

表 2-5 题 2-14 表 2

楼层设备编号	楼层设备名称	楼层设备负荷等级
01	消防水泵	特一级
02	设备房照明	特一级
03	消防送风、排烟机	特一级
04	空调制冷机组	三级

（续）

楼层设备编号	楼层设备名称	楼层设备负荷等级
05	商场照明、插座	二级
06	空调器	三级
07	写字间照明、插座	二级
08	电动扶梯	三级
09	应急照明	特一级
10	住户用电	三级
11	普通乘客电梯	二级
12	消防电梯	特一级
13	正压风机	特一级

第3章

负荷特性与负荷估计

配电系统一次元器件包含两大部分：配电网络元器件及负荷。系统设备通过合理的组合，构造成为满足负荷可靠性要求的配电系统构架，即第2章的内容。负荷是配电系统的服务对象，配电系统中每个设备都必须满足负荷正常运行时的电功率需求，因此需要了解负荷的运行特性。

电力系统负荷的运行特性广义地分成两大类，即负荷随电压或频率而变化的规律——负荷特性，以及负荷随时间而变化的规律——负荷曲线。本章首先介绍配电系统元器件和负荷模型，然后分析负荷运行特性、在系统元器件上产生的损耗、功率因数的校正方法，最后给出配电系统的负荷估计方法。

3.1　配电网络元器件模型

大多数供配电系统接受区域电网的电能，进行降压处理后，分配给不同的负荷使用，那么供配电系统的电源就是区域电网。配电系统中，还有两种主要的一次电气设备，即变压器和线路。在研究配电系统运行问题，进行各种计算的时候，既能正确反映其电磁关系，又能方便工程计算的等效电路，即电气模型。

3.1.1　配电系统电源模型

电力系统的网络拓扑结构是很复杂的，运行时的运行方式，即网络接线也会变化。在研究供配电系统问题时，对电网进行精确建模非常困难。

考虑到电力系统的电源容量相比供配电系统的电能需求量来说大很多，供配电系统中的负荷变动和短路等故障，不会引起与其电气距离非常遥远的发电机组的运行状态发生变化，于是电力系统公共配电网可以作为一个线性网络考虑。

如图3-1所示，从供配电系统的电源端（PCC）看向系统，电力系统公共配电网就是一个二端口线性网络，适用于戴维南定理，也就是可以等效为一个理想电压源 U_S 和一个系统等效阻抗 Z_S 的串联。

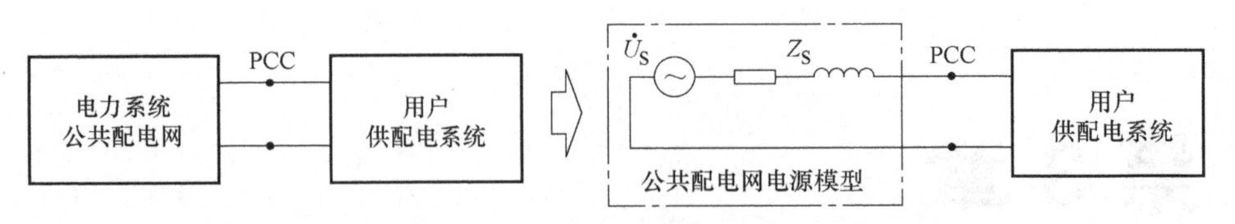

图 3-1　电网电源的等效电路

3.1.2　配电变压器电气模型

1. 配电变压器等效电路

变压器由闭合铁心，以及绕在其上的一、二次绕组组成。一、二次绕组通过铁心建立的磁路耦合，通过感应实现电压转换。图 3-2 为变压器的 T 形等效电路，图中左侧和右侧点画线框内部分分别为变压器一次和二次绕组等效电路，即绕组电阻和漏电抗的串联；中间点画线框部分为铁心和励磁部分的等效电路，即铁心损耗（磁滞和涡流损耗）和电抗。

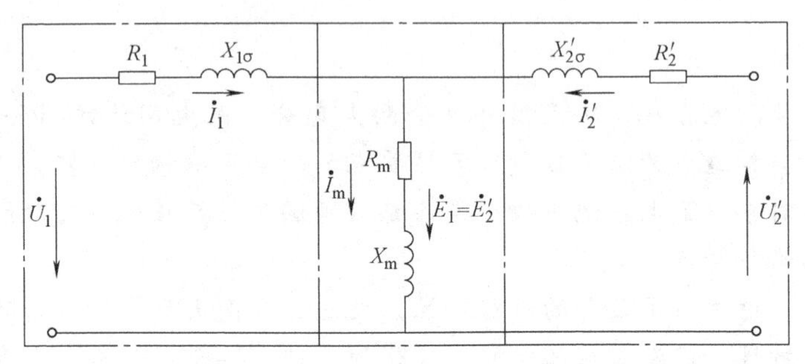

图 3-2　变压器的 T 形等效电路

变压器 T 形等效电路属于复联电路，即既有串联支路，也有并联支路，计算起来比较烦琐。对于负荷运行的电力变压器，额定负荷时一次绕组的漏阻抗压降 $\dot{I}_1Z_{1\sigma}$（$Z_{1\sigma}=R_1+\mathrm{j}X_{1\sigma}$）仅占额定电压的百分之几，而励磁电流 $\dot{I}_m$ 又远小于额定电流 $\dot{I}_1$，因此把 T 形等效电路中的励磁分支从电路的中间移到电源端，对变压器的运行计算不会带来明显的误差。这样，就得到图 3-3a 所示的 Γ 形近似等效电路。

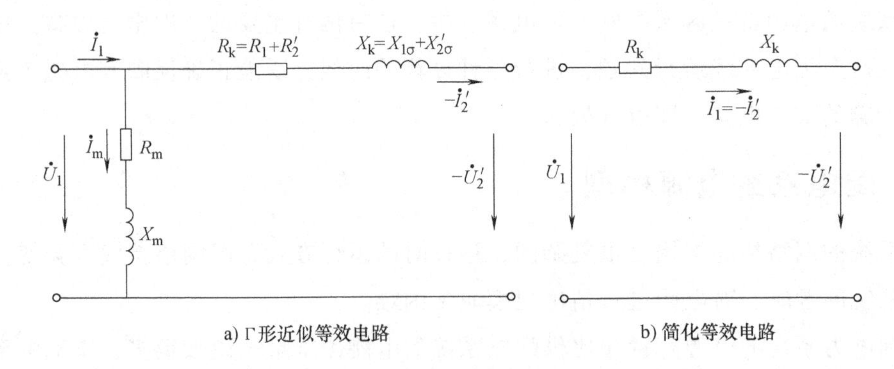

图 3-3　变压器的近似和简化等效电路

对于 35kV 以下的变压器，可进一步忽略励磁电流，则等效电路进一步简化为串联电路，如图 3-3b 所示，此电路就称为简化等效电路。在简化等效电路中，变压器的等效阻抗表现为一串联阻抗 Z_k，Z_k 称为等效漏阻抗。

$$\begin{cases} Z_k = Z_{1\sigma} + Z'_{2\sigma} = R_k + jX_k \\ R_k = R_1 + R'_2 \\ X_k = X_{1\sigma} + X'_{2\sigma} \end{cases} \tag{3-1}$$

式中，Z_k 可以由短路试验测出，故 Z_k 也称为短路阻抗。

2. 配电变压器等效电路参数测定

配电变压器等效电路的参数，可以用开路试验和短路试验来测定。这两个试验是变压器的主要试验项目。下面以单相变压器为例，说明通过开路试验和短路试验确定变压器参数的方法。

（1）开路试验

开路试验也称空载试验，试验的接线图如图 3-4 所示。试验时，将二次绕组开路，调节试验电压源使电压表读数为一次侧额定电压 U_{r1}（实际试验时通常是在低压侧加额定电压），测量此时的输入有功功率 P_0、一次电压 U_{r1} 和电流 I_0，即可算出励磁阻抗。

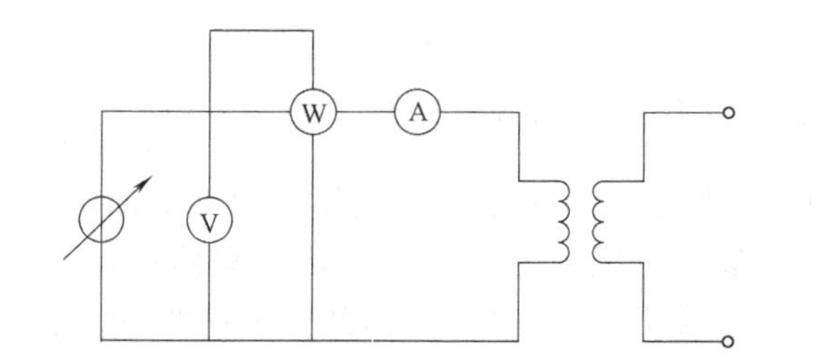

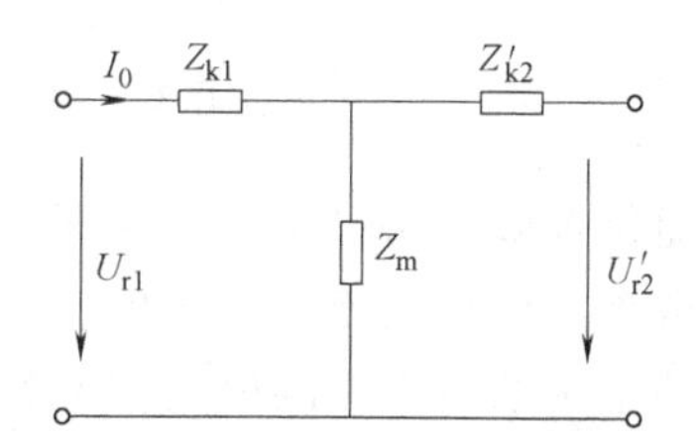

图 3-4　变压器的开路试验

变压器二次绕组开路时，一次绕组流过的电流就是空载电流。由于一次漏阻抗 $Z_{1\sigma}$ 比励磁阻抗 Z_m 小得多，将它略去不计，可得励磁阻抗 Z_m 为

$$|Z_m| = \frac{U_{r1}}{I_0} \tag{3-2}$$

由于空载电流很小，它在一次绕组中产生的电阻损耗可忽略不计，所以空载有功功率可认为基本上是供给铁心损耗的，故励磁电阻 R_m 应该为

$$R_m \approx \frac{P_0}{I_0^2} \tag{3-3}$$

于是，励磁电抗为

$$X_m = \sqrt{|Z_m|^2 - R_m^2} \tag{3-4}$$

空载试验测得的空载电流 $I_0\%$，产品铭牌上一般以标幺值形式给出，基值为变压器额定电流，对实际使用的三相变压器，有

$$I_0\% = I_0 \bigg/ \left(\frac{S_r}{\sqrt{3}U_{r1}}\right) \times 100\% = \frac{U_{r1}}{\sqrt{3}|Z_m|} \bigg/ \left(\frac{S_r}{\sqrt{3}U_{r1}}\right) \times 100\% = \frac{U_{r1}^2}{|Z_m| S_r} \times 100\% \tag{3-5}$$

变压器一次侧、二次侧各有其额定电流。式（3-5）中，I_0 在哪侧测得，基值就取那一侧的额定值。试验数据验证，尽管变压器一、二侧空负荷电流相差很大，但其标幺值是相等的，因此用标幺值 $I_0\%$ 表达时就不用再说明是哪一侧的数据。

空载试验得到的空载有功功率（空载损耗）P_0 和空载电流 $I_0\%$ 是变压器铭牌上两个重

要的参数，可以用于计算变压器励磁回路阻抗。

为了试验时的安全和仪表选择的方便，开路试验时通常在低压侧加上电压，高压侧开路，将此时测出的值为归算到低压侧的值。归算到高压侧时，各参数应乘以 k^2，$k=N_{高压}/N_{低压}$。

（2）短路试验

短路试验亦称为负载试验，图 3-5 表示试验时的接线图和等效电路。试验时，将二次绕组短路，逐渐升高一次侧试验电源电压，至电流表读数达到一次侧额定电流 I_{r1} 时停止，测量此时的一次电压 U_k、输入功率 P_k，即可确定漏阻抗。

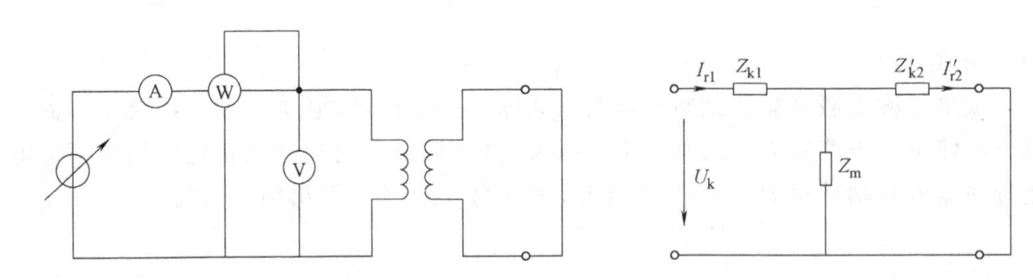

图 3-5　变压器的短路试验接线图和等效电路

从简化等效电路可见，变压器短路时，外加电压仅用于克服变压器内部的漏阻抗压降，当短路电流为额定电流时，该电压一般只有额定电压的 5%～15%，因此短路试验时变压器铁心内的主磁通很小，励磁电流和铁耗均可忽略不计，于是变压器的漏阻抗即为短路时所表现的阻抗 Z_k，即

$$|Z_k| \approx \frac{U_k}{I_{r1}} \tag{3-6}$$

若不计铁耗，短路时的输入功率 P_k 可认为全部消耗在一次和二次绕组的电阻损耗上，故短路电阻 R_k 为

$$R_k = \frac{P_k}{I_{r1}^2} \tag{3-7}$$

短路电抗 X_k 则为

$$X_k = \sqrt{|Z_k|^2 - R_k^2} \tag{3-8}$$

短路试验通常在高压侧加电压，由此所得到的参数值为归算到高压侧的值。

短路试验时，使电流达到额定值时所加的电压称为阻抗电压或短路电压。产品铭牌一般以标幺值形式给出，基值为变压器额定电压。同样，U_k 在哪一侧测出，就取那一侧的额定电压为基值。以图 3-5 为例，U_k 的标幺值为

$$U_k\% = \frac{U_k}{U_{r1}} \times 100\% = \frac{I_{r1}|Z_k|}{U_{r1}} \times 100\% \tag{3-9}$$

短路试验得到的短路有功功率（短路损耗）P_k 和阻抗电压 $U_k\%$ 也是变压器铭牌上两个重要的参数，可以用于计算变压器绕组阻抗。

对于三相变压器，以上关系式同样适用，只是所有的功率值均应为三相总和，电流为线电流，电压为线电压。

3.1.3　配电线路电气模型

1. 配电线路等效电路

当交流电流通过线路时，会产生热量，可以用电阻来等效；会有交变磁场产生的自感和互感效应，可用电抗来等效；还会与大地之间产生电流泄漏，以电导来等效；与大地之间的电场产生的电容效应，以电纳来等效。于是，线路就是以电阻、电抗、电导和电纳来进行等效。因为电阻和电抗的热效应和电磁感应效应，对应于线路流过电流时的效应，所以电阻和电抗应该是串联的关系；而电导与电纳则是表达线路与地之间承受相电压时的热效应和电容效应，于是二者是并联的关系。

如果已知单位长度电力线路的电阻（r_1）、电抗（x_1）、电纳（b_1）和电导（g_1），就可作出最原始的电力线路等效电路，如图 3-6 所示。这是单相等效电路，之所以可以用单相等效电路代表三相，一方面考虑的是三相对称运行方式，另一方面也考虑三相架空线路都已经整循环换位。如果系统元件处于三相不对称状态或者三相不平衡运行时，就不能用这种方式简单等效。

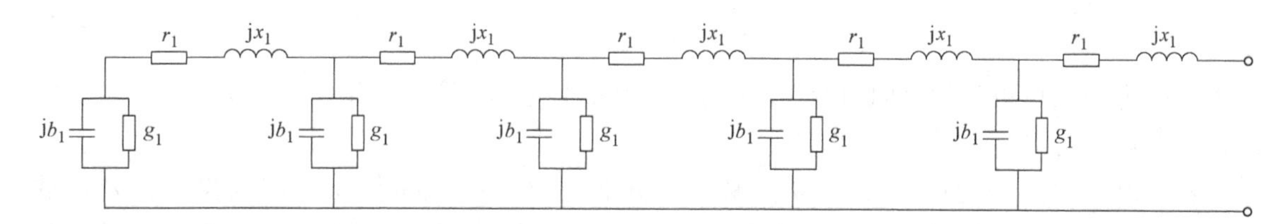

图 3-6　电力线路的单相等效电路

以单相等效电路代表三相虽然已简化了不少计算，但由于电力线路的长度往往数十乃至数百 km，如将每 km 的电阻、电抗、电纳和电导都一一绘制在图上，所得的等效电路仍十分复杂。何况，严格来说，配电线路的参数是均匀分布的，即使是极短的一段线路，都有相应大小的电阻、电抗、电纳、电导。换言之，即使是如此复杂的等效电路，也不能认为精确。但好在配电线路一般不长，需分析的往往又是它们的端点情况——两端电压、电流、功率，通常可以不考虑线路的这种分布特性。

当线路长度为 l（单位为 km）时，其每相的总电阻、电抗、电纳和电导为

$$R=r_1l;X=x_1l;B=b_1l;G=g_1l$$

（1）短线路的等效电路

短线路是指长度不超过 100km 的架空线路。线路电压不高时，这种线路的电纳 B 和电导 G 的影响一般不大，可略去。从而，这种线路的等效电路最简单，只有一串联的总阻抗 $Z=R+jX$，如图 3-7 所示。中低压配电线路长度一般都远小于 100km，因此可以使用这种模型等效。

（2）中等长度线路的等效电路

所谓中等长度线路，是指长度在 100~300km 之间的架空线路和长度不超过 100km 的电缆线路。这种线路的电纳 B 一般不能略去。图 3-8 是常用的 π 形等效电路，在该电路中，除串联的线路总阻抗 $Z=R+jX$，还将线路的总导纳 $Y=jB$ 分成两半，分别并联在线路的始末端。

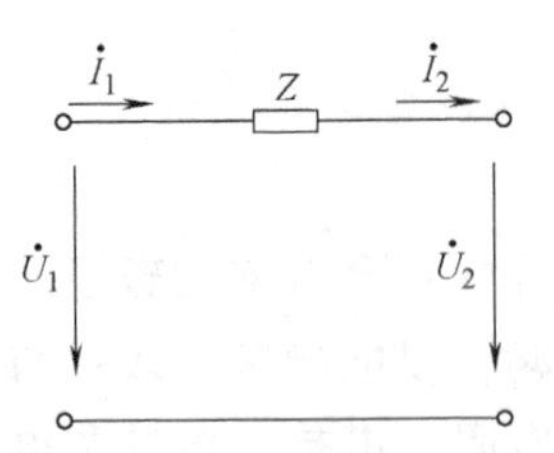

图 3-7　短线路的等效电路图

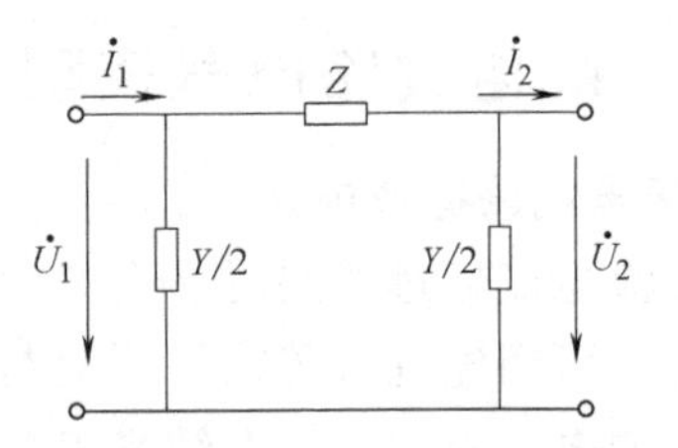

图 3-8　中等长度线路的 π 形等效电路

(3) 长线路的等效电路

长线路是指超过 300km 的架空线路和超过 100km 的电缆线路。对这种线路，必须考虑它们的分布参数特性，这里不再对此做深入探讨。

2. 配电线路等效电路参数确定

(1) 架空线路的电阻

架空线路载流导线一般采用铝线、钢芯铝线和铜线。它们每相单位长度的电阻可按式（3-10）计算：

$$r_1 = \frac{\rho}{A} \tag{3-10}$$

式中，r_1 为导线单位长度电阻（Ω/km）；ρ 为导线材料的电阻率（$\Omega \cdot mm^2/km$）；A 为导线额定截面积（mm^2）。

铝的电阻率为 $31.5\Omega \cdot mm^2/km$，铜的电阻率为 $18.8\Omega \cdot mm^2/km$。因为需要计及趋肤效应，交流电阻率略大于相应材料的直流电阻率。另外，绞线每一股的长度略大于导线长度，因而计算时采用的额定截面积会略大于实际截面积。

实际应用中，导线的电阻通常可以从产品目录或手册中查得。但由于产品目录或手册中查得的通常是 20℃ 时的电阻值，而线路的实际运行温度往往异于 20℃，必要时可按式（3-11）修正：

$$r_\theta = r_{20}[1+\alpha(\theta-20)] \tag{3-11}$$

式中，r_θ、r_{20} 分别为单位长度导线在温度 θ（℃）和 20℃ 的电阻（Ω/km）；α 为电阻的温度系数，对于铝，$\alpha = 0.0036$，对于铜，$\alpha = 0.00382$。

(2) 架空线路的感抗

线路上通过电流会产生磁通，该磁通与本线路的电流交链，产生自感抗；若该磁通与另一条线路的电流交链，则与另一条线路间产生互感抗。感抗实际上表明有一个感应电动势，该感应电动势与它产生的磁链成正比，而磁链又与产生它的电流成正比，感抗就是感应电动势与产生它的电流的比例系数。

平衡三相线路的感抗 $X = 2\pi f(L-M)$，L 为自感抗，M 为与邻近线路的互感抗。因平衡三相电路中，每一相电流均为其他两相电流之和的负值，故其他两相对第三相的互感抗，使总感抗减小。

三相架空线路的感抗为

$$x_1 = 0.1445\lg\frac{D_a}{D_{as}} \tag{3-12}$$

式中，x_1 为线路每相单位长度的感抗（Ω/km）；D_a 为各相导体间的几何均距（cm），对于

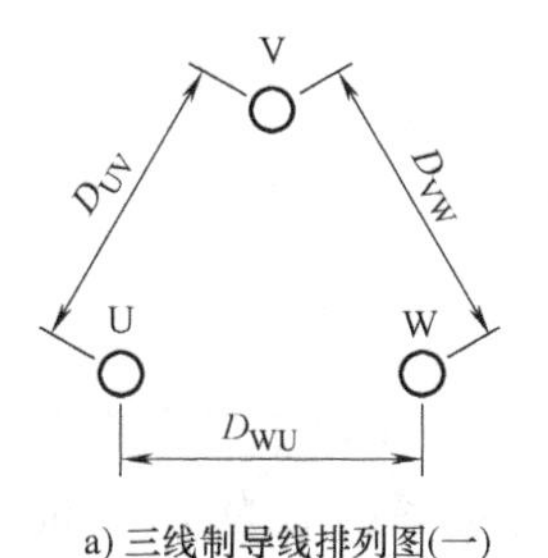

a) 三线制导线排列图(一)

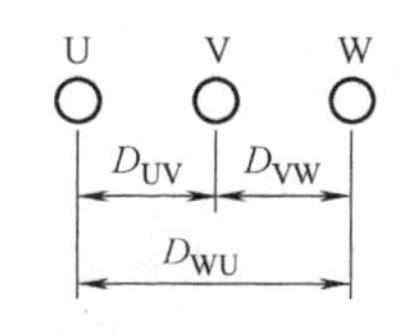

b) 三线制导线排列图(二)

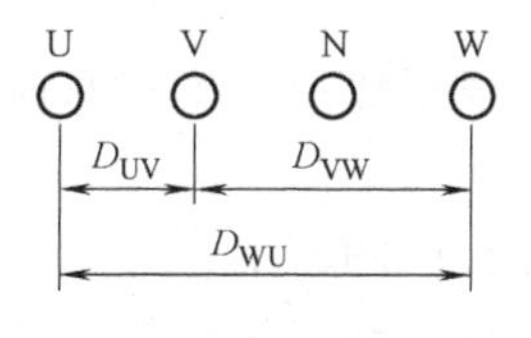

c) 四线制导线排列图(一)

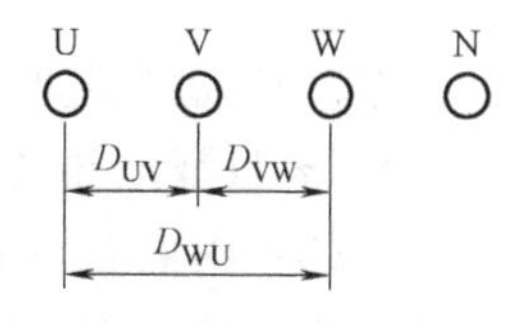

d) 四线制导线排列图(二)

图 3-9 架空线路导线排列图

架空线为 $\sqrt[3]{D_{UV}D_{VW}D_{WU}}$，如图 3-9 所示，对于穿管电线及圆形线芯电缆为 $d+2\delta$，对于扇形线芯电缆为 $h+2\delta$（见图 3-10），其中，d 为电线或圆形线芯电缆主线芯的直径（cm），δ 为穿管电线或电缆主线芯的绝缘厚度（cm），h 为扇形线芯电缆主线芯的压紧高度（cm）。D_{as} 为线芯自几何均距（或称等效半径）（cm），对于圆形线芯电线、电缆，D_{as} 取 $0.389d$；对于扇形线芯电缆，D_{as} 取 $0.439\sqrt{S}$，S 为线芯标称截面积（cm^2）。

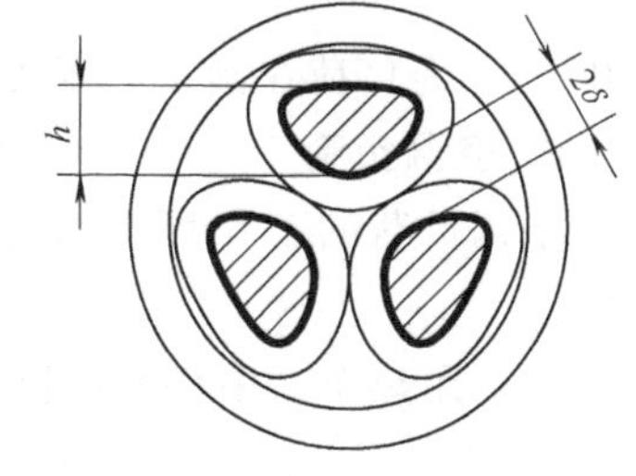

图 3-10 电缆扇形线芯排列图

3. 配电线路导纳

（1）三相架空线路的电纳

导线的电纳取决于导线周围的电场分布，计算公式如下：

$$b_1=\frac{7.58}{\lg\dfrac{D_a}{D_{as}}}\times10^{-6} \tag{3-13}$$

由于导线电纳与几何均距、导线半径之间也有对数关系，架空线路的电纳变化不大，其值约为 2.85×10^{-6}S/km。

（2）架空线路的电导

线路的电导取决于沿绝缘子串的泄漏和电晕，与导线的材料无关。实际上，沿绝缘子串的泄漏通常很小，而在设计线路时，就已经检验了所选导线的半径能否满足晴朗天气不发生电晕的要求，因此一般情况下可认为 $G=0$。

3.2 配电系统负荷模型

配电系统负荷指的是系统中各种将电能转化成其他形式能量的用电设备，如电动机、电弧炉、加热器、空调器、照明器、计算机等。由于用电设备的多样性，负荷模型的描述方法与系统元件——变压器、线路、无功补偿设备等不同。负荷量值不仅与用电设备组中各台设备的工作状态有关，还与系统的电压、频率等电网运行参数有关系。负荷在额定电压和额定频率下才可能具有额定功率，当配电系统接入点电压和频率偏离负荷额定电压和额定频率时，其功率发生变化，负荷功率随负荷端电压或者系统频率变化而变化的规律称为负荷特性，因而有电压特性和频率特性之分。它们又进一步分为静态特性和动态特性两类。前者指电压或频率变化进入稳定时，负荷功率与电压或频率的关系；后者则指电压或频率急剧变化过程中，负荷功率与电压或频率的关系。本节介绍负荷静态特性。

3.2.1 单一电力负荷的静态模型

单一负荷的模型可以根据负荷的工作原理和特性建立。

1. 电阻型电热负荷

电热负荷容量分布在很广的范围，可大到几十 kW，或者也可小到 1kW 及以下。常用电热负荷有电热水器、电暖设备和电炉灶等。这类设备不消耗无功功率（功率因数为 1），也不受频率影响，通常将其视为恒电阻负荷，即负荷的等效电阻不受端电压高低的影响。于是，这类负荷的有功功率与端电压的二次方成正比。

$$R=\frac{U_r^2}{P_r}=\frac{U^2}{P} \qquad \Rightarrow \qquad P=P_r\left(\frac{U}{U_r}\right)^2 \tag{3-14}$$

式中，P_r 为负荷在额定电压 U_r 下的有功功率；P 为负荷电压 U 下的有功功率。

2. 空调负荷

空调负荷的工作原理就是卡诺循环。空调压缩机和风扇是其主要耗电部分，均为电动机。

商业用热泵式中央空调器（制冷）的静态模型为

$$\begin{cases} P=P_r\left(\dfrac{U}{U_r}\right)^{0.1}(1+1.0\Delta f)\approx P_r+P_r\Delta f \\ Q=Q_r\left(\dfrac{U}{U_r}\right)^{2.5}(1-1.3\Delta f) \end{cases} \tag{3-15}$$

式中，Q_r 为负荷在额定电压 U_r 下的无功功率；Q 为负荷电压 U 下的无功功率；Δf 为系统频率与额定频率的差值。

由式（3-15）的有功功率表达式可以看出，电压比值的指数值很小，也就是说当电压变化、频率不变时，电动机的功率变化很小。例如，实际电压为 90%额定电压时，有功功率只有约 1%的变化，可以认为基本不变，即，负荷的有功功率与端电压无关，称为恒功率负荷。

3. 电磁炉负荷

电磁炉是采用磁场感应涡流加热原理工作。电流通过线圈产生磁场，当磁力线通过含铁质锅底部时，会产生涡流，使锅体本身自行高速发热。

电磁炉的静态模型为

$$\begin{cases} P=P_r\dfrac{U}{U_r} \\ Q=Q_r\left[1.91\left(\dfrac{U}{U_r}\right)^2-0.91\right] \end{cases} \tag{3-16}$$

式（3-16）表明，有功功率与端电压成正比，即，负荷电流的有功分量与端电压无关，因此这类负荷按有功功率特性称为恒电流负荷。

4. 一般形式的静态负荷模型

从负荷的静态电压特性看，有些负荷可以用恒阻抗（电阻）模型、恒功率模型或者恒电流模型表述，如前述三种负荷。有些负荷的静态电压特性是这几种特性的组合。

例如，白炽灯的 ZI（恒阻抗+恒电流）模型为

$$P_{\mathrm{ZI}}=P_{\mathrm{r}}\left[0.60\left(\frac{U}{U_{\mathrm{r}}}\right)^{2}+0.40\frac{U}{U_{\mathrm{r}}}\right] \tag{3-17}$$

液晶电视机的有功功率 ZIP（恒阻抗+恒电流+恒功率）及无功功率 Z 模型为

$$P_{\mathrm{ZIP}}=P_{\mathrm{r}}\left[0.18\left(\frac{U}{U_{\mathrm{r}}}\right)^{2}-0.29\frac{U}{U_{\mathrm{r}}}+1.11\right]$$

$$Q_{\mathrm{Z}}=Q_{\mathrm{r}}\left(\frac{U}{U_{\mathrm{r}}}\right)^{2} \tag{3-18}$$

还有些负荷的静态特性介于这几种之间。

例如，某电冰箱的静态电压特性为

$$\begin{cases}P=P_{\mathrm{r}}\left(\dfrac{U}{U_{\mathrm{r}}}\right)^{0.732}\\[2ex]Q=Q_{\mathrm{r}}\left(\dfrac{U}{U_{\mathrm{r}}}\right)^{1.73}\end{cases} \tag{3-19}$$

图 3-11 示出上述各种负荷的静态电压特性。可见，恒阻抗负荷的有功功率受电压影响最大，而恒功率负荷的有功功率与端电压无关。当然这并意味着恒功率负荷在很低的电压下都可以运行。当电压下降到一定程度时，这些负荷就会停止工作或不能正常工作。总体来讲，系统电压与负荷额定电压出现负偏离时（$U>U_{\mathrm{r}}$），负荷有功出力会减小；系统电压与负荷额定电压出现正偏离时（$U<U_{\mathrm{r}}$），负荷有功出力会增加，但是过高的电压对负荷设备的绝缘会有负面影响。

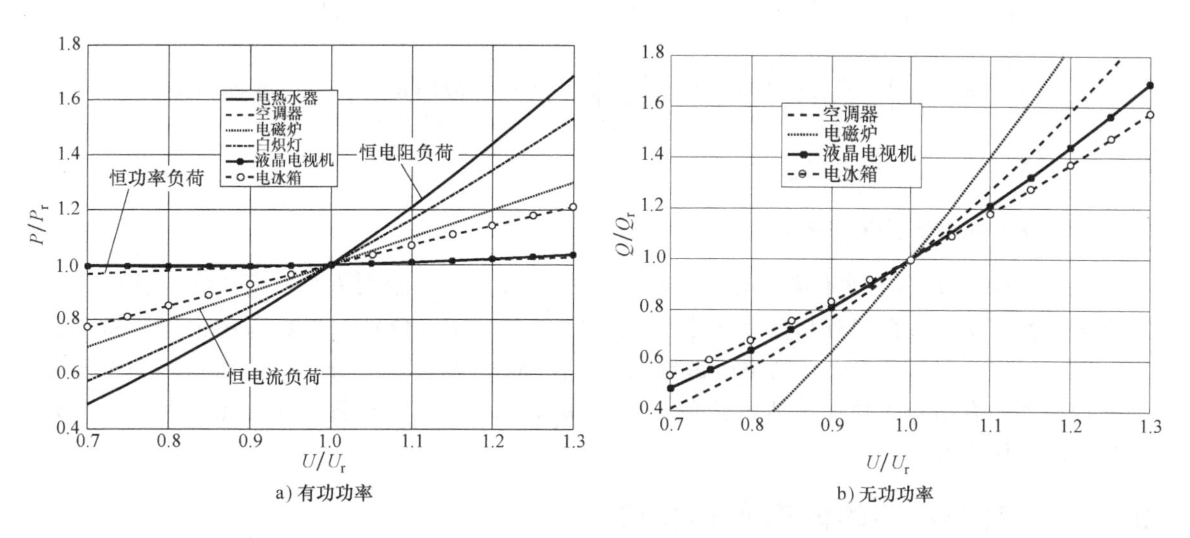

a) 有功功率　　b) 无功功率

图 3-11　单一负荷的静态电压特性

与有功功率静态特性比较，负荷的无功功率静态特性曲线一般具有更大的陡度，这意味着在适当降低运行电压，不影响负荷功能的情况下，负荷的无功功率可以有更大幅度的降低。换句话说，适当降低运行电压，可以较大幅度降低无功电流，即降低这部分电流在配电系统网络元件上的损耗。这也是一种降低系统损耗的技术措施。

3.2.2 综合电力负荷的静态模型

对于系统的某个负荷接入点，负荷种类往往是多样化的。其综合负荷特性一般由试验数据拟合得到，常用的拟合函数有幂函数和多项式函数，因此，负荷模型也有幂函数模型和多项式模型。

1. 负荷幂函数静态模型

幂函数模型的一般表达式为

$$\begin{cases} P = P_0\left(\dfrac{U}{U_0}\right)^{P_V}\left(\dfrac{f}{f_0}\right)^{P_f} \\ Q = Q_0\left(\dfrac{U}{U_0}\right)^{Q_V}\left(\dfrac{f}{f_0}\right)^{Q_f} \end{cases} \tag{3-20}$$

式中，P_0、Q_0、U_0、f_0 分别为基准点稳态运行时负荷有功功率、无功功率、负荷母线电压幅值和频率；P、Q、U、f 分别为相应的实际值。P_V、Q_V 分别为负荷有功和无功功率的电压特征指数；P_f、Q_f 分别为负荷有功和无功功率的频率特征指数。这种模型只适用于电压和频率小范围变化的情况。

2. 负荷多项式静态模型

IEEE 推荐的多项式模型的一般表达式为

$$\begin{cases} \dfrac{P}{P_0} = K_{pz}\left(\dfrac{U}{U_r}\right)^2 + K_{pi}\left(\dfrac{U}{U_r}\right) + K_{pc} + K_{p1}\left(\dfrac{U}{U_r}\right)^{n_{pv1}}(1+n_{pf1}\Delta f) + K_{p2}\left(\dfrac{U}{U_r}\right)^{n_{pv2}}(1+n_{pf2}\Delta f) \\ \dfrac{Q}{Q_0} = K_{qz}\left(\dfrac{U}{U_r}\right)^2 + K_{qi}\left(\dfrac{U}{U_r}\right) + K_{qc} + K_{q1}\left(\dfrac{U}{U_r}\right)^{n_{qv1}}(1+n_{qf1}\Delta f) + K_{q2}\left(\dfrac{U}{U_r}\right)^{n_{qv2}}(1+n_{qf2}\Delta f) \\ K_{pz}+K_{pi}+K_{pc}+K_{p1}+K_{p2}=1 \\ K_{qz}+K_{qi}+K_{qc}+K_{q1}+K_{q2}=1 \end{cases} \tag{3-21}$$

式中，P_0、Q_0 分别为总静态有功和无功功率；K_{pz}、K_{pi}、K_{pc} 分别为总负荷中恒定阻抗、恒定电流、恒定功率负荷的有功功率所占比例；K_{qz}、K_{qi}、K_{qc} 分别为总负荷中恒定阻抗、恒定电流、恒定功率负荷的无功功率所占比例；K_{p1}、K_{p2}、K_{q1}、K_{q2} 分别为总负荷中与电压和频率均相关的有功和无功功率所占比例；n_{pf1}、n_{pf2}、n_{qf1}、n_{qf2} 分别为有功和无功功率与频率相关的比例系数。

3.2.3 典型用户的静态负荷特性

不同用户（行业）的负荷特性取决于各行业负荷中各类用电设备的比重，表 3-1 给出了几种工业部门用电设备比重的统计。由表 3-1 可见，棉纺工业的负荷特性几乎就是异步电动机的特性，电化厂的负荷特性大体可以整流设备的特性代表，钢铁工业的负荷特性主要取决于电热电炉的特性，等等。

图 3-12 和图 3-13 中分别给出表 3-1 中部分工业负荷的实测静态电压特性和静态频率特性。由图可见，随着电压的下降，负荷的有功功率和无功功率都将减小；随着频率的下降，

负荷的有功功率将减小，但无功功率却将增加。将某工业城市的各种工业负荷特性集中起来，就是该城市综合负荷静态特性，如图 3-14 所示。

表 3-1　几种工业部门用电设备比重的统计

类型	综合性中小工业	棉纺工业	石油工业	化学工业——化肥厂、焦化厂	化学工业——电化厂	大型机械加工工业	钢铁工业
异步电动机	79.1%	99.8%	81.6%	56.0%	13.0%	82.5%	20.0%
同步电动机	3.2%		18.4%	44.0%		1.3%	10.0%
电热电炉	17.7%	0.2%				15.0%	70.0%
整流设备					87.0%	1.2%	

注：1. 比重按功率计；
2. 照明设备的比重很小，未统计在内。

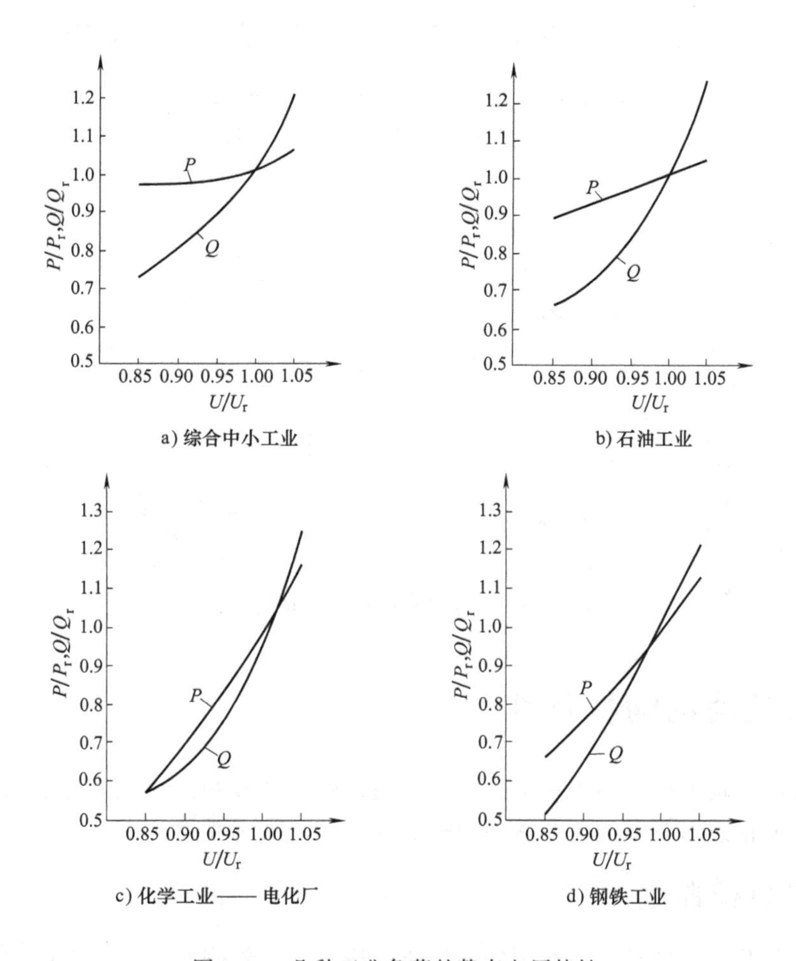

图 3-12　几种工业负荷的静态电压特性

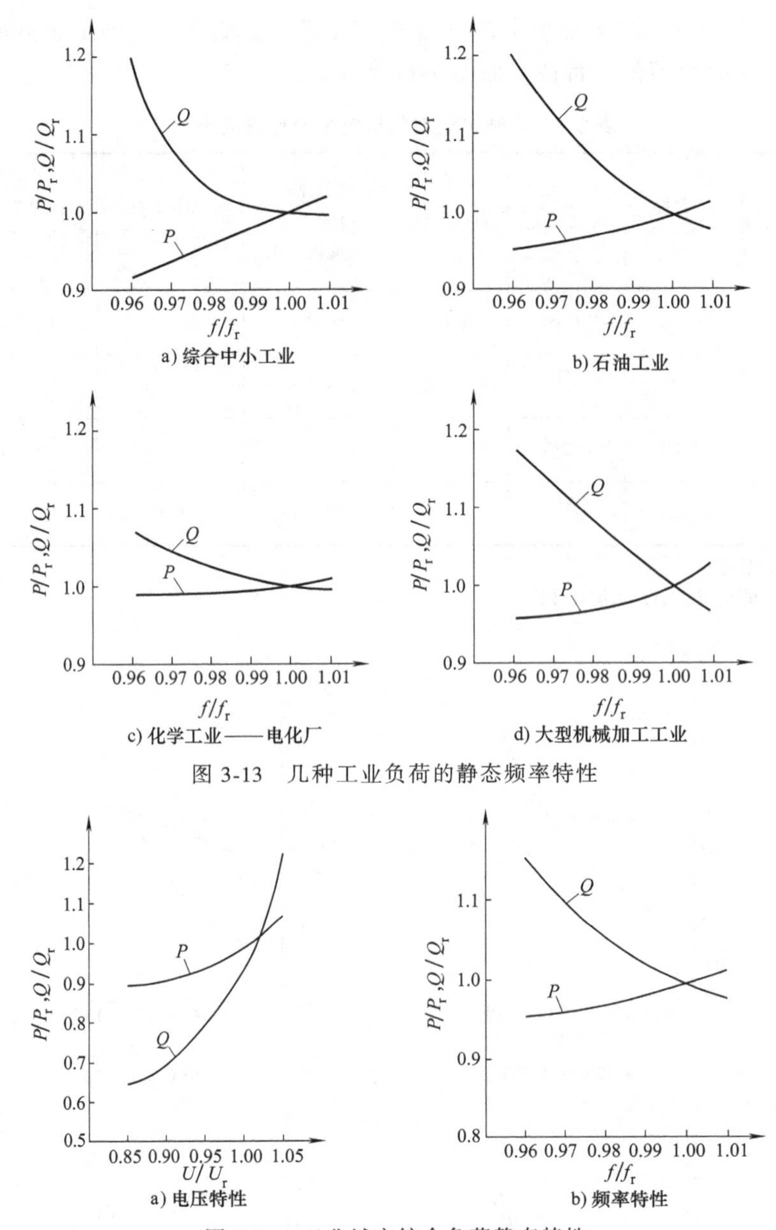

图 3-13　几种工业负荷的静态频率特性

图 3-14　工业城市综合负荷静态特性

3.3　负荷波动的随机特性

电力负荷不仅跟电压、频率相关，还随着用户的生产规律或生活习惯、天气等变化等，在时间尺度上变化。本节介绍负荷波动的随机特性及其描述方法。

3.3.1　日负荷曲线

为了描述负荷在不同时刻具有不同的量值的特性，一般按照一天（24h）的时间顺序依

次绘出负荷大小，得到的曲线称为日负荷曲线。图 3-15 为某住宅负荷、商业负荷和工业负荷的日负荷曲线。横坐标为时间，纵坐标为负荷，负荷以有功功率、无功功率、视在功率、电流来表述。可见，不同用户有各自一定的用电规律，例如，图 3-15 中的住宅负荷通常在晚间出现用电高峰时段，而商业负荷和工业负荷则在白天出现高峰时段。

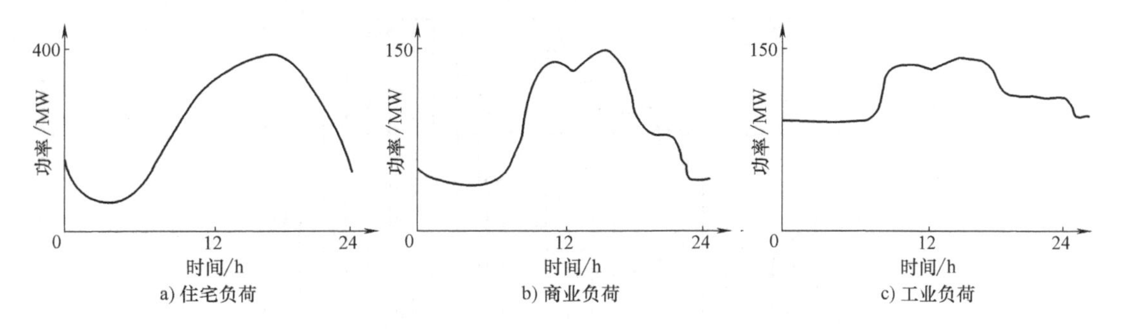

a) 住宅负荷　b) 商业负荷　c) 工业负荷

图 3-15　日负荷曲线

图 3-15 所示的是以很小时间间隔连续采集功率数据绘出的日负荷曲线，因此是平滑曲线。如果绘制日负荷曲线时，用一定时间间隔内的电能耗量（电能表计量数据）计算出该时间段的平均功率，作为这一时间段的负荷数据，则得到的日负荷曲线为阶梯形。图 3-16 所示为以 15min、30min、60min 和 120min 为数据采集时间间隔，得到的某负荷阶梯形日负荷曲线。显然，数据采集时间间隔越短，负荷曲线上最大负荷值 P_{max} 就越大，也越接近实际的最大负荷；数据采集时间间隔越长，负荷曲线上最大负荷值 P_{max} 就越小，与实际的最大负荷的差异就越大。

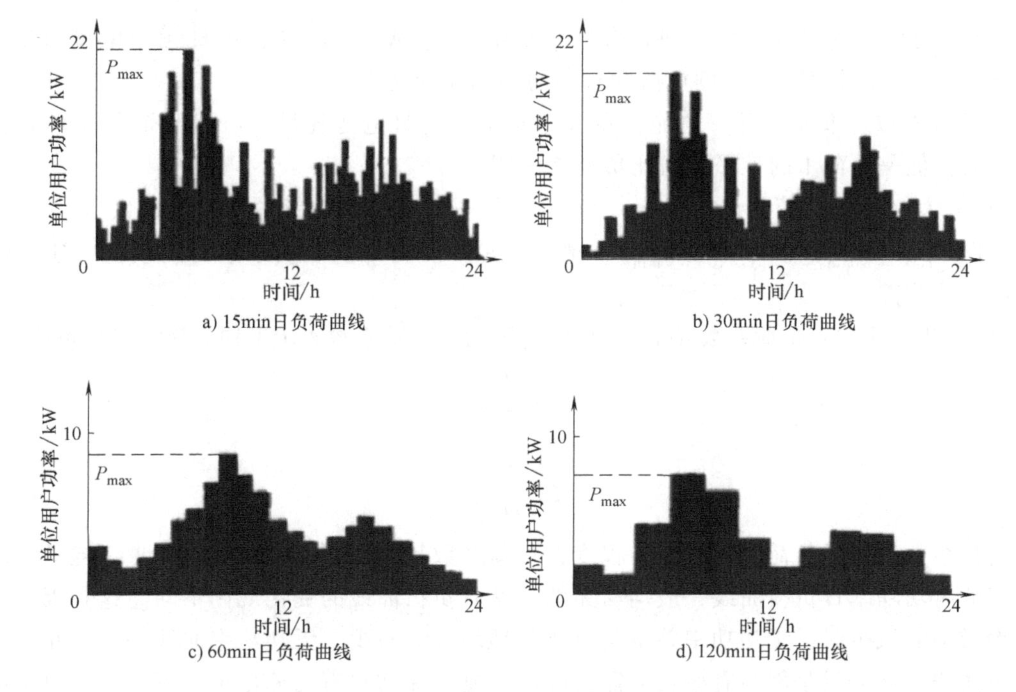

a) 15min日负荷曲线　b) 30min日负荷曲线

c) 60min日负荷曲线　d) 120min日负荷曲线

图 3-16　某负荷不同时间间隔阶梯形日负荷曲线

从日负荷曲线上，可以得到一些描述负荷需求及其对系统影响的特征参数。图 3-17 所示为两个不同负荷（负荷 1 和负荷 2）在相同的时间间隔下，获得的阶梯形有功日负荷曲线。下面给出描述负荷曲线的特征参数及其表达的物理意义。

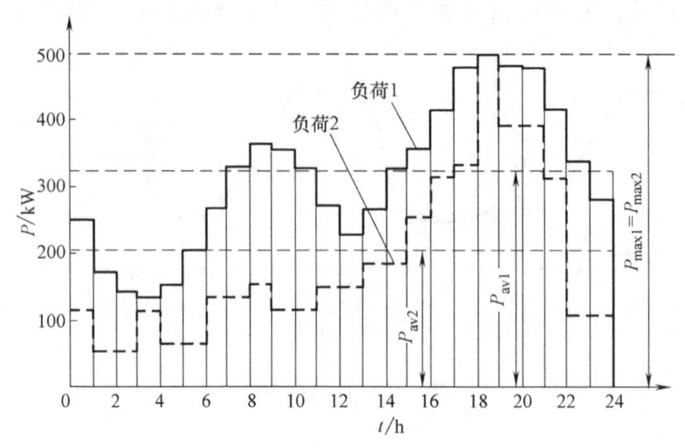

图 3-17　负荷 1 和负荷 2 的阶梯形日负荷曲线

1）日平均负荷 P_{av}（kW）、Q_{av}（kvar）。日平均负荷表示日负荷曲线上日电能耗量与时间（24h）的比值。日电能耗量就是负荷曲线所包含的面积。

$$P_{av}=\frac{W_P}{T}=\frac{1}{T}\int_0^T P(t)\,dt \tag{3-22}$$

$$Q_{av}=\frac{W_Q}{T}=\frac{1}{T}\int_0^T Q(t)\,dt \tag{3-23}$$

式中，T 为时间，此处 $T=24h$；W_P 为日有功电能（kW·h）；W_Q 为日无功电能（kvar·h）；$P(t)$、$Q(t)$ 分别为 t 时刻负荷的有功功率和无功功率。

由于图 3-17 中负荷 1 的日电能耗量大于负荷 2 的日电能耗量，虽然两个负荷具有相同的最大值，但是负荷 1 的日平均值比负荷 2 大很多。

2）最大（小）负荷。最大（小）负荷表示一天记录的负荷中，量值最大（小）的负荷，记作 P_{max}（P_{min}）和 Q_{max}（Q_{min}）。最大、最小负荷不仅表明了负荷的极值，还表明了负荷波动的范围。

3）有功（无功）负荷系数 $\alpha(\beta)$。有功（无功）负荷系数表示平均负荷与最大负荷之比。

$$\alpha=\frac{P_{av}}{P_{max}} \tag{3-24}$$

$$\beta=\frac{Q_{av}}{Q_{max}} \tag{3-25}$$

负荷系数反映了负荷曲线的波动程度，负荷系数越接近于 1，说明负荷曲线越平缓。同一负荷的有功功率日负荷曲线一般均与无功功率日负荷曲线的变化规律不同。这是因为当有功功率增加或减少时，无功功率并不是呈比例地增加或减少，无功功率曲线一般比相应的有功功率曲线平缓。只是因为有些负荷需要励磁，励磁无功跟有功输出关系不大，所以负荷在小于额定有功功率下运行时，无功功率变化不大。α 的典型值为 0.70~0.75，β 的典型值为

0.76~0.82。

由于电能生产的特殊性，即发、输、配电同时进行，因此，为了充分提高电力系统设备的有效利用率，要求负荷曲线尽可能平缓，也就是负荷系数尽可能大。

3.3.2　计算负荷的概念

在进行供电系统设计时，需要确定供电设备的容量，使其在正常运行条件下，能够安全承载负荷电流。长期的工程实践表明，负荷在供电设备上产生的热效应，是决定供电设备负荷承受能力的主要因素之一。工程上将设备寿命看作正常工作条件下，设备承受能力的主要约束条件。电气设备的寿命主要取决于其长期工作温度，而工作温度又是发热和散热动态平衡的结果。发热主要来源于电能损耗，散热主要取决于环境条件。对于一个既有供电系统来说，环境条件是确定的，因此供电设备长期工作温度主要取决于其导体发热，发热来源于电能损耗，而损耗大小又取决于负荷电流。供电设备对负荷的承受能力与负荷大小就通过以上逻辑链条相互关联起来了。因此，如果设备能够满足最大负荷时段的发热要求，则可在其余时段正常运行。实际负荷是时刻变动的，不便描述。为此，定义了计算负荷。

1. 计算负荷定义

计算负荷是一个假想的恒定持续负荷，其在给定时间间隔内，在给定供电设备导体上，产生的热效应与同时间间隔内，实际变动负荷所产生的热效应相等。在供电设备运行期间，最大计算负荷产生的热效应最大，因此是最受关注的量值。一般不做特别声明时，最大计算负荷简称为计算负荷。

需要注意的是：计算负荷必须对应于一个给定的时间间隔，否则是没有意义的。那么应该用多长时间间隔对应的计算负荷作为供电设备容量选择的依据呢？

当正常电流通过电气设备时，设备温升按照指数规律上升，经过（3~5）τ（τ 为温升时间常数）达到热平衡，温度趋于稳定（见图 3-18）。供电设备的温升时间常数 τ 一般为 10~30min。计算电流应保证当供电设备上长期通过这个电流时的最高稳定温度不能超过其允许温度，因此，保守起见，以发热时间常数较短的设备达到热平衡的时间作为取值依据，即 30min 等效（热效应）负荷作为计算负荷。计算负荷有功功率、无功功率、视在功率及电流，分别记为 P_C、Q_C、S_C 和 I_C。

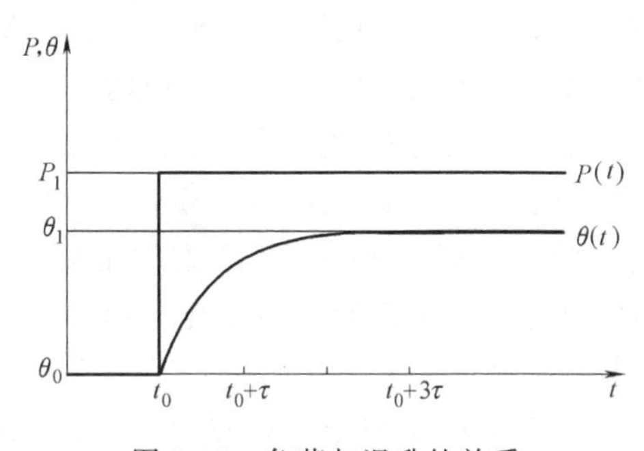

图 3-18　负荷与温升的关系

三相系统计算负荷的有功功率、无功功率、视在功率以及电流的关系如下：

$$S_C \approx \sqrt{P_C^2+Q_C^2} \tag{3-26}$$

$$I_C \approx \frac{S_C}{\sqrt{3}\,U_N} \tag{3-27}$$

实际上，由于 P_C、Q_C 一般并不出现在同一时刻，因此按照式（3-27）计算的 S_C 是一个偏于保守（偏大）的近似估算，I_C 也是如此。

工程上，一般将阶梯形负荷曲线上 30min 的最大负荷值，近似认为是 30min 最大计算负

荷，即 $P_C \approx P_{max}$，$P_C \approx Q_{max}$，$S_C \approx S_{max}$，$I_C \approx I_{max}$。这也是日负荷曲线大都采用 30min 时间间隔的平均负荷来表述的原因之一。

2. 计算负荷概念的深化与拓展

图 3-19 可以帮助更好地理解计算负荷的概念。图 3-19a 和图 3-19b 分别表示两台额定功率相同的电动机运行时，在导线上引起的温升。这两台电动机一台连续工作，一台间歇性工作。

从图中可以看出，尽管两台电动机的额定功率都为 P_r，且均以额定状态工作，但连续工作的电动机导致的导线稳定温升为 θ_1，比断续性工作的电动机导致的稳定温升 θ_2 高。与 θ_1 对应的计算负荷为 P_{r1}，而与 θ_2 对应的计算负荷则小于 P_{r2}。

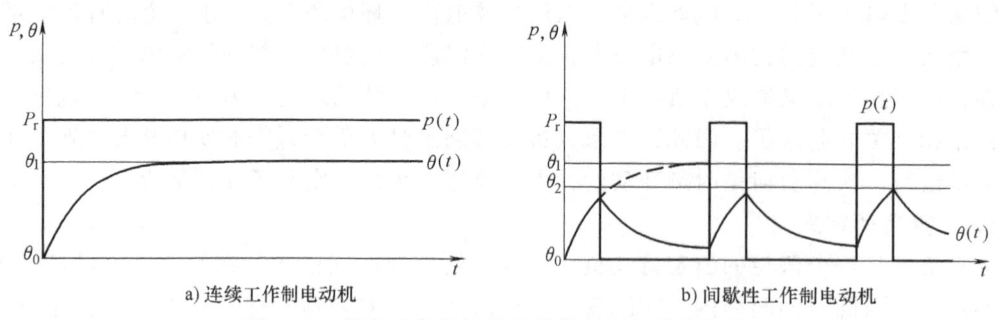

图 3-19　额定功率相同但计算负荷不相等的负荷

计算负荷的概念实际上是工程上一个更普通的方法——等效法的一个工程实例。说到等效，一定要清楚是谁与谁等效，什么“效”相等。在计算负荷的概念中，是用一个持续恒定的假想负荷去等效一个时刻变化着的负荷，两者在相同导体上的“温升”（即“热效应”）这一“效”相等。因此，计算负荷是用于反映实际负荷的长期热效应的。若需要考虑诸如短路电流造成的短时热效应时，就不能使用 30min 计算负荷的概念。

考虑秒级的热效应时，工程上常采用尖峰电流。尖峰电流也是以一个恒定的交流电流来等效一个变化的实际电流，通常指持续时间为 1s 的最大电流。尖峰电流依然以“温升”这一“效”相等为依据，但考察的是短时温升。例如，当要计算电动机的起动电流（一个从通电到起动完成期间不断变化的电流）是否会使熔断器熔断时，就可以采用尖峰电流进行计算。

从图 3-19 的例子可以看出，不同工作状态负荷从长期运行热效应角度是不能直接比较的，它们之间应以等效热效应为准则进行等效换算。

3. 负荷的工作制

(1) 连续工作制（长期工作制）

连续工作制负荷是指：电气设备投入工作的持续时间较长，负荷稳定，在工作时间内，电气设备载流导体可以达到稳定的工作温度。电气设备的金属导体通过电流时的温升曲线如图 3-19a 所示。

连续运行工作制设备很多，如照明设备、空调风机和水泵、电炉等。

(2) 断续工作制（反复短时工作制）

断续工作制负荷是指：电气设备以断续方式反复工作，其工作和停歇相互交替。在工作时间 t_w 内，电气设备尚未达到该设备在相同环境条件下，持续运行的稳定温升 θ_S 时，就停

止运行并开始冷却；并且其工作区间内发热产生的温升（$\theta'-\theta_0$）不足以在停歇时间 t_o 内冷却到周围的介质温度。这种电气设备运行时电网元件可承受的功率与其工作时间 t_w 和停歇时间 t_o 的相对长度有关，一般用负荷持续率 ε 来表示，即

$$\varepsilon=\frac{t_w}{t_w+t_o}\times 100\% \tag{3-28}$$

显然，负荷持续率高的设备有较高的工作温度 θ_2。

断续工作制电气设备的额定容量是与其额定负荷持续率相对应的，当负荷持续率不同时，电气设备可承受的功率也将发生变化。下面推导其换算公式。

设负荷 1 的持续率为 ε_1 时，功率为 P_1。

$$\varepsilon_1=\frac{t_{w1}}{t_{w1}+t_{o1}}\times 100\%$$

$$P_1=\sqrt{3}UI_1\cos\varphi_1$$

负荷 2 的持续率为 ε_2 时，功率为 P_2。

$$\varepsilon_2=\frac{t_{w2}}{t_{w2}+t_{o2}}\times 100\%$$

$$P_2=\sqrt{3}UI_2\cos\varphi_2$$

两负荷以不同持续率运行，电流通过电阻为 R 的导体产生发热。假定二者的发热中，与环境的热交换部分相等，那么在一段时间 T 内，如果两个负荷通过导体产生的发热相等，即

$$I_1^2R\frac{T}{t_{w1}+t_{o1}}t_{w1}=I_2^2R\frac{T}{t_{w2}+t_{o2}}t_{w2}$$

将两负荷的功率表达式代入上式，则

$$\frac{P_1^2\varepsilon_1}{\cos\varphi_1}=\frac{P_2^2\varepsilon_2}{\cos\varphi_2}$$

假设两负荷功率因数相同，于是有

$$P_1=\sqrt{\frac{\varepsilon_1}{\varepsilon_2}}P_2 \tag{3-29}$$

式（3-29）即为不同负荷持续率下，功率的换算公式。

断续工作制的电气设备也很多，如起重机、电焊机、电梯等。

3.3.3　同类负荷的随机特性及量化

1. 同类负荷的随机特性

上述负荷曲线描述的都是大量负荷运行时的负荷曲线，相对平滑。单一负荷随时间变化的随机性很强，图 3-20a、b 所示为 A、B 两个用户同一天（X 日），使用相同额定功率（5kW）电热水器的用电功率日负荷曲线，图 3-20c 为用户 A 另一天（Y 日），使用电热水器的用电功率日负荷曲线。可见相同负荷在不同时间和不同使用者使用时，呈现出较强的随机特性。

图 3-20d 为 A、B 两个用户的热水器在 X 日的总负荷曲线，图 3-20e、f 为 5 个和 50 个

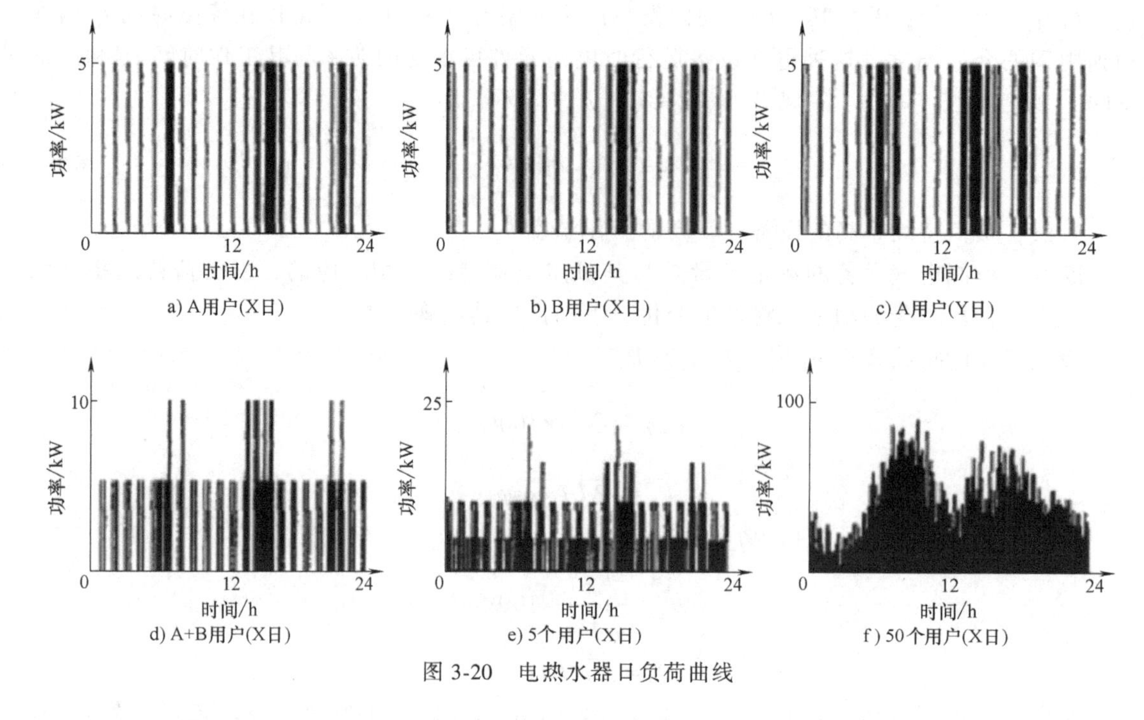

图 3-20　电热水器日负荷曲线

用户，在 X 日使用相同功率热水器的总负荷曲线。可见，随着设备数量的增加，负荷曲线趋于平滑，同时显现出上、下午高峰的用电规律。

由图 3-20 得到的直观结论是：当配电系统向单一设备或者少量设备（如 2 台）供电时，最大计算负荷就是总设备额定负荷，其供电设备应该具备承载设备总额定功率的能力；当配电系统向多个负荷供电时，由于负荷用电的随机特性，不可能存在所有负荷都以额定功率运行的情况，负荷曲线上的最大负荷会小于总的负荷额定功率。因此，向多个负荷供电的配电设备，不需要具有承载其供电范围内，所有负荷总额定功率的能力，而是可以给予适当的折扣。负荷数量越多，折扣越多。

对于图 3-20d~f 的情况，折扣分别是 1.0、0.80 和 0.36。这个折扣叫作需要系数。

图 3-21 所示为家用电器设备计算负荷与设备数量的关系。

2. 需要系数

严格来讲，需要系数的定义如下：具有相同性质，属于同一使用类别的用电设备组的计算有功功率与其设备功率之和的比值为需要系数，记作 K_d，即

$$K_d = \frac{P_C}{\sum_{i=1}^{n} P_{N \cdot i}} \tag{3-30}$$

式中，$P_{N \cdot i}$ 为用电设备组单台设备安装功率；n 为设备台数。设备安装功率不一定等于设备额定功率，这个问题在后续章节进行解释。

需要系数 K_d 总是小于或等于 1，造成 P_C 和 ΣP_N 之间差异的因素有：一组所有用电设备不一定同时投入使用；投入使用的所有电气设备不一定任何时候都处于额定运行状态。

工程中是根据已运行的实际系统的统计数据，得到需要系数的经验值。

需要注意：给出的需要系数常常是一个范围。使用时，应根据实际设备的数量决定取值

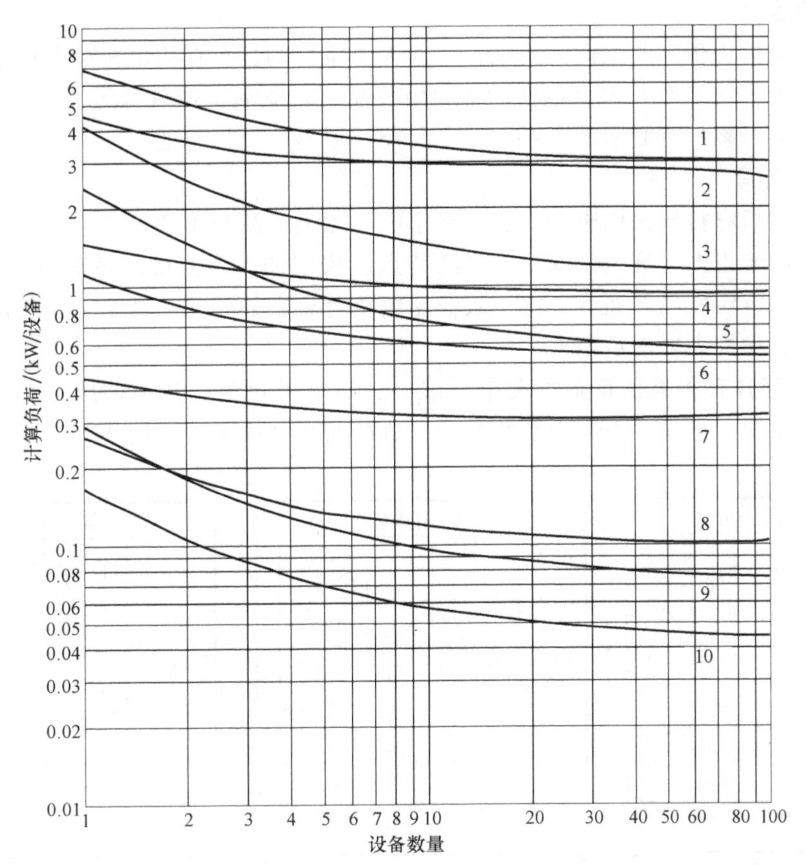

图 3-21 家用电器设备计算负荷与设备数量的关系

1—中央空调机 2—采暖机 3—干衣机 4—热水器 5—电炊具
6—照明灯具 7—冷风机 8—燃油锅炉 9—冷柜 10—冰箱

的大小，设备台数越多，取值越小。

3.3.4 多类负荷的随机特性及量化

1. 负荷的类别与特点

电力系统负荷主要由城乡居民负荷、商业负荷、农业负荷、工业负荷以及其他负荷等构成，不同类型的负荷具有不同的特点和规律，即具有不同的负荷曲线。

(1) 城乡居民负荷

城乡居民负荷主要是居民家庭的家用电器，它具有逐年增长的趋势，以及明显的季节性波动特点，其负荷曲线的特点还与居民的日常生活和工作规律紧密相关。

(2) 商业负荷

商业负荷主要是指商业部门的照明、空调、动力等用电负荷，其覆盖面积大，用电增长平稳。商业负荷同样具有季节性波动的特性。虽然商业负荷在电力负荷中所占比重不及工业负荷和民用负荷，但商业负荷中的照明、空调类负荷占用电力系统高峰时段。此外，商业部门由于商业行为在节假日会增加营业时间，从而成为节假日中影响电力负荷的重要因素之一。

(3) 工业负荷

工业负荷是指用于工业生产的用电，一般工业负荷的比重在用电构成中居于首位。它不仅取决于工业用户的工作方式（包括设备利用情况、企业的工作班制等），而且与各行业的行业特点、季节因素都有紧密的联系，工业负荷一般是比较恒定的。

(4) 农业负荷

农业负荷是指农村居民用电和农业生产用电。此类负荷与工业负荷相比，受气候、季节等自然条件的影响很大，这是由农业生产的特点所决定的。农业用电负荷也受农作物种类、耕作习惯的影响，但就电网而言，由于农业用电负荷集中的时间与城市工业负荷高峰时间有差别，因此有利于提高电网负荷率。

图 3-22 为某含有多类别负荷的配电系统中，每一类负荷的负荷曲线（以标幺值表示）以及其总负荷曲线。可见，不同类别负荷的日负荷曲线规律不同，例如，工业负荷曲线最平

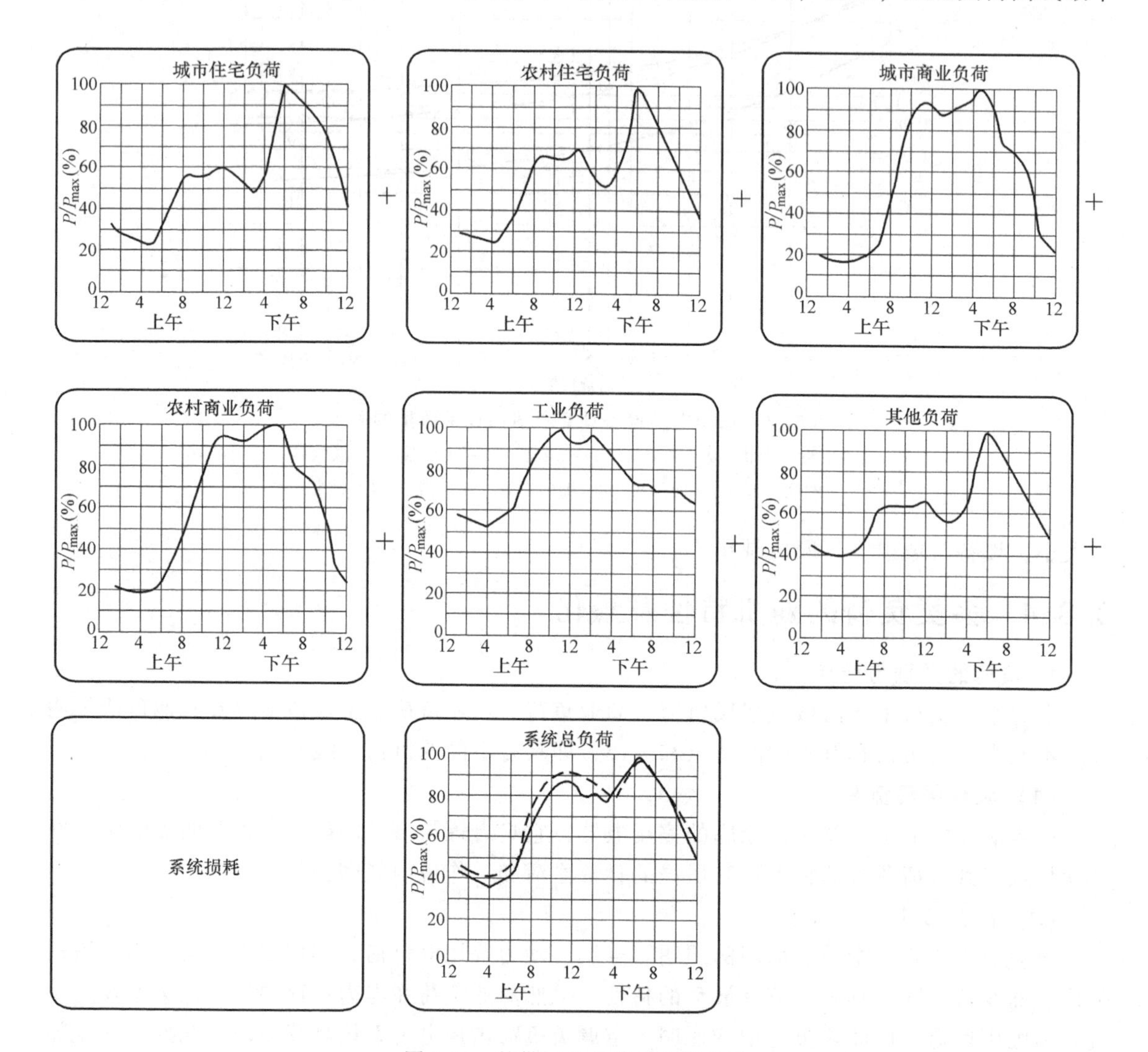

图 3-22 某供配电系统日负荷曲线

注：其他负荷为街道照明等分散负荷；系统总负荷中实线为各组负荷相加，虚线是电网实际提供负荷。

坦；住宅有明显的用电高峰；商业具有典型一班制负荷曲线，且在工作时间内，负荷曲线保持稳定。

各类负荷的最大计算负荷出现时间也是不相同的，因此，总负荷曲线的最大计算负荷必然小于各类负荷最大计算负荷的总和。由于各类负荷曲线的最大负荷不同时导致的总计算负荷与各类负荷最大计算负荷的总和的差异，因此用同时系数来描述。换言之，各类负荷最大值相加后，应乘以小于“1.0”的同时系数方为系统的最大计算负荷。

2. 同时系数

供电范围内多个用电设备组总计算功率与所有用电设备组的计算功率之和的比值为同时系数，记作 $K_{\Sigma P}$ 和 $K_{\Sigma Q}$，即

$$K_{\Sigma P} = \frac{P_{C \cdot \Sigma}}{\sum_{i=1}^{m} P_{C \cdot i}} \tag{3-31}$$

$$K_{\Sigma Q} = \frac{Q_{C \cdot \Sigma}}{\sum_{i=1}^{m} Q_{C \cdot i}} \tag{3-32}$$

式中，$P_{C \cdot \Sigma}$、$Q_{C \cdot \Sigma}$ 为多个用电设备组的总计算有功功率和总计算无功功率；$P_{C \cdot i}$、$Q_{C \cdot i}$ 为第 i 个用电设备组的计算有功功率、无功功率；m 为用电设备组数。

3.3.5　年负荷曲线

1. 年负荷曲线绘制

年负荷曲线有两种。

1）运行年负荷曲线。根据每天最大负荷变动情况，按 1 年 12 个月 365 天逐天绘制，绘制方法与日负荷曲线相同。

2）负荷全年持续曲线。绘制方法是不分日月的时间界限，以全年 8760h 为直角坐标系的横轴，以有功负荷的大小为纵轴依次排列绘成。

具体做法如下：选择典型的夏季日负荷曲线和冬季日负荷曲线各一条；一般认为在南方地区，冬季为 165 天，夏季为 200 天，在北方地区，冬季为 200 天，夏季为 165 天；从两条典型日负荷曲线的功率最大值开始，依功率的递减顺序依次绘制。图 3-23a、b 所示分别为某北方地区负荷的冬季和夏季日负荷曲线，则负荷功率 P_1 所持续的时间是

$$T_1 = 200t_1 + 165t_2$$

于是，在年负荷曲线上绘出功率 P_1 所持续的时间 T_1，以此类推，即可绘制出整个年负荷曲线，如图 3-23c 所示。

2. 年负荷曲线的特征参数

1）年最大负荷利用小时数 T_{max}（h）。若用户以年最大负荷 P_{max} 持续运行 T_{max} 即可消耗掉全年实际消耗的电能，则 T_{max} 称为年最大负荷利用小时数。

$$T_{max} = \frac{W_a}{P_{max}} = \frac{\int_0^{8760} P(t)\,dt}{P_{max}} \tag{3-33}$$

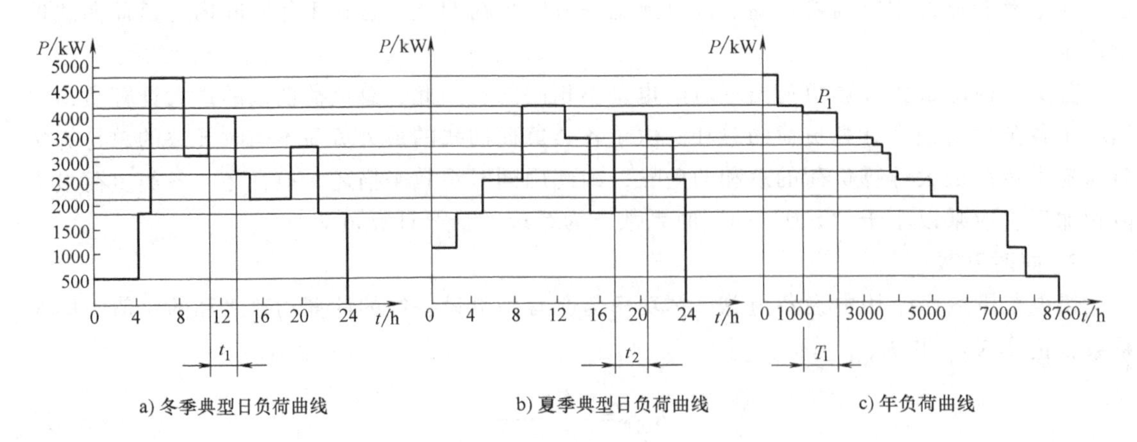

图 3-23　年负荷曲线的绘制

式中，$P\ (t)$ 为年负荷曲线上的瞬时功率（kW）；P_{max} 为最大负荷，是年负荷曲线上出现的最大的负荷值（kW），也即典型日负荷曲线上的最大负荷；W_a 为年电能耗量（kW·h），就是年负荷曲线所包含的面积。

T_{max} 的大小反映了变配电设备利用率的大小和用户负荷平稳的程度。对于同类型的用户，尽管 P_{max} 可能差别很大，但 T_{max} 却很接近；对于不同工作性质的用户，T_{max} 差别则可能很大。表 3-2 为一些常见电力用户的典型 T_{max} 值。

表 3-2　常见电力用户的典型 T_{max} 值　　（单位：h）

用户类型	T_{max}(有功/无功)	用户类型	T_{max}(有功/无功)
室内照明与生活用电	1500~3000	金属加工厂	4355/5880
仪器制造厂	3080/3180	化工厂	6200/7000
汽车厂	4960/5240	印染厂	5710/6650
农机制造厂	5330/4220	电器制造厂	4280/6420

2）年平均负荷 P_{av}（kW）。年平均负荷即全年消耗电能与全年时间 8760h 的比值。

$$P_{av} = W_a/8760 \tag{3-34}$$

年平均功率与日平均功率通常是不相等的。

3.4　供配电系统损耗

损耗是供配电系统关心的另一个指标，它关系着电能利用的效率。这里所说的损耗是指电网供给的总电能（或功率）与用电设备消耗的电能（功率）之差，不是用电设备的电能（或功率）消耗，因此也称网损。供配电系统中产生损耗较大的设备是变压器和线路。

3.4.1　功率损耗

1. 变压器功率损耗

由变压器等效电路可知，其有功和无功损耗都是由两部分，即空载损耗和负载损耗构成。变压器短路试验和开路试验给出 4 个参数：短路损耗 ΔP_k、短路电压 $U_k\%$、空载损耗

ΔP_0 和空载电流 $I_0\%$。通过这 4 个参数就可以计算变压器功率损耗。

1）变压器的有功损耗中，一部分是由变压器铁耗、磁滞损耗和涡流损耗等构成的空载有功损耗；另一部分是变压器线圈电阻通过电流时产生的铜耗，也称负载有功损耗，与变压器的二次负荷大小有关，当变压器满载时，其铜耗近似等于变压器短路损耗。因此，变压器最大有功损耗为

$$\Delta P_{\mathrm{T\cdot max}}=\Delta P_0+\Delta P_{\mathrm{k}}\left(\frac{S_{\mathrm{C}}}{S_{\mathrm{r}}}\right)^2 \tag{3-35}$$

式中，$\Delta P_{\mathrm{T\cdot max}}$ 为变压器最大有功损耗（kW）；ΔP_0 为变压器空载有功损耗（kW）；ΔP_{k} 为变压器短路有功损耗（kW）；S_{C} 为变压器上通过的计算视在功率（kV · A）；S_{r} 为变压器的额定视在功率（kV · A）。

2）变压器的无功损耗中，一部分是由变压器铁心磁化产生的空载无功损耗，与励磁电流大小有关，近似等于空载电流产生的损耗；另一部分是变压器线圈电抗通过电流时产生的无功损耗，也称负载无功损耗，与变压器的二次负荷大小有关。当变压器满载时，其负载无功损耗近似等于变压器短路时线圈上的无功损耗。因此，变压器最大无功损耗为

$$\Delta Q_{\mathrm{T\cdot max}}=\Delta Q_0+\Delta Q_{\mathrm{L}}=S_{\mathrm{r}}\left[I_0\%+U_{\mathrm{k}}\%\left(\frac{S_{\mathrm{C}}}{S_{\mathrm{r}}}\right)^2\right] \tag{3-36}$$

式中，$\Delta Q_{\mathrm{T\cdot max}}$ 为变压器最大无功损耗（kvar）；ΔQ_0 为变压器空载无功损耗（kvar）；ΔQ_{L} 为变压器负载无功损耗（kvar）；$I_0\%$ 为变压器空载电流与额定电流的百分比；$U_{\mathrm{k}}\%$ 为变压器短路电压与额定电压的百分比。

2. 电力线路功率损耗

通过线路的电流是随负荷大小变化的，因此其在线路上损耗也是变化着的，其最大损耗发生在线路承载计算负荷时。计算负荷下的最大有功和无功损耗可用如下公式进行计算：

$$\Delta P_{\mathrm{w\cdot max}}=3I_{\mathrm{C}}^2R\times10^{-3} \tag{3-37}$$

$$\Delta Q_{\mathrm{w\cdot max}}=3I_{\mathrm{C}}^2X\times10^{-3} \tag{3-38}$$

式中，R 为每相线路的电阻（Ω）；X 为每相线路的电抗（Ω）；I_{C} 为线路上的计算电流（A）；ΔP_{w} 为线路上的有功损耗（kW）；ΔQ_{w} 为线路上的无功损耗（kvar）。

线路电阻 $R=rl$，其中 l 为线路长度，r 为单位线路长度的电阻值。线路电抗 $X=xl$，其中 l 为线路长度，x 为单位线路长度的电抗值，其中架空线的单位长度电抗值与其几何均距 a 有关，几何均距是指三相线路各相导线之间距离 a_1、a_2、a_3 的几何平均值，即

$$a=\sqrt[3]{a_1a_2a_3} \tag{3-39}$$

3.4.2 电能损耗

1. 年最大负荷损耗小时数

由于电网的功率损耗随时间变化，大多数时候小于计算负荷产生的损耗，因此不能用最大功率损耗乘以工作时间来求出 1 年的电能损耗，严格的计算要用积分。为简化计算，工程上提出了年最大负荷损耗小时数的概念。

定义：实际负荷 1 年内的实际损耗与该负荷以计算负荷运行时的最大损耗的比值，称为年最大负荷损耗小时数，记为 $\tau_{\max}$。

如图 3-24 所示，年最大负荷损耗小时数 τ_{max} 与年最大负荷利用小时数 T_{max} 有一定的相关性，且与负荷功率因数有关。

2. 变压器电能损耗

变压器的有功功率损耗包含空载损耗和负载损耗两个部分。一旦变压器投入系统运行，空载损耗就会产生，因此该部分造成的电能损耗应该是空载有功损耗与变压器全年投入运行的时间的乘积；而变压器负载损耗是对应计算负荷，根据年最大损耗小时数的概念，这部分功率产生的电能损耗与年最大损耗小时数有关。因此变压器的年有功电能损耗为

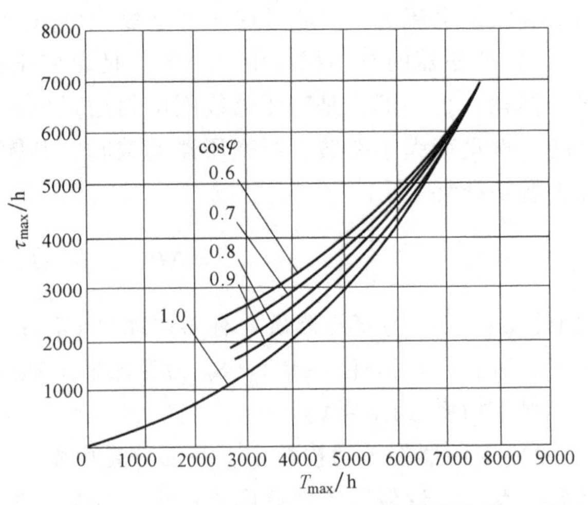

图 3-24　τ_{max} 与 T_{max}、cosφ 的关系曲线

$$\Delta W_T = \Delta P_0 t_w + \Delta P_k \left(\frac{S_C}{S_r}\right)^2 \tau_{max} \tag{3-40}$$

式中，ΔW_T 为变压器年电能损耗（kW·h）；t_w 为变压器的全年工作时间（h）。

3. 电力线路电能损耗

线路功率损耗中没有空载损耗的部分，因此线路的电能损耗为

$$\Delta W_w = 3I_C^2 R\tau_{max} \tag{3-41}$$

式中，ΔW_w 为年有功电能损耗（kW·h）。

3.5　无功功率补偿

无功功率是在电源与负荷之间来回交换的电功率，它是由电感性和（或）电容性电抗产生的。供配电系统中的用电设备以感性负荷居多，因此在大多数情况下，总是需要电源提供感性无功功率。

按电磁感应原理工作的设备需要建立电磁场才能正常工作，感性无功功率的作用正是用于建立这个电磁场，因此无功功率是这些设备工作的必要条件。尽管无功功率不能转换为其他形式能量，但它在负荷与电源之间交换时必然会通过电网，占用电网设备容量、降低其载流能力，还会造成损耗增加、电压损失加大等不良后果。减少电网中的无功功率，对供配电系统具有多方面的意义，电力公司对此也有明确的规定。

减少电网中的无功功率首先应着眼于提高自然功率因数，即提高设备本身的功率因数。这包含合理选用电动机、变压器以达到较佳工况，合理选择变配电所位置，以减小线路长度，合理调度运行等措施。在采取以上措施后若仍不能满足功率因数要求，则应进行人工补偿。

3.5.1　功率因数计算

1. 瞬时功率因数

某一时刻，系统中一个特定监测点的功率因数值 cosφ，采用式（3-42）计算：

$$\cos\varphi=\frac{p}{\sqrt{3}ui} \tag{3-42}$$

式中，p 为有功功率瞬时值（kW）；u 为线电压瞬时值（kV）；i 为线电流瞬时值（A）。

瞬时功率因数可以通过装设在监测点的测量仪表得到，若要计算最大负荷时的瞬时功率因数，可以用计算负荷来计算。

工程实际中，负荷是时刻变化的，每一时刻都有一个瞬时功率因数值。瞬时功率因数对系统运行控制是一个有用的参数，但不能仅凭一个或几个瞬时的功率因数数值来判断用户无功功率的长期状态，因此不适合电力公司用于考核电能用户。

2. 平均功率因数

（1）公共电网对电能用户供配电系统功率因数的要求

由于电力公司会定期抄表，读取有功和无功电能数据，因此可以将一定时期内有功电能的相对大小作为同期用户功率因数的考核指标，称为平均功率因数 $\cos\varphi_{av}$，即

$$\cos\varphi_{av}=\frac{W_P}{\sqrt{W_P^2+W_Q^2}} \tag{3-43}$$

式中，$\cos\varphi_{av}$ 为月（日、年）平均功率因数；W_P 为月（日、年）有功电能（kW·h）；W_Q 为月（日、年）无功电能（kvar·h）。

电力公司对供配电系统平均功率因数的要求为 0.38kV 电能用户达到 0.85 以上，10kV 及以上电能用户应达到 0.9 以上。

（2）设计阶段平均功率因数

按式（3-44）所示，平均功率因数 $\cos\varphi_{av}$ 需要运行数据才能计算出来。但在设计阶段，尚无系统运行数据，如何求取平均功率因数呢？由于在设计阶段掌握着计算负荷等预测参数，希望根据这些参数来求取功率因数，于是根据式（3-44）推出 P_C、Q_C 和 $\cos\varphi_{av}$ 的关系。

$$\cos\varphi_{av}=\frac{W_P}{\sqrt{W_P^2+W_Q^2}}=\frac{P_{av}t}{\sqrt{(P_{av}t)^2+(Q_{av}t)^2}}=\frac{\alpha P_C}{\sqrt{(\alpha P_C)^2+(\beta Q_C)^2}} \tag{3-44}$$

式中，t 为考核期时长（h）；P_{av}、Q_{av} 分别为考核期间的平均有功功率（kW）和平均无功功率（kvar）；α、β 为考核期间的有功、无功负荷系数。

平均功率因数理论上可以用计算负荷来表达，其准确度主要取决于负荷预测的准确性，以及 α、β 取值与实际情况的差异。

3.5.2　并联电容器补偿

1. 无功功率补偿原理

当电能用户功率因数达不到要求时，需要进行功率因数的人工补偿。所谓补偿，并不是减少设备本身的无功功率需求，而是减少设备向电源索取的无功功率。这就需要就近向设备提供其所需的无功功率，或者说需要在设备附近设置一个无功电源，这个无功电源就称为补偿装置。

图 3-25 示出了无功补偿的原理，补偿前，负荷向电源索取无功功率 Q_C，Q_C 通过整个电网；补偿后，补偿装置向负荷提供一定量的无功功率 Q_{CC}，通过电网的无功功率因此减少

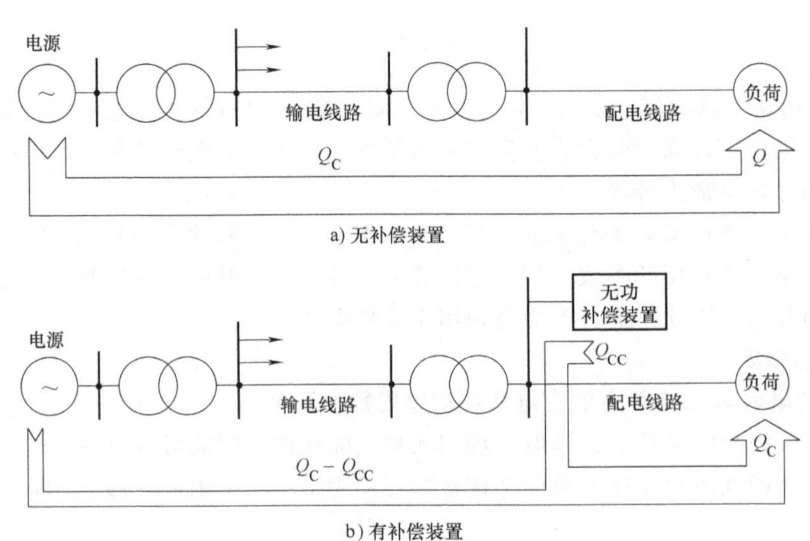

图 3-25 无功补偿的原理

为 Q_C-Q_{CC}。从图 3-25b 还可以看出，无功补偿装置的安装位置决定了供电设备的受益范围，无功补偿点距离无功负荷源越近，供电设备收益的范围就越大。

供配电系统多为感性负荷，因此无功补偿就是就近向负荷注入感性无功功率。这一工作常由消耗容性无功功率的装置实施，利用同一电压下容性无功与感性无功相位相反的特性，达到吸收容性无功等于提供感性无功的效果。常用的补偿装置有同步发电机和电容器。同步发电机主要用于输变电系统的无功调节，供配电系统中则主要采取电容器补偿。近年来结合电力电子等新技术，出现了兼有无功补偿、谐波补偿、电压波动与闪变补偿等多功能的综合补偿装置。本节主要介绍常规的并联电容器补偿，其他补偿方法在第 9 章介绍。

2. 补偿容量计算

无功补偿容量的大小决定需装设电容器的多少。静止无功补偿装置在接入系统时，可以一次性固定接入，所有电容器一直运行；也可以根据系统无功需求量大小自动分组投切电容器：或者一部分固定接入，补偿基本的无功缺额，另一部分分组投切，补偿时多时少的无功缺额。

(1) 固定补偿时补偿容量计算

电力部门考察用户功率因数是使用的平均功率因数，设用户补偿前的平均功率因数为 $\cos\varphi_1$，要求补偿后达到 $\cos\varphi_2$，则

$$\tan\varphi_1=\frac{Q_{av}}{P_{av}}=\frac{\beta Q_C}{\alpha P_C} \tag{3-45}$$

$$\tan\varphi_2=\frac{Q_{av}-Q_{CC}}{P_{av}}=\frac{\beta Q_C-Q_{CC}}{\alpha P_C} \tag{3-46}$$

式中，P_{av}、Q_{av} 分别为补偿前的平均有功功率（kW）和平均无功功率（kvar）；P_C、Q_C 分别为补偿前的计算有功功率（kW）和计算无功功率（kvar）；Q_{CC} 为无功补偿功率（kvar）；α、β 分别为有功负荷系数和无功负荷系数。

从式（3-45）、式（3-46）可求出无功补偿容量为

$$Q_{CC}=\alpha P_C(\tan\varphi_1-\tan\varphi_2) \tag{3-47}$$

（2）自动补偿时补偿容量计算

由于自动无功补偿是根据负荷对无功的需求量，针对预先设定的功率因数目标，通过投切电容器随时调整的，因此当补偿后的功率因数瞬时值满足要求时，其平均功率因数自然满足要求。在负荷曲线上，无功计算负荷（最大值）往往是发生在有功计算负荷的附近，所以，一般以有功计算负荷所对应的无功补偿容量作为自动补偿时补偿容量计算的依据，即

$$Q_{CC}=P_C(\tan\varphi_1-\tan\varphi_2) \tag{3-48}$$

（3）电容器的选择

电容器容量是呈一定系列分布的，设单台电容器容量为 Q_r，则补偿所需电容器台数 N 为

$$N\geqslant\frac{Q_{CC}}{Q_r} \tag{3-49}$$

对于三相电容器，其额定容量之和应不小于系统需补偿的容量，所以实际的补偿装置安装容量应为

$$Q'_{CC}=NQ_r \tag{3-50}$$

对于单相电容器，除了保证补偿容量以外，为维持三相平衡，还应保证电容器台数为 3 的倍数。

在确定无功补偿电容器容量后，因实际补偿容量和计算的补偿容量不一致，应校验补偿后实际的功率因数，避免由于功率因数补偿过高，负荷变化时，系统反复在容性功率因数和感性功率因数下转换，造成系统振荡。

需要特别注意的是：当电容器的运行电压 U 低于其额定电压 U_r 时，电容器的实际输出容量 Q 达不到额定容量 Q_r，需作换算，即

$$Q=Q_r\left(\frac{U}{U_r}\right)^2 \tag{3-51}$$

3. 补偿功率调节方法

因为负荷是时刻变化的，为了避免过补偿的情况出现，可根据负荷变化情况对补偿容量进行调节。常用的方式有以下 3 种。

（1）固定无功补偿

固定无功补偿即以恒定的补偿容量进行补偿，适用于负荷平稳的系统。

（2）手动投切的无功补偿

手动投切的无功补偿指根据系统所需补偿量大小手动增加或者较少补偿电容器的组数，以维持设定的功率因数范围。这种调节方式适用于自然功率因数变化较大，但变化不频繁且有一定的规律性的系统。

（3）自动投切的无功补偿

自动投切的无功补偿指根据补偿效果自动确定投、切电容器的组数，适用于自然功率因数变化较频繁或变化规律性不强的系统。

4. 补偿电容器装设地点

在中、低压供配电系统中，并联补偿电容器通常有 3 种安装方式：就地补偿、低压集中补偿、中压集中补偿。

(1) 就地补偿

就地补偿是将补偿装置装设在需要补偿的设备旁边，一般与该设备一起投切。这种补偿方式的补偿范围大，从补偿装置安装点到电源的设备及线路上的功率因数都得到补偿；但电容器利用率低。由于小容量电容器单位价格高，维护、管理不方便，在用电设备旁也容易受到不良环境的影响，因此，这种补偿方式只有在无功功率需求量大，运行时间长，需补偿设备距变、配电站较远的场合使用。

(2) 低压集中补偿

低压集中补偿是将补偿装置设置在变电站低压母线上（0.4kV 母线），通常与变压器相对应，即一台变压器设置一套补偿装置，可以手动或自动投切控制。这种补偿方式不能减少低压母线与用电负荷之间线路的无功功率，但可减少通过变压器的无功功率，运行、维护管理方便，是目前较常用的一种补偿方式，适用于大多数一次降压的供配电系统。

(3) 中压集中补偿

中压集中补偿是将补偿装置集中装设在变电站中压母线上（6/10kV 母线），通常与电源进线相对应。这种补偿方式不能减少通过变压器的无功功率，补偿范围小，但装设集中，受补偿的负荷范围大，一般用于二次降压的供配电系统中的二级变电站。

3.6 供配电系统负荷估计

3.6.1 负荷估计基本流程

对于已经运行的系统，只要记录下其日负荷曲线，就可以读出计算负荷大小。但在工程设计阶段，负荷曲线往往是未知的。在这种情况下如何估计计算负荷大小，就是负荷计算要解决的问题。

如前所述，计算负荷是按照发热条件选择供配电系统设备和导体的依据。因此，在供配电系统中，所有承担负荷电流的供电设备所在位置，都需要进行计算负荷估计。如图 3-26 所示的系统中，同样编号的负荷属于同一类别，所有 A～G 点都有负荷流过，这些设备或者线路上的计算负荷都必须进行估计。需要说明的是，B 点和 C 点分别在变压器两侧，如果不考虑变压器上的功率损耗，那么两侧以功率度量的计算负荷是相同的。同样，E 点和 F 点的计算负荷在不考虑线路上的功率损耗时，也是相同的。工程实践中，变压器和较长线路上的功率损耗都不能忽略，这些功率损耗不仅对系统（如 A 点）的总计算负荷有影响，还可能对无功补偿容量的需求量有影响。

负荷估计的基本流程如下：

第一，确定配电系统各单一负荷安装容量，即各 D 点和 G 点的计算负荷。

第二，从终端配电箱配出线开始，即图 3-26 中各 D 点和 G 点，至电源进线，即 A 点，逐级进行负荷估计。包括：

1）负荷分组。图 3-26 所示系统共 8 组负荷。

2）单组负荷估计。分别估计负荷组①～⑧的计算负荷，得到各 F 点的计算负荷。

3）计算线路功率损耗。由各 F 点的计算负荷，计算各自线路的功率损耗，并与各自 F 点负荷累加，得到各 E 点的计算负荷。

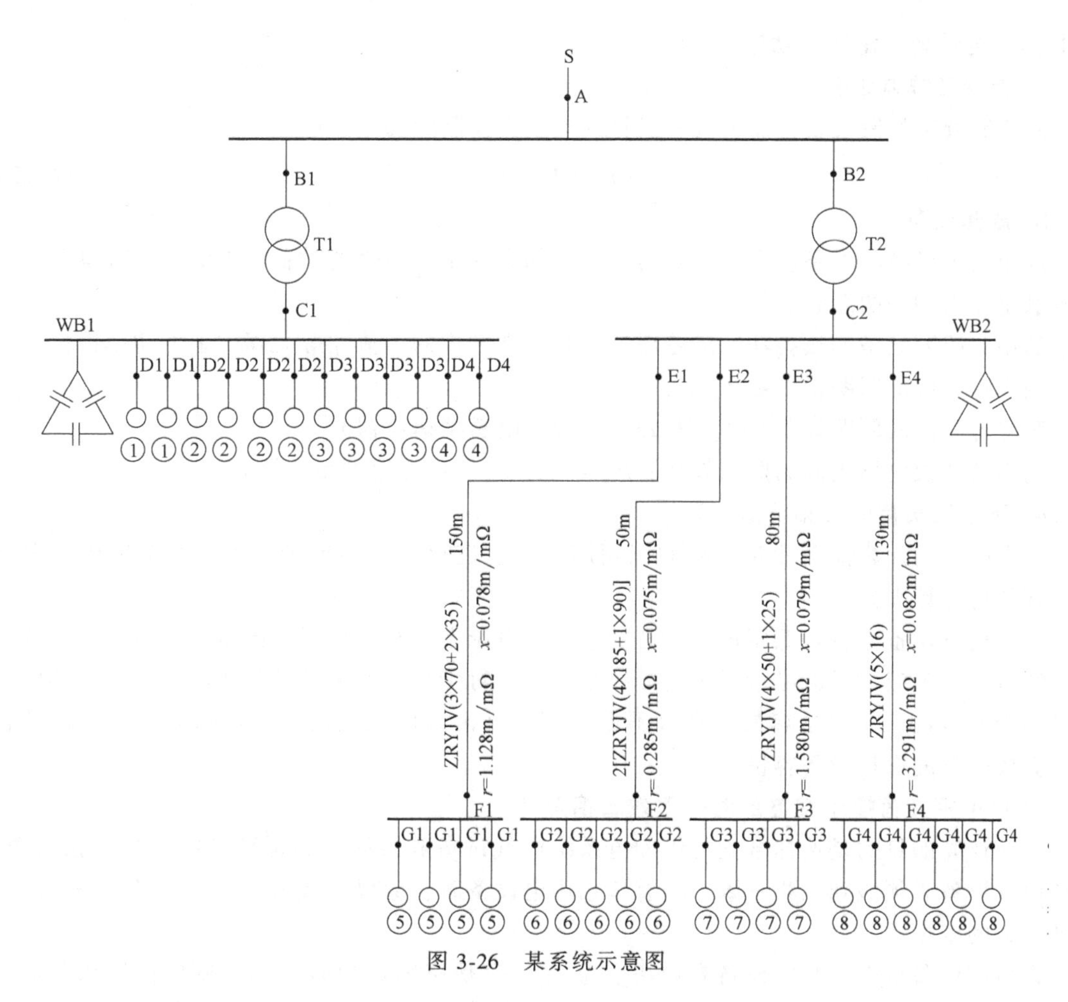

图 3-26　某系统示意图

4）多组负荷估计。根据①～④组的计算负荷，估计不计无功补偿时，C1 点的计算负荷；根据各 E 点的计算负荷，估计不计无功补偿时，C2 点的计算负荷。

5）无功功率补偿计算。根据不计无功补偿时，各 C 点的计算负荷，计算满足功率因数要求的无功补偿容量，得到无功补偿后的各 C 点计算负荷。

6）计算变压器的功率损耗。根据无功补偿后各 C 点计算负荷，计算变压器功率损耗，得到变压器一次侧各 B 点的计算负荷。

7）计算电源进线计算负荷。根据各变压器一次侧计算负荷，使用同时系数，计算得到 A 点的计算负荷。

3.6.2　配电系统单一负荷安装容量

对于单台（套）负荷，应将设备实际向供配电系统吸取的电功率作为计算负荷，又常把单台设备的计算负荷称作设备安装功率，以 P_N（kW）表示。

单台（套）用电设备安装功率换算的基本原则是：不同工作制用电设备的额定功率统一换算为连续工作制的功率；三相不平衡负荷转换成三相等效负荷。

1. 长时工作制设备（连续工作制设备）

$$P_N = P_r \tag{3-52}$$

式中，P_r 为设备额定输入功率（kW）。

2. 断续工作制设备

对于断续工作制设备，需要统一换算为连续工作制的功率，即

$$P_N = P_r\sqrt{\varepsilon_r} \tag{3-53}$$

3. 成套设备

成组用电设备的设备功率是指除备用设备和专门用于检修的设备以外的，所有单个用电设备额定输入功率的总和。

其中，照明设备的设备功率应考虑辅助其正常工作的镇流器等元器件上的功率损耗。

白炽灯光源的照明设备：$P_N = P_r$

荧光灯光源的照明设备：$P_N = 1.25P_r$（考虑电感型镇流器）

高强气体放电灯光源的照明设备：$P_N = 1.1P_r$（考虑电感型镇流器）

4. 不平衡负荷的三相等效负荷

以上的负荷计算都是针对平衡的三相用电设备进行的，如果接入系统的是单相用电设备，该如何计算呢？

单相用电设备主要是低压设备，有的接于相电压上，有的接于线电压上。将这些设备接入系统时，首先应当考虑尽量平衡地分布于三相。对于平衡不了的单相用电设备，若其设备容量小于15%的三相设备容量，则可不做处理，直接当作三相设备；否则应将单相设备容量折算成等效的三相设备容量。

（1）单相负荷接于相电压时的等效三相负荷

负荷计算的目的是选择合适的供配电系统电气设备和线路，为保证系统参数三相平衡，系统电气设备必须做到三相一致。当有单相用电设备时，应以容量最大相作为确定系统电气设备参数的依据。

设单相设备最大一相的设备有功功率为 P_φ（其功率因数为 $\cos\varphi_\varphi$），则应以该相负荷为依据，补充其他两相的单相负荷，使其大小与最大相负荷容量相同，从而变成三相等效的平衡负荷，这时等效的三相负荷应为

$$Q_{eq} = 3P_\varphi \tan\varphi_\varphi \tag{3-54}$$

$$P_{eq} = 3P_\varphi \tag{3-55}$$

$$S_{eq} = \sqrt{P_{eq}^2 + Q_{eq}^2} \tag{3-56}$$

（2）单相负荷接于线电压时的等效三相负荷

先将线间的单相负荷等效为接于相电压的单相负荷，再用上述求接于相电压的单相负荷的等效方法计算等效三相负荷。

设有线间负荷 P_{12}、P_{23}、P_{31}，其功率因数分别为 $\cos\varphi_{12}$、$\cos\varphi_{23}$、$\cos\varphi_{31}$，等效后的相间负荷为 P_1、P_2、P_3。

以求取分解后的 L1 相的等效有功功率 P_1 为例：

首先考虑只有时 P_{12} 的情况，如图 3-27 所示，此时

$$I_{12} = I_1 = -I_2$$

则 P_{12} 分解在 L1 相上的等效负荷为

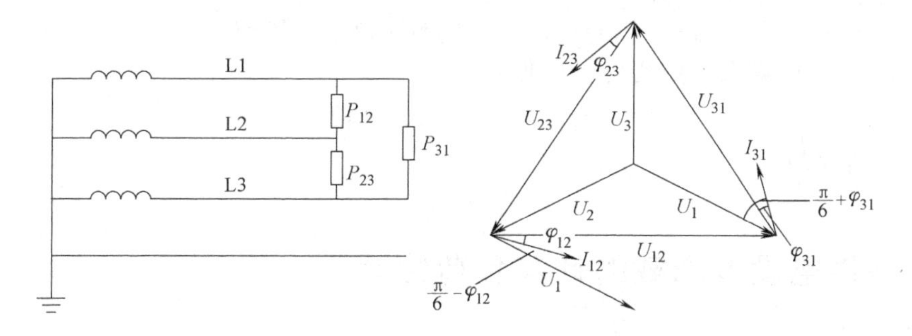

图 3-27　线间负荷分解成相负荷

$$P_{1(12)}=U_1I_{12}\cos\left(\frac{\pi}{6}-\varphi_{12}\right)=\frac{1}{\sqrt{3}}U_{12}I_{12}\cos\left(\frac{\pi}{6}-\varphi_{12}\right)$$

$$=P_{12}\frac{\cos(\pi/6-\varphi_{12})}{\sqrt{3}\cos\varphi_{12}}=P_{12}\left(\frac{1}{2}+\frac{\sqrt{3}}{6}\tan\varphi_{12}\right)$$

同理，P_{31} 分解在 L1 相上的等效负荷为

$$P_{1(31)}=U_1I_{31}\cos\left(\frac{\pi}{6}+\varphi_{31}\right)=\frac{1}{\sqrt{3}}U_{31}I_{31}\cos\left(\frac{\pi}{6}+\varphi_{31}\right)$$

$$=P_{31}\frac{\cos\left(\frac{\pi}{6}+\varphi_{31}\right)}{\sqrt{3}\cos\varphi_{31}}=P_{31}\left(\frac{1}{2}-\frac{\sqrt{3}}{6}\tan\varphi_{31}\right)$$

所以，L1 相上的总等效负荷为

$$P_1=P_{1(12)}+P_{1(31)}=P_{12}\left(\frac{1}{2}+\frac{\sqrt{3}}{6}\tan\varphi_{12}\right)+P_{31}\left(\frac{1}{2}-\frac{\sqrt{3}}{6}\tan\varphi_{31}\right)=P_{12}p_{1(12)}+P_{31}p_{1(31)} \quad (3\text{-}57)$$

用同样方法可以求取分解后的 L2、L3 相的等效负荷 P_2、P_3 为

$$P_2=P_{2(23)}+P_{2(12)}=P_{23}\left(\frac{1}{2}+\frac{\sqrt{3}}{6}\tan\varphi_{23}\right)+P_{12}\left(\frac{1}{2}-\frac{\sqrt{3}}{6}\tan\varphi_{12}\right)=P_{23}p_{2(23)}+P_{12}p_{2(12)} \quad (3\text{-}58)$$

$$P_3=P_{3(31)}+P_{3(23)}=P_{31}\left(\frac{1}{2}+\frac{\sqrt{3}}{6}\tan\varphi_{31}\right)+P_{23}\left(\frac{1}{2}-\frac{\sqrt{3}}{6}\tan\varphi_{23}\right)=P_{31}p_{3(31)}+P_{23}p_{3(23)} \quad (3\text{-}59)$$

将上述推导式中的余弦函数以相应的正弦函数代替，得到分解后的无功功率为

$$Q_1=Q_{1(12)}+Q_{1(31)}=Q_{12}\left(-\frac{1}{2}+\frac{\sqrt{3}}{6}\cot\varphi_{12}\right)+Q_{31}\left(\frac{1}{2}+\frac{\sqrt{3}}{6}\cot\varphi_{31}\right)=Q_{12}q_{1(12)}+Q_{31}q_{1(31)}$$

(3-60)

$$Q_2=Q_{2(23)}+Q_{2(12)}=Q_{23}\left(-\frac{1}{2}+\frac{\sqrt{3}}{6}\cot\varphi_{23}\right)+Q_{12}\left(\frac{1}{2}+\frac{\sqrt{3}}{6}\cot\varphi_{12}\right)=Q_{23}q_{2(23)}+Q_{12}q_{2(12)}$$

(3-61)

$$Q_3=Q_{3(31)}+Q_{3(23)}=Q_{31}\left(-\frac{1}{2}+\frac{\sqrt{3}}{6}\cot\varphi_{31}\right)+Q_{23}\left(\frac{1}{2}+\frac{\sqrt{3}}{6}\cot\varphi_{23}\right)=Q_{31}q_{3(31)}+Q_{23}q_{3(23)}$$

(3-62)

$$S_1=\sqrt{P_1^2+Q_1^2}\,,S_2=\sqrt{P_2^2+Q_2^2}\,,S_3=\sqrt{P_3^2+Q_3^2}$$

取 S_1、S_2、S_3 中最大者作为计算依据：

$$S_{\max}=\max(S_1,S_2,S_3)$$

得到等效三相负荷为

$$S_{\text{eq}}=3S_{\max}$$

3.6.3 各供电设备承载的计算负荷估计

1. 负荷分组

先对已经运行的系统进行调查分析，按一定规则（如工艺相似性）将用电设备分组，本书附录给出一些负荷的分组方法。

2. 单组负荷估计

(1) 需要系数法

1）计算组内单台设备安装功率 $P_{\text{N}\cdot i}$。

2）求取单个设备组的计算负荷。分组后同一组中设备台数 $N>3$ 时，计算负荷应考虑其需要系数，即

$$P_{\text{C}}=K_{\text{d}}\sum_{i=1}^{n}P_{\text{N}\cdot i} \tag{3-63}$$

$$Q_{\text{C}}=P_{\text{C}}\tan\varphi \tag{3-64}$$

$$S_{\text{C}}=\sqrt{P_{\text{C}}^2+Q_{\text{C}}^2} \tag{3-65}$$

$$I_{\text{C}}=\frac{S_{\text{C}}}{\sqrt{3}\,U_{\text{N}}} \tag{3-66}$$

式中，$P_{\text{N}\cdot i}$ 为用电设备组内单台设备功率（kW）；P_{C}、Q_{C}、S_{C} 分别为用电设备组计算负荷（kW、kvar、kV·A）；$\tan\varphi$ 为用电设备组功率因数正切值；U_{N} 为设备所在电网标称电压（kV）；I_{C} 为计算电流（A）；n 为用电设备组设备台数。

当每组电气设备台（套）数小于或等于 3 时，考虑其同时使用率非常高，将需要系数 K_{d} 取为 1，其余计算与上述公式相同。

需要注意的是，对于断续运行工作制电动机类负荷，由于制定需要系数时采用的是 25%时的等效功率，因此当该类设备多于 3 台时，应将其额定功率换算成负荷持续率为 25%时的等效功率，即

$$P_{\text{N}}=2P_{\text{r}}\sqrt{\varepsilon_{\text{r}}} \tag{3-67}$$

式中，P_{r} 为设备额定输入功率（kW）；ε_{r} 为额定负荷持续率。

3）对需要系数法的评价。需要系数法简单直观，适用于设备台数较多，且设备功率相差不大的用电设备组负荷计算。但若使用不当，结果可能误差过大，甚至出现荒谬的结果，见例 3-1。

例 3-1 某车间有 5 台通风设备，其中一台 22kW，另 4 台每台 0.5kW，试用需要系数法求其计算有功功率。

解： 查附表 1“通风机、水泵、空压机及电动发电机组”设备组，取需要系数 $K_{\text{d}}=0.8$，得

$$P_C = 0.8\times(22+4\times0.5)\text{kW} = 19.2\text{kW}$$

这一结果显然是错误的。因为即便只有一台 22kW 通风设备工作，按 $n<3$ 计算，其计算功率也应有 22kW。究其原因，主要是设备功率相差太悬殊，而设备台数又较少，需要系数法在这种情况下失效。

(2) 单位指标法

当用电设备台数及容量尚未确定，但需做初步的负荷计算时，如：供配电系统处于规划阶段时，具体设备尚未明确；处于初步设计阶段时，部分主要的、大容量的用电设备已经清楚，但某些分散的、小容量用电设备（如照明设备等）并未确定时，均需借助用电指标进行负荷计算。

有的电能用户，如住宅，对其进行供配电系统设计时，始终无法得知每个住户的实际用电设备台数及容量，只能借助用电指标进行负荷计算。

常见的方法有负荷密度法、单位指标法和住宅用电量指标法。

上述方法中所涉及的负荷密度指标、单位用电量指标或住宅用电量指标也都是由经统计和处理经验数据得到的。

1）负荷密度法。负荷密度法的计算公式如下：

$$P_C = \rho S \tag{3-68}$$

式中，P_C 为计算负荷（kW）；S 为计算范围的使用面积（m^2）；ρ 为负荷密度指标（kW/m^2）。

表 3-3 中所示数据为一些常见的工业与民用电能用户的负荷密度指标。

表 3-3　常见工业与民用电能用户的负荷密度指标

用途	负荷密度指标/(kW/m^2)	用途	负荷密度指标/(kW/m^2)
铸钢车间①	0.06	旅游宾馆②	0.07~0.08
焊接车间	0.04	商场②	0.12~0.15
铸铁车间	0.06	科研实验楼②	0.08~0.10
金工车间	0.10	办公楼②	0.07~0.08
木工车间	0.66	中、小学(有空调)	0.07~0.08
煤气站	0.09~0.13	中、小学(无空调)	0.03~0.04
锅炉房	0.15~0.20	医院②	0.08~0.10
压缩空气站	0.15~0.20	博展馆	0.06~0.07

① 不含电弧炉。

② 有中央空调。

2）单位指标法。单位指标法的计算公式如下：

$$P_C = \alpha N \tag{3-69}$$

式中，α 为单位用电指标（kW/人、kW/床、kW/产品等）；N 为单位数量（人数、床数、产品数量等）。

3）住宅用电量指标法。对于住宅，由于无法知道其具体用电设备，一般都采用住宅用电量指标进行负荷计算。住宅用电量指标法的计算公式为

$$P_C = K_\Sigma \beta N \tag{3-70}$$

式中，β 为住宅用电量指标（kW/户）；N 为供电范围内的住宅户数；K_{Σ} 为住宅用电同时系数。

住宅用电量指标 β 相当于一户住宅的计算负荷，其值的大小与住宅的建筑面积、档次、所处地区有很大的关系，并随着经济的发展，住宅用电量指标增长相当迅速；住宅用电同时系数 K_{Σ} 表示不同住户的计算负荷出现在时间上的不一致性，因此随着供电范围增加（住户数量增加），K_{Σ} 呈减小趋势。

表 3-4 和表 3-5 分别为我国推荐的住宅用电量指标和需用系数值。

表 3-4　住宅用电量指标下限值和电能表规格

套型	建筑面积 S/m^2	用电负荷/kW	电能表(单相)/A
A	$S\leqslant60$	3	5(20)
B	$60<S\leqslant90$	4	10(40)
C	$90<S\leqslant150$	6	10(40)

表 3-5　住宅建筑用电负荷需用系数

按单相配电计算时所连接的基本户数	按三相配电计算时所连接的基本户数	需要系数
1~3	3~9	0.90~1
4~8	12~24	0.65~0.90
9~12	27~36	0.50~0.65
13~24	39~72	0.45~0.50
25~124	75~300	0.40~0.45
125~259	375~600	0.30~0.40
260~300	780~900	0.26~0.30

注：表中通用值为目前采用的住宅需用系数值，推荐值是为计算方便而提出。

3. 多组负荷估计

当供电范围内有多个性质不同的电气设备组时，先将每一组都按上文所述步骤计算后，考虑各个设备组的计算负荷在各自的负荷曲线上不可能同时出现，以一个同时系数来表达这种不同时率，因此其计算负荷为

$$P_{C\Sigma}=K_{\Sigma P}\sum_{i=1}^{m}P_{C\cdot i} \tag{3-71}$$

$$Q_{C\Sigma}=K_{\Sigma Q}\sum_{i=1}^{m}Q_{C\cdot i} \tag{3-72}$$

$$S_C=\sqrt{P_C^2+Q_C^2} \tag{3-73}$$

$$I_C=\frac{S_C}{\sqrt{3}U_N} \tag{3-74}$$

式中，$K_{\Sigma P}$ 为有功功率同时系数，对于配电干线的计算负荷，$K_{\Sigma P}$ 取值范围一般为 0.8~0.9，对于变电站总计算负荷，$K_{\Sigma P}$ 取值范围一般为 0.85~1；$K_{\Sigma Q}$ 为无功功率同时系数，对于配电干线计算负荷，$K_{\Sigma Q}$ 取值范围一般为 0.93~0.97，对于变电站总计算负荷，$K_{\Sigma Q}$ 取值范围一般为 0.95~1。

4. 配电系统损耗及无功补偿的考虑

1）根据 3.5.2 节中介绍的方法，计算配电系统的无功补偿容量，确定补偿电容器装设地点和补偿方式。

2）根据变压器低压侧的计算负荷，按照变压器负荷率的要求，确定配（供）电变压器容量及型号规格。

3）根据 3.4 节中介绍的方法，计算变压器损耗和线路损耗。注意在计算变压器和线路损耗时，变压器以及各段线路的计算电流与补偿电容器装设地点相关。

3.6.4　负荷估计举例

负荷计算一般从负荷侧开始，逐点向电源侧推算。

1. 城区配电网负荷计算示例

下面以一个典型的城区配电网为例，用需要系数法演示如何计算从用户配电箱至开闭所电源进线之间的计算负荷，如图 3-28 所示。

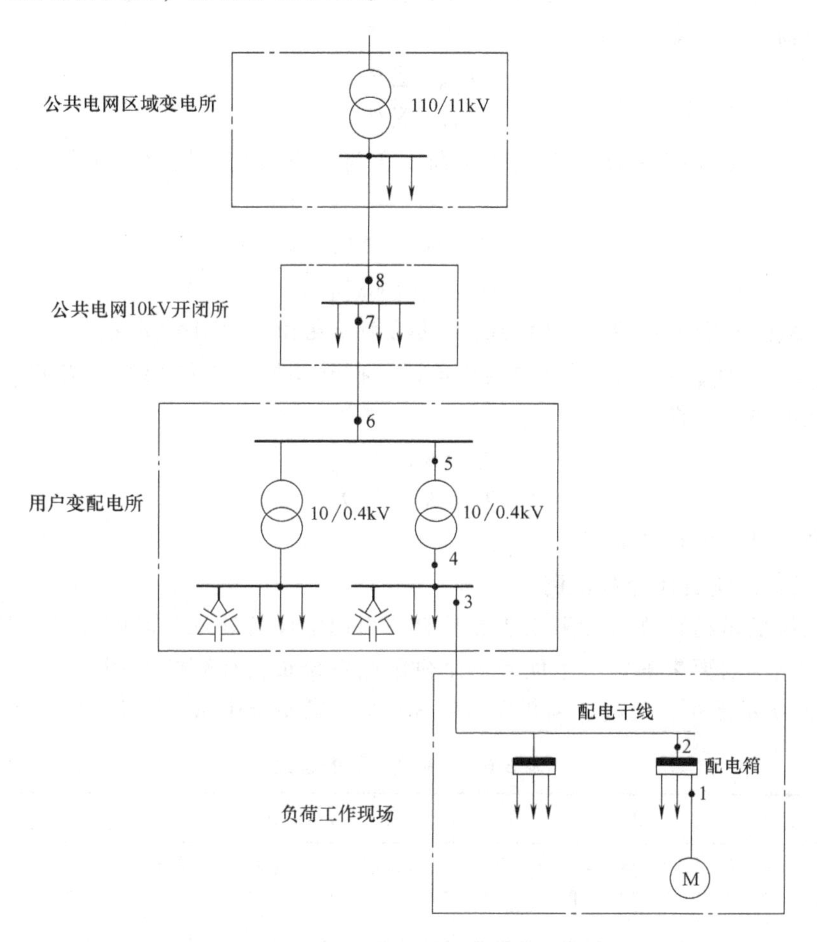

图 3-28　城区配电网负荷计算示例

负荷 1（P_{C1}、Q_{C1}）：现场配电箱出线负荷。P_{C1} 即设备功率。

负荷 2（P_{C2}、Q_{C2}）：现场配电箱进线负荷。将配电箱所带设备进行分组，计算出每组设备的计算功率，再将各组的有功功率和无功功率分别相加，就得到 P_{C2}、Q_{C2}。

负荷 3（P_{C3}、Q_{C3}）：低压配电干线负荷。将干线所带设备看成一个整体（即不考虑设备属于哪一只配电箱）进行分组，算出每组设备的计算功率，然后将各组的有功功率和无功功率分别相加，再乘以配电干线同时系数 $K_{\Sigma P}$、$K_{\Sigma Q}$，就得到 P_{C3}、Q_{C3}。

负荷 4（P_{C4}、Q_{C4}）：用户变压器低压侧负荷。将变压器所带设备看成一个整体（即不考虑设备属于哪一路干线或哪一只配电箱）进行分组，算出每组设备的计算功率。将各组的有功功率相加，再乘以变配电所的同时系数 $K_{\Sigma P}$，就得到 P_{C4}；将各组的有功功率相加，再乘以变配电所的同时系数 $K_{\Sigma Q}$，并减去无功补偿容量 Q_{CC}，就得到 Q_{C4}。

负荷 5（P_{C5}、Q_{C5}）：用户变压器高压侧负荷。负荷 4 加上变压器损耗，就是负荷 5，即

$$P_{C5}=P_{C4}+\Delta P_T$$
$$Q_{C5}=Q_{C4}+\Delta Q_T$$

式中，ΔP_T、ΔQ_T 分别为变压器的有功功率损耗和无功功率损耗。

负荷 6（P_{C6}、Q_{C6}）：用户变配电所电源进线负荷，也是用户向电力公司申请的供电容量，直接将负荷 5 相加即可，即

$$P_{C6}=\sum P_{C5}$$
$$Q_{C6}=\sum Q_{C5}$$

负荷 7（P_{C7}、Q_{C7}）：开闭所馈出线负荷。负荷 6 直接加上线路功率损耗，就得到负荷 7，即

$$P_{C7}=P_{C6}+\Delta P_L$$
$$Q_{C7}=Q_{C6}+\Delta Q_L$$

式中，ΔP_L、ΔQ_L 分别为开闭所馈出线的有功功率损耗和无功功率损耗。

负荷 8（P_{C8}、Q_{C8}）：开闭所电源进线负荷。将开闭所各馈线出线回路符合相加，再乘以开闭所的同时系数，即

$$P_{C8}=K_{\Sigma P}\sum P_{C7}$$
$$Q_{C8}=K_{\Sigma Q}\sum Q_{C7}$$

至此，负荷计算的任务完成。

2. 用户配电系统负荷计算示例

供配电系统的负荷计算一般采用逐点计算法由用电设备处逐步向电源侧计算，计算点的选取应当由使用的需要来确定。下面是一个供配电系统负荷计算的实例。

如图 3-26 所示系统，负荷①~⑧列于表 3-6 中，求系统中 A~G 各点的计算负荷。

表 3-6　负荷①~⑧的参数

负荷编号	①	②	③	④	⑤	⑥	⑦	⑧
负荷名称	冷冻机组	冷冻水泵	冷却水泵	冷却塔	电梯	商场照明	办公照明	客房照明
设备容量/kW	156	30	22	7.5	30	100	30	20
功率因数	0.75	0.8	0.8	0.8	0.6	0.85	0.85	0.9
回路数/个	2	4	4	2	4	5	4	6
备注		二用二备	二用二备					

（1）计算变压器 T1 所在回路的计算负荷

1）计算 D1～D4 点计算负荷这一级负荷全部是单台设备，对于单台设备，其计算负荷即为设备功率。因此 D1～D4 点的计算负荷见表 3-7。

表 3-7　D1～D4 点的计算负荷

计算点	设备容量/kW	功率因数	计算有功功率 P_C/kW	计算无功功率 Q_C/kvar	计算视在功率 S_C/kV·A	计算电流 I_C/A
D1	156	0.75	156.0	137.6	208.0	316.0
D2	30	0.80	30.0	22.5	37.5	57.0
D3	22	0.80	22.0	16.5	27.5	41.8
D4	7.5	0.80	7.5	5.6	9.4	14.3

2）计算 C1 点计算负荷这一级是多组用电设备的计算。分别由一台冷冻机组、一台冷却水泵、一台冷冻水泵和一台冷却塔组成两套成组用电设备，其中两台冷却水泵和两台冷冻水泵为备用，不参与多组用电设备的负荷计算；同时由于变压器低压侧母线上设有自动无功补偿装置，补偿目标值为变压器高压侧不低于 0.9，因此 C1 点的计算负荷应为补偿后的值。

C1 点补偿前的计算负荷见表 3-8。

表 3-8　C1 点的计算负荷（补偿前）

计算点	成组设备计算有功功率 P_C/kW	成组设备计算无功功率 Q_C/kvar	需要系数 K_d	计算有功功率 P_C/kW	计算无功功率 Q_C/kvar	计算视在功率 S_C/kV·A	计算电流 I_C/A
C1（补偿前）	156+30+22+7.5=215.5	137.6+22.5+16.5+5.6=182.1	1.0	431.0	364.2	564.3	857.4
	156+30+22+7.5=215.5	137.6+22.5+16.5+5.6=182.1					

补偿后 C1 点的计算负荷见表 3-9。

表 3-9　C1 点的计算负荷（补偿后）

计算点	补偿前功率因数 $\cos\varphi_1$	补偿后功率因数 $\cos\varphi_2$	无功补偿容量 Q_{CC}/kvar	实际补偿容量/kvar（18 台，12kvar/台）	补偿后计算有功功率 P_C/kW	补偿后计算无功功率 Q_C/kvar	补偿后计算视在功率 S_C/kV·A	补偿后计算电流 I_C/A
C1	0.76	0.93	197	216.0	431.0	148.2	455.8	692.5

补偿后的实际功率因数为 0.946。

3）计算 B1 点的计算负荷。B1 点的计算负荷就是 C1 点的计算负荷加上变压器 T1 的功率损耗。根据 C1 点的计算视在功率，可对变压器进行选择，选择变压器额定容量 630 kV·A，则其负荷率为 72%。

表 3-10　B1 点的计算负荷

计算点	空载损耗 P_0/kW	短路损耗 P_k/kW	U_k%	I_0%	变压器有功损耗/kW	变压器无功损耗/kvar	计算有功功率 P_C/kW	计算无功功率 Q_C/kvar	计算视在功率 S_C/kV·A	计算电流 I_C/A
B1	1.5	5.76	4%	1.2%	4.5	20.6	435.5	168.8	467.1	701.6

变压器高压侧功率因数为 0.932，满足要求。

(2) 计算变压器 T2 所在回路的计算负荷

1）计算 G1～G4 点的计算负荷这一级负荷既有单台设备，也有单组用电设备，单组用电设备用需要系数法进行计算，见表 3-11。

表 3-11　G1～G4 点的计算负荷

计算点	安装容量/kW	功率因数	需要系数 K_d	计算有功功率 P_C/kW	计算无功功率 Q_C/kvar	计算视在功率 S_C/kV·A	计算电流 I_C/A
G1	30	0.60	1	30.0	40.0	50	76.0
G2	100	0.85	0.85	85.0	52.7	100	151.9
G3	30	0.85	0.8	24.0	14.9	28.2	42.8
G4	20	0.90	0.4	8.0	3.9	8.9	13.5

2）计算 F1～F4 点的计算负荷这一级各个点都是范围更大的单组用电负荷计算，同样使用需要系数法，计算结果见表 3-12。

表 3-12　F1～F4 点的计算负荷

计算点	安装容量/kW	功率因数	需要系数 K_d	计算有功功率 P_C/kW	计算无功功率 Q_C/kvar	计算视在功率 S_C/kV·A	计算电流 I_C/A
F1	30×4=120	0.60	0.7	84.0	112.0	140.0	212.7
F2	100×5=500	0.85	0.8	400.0	248.0	470.6	714.8
F3	30×4=120	0.85	0.75	90.0	55.9	105.8	160.5
F4	20×6=120	0.90	0.3	36.0	17.6	40.1	60.8

3）计算 E1～E4 点的计算负荷这一级的计算负荷就是 F 点的计算负荷与线路上的功率损耗之和，见表 3-13。

表 3-13　E1～E4 点的计算负荷

计算点	线路电阻/Ω	线路电抗/Ω	线路有功损耗 ΔP/kW	线路无功损耗 ΔQ/kvar	计算有功功率 P_C/kW	计算无功功率 Q_C/kvar	计算视在功率 S_C/kV·A	计算电流 I_C/A
E1	1.128×0.15=0.169	0.078×0.15=0.012	7.6	0.5	91.6	112.5	145.1	220.5
E2	0.285×0.05=0.014	0.075×0.05=0.004	7.2	2.0	407.2	250.0	477.8	725.9
E3	1.580×0.08=0.126	0.079×0.08=0.006	3.2	0.2	93.2	56.1	108.8	165.3
E4	3.291×0.13=0.429	0.082×0.13=0.011	1.6	0.0	44.0	17.6	47.4	72.0

4）计算 C2 点计算负荷这一级的负荷计算是多组用电设备的计算，同时应计及无功补偿容量。C2 点补偿前的负荷见表 3-14。

表 3-14　C2 点的计算负荷（补偿前）

计算点	多组设备计算有功功率 $\sum P_C$/kW	多组设备计算无功功率 $\sum Q_C$/kW	同时系数 K_Σ	计算有功功率 P_C/kW	计算无功功率 Q_C/kvar	计算视在功率 S_C/kV·A	计算电流 I_C/A
C2（补偿前）	91.6+407.2+93.2+44=636.0	112.5+250.0+56.1+17.6=436.2	0.9	572.4	392.6	694.1	1054.6

C2 点补偿后的计算负荷见表 3-15。

表 3-15　C2 点的计算负荷（补偿后）

计算点	补偿前功率因数 $\cos\varphi_1$	补偿后功率因数 $\cos\varphi_2$	无功补偿容量 Q_{CC}/kvar	实际补偿容量/kvar（15 台，12kvar/台）	补偿后计算有功功率 P_C/kW	补偿后计算无功功率 Q_C/kvar	补偿后计算视在功率 S_C/kV·A	补偿后计算电流 I_C/A
C2	0.82	0.93	178.0	180.0	572.4	212.6	610.6	927.7

补偿后的实际功率因数为 0.937。

5）计算 B2 点的计算负荷。B2 点的计算负荷就是 C2 点的计算负荷加上变压器 T2 的功率损耗。根据 C2 点的计算视在功率，可对变压器进行选择，选择变压器额定容量 800 kV·A，则其负荷率为 76%。计算结果见表 3-16。

表 3-16　B2 点的计算负荷

计算点	空载损耗 P_0/kW	短路损耗 P_k/kW	U_k%	I_0%	变压器有功损耗/kW	变压器无功损耗/kvar	计算有功功率 P_C/kW	计算无功功率 Q_C/kvar	计算视在功率 S_C/kV·A	计算电流 I_C/A
B2	1.55	7.14	6	1.2	5.67	28.7	578.1	241.3	626.4	951.7

变压器高压侧的功率因数为 0.923，满足要求。

（3）计算 A 点的计算负荷

计算结果见表 3-17。

表 3-17　A 点的计算负荷

计算点	B1、B2 计算有功功率之和 $\sum P_C$/kW	B1、B2 计算无功功率之和 $\sum Q_C$/kvar	同时系数 K_Σ	计算有功功率 P_C/kW	计算无功功率 Q_C/kvar	计算视在功率 S_C/kV·A	计算电流 I_C/A
A	435.5+578.1=1013.6	168.8+241.3=410.1	0.9	912.2	369.1	984.1	1495.1

思考与练习题

3-1　负荷预测的目的是什么？主要有哪些方法？

3-2　什么是日负荷曲线和年负荷曲线？可分别从曲线上得到哪些参数？各参数之间的关系是什么？

3-3　用电设备的工作制是指什么？负荷持续率是指什么？

3-4　什么是最大负荷利用小时数？什么是最大负荷损耗小时数？二者之间有何联系？

3-5　请判断以下说法是否正确。

1）日负荷曲线不一定都是半小时阶梯曲线。

2）年最大负荷持续曲线是数据统计曲线，而非原始记录曲线。

3）一个月中，每日日平均负荷的算术平均值等于月平均负荷。

4）有功负荷曲线与无功负荷曲线的峰、谷值通常不在同一时间出现。

5）日有功负荷曲线与时间轴所围合的面积，对应于一天内所消耗的电能。

3-6　某食品加工厂工作日典型曲线如图 3-29 所示。该企业全年生产天数为 236 天，非工作日负荷为冷藏冷冻等恒定负荷，量值为 60kW。

1）试绘制年最大负荷持续曲线；

2）试计算年最大负荷利用小时数 T_{max}。

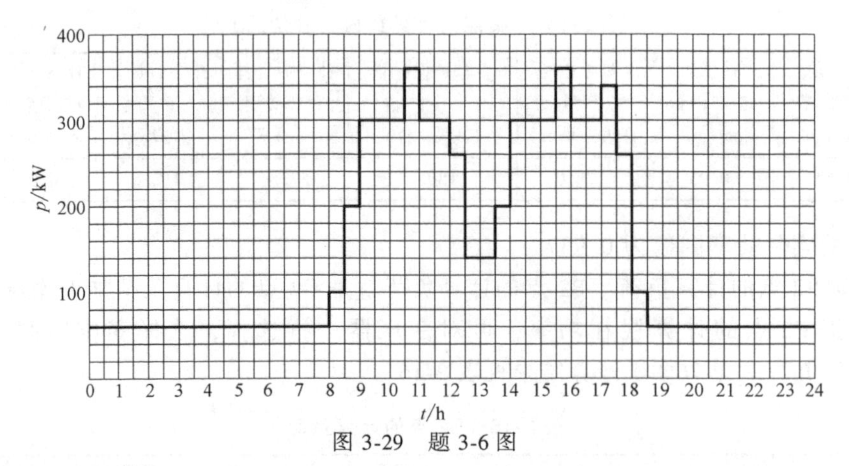

图 3-29　题 3-6 图

3-7　某电力用户半小时有功日负荷曲线峰谷差为 271kW，谷值功率为 375kW。试确定该用户的计算有功功率。

3-8　某商场日用电量为 8700kW·h，有功负荷系数为 0.79，试求其计算有功功率。

3-9　什么是计算负荷？什么是尖峰负荷？为什么在工程上使用 30min 最大等效负荷作为计算负荷？

3-10　负荷计算方法中，需要系数有什么物理意义？在不同计算范围内用需要系数法进行负荷计算时，为什么要对负荷重新分组？

3-11　请判断以下说法是否正确。

1）电力线缆上损耗的电能绝大部分转化为热能。

2）用电设备消耗的电能绝大部分转化为热能。

3）用电设备无功功率是没有转化为电磁能量以外的其他形式能量的那一部分电功率。

4）变压器的功率损耗与变压器负荷率二次方成正比。

5）无功补偿就是要减少用电设备工作所需要的无功功率。

6）三相不平衡时，三相功率因数也可能不相同，分相无功补偿效果更好。

7）用电负荷有功和无功功率同时增大或减小，只要其比例维持不变，功率因数基本不变，因此电容补偿容量不需要调整。

3-12　某工厂断续运行工作制负荷有 42kV·A 电焊机 1 台（额定负荷持续率 $\varepsilon_r=60\%$，$\cos\varphi_r=0.62$，$\eta_r=0.85$），39.6kW 吊车 1 台（额定负荷持续率 $\varepsilon_r=40\%$，$\cos\varphi_r=0.5$）。试确定它们的设备容量。

3-13　某全空调综合性大楼内有商场 6500m^2、写字间 7000m^2、宾馆 8500m^2，试估算其计算负荷。

3-14　某 26 层住宅楼，配电干线如图 3-30 所示，每层 5 户，每户均为四室户。求 A、B、C、D 点的计算负荷。

3-15　某供电系统的 380/220V 线路上，接有如表 3-18 所列的用电设备，试求该线路上的计算负荷。

3-16　某配电箱向 7 台风机供电，试计算其尖峰电流。风机的参数见表 3-19，需要系数取 0.7。

3-17　一条长 2km 的 10kV 架空线路向一台 SC8-1000/10/0.4 的变压器供电，变压器联结组别为 Dyn11，变压器低压侧计算有功功率 $P_C=800$kW，$\cos\varphi=0.9$，$T_{max}=3500$h。试分别计算 10kV 线路和变压器的功率损耗和电能损耗。

3-18　一条长 3km 的 10kV 电缆线路向一台 SC-1000/10/0.4 的变压器供电。电缆的电阻、电抗分别为 0.321Ω/km 和 0.093Ω/km；变压器以低压侧负荷计算的负荷率为 85%，0.4kV 侧功率因数为 0.92，T_{max} = 4200h，变压器的其他参数请参阅附表 7，试计算线路和变压器的功率损耗和年电能损耗。

电表箱　住户配电箱
F26　A　共5户
F25　A　共5户
F24　A　共5户
F23　A　共5户
F22　A　共5户
F21　A　共5户
F20　A　共5户
F19　A　共5户
电表箱　住户配电箱
F18　A　共5户
F17　A　共5户
F16　A　共5户
F15　A　共5户
F14　A　共5户
F13　A　共5户
F12　A　共5户
F11　A　共5户
F10　A　共5户
电表箱　住户配电箱
F9　A　共5户
F8　A　共5户
F7　A　共5户
F6　A　共5户
F5　A　共5户
F4　A　共5户
F3　A　共5户
F2　A　共5户
F1　A　C　共5户
电源进线　D　B1　B2　B3

图 3-30　题 3-14 图

表 3-18 题 3-15 表

设备额定电压/V	380			220		
接入相序	L1,L2	L2,L3	L3,L1	L1,N	L2,N	L3,N
设备台数	1	2	2	2	2	1
单台设备容量/kW	23	14	11	4	3	5

表 3-19 题 3-16 表

风机编号	M1	M2	M3	M4	M5	M6	M7
额定电流/A	42	42	57	14	35	20	57
起动电流/A	210	210	342	140	280	160	456

3-19 条件同题 3-18，变压器二次测量值不变，试分别计算变压器 SC-1250/10/0.4 和 SC-1600/10/0.4 时，变压器的负荷率和功率损耗，并列表对比分析变压器负荷率和功率损耗的关系。

3-20 某变压器型号规格为 SC8-800/10/0.4，联结组别为 Dyn11，变压器低压侧计算有功功率 P_C = 620kW，计算无功功率 Q_C = 465kvar，变压器的相关参数请查阅书后附录。

1）若要求将变压器 10kV 侧的功率因数补偿至 0.9，问变压器低压侧母线上应并联多大容量的电容器？

2）若选用额定电压 0.4kV、单台标称容量 16kvar 的单相电容器作为补偿，按三角形联结接线，需要多少电容器？

3）若选用额定电压 0.525kV、单台标称容量 30kvar 的三相电容器作为补偿，又需要多少电容器？

4）分别计算补偿前、后变压器的负荷率和功率损耗。

5）若补偿前后 T_{max} = 4200h 不变，试计算通过无功补偿变压器每年减少了多少电能损耗。

3-21 城市规划中用电负荷的预测方法有哪些？各适合什么情况？

第 4 章

供配电系统短路电流计算

4.1 供配电系统短路故障概述

4.1.1 供配电系统短路故障类型、原因与危害

短路是指系统带电导体之间或带电导体与其他可导电部分（包括外界可导电部分，如大地）之间发生了阻抗可忽略的非正常电气连接，导致电源与故障点之间形成阻抗量值远小于负荷阻抗的回路。短路是电力系统的常见故障之一。

1. 短路的类型

短路的种类见表 4-1。对中性点接地系统，可能发生的短路类型有三相短路 K3、两相短路 K2、两相接地短路 K2E 和单相短路 K1。单相短路有相线与中性线间的短路，也有相线直接与大地之间的短路，这时的单相短路又称单相接地短路；两相接地短路是指两根相线和大地三者之间的短路。

对中性点不接地系统，可能发生的短路类型有三相短路 K3 和两相短路 K2。另外，异相接地短路 KEE 也应算作一种特殊类型的短路，它是指有两相分别接地、但接地点不在同一位置而形成的相间接地短路。中性点不接地系统出现单相接地故障时，叫作不正常运行状态，不属于短路故障。

以上各种类型的短路中，三相短路又称为对称短路，其余的称为非对称短路。通常，三相短路电流最大，当短路点发生在发电机附近时，两相短路电流可能大于三相短路电流；当短路点靠近中性点接地的变压器时，单相短路电流也可能大于三相短路电流。

表 4-1 短路的种类

短路名称	表示符号	图形	短路性质
三相短路	K3	U V W	对称短路

（续）

短路名称	表示符号	图形	短路性质
两相短路	K2	U V W	不对称短路
两相接地短路	K2E	U V W	不对称短路
单相短路或 单相接地短路	K1	U V W	不对称短路

2. 短路发生原因

短路发生的主要原因是系统中某一部位的绝缘遭到破坏。绝缘遭到破坏的原因有很多，根据长期的事故统计分析，常见原因如下：

1）外加电压过高。电气设备的绝缘有一定的介电强度，可用绝缘耐受电压表征，超过规定的耐受电压，绝缘就会被击穿，从而造成短路。外加电压过高的常见原因是雷击和高电位侵入，如雷电过电压造成的线路对杆塔闪络，就是一种常见的短路形式。

2）绝缘老化或外界机械损伤。大多数的绝缘都是由高分子材料制造的，老化是这类材料不可避免的一种现象。老化会带来绝缘性能降低，当降低到一定程度后，在正常工作电压或允许过电压的作用下，绝缘也可能被击穿。机械损伤是绝缘破坏的另一种途径，如开挖路面损伤电缆、塔吊吊臂砸断架空线等。

3）误操作。最常见的误操作是带负荷拉起隔离开关和未拆检修接地线合闸引起的短路。

4）动、植物造成的短路。如动物躯体或植物跨越带电导体，藻类植物生长造成的带电导体绝缘净距减小，或真菌等造成的绝缘性能下降，都可能引发短路。

3. 短路的危害

1）短路电流远大于正常工作电流，短路电流产生的力效应和热效应足以使设备受到破坏。

2）短路点附近母线电压严重下降，使接在母线上的其他回路电压严重低于正常工作电压，影响电气设备的正常工作，甚至可能造成电机烧毁等事故。

3）短路点处可能产生电弧，电弧高温对人身安全及环境安全带来危害，如误操作隔离开关产生的电弧常会使操作者严重灼伤，低压配电系统的不稳定电弧短路可能引发火灾等。

4）不对称短路可能在系统中产生复杂的电磁过程，从而产生过电压等新的危害。

5）不对称短路使磁场不平衡，造成空间电磁污染，会影响通信系统和电子设备的正常工作。

4.1.2　短路故障的特点

短路故障的特点见表 4-2。

表 4-2　短路故障的特点

短路名称	电流、电压	零序电流、电压
三相短路	1)短路时电流和电压保持对称性 2)短路电流大大超过额定电流 3)短路点电压为零	无
两相短路	1)短路时电流和电压对称性破坏 2)两相电流增大,两相电压降低 3)电流增大、电压降低为相同两个相别 4)两个故障相电流反相	无
两相接地短路	1)短路时电流和电压对称性破坏 2)两相电流增大,两相电压降低,出现零序电流、零序电压 3)电流增大、电压降低为相同两个相别	有
单相短路或单相接地短路	1)短路时电流和电压对称性破坏 2)一相电流增大,一相电压降低 3)电流增大、电压降低为同一相别 4)零序电流相位与故障相电流同相,零序电压与故障相电压反相	有

4.2　供配电系统三相短路暂态过程

4.2.1　无限大容量系统短路暂态过程分析

所谓“无限大容量”电源，是指电力系统中某局部无论发生了什么扰动，电源的电压幅值与频率均保持恒定。从电路的角度来看，无限大容量电源就是一个理想的电压源，内阻抗等于零。实际的电力系统中真正的无限大容量电源是不存在的，但由于供配电系统处于电力系统的末端，尽管短路故障对系统中靠近短路点的局部系统影响很大，但对距短路点很远的系统，其扰动就相对较小，从工程角度看，总能在系统中找到一点，当供配电系统发生短路时，该点的电压变化小到可忽略不计，则这一点就可以看成是无限大容量电源的输出点。

当以供电电源的额定值为基准值时，若短路回路总阻抗的标幺值大于 3，则一般可认为供电电源为“无限大容量”电源。例如以一台 110/11kV 的变压器向 10kV 系统供电，若以变压器的额定容量 $S_{r\cdot T}$ 和二次侧额定电压 $U_{r2\cdot T}=11\text{kV}$ 为基准值，算出短路回路总阻抗不小于 3，则可以认为变压器的 110kV 侧为无限大容量电源，即 10kV 侧发生短路时，近似认为变压器 110kV 侧的电压保持恒定。

1. 短路前后系统分析

短路前系统如图 4-1a 所示，图中示出了短路点位置。短路前、后系统都是三相对称的，其单相等效电路如图 4-1b 所示。

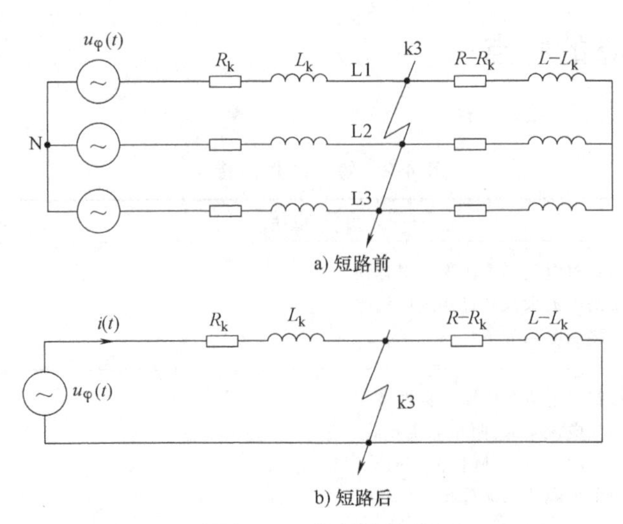

图 4-1　三相短路分析

已知 $u_\varphi(t)=U_m\sin(\omega t+\alpha)$，由于是无限大容量电源，故 $U_\varphi(t)$ 在短路前、后均保持不变。

以短路发生时刻为 $t=0$，在短路发生前、后电流 $i(t)$ 为

$$i(t)=\begin{cases} i_0(t) & t<0 \\ i_k(t) & t\geqslant 0 \end{cases}$$

其中短路发生前

$$i_0(t)=I_{m0}\sin(\omega t+\alpha-\varphi_0) \tag{4-1}$$

式中，$I_{m0}=U_m/\sqrt{R^2+(\omega L)^2}=U_m/|Z|$；$|Z|=\sqrt{R^2+(\omega L)^2}$；$\varphi_0=\arctan\dfrac{\omega L}{R}$

短路发生前的电压电流波形如图 4-2 中纵坐标左侧所示，这时电流的幅值取决于回路总阻抗大小，电流落后于电压的相角 φ_0 为回路总阻抗的阻抗角。

2. 短路暂态过程分析

(1) 定性分析

由于短路回路的阻抗远小于正常工作回路的阻抗，在系统无限大容量电源的作用下，将产生一个远大于正常工作电流的交流短路电流，这一电流因系统电源产生，故称其为短路电流的强制分量，又因为这一电流为正弦交流电流，故又称其为短路电流的周期分量。

由于短路后正弦交流电流幅值与相位都发生了变化，正弦交流电流会有突变产生，也即磁链会有突变的趋势，根据磁链守恒定律，短路回路中将产生一个自由电流来抵消这一突变。这个电流没有电源维持，故称之为短路电流的自由分量；又由于它不是交变的，因此又称之为短路电流的非周期分量。

(2) 定量分析

1）电路微分方程。由 KVL 可知

$$u_\varphi(t)=i_k(t)R_k+L_k\frac{\mathrm{d}i_k(t)}{\mathrm{d}t} \tag{4-2}$$

将式（4-2）两边同时除以 L_k，并将 $u_\varphi(t)=U_m\sin(\omega t+\alpha)$ 代入，有

$$\frac{\mathrm{d}i_\mathrm{k}(t)}{\mathrm{d}t}+\frac{R_\mathrm{k}}{L_\mathrm{k}}i_\mathrm{k}(t)=\frac{U_\mathrm{m}}{L_\mathrm{k}}\sin(\omega t+\alpha) \tag{4-3}$$

式（4-3）为一个常系数线性一阶非齐次微分方程，其解应由通解与特解两部分构成。

通解（非周期分量或自由分量）为

$$i_\mathrm{npd}(t)=A\mathrm{e}^{-\frac{R_\mathrm{k}}{L_\mathrm{k}}t}$$

式中，A 为积分常数，待定。

特解（周期分量或强制分量）为

$$i_\mathrm{pd}(t)=\frac{U_\mathrm{m}}{|Z_\mathrm{k}|}\sin(\omega t+\alpha-\varphi_\mathrm{k})$$

式中，$|Z_\mathrm{k}|$为短路阻抗的模，$|Z_\mathrm{k}|=\sqrt{R_\mathrm{k}^2+(\omega L_\mathrm{k})^2}$；$\varphi_\mathrm{k}$ 为短路阻抗角，$\varphi_\mathrm{k}=\arctan\frac{\omega L_\mathrm{k}}{R_\mathrm{k}}$。

令 $I_\mathrm{pdm}=U_\mathrm{m}/Z_\mathrm{k}$，则

$$\begin{aligned}i_\mathrm{k}(t)&=i_\mathrm{pd}(t)+i_\mathrm{npd}(t)\\&=I_\mathrm{pdm}\sin(\omega t+\alpha-\varphi_\mathrm{k})+A\mathrm{e}^{-\frac{R_\mathrm{k}}{L_\mathrm{k}}t}\end{aligned} \tag{4-4}$$

2）确定积分常数 A。积分常数 A 由初设条件确定，考查 $t=0$（即短路发生瞬间）前后 $i(t)$ 的大小：

当 $t=0_-$时，由式（4-1）可知，$i(t)=i_0(0_-)=I_\mathrm{m0}\sin(\alpha-\varphi_0)$

当 $t=0_+$时，由式（4-4）可知，$i(t)=i_0(0_+)=I_\mathrm{pdm}\sin(\alpha-\varphi_\mathrm{k})+A$

根据磁链守恒定律，短路前后电感回路电流不发生突变，应有 $i(0_-)=i(0_+)$，故

$$A=I_\mathrm{m0}\sin(\alpha-\varphi_0)-I_\mathrm{pdm}\sin(\alpha-\varphi_\mathrm{k}) \tag{4-5}$$

从式（4-5）可知，A 即短路前后电流周期分量突变量的大小，它作为非周期分量 $i_\mathrm{f}(t)$ 在 $t=0_+$时的幅值，正是来抵消交流分量的突变量的。于是，短路发生后短路回路电流为

$$i_\mathrm{k}(t)=I_\mathrm{pdm}\sin(\omega t+\alpha-\varphi_\mathrm{k})+[I_\mathrm{m0}\sin(\alpha-\varphi_0)-I_\mathrm{pdm}\sin(\alpha-\varphi_\mathrm{k})]\mathrm{e}^{-\frac{R_\mathrm{k}}{L_\mathrm{k}}t} \tag{4-6}$$

(3) 波形及特点

短路发生前后，电压、电流的波形如图 4-2 所示。

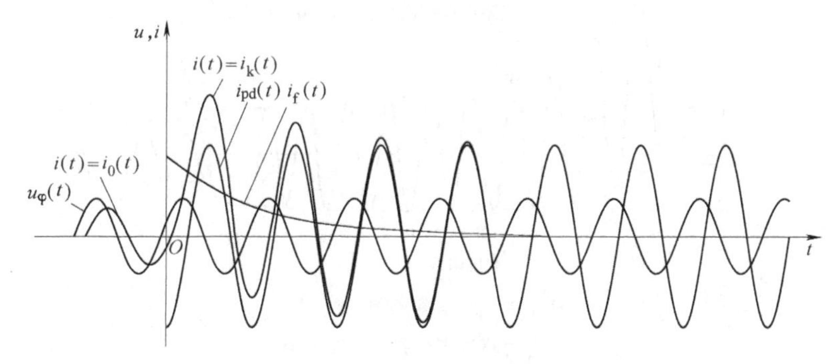

图 4-2　无限大容量系统短路电流波形

从图 4-2 可看出，短路电流有以下特征：

1）$i(t)$ 是周期分量与非周期分量的叠加。

2）周期分量由电源维持恒定，非周期分量因在短路电阻 R_k 上产生损耗而衰减，经过若干周期后，非周期分量衰减完毕，此后便只剩下周期分量。

3）电流变化过程为：稳态交流电流（小）→暂态电流→稳态交流电流（大）。

4.2.2 有限容量系统短路暂态过程简介

所谓“有限大容量”电源，是指当电源容量较小或短路点距发电机较近时，系统供给短路点的短路容量和电源的额定容量相比不能忽略。在有限容量系统条件下，短路电流将使电源电压明显变化，这时不仅短路电流的非周期分量按指数规律衰减，而且短路电流周期分量的幅值也将随时间逐渐衰减。有限容量系统短路电流非周期分量的变化规律与无限大容量系统类似，前面也已经分析了非周期分量的过渡过程，下面仅讨论有限容量系统短路电流周期分量的变化规律。

在有限容量系统（近端短路）情况下，至少有一台同步发电机供给短路点的预期对称短路电流初始值超过这台发电机额定电流两倍的短路；或同步和异步电动机反馈到短路点的电流超过不接电动机时该点的对称短路电流初始值的 5%的短路。

在发生短路时，短路电流流过发电机定子绕组，由于短路电流呈现感性，其电枢反应具有去磁作用，使发电机内部的合成磁场削弱，端电压下降。但是，因为同步发电机的电枢反应有过渡过程，发电机的端电压并不能突然下降。在突然发生短路后，短路电流 i_k 产生磁通 Φ_k，Φ_k 在转子绕组（励磁绕组）中感应出一个自由电流 i_{ek}，这个电流也将产生自己的磁通 Φ_{ek}，Φ_{ek} 与 Φ_k 方向相反。因此，在短路瞬间，发电机内部总的合成磁通不会发生突然变化，发电机端电压也不会突然下降。但转子绕组内的感应电流 i_{ek} 随着时间逐渐衰减，Φ_{ek} 逐渐减小，发电机的合成磁通因 Φ_k 的去磁作用而逐渐减弱，使端电压随着降低，短路电流周期分量的幅值也因发电机端电压的降低而逐渐变小。当转子绕组中的自由电流衰减完毕，发电机电枢反应的过渡过程即已结束。发电机端电压稳定下来，短路电流周期分量的幅值就不再发生变化。有限大容量系统，短路电流的波形如图 4-3 所示。

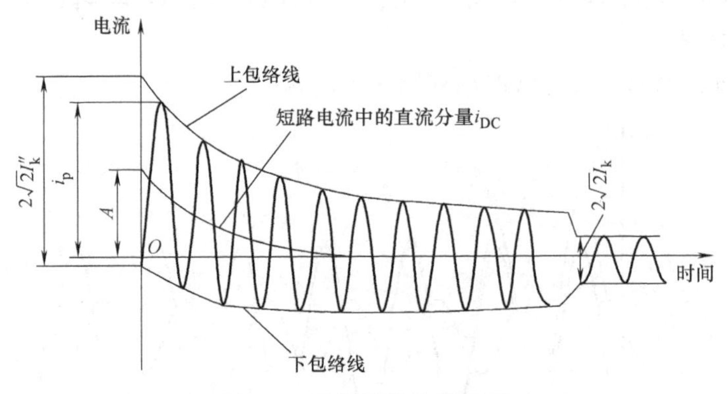

图 4-3　近端短路电流波形

注：I''_k为超瞬态短路电流有效值。

在同步发电机中一般装有自动电压调整装置，当发电机端电压开始下降 0.5s 后，在自

动电压调整装置的作用下，自动增加励磁电流，从而使发电机端电压回升至正常值。这时短路电流周期分量的幅值也由衰减转为增加，最后稳定下来。

4.3　配电系统三相短路全电流特征

4.3.1　三相短路全电流极值条件

1. 三相短路全电流最大值条件

三相短路电流周期分量与非周期分量之和，叫作三相短路全电流。为了求得三相短路全电流的最大值，对图 4-2 中全电流波形做以下几点分析。

1）最大值出现在第一个峰值上，为周期分量幅值与非周期分量在该时刻的瞬时值之和。

2）周期分量大小只与短路阻抗有关，一旦短路点位置确定，周期分量的幅值大小也就确定了。

3）非周期分量大小与短路瞬间电流交流分量“突变”量和衰减时间常数有关，后者取决于系统的阻抗参数，对于一个给定的系统，一旦短路点位置确定，衰减时间常数是确定的；而前者在短路点位置确定的情况下，与短路发生的时刻和短路前的电流大小有关。

从以上分析可知，对于一个确定系统和确定的短路点，三相短路全电流取得最大值的条件，就是分析何种情况下非周期分量会取得最大值。

在架空线构成的中、高压系统中，线路的电抗值远大于电阻值，即 $\omega L_k \gg R_k$，故 $\varphi_k = \arctan\dfrac{\omega L_k}{R_k} \approx 90°$，于是，式（4-6）可写成

$$i_k(t)=i_{pd}(t)+[I_{m0}\sin(\alpha-\varphi_0)+I_{pdm}\cos\alpha]\mathrm{e}^{-\frac{R_k}{L_k}t} \tag{4-7}$$

根据以上的分析，求 $i_k(t)$ 的最大值即是求 $[I_{m0}\sin(\alpha-\varphi_0)+I_{pdm}\cos\alpha]$ 的最大值。严格地说，应该通过对 α 和 φ_0、I_{m0} 求导，并令导数等于零来求得极值条件，但求导所得方程为超越方程组，数学上求解十分困难，因此根据工程实际情况，按以下方法求解。

从式（4-7）可知，非周期分量幅值为两项之和，由于 $I_{pdm} \gg I_{m0}$，故第二项所占比例远大于第一项，因此可先让第二项取得最大值。要使第二项取得最大值，只有令 $\alpha=0$（意味着短路发生在电压过零的时刻），此时，第一项为 $I_{m0}\sin(\alpha-\varphi_0)=-I_{m0}\sin\varphi_0$，由于负荷一般是感性的，$0<\varphi_0<90°$，故第一项总是负值，它的作用总是使得两项之和减小。为了使两相之和取得最大，只有令第一项 $-I_{m0}\sin\varphi_0=0$，由于 φ_0 为取决于系统的阻抗参数，故只有 $I_{m0}=0$ 才能使第二项为零，此即意味着短路前系统为空载。

逻辑上看，若令 α 不为零而为某一正值，这时虽然第二项不为最大，但第一项可能为正，有没有可能这时两项之和比 $\alpha=0$、$I_{m0}=0$ 时更大呢？事实上，由于 I_{pdm} 是 I_{m0} 的几倍至十几倍，增加 α 使第一项得到的增加量，远远比不上增加 α 使第二项产生的减少量，故 $\alpha=0$、$I_{m0}=0$ 即是使全电流 $i_k(t)$ 峰值达到最大值的条件。

也就是说，对一个感性系统，当短路前为空载，且相电压过零时发生短路，其短路电流将达最大值，这个最大值为

$$\begin{aligned} i_{k\cdot max}(t) &= I_{pdm}\sin(\omega t-90°)+I_{pdm}e^{-\frac{R_k}{L_k}t} \\ &= -I_{pdm}\cos\omega t+I_{pdm}e^{-\frac{R_k}{L_k}t} \end{aligned} \tag{4-8}$$

此时三相短路电流的波形如图 4-4 所示。

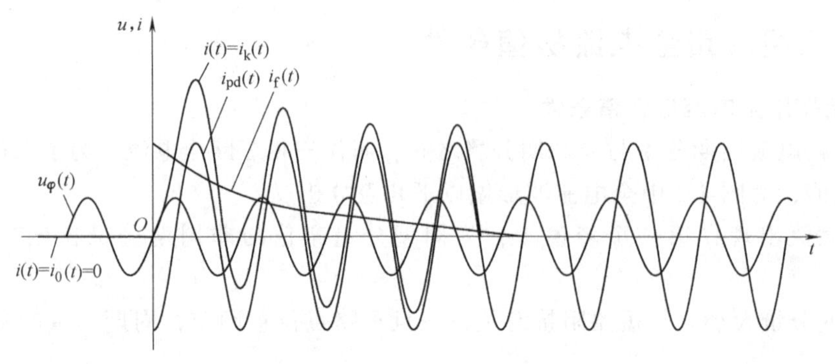

图 4-4　三相短路电流取得最大值时的波形图

2. 三相短路全电流最小值条件

由于 $i_{pd}(t)$ 恒定，因此 $i_{npd}(t)=0$ 即为三相短路全电流最小值条件，要使 $i_{npd}(t)=0$，只需短路时刻 $\alpha=90°$、$I_{m0}=0$。此时短路发生前后电流交流分量没有突变，短路全电流只有周期分量。

4.3.2　三相短路电流特征值

上面对短路的暂态过程进行了分析，但从工程应用的角度来说，只了解其过程还是不够的，必须从这一过程中提取解决问题所需要的特征信息，并以量值的形式表达出来，即特征值，又称为特征参数。

1. 三相短路稳态电流 I_{k3}（或 I_k）

当短路发生很久（一般 5~7 个周波）以后，可认为短路电流的非周期分量 $i_{DC}(t)$ 已衰减完毕，剩下的只有短路电流的周期分量 $i_{pd}(t)$，这个周期分量的有效值 I_{pd} 即三相短路稳态有效值 I_{k3}（或 I_k），即

$$I_{k3}=I_k=I_{pd}$$

2. 三相短路峰值电流 i_p

从图 4-4 可知，$i_{k\cdot max}(t)$ 的瞬时最大值出现在短路后的$\frac{1}{2}$周期（$t=\frac{1}{2}T=0.01s$）时刻，此时 $\omega t=2\pi\times50\times0.01=\pi$，故由式（4-8）可知

$$i_{k\cdot max}(0.01)=I_{pdm}+I_{pdm}e^{-\frac{R_k}{L_k}\times0.01}=I_{pdm}(1+e^{-0.01R_k/L_k}) \tag{4-9}$$

令

$$K_p=1+e^{-0.01R_k/L_k}=1+e^{-0.01/T} \tag{4-10}$$

则有

$$i_p=i_{k\cdot max}(0.01)=I_{pdm}K_p=\sqrt{2}I_pK_p \tag{4-11}$$

式中，K_p 为冲击系数；T 为短路回路的时间常数，$T=\dfrac{L_k}{R_k}$；I_{pdm} 为三相短路周期分量幅值。

i_p 的物理意义为短路电流可能出现的最大瞬时值。

冲击系数大小与衰减时间常数 T 有关，而 T 又与短路回路的阻抗与电抗的相对大小有关，图 4-5 画出了 K_p 与 X_k/R_k 的关系曲线。

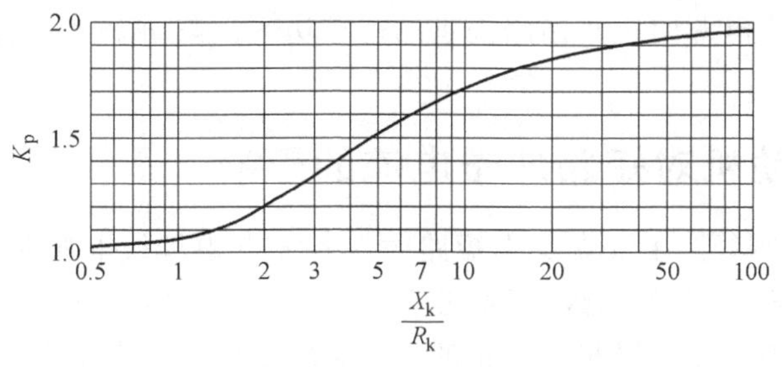

图 4-5　K_p 的大小

从图 4-5 中可知，若 $R_k=0$，相当于 $i(t)$ 不衰减，此时 $K_p=2$，即 i_p 是周期分量幅值的两倍，这种情况叫作无衰减；若 $L_k=0$（也即 $Z_k=0$），因不存在磁链突变问题，故 $i(t)$ 应当为零，因而此时 $K_p=1$，也就是说，i_p 等于周期分量的幅值，这种情况叫作无冲击发生。以上是两种极端情况，实际情况总是处于这两者之间，因此 $1\leqslant K_p\leqslant 2$，工程上对 K_p 的取值通常为：

对 L 较大的中、高压系统，取 $K_p=1.8$，则

$$i_p=2.55I_p$$

对 R 较大的低压系统，取 $K_p=1.3$，则

$$i_p=1.84I_p$$

i_p 主要用来校验电气设备短路时的动稳定性。

3. 三相短路冲击电流有效值 I_p

短路冲击电流有效值就是指在满足三相短路全电流最大值条件下，三相短路全电流第一个周期内的有效值。根据谐波分析理论，n 次谐波的总有效值为

$$I_\Sigma=\sqrt{\sum_{j=0}^{n}I_j^2}$$

式中，I_Σ 为 n 次谐波的总有效值；I_j 为 j 次谐波的有效值。

假设非周期分量 $i_{npd}(t)$ 在第一个周期内为一恒定，其大小为 $i_{npd}\left(\dfrac{T}{2}\right)=i_{npd}(0.01)$，则三相短路全电流相当于一个直流分量与一个基波的叠加，故 I_p 为

$$I_p=\sqrt{i_{npd}^2(0.01)+I_{pd}^2} \tag{4-12}$$

因 $i_p=\sqrt{2}I_{pd}+i_{npd}(0.01)=\sqrt{2}I_{pd}K_p$，故 $i_{npd}(0.01)=\sqrt{2}(K_p-1)I_{pd}$，代入式（4-12），有

$$I_p=I_{pd}\sqrt{1+2(K_p-1)^2} \tag{4-13}$$

I_p 主要用于校验设备在短路冲击电流下的热稳定。

4. 三相短路容量

三相短路时短路容量定义为

$$S_k = \sqrt{3}\,U_{av} I_k \tag{4-14}$$

式中，S_k 为系统中某一点的短路容量；U_{av} 为短路点所在电压等级的平均电压；I_k 为某点短路时的三相短路电流稳态值。

三相短路时短路点的电压趋于零，那么此时用系统平均电压乘以短路电流的物理意义是什么呢？由于短路电流是由无限大容量电源提供的，电源电压约等于 U_{av}，因此短路容量的物理意义为无限大容量电源向短路回路提供的视在功率，该功率全部消耗在短路回路各电网元件中。

4.3.3 异步电动机对短路冲击电流的影响

如图 4-6a 所示，当线路上 a 点发生短路时，若 a 点距母线Ⅱ很近，则母线Ⅱ上的电压会大幅下降至接近于零。这时，接在母线Ⅱ上的异步电动机定子和转子中的交流磁链都会发生突变，根据磁链守恒定律，异步电动机的定子和转子内部会产生自由电流分量来抵消这个突变；同时，由于机械惯性的作用，转子的转速不可能突变，所以转子和定子之间还维持相对运动，因而转子电流产生的磁场会在定子绕组中感应电动势并形成电流，这时异步电动机也会像一台发电机一样向短路点提供短路电流。由于异步电动机本身没有励磁电流，所以转子绕组和定子绕组中的电流很快会衰减到零。因此，只需考虑异步电动机对短路冲击电流大小的影响。

异步电动机对短路冲击电流影响的计算如图 4-6b 所示，从图中可知，短路点 a 处总的短路冲击电流为

$$i_{p\cdot\Sigma} = i_{p\cdot s} + i_{p\cdot M} \tag{4-15}$$

式中，$i_{p\cdot s}$ 为系统提供的短路冲击电流；$i_{p\cdot M}$ 为异步电动机提供的短路冲击电流。

$i_{p\cdot s}$ 的计算已在 4.3.2 节中介绍，$i_{p\cdot M}$ 可按式（4-16）计算：

$$i_{p\cdot M} = \sqrt{2}\frac{E''_{M*}}{x''_{M*}} k_{p\cdot M} I_{r\cdot M} \tag{4-16}$$

式中，E''_{M*} 为电动机的次暂态电动势标幺值，一般为 0.9；x''_{M*} 为电动机的次暂态电抗标幺值，$x''_{M*} = \dfrac{1}{I_{st\cdot M*}}$，$I_{st\cdot M*}$ 为电动机起动电流标幺值，一般可取 5~7，故 x''_{M*} 一般为 0.14~0.20；$I_{r\cdot M}$ 为电动机额定电流，$I_{r\cdot M} = \dfrac{P_{r\cdot M}}{\sqrt{3}\,U_{r\cdot M}\eta\cos\varphi}$；$i_{p\cdot M}$ 为电动机的短路电流冲击系数，对高压电动机一般取 1.4~1.6，对低压电动机一般取 1.0。

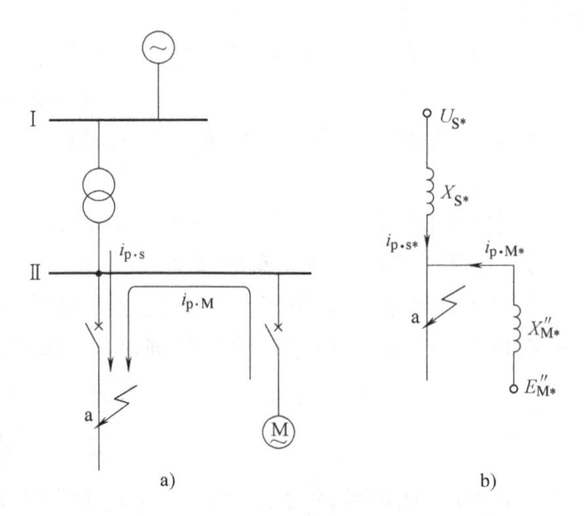

图 4-6 异步电动机对短路冲击电流的影响

注意，以上标幺值均以电动机的额定值为基准值。

并不是在任何情况下都要考虑异步电动机对短路冲击电流的影响，一般在以下条件下才考虑：

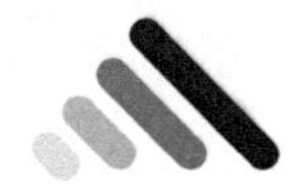

1）电动机安装位置距短路点很近，一般电气距离为几米到十几米时。

2）电动机容量比较大时。

4.4　三相短路稳态电流的标幺值计算方法

4.4.1　标幺值法

从 4.3 节的分析可知，三相短路电流的大小取决于电压大小和短路回路阻抗大小，而短路回路的阻抗是由各种系统元件阻抗构成的，这些元件包括变压器、线路、串联电抗器等。电气工程中对电气参量的表达和运算，除了采用实际物理量值外，还常采用所谓的标幺值。与标幺值相对应，实际物理量值被称为有名值。除了电气工程领域外，一些其他工程领域也采用类似标幺值的量值处理方式，例如，电子工程中的阻抗与频率归一化设计计算，本质上也是一种标幺值法。

标幺值法是工程上计算短路电流的一种常用方法，各元件阻抗值的标幺值是用标幺值法计算短路电流的基础。

1. 基本概念

标幺制是用标幺值表示系统和（或）元件参数，并用标幺值进行分析计算的一套工程方法体系。

某一参量的标幺值，是指其相对于所选定的基准值的相对值，即

$$标幺值=\frac{实际值(又称有名值,任意单位)}{基准值(又称基值,与实际值同单位)}$$

标幺制是电气工程领域长期、广泛、系统性应用的一套方法体系，是电气工程技术实践活动的重要工具。之所以称其为“制”，首先是因为这套方法有一系列明确的规则，这些规则既有确定的理论依据，又经过了工程实践的反复检验，被公认为是正确、方便的。其次，这套规则的应用涵盖了工程实践的主要环节，包括设备制造、工程建设、运行管理等在内不同主体和阶段。因此，这套规则不仅获得了业界的共识，也得到了共同遵守，具有业界标准的性质。

标幺制是在工程实践中建立起来的，建立这套方法体系的目的只有一个——方便。其方便性主要体现在：

1）易于从量值上比较各种元件的特性参数。例如，10/0.4kV 变压器，当容量从 315kV · A 变化到 1600kV · A 时，其短路阻抗的有名值变化很大，但短路阻抗以变压器额定值为基准值的标幺值大小均为 4.5%（800kV · A 及以下）和 6%（800kV · A 以上），这样表述，就使对变压器短路阻抗的大小有了明确的数量概念。

2）便于从量值的角度判断电气设备和系统参数的好坏。比如说通过某一变压器的电流为 500A，并不能立刻确定该变压器的运行状态好坏，但若说通过变压器电流的标幺值（以变压器额定值为基准值）为 1.1，则可立刻判断出该变压器处于过负荷运行状态，过负荷率为 10%。

3）存在有多个电压等级的电网中，能有效规避变压器带来的电气参量的折合问题，尤

其能极大地方便短路电流计算。

2. 基准值的确定

首先必须明确，基准值的选取是人为的，可任意选择，并不受客观规律的限制，但是为了表述或分析计算方便，可人为地对基准值的选取加以各种约束。

约定符号表达方式为：有名值无下标，标幺值以下标“＊”表示，基值以下标“B”表示；基值均为实数，阻抗（或导纳）有名值与标幺值根据它们出现的场合或为复数，或为复数的模。以下对功率、电压、电流、阻抗的基准值选取进行讨论。

(1) 单相系统的基准值

单一交流支路、单端口网络或单相系统中采用有名值计算时，有以下关系：

$$S=UI$$

$$U=I|Z|$$

这两个等式反映的是一种客观规律。根据标幺值的定义，有 $S_*=S/S_B$，$U_*=U/U_B$，$I_*=I/I_B$，$Z_*=Z/Z_B$，由 $S=UI$ 可知

$$S_*S_B=U_*U_BI_*I_B$$

即

$$S_*=U_*I_*\frac{U_BI_B}{S_B} \tag{4-17}$$

式（4-17）是计算标幺值视在功率的一般公式，各参量基准值都出现在公式中。若希望用标幺值计算时，各变量的标幺值之间仍然保留 $S_*=U_*I_*$ 的关系，则必须满足 $\frac{U_BI_B}{S_B}=1$，即

$$S_B=U_BI_B \tag{4-18}$$

式（4-18）是对基准值选取的一个约束条件，即在 S_B、U_B、I_B 三个基准值中，只能自由选择两个。应特别注意，这一约束并不是客观规律的约束，而是为了计算方便人为地定出的约束，它与 $S=UI$ 这一关系是有实质性区别的。例如，若规定 $S_B=2U_BI_B$，则相应的标幺值关系为 $S_*=\frac{1}{2}U_*I_*$，这也是正确的，只是不方便而已。

同理，为了在用标幺值计算时，形式上仍然保留 $U_*=I_*|Z|_*$，则须满足

$$U_B=I_B|Z|_B \tag{4-19}$$

式（4-19）也同样是一个人为确定的约束。由式（4-18）和式（4-19）可知，对 4 个基准值 S_B、U_B、I_B、$|Z|_B$ 的选取附加了两个约束条件，因此只有任选两个基准值，一般选定 S_B 和 U_B，然后推算出 $|Z|_B$ 和 I_B。例如，$|Z|_B$ 的计算公式为

$$|Z|_B=\frac{U_B}{I_B}=\frac{U_B^2}{U_BI_B}=\frac{U_B^2}{S_B} \tag{4-20}$$

同理可推导出其他关系，将这些关系列入表 4-3 中。表中左边一列表明为了方便而希望各电气参量标幺值应满足的关系，右边一列表明为了满足这些关系基值选取所必须遵守的约束。

表 4-3　标幺值、基值约束关系

希望各参量标幺值满足的关系	基值选取应遵守的约束
$S_* = U_* I_*$	$S_B = U_B I_B$
$U_* = I_* \lvert Z \rvert_*$	$U_B = I_B \lvert Z \rvert_B$
$S_* = P_* + jQ_*$	$S_B = P_B = Q_B$
$Z_* = R_* + jX_*$	$\lvert Z \rvert_B = R_B = X_B$
$Z_* = 1/Y_*$	$\lvert Z \rvert_B = 1/\lvert Y \rvert_B$

以上强调客观规律与人为约束的区别，是为了说明：解决问题的方法可以人为设定的，但客观规律必须服从。

(2) 三相系统的基准值

为了在用单相等效电路计算三相电路时不进行单相与三相之间的换算，希望通过标幺制达到以下目标：①三相功率标幺值与单相功率标幺值相等；②Y联结时线电压标幺值与相电压标幺值相等，△联结时线电流标幺值与相电流标幺值相等；③标幺值三相电路运算规则与单相电路相同。下面以Y联结为例，根据以上要求制定三相系统基值选取的规则：

由 $U_L = \sqrt{3} U_\varphi$（U_L 为线电压有名值，U_φ 为相电压有名值）可知，$U_{L*} U_{LB} = \sqrt{3} U_{\varphi *} U_{\varphi B}$，即

$$U_{L*} = \sqrt{3} U_{\varphi *} U_{\varphi B} / U_{LB}$$

若希望线电压标幺值等于相电压标幺值 $U_{L*} = U_{\varphi *}$，则应满足$\sqrt{3} U_{\varphi B} / U_{LB} = 1$，即

$$U_{LB} = \sqrt{3} U_{\varphi B} \tag{4-21}$$

式中，U_{LB} 为线电压的基准值；$U_{\varphi B}$ 为相电压的基准值。

同理，因 $S_{3\varphi} = 3S_\varphi$（$S_{3\varphi}$ 为三相功率有名值，S_φ 为单相功率有名值），则 $S_{3\varphi *} S_{3\varphi B} = 3S_{\varphi *} S_{\varphi B}$，即

$$S_{3\varphi *} = S_{\varphi *} \cdot 3S_{\varphi B} / S_{3\varphi B}$$

若希望三相功率标幺值等于单相功率标幺值 $S_{3\varphi *} = S_{\varphi *}$，则应满足 $3S_{\varphi B} / S_{3\varphi B} = 1$，即

$$S_{3\varphi B} = 3S_{\varphi B} \tag{4-22}$$

式中，$S_{3\varphi B}$ 为三相功率基准值；$S_{\varphi B}$ 为单相功率基准值。

式（4-21）和式（4-22）分别是希望线电压标幺值等于相电压标幺值、三相功率标幺值等于单相功率标幺值时，三相功率线电压基准值 U_{LB} 和三相功率基准值 $S_{3\varphi B}$ 所必须遵守的约束。三相系统的这两个基准值确定后，电流和阻抗基准值也就确定了，公式推导如下：

因单相系统 $S_{\varphi *} = U_{\varphi *} I_{\varphi *}$，且Y联结时 $I_{\varphi *} = I_{L*}$，又因为 $S_{\varphi *} = S_{3\varphi *}$，$U_{\varphi *} = U_{L*}$，则

$$S_{3\varphi *} = S_{\varphi *} = U_{\varphi *} I_{\varphi *} = U_{L*} I_{L*}$$

根据标幺值的定义，有

$$\frac{S_{3\varphi}}{S_{3\varphi B}} = \frac{U_L}{U_{LB}} \cdot \frac{I_L}{I_{LB}}$$

于是

$$S_{3\varphi} = \sqrt{3} U_L I_L \cdot \frac{S_{3\varphi B}}{\sqrt{3} U_{LB} I_{LB}}$$

根据 $S_{3\varphi}=\sqrt{3}U_LI_L$ 这一客观规律，必定有$\frac{S_{3\varphi B}}{\sqrt{3}U_{LB}I_{LB}}=1$，即

$$S_{3\varphi B}=\sqrt{3}U_{LB}I_{LB} \tag{4-23}$$

同理可得

$$U_{LB}=\sqrt{3}I_{LB}|Z_{3\varphi}|_B \tag{4-24}$$

式中，$|Z_{3\varphi}|_B$ 为三相系统每相阻抗基值。由式（4-19）、式（4-23）和式（4-24），就可得出 I_{LB} 和$|Z_{3\varphi}|_B$ 的大小。

式（4-18）与式（4-19）、式（4-21）与式（4-22）、式（4-23）与式（4-24）共三组关系，分别表明了单相系统各基准值间、单相系统基准值与三相系统基准值间和三相系统各基准值间的约束，规定这些约束主要是为了方便计算。这三组关系只有两组是独立的，也就是说，只要确定其中任意两组，就可导出第三组。

根据以上推导，可得出阻抗基准值如下：

$$|Z_{3\varphi}|_B=\frac{U_{LB}}{\sqrt{3}I_{LB}}=\frac{U_{LB}^2}{\sqrt{3}U_{LB}I_{LB}}=\frac{U_{LB}^2}{S_{3\varphi B}}$$

$$=\frac{(\sqrt{3}U_{\varphi B})^2}{3S_{\varphi B}}=\frac{U_{\varphi B}^2}{S_{\varphi B}}=|Z_{\varphi}|_B$$

即不管是单相还是三相系统，阻抗基准值是相等的，这与用有名值计算时单相等效电路阻抗与三相电路阻抗相等是一致的，因此按以上基值选取规则，三相系统各电气参量的标幺值运算规则与单相系统完全相同，可以不再做相与线、单相与三相的区分，统一按以下公式计算：

$$S_*=U_*I_* \tag{4-25}$$

$$U_*=I_*|Z|_* \tag{4-26}$$

（3）阻抗标幺值的转换

若在基准值 S_{B1}、U_{B1} 下，电抗标幺值为$|Z|_{*1}$，那么在基准值 S_{B2}、U_{B2} 下，同一电抗的标幺值$|Z|_{*2}$ 应为多少呢?

因电抗有名值是不变的，故先求出该电抗的有名值，再求在新基准值下的标幺值，从前面的推导可知，不论是对单相还是三相系统，阻抗基准值均为 U_B^2/S_B，则该电抗有名值为

$$|Z|=|Z|_{*1}|Z|_{B1}=|Z|_{*1}\frac{U_{B1}^2}{S_{B1}}$$

在基准值 S_{B2}、U_{B2} 下该电抗的标幺值$|Z|_{*2}$ 为

$$|Z|_{*2}=|Z|/|Z|_{B2}=|Z|_{*1}\frac{U_{B1}^2}{S_{B1}}\Big/\frac{U_{B2}^2}{S_{B2}}=|Z|_{*1}\frac{U_{B1}^2}{U_{B2}^2}\frac{S_{B2}}{S_{B1}} \tag{4-27}$$

3. 不同电压等级电网中基准值的选取

（1）选取原则

图 4-7a 所示为有两个电压等级的电网，标称电压分别为 U_{N1} 和 U_{N2}，这两个电压等级电网由变压器 T 联系。图中，Z_1 是 U_{N1} 电压等级的阻抗，Z_2 是 U_{N2} 电压等级的阻抗，变压器短路电抗已归入 Z_1（或 Z_2）中。图 4-7b 为图 4-7a 的单相等效电路，图中 $U_{r1\cdot T}$、$U_{r2\cdot T}$ 分

别为变压器一、二次侧的额定电压，该等效电路忽略了励磁电流在一次绕组短路阻抗上的压降。由于两个电压等级电网是通过磁路联系的，它们之间没有电的直接联系，故各自的 KVL、KCL 方程是独立的，对两个电压等级电网列出 KVL 方程如下：

U_{N1} 级

$$\frac{\dot{U}_1}{\sqrt{3}}-\Delta\dot{U}_1-\frac{\dot{U}_{r1\cdot T}}{\sqrt{3}}=0 \tag{4-28}$$

U_{N2} 级

$$\frac{\dot{U}_2}{\sqrt{3}}-\Delta\dot{U}_2-\frac{\dot{U}_{r2\cdot T}}{\sqrt{3}}=0 \tag{4-29}$$

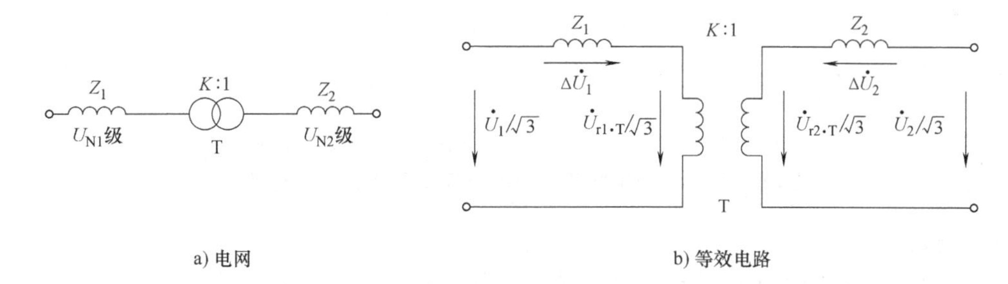

图 4-7　两个电压等级电网分析

若选择 U_{N1} 电压等级电网的线电压基准值为 U_{B1}，U_{N2} 电压等级电网的线电压基准值为 U_{B2}，将式（4-28）和式（4-29）分别除以相电压基准值 $U_{B1}/\sqrt{3}$ 和 $U_{B2}/\sqrt{3}$，则

$$\frac{\dot{U}_1/\sqrt{3}}{U_{B1}/\sqrt{3}}-\frac{\Delta\dot{U}_1}{U_{B1}/\sqrt{3}}=\frac{\dot{U}_{r1\cdot T}/\sqrt{3}}{U_{B1}/\sqrt{3}},\text{即 }\dot{U}_{1*}-\Delta\dot{U}_{1*}=\dot{U}_{r1\cdot T*} \tag{4-30}$$

$$\frac{\dot{U}_2/\sqrt{3}}{U_{B2}/\sqrt{3}}-\frac{\Delta\dot{U}_2}{U_{B2}/\sqrt{3}}=\frac{\dot{U}_{r2\cdot T}/\sqrt{3}}{U_{B2}/\sqrt{3}},\text{即 }\dot{U}_{2*}-\Delta\dot{U}_{2*}=\dot{U}_{r2\cdot T*} \tag{4-31}$$

由式（4-30）、式（4-31）和式（4-28）、式（4-29），既然图 4-7 所示网络可以由式（4-28）、式（4-29）表达，那么有理由认为：与之形式相同的式（4-30）、式（4-31），对应着一个与图 4-7 形式相同的网络，这个网络可以称为图 4-7 的标幺值网络，如图 4-8 所示。

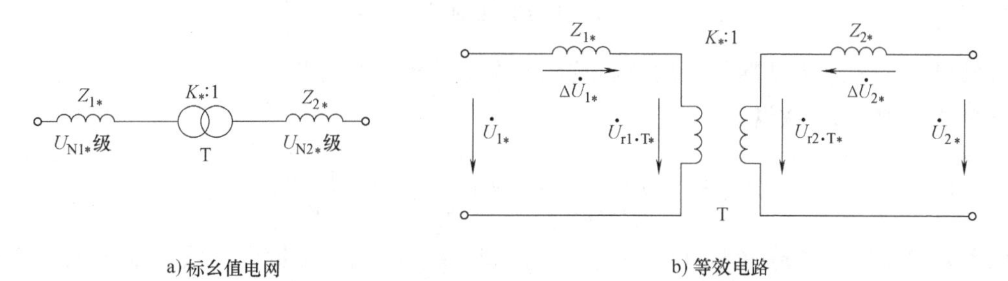

图 4-8　两个电压等级电网的标幺值网络

在图 4-8 中，变压器的标幺值电压比 $K_*=U_{r1\cdot T*}/U_{r2\cdot T*}$，若能使 $K_*=1$，则标幺值网

络中变压器成了 1∶1 的变压器，从计算的角度看，变压器就可以取消，这样便能大大简化分析计算。欲使 $K_{*}=1$，须有

$$K_{*}=\frac{U_{r1\cdot T*}}{U_{r2\cdot T*}}=\frac{U_{r1\cdot T}/U_{B1}}{U_{r2\cdot T}/U_{B2}}=1$$

即

$$\frac{U_{r1\cdot T}}{U_{r2\cdot T}}=\frac{U_{B1}}{U_{B2}}=K \tag{4-32}$$

可见，只要恰当选择两个电压等级电网的电压基准值，使其比值等于变压器的电压比，就可使变压器的标幺值电压比等于 1，从而在标幺值网络中取消变压器，这就是在有多个电压等级电网的短路电流计算中采用标幺值法的主要理由。这时图 4-7a 所示系统的标幺值网络如图 4-9 所示。

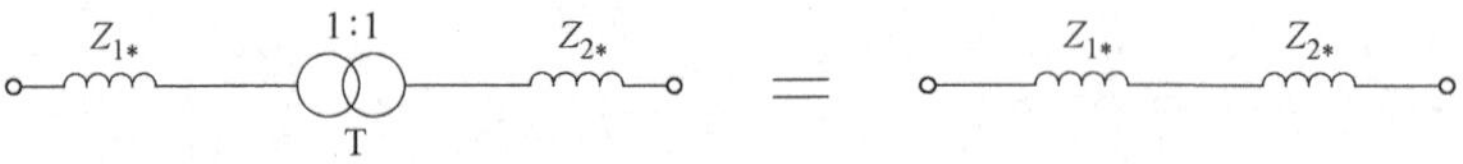

图 4-9　取消了变压器的两个电压等级电网的标幺值网络

(2) 验证

两个电压等级选择了不同的电压基准值后，标幺值网络是否还能被当作一个电网络来求解，是需要证明的，在这里不去做理论上的严格证明，只是将用以上方法得出的结果与用有名值折合算法得出的结果进行比较，若两者结果一致，则说明以上方法的正确性。

从图 4-9 可知，用取消变压器的方法得出的短路总阻抗标幺值为

$$\begin{aligned}Z_{*\Sigma}&=Z_{*1}+Z_{*2}=Z_{1}\Big/\left(\frac{U_{B1}^{2}}{S_{B}}\right)+Z_{2}\Big/\left(\frac{U_{B2}^{2}}{S_{B}}\right)\\&=Z_{1}\Big/\left(\frac{U_{B1}^{2}}{S_{B}}\right)+Z_{2}\Big/\left(\frac{U_{B1}^{2}}{K^{2}S_{B}}\right)\end{aligned} \tag{4-33}$$

若将图 4-7a 中所有阻抗都折合到 U_{N1} 电压等级，则此时的阻抗图如图 4-10 所示。

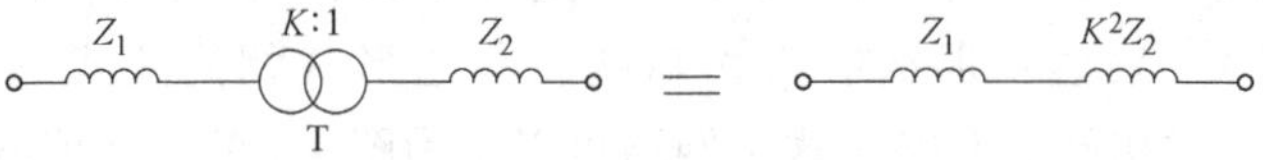

图 4-10　折合算法的阻抗计算

若仍以 S_{B}、U_{B1} 为基准值，则总阻抗的有名值和标幺值分别为

有名值：$Z'_{\Sigma}=Z_{1}+K^{2}X_{2}$

标幺值：

$$Z'_{*\Sigma}=Z'_{\Sigma}\Big/\left(\frac{U_{B1}^{2}}{S_{B}}\right)=Z_{1}\Big/\left(\frac{U_{B1}^{2}}{S_{B}}\right)+Z_{2}\Big/\left(\frac{U_{B1}^{2}}{K^{2}S_{B}}\right) \tag{4-34}$$

比较式（4-33）和式（4-34），可知 $Z_{*\Sigma}=Z'_{*\Sigma}$，因此，用折合算法验证了取消变压器算法的正确性。

(3) 实际应用中存在的问题

从以上讨论可知，当碰到有多个电压等级的电网时，可分别选取各级电网的电压基准

值，使基准值之比等于变压器电压比，就可在用标幺值计算短路电流时完全取消变压器，但在实际应用时，会碰到一些困难。

如图 4-11 所示，是一个有 3 个电压等级的电网，为了取消 T1，一般选 $U_{B1}=U_{r1 \cdot T1}$，$U_{B2}=U_{r2 \cdot T1}$；而为了取消 T2，一般选 $U_{B2}=U_{r1 \cdot T2}$，$U_{B3}=U_{r2 \cdot T2}$。这里 U_{B2} 有了两个不同的取值，$U_{r2 \cdot T1}$ 一般比电网额定电压高 10%（$U_{r2 \cdot T1}=1.1U_{N2}$），而 $U_{r1 \cdot T2}$ 一般等于电网额定电压（$U_{r1 \cdot T2}=U_{N2}$），若选择 $U_{B2}=U_{r2 \cdot T1}=1.1U_{N2}$，则为了取消 T2，须满足 $U_{B2}/U_{B3}=U_{r1 \cdot T2}/U_{r2 \cdot T2}$，即 $U_{B3}=U_{B2}\bigg/\left(\dfrac{U_{r1 \cdot T2}}{U_{r2 \cdot T2}}\right)=U_{B2}/K_2=1.1U_{N2}/K_2 \neq U_{r2 \cdot T2}$，这样电压等级越多，电压基准值与变压器额定电压就相差越远，在工程计算上中是不方便的。

例如，T1 的电压比为 110/11kV，T2 的电压比为 10/0.4kV，则可选 $U_{B1}=110\text{kV}$，$U_{B2}=11\text{kV}$，但 $U_{B3}=U_{B2}/K_2=11\text{kV}\bigg/\left(\dfrac{10}{0.4}\right)=0.44\text{kV}$，$U_{B3}$ 这个数值就与变压器 T2 二次侧的额定电压 0.4kV 不一致了。

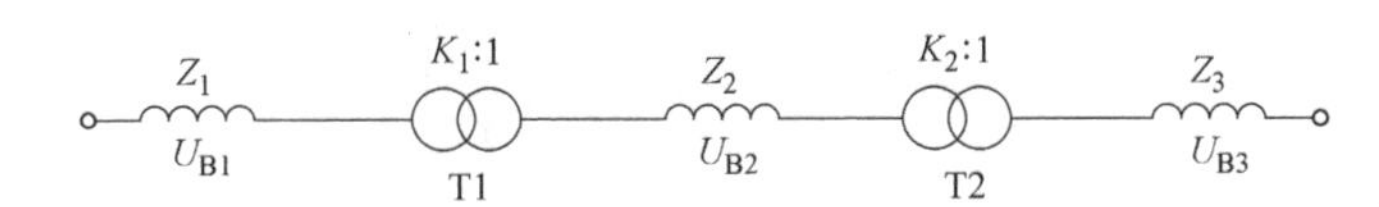

图 4-11　多个电压等级电网电压基准值的选取

（4）工程计算中采用的方法

工程上，采取一种近似的方法来处理这个问题，即选择 U_{Ni} 电压等级的电压基准值 U_{Bi} 为该电压等级的平均电压 $U_{av \cdot i}$，关于平均电压的定义详见第 1 章。这样做虽然各变压器的标幺值变比不严格等于 1，但都近似等于 1，近似认为可取消变压器，仍如图 4-11 所示系统，在上面的例子中，就可选取 $U_{B1}=1.05\times110\text{kV}=115.5\text{kV}$，$U_{B2}=1.05\times10\text{kV}=10.5\text{kV}$，$U_{B3}=1.05\times0.38\text{kV}=0.4\text{kV}$，变压器 T1、T2 的标幺值电压比分别为

$$K_{1*}=\frac{U_{r1 \cdot T1}/U_{B1}}{U_{r2 \cdot T1}/U_{B2}}=\frac{110/115.5}{11/10.5}=0.91 \quad K_{2*}=\frac{U_{r1 \cdot T2}/U_{B2}}{U_{r2 \cdot T2}/U_{B3}}=\frac{10/10.5}{0.4/0.4}=0.95$$

两台变压器标幺值比电压比均接近于 1，可近似认为等于 1，从而取消变压器。

4.4.2　配电系统元件阻抗的标幺值

1. 线路阻抗

（1）架空线路阻抗计算

架空线路的阻抗中，电抗远大于电阻，可近似认为其阻抗为纯电抗。

已知线路的长度为 l（km），每公里电抗值为 x_0（Ω/km），则架空线路的电抗有名值为（单位为 Ω）

$$X_L=x_0 l$$

以 S_B（MV · A）、U_B（kV）为基准值，则其标幺值为

$$X_{L*}=x_0 l\bigg/\left(\frac{U_B^2}{S_B}\right) \tag{4-35}$$

(2) 电缆线路的阻抗

电缆线路中，电阻和电抗大致相当，因此不能忽略电阻。

已知电缆线路的长度为 l (km)，每公里电阻和电抗分别为 r_0 (Ω/km)、x_0 (Ω/km)，则电缆线路的阻抗有名值为（单位为 Ω）

$$\begin{cases} R_C = r_0 l \\ X_C = x_0 l \\ |Z_C| = \sqrt{R_C^2 + X_C^2} = l\sqrt{r_0^2 + x_0^2} \end{cases}$$

以 S_B (MV · A)、U_B (kV) 为基准值时的阻抗标幺值为

$$\begin{cases} R_{C*} = r_0 l \bigg/ \left(\dfrac{U_B^2}{S_B}\right) \\ X_{C*} = x_0 l \bigg/ \left(\dfrac{U_B^2}{S_B}\right) \\ |Z_C|_* = l\sqrt{r_0^2 + x_0^2} \bigg/ \left(\dfrac{U_B^2}{S_B}\right) \end{cases} \tag{4-36}$$

2. 变压器阻抗

变压器铭牌上给出的与阻抗值有关的参数一般为短路电压 $u_k\%$ 或短路阻抗 $z_k\%$，这两个值都是以变压器额定值为基准值的标幺值，其有名值是通过变压器的短路试验得出的。变压器的短路试验是指将变压器的一侧短路，在另一侧加上可调电压源，将可调电压源的电压从零逐步上调，同时观察线电流大小，当线电流达到额定电流时，记下这时的电压，将这个电压称作短路电压，记作 u_k。u_k 以试验电源侧（而不是短路侧）变压器额定电压为基准值的标幺值（以百分数表示），即为 $u_k\%$。$u_k\%$ 的大小与短路阻抗标幺值 $z_k\%$ 在数值上相等，故可通用。

变压器短路阻抗有名值（Ω）和在系统基准值 S_B (MV · A)、U_B (kV) 下的标幺值分别为

$$|Z_{k \cdot T}| = u_k\% \cdot \frac{U_{r \cdot T}^2}{S_{r \cdot T}} \tag{4-37}$$

$$|Z_{k \cdot T}|_* = u_k\% \cdot \frac{U_{r \cdot T}^2}{S_{r \cdot T}} \bigg/ \left(\frac{U_B^2}{S_B}\right) \tag{4-38}$$

式中，$|Z_{k \cdot T}|_*$ 为变压器短路阻抗在 S_B、U_B 基准值下的标幺值；$U_{r \cdot T}$ 为变压器额定电压 (kV)；$S_{r \cdot T}$ 为变压器额定容量 (MV · A)；$u_k\%$ 为变压器短路电压百分数。

式 (4-37) 和式 (4-38) 在应用中都有一个问题，即变压器一、二次侧各有一个额定电压，$U_{r \cdot T}$ 到底应该取哪一侧的额定电压呢？对于有名值的式 (4-37)，短路阻抗折合到哪一侧，$U_{r \cdot T}$ 就取那一侧的额定电压；对于标幺值的式 (4-38)，则取决于电压基准值 U_B 的选取，如果 U_B 选取为变压器一次侧所在电网的电压基值，则应取 $U_{r \cdot T}$ 等于变压器一次绕组的额定电压 $U_{r1 \cdot T}$，否则应取 $U_{r \cdot T}$ 等于变压器二次绕组的额定电压 $U_{r2 \cdot T}$。

在中、高压系统中，因短路阻抗以电抗为主，故可认为变压器短路阻抗就是短路电抗，即 $Z_{k \cdot T*} = X_{k \cdot T*}$，但对于低压系统，或电缆线路的中压系统，当电阻不能忽略时，就要分

别计算短路阻抗 $Z_{k \cdot T*}$ 中的短路电阻 $R_{k \cdot T*}$ 和短路电抗 $X_{k \cdot T*}$，这时计算方法如下：

$$R_{k \cdot T}=\frac{\Delta P_k}{3I_{r \cdot T}^2}=\frac{\Delta P_k}{3[S_{r \cdot T}/(\sqrt{3}U_{r \cdot T})]^2}=\frac{\Delta P_k U_{r \cdot T}^2}{S_{r \cdot T}^2}$$

以 S_B、U_B 为基准值的标幺值为

$$R_{k \cdot T*}=\frac{\Delta P_k U_{r \cdot T}^2}{S_{r \cdot T}^2}\bigg/\left(\frac{U_B^2}{S_B}\right) \tag{4-39}$$

因为 $|Z_{k \cdot T}|_*=u_k\% \cdot \frac{U_{r \cdot T}^2}{S_{r \cdot T}}\bigg/\left(\frac{U_B^2}{S_B}\right)$，故

$$X_{k \cdot T*}=\sqrt{|Z_{k \cdot T}|_*^2-R_{k \cdot T*}^2} \tag{4-40}$$

3. 串联电抗器阻抗

串联电抗器的主要作用是限制短路电流的大小，一般用混凝土浇灌固定，故又称为水泥电抗，其铭牌上给出的参数为额定电压 $U_{r \cdot R}$，额定电流 $I_{r \cdot R}$，电抗百分数 $X_k\%$，$X_k\%$是以 $U_{r \cdot R}$、$I_{r \cdot R}$ 为基准值的标幺值，其电抗有名值和以 S_B（MV · A）、U_B（kV）为基准值的标幺值分别为

$$X_{k \cdot R}=X_k\% \cdot \frac{U_{r \cdot R}}{\sqrt{3}I_{r \cdot R}} \tag{4-41}$$

$$X_{k \cdot R*}=X_k\% \cdot \frac{U_{r \cdot R}}{\sqrt{3}I_{r \cdot R}}\bigg/\left(\frac{U_B^2}{S_B}\right) \tag{4-42}$$

4. 系统电源阻抗

远端短路时，系统电源中电网元件阻抗和发电机阻抗综合形成了等效电源的内阻抗，工程上一般只给出电网中电源点的短路容量，等效电源内阻抗有名值和标幺值分别为

$$|Z_{SA}|=\frac{U_{SA}}{\sqrt{3}I_{kA}}=\frac{U_{SA}U_{av}}{\sqrt{3}U_{av}I_{kA}}=\frac{U_{av}^2}{S_{kA}}$$

$$|Z_{SA}|_*=\frac{|Z_{SA}|}{|Z|_B}=\frac{U_{av}^2/S_{kA}}{U_B^2/S_B}=\frac{S_B}{S_{kA}}=\frac{1}{S_{kA*}}$$

对于中、高压系统，一般认为系统阻抗为纯电抗。

4.4.3　用标幺值法计算短路电流与短路容量

本节主要讨论三相短路电流周期分量（即稳态短路电流）的计算。按电路理论中的分析方法，通过列 KVL、KCL 和支路关系方程，即可求出短路电流。但工程上，对含有变压器的多个电压等级电网的短路电流计算，常采用另外一种方法——标幺值法进行计算。采用标幺值法计算的优点是可以规避因变压器两侧电压等级不同带来的计算和表述上的麻烦。计算短路电流并不一定都要采用标幺值法，但在大多数时候采用标幺值法可以简化计算。

1. 标幺值短路电流计算步骤

1）选基准值。一般按如下方式选择：

$$S_B=100\text{MV} \cdot \text{A}$$

$$U_{Bi}=U_{av \cdot i}$$

式中，U_{Bi} 为 U_{Ni} 电压等级电网的电压基准值（kV）；$U_{av\cdot i}$ 为 U_{Ni} 电压等级平均电压（kV）。

2）绘出取消了变压器的短路回路标幺值阻抗网络图。

3）计算各元件阻抗标幺值。

4）简化网络，求出从无限大容量电源点到短路点间的短路总阻抗 $Z_{k\Sigma *}$，如果短路回路电阻标幺值 $R_{k\Sigma *}$ 小于短路回路电抗标幺值 $X_{k\Sigma *}$ 的 1/3，则可以忽略短路电阻，只计算短路电抗，这样造成的计算误差一般不超过 5%。

5）电源电压 U_S 标幺值 $U_{S*}=U_S/U_{av}\approx 1$，所以短路电流标幺值 $I_{k*}=\dfrac{U_{S*}}{|Z_{k\Sigma}|_*}\approx\dfrac{1}{|Z_{k\Sigma}|_*}$。

6）将短路电流标幺值转换为有名值，$I_k=I_{k*}I_{Bi}$。

2. 短路容量讨论

（1）S_k 和 S_{k*}

由 4.3 节可知，短路容量 S_k 定义为

$$S_k=\sqrt{3}U_{av}I_k$$

式中，S_k 为系统中某一点的短路容量；U_{av} 为短路点所在电网的平均电压；I_k 为同一点的三相短路电流有效值。

短路容量的标幺值 S_{k*} 为

$$S_{k*}=S_k/S_B=\frac{\sqrt{3}U_{av}I_k}{\sqrt{3}U_BI_B}=\frac{U_{av}I_k}{U_BI_B}=\frac{U_{av}}{U_B}I_{k*}$$

选电压基准值 $U_B=U_{av}$，则

$$S_{k*}=I_{k*}=\frac{1}{|Z_{k\Sigma}|_*} \tag{4-43}$$

式（4-43）表明，当电压基准值选为短路点所在电网平均电压时，某一点短路容量标幺值与该点的短路电流标幺值在数值上是相等的，均等于短路阻抗标幺值的倒数。

（2）关于 S_k 的讨论

短路容量是电力系统极为重要的一个基础数据，对这个数据的意义，可做如下的理解：

1）S_k 是系统中一个位置的函数，在系统中的每一位置处，都有各自的 S_k。

2）S_k 表明了系统中某一点到无限大容量电源点的电气距离，或者说，它表明了系统中某一点与电源联系的紧密程度。某一点的 S_k 越大，表明该点与电源的电气联系越紧密。作为一种极限情况，若某一点 S_k 为无穷大，则该点就是无限大容量电源点。

一个实际的电力系统是十分复杂的，供配电系统总是从某一点接入电力系统的。处于接入点的位置，怎样去获取系统信息以及应该获取系统的何种信息呢？系统作为一个电压源，最应该了解的就是其容量和电压。图 4-12a 所示为一个简单的电力系统接线图，图中有 3 个发电厂，若要在 A 点或 B 点接入供配电系统，那么哪个点距电源的电气距离更近？这里所谓的电源，并不是指其中某一个发电厂，原有的整个系统对即将接入的供配电系统来说就是一个电源。更多的时候，系统的接线都是未知的，或者虽然知道但太复杂，对需要达到的目的无直接帮助。这种情况下，短路容量就能提供给电力系统作为一个电源的最有用的信息。

根据戴维南定理，任何一个电路系统，不论其结构如何，都可以等效为一个电压源与一个阻抗的串联，这一定理也适用于稳定运行状态的电力系统。那么从 A 点看，原系统戴维

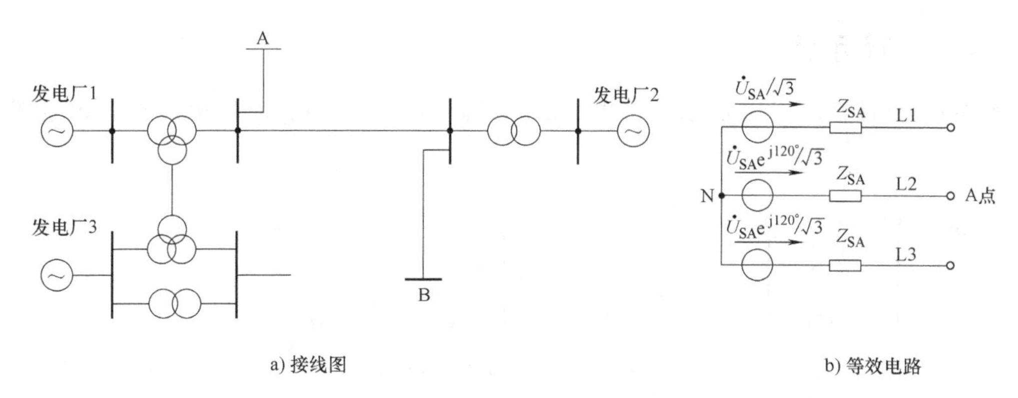

图 4-12　电力系统接线图及 A 点戴维南等效电路

南等效电路如图 4-12b 所示。戴维南等效电路中，U_{SA} 为电源线电压，Z_{SA} 相当于系统电源在 A 点呈现的内阻抗，由系统电网阻抗和发电机内阻抗综合构成。

回到上面的问题，当从某一点去了解电力系统时，应了解的最重要的信息之一就是这个等效电压源的电压 U_{SA} 和等效阻抗 Z_{SA}。

那么，这又与短路容量有什么关系呢？工程上，因电力系统电压只能取规定的电压等级，故可认为 $U_{SA}=U_{av}$，因此只要知道 Z_{SA} 的大小，就能对电源的情况有一个总体了解。设 A 点短路时的三相短路电流为 I_{k3A}，则 A 点短路容量为 $S_{kA}=\sqrt{3}U_{av}I_{k3A}$，电源阻抗 Z_S 的大小为

$$|Z_{SA}|=\frac{U_{SA}}{\sqrt{3}I_{k3A}}=\frac{U_{SA}U_{av}}{\sqrt{3}U_{av}I_{k3A}}=\frac{U_{av}^2}{S_{kA}} \tag{4-44}$$

由式（4-44）可知，在电力系统中给定的某点将电力系统看成是一个电源时，系统电源内阻抗与短路容量成反比，短路容量越大，则表明电源的内阻抗越小，该点距电源的电气距离就越近，该点与系统的电气联系就越紧密。

3）不同运行方式下 S_k 的变化。如图 4-13 所示，两台变压器 T1 与 T2 可并列运行，也可分列运行，在这两种情况下 A 点短路容量 S_{kA} 是不同的，并列运行时 S_{kA} 大，单台运行时 S_{kA} 小。一个实际的电力系统，情况更为复杂，发电机、线路、变压器等设备的投入与退出，即运行方式的改变是经常的，因此某一点的短路容量也是经常变化的。但在一定时期内，其变化的上、下限是确定的，将这个上、下限分别称为系统最大运行方式下的短路容量 $S_{k\cdot max}$ 和最小运行方式下的短路容量 $S_{k\cdot min}$，简称最大或最小短路容量。

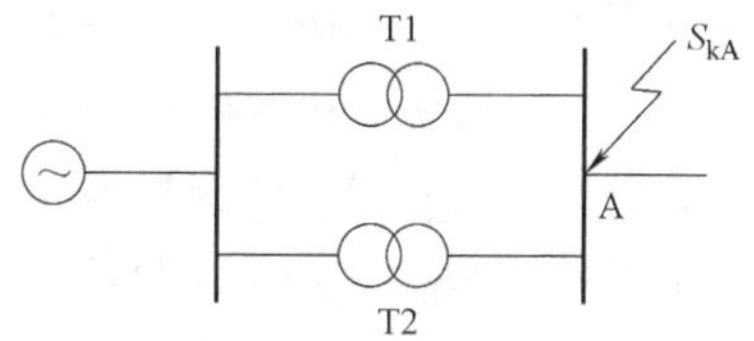

图 4-13　短路容量与运行方式的关系

3. 短路容量的工程应用

在工程实践中，短路容量 $S_{k\cdot max}$ 主要有以下三方面的应用：

1）电力公司将公共连接点的短路容量作为电源参数之一提供给电力用户。

2）作为系统规划控制性指标使用。如 10kV 电网短路电流控制性指标为 16kA 或 20kA，对应的短路容量则分别近似为 300MV・A 或 350MV・A。

3）作为电气设备选择和保护整定的依据性参数使用。

4.4.4 计算示例

例 4-1 试计算图 4-14 所示系统中 k 点的短路电流，以及该短路电流在各级电网中的分布。

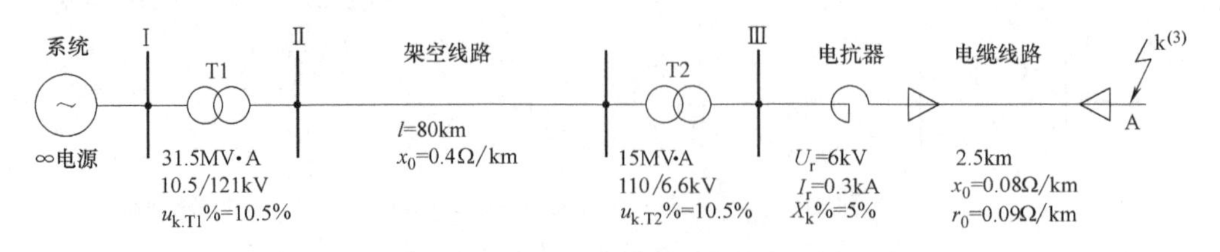

图 4-14 例 4-1 图 1

解：用三种方法进行计算。

1. 用有名值法

将所有阻抗折合到电压等级Ⅲ，再计算短路电流。各元件折合到电压等级Ⅲ的阻抗分别为

变压器 T1：$X_1=\left(u_{k\cdot T1}\%\cdot\dfrac{U_{r1\cdot T1}^2}{S_{r\cdot T1}}\right)\dfrac{1}{K_{T1}^2}\cdot\dfrac{1}{K_{T2}^2}$

$$=0.105\times\frac{10.5^2}{31.5}\times\left(\frac{121}{10.5}^2\right)\times\left(\frac{6.6^2}{110}\right)\Omega=0.176\Omega$$

或 $X_1=\left(u_{k\cdot T1}\%\cdot\dfrac{U_{r2\cdot T1}^2}{S_{r\cdot T1}}\right)\dfrac{1}{K_{T2}^2}=0.105\times\dfrac{121^2}{31.5}\times\left(\dfrac{6.6}{110}\right)^2\Omega=0.176\Omega$

架空线 L：$X_2=0.4\times80\times\left(\dfrac{6.6}{110}\right)^2\Omega=0.115\Omega$

变压器 T2：$X_3=u_{k\cdot T2}\%\cdot\dfrac{U_{r2\cdot T2}^2}{S_{r\cdot T2}}=0.105\times\dfrac{6.6^2}{15}\Omega=0.305\Omega$

电抗器 R：$X_4=X_k\%\cdot\dfrac{U_{r\cdot R}}{\sqrt{3}I_{r\cdot R}}=0.05\times\dfrac{6}{\sqrt{3}\times0.3}\Omega=0.577\Omega$

电缆 C：$X_5=0.08\times2.5\Omega=0.2\Omega$

$R_5=0.09\times2.5\Omega=0.225\Omega$

总电抗：$X_\Sigma=X_1+X_2+X_3+X_4+X_5=1.373\Omega$

总电阻：$R_\Sigma=R_5=0.225\Omega$

总阻抗：$|Z_\Sigma|=\sqrt{X_\Sigma^2+R_\Sigma^2}=1.391\Omega$

∞电源电压折合到电压等级Ⅲ：$U_\infty=10.5\times\dfrac{121}{10.5}\times\dfrac{6.6}{110}\text{kV}=7.26\text{kV}$

故短路电流大小为 $I_{k3\cdot\text{III}}=\dfrac{U_\infty}{\sqrt{3}|Z_\Sigma|}=\dfrac{7.26}{\sqrt{3}\times1.391}\text{kA}=3.013\text{kA}$

A 点短路，流过电压等级Ⅱ的短路电流为 $I_{k3\cdot\text{II}}=I_{k3\cdot\text{III}}\cdot\dfrac{1}{K_{T2}}=3.013\times\dfrac{6.6}{110}\text{kA}=0.181\text{kA}$

A 点短路，流过电压等级 I 的短路电流为

$$I_{k3 \cdot \mathrm{I}}=I_{k3 \cdot \mathrm{III}} \cdot \frac{1}{K_{T2}} \cdot \frac{1}{K_{T1}}=3.013 \times \frac{6.6}{110} \times \frac{121}{10.5} \mathrm{kA}=2.083 \mathrm{kA}$$

2. 用变压器额定电压作为电压基准值的标幺值法

先选定功率基准值 $S_B=100\mathrm{MV \cdot A}$ 和电压等级Ⅲ的电压基准值 $U_{B \cdot \mathrm{III}}=6.6\mathrm{kV}$，再按使标幺值电压比严格等于 1 来确定电压等级Ⅱ、Ⅰ的基准值。

为取消 T2，应有 $U_{B \cdot \mathrm{II}}/U_{B \cdot \mathrm{III}}=K_{T2}$，故 $U_{B \cdot \mathrm{II}}=U_{B \cdot \mathrm{III}} \cdot K_{T2}=6.6 \times \frac{110}{6.6}\mathrm{kV}=110\mathrm{kV}$

为取消 T1，应有 $U_{B \cdot \mathrm{I}}/U_{B \cdot \mathrm{II}}=K_{T1}$，故 $U_{B \cdot \mathrm{I}}=U_{B \cdot \mathrm{II}} \cdot K_{T1}=110 \times \frac{10.5}{121}\mathrm{kV}=9.55\mathrm{kV}$

画出短路回路的阻抗图如图 4-15 所示。

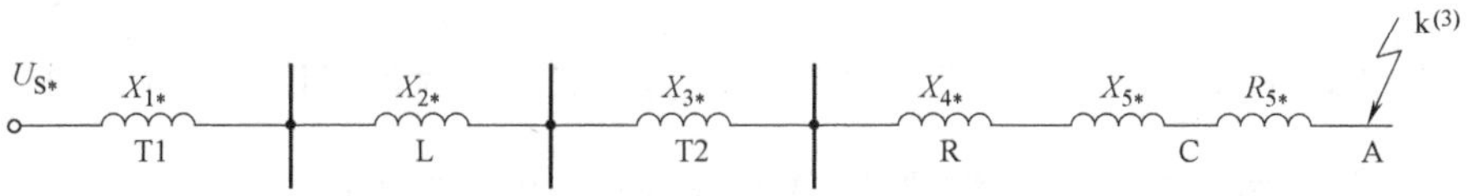

图 4-15　例 4-1 图 2

各元件阻抗标幺值为

变压器 T1：$X_{1*}=u_{k \cdot T1}\% \cdot \frac{U_{r1 \cdot T1}^2}{S_{r \cdot T1}} \Big/ \left(\frac{U_{B \cdot \mathrm{I}}^2}{S_B}\right)=0.105 \times \frac{10.5^2}{31.5} \Big/ \left(\frac{9.55^2}{100}\right)=0.403$

或 $X_{1*}=u_{k \cdot T1}\% \cdot \frac{U_{r2 \cdot T1}^2}{S_{r \cdot T1}} \Big/ \left(\frac{U_{B \cdot \mathrm{II}}^2}{S_B}\right)=0.105 \times \frac{121^2}{31.5} \Big/ \left(\frac{110^2}{100}\right)=0.403$

架空线 L：$X_{2*}=X_L \Big/ \left(\frac{U_{B \cdot \mathrm{II}}^2}{S_B}\right)=0.4 \times 80 \Big/ \left(\frac{110^2}{100}\right)=0.264$

变压器 T2：$X_{3*}=u_{k \cdot T2}\% \cdot \frac{U_{r1 \cdot T2}^2}{S_{r \cdot T2}} \Big/ \left(\frac{U_{B \cdot \mathrm{II}}^2}{S_B}\right)=0.105 \times \frac{110^2}{15} \Big/ \left(\frac{110^2}{100}\right)=0.700$

电抗器 R：$X_{4*}=X_k\% \cdot \frac{U_{r \cdot R}}{\sqrt{3} I_{r \cdot R}} \Big/ \left(\frac{U_{B \cdot \mathrm{III}}^2}{S_B}\right)=0.05 \times \frac{6}{\sqrt{3} \times 0.3} \Big/ \left(\frac{6.6^2}{100}\right)=1.325$

电缆 C：$X_{5*}=X_C \Big/ \left(\frac{U_{B \cdot \mathrm{III}}^2}{S_B}\right)=0.08 \times 2.5 \Big/ \left(\frac{6.6^2}{100}\right)=0.459$

$$R_{5*}=R_C \Big/ \left(\frac{U_{B \cdot \mathrm{III}}^2}{S_B}\right)=0.09 \times 2.5 \Big/ \left(\frac{6.6^2}{100}\right)=0.516$$

短路回路总电抗 $X_{*\Sigma}=3.151$，短路回路总电阻 $R_{*\Sigma}=0.517$，因 $R_{*\Sigma} \ll X_{*\Sigma}$，故忽略电阻成分。一般情况下，当短路回路总电阻与总电抗的关系满足 $R_{*\Sigma}<X_{*\Sigma}/3$ 时，就可忽略电阻成分，此时以短路电抗近似短路阻抗所产生的相对误差不超过 5.4%。

电源电压标幺值 $U_{S*}=U_S/U_{B \cdot \mathrm{I}}=10.5/9.55=1.10$，于是

$$I_{k3*}=U_{S*}/X_{*\Sigma}=1.10/3.151=0.349$$

各电压等级短路电流有名值为

$$I_{k3 \cdot Ⅲ}=I_{k3*} \cdot \frac{S_B}{\sqrt{3}U_{B \cdot Ⅲ}}=0.349\times\frac{100}{\sqrt{3}\times6.6}\text{kA}=3.053\text{kA}$$

$$I_{k3 \cdot Ⅱ}=I_{k3*} \cdot \frac{S_B}{\sqrt{3}U_{B \cdot Ⅱ}}=0.349\times\frac{100}{\sqrt{3}\times110}\text{kA}=0.183\text{kA}$$

$$I_{k3 \cdot Ⅰ}=I_{k3*} \cdot \frac{S_B}{\sqrt{3}U_{B \cdot Ⅰ}}=0.349\times\frac{100}{\sqrt{3}\times9.55}\text{kA}=2.110\text{kA}$$

3. 用平均电压作电压基准值的近似计算方法

在这种方法中，不仅近似认为变压器的标幺值变比为 1，还近似认为变压器、电抗器等的额定电压等于平均电压，这样一来，变压器、电抗器阻抗标幺值在不同基准值下转换时，就可只考虑 S_B 的不同。例如变压器在基准值 S_B、U_B 下的阻抗标幺值为 $u_{k \cdot T}\% \cdot \frac{U_{r \cdot T}^2}{S_{r \cdot T}} \Big/ \left(\frac{U_B^2}{S_B}\right)$，式中 U_B 取为电网平均电压，其值不一定等于 $U_{r \cdot T}$，但计算时近似认为相等，则标幺值近似值为 $u_k\% \cdot \frac{S_B}{S_{r \cdot T}}$。经过大量的计算验证，这种近似所产生的误差在工程上是可以容忍的。因此各元件阻抗标幺值的计算公式为

架空线路：$X_{L*}=x_0 l \Big/ \left(\frac{U_B^2}{S_B}\right)$

电缆线路：$X_{C*}=x_0 l \Big/ \left(\frac{U_B^2}{S_B}\right)$

$$R_{C*}=r_0 l \Big/ \left(\frac{U_B^2}{S_B}\right)$$

变压器：$X_{T*}=u_k\% \cdot \frac{U_{r \cdot T}^2}{S_{r \cdot T}} \Big/ \left(\frac{U_B^2}{S_B}\right) \approx u_k\% \cdot \frac{S_B}{S_{r \cdot T}}$

电抗器：$X_{R*}=X_k\% \cdot \frac{U_{r \cdot R}}{\sqrt{3}I_{r \cdot R}} \Big/ \left(\frac{U_B^2}{S_B}\right)=X_k\% \cdot \frac{U_{r \cdot R}^2}{S_{r \cdot R}} \Big/ \left(\frac{U_B^2}{S_B}\right) \approx X_k\% \cdot \frac{S_B}{S_{r \cdot R}}$

式中各参数的含义与式（4-35）、式（4-36）、式（4-38）、式（4-42）相同。

因此，选电压基准值为 $U_{B \cdot Ⅰ}=10.5\text{kV}$，$U_{B \cdot Ⅱ}=115\text{kV}$，$U_{B \cdot Ⅲ}=6.3\text{kV}$，容量基准值仍为 $S_B=100\text{MV} \cdot \text{A}$，画出标幺值阻抗图仍如图 4-15 所示，各元件阻抗标幺值为

变压器 T1：$X_{1*}=u_{k \cdot T1}\% \cdot \frac{S_B}{S_{r \cdot T1}}=0.105\times\frac{100}{31.5}=0.33$

架空线 L：$X_{2*}=0.4\times80 \Big/ \left(\frac{115^2}{100}\right)=0.24$

变压器 T2：$X_{3*}=u_{k \cdot T2}\% \cdot \frac{S_B}{S_{r \cdot T2}}=0.105\times\frac{100}{15}=0.70$

电抗器 R：$X_{4*}=X_k\% \cdot \frac{S_B}{S_{r \cdot R}}=X_k\% \cdot \frac{S_B}{\sqrt{3}U_{r \cdot R} \cdot I_{r \cdot R}}=0.05\times\frac{100}{\sqrt{3}\times6\times0.3}=1.60$

电缆 C：$X_{5*}=x_0 l\Big/\left(\dfrac{U_B^2}{S_B}\right)=0.08\times2.5\Big/\left(\dfrac{6.3^2}{100}\right)=0.50$

根据第二种方法的计算结果，短路回路的电阻可以忽略。

于是，短路阻抗为 $X_{*\Sigma}=3.30$，无限大容量电源电压标幺值 $U_{S*}=U_S/U_{B\cdot\mathrm{I}}=1.0$，故

$$I_{k3}=1/X_{*\Sigma}=1/3.37=0.30$$

各电压等级短路电流有名值分别为

$$I_{k3\cdot\mathrm{III}}=I_{k3*}\cdot\frac{S_B}{\sqrt{3}U_{B\cdot\mathrm{III}}}=0.30\times\frac{100}{\sqrt{3}\times6.6}\text{kA}=2.75\text{kA}$$

$$I_{k3\cdot\mathrm{II}}=I_{k3*}\cdot\frac{S_B}{\sqrt{3}U_{B\cdot\mathrm{II}}}=0.30\times\frac{100}{\sqrt{3}\times115}\text{kA}=0.15\text{kA}$$

$$I_{k3\cdot\mathrm{I}}=I_{k3*}\cdot\frac{S_B}{\sqrt{3}U_{B\cdot\mathrm{I}}}=0.30\times\frac{100}{\sqrt{3}\times10.5}\text{kA}=1.65\text{kA}$$

将以上结果与第二种方法结果比较，以 $I_{k3\cdot\mathrm{III}}$ 为例，相对误差为

$$\frac{2.75-3.05}{3.05}\times100\%=-9.8\%$$

工程上认为该误差是可以接受的。

4.5　不对称短路的序分量分析法

4.5.1　对称分量法

1. 基本概念

在电力系统中，除了对称的三相短路外，还有两相短路、单相短路、单相接地短路、两相短路接地等故障，这些都是不对称短路。根据运行经验和事故统计发现，电力系统中发生不对称短路的概率远大于对称短路，因此，掌握不对称短路时短路电流的计算是十分必要的。

(1) 不对称短路电流计算的难点

电路分析的方法，比如回路法、节点法等，理论上可以分析计算任何复杂的电路，在三相对称短路的分析中使用了上述方法，并顺利得到结果，那么，对于三相电力系统的不对称短路，能否用这些方法来进行分析呢？初看似乎是可以的，但如果仔细分析问题的每一个细节，就会发现问题并不那么简单。

用电路理论的方法分析一个电路时，有 3 个基本条件：①电路的拓扑结构是已知的；②元件或支路的性质（电阻、电感或电容）是已知的；③元件参数是已知的。分析供配电系统对称短路时，这 3 个基本条件都具备。

短路不会改变系统非故障部分的网络结构和元件性质，因此网络拓扑结构已知这一条件是满足的，元件或支路的性质已知这一条件也是满足的。但不对称短路会改变三相电磁参量的相互关系，而系统元件的有些参数正是与三相电磁参量的相互关系密切相关的，这主要涉

及磁路变化。不对称短路电流计算的困难主要就在于此，具体举例分析如下。

变压器是一个含有磁路的设备，很多情况下其磁路是以三相对称为前提设计的，如三相三心柱式变压器，对称运行时三相主磁通互为回路，都在铁心里形成主磁路。

变压器的短路阻抗是一个与磁路有关的等效阻抗，如励磁电抗 X_m，其含义为单位励磁电流所产生的绕组感应电动势，当主磁通在铁心中形成磁路时，因磁阻很小，单位励磁电流能产生很大的磁通，因而产生的感应电动势也大，X_m 也就很大，这也就是在变压器的 T 形等效电路中，为什么通常将励磁阻抗支路近似为开路，从而得出“一”字形等效电路的原因。漏电抗 X_k 也与磁路有关，对称运行时绕组产生的磁通主要在铁心中，漏磁通很小，漏电抗 X_k 也很小。另外，励磁电阻和漏电阻中的一部分，也与铁心损耗有关，因而也与磁通及磁路有关。厂家或手册上给出的短路阻抗，都是以三相对称为前提给出的，当三相电流不对称时，磁路会发生变化，这些参数也就会发生变化。比如三相三心柱式变压器，三相不对称时，就有一部分磁通会被挤出铁心磁路而成为漏磁通，表明单位电流产生感应电动势能力的漏电抗 X_k 和励磁电抗 X_m 也会发生变化。要理论计算这些参数的变化，是十分困难的，一般只能通过测试获得。更为麻烦的是，对每一种不对称情况，都有不同的参数变化，也就是说，每次计算会测试出的参数不具有普遍性。因此，在不对称短路的情况下，要直接用电路分析的方法计算短路电流，碰到的第一个问题就是变压器的等效阻抗参数未知。

对于线路来说，其电抗大小除了有自感的作用外，还有互感的作用。因为三相对称时，两相电流相量和等于第三相的负值，故线路上某两相在第三相上产生的互感电动势，可以等效为与第三相电流大小成正比的一个自感电动势。当三相不对称时，这一等效就不成立，在计算时就要分别自感和互感各自计算，给计算带来麻烦。

从以上分析可知，三相不对称短路时，因为三相磁路的变化，若直接以电路分析方法求解短路电流，则会碰到某些电网元件参数不确定或计算困难的问题。若将发电机考虑进去，则问题会更为复杂。因此，工程上研究了一些不对称短路的计算方法来解决这些困难，下面要介绍的就是其中最常用的一种——对称分量法。

（2）对称分量法简介

对称分量法是建立在线性系统叠加原理基础上的一套分析计算方法，其基本思想是将任意多种不对称电压（或电流）表达为 3 组对称分量的线性组合。图 4-16a、b、c 所示为 3 组对称的三相电压，图 4-16a 中 $\dot{U}_U^+$、$\dot{U}_V^+$、$\dot{U}_W^+$ 的大小相等，相位关系为 $\dot{U}_V^+=\dot{U}_U^+e^{-j120°}$，$\dot{U}_W^+=\dot{U}_V^+e^{-j120°}$，图 4-16b 中 $\dot{U}_U^-$、$\dot{U}_V^-$、$\dot{U}_W^-$ 大小相等，相位关系为 $\dot{U}_V^-=\dot{U}_U^-e^{j120°}$，$\dot{U}_W^-=\dot{U}_V^-e^{j120°}$；图 4-16c 中 $\dot{U}_U^0$、$\dot{U}_V^0$、$\dot{U}_W^0$ 大小相等，且相位相同。若将这 3 组电压相量中的同相电压叠加，则可得到一组新的三相电压如图 4-16d 所示，图中，$\dot{U}_U$、$\dot{U}_V$、$\dot{U}_W$ 是一组不对称的三相电压。这一现象显示，肯定有某些不对称的三相电压，可以分解成类似于图 4-16a、b、c 所示的 3 组对称的三相电压，若能分别求得电路在每一组三相对称电压作用下的电气参量，则通过线性叠加，不对称三相电压作用下电路中的电气参量便能求出。

现在的问题是，是不是任何一组不对称的三相电压都可以分解成如图 4-16a、b、c 所示的 3 组对称三相电压呢？若能够，结果是否唯一？

1）三相不平衡电压的分解。设有一组不对称的三相电压 $\dot{U}_U$、$\dot{U}_V$、$\dot{U}_W$，首先将每一个电压都分解成 3 个分量之和，这一点总是能做到的，且有无穷多种分解结果，如式（4-45）

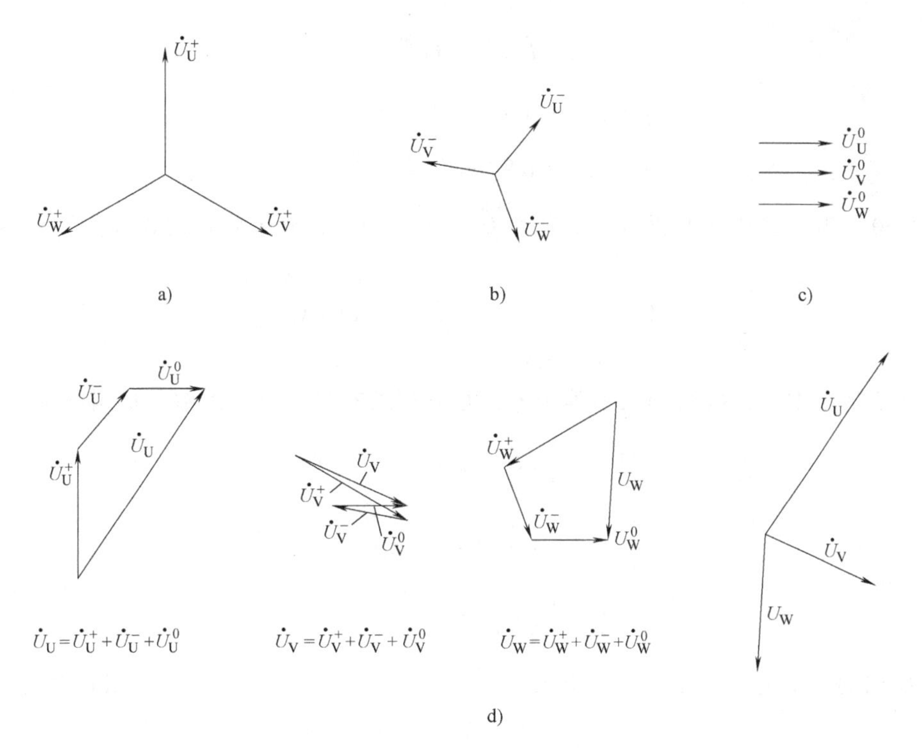

图 4-16　对称分量的叠加

所示：

$$\begin{cases}\dot{U}_U = \dot{U}_U^+ + \dot{U}_U^- + \dot{U}_U^0 \\ \dot{U}_V = \dot{U}_V^+ + \dot{U}_V^- + \dot{U}_V^0 \\ \dot{U}_W = \dot{U}_W^+ + \dot{U}_W^- + \dot{U}_W^0\end{cases} \tag{4-45}$$

式中，$\dot{U}_U^+$、$\dot{U}_U^-$、$\dot{U}_U^0$ 为电压 $\dot{U}_U$ 的 3 个分量，对 $\dot{U}_V$、$\dot{U}_W$ 也类似。将每一个相量看成 3 个分量的叠加并不是最终的目的，最终的目的是要看这些分量的相互关系是否具有图 4-16a、b、c 所示出的性质。令 $\alpha = e^{j120°}$，则 $\alpha^2 = e^{j240°} = e^{-j120°}$，将一个相量乘以 α，相当于将该相量逆时针旋转 120°。于是按图 4-16，希望式（4-45）中各分量间满足以下关系：

$$\begin{cases}\dot{U}_V^+ = \alpha^2 \dot{U}_U^+ \\ \dot{U}_W^+ = \alpha \dot{U}_U^+\end{cases} \tag{4-46}$$

$$\begin{cases}\dot{U}_V^- = \alpha \dot{U}_U^- \\ \dot{U}_W^- = \alpha^2 \dot{U}_U^-\end{cases} \tag{4-47}$$

$$\begin{cases}\dot{U}_V^0 = \dot{U}_U^0 \\ \dot{U}_W^0 = \dot{U}_U^0\end{cases} \tag{4-48}$$

将式（4-46）~式（4-48）代入式（4-45），有

$$\begin{cases}\dot{U}_{\mathrm{U}}=\dot{U}_{\mathrm{U}}^{+}+\dot{U}_{\mathrm{U}}^{-}+\dot{U}_{\mathrm{U}}^{0}\\ \dot{U}_{\mathrm{V}}=\alpha^{2}\dot{U}_{\mathrm{U}}^{+}+\alpha\dot{U}_{\mathrm{U}}^{-}+\dot{U}_{\mathrm{U}}^{0}\\ \dot{U}_{\mathrm{W}}=\alpha\dot{U}_{\mathrm{U}}^{+}+\alpha^{2}\dot{U}_{\mathrm{U}}^{-}+\dot{U}_{\mathrm{U}}^{0}\end{cases}\tag{4-49}$$

式（4-50）为一组线性方程组，变量为 $\dot{U}_{\mathrm{U}}^{+}$、$\dot{U}_{\mathrm{U}}^{-}$、$\dot{U}_{\mathrm{U}}^{0}$，其系数行列式 A 为

$$A=\begin{vmatrix}1 & 1 & 1\\ \alpha^{2} & \alpha & 1\\ \alpha & \alpha^{2} & 1\end{vmatrix}=2\alpha(1-\alpha)\neq 0\tag{4-50}$$

根据克莱姆法则，系数行列式不等于零，则方程组有且仅有一组解，这组解为

$$\begin{cases}\dot{U}_{\mathrm{U}}^{+}=\dfrac{1}{3}(\dot{U}_{\mathrm{U}}+\alpha\dot{U}_{\mathrm{V}}+\alpha^{2}\dot{U}_{\mathrm{W}})\\ \dot{U}_{\mathrm{U}}^{-}=\dfrac{1}{3}(\dot{U}_{\mathrm{U}}+\alpha^{2}\dot{U}_{\mathrm{V}}+\alpha\dot{U}_{\mathrm{W}})\\ \dot{U}_{\mathrm{U}}^{0}=\dfrac{1}{3}(\dot{U}_{\mathrm{U}}+\dot{U}_{\mathrm{V}}+\dot{U}_{\mathrm{W}})\end{cases}\tag{4-51}$$

求出 U 相的 3 个电压分量后，根据式（4-46）~式（4-48），可求出 V 相和 W 相的电压分量。

对于三相不对称电压 $\dot{U}_{\mathrm{U}}$、$\dot{U}_{\mathrm{V}}$、$\dot{U}_{\mathrm{W}}$，称 3 个分量 $\dot{U}_{\mathrm{U}}^{+}$、$\dot{U}_{\mathrm{V}}^{+}$、$\dot{U}_{\mathrm{W}}^{+}$ 为该三相不对称电压的正序分量，$\dot{U}_{\mathrm{U}}^{-}$、$\dot{U}_{\mathrm{V}}^{-}$、$\dot{U}_{\mathrm{W}}^{-}$ 为负序分量，$\dot{U}_{\mathrm{U}}^{0}$、$\dot{U}_{\mathrm{V}}^{0}$、$\dot{U}_{\mathrm{W}}^{0}$ 为零序分量。也将正序、负序、零序这 3 组序分量统称为不对称三相电压的对称分量或序分量。

将不对称的三相电气量分解成正、负、零序三组对称的电气量，并用叠加原理求解电路的方法，叫作对称分量法。

2）阻抗不平衡的处理。如果是系统三相电源（以电压源为例）不对称，可以直接将电源电压分解为 3 组对称分量，将电源看成 3 组对称分量电压源的串联，然后每一组分别求解，并将结果叠加即可。但不对称短路时，三相系统电源仍然是对称的，不对称的原因是短路而导致的故障点三相阻抗不平衡。比如两相短路、短路相之间的阻抗为零，非短路相与短路相之间的阻抗为无穷大（按短路前空载考虑）。叠加原理只是说明了线性系统激励与响应之间的叠加关系，并不能将一个系统的结构分拆与重构，因此，不能将一个阻抗不平衡的电路看成 3 个阻抗平衡电路的叠加。那么，对于阻抗不平衡的情况，叠加原理该如何应用呢？

从原理上讲，若电源对称而阻抗不平衡，则阻抗电压和阻抗电流都不对称，这时，可以应用电路理论中的替代原理解决这一问题。以电压等于阻抗电压的电压源（或电流等于阻抗电流的电流源）去取代阻抗，这时，叠加原理就可以用在这些替代阻抗的电源上了。此时，尽管这些替代电源本身的电压（或电流）大小并不知道，但已可以将其作为一个电气参量运用到对称分量法的分析计算中。不对称短路实际上就相当于阻抗不对称的情况，这时一般是以故障点为界，把系统分成两部分，从故障点看系统为一部分，从故障点看故障电路为另一部分，分别列出这两部分的序分量电路方程或边界条件，就可求得电路的解。

2. 系统元件序阻抗

作为线性系统叠加原理应用的一个直接结果，可以确认在三相对称线性系统中，正序电

压只会产生正序电流，负序和零序电压也只会产生负序和零序电流，即正、负、零序段电压只与同序的电流相关，无序间相互耦合关系。由此可以将各序分量电流电压之间的关系用阻抗表达，分别称为正、负、零序阻抗，统称序阻抗。正序阻抗就是三相对称运行时的阻抗，发电机的正、负、零序阻抗一般都是不相同的，变压器和线路的正、负序阻抗均相同，只是零序阻抗有所不同。下面仅对变压器和线路的零序阻抗进行介绍。

(1) 变压器零序阻抗

变压器的零序阻抗与绕组联结方式及铁心结构有关。比如，D 联结绕组中零序电流可以成环流流通，但引出线中不可能有零序电流，因为根据广义的 KCL，流入任何一个封闭面的电流之和应等于流出这个封闭面的电流之和，对于大小相等、相位相同的三相零序电流，要使其和等于零，只可能每相电流均为零；同样，对于无中性线的 Y 联结绕组，其绕组和引出线上均不可能有零序电流流通。以上情形就相当于零序阻抗无穷大，但对于有中性线引出的 Y 联结绕组，零序电流能通过绕组及其引出线，且在中性线上有 3 倍零序电流流通。变压器的铁心结构也对零序阻抗有影响，比如三相三心柱式结构，如果绕组中有零序电流通过，则零序磁通肯定要走到铁心以外的空间才能形成闭环，而对于 3 个单相变压器组成的三相变压器或三相五心柱式变压器，绕组中的零序电流所产生的零序磁通仍能完全在铁心中形成闭环。因磁路不同，磁阻差异很大，同样的零序电流也会产生不同的零序磁通，故零序励磁电抗和漏电抗也就不同，这就使得变压器的零序阻抗会因铁心结构差异而有所不同。

(2) 线路的零序阻抗

三相线路的零序电抗是由自感抗与互感抗构成的。因三相电流的相位关系，线路的正、负序电抗为自感抗减去互感抗，而零序电抗为自感抗加上 2 倍的互感抗，因此线路的零序电抗总是比正、负序电抗大。线路的电阻，理论上若考虑邻近效应对电阻大小的影响，正、负序电阻与零序电阻也是不相同的，但这一差异很小，可忽略不计。

另外，对于有中性线引出的系统，线路零序阻抗必须计及中性线阻抗，且因流过中性线的零序电流是流过相线零序电流的 3 倍，故在用单相等效电路计算时中性线阻抗应以 3 倍数值代入。但正、负序时，因中性线上无电流通过，不计入中性线阻抗。

4.5.2　配电系统两相短路计算

按照 4.5.1 节介绍的思路，本节示范采用对称分量法求解两相短路电流的过程，目的除了展示对称分量法的具体运用方法外，还希望读者能看到基础理论是如何用于解决工程实际问题的，以及解决问题过程中清晰的逻辑和正确的表达的重要性。

1. 用替代定理建立两相短路故障的对称分量电路模型

图 4-17a 所示为两相短路的电路模型，短路回路所有电网元件阻抗已经折合到短路点所在电压等级并综合为短路阻抗。由于三相磁路不对称，电网各相短路阻抗不再相等，因此用下标分相表达。电路模型中电压源输出端三相分别标记为大写的 U、V、W 端，故障点 F 处三相分别标记为小写的 u、v、w 端，电网三相分别标记为 L1、L2、L3 相。图 4-17b 中，旋转因子 $\alpha=e^{j120°}$。

假设短路时系统空载，各相负荷电流为零，则 u、v 相短路时，各相的故障参量描述如下：

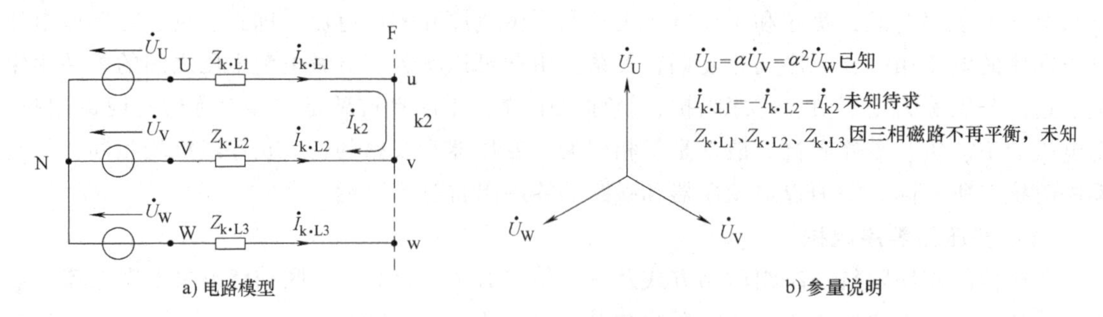

图 4-17　两相短路电路模型

$$\begin{cases}\dot{I}_{k\cdot L1}=\dot{I}_{k2}\\ \dot{I}_{k\cdot L2}=-\dot{I}_{k2}\\ \dot{I}_{k\cdot L3}=0\\ \dot{U}_{uv}=0\end{cases}\tag{4-52}$$

式中，$\dot{I}_{k2}$ 即为要求取的故障点两相短路电流参量。

根据式（4-52）和 KCL，按替代定理，用电流值等于故障点电流的电流源替代故障点阻抗，图 4-17a 所示电路模型转化为图 4-18 所示电流源替代形式，各替代电流源电流如下：

$$\begin{cases}\dot{I}_{uv}=\dot{I}_{k2}\\ \dot{I}_{vw}=0\\ \dot{I}_{wu}=0\end{cases}\tag{4-53}$$

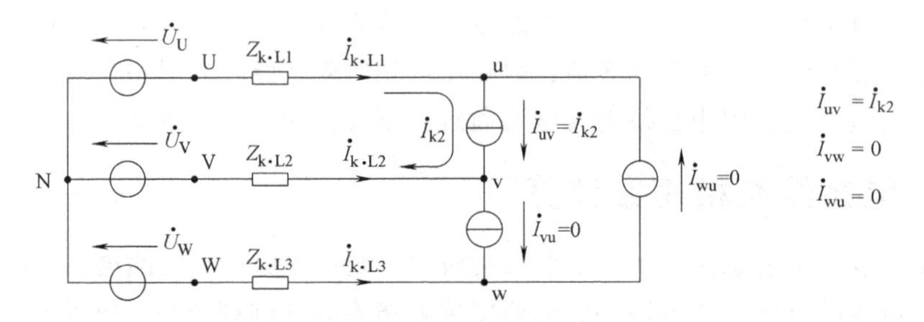

图 4-18　两相短路电流源替代电路模型

对照式（4-51)，求取图 4-18 中故障点 F 处三相不对称替代电流源 uv 相正、负、零序对称分量电流如下：

$$\begin{cases}\dot{I}_{uv}^{+}=\dfrac{1}{3}(\dot{I}_{uv}+\alpha\dot{I}_{vw}+\alpha^2\dot{I}_{wu})=\dfrac{1}{3}(\dot{I}_{k2}+\alpha\times0+\alpha^2\times0)=\dfrac{1}{3}\dot{I}_{k2}\\ \dot{I}_{uv}^{-}=\dfrac{1}{3}(\dot{I}_{uv}+\alpha^2\dot{I}_{vw}+\alpha\dot{I}_{wu})=\dfrac{1}{3}(\dot{I}_{k2}+\alpha^2\times0+\alpha\times0)=\dfrac{1}{3}\dot{I}_{k2}\\ \dot{I}_{uv}^{0}=\dfrac{1}{3}(\dot{I}_{uv}+\dot{I}_{vw}+\dot{I}_{wu})=\dfrac{1}{3}(\dot{I}_{k2}+0+0)=\dfrac{1}{3}\dot{I}_{k2}\end{cases}$$

参照式（4-46）、式（4-47）、式（4-48），可求得故障点 F 处三相不对称替代电流源的三组对称分量，结果列于表 4-4。

表 4-4　两相短路故障点短路电流正、负、零序分量

原电流	序分量电流		
	正序分量	负序分量	零序分量
$\dot{I}_{uv}$	$\dot{I}_{uv}^{+}=\frac{1}{3}\dot{I}_{k2}$	$\dot{I}_{uv}^{-}=\frac{1}{3}\dot{I}_{k2}$	$\dot{I}_{uv}^{0}=\frac{1}{3}\dot{I}_{k2}$
$\dot{I}_{vw}$	$\dot{I}_{vw}^{+}=\frac{1}{3}\alpha^2\dot{I}_{k2}$	$\dot{I}_{vw}^{-}=\frac{1}{3}\alpha\dot{I}_{k2}$	$\dot{I}_{vw}^{0}=\frac{1}{3}\dot{I}_{k2}$
$\dot{I}_{wu}$	$\dot{I}_{wu}^{+}=\frac{1}{3}\alpha\dot{I}_{k2}$	$\dot{I}_{wu}^{-}=\frac{1}{3}\alpha^2\dot{I}_{k2}$	$\dot{I}_{wu}^{0}=\frac{1}{3}\dot{I}_{k2}$

参照式（4-45）可知，故障点处每相电流均为其正、负、零序电流之和，这在电路上表现为电流源并联。于是图 4-18 所示电路模型可以表达成图 4-19 所示电流源并联形式。

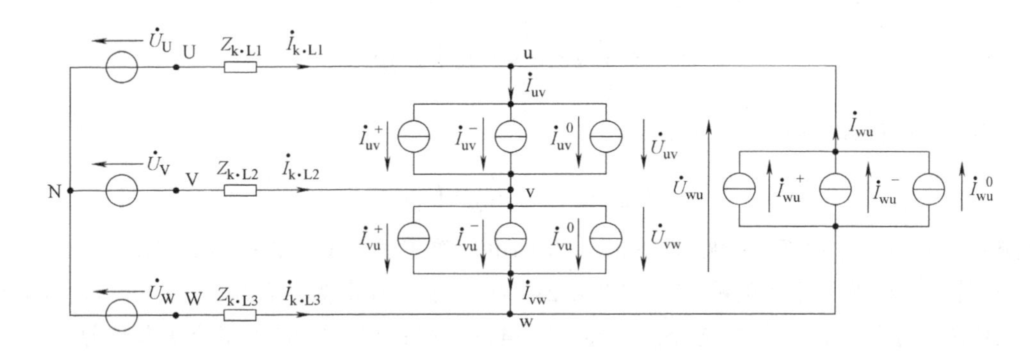

图 4-19　两相短路对称分量电路模型

2. 用叠加原理求解电路

（1）激励与响应

运用叠加原理，首先应该明确谁是激励、谁是响应。图 4-19 中有 4 组激励，分别是：①系统电压源；②替代电流源正序分量；③替代电流源负序分量；④替代电流源零序分量。响应可以有多种选择，考虑到求取两相短路电流 $\dot{I}_{k2}$ 这一目的，选择短路点处 u、v 相间电压 $\dot{U}_{uv}$ 为响应。激励和响应的对应关系见表 4-5，表中列出了与每一个激励单独对应的响应，并列出了总响应与各个单独响应之间的叠加关系。

表 4-5　叠加原理应用分析

激励		响应	叠加计算条件
系统(S)电压源 $\dot{U}_U$、$\dot{U}_V$、$\dot{U}_W$		$\dot{U}_{uv\cdot S}$	短路点处短路相 u、v 之间电压为零 $\dot{U}_{uv}=\dot{U}_{uv\cdot S}+\dot{U}_{uv\cdot F}^{+}+\dot{U}_{uv\cdot F}^{-}+\dot{U}_{uv\cdot F}^{0}=0$
故障点(S)替代电流源	正序 $\dot{I}_{uv}^{+}$、$\dot{I}_{vw}^{+}$、$\dot{I}_{wu}^{+}$	$\dot{U}_{uv\cdot F}^{+}$	
	正序 $\dot{I}_{uv}^{-}$、$\dot{I}_{vw}^{-}$、$\dot{I}_{wu}^{-}$	$\dot{U}_{uv\cdot F}^{-}$	
	正序 $\dot{I}_{uv}^{0}$、$\dot{I}_{vw}^{0}$、$\dot{I}_{wu}^{0}$	$\dot{U}_{uv\cdot F}^{0}$	

(2) 分别求解各单独激励下的响应

1) 系统电压源作用下的响应。按线性电路叠加原理的应用规则，单独考虑某一电源激励下的响应时，应将其他电压源短路，其他电流源开路，由此得到等效电路如图 4-20 所示。因为系统电压源是正序对称三相电源，因此电网短路阻抗应取正序阻抗，且因三相磁路对称，三相正序阻抗相等，统一用 Z_k^+ 表示，不再用下标区分相别。

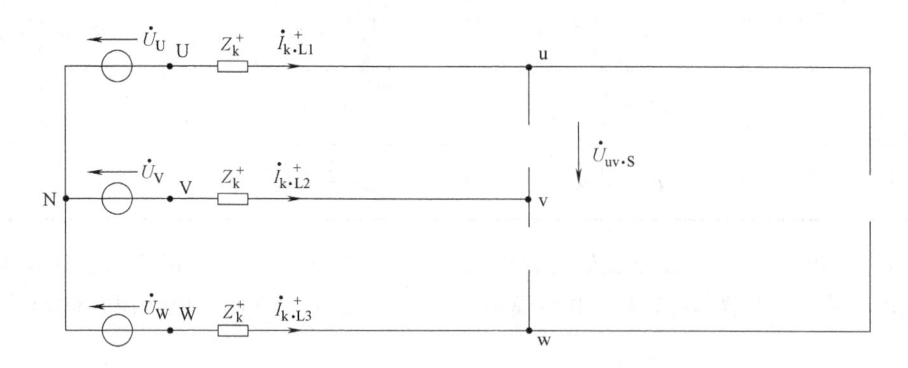

图 4-20 系统电源单独作用下的响应计算

由图 4-20 所示电路可知，响应为

$$\dot{U}_{uv \cdot S} = \dot{U}_U - \dot{U}_V = \dot{U}_{UV} \tag{4-54}$$

即系统有电源单独作用下，短路点处 u、v 相间电压等于电源 U、V 相间的线电压。

2) 替代电流源作用下的响应。如图 4-21a ~ c 所示，分别为替代电流源正、负、零序分量单独作用下求取响应的等效电路。注意图中电网序阻抗应与响应的序分量电流源一致。

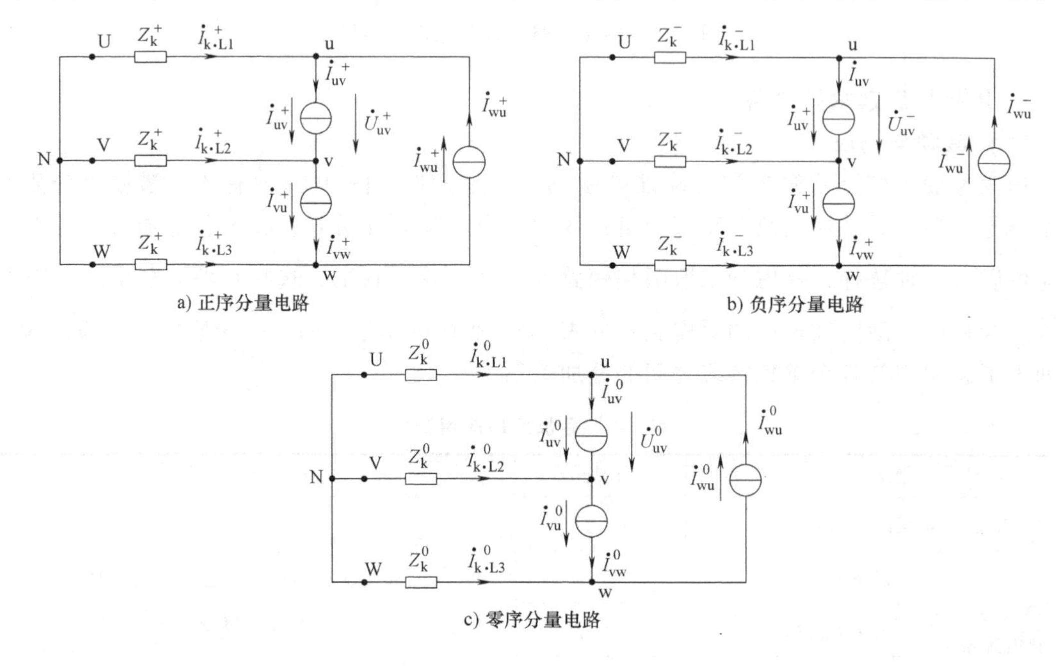

a) 正序分量电路　b) 负序分量电路　c) 零序分量电路

图 4-21 替代电流源各序分量单独作用下的响应计算

图 4-21a 所示正序分量电路中，对 u、v 节点列写 KCL 方程，并根据表 4-4 列示的序分量替代电流源量值，有

$$\dot{I}^+_{k\cdot L1\cdot F}=\dot{I}^+_{uv}-\dot{I}^+_{wu}=\frac{1}{3}\dot{I}_{k2}-\frac{1}{3}\alpha\dot{I}_{k2}=\frac{1}{3}\dot{I}_{k2}(1-\alpha)$$

$$\dot{I}^+_{k\cdot L2\cdot F}=-\dot{I}^+_{uv}+\dot{I}^+_{vw}=-\frac{1}{3}\dot{I}_{k2}+\frac{1}{3}\alpha^2\dot{I}_{k2}=\frac{1}{3}\dot{I}_{k2}(-1+\alpha^2)$$

对由 L1、L2 相构成的回路列写 KVL，可得到正序响应为

$$\dot{U}^+_{uv\cdot F}=-\dot{I}^+_{k\cdot L1\cdot F}Z^+_k+\dot{I}^+_{k\cdot L2\cdot F}Z^+_k=\frac{1}{3}\dot{I}_{k2}Z^+_k(-2+\alpha+\alpha^2)\tag{4-55}$$

同理，可求得负序和零序响应为

$$\dot{U}^-_{uv\cdot F}=-\dot{I}^-_{k\cdot L1\cdot F}Z^-_k+\dot{I}^-_{k\cdot L2\cdot F}Z^-_k=\frac{1}{3}\dot{I}_{k2}Z^-_k(-2+\alpha+\alpha^2)\tag{4-56}$$

$$\dot{U}^0_{uv\cdot F}=-\dot{I}^0_{k\cdot L1\cdot F}Z^0_k+\dot{I}^0_{k\cdot L2\cdot F}Z^0_k=0\tag{4-57}$$

3）按叠加原理求解。参照表 4-5 并引用式（4-54）~式（4-57）的结果，有

$$\begin{aligned}\dot{U}_{uv}&=\dot{U}_{uv\cdot S}+\dot{U}^+_{uv\cdot F}+\dot{U}^-_{uv\cdot F}+\dot{U}^0_{uv\cdot F}\\&=\dot{U}_{UV}+\frac{1}{3}\dot{I}_{k2}Z^+_k(-2+\alpha+\alpha^2)+\frac{1}{3}\dot{I}_{k2}Z^-_k(-2+\alpha+\alpha^2)\\&=0\end{aligned}\tag{4-58}$$

考虑到电网正、负序阻抗总相等且等于三相对称短路阻抗 Z_k，即

$$Z^+_k=Z^-_k=Z_k$$

解式（4-58）得到

$$\dot{I}_{k2}=\frac{\dot{U}_{UV}}{2Z_k}=\frac{\sqrt{3}}{2}\cdot\frac{\dot{U}_{UV}}{\sqrt{3}Z_k}$$

已知 $\dot{I}_{k3}=\dfrac{\dot{U}_{UV}}{\sqrt{3}Z_k}$，因此两相短路电流的通用计算公式为

$$\dot{I}_{k2}=\frac{\sqrt{3}}{2}\dot{I}_{k3}\tag{4-59}$$

即两相短路电流总是等于三相短路电流的$\dfrac{\sqrt{3}}{2}$。

3. 正序等效定则

按照以上介绍的对称分量法，对不同类型的短路故障进行分析，发现各种不对称短路电流正序分量的大小都与同一点发生的三相短路电流大小存在某种关系，把这种关系叫作正序等效定则，表达如下：

$$\dot{I}^+_{kn}=\frac{U^+_S}{\sqrt{3}\left|Z^+_k+Z_{an}\right|}\tag{4-60}$$

式中，n 为短路类型，见表 4-6；$\dot{I}^+_{kn}$ 为发生某种类型短路时短路电流正序分量大小；U^+_S 为电源相电压正序分量，对于无限大容量电源，$U_S^+=U_S$，三相和两相短路时取电源点所在电网平均电压 U_{av}，单相短路时取标称电压 U_N；Z_k^+ 为故障回路总正序阻抗，等于三相对称短路时的阻抗，$Z_k^+=Z_k$；Z_{an} 为与短路类型有关的附加阻抗，见表 4-6。

式（4-52）表明了这样一个概念：发生不对称短路时，短路点正序电流的大小与在短路点各相上串联一个附加阻抗 Z_{an} 后的三相短路电流大小相等，这就是正序等效定则。

求出 I_{kn}^+ 后，短路点处的短路电流大小为

$$I_{kn}=m_{(n)}I_{kn}^+ \tag{4-61}$$

式中，I_{kn} 为发生某种类型短路时故障相短路电流大小；$m_{(n)}$ 为与短路类型有关的计算系数，见表 4-6。

表 4-6　各种类型短路时的 Z_{an} 和 $m_{(n)}$

短路类型	类型符号(n)	Z_{an}	$m_{(n)}$
三相短路	(3)	0	1
两相短路	(2)	Z_k^-	$\sqrt{3}$
单相短路	(1)	$Z_k^-+Z_k^0$	3

注：表中 Z_k^-、Z_k^0 分别为负序和零序阻抗，若不考虑发电机的情况，有 $Z_k^-=Z_k^+$。

例 4-2　试用正序等效定则求两相短路电流。

解：根据式（4-60）、式（4-61）和表 4-6，可知

$$\dot{I}_{k2}^+=\frac{U_S^+}{\sqrt{3}\,|Z_k^++Z_k^-|}=\frac{U_{\varphi\cdot S}}{2|Z_k|}$$

$$\dot{I}_{k2}=\sqrt{3}\dot{I}_{k2}^+=\frac{\sqrt{3}U_{\varphi\cdot S}}{2|Z_k|}=\frac{\sqrt{3}}{2}\dot{I}_{k3}=0.87\dot{I}_{k3} \tag{4-62}$$

式中，Z_k 为三相短路时的短路阻抗；$\dot{I}_{k3}$ 为三相短路电流；$\dot{I}_{k2}$ 为两相短路电流；$U_{\varphi\cdot S}$ 为电源平均相电压。

由式（4-62）可知，两相短路电流总是三相短路电流的$\frac{\sqrt{3}}{2}$，结果与式（4-59）相同。

4.5.3　配电系统单相短路计算

在供配电系统中，单相短路或单相接地短路一般是发生在 1000V 以下的低压配电系统中，现在有部分地区在试验 10kV 系统中性点接地运行，则这些系统也存在单相接地短路故障。在最常见的 380/220V 系统中，通常将相线与中性线（N 线）间的短路叫作单相短路，而将相线与保护线（PE 线）间的短路叫作单相接地短路。

根据对称分量法的正序等效定则，单相短路电流计算公式为

$$\dot{I}_{k1}=3\dot{I}_{k1}^+=3\times\frac{U_S^+}{\sqrt{3}\,|Z_k^++Z_k^-+Z_k^0|}=\frac{U_{\varphi\cdot av}}{\sqrt{\left(\dfrac{R_k^++R_k^-+R_k^0}{3}\right)^2+\left(\dfrac{X_k^++X_k^-+X_k^0}{3}\right)^2}} \tag{4-63}$$

式中，$U_{\varphi\cdot av}$ 为短路点所在电网平均相电压；Z_k^+、Z_k^-、Z_k^0 分别为短路回路正、负、零序阻抗；R_k^+、R_k^-、R_k^0 分别为短路回路正、负、零序电阻；X_k^+、X_k^-、X_k^0 分别为短路回路正、负、

零序电抗。

1. 相中（或相保）阻抗概念

与三相短路情况类似，式（4-63）中，正、负、零序阻抗包含了 4 部分：变压器一次侧系统阻抗、变压器阻抗、低压母线阻抗和低压线路阻抗。供配电工程中较少直接采用式（4-63）进行计算，而是通过该式推导出一个称为“相中阻抗”（或相保阻抗）的参量，再用相中（或相保）阻抗进行计算。为了更清晰地介绍相中阻抗的概念，先从一种最简单的情况入手：假设线缆阻抗远大于其他部分阻抗，计算中忽略其他阻抗。

在只考虑线路阻抗的情况下，式（4-63）中正、负、零序阻抗由相线的正、负、零序阻抗和中性线（N 线）的正、负、零序构成。正序和负序三相电流平衡，不会流过 N 线，故正、负序阻抗只有相线阻抗；零序三相电流相位相同，有 3 倍零序电流通过 N 线，故零序阻抗不仅有相线零序阻抗，还有 N 线零序阻抗。又由于线路正、负序阻抗相等，线路的单相短路计算阻抗为

$$\frac{R_k^+ + R_k^- + R_k^0}{3} = \frac{R_L^+ + R_L^- + (R_L^0 + 3R_N^0)}{3} = \frac{2R_L^+ + R_L^0}{3} + R_N^0$$

令

$$R_{\varphi N} = R_\varphi + R_N = \frac{2R_L^+ + R_L^0}{3} + R_N^0$$

式中，R_φ 为相线计算电阻，$R_\varphi = \frac{2R_L^+ + R_L^0}{3}$；$R_N$ 为 N 线计算电阻，$R_N = R_N^0$；R_L^+、R_L^-、R_L^0 分别为相线正、负、零序电阻。

同理

$$X_{\varphi N} = X_\varphi + X_N = \frac{2X_L^+ + X_L^0}{3} + X_N^0$$

式中，X_φ 为相线计算电抗，$X_\varphi = \frac{2X_L^+ + X_L^0}{3}$；$X_N$ 为 N 线计算电抗，$X_N = X_N^0$；X_L^+、X_L^-、X_L^0 分别为相线正、负、零序电抗。

最后，令 $Z_{\varphi N} = R_{\varphi N} + jX_{\varphi N}$，称 $Z_{\varphi N}$ 为线路的相中阻抗。值得注意的是，相中阻抗 $Z_{\varphi N}$ 是通过公式推导出来的一个阻抗，是一个计算阻抗。

2. 短路回路各部分相中阻抗

1）变压器一次侧系统的相中阻抗。通过变压器一次侧短路容量，可计算出一次侧系统阻抗 R_S 和 X_S。对于最常用的 Dyn11 和 Yyn0 配电变压器，一次侧线电流中都不可能有零序电流，故不计入一次侧零序阻抗；又因为一次侧本无 N 线，相中阻抗就等于相计算阻抗，即

$$\begin{cases} R_{\varphi N \cdot S} = \dfrac{R_S + R_S + 0}{3} = \dfrac{2R_S}{3} \\ X_{\varphi N \cdot S} = \dfrac{X_S + X_S + 0}{3} = \dfrac{2X_S}{3} \end{cases} \tag{4-64}$$

式中，$R_{\varphi N \cdot S}$、$X_{\varphi N \cdot S}$ 分别为变压器一次侧系统相中阻抗、相中电抗；R_S、X_S 分别为变压器一次侧系统正序电阻、正序电抗。

2）变压器的相中阻抗。忽略变压器绕组中性点引出至接线端子的导体阻抗，变压器相中阻抗也只有相阻抗，因此有

$$\begin{cases}R_{\varphi N\cdot T}=\dfrac{R_{k\cdot T}^{+}+R_{k\cdot T}^{-}+R_{k\cdot T}^{0}}{3}=\dfrac{2R_{k\cdot T}+R_{k\cdot T}^{0}}{3}\\X_{\varphi N\cdot T}=\dfrac{X_{k\cdot T}^{+}+X_{k\cdot T}^{-}+X_{k\cdot T}^{0}}{3}=\dfrac{2X_{k\cdot T}+X_{k\cdot T}^{0}}{3}\end{cases}\tag{4-65}$$

式中，$R_{\varphi N\cdot T}$、$X_{\varphi N\cdot T}$ 分别为变压器相中电阻、电抗；$R_{k\cdot T}$、$X_{k\cdot T}$ 分别为变压器的短路电阻、电抗；$R_{k\cdot T}^{0}$、$X_{k\cdot T}^{0}$ 分别为变压器的零序短路电阻、电抗，与变压器联结组别和铁心结构有关，对于 Dyn11 变压器，取其等于短路电阻和短路电抗，对于 Yyn0 变压器，一般为短路阻抗的若干倍，查变压器产品样本或设计手册可得。

3）低压母线的相中阻抗。概念与计算方法同线路。

$$\begin{cases}R_{\varphi N\cdot WC}=\dfrac{2R_{L\cdot WC}^{+}+R_{L\cdot WC}^{0}}{3}+R_{N\cdot WC}^{0}\\X_{\varphi N\cdot WC}=\dfrac{2X_{L\cdot WC}^{+}+X_{L\cdot WC}^{0}}{3}+X_{N\cdot WC}^{0}\end{cases}\tag{4-66}$$

式中，$R_{\varphi N\cdot WC}$、$X_{\varphi N\cdot WC}$ 分别为低压母线相中电阻、电抗；$R_{L\cdot WC}^{+}$、$X_{L\cdot WC}^{+}$ 分别为低压相母线正序电阻、电抗，查母线阻抗表可得；$R_{L\cdot WC}^{0}$、$X_{L\cdot WC}^{0}$ 分别为低压相母线零序电阻、电抗，查母线阻抗表可得；$R_{N\cdot WC}^{0}$、$X_{N\cdot WC}^{0}$ 分别为低压 N 母线零序电阻、电抗，查母线阻抗表可得。

4）低压线路的相中阻抗。如前所述，计算公式为

$$\begin{cases}R_{\varphi N\cdot WD}=\dfrac{2R_{L\cdot WD}^{+}+R_{L\cdot WD}^{0}}{3}+R_{N\cdot WD}^{0}\\X_{\varphi N\cdot WD}=\dfrac{2X_{L\cdot WD}^{+}+X_{L\cdot WD}^{0}}{3}+X_{N\cdot WD}^{0}\end{cases}\tag{4-67}$$

式中，$R_{\varphi N\cdot WD}$、$X_{\varphi N\cdot WD}$ 分别为低压线路中电阻、电抗；$R_{L\cdot WD}^{+}$、$X_{L\cdot WD}^{+}$ 分别为低压线路相线正序电阻、电抗，查母线阻抗表可得；$R_{L\cdot WD}^{0}$、$X_{L\cdot WD}^{0}$ 分别为低压线路相线零序电阻、电抗，查母线阻抗表可得；$R_{N\cdot WD}^{0}$、$X_{N\cdot WD}^{0}$ 分别为低压线路 N 线零序电阻、电抗，查母线阻抗表可得。

3. 用相中阻抗计算相中单相短路电流

根据以上分析，式（4-64）可以写成如下形式：

$$\begin{aligned}\dot{I}_{k1}&=\frac{U_N/\sqrt{3}}{|Z_{\varphi N}|}=\frac{U_N/\sqrt{3}}{|Z_{\varphi N\cdot S}+Z_{\varphi N\cdot T}+Z_{\varphi N\cdot WC}+Z_{\varphi N\cdot WD}|}\\&=\frac{U_{\varphi\cdot av}}{\sqrt{(R_{\varphi N\cdot S}+R_{\varphi N\cdot T}+R_{\varphi N\cdot WC}+R_{\varphi N\cdot WD})^2+X_{\varphi N\cdot S}+X_{\varphi N\cdot T}+X_{\varphi N\cdot WC}+X_{\varphi N\cdot WD})^2}}\end{aligned}\tag{4-68}$$

式中，$Z_{\varphi N}$ 为短路回路总相中阻抗；U_N 为系统标称线电压；$Z_{N\cdot\varphi}$ 为系统标称相电压；$\dot{I}_{k1}$ 为单相短路电流。

值得注意的是，对 TN-S 系统，如果求取单相接地故障，各计算式中，以 PE 线零序电阻、电抗替代 N 线零序电阻、电抗，称为相保阻抗。

4.5.4　配电变压器二次侧不对称短路穿越电流计算

供配电系统中，变压器二次侧短路时，短路电流实际上是从电源通过变压器一次侧后才流到短路点的，对于三相对称短路来说，一次侧短路电流与二次侧短路电流只是相差一个电压比的倍数，但对于不对称短路来说，短路电流在一次侧的分布很可能与二次侧不相同，这与短路类型和变压器联结组别等有关。将变压器二次侧短路时，其一次侧流过的短路电流称为短路穿越电流，举例分析如下。

图 4-22 所示为一台 Yyn0 联结组别的 10/0.4kV 变压器二次侧 v 相发生单相短路的情形，图中标出了短路电流在二次侧和一次侧的分布，从图中可以看出，二次侧只有 v 相（即故障相）和中性线上有短路电流，但一次侧三相上都有短路电流，且大小不相同，为什么会出现这种情况呢？

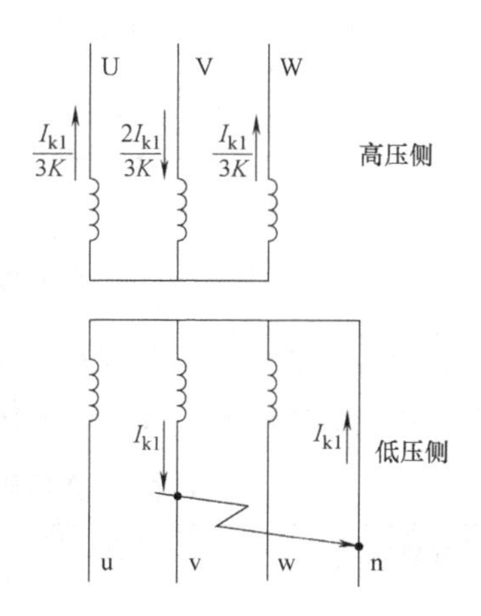

图 4-22　短路穿越电流在二次侧和一次侧分布

图 4-23 是对这一现象的分析，图中相量按标幺值比例画出。首先将二次侧的单相短路电流分解成序分量，再将每一组序分量变换到一次侧，因一次侧为 Y 联结，根据 KCL，零序分量不可能流通，故一次侧无零序电流分量。再将一次侧的各序分量电流相加，就可得到短路电流在一次侧的分布和大小。至于二次侧三组序分量的相对大小和相位关系的由来，可以用前面对称分量计算方法计算，或参阅相关书籍。

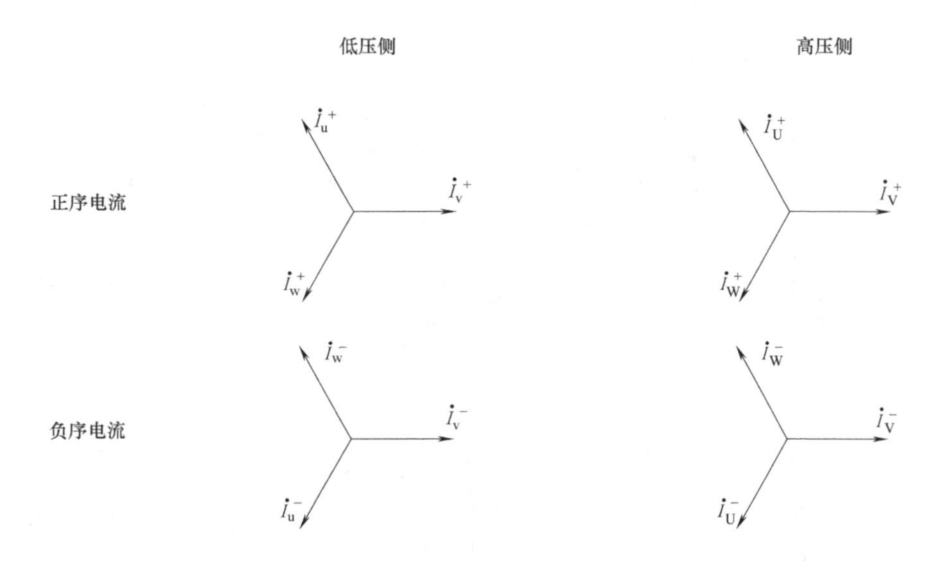

图 4-23　短路穿越电流的相量图分析

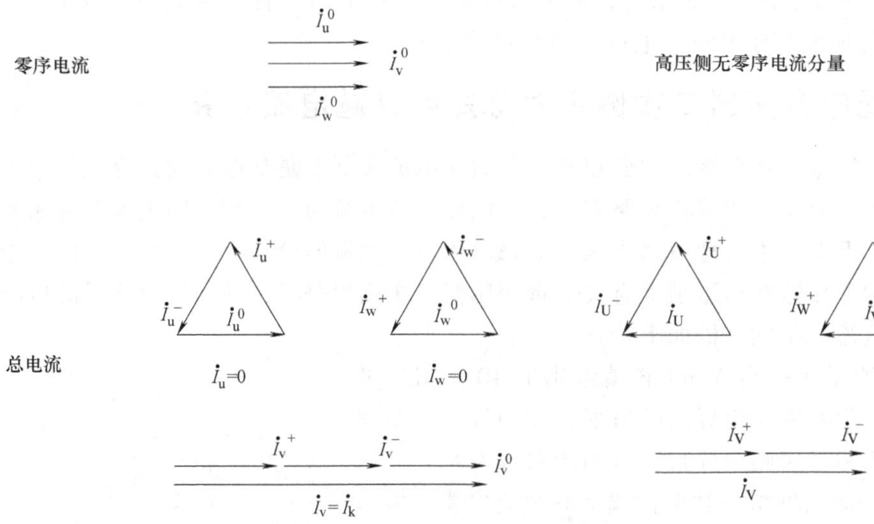

零序电流　　$\dot{I}_u^0$　$\dot{I}_v^0$　$\dot{I}_w^0$　　高压侧无零序电流分量

总电流　　$\dot{I}_u^+$　$\dot{I}_u^-$　$\dot{I}_u^0$　$\dot{I}_u=0$　　$\dot{I}_w^-$　$\dot{I}_w^+$　$\dot{I}_w^0$　$\dot{I}_w=0$　　$\dot{I}_U^+$　$\dot{I}_U^-$　$\dot{I}_U$　　$\dot{I}_W^-$　$\dot{I}_W^+$　$\dot{I}_W$

$\dot{I}_v^+$　$\dot{I}_v^-$　$\dot{I}_v^0$　$\dot{I}_v=\dot{I}_k$　　$\dot{I}_V^+$　$\dot{I}_V^-$　$\dot{I}_V$

图 4-23　短路穿越电流的相量图分析（续）

对于其他故障类型和变压器联结组别，可用以上方法逐一分析，其常用的分析结果列于表 4-7 中。短路穿越电流在继电保护整定计算时会经常用到。

表 4-7　变压器二次侧短路时折合到一次侧的短路穿越电流

联结组别	三相短路	两相短路	单相短路
Yyn0	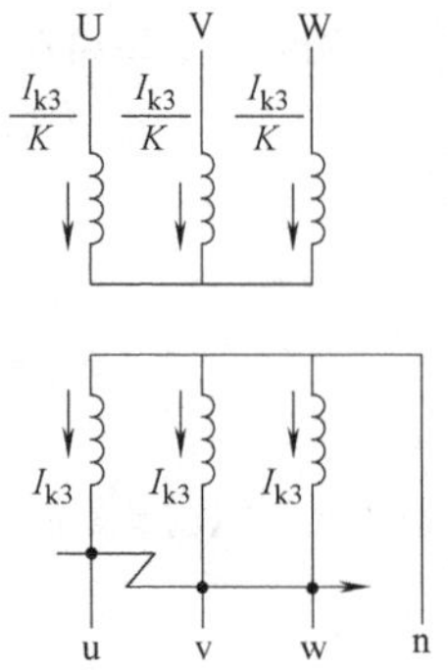 U V W：$\frac{I_{k3}}{K}$ $\frac{I_{k3}}{K}$ $\frac{I_{k3}}{K}$；I_{k3} I_{k3} I_{k3}；u v w n	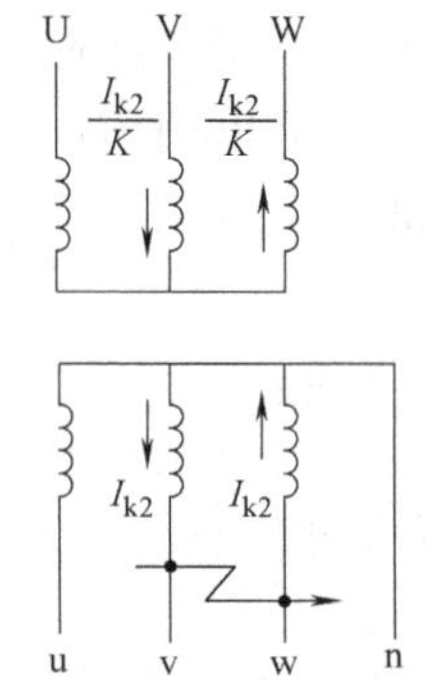 U V W：$\frac{I_{k2}}{K}$ $\frac{I_{k2}}{K}$；I_{k2} I_{k2}；u v w n	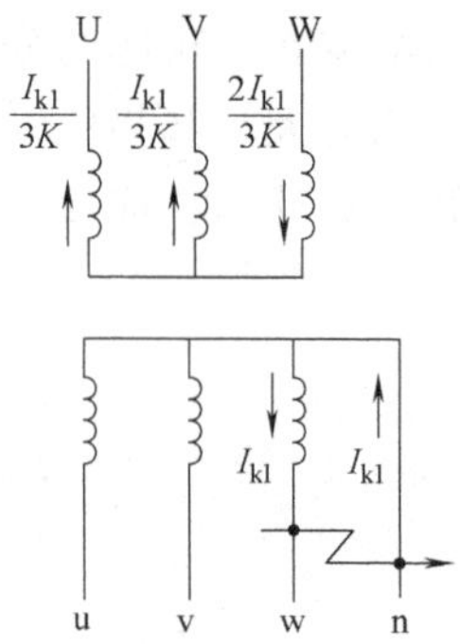 U V W：$\frac{I_{k1}}{3K}$ $\frac{I_{k1}}{3K}$ $\frac{2I_{k1}}{3K}$；I_{k1} I_{k1}；u v w n
Yd11	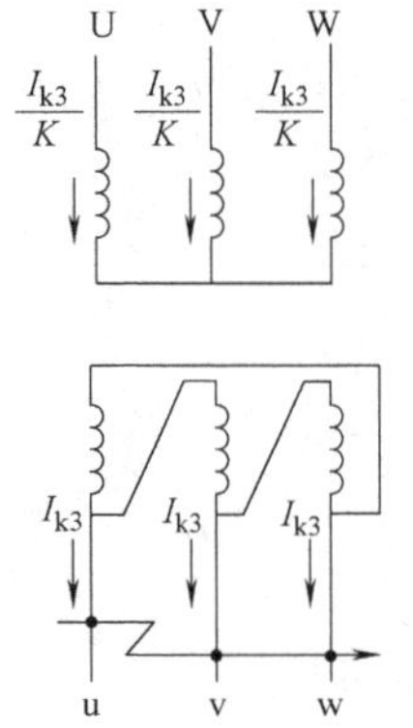 U V W：$\frac{I_{k3}}{K}$ $\frac{I_{k3}}{K}$ $\frac{I_{k3}}{K}$；I_{k3} I_{k3} I_{k3}；u v w	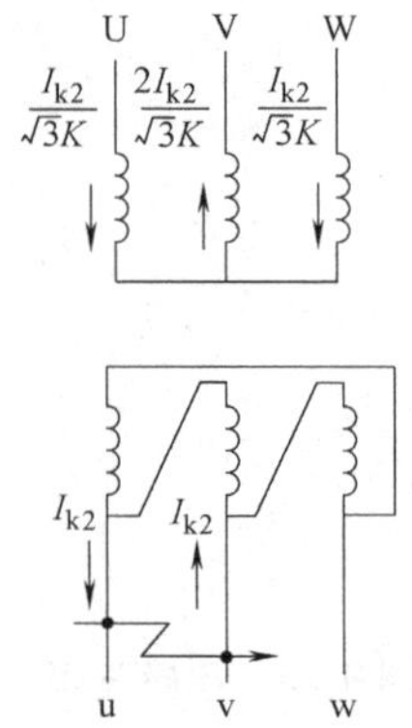 U V W：$\frac{I_{k2}}{\sqrt{3}K}$ $\frac{2I_{k2}}{\sqrt{3}K}$ $\frac{I_{k2}}{\sqrt{3}K}$；I_{k2} I_{k2}；u v w	

（续）

联结组别	三相短路	两相短路	单相短路
Dyn11	U V W $\frac{I_{k3}}{K}$ $\frac{I_{k3}}{K}$ $\frac{I_{k3}}{K}$ I_{k3} I_{k3} I_{k3} u v w n	U V W $\frac{I_{k2}}{\sqrt{3}K}$ $\frac{2I_{k2}}{\sqrt{3}K}$ $\frac{I_{k2}}{\sqrt{3}K}$ I_{k2} I_{k2} u v w n	U V W $\frac{I_{k1}}{\sqrt{3}K}$ $\frac{I_{k1}}{\sqrt{3}K}$ I_{k1} I_{k1} u v w n

注：I_k 为短路电流；K 为变压器电压比。

思考与练习题

4-1　试判断以下说法哪些是正确的，哪些是错误的，哪些是含糊的，并对错误的说法予以澄清。

（1）单相接地不是单相短路。

（2）单相短路是单相接地。

（3）远端短路电流周期分量有效值不随时间衰减。

（4）三相短路全电流峰值出现在短路瞬间。

（5）架空线路短路电流峰值系数通常大于电缆线路。

（6）配电变压器低压侧短路时，高压侧设有短路电流。

（7）三相短路时，三相故障电流瞬时值不相等。

（8）两相短路时，故障相短路电流瞬时值总是大小相等、方向相反。

4-2　供配电系统常见的短路种类有哪些？短路的主要危害是什么？

4-3　无限大容量电源系统有什么特征？如何确定一个系统是否可以等效为无限大容量电源系统？

4-4　短路峰值电流 i_p 和第一周期短路冲击电流有效值 I_p 有什么不同？各有什么用途？

4-5　短路容量的物理意义是什么？工程上有何用途？

4-6　短路电流计算的标幺值法和有名值法各有什么优缺点？各自分别适用于什么情况？

4-7　不对称短路计算为什么不直接采用电路分析的回路法、节点法等方法？

4-8　用正序等效定则计算不对称短路时，需要知道哪些参数？

4-9　假想时间的物理意义是什么？试画出计算假想时间的程序框图。

4-10　用标幺值法计算图 4-24 所示系统中 k、k_1、k_2 点发生短路故障时，短路点处三相和两相稳态短路电流的大小；计算 k_1 点三相短路时，流过变压器一次侧稳态短路电流大小，并与 k 点短路的情况进行比较；若考虑电动机的影响，试计算 k_1 点三相短路时短路冲击电流瞬时值的大小。

4-11　试计算图 4-25 所示系统中 k_1、k_2 点发生三相和单相短路时短路电流的大小（10kV 侧可看成无限大容量电源系统，忽略母线阻抗，部分参数可查阅正文和附录）。

4-12　某技术论文计算变压器二次侧三相短路电流时，在假设变压器一次侧为无限大容量电源系统的前提下，使用的计算公式为 $I_{k3 \cdot Z \cdot T}=\frac{1}{U_k\%/100}\cdot\frac{S_{r \cdot T}}{\sqrt{3}U_{r2 \cdot T}}$。例如，额定容量 800kV · A 的 10/0.4kV 变压器，短路电压百分数为 6，则二次侧三相短路电流为 $I_{k3 \cdot Z \cdot T}=\frac{1}{6/100}\times\frac{900}{\sqrt{3}\times0.4}\text{A}=19245\text{A}\approx19.3\text{kA}$，请你对该公

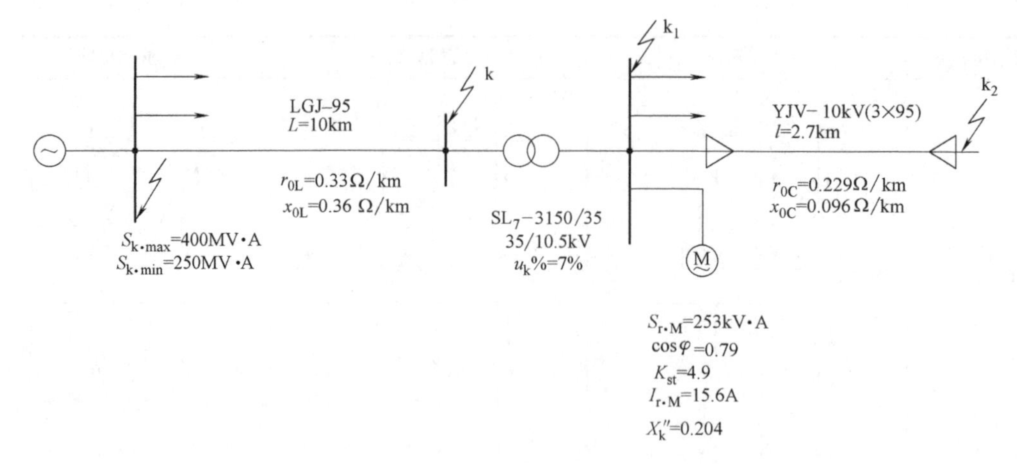

图 4-24 题 4-10 图

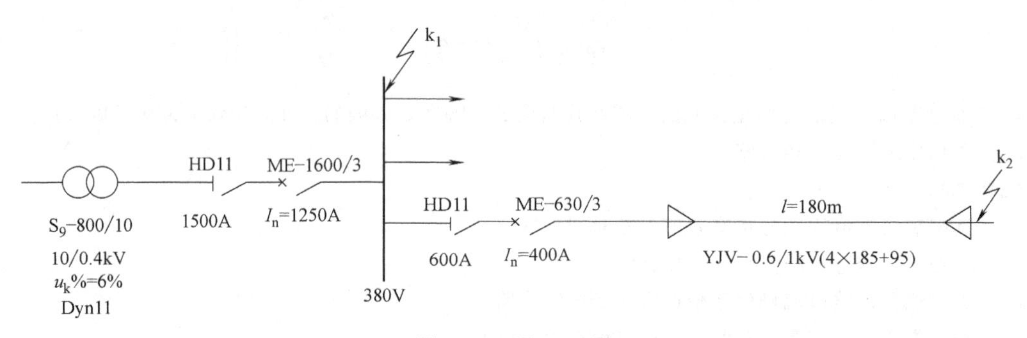

图 4-25 题 4-11 图

式的正确性做出判断，并明确给出判断的依据。

4-13 某 10/0.4kV 变压器，Dyn11 连接组，经计算可得低压侧两相短路的短路电流为 12kA。有人按电压比关系计算出低压侧两相短路 10kV 侧的短路穿越电流为 $12\Big/\left(\frac{10}{0.4}\right)\text{kA}=0.48\text{kA}$。请你对该计算方法的正确性做出评判。

第 5 章

供配电系统继电保护

本章以电力线路为主要对象，介绍继电保护的基本概念、配置和整定计算方法。继电保护的内容非常丰富，不可能一一罗列，但其中最基本的概念、方法和评价指标等内容都会在本章涉及。微机保护、自适应保护等新技术，是保护技术实现手段的进步，保护的原理与继电保护无本质区别，本章将对其中的微机保护做简要介绍。

5.1 继电保护的基本概念

5.1.1 供配电系统的故障与故障判别

供配电系统故障是指有立刻损坏系统或中断系统正常运行的事件出现，最常见且最严重的故障之一是短路。供配电系统异常运行状态是指已有中断系统工作或损坏系统的迹象出现，但还不至于立刻产生后果，系统仍可以继续工作一段时间，比如系统过负荷运行、小接地系统单相接地等。

供配电系统的故障和异常运行本质上都与能量有关，或者是系统某处的能量传输被阻断，或者是系统的某一部分受到超出其长期或短时承受能力的能量作用。轻者导致系统元件寿命缩短、特性劣化并埋下事故隐患，重者立刻损坏系统元件或破坏系统运行。对于用户侧的中低压系统，还可能导致电击等人身伤害事故和电气火灾等环境灾害。这样的后果必须避免，应对的主要技术措施就是设置保护。

保护的核心在于故障（含异常运行）判别，只有判别出故障，才有可能实施保护。考虑到保护的时效性，故障判别需要由系统自动完成。

1. 故障判别的内容

故障判别的内容主要有三项：①是否发生了故障；②故障发生在什么位置；③故障的类型。这三项内容与保护的对应关系大致为：是否需要实施保护；需要在系统哪些部分实施保护；需要实施何种保护。

2. 故障判别的依据

要使系统自动判别故障，需要有预设判据。供配电系统发生某种故障时，总会有某些电气或非电参量在大小、特征或组合特性上与正常运行状态有所差异，找出并监视这些差异是否出现，是判断某种故障是否发生的主要手段。

根据参数差异进行故障判别，应避免产生误判和漏判，这需要参数差异具有显著性和特异性。

所谓显著性，是指故障和正常条件下参数指标差别明显，不会有模糊的边界，更不能有重叠。如变压器发生相间短路时，故障电流与正常负荷电流及过负荷电流量值差异显著，根据电流量值判断短路一般不会产生误判；但变压器绕组匝间短路时，电流的变化几乎可以忽略，若以电流量值作为匝间短路判据，则会出现漏判或误判。

所谓特异性，是指某种参数指标差异出现，一定对应着某种故障发生。比如，短路时短路点附近母线上的电压会降低，但如果以母线电压降低作为短路故障的判据，则停电也会被误判为短路，这是判据不具备特异性的一个例子。判据的特异性有时是很难达到的，需要采取其他技术措施，来降低误判的可能性。

图 5-1 是寻找故障判据的一个很好的例子，这种保护中继电器测量的是线路首、末端的电流差。正常运行时，该线路首、末端电流大小与方向总是一致的，其差值等于零；下级线路上发生短路时，尽管流过该线路的短路电流很大，但其首、末端电流差值仍等于零；只有当该线路本身发生短路时，首端有很大的短路电流，而末端没有电流通过，线路首、末端电流才可能有很大的差值。这里将线路首、末端电流之差作为本线路短路故障判据，这一判据不仅具有显著性、特异性，还能给出明确的故障位置范围判断。

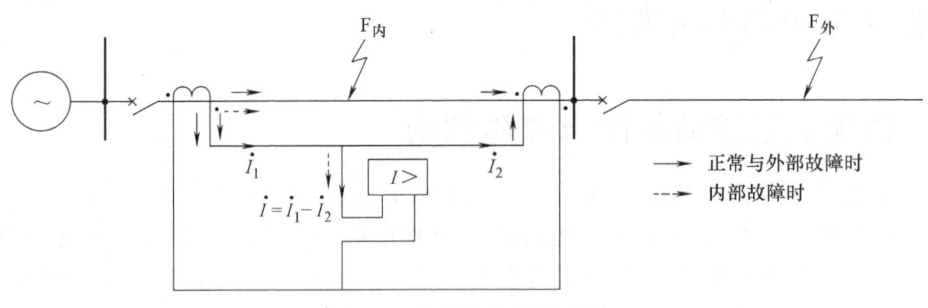

图 5-1　寻找故障判据示例

3. 系统运行状态信息获取的方式与特点

除了判据以外，故障判别的另一个条件是必须获取系统的运行状态信息。由于电网地域分布广阔，线路敷设于野外或公共道路，传统的保护技术中，运行信息采集一般只能在变配电所或开关站等站所设施中进行，且由于通信的可靠性、时效性及站所的权属等原因，各站所采集的信息一般不能实时共享。因此，传统保护的信息获取有两个特点：第一是局部采集；第二是各站所信息孤立，无实时共享。

保护装置依靠站所中局部的、孤立的信息去判断整个电网的情况，必然含有推测的成分，当推测中有多种可能性时，由于缺少系统其他位置处相关信息的印证，有推测错误的可能。得益于现代信息技术的高度发展，网络保护等新技术较好地解决了这一问题。网络保护除了可以使相关站所信息实时共享以外，还可以在站所外设置更多的信息采集点，并将信息传送至站所，信息的完整性有很大提高。但就工程现状而言，电力用户范围内的供配电系统仍然以传统信息获取方式为主，且传统方式下故障判别更具技术挑战性，因此本章仍主要以传统信息获取方式为依据介绍保护内容。

5.1.2　保护的种类与要求

1. 种类

每个保护都具有多方面的属性，比如，它保护的是哪个电网元件、针对的是哪种故障，以及保护装置采用的是哪种技术实现形式、有哪些主要技术特征等。因此，保护的分类有多种不同的标准，不同标准下所划分的类别之间不具有可比性，这一点在逻辑上一定要清晰。

工程上常用的保护分类标准和每一分类标准下的保护类别列示见表 5-1。

表 5-1　保护分类

分类标准		类别列示
按被保护对象划分		线路保护、变压器保护、电动机保护、电力电容器保护等
按所保护故障种类划分		短路保护、过负荷保护、漏电保护、断相保护、断线保护等
按保护地位划分		主保护、后备保护(含远后备和近后备两种形式)
按技术实现手段划分	一次保护	熔断器保护等
	二次保护	继电器保护、晶体管电路保护、微机保护、网络保护等
按保护技术特征划分		无时限电流速断保护、差动保护、零序电压保护、方向保护等
按执行方式划分		动作于跳闸的保护、动作于信号的保护

表 5-1 中的主保护是指满足系统稳定和设备安全要求，能以最快速度有选择地切除故障元件的保护。后备保护则是指主保护或断路器拒动时，用以切除故障的保护，又分为远后备和近后备两种方式。

远后备是当主保护或断路器拒动时，由相邻元件的保护来实现后备；近后备是当主保护拒动时，由本元件的另一套保护装置实现后备。

工程实践中常会用不同分类标准下的保护类别描述同一个保护，这时需要仔细领会其含义。比如："用差动保护作变压器短路保护的主保护"，这句话实际上只描述了一个保护，该保护所保护的对象是变压器，所针对的故障是短路，所采用的技术原理是差动，保护的地位是主保护而非后备保护。

特别提醒术语"过电流保护"的含义，工程上该术语有两种含义，其一是按所保护的故障类别划分的一种保护，凡是超过正常电流范围的电流都叫作过电流，如过负荷和短路；其二是针对相间短路故障，按保护技术特征划分的一种保护，包括定时限和反时限过电流保护。

2. 对保护的基本要求

一个长期持续运行的供配电系统，出现异常运行状况和发生故障几乎是不可避免的。设置保护主要可以起到以下两方面作用。

1）自动将故障元件从系统中切除，一则保证系统非故障部分恢复正常工作，二则避免故障元件继续受到损坏。

2）反映系统运行状态，对异常运行状态发出警示，以避免其发展为故障，有些情况下也可以实施自动控制，如过负荷运行情况下实施自动减负荷控制等。

切除故障元件会造成开断点负荷侧电网停电，但与损坏设备或瓦解系统相比，停电是损失最小的选择。

为达成以上作用，故障保护应满足 4 个方面的基本要求，归纳为可靠性、选择性、快速性和灵敏性，简称四性。

1）可靠性。可靠性是指保护应做到不误动、不拒动。选择可靠的保护元件、尽可能简单的保护方式，以及尽可能使调试、维护管理方便，是提高可靠性的基本手段，设置闭锁与后备等是提高可靠性的附加手段。

2）选择性。对动作于跳闸的保护，选择性是指只将故障元件从系统中切除，以避免扩大停电范围；对动作于信号的保护，选择性是指信号应明确指出是哪一个元件出现了故障或不正常运行状态，以提高故障排查的效率。

3）快速性。快速性是指保护装置应尽可能快地切除故障元件，其目的是提高系统的稳定性，减轻故障元件的受损程度。实现快速性的关键在于正确判别故障位置。

4）灵敏性。灵敏性是指对被保护元件全范围内发生的故障，保护装置都要能敏锐地感知。在被保护元件上发生的强度最小的故障（如线路末端两相或单相短路），是对保护灵敏性的最大考验。灵敏性一般用灵敏系数 K_S 表示，定义为

$$K_S=\frac{\text{被保护对象上可能出现的最小强度故障参量}}{\text{与故障参量对应的保护装置动作值}} \tag{5-1}$$

应注意式（5-1）中“最小强度故障参量”并不一定是最小量值故障参量，如低电压保护中，电压高反而表明故障强度小。因此这里的“最小强度”指的是与正常条件相差最小的含义。

5.2 保护用继电器及其保护特性

5.2.1 对继电器的一般认识

继电保护的主要元件是继电器。与更早出现的熔断器不同，大多数保护用继电器都是二次元件。有关保护用继电器的术语，在国家标准 GB/T 2900.17—2009《电工术语 量度继电器》中有明确定义，但标准中有些术语还未得到广泛应用。本书在术语表达上兼顾现状主流习惯和国家标准。可以从以下几个方面来认识继电器的一般性质。

1. 从功能角度认识继电器

继电器是一种控制器件，当该器件的输入满足一定条件时，在其一个或多个输出回路中将产生预定的跃变。继电保护中常用到的继电器有以下两类。

（1）量度继电器

量度继电器又称测量继电器。探测电力系统及电气设备故障或异常情况的量度继电器称为保护继电器。常用的有电流电压继电器、阻抗继电器、差动继电器等。此处主要讨论量度继电器中的保护继电器。

保护继电器是一种测量和逻辑元件，它包含了以下 3 个相互关联的方面，如图 5-2 所示。

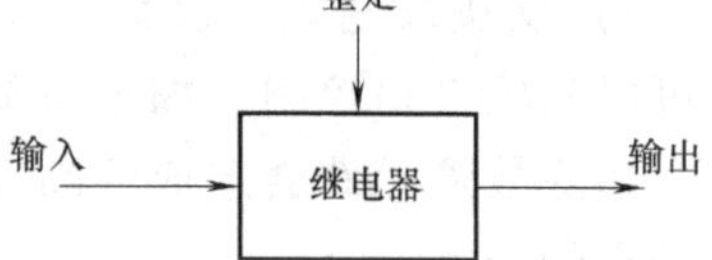

图 5-2 保护继电器的功能框图

1）输入。它是被判断的对象，一般为模拟量。

2）输出。它表达判断的结果，为数字量。

3）整定值（setting value）。又称动作值（operating value），它是判断的依据，一般为模拟量，可以在一定范

围内调整。

简单地说，保护继电器是按设定的条件对参量做出判断，并将判断结果按规定方式表达出来的元件。比如，过电流继电器对输入的模拟电流量值是否超过整定值做出判断，欠电压继电器对电压是否低于整定值做出判断。

动作于输入参量增大的继电器叫作过量继电器，动作于输入参量减小的继电器叫作欠量继电器。

（2）有或无继电器

有或无继电器又称控制继电器，是一种逻辑元件，这种继电器预定由某一输入使输出回路产生跃变，该输入有一定的量值范围要求，该输入只要出现，其量值一定是在这个范围内，若没有这个范围内的参量出现，就相当于没有输入。

继电保护中常用的有或无继电器有中间继电器、时间继电器、信号继电器、重合闸继电器等。

2. 从电路角度认识继电器

最基本的继电器是一个二端口电路，如图 5-3a 所示。就传统的电磁式和感应式等继电器而言，继电器的输入端口又称为继电器的线圈，输出端口又称为继电器的触点，如图 5-3b 所示。多数继电器只有一个线圈，少数的有两个或多个，但多数继电器都有若干个触点，这些触点可以是相同的，也可以是不同的。继电器的线圈有高阻抗和低阻抗之分，高阻抗线圈一般称为电压线圈，低阻抗线圈则称为电流线圈。通常将线圈因通电导致的衔铁的动作称为“吸合”（而不论触点本身是闭合还是断开），断电则称为“释放”。衔铁是带动输出触点改变状态的继电器的一个组件。

图 5-3　继电器的电路模型

图 5-4 是继电器的图形符号和文字符号示例。图形符号中输入和输出端口可以集中表

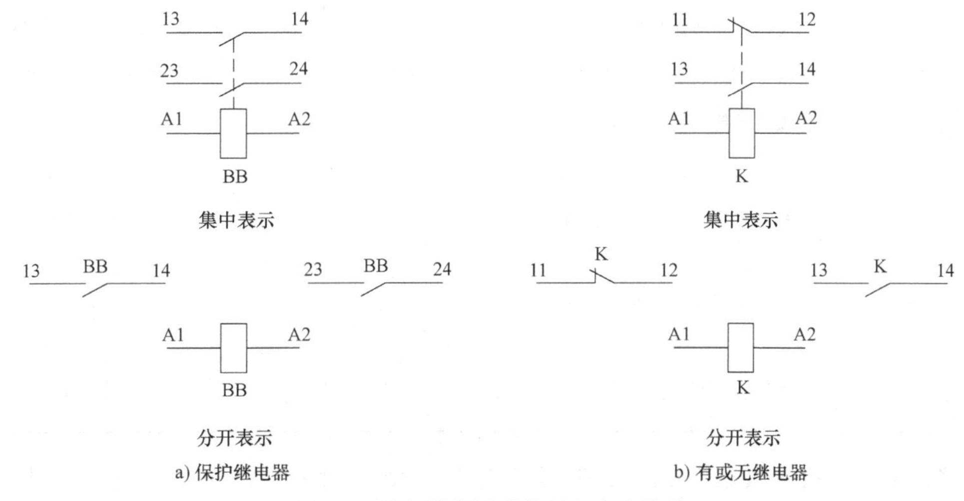

图 5-4　继电器的图形符号和文字符号

示，也可以分开表示。分开表示时以参照代号表达输入与输出端口的对应关系。保护继电器属于测量器件，文字符号用 B 或 BB 表示，其中第一位字母代码 B（主类代码）表示将某一输入变量转换为供进一步处理的信号，第二位字母代码 B（子类代码）表示将输入变量转换用于保护用途。有或无继电器文字符号为 K，表示处理信号或信息的含义。继电器触点可以用数字编号，按规定，动断触点以第二位数字 1、2 表示，动合触点则以 3、4 表示；第一位数字表示该继电器同类触点序号。如图 5-4a 中有 2 个动合触点，分别用 13、14 和 23、24 表示。

表 5-2 是一些常用保护继电器的符号和名称。

表 5-2　常用保护用继电器符号和名称

线圈（输入端口）		限定符号	
	一般符号	$I>$	过电流
	双线圈	$U>$	过电压
	缓慢释放（缓放）线圈	$U<$	欠电压
	缓慢吸合（缓吸）线圈		延时
	机械保持线圈		可调延时
	继电器快速线圈		反时限延时
触点（输出端口）		**测量继电器示例**	
	动合触点	$I>$	延时过电流继电器
	动断触点	$I>$5A	动作电流为 5A 的过电流继电器
	吸合时延时闭合的动合触点		气体继电器
	释放时延时断开的动合触点	θ	可调延时温度继电器
	吸合时延时断开的动断触点	$U<$	欠电压继电器
	释放时延时闭合的动断触点	$I\leftarrow$	逆流继电器

有些继电器没有电气输入回路，其输入量是其他物理量，如气体继电器、温度继电器等。

3. 保护用继电器的整定

继电器的输入是运行参量，会随运行状态变化。整定值是在继电器上设定的一个或一组参量，这些参量是对输入参量进行判断的判据，可以在一定范围内调整，但一旦调整确定，就不会随运行状态变化，因此属于本构参量。确定继电器整定值的行为叫作继电器的整定。

5.2.2　电磁式继电器及特性

1. 继电器的结构与工作原理

图 5-5a 是电磁式过电流继电器的原理结构，图 5-5b 是其机械特性曲线。继电器通电后，衔铁受到电磁力矩与机械力矩（含弹簧机械力矩和转轴机械摩擦力矩）的相反作用。电磁力矩取决于电流大小和气隙长度 δ；弹簧机械力矩取决于弹簧拉伸长度，弹簧拉伸长度的增加正比于铁心气隙长度的减小；转轴机械摩擦力矩是一个定值 M_m。当电流增大，使电磁力矩略微大于总机械力矩时，衔铁就会向吸合方向运动，导致铁心气隙长度减小，弹簧拉伸长度加大。由于电磁力矩的增长与气隙长度 δ 减小的二次方成正比，而机械力矩的增长与气隙长度 δ 减小的一次方成正比，因此衔铁一旦运动，电磁力矩的增长速率快于机械力矩，使衔铁加速到达吸合位置，且到达吸合位置后，由于电磁力矩增加更多及摩擦力矩消失，电磁力矩会高出机械力矩一个量值 ΔM，这足以保证衔铁稳定地处于吸合状态。吸合后若减小电流，电磁力矩曲线向下平移，下降幅度需要抵消掉 $\Delta M+M_m$ 力矩后，衔铁才会被释放，因此释放电流总是小于吸合电流。同样道理，衔铁释放后，电磁力矩低于机械力矩一个量值，使其稳定地处于释放状态。

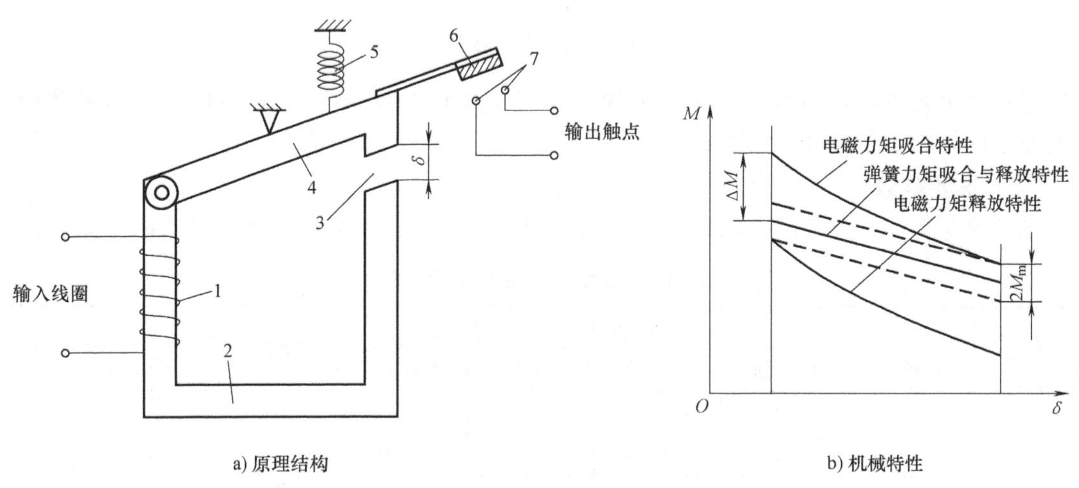

a) 原理结构　　b) 机械特性

图 5-5　电磁式继电器原理结构与机械特性

1—线圈　2—铁心　3—气隙　4—衔铁　5—弹簧　6—动触点　7—静触点

动作电流整定有三个途径：一是改变线圈的匝数，这只能有级调整；二是调整气隙的初始长度，可连续调整；三是改变弹簧的初始拉伸长度，可连续调整。有时将这些途径结合起来进行动作电流整定。

2. 继电器的特性参数

(1) 滞回特性

将继电器看成一个二端口电路时，我们特别关注其传输特性。图 5-6a 表示一只过电流继电器传输特性的试验电路，图 5-6b 示出了其传输特性曲线。从图中看出，当电流由小到大升高到预先整定的动作值时，继电器衔铁吸合，输出触点闭合（称为动作），但当电流由大到小降低到原动作值时，继电器衔铁并不释放，而是要等到电流比动作值小一定量值时，衔铁才释放，触点断开（称为返回）。这是一个滞回特性，其原理已如前述。继电器返回电流与动作电流之比称为返回系数，记作 K_{re}，即

$$K_{re}=\frac{I_{re}}{I_{op}} \tag{5-2}$$

式中，I_{op} 为继电器动作电流；I_{re} 为继电器返回电流；K_{re} 为继电器返回系数；

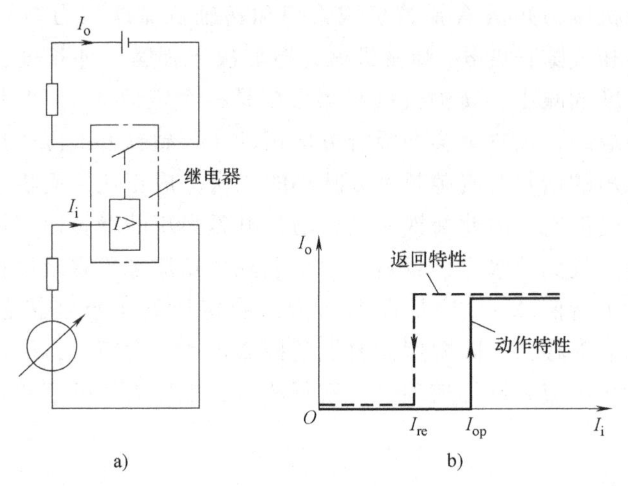

图 5-6　继电器传输特性

过量继电器的返回系数总是小于 1 的，典型值为 0.85 左右；欠量继电器返回系数则总是大于 1 的，典型值为 1.15 左右。

（2）主要参数

如表 5-3 所示，以广泛应用的 DL-32 系列继电器为例，介绍保护用继电器的主要参数。

表 5-3　保护用继电器参数示例

型号	额定电流/A		电流整定范围/A	动作电流/A		触点数量	功率消耗
	线圈串联	线圈并联		线圈串联	线圈并联		
DL-32	5	10	0.6～2.4	0.6～1.2	1.2～2.4	1 动合 1 动断	电流为 5A 时线圈并联不大于 15V·A
	10	20	2.5～10	2.5～5	5～10		
	10	20	5～20	5～10	10～20		
	15	30	12.5～50	12.5～25	25～50		
	15	30	25～100	25～50	50～100		

注：1. 返回系数不小于 0.80。
2. 触点断开容量：当电压不高于 250V、电流不大于 2A 时，在直流有感电路中不大于 50W；在 $\cos\varphi=0.3\sim0.5$ 的交流电路中为 250V·A。

继电器的额定电流与动作电流是两个不同的参数。额定电流含义与其他电器相同，指能长期承载的电流；动作电流是继电器动作门槛值，有一个调整范围，可以人为地在这个范围内整定。电流整定范围可以超过额定电流，因为整定电流考虑的是故障条件下的测量判断，

故障不会是长期状态，即使出现超过额定电流值的故障电流，其持续时间也较短，一般不会导致继电器烧毁。

继电器线圈串联和并联的情况如图 5-7 所示。作为被判断的对象，输入继电器的电流具有电流源特性，其量值不会随继电器线圈阻抗而变化。假设输入电流为 I，每一线圈的匝数为 W，则当线圈串联时，铁心励磁磁动势为（$WI+WI$），而当线圈并联时，励磁磁动势为 $\left(\frac{1}{2}WI+\frac{1}{2}WI\right)$。即对同一输入电流，线圈并联情况下在衔铁上产生的电磁力矩只有串联时的 1 半，因此对同一机械力矩的反作用，线圈并联情况下的动作电流值应该是串联时的 1 倍。这种双线圈串、并联结构，将继电器整定范围扩大了 1 倍。

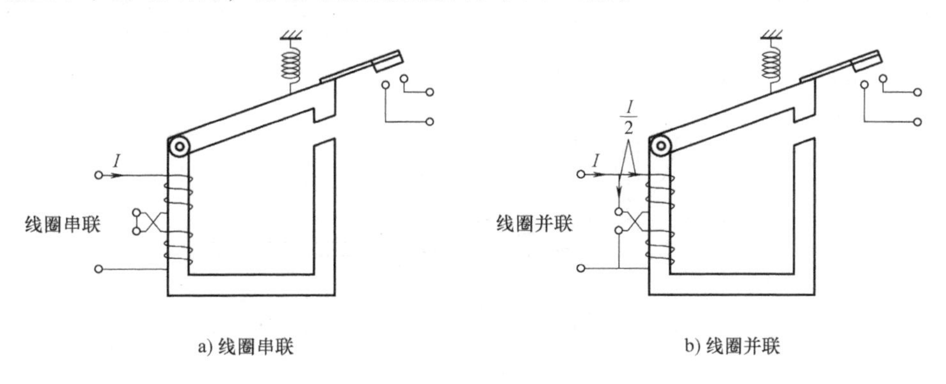

图 5-7 电磁式过电流继电器线圈串、并联与动作电流值的关系

5.2.3 具有反时限特性的组合式继电器

长久以来，35kV 及以下系统中大量使用具有反时限特性的组合式继电器（又称集成保护继电器），典型产品为感应式继电器，产品型号以 GL-XXX 表示，它由反时限部分和速断部分组合而成，其原理框图如图 5-8 所示。

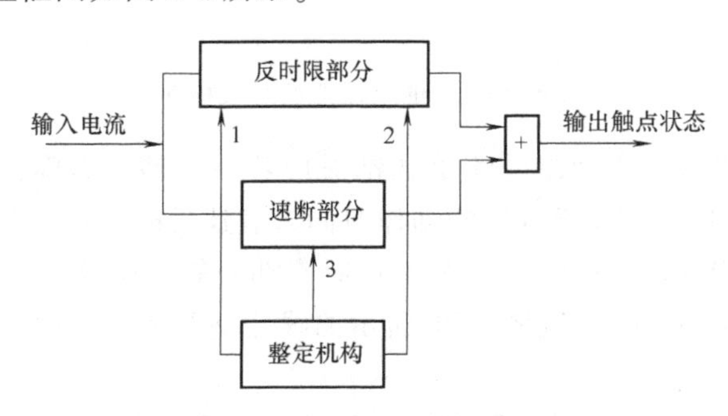

图 5-8 GL 感应式继电器的原理框图

1—继电器动作电流整定 2—反时限部分动作时间整定 3—速断动作电流整定

从图 5-8 中可以看出，输入电流同时作用于继电器的反时限部分和速断部分，这两部分各自独立地对输入电流大小做出判断，并以判断结果的逻辑“或”作为继电器的输出。继电器的整定值有 3 个，分别是反时限部分动作电流（又称继电器的动作电流）、反时限部分动作时间和速断部分动作电流。

1. 反时限部分的特性

反时限部分电流-时间特性如图 5-9a 所示，输入继电器的电流越大，继电器动作时间越短，故称之为“反时限”。将反时限部分的动作电流定义为继电器的动作电流，记作 $I_{op \cdot R}$。图 5-9a 中 3 条曲线为 3 个不同动作电流整定值所对应的保护特性曲线。由于对每一个整定值，都对应有一条特性曲线，所以使用上非常不方便，通过数据分析发现，如果定义“动作电流倍数”n 为流经继电器的实际电流 I_R 除以继电器动作电流 $I_{op \cdot R}$，即 $n=\frac{I_R}{I_{op \cdot R}}$，则动作电流倍数-时间曲线（即 n-t 曲线）与动作电流本身无关，只要一条曲线就可表达不同整定电流下的电流-时间特性，如图 5-9b 所示，图 5-9a 所示 3 条曲线在 n-t 坐标系中重叠为一条曲线。

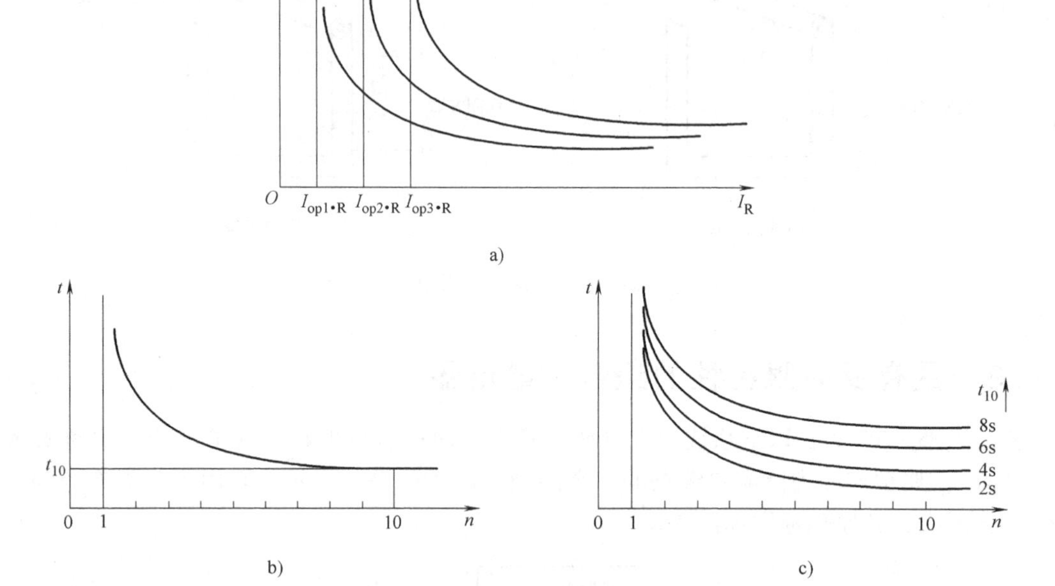

图 5-9 GL 继电器的反时限特性

图 5-9b 所示曲线上每一个动作电流倍数都对应着一个动作时间，这给动作时间的表述带来麻烦。业界约定：取 $n=10$ 所对应的动作时间来表述反时限部分的时间特性，称为“10 倍动作电流时间”，记作 t_{10}，并将 t_{10} 定义为反时限部分的动作时间整定值。

若改变动作时间整定值 t_{10}，则图 5-9b 所示曲线会整条上下移动，如图 5-9c 所示。

2. 速断部分特性

速断部分工作原理与电磁式继电器相同，只是在表述动作电流时，不以电流的有名值表示，而以速断部分动作电流 $I_{op \cdot 速}$ 相对于继电器动作电流 $I_{op \cdot R}$ 的倍数 $n_{速}$ 来表示，称为“速断动作电流倍数”，即 $n_{速}=\frac{I_{op \cdot 速}}{I_{op \cdot R}}$。

3. 综合特性

图 5-10 为具有反时限特性的组合式继电器的综合特性，是由其反时限部分与速断部分各自输出通过逻辑或运算得到的，动作时间短的输出优先实现。速断动作电流倍数 $n_{速}$ 和反

时限部分的 10 倍动作时间 t_{10} 都可以在一定范围内调整。

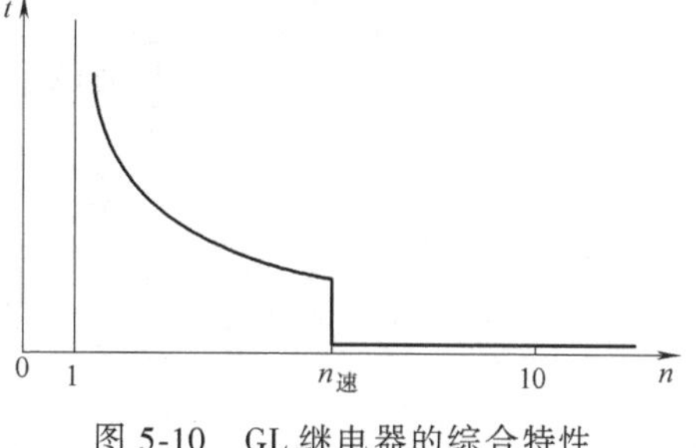

图 5-10　GL 继电器的综合特性

5.2.4　静态继电器简介

前面介绍的电磁式、感应式等继电器都有可动的机械触点，业界将传统的由机械部分运动产生预定响应的继电器统称为机电式继电器。

静态继电器原本是指使用固体器件（半导体器件、电阻、电容等）设计制造出的不以机械部分运动产生预定响应的继电器。但作为出口驱动的一个环节，机电式继电器可动金属触点具有容量大、阻抗低、耐压高等多方面优点，而静态继电器要做到这些成本很高，因此很多现代静态继电器都与小尺寸的衔铁或机电式继电器相结合，能提供多对可动金属触点完成驱动执行任务，这类继电器现在也划归为静态继电器。为了区别，将这类继电器称为具有输出触点的静态继电器，过去曾称为半静态继电器；而输出端口无可动触点的静态继电器则称为没有输出触点的静态继电器，过去曾称为全静态继电器。

静态继电器有多方面的优点。从功能角度看，静态继电器最大的优点在于很容易实现各种数学运算和函数关系。以距离保护为例，用于距离保护的传统器件主要为机电式阻抗继电器，依靠机电装置实施电压电流的除法运算以求取阻抗，虽然是简单复数运算，但设计制造已经比较复杂，如果有更复杂的运算，依靠机电装置则难以实现。而静态继电器可以轻易地实现阻抗的计算和比对。历史上静态继电器的实际应用就是在距离保护和差动保护中开始的。再比如前面介绍的 GL 系列感应式反时限继电器，对应的静态继电器为 JGL 系列，其反时限特性（即电流与动作时间之间的函数关系）可以通过软件调整，性能明显强于传统的 GL 继电器。

静态继电器很容易发展为组合继电器和综合保护装置，它们之间并没有很严格的界限。静态继电器现在已经得到较大范围的应用。如果在电磁兼容性等方面有切实的进一步改善，其应用范围将会进一步扩大。

5.3　电流保护装置的接线方式与工作原理

5.3.1　变配电所二次系统简介

变配电所二次系统是对一次系统进行测量、监视、控制和保护的系统。针对不同的一次元件，二次系统的具体形式有所差别，但构成原则基本相同。图 5-11 所示为某 10kV 变配电所馈出线二次部分的原理框图，可作为二次系统构成与功能的典型示例。下面据此对二次系统进行介绍。

1. 二次系统电源

二次系统电源又称操作电源，有直流和交流两类。电源类型一旦选定，相应的控制、保护、信号等电路及器件就应选择对应的形式。

直流操作电源主要有蓄电池和硅整流带储能电容两种类型，蓄电池的充电电源和硅整流

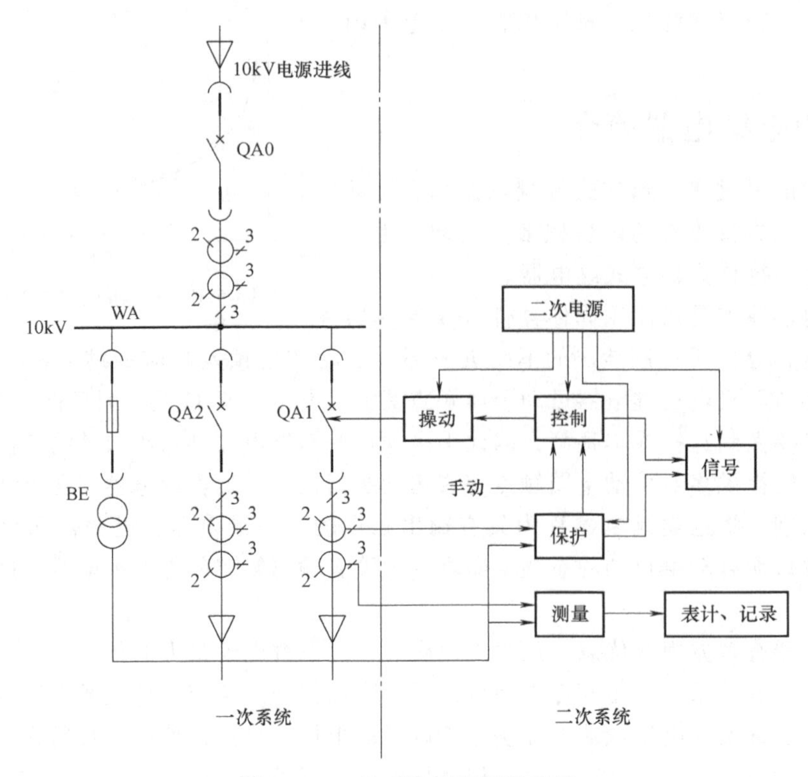

图 5-11　二次系统原理框图示例

装置的交流电源可以取自所用变压器低压侧，或电压互感器二次侧。直流电源常用电压为 220V 和 110V。

交流操作电源可直接取自所用变压器、电压互感器或电流互感器，常用电压为 220V 和 110V。由于电压互感器二次电压一般为 100V，故通常在互感器二次侧安装 100/110V 或 100/220V 隔离变压器，以取得所需二次电压。由于交流操作电源直接取自于一次系统，因此必须考虑故障时一次系统失电压等情况下的供电可靠性问题。

由于二次系统需要供电的对象较多，供电要求又各有不同，因此将负荷按用途划分为若干类别，二次电源提供与负荷类别相对应的电源母线，供各类负荷分类连接，这些母线称为二次系统电源小母线，如控制电源小母线、信号电源小母线、合闸电源小母线等。但并非所有二次系统小母线都是电源小母线，有些小母线是提供信号的，如预告信号小母线等。

2. 断路器控制电路

控制电路又称控制回路，最重要的控制电路是断路器控制电路。断路器控制电路有手动和自动两种控制功能。自动控制功能除了满足诸如备用电源自动投入、自动重合闸等自动装置的要求以外，还有很重要的一项功能就是与保护装置配合，实现故障跳闸。

因此，断路器控制电路的输入信号有：手动合、跳闸信号，自动装置（图中未示出）合、跳闸信号以及保护装置跳闸信号。控制电路输出除了向断路器操动机构发出的合、跳闸信号外，还可向信号部分发出断路器状态等信号。

3. 保护电路

保护电路又称保护回路，是本章要讨论的对象。保护电路输入大多来自于互感器二次

侧，是反映一次系统运行状态的电气参量，如图 5-11 中所示，是来自于电流互感器二次侧的反映线路电流量值的信号，以及来自于电压互感器的母线电压信号。保护电路的输出是保护装置测量判断后所做的决策，传送到断路器控制回路，同时将判断结果发送到信号部分进行显示。

若系统设置了自动装置，保护电路还可能需要与自动装置配合，相互之间会有信息交流。

4. 测量电路

测量电路主要是对电流、电压、功率等运行参量进行测量，并通过表计显示，还可以将参数记录留存。

因为互感器的测量准确度与其二次侧所带负荷的大小有关，当二次负荷过重导致测量准确度不满足要求时，通常设置两组互感器，一组用作故障保护测量，另一组用作正常工作测量。图 5-11 所示的电流互感器就是这样设置的。

5.3.2　电流保护互感器设置及其与继电器的接线方式

这是保护装置中一次系统状态信息的输入环节。一次系统是三相系统，有 3 个电流参量。所谓互感器设置是指在一次系统哪几相上设置电流互感器，以及各相互感器如何相互连接。

电流继电器是通过电流互感器接受一次系统电流量的。所谓电流保护装置的接线方式，是指互感器二次绕组与继电器输入端口的连接方式。为表示实际流入继电器的电流 I_R 与互感器二次绕组电流 $I_{2 \cdot CT}$ 的相对大小，引入接线系数 K_ω，定义为

$$K_\omega = \frac{I_R}{I_{2 \cdot CT}} \tag{5-3}$$

接线系数是一个特殊的参数，它不仅取决于电路连接方式，有些情况下还取决于故障类型，是一个兼具本构参数与运行参数属性的参数。

有了接线系数后，系统一次电流 I_1 与继电器中测得的电流 I_R 就可表示为

$$I_R = K_\omega I_{2 \cdot CT} = K_\omega \frac{I_1}{K_i} \tag{5-4}$$

式中，K_i 为电流互感器电流比。

1. 三相三继电器完全星形接线

三相三继电器完全星形接线如图 5-12 所示，一次系统三相上各设置一只电流互感器，互感器二次绕组和继电器输入端口各自接成星形，对应连接。该接线继电器能单独监测一次系统每一相的电流，接线系数 $K_\omega = 1$，与故障类型无关。

2. 两相二继电器不完全星形接线

两相二继电器不完全星形接线如图 5-13 所示，又称两相二继电器 V 形接线，它是图 5-12 所示接线的简化，小接地系统中接线系数 $K_\omega = 1$，与故障类型无关。按规定，系统任何一级保护的这种接线，互感器必须接在 U 相和 W 相上，以减少越级跳闸的可能性。小接地系统中，若发生上、下级分别接地的异相接地短路故障，这种接线方式有可能造成越级

跳闸，要完全消除越级跳闸，还需采用完全的三相星形接线。

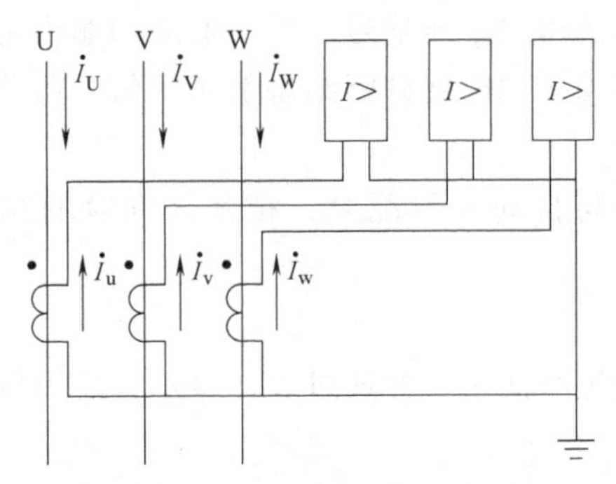

图 5-12　三相三继电器完全星形接线

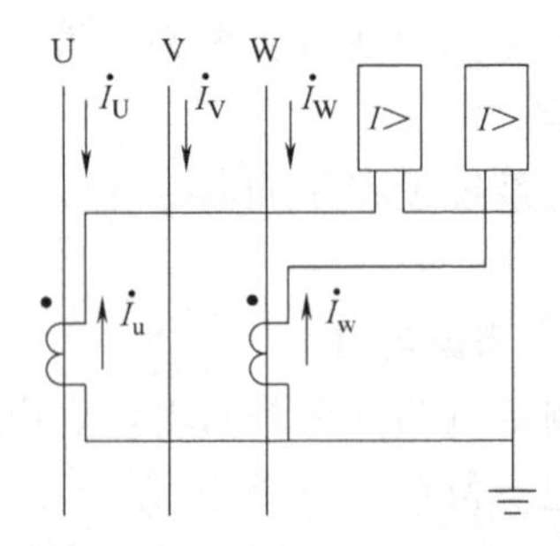

图 5-13　两相二继电器不完全星形接线

3. 两相电流差接线

两相电流差接线如图 5-14a 所示，只用了一只继电器来监测三相电流。下面分析各种故障情况下的接线系数。

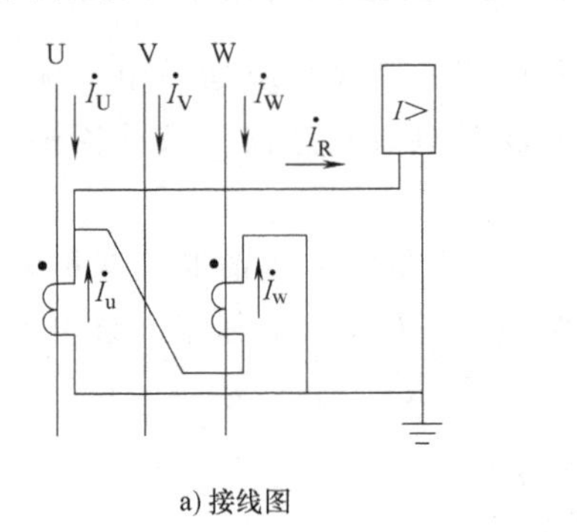

a) 接线图

$\dot{I}_R=\dot{I}_u-\dot{I}_w$

$\dot{I}_u$　$\dot{I}_v$　$\dot{I}_w$

b) 三相短路相量图

图 5-14　两相电流差接线

1）正常运行或三相短路。电流相量关系如图 5-14b 所示，接线系数为

$$K_{\omega(UVW)}=\left|\frac{\dot{I}_R}{\dot{I}_u}\right|=\left|\frac{\dot{I}_u-\dot{I}_w}{\dot{I}_u}\right|=\sqrt{3}$$

2）U、W 两相短路。根据 KCL，U、W 相短路电流应该大小相等、方向相反，故接线系数为

$$K_{\omega(UW)}=\left|\frac{\dot{I}_R}{\dot{I}_u}\right|=\left|\frac{\dot{I}_u-\dot{I}_w}{\dot{I}_u}\right|=\left|\frac{\dot{I}_u-(-\dot{I}_u)}{\dot{I}_u}\right|=2$$

3）U、V 或 V、W 相短路。这时只有 U 相或 W 相互感器能测得短路电流，接线系数为

$$K_{\omega(UV)}=K_{\omega(VW)}=\left|\frac{\dot{I}_R}{\dot{I}_u}\right|=\left|\frac{\dot{I}_u-\dot{I}_w}{\dot{I}_u}\right|=\left|\frac{\dot{I}_u-0}{\dot{I}_u}\right|=1$$

4. 三相电流和接线

三相电流和接线如图 5-15 所示，流入继电器的电流等于三相电流之和，这种接线又叫零序电流接线，因为按对称分量法，三相电流之和为零序电流的 3 倍。小接地的中压系统中，这种接线不用于短路保护，主要用于单相接地保护。

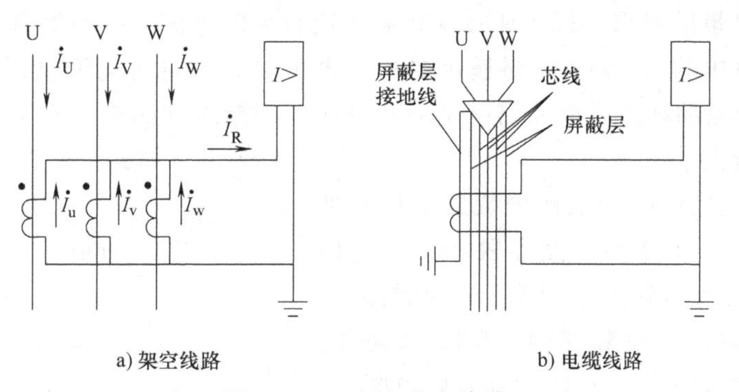

图 5-15　三相电流和接线

5.3.3　电流保护装置的工作原理

图 5-16 为直流操作的继电保护装置工作原理示例。保护装置通过接通断路器跳闸线圈 MB 使断路器跳闸，从而切除故障元件。正常工作时，运行电流未达到过电流继电器 BB1、BB2 的整定值，保护装置不动作。短路时，电流超过继电器的整定值，只要 BB1 或 BB2 任何一只动作，就表示保护已起动，这时时间继电器 KF 被接通。KF 经过设定的延时后触点闭合，接通信号继电器 KS 和中间继电器 K，K 的触点闭合接通跳闸线圈 MB 所在回路，断路器跳闸。

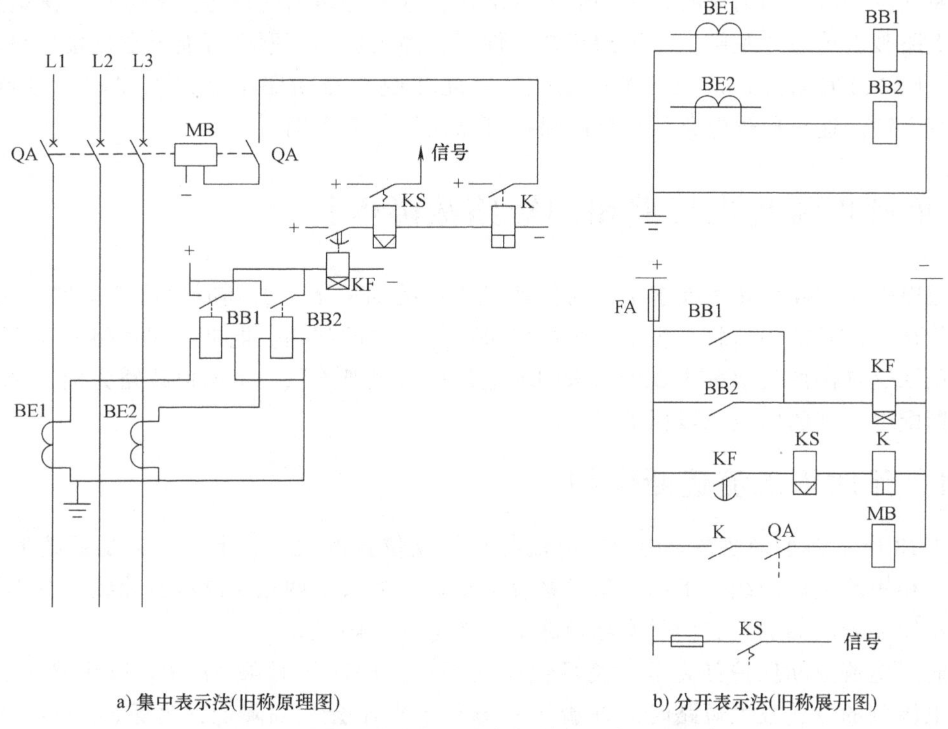

图 5-16　直流操作的继电保护装置工作原理示例

时间继电器 KF 的作用是提供规定的动作时限。信号继电器 KS 的作用是给出保护出口动作信号。所谓保护出口，是指执行保护决策的那只继电器，本例中就是中间继电器 K，它的作用是提供大容量的触点，因为驱动 MB 需要比较大的电流，一般继电器触点的容量达不到要求。若时间继电器 KF 触点容量满足要求，也可以直接将时间继电器 KF 作为出口继电器。断路器 QA 的辅助触点在断路器跳闸后断开，以切断跳闸回路，避免因跳闸回路长时间通电而烧毁跳闸线圈。

图 5-17 为交流操作的继电保护装置工作原理示例。图中，MB1、MB2 为断路器脱扣器，它们中任一只通电且电流达到规定值都会导致断路器跳闸。正常运行时，继电器 BB1、BB2 未动作，脱扣器 MB1、MB2 被 BB1、BB2 的动合触点断开，并一同被动断触点短接，脱扣器中没有电流通过，保护装置不动作。短路时，BB1 和（或）BB2 动作，动合触点接通脱扣器回路，动断触点断开短接回路，脱扣器通电，只要短路电流足够大，就能驱动脱扣器动作，使断路器跳闸。由于电流互感器二次回路不能开路（见第 6 章），故一定要动合触点闭合后才能断开动断触点。

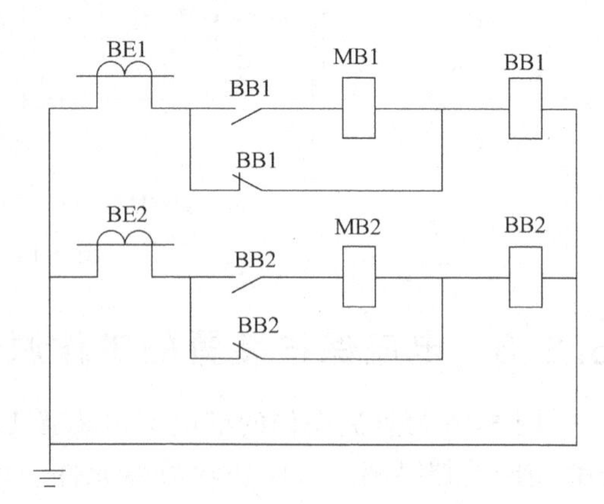

图 5-17　交流操作的继电保护

从原理上看，与脱扣器 MB1、MB2 串联的继电器动合触点 BB1、BB2 不是必须设置的，因为正常情况下脱扣器被继电器的动断触点短接，电流全部被短接支路分流，只有当短接支路触点断开、分流作用消失时，脱扣器才会动作，这种电路因此被称为去分流跳闸电路，意指分流支路被去掉后才跳闸。考虑到正常条件下，因为振动等原因可能导致短接支路动断触点 BB1、BB2 瞬间断开，造成保护误动作，因此在脱扣器回路串联继电器动合触点 BB1、BB2 进行闭锁。这是通过电路结构提高保护可靠性的一个实例。

5.4　单端电源配电线路相间短路故障保护

对继电保护的 4 项基本要求中，在保证可靠性的前提下，要同时保证选择性、快速性、灵敏性往往是困难的，这就产生了一个如何协调与取舍的问题。电网相间短路的电流三段保护，就是在这种协调与取舍中发展出来的继电保护的经典方法。下面以线路为例，讨论单端电源电网配电线路的电流三段保护。

5.4.1　无时限电流速断保护

图 5-18 所示为小接地系统中短路电流与短路点位置的关系，上面一条是系统最大运行方式下三相短路电流曲线，下面一条是系统最小运行方式下两相短路电流曲线，分别称为最大和最小短路电流曲线，它们是实际短路电流的上、下限值。

无时限电流速断保护首先考虑满足快速性要求，即动作时限 $\Delta t=0$。以线路 W1 为例，在靠近电源侧的位置发生短路时，首端 A 点母线上电压会大幅降低，为保证 W11、W12 等非故障线路上负荷的正常供电，断路器 QA1 处的保护 1 应尽快动作，驱动 QA1 跳闸以切除故障。要做到这一点很容易，只要使保护 1 的动作电流小于 B 点的最小短路电流即可。

但是，相邻下一级线路 W2 首端 G 点（即 QA2 出口处）与 W1 末端 B 点的电气距离几

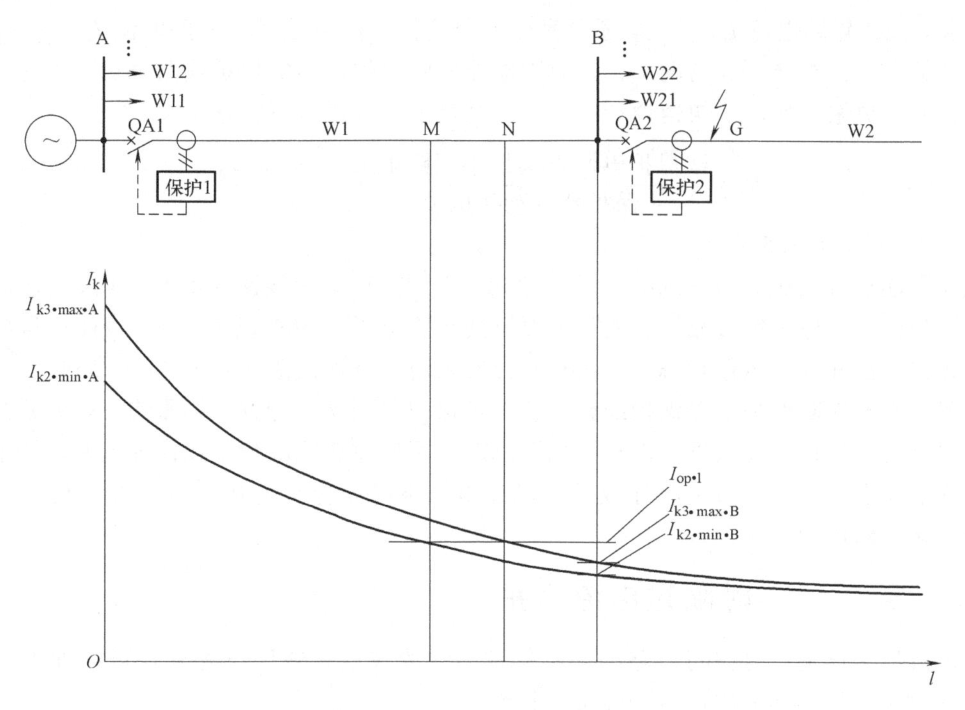

图 5-18　小接地系统中短路电流与短路点位置的关系

乎为零，即 B 点与 G 点的短路电流基本相等。G 点短路时，按选择性要求，应该由保护 2 动作于 QA2 跳闸来切除故障，但保护 1 既然在 B 点短路时会动作，那么在短路电流基本相等的 G 点短路时也理应动作。由于保护 1 是无时限速断，因此会造成 QA1 与 QA2 竞争跳闸，若 QA1 先跳闸，则非故障线路 W1 被切除，保护失去了选择性，导致母线 B 上 W21、W22 等本可以继续运行的线路停电。

无时限电流速断保护在满足快速性的同时，还要求满足选择性。上面的例子中，选择性意味着即使在 W2 首端发生最大电流短路时，保护 1 也不能动作，这需要将保护 1 的动作值提高到 B 点的最大短路电流以上。因此按选择性确定无时限电流速断保护动作电流的整定原则如下：

按躲过下级电网首端（也就是本级电网末端）最大短路电流，整定无时限电流速断动作电流，即 $I_{op \cdot 1} > I_{k3 \cdot max \cdot B}$。引入可靠系数 K_{rel}，则保护 1 的一次动作电流为

$$I_{op \cdot 1} = K_{rel} I_{k3 \cdot max \cdot B} \tag{5-5}$$

式中，$I_{op \cdot 1}$ 为本级电网保护 1 无时限电流速断保护一次动作电流；$I_{k3 \cdot max \cdot B}$ 为下级电网首端最大短路电流，取系统最大运行方式下三相短路电流；K_{rel} 为可靠系数，电磁式继电器一般取 1.2，感应式继电器一般取 1.5。

动作电流最终是在继电器上实现的，根据式（5-4），继电器的动作电流为

$$I_{op \cdot R \cdot 1} = \frac{K_{rel} K_{\omega}}{K_i} I_{k3 \cdot max \cdot B} \tag{5-6}$$

式中，$I_{op \cdot R \cdot 1}$ 为本级电网保护 1 无时限电流速断保护继电器动作电流；K_{ω} 为保护 1 保护装置接线系数；K_i 为电流互感器电流比。

从图 5-18 中可以看出，按以上原则整定保护 1 的无时限速断动作电流，其动作值比线

路 W1 末端最大短路电流 $I_{k3 \cdot max \cdot B}$ 还要高出一个量值，比末端最小短路电流 $I_{k2 \cdot min \cdot B}$ 高出更多。也就是说，在最有利情况下，无时限电流速断保护也不能保护线路全长。因此，速断保护是以牺牲灵敏性换取了快速性和选择性，其灵敏系数做以下特殊定义：

$$K_S=\frac{\text{被保护电网首端最小短路电流}}{\text{保护装置动作电流}}=\frac{I_{k2 \cdot min \cdot A}}{I_{op \cdot 1}} \tag{5-7}$$

一般要求 K_S 不小于 1.5 或 2。

线路不能被有效保护的范围称为保护“死区”，图 5-18 中线路 W1 上 NB 段在任何情况下都得不到保护，称为绝对死区，典型情况可达线路全长的 50%以上；MN 段能否得到保护取决于短路类型和系统运行状态，称为相对死区，通常可达线路全长的 25%~35%。

无时限电流速断保护不能保护线路全长，且保护范围受运行方式的影响。好处是当线路电源侧附近发生短路，导致母线电压大幅下降时，可快速切除故障，以保证电源母线上其他正常线路继续运行。一般当短路导致重要母线电压下降至标称电压的 60%以下时，可采用无时限电流速断保护。

5.4.2 定（反）时限过电流保护

过电流保护也是针对相间短路的一种保护，它的整定思路为首先保证可靠性中的“不误动”条件，再以动作时限配合来保证选择性。

1. 动作电流整定

保证不误动，就是要在非故障条件下的任何运行状态时保护都不动作，因此动作电流整定原则为：

按躲过可能出现的最大过负荷电流整定定（反）时限过电流保护动作电流。关键的技术问题是如何找出这个最大过负荷电流，这需要考虑过负荷运行、电动机起动等各方面因素。经过理论分析和长期运行经验验证，主要需要考虑以下两种情况。

1）不仅要躲过正常过负荷电流，还要躲过电动机起动电流。

2）外部故障切除后，在自起动电流作用下，保护应可靠返回。

以上第 1）条很好理解。关于第 2）条的说明如图 5-19 所示，图中，保护 1、2 均设置有过电流保护。当保护 1 保护范围以外的 F 点发生短路时，根据选择性原则，应该由保护 2 驱动 QA2 将故障切除。但由于过电流保护动作电流一般较小，F 点短路时，不仅保护 2 会起动，保护 1 通常也会起动。虽然只要整定保护 2 的动作时限比保护 1 短，QA2 就会先于 QA1 切除短路故障，但问题在于此时保护 1 已经处于起动状态，若不能及时返回，则经过设定的延时后仍会动作，从而导致 QA1 越级跳闸。在短路电流已经被 QA2 切断的情况下，还有什么因素在阻碍着保护 1 返回呢？原来，F 点短路时母线 B 上电压大幅降低，接在母线上的电动机转速下降，一旦短路切除，母线电压恢复，电动机转速又会上升，这一过程叫作电动机的自起动，自起动电流往往远大于过负荷电流。根据不误动的原则，保护 1 必须在自起动电流和其他负荷电流叠加作用下可靠返回，这要求自起动电流和其他负荷电流的叠加不应大于保护的返回电流。

以上两种情况中，第二种往往更难满足，因此一般按第二种情况整定过电流保护动作电流值，要求

$$I_{re \cdot 1}>I_{OL \cdot W1}$$

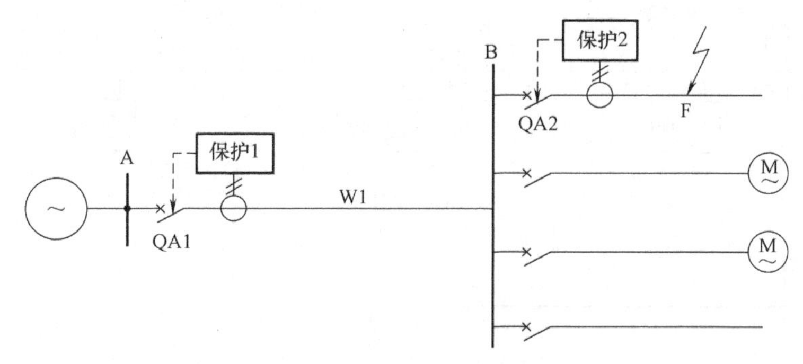

图 5-19 外部故障切除后自起动电流说明

引入可靠系数和返回系数，考虑到 $I_{re \cdot 1}=K_{re}I_{op \cdot 1}$，有

$$I_{op \cdot 1}=\frac{K_{rel}}{K_{re}}I_{OL \cdot W1} \tag{5-8}$$

$$I_{op \cdot R \cdot 1}=\frac{K_{rel}K_{\omega}}{K_{re}K_{i}}I_{OL \cdot W1} \tag{5-9}$$

式中，$I_{re \cdot 1}$ 为保护 1 中过电流保护的一次返回电流；$I_{op \cdot 1}$、$I_{op \cdot R \cdot 1}$ 分别为保护 1 过电流保护一次动作电流和继电器动作电流；$I_{OL \cdot W1}$ 为线路 W1 上最大可能的过负荷电流，一般为计算电流的 1.5~4 倍，取决于自起动电动机数量、起动方式和起动控制方式；K_{re} 为继电器返回系数，按具体产品取值，缺数据时可取典型值 0.85~0.87；K_{ω} 为保护装置接线系数；K_{i} 为电流互感器电流比；K_{rel} 为可靠系数，电磁式继电器一般取 1.2，感应式继电器一般取 1.3。

2. 动作时间整定

工程上有定时限和反时限两种过电流保护。定时限过电流保护采用电磁式继电器，反时限过电流保护采用感应式或静态反时限继电器。两种保护时限的整定原则一致，都是在上、下级保护范围有所重叠的情况下，以动作时间差来保证选择性，但实施的技术方法略有差异，快速性效果也不相同，分述如下。

（1）定时限过电流保护

系统如图 5-20a 所示，图 5-20b 为定时限过电流保护的时间特性。因为过电流保护动作电流只是躲过了最大可能的负荷电流，其量值一般远小于短路电流，因此在某一级电网发生短路时，相邻上一级电网的过电流保护通常也会在短路电流作用下起动，为避免上一级保护误动作，整定上级过电流保护的动作时间比相邻的下级保护高一个时限 Δt，一般取 $\Delta t=0.5s$，这样，越靠近电源侧发生短路，保护的动作时间就越长，这是过电流保护的最大缺点。

直流操作的定时限过电流保护装置的电路如图 5-16 所示，动作时间由时间继电器 KF 整定。

（2）反时限过电流保护

反时限过电流保护的时间特性如图 5-20c 所示，一般用 GL 型感应式继电器或 JGL 型静态继电器实现，交流操作，电路如图 5-17 所示，图中 BB1、BB2 为反时限继电器。对每一级线路，短路点越靠近线路末端，短路电流越小，根据反时限特性可知继电器动作时间越

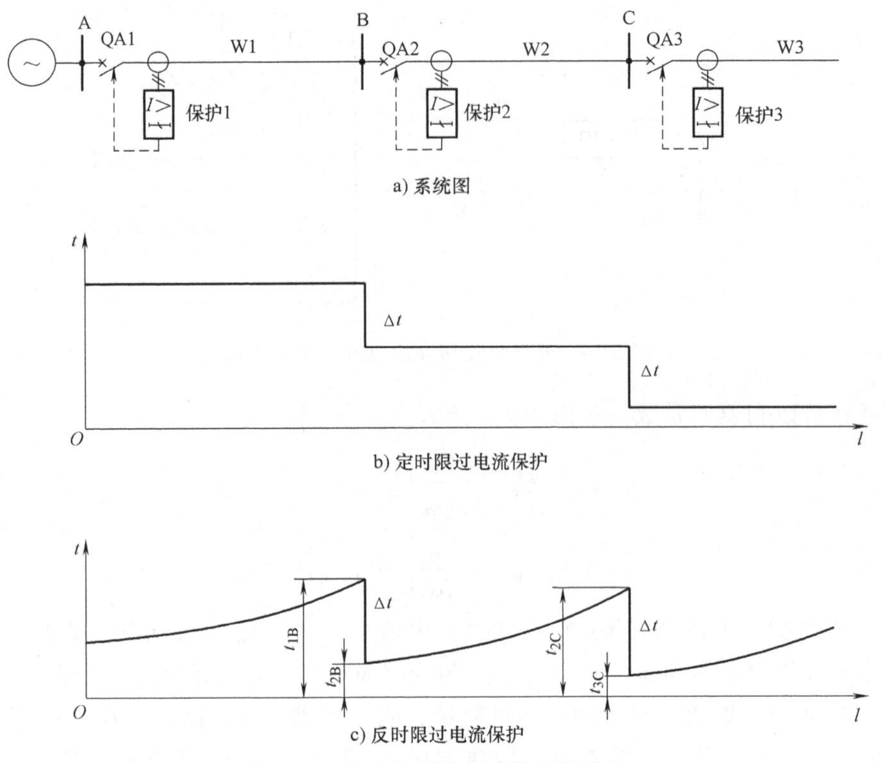

图 5-20　过电流保护的动作时间整定

长，所以保护动作时间曲线是一条右上翘的曲线。从图中可看出，只要上一级保护在下级线路首端短路时的动作时间比下一级保护动作时间高出规定时限 Δt，则上下级选择性就一定会得到保证，因为下级线路首端以后发生短路时，上、下两级保护动作时间差只会更大。下面以保护 1 和保护 2 在 B 点的配合为例，说明反时限继电器的整定方法。

设保护 2 中继电器反时限特性曲线已确定，如图 5-21 中曲线 2 所示，且保护 1、2 的过电流保护继电器动作电流 $I_{op \cdot R \cdot 1}$、$I_{op \cdot R \cdot 2}$ 已经按式（5-9）计算得出。线路 W2 首端（也即 W1 末端）短路时，短路电流 $I_{k \cdot B}$ 同时流过保护 1、2，保护 1、2 继电器中测得的短路电流分别为 $I_{R \cdot 1}$、$I_{R \cdot 2}$，则保护 1、2 中继电器动作电流倍数分别为

$$n_1 = \frac{I_{R \cdot 1}}{I_{op \cdot R \cdot 1}} = K_{\omega 1} \frac{I_{k \cdot B}/K_{i1}}{I_{op \cdot R \cdot 1}}$$

$$n_2 = \frac{I_{R \cdot 2}}{I_{op \cdot R \cdot 2}} = K_{\omega 2} \frac{I_{k \cdot B}/K_{i2}}{I_{op \cdot R \cdot 2}}$$

在曲线 2 上根据 n_2 查出线路 W2 首端短路时保护 2 的动作时间 t_{2B}，则保护 1 在线路 W1 末端短路时的动作电流应达到 $t_{1B} = t_{2B} + \Delta t$。于是，保护 1 继电器反时限特性上的一个点（$n_1$，$t_{1B}$）就确定出来了，通过该点的曲线只有一条，如图 5-21 中的曲线 1 所示。由曲线 1 查出保护 1 继电器的 10 倍动作电流时间，即可在继电器上实施时间

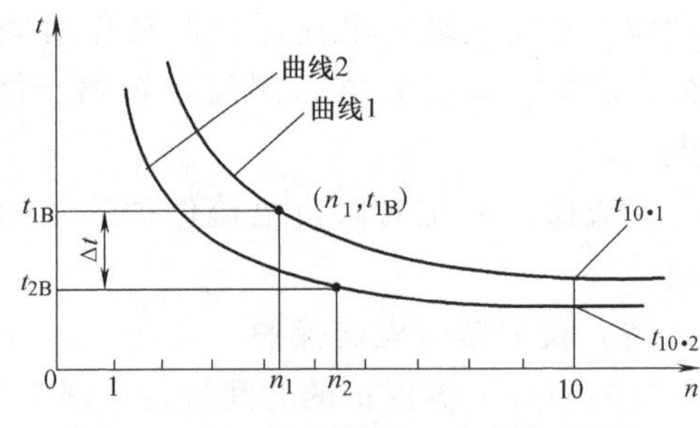

图 5-21　GL 继电器用于反时限过电流保护的动作时间整定

整定。

感应式反时限继电器的时限 Δt 一般取 0.7s。反时限过电流保护动作时间也会逐级增大，但程度上远小于定时限过电流保护，这是反时限保护特性的优势所在。由于感应式继电器整定值误差较大，因此常用于 35kV 及以下系统的继电保护。

3. 灵敏系数校验

小接地系统中，强度最小的短路是系统最小运行方式下被保护元件末端两相短路。以图 5-20 中保护 1 为例，灵敏系数为

$$K_{S1}=\frac{I_{k2\cdot\min\cdot B}}{I_{op\cdot 1}} \tag{5-10}$$

式中，$I_{k2\cdot\min\cdot B}$ 为被保护元件 W1 末端最小两相短路电流；$I_{op\cdot 1}$ 为保护 1 过电流保护一次动作电流；K_{S1} 为保护 1 灵敏系数，一般要求不小于 1.5；作为下一级后备保护时，要求不小于 1.2，但此时应以下一级末端最小两相短路电流计算灵敏系数。

5.4.3　带时限电流速断保护

无时限电流速断保护的灵敏性差，有保护死区，但快速性好；过电流保护的灵敏性好，但快速性差。带时限电流速断就是这两种保护的折中。

1. 动作时间整定

带时限电流速断的动作时间规定为一个时限 Δt，一般取 $\Delta t=0.5$s。

2. 动作电流整定

动作电流仍以保证选择性为原则整定。仍以图 5-18 保护 1 为例进行说明。带时限电流速断保护动作电流小于无时限电流速断保护，即保护 1 带时限电流速断保护的保护范围可能延伸到下级线路，与保护 2 的保护范围产生重叠，但由于其动作时间比下级无时限电流速断高出一个动作时限 Δt，下级无时限电流速断保护范围内发生短路时不会出现非选择性动作。但保护 1 带时限电流速断的保护范围，不能延伸到下级无时限电流速断保护的死区范围内，因为死区内应该由下级的带时限电流速断或定（反）时限过电流保护作短路保护，它们之间无法靠时间差保证选择性。因此，带时限电流速断动作电流的整定原则如下：

按躲过下一级无时限电流速断动作电流整定带时限电流速断保护动作电流，即

$$I_{op\cdot 上}=K_{co}I_{op\cdot 速\cdot 下} \tag{5-11}$$

$$I_{op\cdot R\cdot 上}=K_{co}\frac{K_{\omega}}{K_{i}}I_{op\cdot 速\cdot 下} \tag{5-12}$$

式中，$I_{op\cdot 上}$、$I_{op\cdot R\cdot 上}$ 分别为上级带时限电流速断一次动作电流和继电器动作电流；$I_{op\cdot 速\cdot 下}$ 为下级无时限电流速断保护动作电流；K_{co} 为上、下级配合系数，一般取 1.1~1.2；K_{ω} 为保护装置接线系数；K_{i} 为电流互感器电流比。

3. 灵敏系数校验

带时限电流速断一般能全范围保护，当其作为主保护时灵敏系数按保护安装处最小短路电流计算，要求不小于 1.5；当作为无时限电流速断的近后备保护时，其灵敏系数按线路末端最小短路电流计算，要求不小于 1.3。

5.4.4　电流三段保护的综合应用及计算示例

输变电工程中将无时限电流速断、带时限电流速断和定（反）时限过电流保护分别称

为电流Ⅰ、Ⅱ、Ⅲ段保护。这三段保护一般按照以下原则配合使用。

一般必须装设Ⅰ、Ⅲ段保护。在速断保护范围内，Ⅰ段为主保护、Ⅲ段为后备保护；在速断保护死区，Ⅲ段为主保护。

当Ⅰ段灵敏系数不满足要求时，加设Ⅱ段保护。实际上，在35kV以下线路中基本不会用到Ⅱ段保护，但在电源进线处作为母线保护，为了不与馈出线保护产生选择性问题，可能设置Ⅱ段保护；对于长度很短的线路，Ⅰ段保护基本没有保护范围的情况下，也可以考虑用Ⅱ段作为主保护。

Ⅱ段保护可以作为Ⅰ段保护的近后备；Ⅲ段保护不仅可以作为本级Ⅰ段保护的近后备，还可以作为下级保护及断路器拒动的远后备。

若采用反时限继电器，则只设Ⅰ、Ⅲ段保护，由两只（只在U、W相装设）或3只（三相均装设）GL或JGL型继电器完成。

当一台断路器处装设有几种短路保护时，只要其中任一种保护动作，断路器都将跳闸。也就是说，几种保护的输出以逻辑“或”决定断路器是否跳闸。

例5-1 如图5-22所示系统，线路W1为城网110kV区域变电所向10kV变配电所供电的线路，$I_{OL\cdot W1}$是考虑了电动机起动和自起动电流后线路W1上最大过负荷电流，变配电所QA2、QA3、QA4处保护2、3、4（图中只示出了保护2）均设置有无时限电流速断和定时限过电流保护，定时限过电流保护动作时间$t=0.5s$。试整定电缆W1的无时限电流速断和定时限过电流保护。

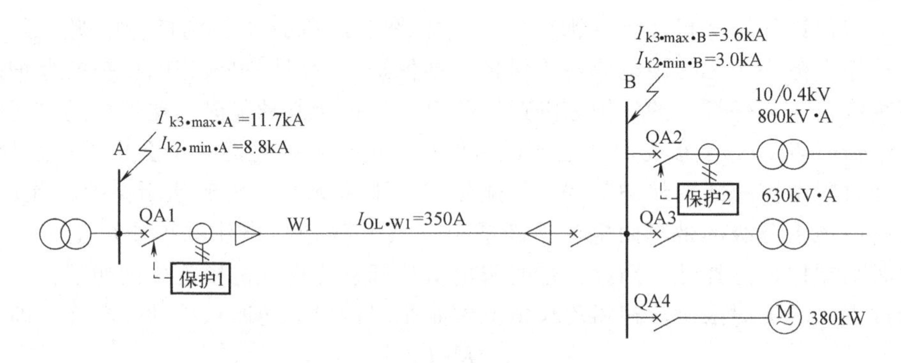

图5-22 例5-1图

解：（1）保护装置接线。采用两相二继电器不完全星形接线，互感器电流比取为400/5，接线系数为1。

（2）无时限电流速断保护整定。按躲过线路W1末端（即B点）最大短路电流整定动作电流值为

$$I_{op\cdot 速\cdot 1}=K_{rel}I_{k3\cdot max\cdot B}=1.2\times3.6kA=4.32kA$$

$$I_{op\cdot 速\cdot R\cdot 1}=\frac{K_{\omega}}{K_i}I_{op\cdot 速\cdot 1}=\frac{1}{400/5}\times4.32\times10^3A=54A$$

保护装置的灵敏系数为

$K_{S\cdot 速\cdot 1}=\dfrac{I_{k2\cdot min\cdot A}}{I_{op\cdot 速\cdot 1}}=\dfrac{8.8}{4.32}=2.04>2$，满足灵敏系数要求。

(3) 定时限过电流保护。按躲过最大可能过负荷电流整定动作电流值，有

$$I_{op \cdot 过 \cdot 1}=\frac{K_{rel}}{K_{re}}I_{OL \cdot W1}=\frac{1.2}{0.85}\times 350A=494A$$

$$I_{op \cdot 过 \cdot R \cdot 1}=\frac{K_{\omega}}{K_{i}}I_{op \cdot 过 \cdot 1}=\frac{1}{400/5}\times 494A=6.18A$$

将该值取为 7A，反算相应的一次动作电流为

$$I_{op \cdot 过 \cdot 1}=\frac{K_{i}}{K_{\omega}}I_{op \cdot 过 \cdot R \cdot 1}=\frac{400/5}{1}\times 7=560A$$

定时限过电流保护的灵敏系数为

$K_{S \cdot 过 \cdot 1}=\frac{I_{k2 \cdot min \cdot B}}{I_{op \cdot 过 \cdot 1}}=\frac{3.0\times 10^{3}}{560}=5.36>1.5$，满足要求。

定时限过电流保护的动作时限 $t=0.5s+0.5s=1.0s$。

线路 W1 保护装置电路如图 5-23 所示，图中单相接地保护部分见 5.5 节。

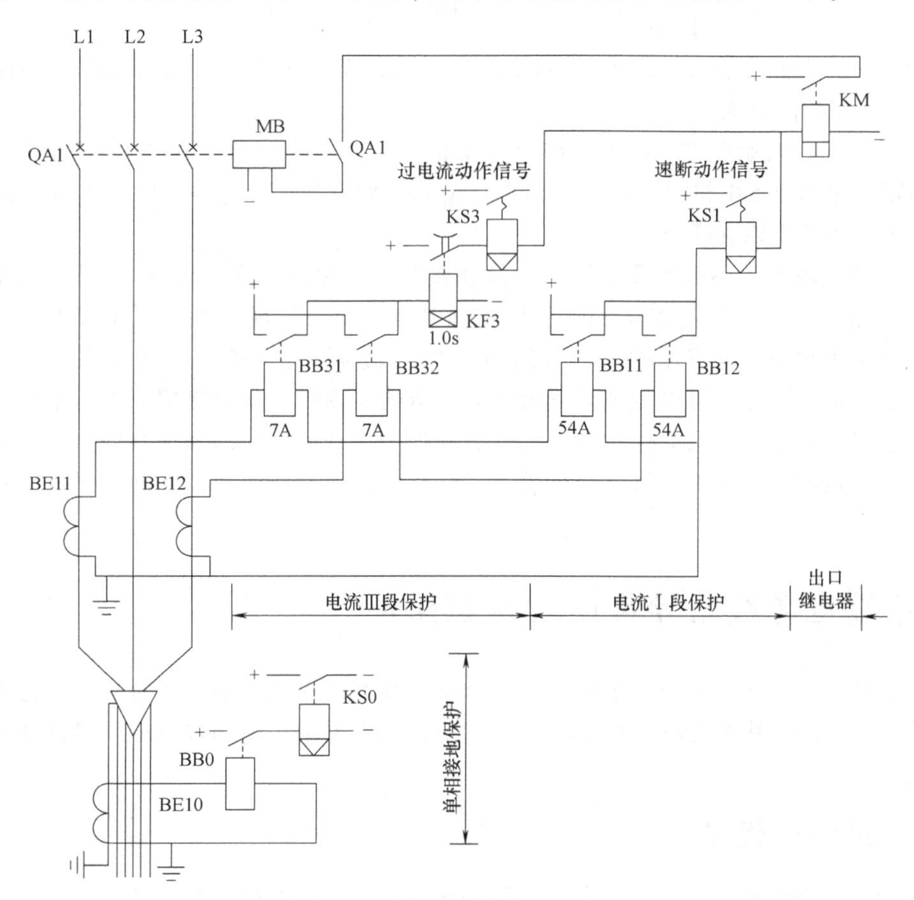

图 5-23　例 5-1 保护装置电路图

保护配置和整定不存在百分之百有效的普通规则，有些情况下按某种模式配置保护，其整定结果不存在满足保护要求的可能性。这种情况下或者需要采取补救措施，或者需要改用其他保护方式。

例 5-2 系统仍如图 5-22 所示，由于电网改造，线路 W1 改由附近新建的区域变电所供电，线路负荷情况和首端短路条件不变，但由于长度变短，末端短路电流有比较大的变化，具体数据为：$I_{k3 \cdot max \cdot B}=9.9kA$，$I_{k2 \cdot min \cdot B}=7.6kA$。试整定电缆 W1 的电流三段保护。

解：

(1) 保护装置接线。采用两相二继电器不完全星形接线，互感器电流比取为 400/5，接线系数为 1。

(2) 无时限电流速断保护整定。按躲过线路 W1 末端（即 B 点）最大短路电流整定动作值，有

$$I_{op \cdot 速 \cdot 1}=K_{rel}I_{k3 \cdot max \cdot B}=1.2\times9.9kA=11.88kA$$

$$I_{op \cdot 速 \cdot R \cdot 1}=\frac{K_{\omega}}{K_i}I_{op \cdot 速 \cdot 1}=\frac{1}{400/5}\times11.88\times10^3A=148.5A$$

保护装置的灵敏系数为

$$K_{S \cdot 速 \cdot 1}=\frac{I_{k2 \cdot min \cdot A}}{I_{op \cdot 速 \cdot 1}}=\frac{8.8}{11.88}=0.74<2$$，不满足灵敏系数要求。

实际上，线路首端最大三相短路电流才 11.7kA，而无时限电流速断保护的动作电流达到 11.88kA，保护配置失效。

(3) 定时限过电流保护。因为定时限过电流保护动作电流和时限整定都与短路电流无关，故整定结果与例 5-1 相同，动作电流为 560A，动作时间为 1.0s。且因末端短路电流增大，保护灵敏系数得以提高。

(4) 电流三段保护不满足要求的理由及补救办法。10kV 线路当过电流保护动作时间不大于 0.5s（电磁式继电器）或 0.7s（感应式继电器）时，按规定可以不设置无时限速断保护，但本例中定时限过电流保护动作时间为 1.0s，无时限电流速断保护又完全无效，因此不满足要求。这种情况下可以考虑设置带时限电流速断保护，或者将定时限过电流保护改为反时限过电流保护，以降低动作时间。另外，在保护 1 处配以前的加速自动重合闸装置，结合原来的定时限过电流保护，可以部分缓解保护 1 的快速性和选择性之间的矛盾，详见本章 5.6 节。

5.5 单端电源线路异常运行状态保护

线路的异常运行状态主要有过负荷运行和小接地系统单相接地。异常运行状态的保护通常动作于信号，除对快速性没有特别的要求、对选择性要求可适当降低外，其他要求与故障保护相同。

5.5.1 过负荷保护

线路过负荷会导致工作温度升高，除影响线路寿命外，对架空线路还会增大弧垂、降低机械强度。对于经常出现过负荷的线路（尤其是电缆线路），可考虑装设过负荷保护，动作电流按躲过计算电流整定，动作时间一般为 10~15s。

$$I_{op \cdot R}=\frac{1.2\sim1.3}{K_i}I_C \tag{5-13}$$

式中，$I_{op.R}$ 为过负荷保护继电器动作电流；I_C 为线路计算电流；K_i 为电流互感器电流比。

过负荷状态是三相平衡的，只检测一相的电流即可，其保护装置电路如图 5-24 所示。

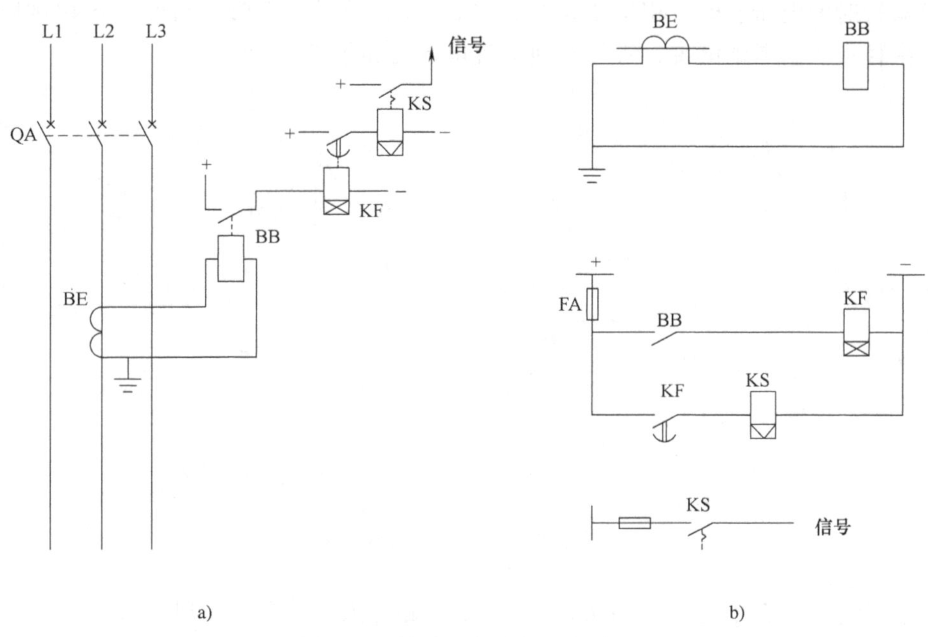

图 5-24　线路过负荷保护电路图

5.5.2　小接地系统单相接地保护

1. 单条线路系统单相接地电压电流分析

图 5-25 为单独一条线路发生单相接地前后的等效电路模型。根据讨论的目的，可以忽略线路的串联参数，且并联参数中电导远小于电纳，可忽略电导。系统中性点为 N，参考地电位点为 E。

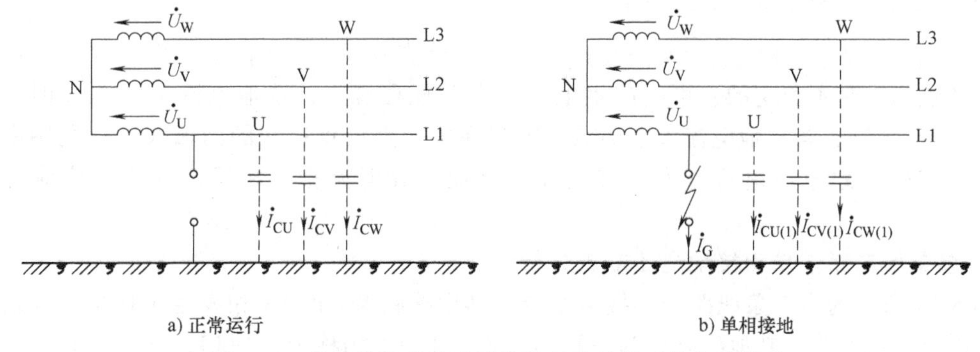

图 5-25　单条线路小接地系统单相接地前后的电路模型

正常运行时，系统中性点与大地等电位，即 $\dot{U}_{NE}=0$。于是，各相对地电压等于各相对中性点相电压，即

$$\dot{U}_{UE}=\dot{U}_U，\dot{U}_{VE}=\dot{U}_V，\dot{U}_{WE}=\dot{U}_W$$

各相线路对地电容电流为

$$\dot{I}_{CU}=\dot{I}_{CV}e^{j120^\circ}=\dot{I}_{CW}e^{j240^\circ}=j\omega C\dot{U}_{UE}=j\omega C\dot{U}_{U}$$

正常运行时的电压、电流相量图如图 5-26a 所示。可见，正常运行时，各相对地电压为相电压，中性点为参考地电位，各相对地电容电流之和等于零。

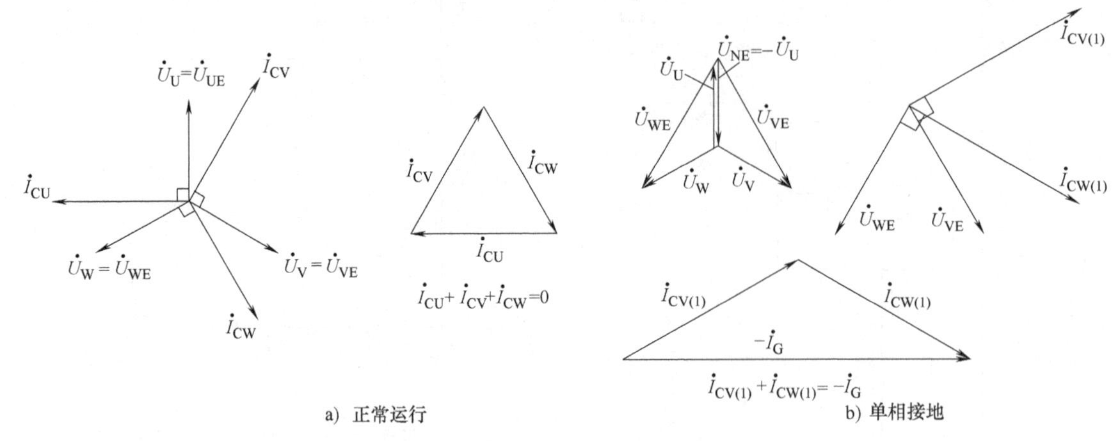

图 5-26 单条线路接地前后的相量分析

设 U 相发生了接地，这意味着 $\dot{U}_{UE}=0$，即 U 相与大地等电位。根据 KVL 有

$$\dot{U}_{NE}=\dot{U}_{NU}=-\dot{U}_{U}$$

$$\dot{U}_{VE}=\dot{U}_{VN}+\dot{U}_{NE}=\dot{U}_{V}-\dot{U}_{U}=\sqrt{3}\dot{U}_{U}e^{-j150^\circ}$$

$$\dot{U}_{WE}=\dot{U}_{WN}+\dot{U}_{NE}=\dot{U}_{W}-\dot{U}_{U}=\sqrt{3}\dot{U}_{U}e^{j150^\circ}$$

相应的相量图如图 5-26b 所示。可见，某一相发生接地时，接地相对地电压降为零，电源中性点对地电压升高到相电压，非接地相对地电压升高到线电压。由于三相对地电容电流不再平衡，非接地相电容电流流入大地，经过接地点从接地相流回电源，这个电流就是 $\dot{I}_G$，称为单相接地电流。根据 KCL，$\dot{I}_G$量值为

$$\dot{I}_{G}=-(\dot{I}_{CV(1)}+\dot{I}_{CW(1)})=\sqrt{3}\dot{I}_{CV(1)}e^{j150^\circ}=\sqrt{3}(\sqrt{3}\dot{U}_{U}e^{-j150^\circ}\cdot j\omega C)e^{j150^\circ}=3\dot{I}_{CU}$$

接地点通常是不稳定的，可能产生电弧。有关规程规定，接地电流小于 20A 时，系统可继续运行 1~2h，若接地电流大于 20A，则应在中性点设置接地的消弧线圈，利用中性点对地电压产生对地电感电流，该电流正好与接地电容电流相位相反，以减小接地点电弧电流。

2. 多条线路系统单相接地电压电流分析

图 5-27 所示为有三条线路的小接地系统，其中线路 W1 的 L1 相发生了接地。我们将线路 W1 称为接地线路，其他线路称为非接地线路；将 L1 相称为接地相，其他两相称为非接地相。尽管接地发生在线路 W1 上，但通过 U 相母线，系统中所有线路的 L1 相对地电压都等于零。从对地电压的角度来看，非接地线路与接地线路完全相同，不同的是非接地线路没有接地点。因此，所有线路的非接地相都有电容电流流入大地，并通过接地点从接地线路的接地相流回电源。将电流特征归纳如下：

1）不管是接地还是非接地线路，非接地相都有对地电容电流从电源流入大地，量值都

等于只有各自单独一条线路时的单相接地电容电流。即图 5-27 中线路 W1～W3 的 L2、L3 相都有对地电容电流流入大地。

2）非接地线路接地相没有对地电容电流。即图 5-27 中线路 W2、W3 的 L1 相没有对地电容电流。

3）接地线路接地相有电流通过。所有线路（含接地线路本身）非接地相的对地电容电流，都通过接地线路的接地点，从接地线路接地相回流电源。即图 5-27 中线路 W1～W3 的 L2、L3 相对地电容电流都通过接地点从线路 W1 的 L1 相流回电源。

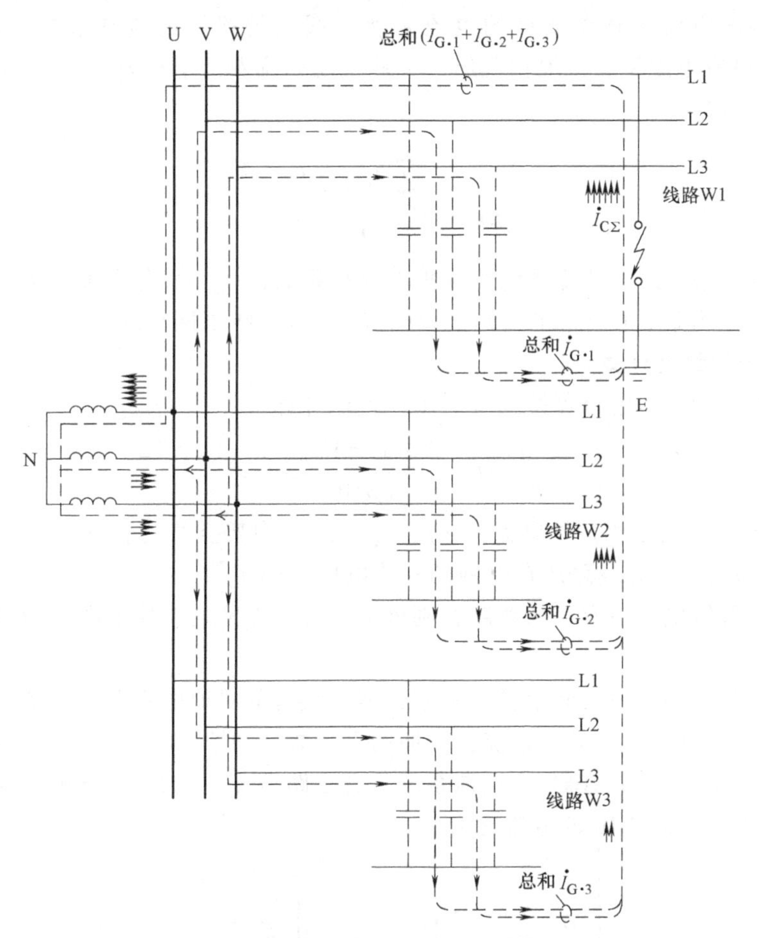

图 5-27　多条线路小接地系统接地电流分析

3. 单相接地零序电流保护整定及灵敏性校验

小接地系统单相接地的保护有两种：无选择性的对地绝缘监测和选择性的零序电流保护，此处介绍后者。

在每一条线路上设置零序电流互感器，接线如图 5-15 所示，注意电缆金属屏蔽层的接地线一定要穿过零序电流互感器铁心环再接地。零序电流互感器测量的是三相电流之和。由于没有中性线，不管负荷电流三相是否平衡，根据 KCL，三相负荷电流之和总等于零，因此零序电流互感器实际测得的就是三相对地电容电流之和。按以上分析，非接地线路各相电容电流之和等于本线路单独的接地电流，在这个电流作用下，保护不应动作；而接地线路各相电容电流之和等于所有非接地线路接地电流之和，因为接地线路自己的接地电流从非接地相流出，又从接地相流入，求和之后相互抵消。因此，接地零序电流保护的整定原则如下：

按躲过本线路接地电流整定单相接地零序电流保护动作电流，即

$$I_{op \cdot i}=K_{rel}I_{G \cdot i} \tag{5-14}$$

式中，$I_{op \cdot i}$ 为第 i 条线路的接地零序电流保护动作值；$I_{G \cdot i}$ 为第 i 条线路单独的接地电流；K_{rel} 为可靠系数，与动作时间有关。若为瞬时动作，为防止电流暂态分量影响，取 4~5；若保护为延时动作，可取为 1.5~2.0。

接地线路零序电流互感器测得的电流是所有线路的接地电流减去本线路的接地电流（因本线路对地电容电流从非接地相流出，又从接地相流入，总和为零），因此，第 i 条线路的保护的灵敏系数为

$$K_{S \cdot i}=\frac{\sum_{j=1}^{n} I_{G \cdot j}-I_{G \cdot i}}{I_{op \cdot i}} \tag{5-15}$$

式中，$K_{S \cdot i}$ 为第 i 条线路接地零序电流保护的灵敏系数；$I_{op \cdot i}$ 为第 i 条线路的接地零序电流保护动作值；$I_{G \cdot i}$ 为第 i 条线路单独的接地电流；n 为本级电网总的线路条数。

4. 接地电流的经验计算

单条线路的单相接地电流可按式（5-16）近似计算：

$$I_G=\frac{U_N(l_A+35l_B)}{350} \tag{5-16}$$

式中，I_G 为单条线路的单相接地电流（A）；l_A 为线路中架空线的长度（km）；l_B 为线路中电缆的长度（km）；U_N 为线路所在电网的标称电压（kV）。

若同一电压等级电网中有多条线路，则该电压等级电网的总接地电流为各线路接地电流之和。

系统中电力设备与大地之间也存在电容，考虑设备的对地电容电流，实际接地电流还应有所增加。对 6kV、10kV、35kV 系统，增加的百分数分别按 18%、16%和 13%估算。

例 5-3 如图 5-28 所示 10kV 小接地系统，各线路情况见表 5-4，试整定保护 1 的单相接地零序电流保护。已知 BE10 的电流比为 1。

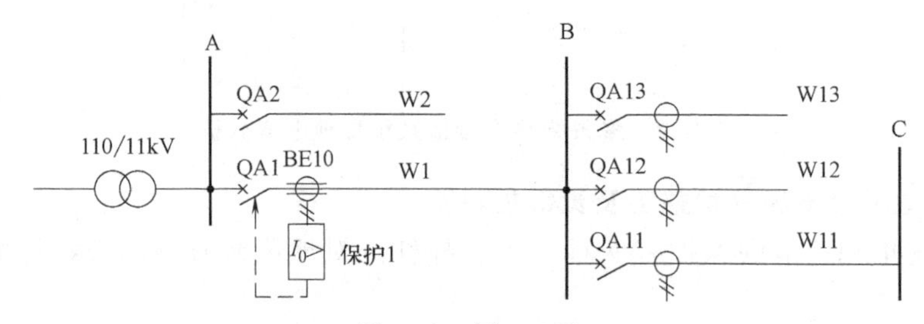

图 5-28 例 5-3 图

表 5-4 例 5-3 线路情况列示

线路名称	线路类型	线路长度/km	线路末端负载连接
W1	电缆	4.0	配电母线
W2	电缆	8.0	变压器

（续）

线路名称	线路类型	线路长度/km	线路末端负载连接
W11	架空线	2.0	变压器
W12	架空线	1.8	变压器
W13	架空线	1.2	变压器

解： 线路 W11、W12、W13 是线路 W1 的下级线路，W11、W12、W13 的对地电容电流都会流过 W1，因此从单相接地电流计算来看，它们相当于是 W1 的长度延长，即 W1 的单相接地电流，等于 W1、W11、W12、W13 这 4 条线路各自长度上接地电流之和。除 W1 外，其他线路末端都连接的是变压器，因此该 10kV 电压等级电网的所有线路都在图中了。以下计算不考虑变压器及配电设备的对地电容电流。

（1）接地电流计算。接地电容电流按式（5-16）估算。

W1 单相接地电流为

$$I_{G\cdot1}=\frac{U_N(l_{W11}+l_{W12}+l_{W13}+35l_{W1})}{350}=\frac{10\times(2.0+1.8+1.2+35\times4)}{350}A=4.1A$$

W2 单相接地电流为

$$I_{G\cdot2}=\frac{U_N\times35l_{W2}}{350}=\frac{10\times35\times8}{350}A=8.0A$$

总接地电流为

$$I_{G\cdot\Sigma}=I_{G\cdot1}+I_{G\cdot2}=4.1A+8.0A=12.1A$$

（2）动作时间及电流整定。

动作时间考虑为延时动作，延时时间 10s。因此可靠系数取 1.5~2.0。电流互感器电流比取 1。

保护 1 零序电流接地保护动作电流为

$$I_{op\cdot R\cdot1}=I_{op\cdot1}=K_{rel}I_{G\cdot1}=1.5\times4.1A=6.2A$$

（3）灵敏度校验。

灵敏系数为 $K_{S\cdot1}=\frac{I_{G\cdot\Sigma}-I_{G\cdot1}}{I_{op\cdot1}}=\frac{12.1-4.1}{6.2}=1.29>1.25$，满足要求。

保护装置电路如图 5-23 所示单相接地部分。有兴趣的读者可以自行整定 W2 的单相接地零序电流保护，校验灵敏系数是否满足要求。还可以思考一下，若 W1 的单相接地零序电流保护动作，是否能够肯定一定是 W1 接地，而不是 W11、W12 或 W13 接地，并据此对保护的选择性做出全面的评价。

5.6　配电线路自动重合闸技术

自动重合闸装置（Auto-reclosing Device，ARD）是供配电系统和输变电系统都广泛使用的一类自动装置，3~110kV 供配电系统中的架空线和电缆与架空线混合线路，当用电设备允许且无备用电源自动投入装置时，应设置 ARD。下面对单侧电源线路的 ARD 进行介绍。

5.6.1 自动重合闸的作用与基本要求

1. ARD 的作用

在单侧电源的供配电系统中，ARD 主要有以下作用：

1）消除瞬时性短路故障导致的停电。供配电系统的短路故障，有些是永久性的，如未拆检修接地线就合闸送电造成的短路；有的是瞬时性的，如雷击造成的闪络、大风导致的导线相碰等。瞬时性短路故障一经保护跳闸，故障即告消失，若能将断开的断路器重新合上，系统即可恢复正常供电。系统运行数据统计证实，架空线路自动重合闸成功的比例在 60% 以上。

2）纠正继电保护的误跳闸。继电保护中因继电器触点机械振动等原因导致的误跳闸，是由于意外的瞬时性逻辑错误造成的，自动重合闸可以纠正这种错误。

3）与继电保护配合，补救为了快速性而丧失的保护选择性。

设置 ARD 也有不利的一面。如果遇到的是永久性短路故障，系统元件和断路器都会受到二次甚至多次短路故障能量冲击，因此对于短路容量过大的系统，使用 ARD 需要谨慎论证。

2. 对 ARD 的基本要求

ARD 是一个类别，针对不同电压等级、线路性质等技术条件，有多种形式可供选择，但有些基本要求是共同的，列示如下：

1）手动操作跳闸，或手动合闸时保护跳闸，ARD 不应动作。采用的技术措施为手动合、跳闸时，手动控制开关触点闭锁 ARD。

2）除以上 1）以外的任何条件下断路器跳闸，ARD 均应动作。采用的技术措施主要为不对应起动，即一旦发现断路器合、跳闸控制开关处于合闸后状态，而断路器触点处于开断状态，则起动 ARD 重合闸。

3）自动重合闸的次数应预先规定，供配电系统中一般只重合一次。据统计，一次重合的成功率达到 60%~90%，但二次重合成功率只有 15%左右，三次重合成功率更降低到 3%左右。

4）重合闸的时间越快越好，但需要考虑故障点介质绝缘强度恢复时间和断路器灭弧室及操动和传动机构准备时间，一般整定为 0.5~1.5s。

5）需要考虑与继电保护的配合。

5.6.2 自动重合闸与保护的配合

ARD 与继电保护都是系统的反事故装置，它们的配合是为了发挥各自的长处，弥补各自的不足。ARD 主要有前加速和后加速两种方式，分述如下。

1. 前加速方式

这一方式主要是通过 ARD 改善保护的性能。如图 5-29 所示，断路器 QA1、QA2、QA3 都配置有定时限过电流保护，若对它们（尤其是 QA1）的快速性不满意，则可以在 QA1 处设置前加速的 ARD 以提高其快速性。工作原理如下：

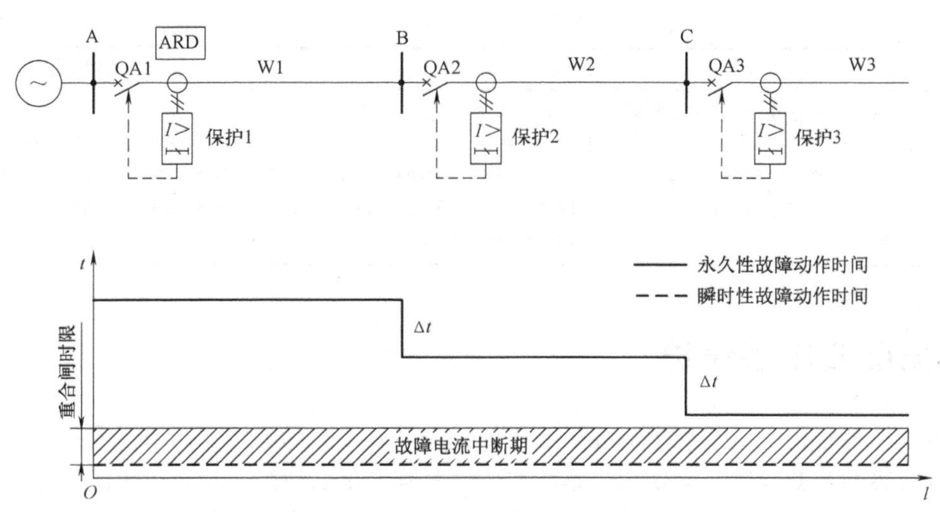

图 5-29　自动重合闸前加速方式改善保护快速性

保护 1 过电流保护的保护范围通常可以覆盖 W1 ~ W3。当保护 1 首次发现故障时，ARD 前加速功能将保护 1 定时限过电流保护的延时环节取消，保护 1 无时限断开 QA1，随即实施重合闸。若短路为 W1 ~ W3 任一线路上的瞬时故障，重合闸都成功，恢复供电；若短路为 W1 上永久性故障，则相当于保护 1 第二次发现故障，ARD 前加速功能已闭锁，保护 1 按规定的延时跳闸；若短路为 W2 或 W3 上的永久性故障，同样由于 ARD 前加速功能已锁定，保护 1 动作延时期间，保护 2 或保护 3 已经规定的延时后跳闸切除故障，已经起动的保护 1 因故障消失而返回，线路 W1 或 W1、W2 恢复正常供电。

前加速方式提高了瞬时性故障条件下保护 1、2、3 的快速性，同时依靠重合闸的补救维持了保护 1、2、3 之间的选择性，但对于永久性故障，保护的快速性仍未得到改善，系统还多受到一次短路电流冲击。

2. 后加速方式

这一方式主要是为了缩短 ARD 重合闸到永久性短路故障上时保护的动作时间，其工作原理如下：

当保护首次发现故障时，按原定的时限跳闸，然后自动重合闸。若重合闸到永久性短路故障上，发生第二次短路，则不管首次保护跳闸是否带有延时，第二次必须无延时跳闸。后加速方式必须在每一断路器处都设置 ARD，其优点才能全面体现。

前加速与后加速 ARD 性能及适用范围对比列示见表 5-5。

表 5-5　前加速与后加速 ARD 性能及适用范围对比

加速方式	优　点	缺　点	适用范围
前加速	1）能快速切除瞬时性故障 2）多条线路只需要一套 ARD 3）因首次故障被快速切除，其发展为永久性故障的概率降低	1）ARD 安装处断路器动作频繁，工作条件恶劣 2）对永久性故障切除时间慢的问题没有改善 3）若 ARD 拒动，扩大了停电范围	3 ~ 110kV 架空线或电缆架空线混合线路，由几段串联线路构成的电力网，有补救速动保护无选择性动作的需要时。6 ~ 10kV 应用较多

（续）

加速方式	优　点	缺　点	适用范围
后加速	1)永久性故障导致的二次冲击时间短 2)各断路器工作条件相当 3)ARD 失效不会带来额外的后果	1)必须在每台断路器出都设置一套 ARD 2)首次动作时间长,导致部分瞬时故障发展成永久性故障,使重合闸成功率降低	3~110kV 架空线或电缆架空线混合线路,装有带时限的保护时。35kV 以上应用较多

5.7 配电变压器保护

配电变压器指供配电系统中的降压变压器，主要有干式和油浸式两类。变压器的故障可分为内部故障与外部故障。内部故障是指变压器器身发生的故障，如绕组匝间短路和相间短路、单相碰壳等；外部故障则指变压器接线端及连接母排等发生的故障，主要为相间短路和单相短路。变压器的不正常运行状态有过负荷、油面过低、温度过高等。

变压器按容量和类型应配置相应的保护，相关规范对此有明确规定。以下将介绍几种常用的变压器保护。特别说明，并不是每一台变压器都需要配置所有这些保护，而是应根据变压器的实际情况，以 GB/T 50062—2008《电力装置的继电保护和自动装置设计规范》为依据选择其中的某几种实施。

5.7.1 相间短路的电流三段保护

保护的原理与线路电流三段保护相同，保护装置及信号采集点均在高压侧，而被保护元件（即变压器）末端为变压器低压侧，因此过电流保护灵敏系数校验时，需要考虑短路穿越电流问题。以图 5-30 所示装设有定时限过电流保护和无时限电流速断保护的 10/0.4kV 配

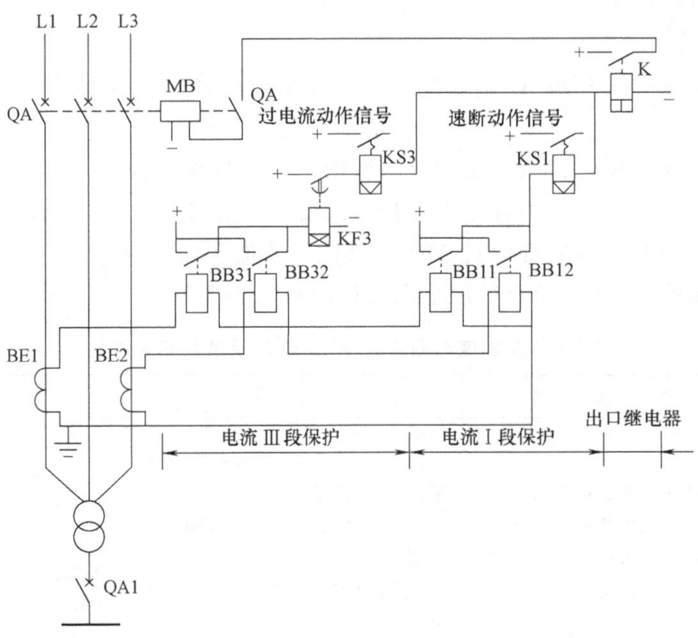

图 5-30　变压器的定时限过电流保护与无时限电流速断保护

电变压器为例，具体整定计算如下。请注意术语“变压器一次侧、二次侧”和“一次系统、二次系统”的区别。

1. 定（反）时限过电流保护

(1) 动作电流整定

保护装置装设在一次侧，动作电流整定原则与线路相同，躲过变压器一次侧可能出现的最大过负荷电流，有

$$I_{op}=\frac{K_{rel}}{K_{re}}K_{OL}I_{r1\cdot T} \tag{5-17}$$

$$I_{op\cdot R}=\frac{K_{rel}K_{\omega}}{K_{re}K_{i}}K_{OL}I_{r1\cdot T} \tag{5-18}$$

式中，I_{op}、$I_{op\cdot R}$ 分别为变压器过电流保护一次动作电流和继电器动作电流；$I_{r1\cdot T}$ 为变压器一次侧额定电流；K_{rel} 为可靠系数，电磁式继电器一般取 1.2，感应式继电器一般取 1.3；K_{re} 为继电器返回系数，一般取 0.85；K_{OL} 为过负荷系数，一般取 2~3，无电动机自起动时取 1.3~1.5；K_{ω} 为保护装置接线系数；K_{i} 为电流互感器电流比。

不考虑将过电流保护用作二次侧单相接地保护时，灵敏系数计算按式（5-19）计算，否则按式（5-19）和式（5-20）中不利的一个计算。

$$K_{S}=\frac{I'_{k2\cdot min\cdot 2}}{I_{op}} \tag{5-19}$$

$$K_{S}=\frac{I'_{k1\cdot min\cdot 2}}{I_{op}} \tag{5-20}$$

式中，$I'_{k2\cdot min\cdot 2}$ 为变压器二次侧最小两相短路时，高压侧的短路穿越电流，与变压器联结组别和保护装置接线方式有关，详见第 4 章表 4-7；$I'_{k1\cdot min\cdot 2}$ 为变压器二次侧最小单相短路时，高压侧的短路穿越电流，与变压器联结组别和保护装置接线方式有关，详见第 4 章表 4-7；I_{op} 为过电流保护一次动作电流；K_{S} 为灵敏系数，不小于 1.5。

(2) 动作时间整定

过电流保护范围延伸到二次侧低压电源断路器 QA1 的保护范围内，QA1 为了与低压馈出线断路器达成选择性配合，一般由短延时脱扣器做短路保护，因此一次侧过电流保护应该比 QA1 短延时脱扣器动作时间高一个时限。现在有的低压限流型断路器瞬时脱扣器可以通过能量配合达到选择性，则 QA1 短路保护为瞬动，一次侧变压器过电流保护时限可以降低。

2. 无时限电流速断保护

保护装置装设在一次侧，动作电流整定原则与线路相同，躲过变压器二次侧最大三相短路电流，整定计算公式为

$$I_{op}=K_{rel}I'_{k3\cdot max\cdot 2}$$

$$I_{op\cdot R}=\frac{K_{rel}K_{\omega}}{K_{i}}I'_{k3\cdot max\cdot 2}$$

式中，I_{op}、$I_{op\cdot R}$ 分别为无时限电流速断保护一次动作电流和继电器动作电流；$I'_{k3\cdot max\cdot 2}$ 为变压器二次侧最大三相短路时一次侧的短路穿越电流；K_{rel} 为可靠系数，电磁式继电器一般

取 1.3，感应式继电器一般取 1.5；K_{ω} 为保护装置接线系数；K_i 为电流互感器电流比。

灵敏系数按下式计算：

$$K_S = \frac{I_{k2 \cdot \min \cdot 1}}{I_{op}}$$

式中，$I_{k2 \cdot \min \cdot 1}$ 为变压器一次侧最小两相短路电流；I_{op} 为过电流保护一次动作电流；K_S 为灵敏系数，不小于 2。

3. 带时限电流速断保护

配电变压器定时限过电流保护的延时时间一般不超过 1.0s，不考虑与低压总电源保护选择性配合时，延时一般为 0.5s，工程现状以 0.5s 最为常见。因此就快速性来看，过电流保护与带时限电流速断保护相当，而过电流保护的灵敏性又好于带时限点流速断保护，因此一般不再设置带时限电流速断保护。

5.7.2 低压侧单相短路的零序电流保护

当过电流保护作为 10/0.4kV 变压器低压侧单相短路保护灵敏系数不满足要求时，应在低压侧中性线上设置零序过电流保护，这种情况一般发生在 Yyn 联结组的变压器上，如图 5-31 所示。这一保护的特点是保护装置设在变压器一次侧，故障信息采集点在二次侧。

按变压器运行规程规定，中性线上流过的最大不平衡电流不得超过额定电流的 25%。零序保护的整定原则为：按躲过中性线上最大不平衡电流整定变压器零序保护动作电流，即

$$I_{op} = 0.25 K_{rel} I_{r2 \cdot T}$$

$$I_{op \cdot R} = \frac{0.25 K_{rel}}{K_i} I_{r2 \cdot T}$$

式中，I_{op}、$I_{op \cdot R}$ 分别为零序电流保护一次动作电流和继电器动作电流；$I_{r2 \cdot T}$ 为变压器二次侧额定电流；K_{rel} 为可靠系数，一般取 1.2；K_i 为电流互感器电流比。

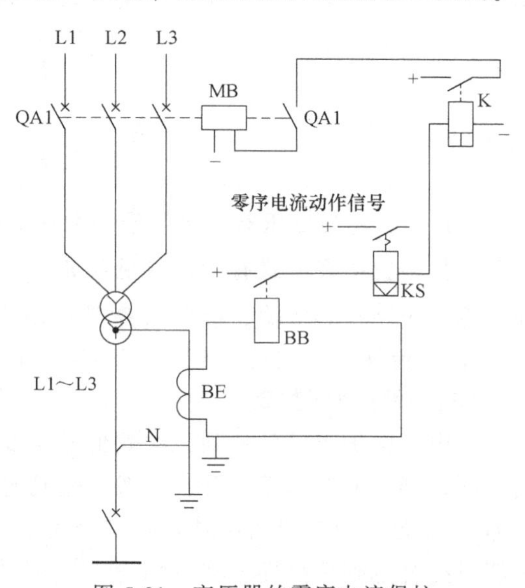

图 5-31 变压器的零序电流保护

灵敏系数按下式计算：

$$K_S = \frac{I_{k1 \cdot \min \cdot 2}}{I_{op \cdot 1}}$$

式中，$I_{k1 \cdot \min \cdot 2}$ 为变压器二次侧母线最小单相短路电流；I_{op} 为零序电流保护一次动作电流；K_S 为灵敏系数，不小于 1.5。

工程现状表明，由于电力电子设备的广泛使用，中性线上含有量值较大的 3 的奇倍数次谐波电流，按躲过 25% 额定电流整定的单相短路零序保护常发生误动作。解决办法如下：①提高动作整定值，按满足灵敏系数要求整定动作电流；②选用 Dyn11 变压器，这种联结组变压器低压单相短路电流与三相短路电流基本相等，过电流保护灵敏性能得到满足，不用设置单相短路零序保护。

5.7.3 相间短路的电流差动保护

2000kV·A 及以上变压器需要考虑装设纵联差动保护。纵差保护的原理如图 5-32 所示。

差动保护主要用来保护变压器内部及出线端的相间短路，具有选择性好、灵敏系数高、动作迅速等优点，缺点是保护装置所用设备较多，整定计算和调试复杂。

差动保护是根据被保护元件两端电流差来判断故障的，其基本原理已在图 5-1 中做了阐述。就变压器差动保护而言，主要需要解决以下几个特殊的技术问题。

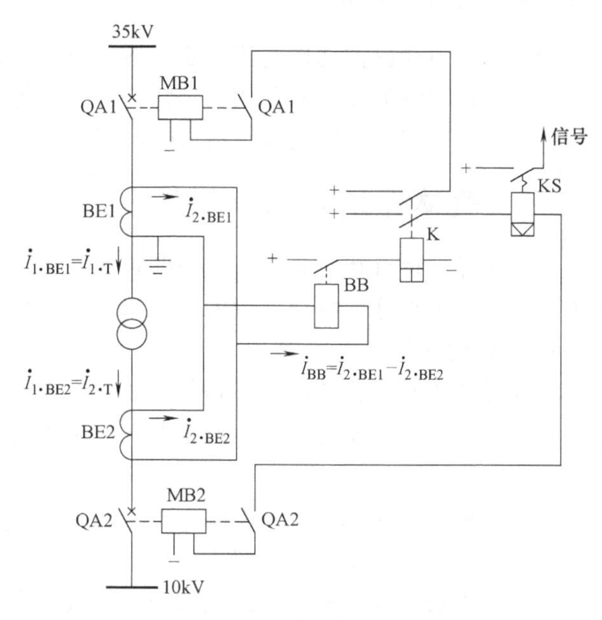

图 5-32 变压器的纵联差动保护

(1) 电流互感器的接线与变压器联结组的配合

在变压器的很多联结组中，一、二次侧线电流的相位是不一致的，这使得即使在正常情况下，变压器两侧电流相量标幺值差值也不等于零。因此，各相电流互感器间应通过恰当的接线矫正这种相位差。

(2) 电流互感器电流比与变压器电压比的配合

变压器一、二次线电流相差一个电压比的倍数，选择电流互感器的电流比时，应结合互感器的接线，在互感器的二次侧消除变压器一、二次电流大小的差异。

(3) 不平衡电流问题

不平衡电流指未发生内部短路时，变压器一、二次侧电流互感器二次电流不能完全抵消的那一部分，其主要来源有以下 3 个方面。

1）互感器电流比的选择不能恰好抵消变压器一、二次电流的电流比倍数。

2）在变压器运行控制中产生，如空载合闸时的励磁涌流、调压变压器分接头的改变（相当于改变电压比）、外部短路时因两侧互感器非线性特性不一致造成的电流增量不同等。其中，励磁涌流指变压器空载合闸时，合闸瞬间外加电源通过变压器绕组产生的磁通，与铁心剩磁不相等，按磁通不能突变的原理，必定感应自由电流抵消磁通突变。在自由电流衰减完毕之前，铁心工作点发生变化，使得交流励磁电流加大，并叠加在自由分量上，最大值可能达到变压器额定电流的十余倍。由于励磁涌流只存在于变压器一次绕组（空载合闸时二次绕组中不可能有电流），因此成为不平衡电流。

3）保护装置自身故障，最严重的是变压器处于最大负荷状态下互感器二次侧断线。

对不平衡电流，专用的差动继电器（如广泛使用的 BCH-2 差动继电器等）中有相应的补偿措施，如正确选用平衡线圈匝数，就能在一定程度上抵消不平衡电流的影响。另外，对影响严重的励磁涌流，可以在一次侧选用专门的速饱和互感器来降低其严重程度。

根据以上分析，在正确选择互感器及其接线方式的前提下，差动保护的整定原则为：按躲过各种情况下可能出现的最大不平衡电流整定变压器差动保护动作电流。

工程中差动保护的具体整定方法与所选用的差动继电器有关，在此不做具体介绍。

5.7.4 过负荷保护

变压器过负荷保护动作电流整定与线路过负荷保护相同。一般来说，对并列运行的变压器、有可能作为其他变压器备用的变压器等可考虑设置过负荷保护。过负荷保护一般动作于信号，也可以根据变压器的过负荷-时间特性曲线动作于跳闸或减负荷。

5.7.5 气体保护与温度保护

故障或异常运行状态总会产生一些负面效应，这些效应通常可以用某些非电气物理参量来表达，可以根据这些物理参量的变化来进行保护设置，常见的有气体保护和温度保护。

1. 气体保护

油浸式变压器不管是内部还是外部故障，大多会产生温升或电弧，使变压器油或绝缘材料分解产生气体，故障越严重，产生的气体量越大。气体保护就是根据气体的量值大小来判断故障的。

气体保护的主要元件为气体继电器。气体继电器有两个动作档位，分别为轻气体动作和重气体动作。轻气体动作表示变压器发生了轻微故障或过负荷等异常运行状态，一般动作于信号；重气体动作表示发生了严重故障，一般动作于跳闸。

气体继电器的结构还可以反映油箱内油位高低。当油箱漏油时，随着油面液位下降，轻、重气体会相继动作，分别发出警报和动作于跳闸。

800kV · A 及以上普通场所的油浸式变压器和 315kV · A 及以上的车间变压器都应装设气体保护。

2. 温度保护

变压器过负荷、匝间短路、相间短路、绝缘性能劣化、主动散热设备故障等都会引起温度升高。干式变压器无法装设气体保护，必须装设温度保护；1000kV · A 及以上油浸式变压器也应装设温度保护。

温度保护通过低压绕组工作温度的采样值，判断是否需要采取措施，一般与温度控制装置共同工作。当温度升高到设定温控值时，开启散热风机；若温度继续升高到警戒值，则发出报警；当温度达到最高允许值时，动作于跳闸。

5.8 微机保护

5.8.1 微机保护基本概念

微机保护是以微型计算机为主要工具实现电力系统故障保护的工程技术。微机保护所依据的基本原理与继电保护基本相同，这些基本原理的核心可归结于故障判别，但具体实现方式与传统机电式和静态继电器相比有比较大的不同，由此带来保护系统在硬件结构和工作方式上的显著改变。

就保护本身而言，由于微机具有强大的分析运算性能，配以合适的算法，微机保护能进

行比继电保护复杂得多的分析，做出更准确有效的判断，并且可以具有自学习等功能。结合广域测量系统（WAMS）技术，微机保护正在向更加智能化的自适应保护发展。所谓自适应保护，是指能够自动调整保护的某些设置，以适应电力系统由于负荷、操作、控制或故障等原因产生的变化。

就保护子系统与其他二次子系统的关系而言，由于微机保护是数字化保护，因此与其他数字化子系统能达成更好的兼容，如数字通信系统、监控系统、测量系统和数字化终端单元等。配合智能化传感器和同步测量装置及通信网络，微机保护能更加充分地利用其他子系统提供的更多部位、更多种类的实时信息，实现更有效的保护。

从工程角度看，微机保护性能可靠、灵敏性高、辅助功能全面、现场调试方便、互换性强、体积小、占地少、能耗低，这些突出的优点已经使微机保护成为供配电系统的主流保护之一。

5.8.2　微机保护硬件构成

1. 与微机保护相关的变电所架构层级

微机保护被看成是广域保护和控制计算机层级的一部分。如图 5-33 所示，微机保护及其输入/输出处于最底层，通过保护的输入、输出与配电装置现场通信，由于保护输入/输出直通现场断路器等设备，因此还可以兼作监视信息和控制信号的传输通道。微机保护应具有与输入/输出相对应的通道，也应具有与变电所主计算机相对应的通道。

微机保护子系统一般位于控制室内。有些情况下，微机子系统可以安装在配电装置现场的箱、屏中。

2. 基于传统互感器的微机保护子系统硬件架构

图 5-34 所示为基于传统电流、电压互感器的微机保护架构框图。处理器是架构核心，

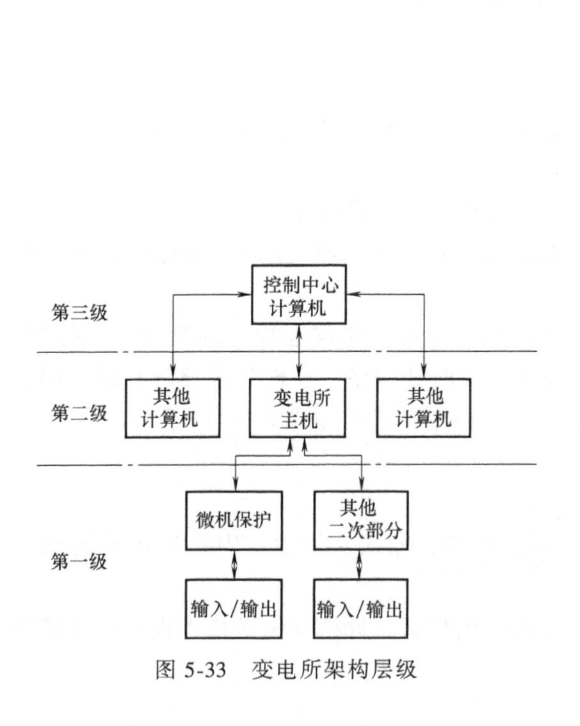

图 5-33　变电所架构层级

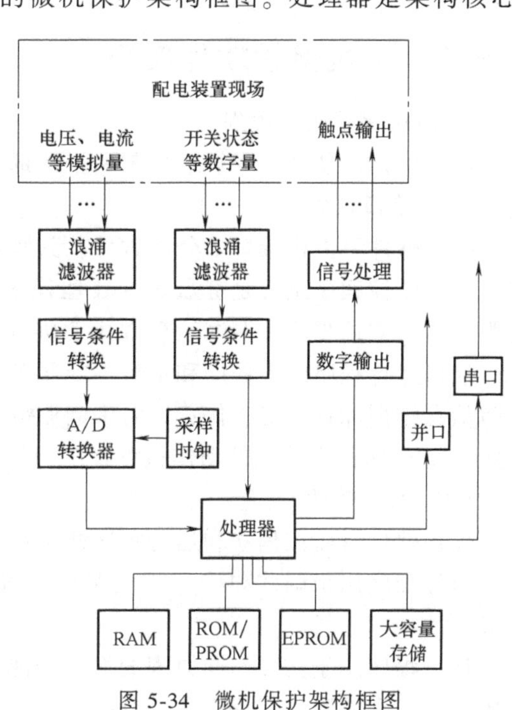

图 5-34　微机保护架构框图

负责执行保护程序、维护各种时间元件及与外围设备通信等。输入有来自于电流、电压互感器等的模拟信号，和来自配电装置现场的开关状态等触点信号。输出为去现场的控制等信号，以及通过通信接口传输到主计算机的其他信息。

浪涌滤波器是保护器件，抑制高能量浪涌进入保护装置，这些高能量浪涌可能是开关控制产生的，也可能是故障和雷电产生的。信号条件转换是将输入信号转换成下一环节所要求的形式和规格，如电流互感器的电流量值，需要转换成电压形式进入 A/D 转换器，且对电压的量值范围有所规定。A/D 转换器将模拟信号转换成数字信号，输入处理器。

随机存取存储器 RAM 主要用作采样信号保存与处理，以及保护算法执行过程中的缓存。只读/可编程只读存储器 ROM/PROM 用作永久保存程序，如保护算法程序、自检程序等。可擦除存储器 EPROM 用于存储一些参数，如保护整定值等，这些参数未来可能有调整或变化。大容量 EPROM 还可用于存储档案数据、事件日志、故障数据表等。

如果采用电子式互感器，则模拟量输入回路各环节可以取消，互感器输出直接进入处理器。

3. 保护用微机计算速度的意义

以微机实现距离继电器功能算法为例。现有运行经验表明，考虑切除故障的全过程，响应时间达到基波 1/4 周期（50Hz 系统为 5ms）后，继续提高响应时间无明显益处。因此，微机保护距离继电器的最快响应时间可取为 5ms。在这个时间内对保护做出决策，需要 2 个以上采样点，由此推出 A/D 转换的采样频率至少应为基波频率的 12 倍，相应采样间隔约为 1.67ms。算法必须在两个采样点之间执行，根据算法指令的数量，可推算出执行每条指令所需时间，由此得出对保护用微机计算速度的一个要求。

换个角度看，保护用微机计算速度越快，两个采样点间能执行的指令条数就越多，就能允许更复杂的算法程序。

5.8.3 微机保护软件实现

1. 微机保护软件类别

微机保护的硬件由人机接口与保护两部分组成，相应的软件也由两部分组成。

(1) 接口软件

接口软件是人机接口部分的软件，其程序分为监控与运行两部分。

接口监控程序主要是键盘命令处理程序，是为接口插件和 CPU 保护插件进行调节、整定服务的，监控程序在调试运行方式下执行。

接口运行程序由主程序和定时中断服务程序构成。主程序完成巡检、键盘扫描和处理、故障信息排列和打印等工作；定时中断服务程序由软件时钟程序、硬件时钟控制及时钟同步程序、CPU 插件启动元件动作检测程序等构成。运行程序在运行方式下执行。

(2) 保护软件

保护软件有监控程序和运行程序两个部分。

监控程序用于调试和检查微机保护装置的硬件电路，输入、修改、固化保护装置整定值等。

运行程序用于实现不同原理的保护功能，由初始化与循环自检及传送报告程序、采样中断服务程序和故障处理程序三部分组成。

2. 微机保护的算法

微机保护中，对输入的电气或非电气参量采样数据进行运算，以判别故障并做出保护决策的规则集，称为保护的算法。保护的算法就是保护的数学模型，是微机保护工作原理的数学表达式。

算法是微机保护的核心部分。广义地看，传统继电器也是按算法驱动的，只是算法靠物理作用实现（如过电流继电器通过比较衔铁所受电磁力矩与机械力矩大小确定是否动作等），很难实现复杂的运算。而微机保护算法完全可以通过数学方法实现，只要处理速度跟得上，算法复杂度不是限制条件。算法包含以下两个方面的问题。

1）算法中的电气工程专业性问题。指如何找到参量集及其运算结果与被保护对象故障的对应关系，这主要是电气工程领域的问题，其思想方法与传统继电保护基本一致，且由于微机强大的运算能力，一些在传统继电保护中难以实现的思路和想法，在微机保护中基本上都能实现。

2）算法中的信号处理、估值理论及数学问题。将模拟信号数字化、清除干扰信号等都要用到信号处理技术。参量样值中经常会出现不需要的部分，需要对样值进行一些处理，以估算感兴趣的参数，这就是估值的含义。数学工具在信号处理和估值中有很大的作用，如傅里叶分析、概率与随机过程、数字滤波等。另外，人工智能也是算法的工具之一。

微机保护的算法有很多分类，从性质看可分为两类：基本算法和继电器算法。

基本算法是用采样样值计算被测对象电气参量的大小、相位或其他特征值，是微机保护的基础，基本要求是通过若干个孤立时刻的样值，推算出连续模拟量值的整体情况，典型的有微分法、曲线拟合法、正交函数法和数字滤波法等。

继电器算法用于拟定继电器的动作特性，是指不通过电压、电流幅值和相位等中间环节运算，直接用采样样值计算得到与继继电器一样的判断结果，又称动作特性算法。

思考与练习题

5-1　试判断以下说法的正确性。

（1）供配电系统出现异常运行状态时应立刻停止运行。

（2）继电保护的选择性指只对一部分故障实施保护，对另一些故障不实施保护。

（3）欠量继电器的动作值总是大于返回值。

（4）保护继电器吸合意味着继电器动作。

（5）继电器吸合即输出触点闭合。

（6）所有电磁式继电器都只有一个输入线圈。

（7）电磁式继电器输入线圈有的是高阻抗的，有的是低阻抗的。

（8）GL 型感应式继电器的整定值不止一个，因此继电器的输出并不是非此即彼的逻辑判断。

（9）静态继电器不含有机械运动的触点。

（10）机电式继电器的输入参量一定是电气参量。

5-2　如果继电器的传输特性不是一个滞回特性，即动作值与返回值相等，则可能会有什么不良后果？过量继电器返回系数过大或过小有什么弊端？

5-3　试完成以下计算。

（1）某过电流继电器返回电流为 3.2A，返回系数为 0.87，试计算其动作电流。

（2）某 GL 型继电器，反时限部分动作电流为 4A，速断部分动作电流为 14A，请明确继电器的动作电流，并计算速断动作电流倍数。

（3）某 GL 型继电器反时限特性曲线如图 5-35a 所示，继电器动作电流整定为 5A，试计算流过继电器的实际电流为 25A 时，反时限部分的动作时间。

（4）某 GL 型继电器反时限特性曲线族如图 5-35b 所示，各条曲线右侧标注的时间为 10 倍动作时间，继电器动作电流整定为 8A。若要求流过继电器的故障电流为 32A 时，动作时间为 6s，试整定该继电器的 10 倍动作电流时间。

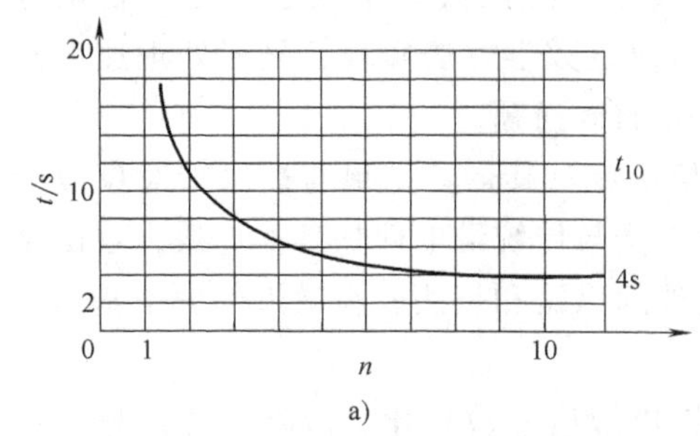

a)

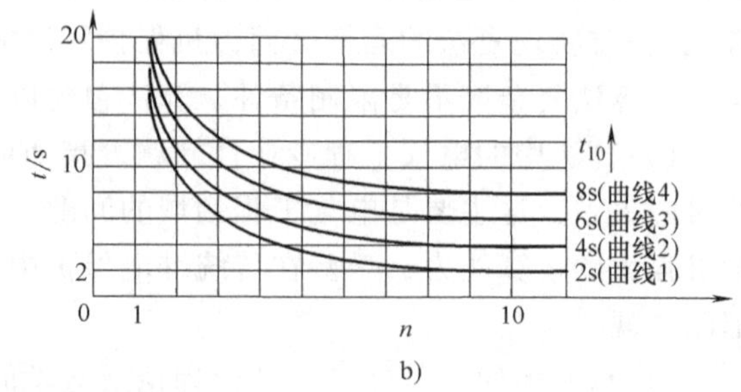

b)

图 5-35　题 5-3 图

5-4　什么是保护的“死区”？如何应对“死区”发生的故障？

5-5　以线路短路故障电流三段保护为例，说明保护动作值大小与保护范围、保护可靠性、选择性、灵敏性之间的关系。

5-6　对图 5-18 所示系统，若保护 2 安装处电流、电压信息可以被保护 1 实时共享，能否设计一个保护 1 的无时限电流速断保护方案，使得该保护既可以保护线路 W1 全长，又与保护 2 之间具有选择性？

5-7　如图 5-36 所示系统，B 点处母线上共三条线路，均设置了无时限电流速断和定时限过电流保护。已知保护 11、12、13 的无时限电流速断保护一次动作值分别为 3kA、2. 8kA 和 2. 1kA，定时限过电流保护动作时间分别为 0. 5s 、0. 5s 和 1. 0s，线路 W1 上考虑电动机自起动的最大负荷电流为 670A，电流互感器 BE1 的电流比为 500/5，采用两相二继电器接线。试整定线路 W1 的电流三段保护。

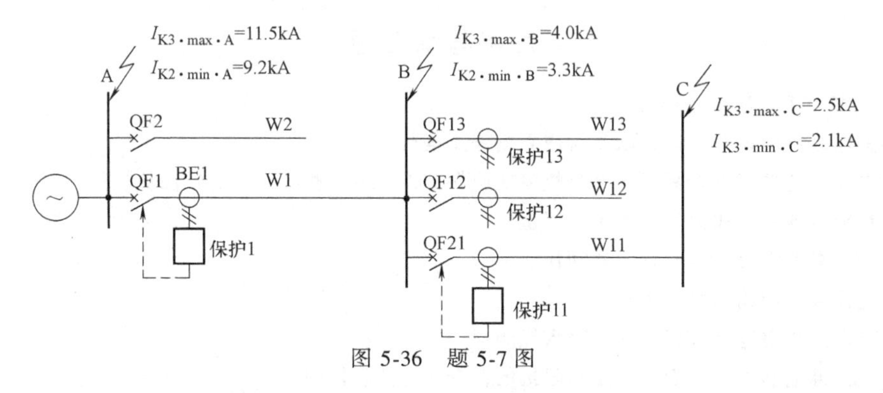

图 5-36　题 5-7 图

5-8　试将图 5-30、图 5-32 所示的保护电路图用分开表示法绘制。

5-9　已知条件同本章正文例 5-3 和图 5-28、表 5-4，试整定线路 W11、W12 和 W13 的单相接地零序电流保护。

5-10　请查阅资料，掌握变压器励磁涌流产生的原因和典型量值。

5-11　变压器气体保护可以对哪些类型的故障提供保护？

5-12　请查阅国家标准 GB/T 50062—2008《电力装置的继电保护和自动装置设计规范》和 GB/T 14285—2006《继电保护和安全自动装置技术规程》，归纳 10kV 线路和 10/0. 4kV 配电变压器的保护配置规则。

第 6 章

供配电系统设备与线缆参数确定

6.1 短路电流的效应

6.1.1 短路电流通过平行导体产生的电动力效应

当两根平行导体中分别有电流 i_1、i_2 通过时，导体间的相互作用力 F 为

$$F = 0.2K_s i_1 i_2 \frac{l}{D} \tag{6-1}$$

式中，i_1、i_2 分别为流过两根平行导体的电流瞬时值（kA）；l 为平行导体的长度（m）；D 为平行导体的中心间距（m）；K_s 为矩形截面导体的形状系数，可根据与导体厚度 b、宽度 h 和中心间距 D 有关的关系式$\frac{D-b}{h+b}$和$\frac{b}{h}$，从图 6-1 中查得；F 为平行导体间的相互作用力（N）。

当发生两相短路时，导体间最大作用力 F_{k2} 为

$$F_{k2} = 0.2K_s i_{p \cdot 2}^2 \frac{l}{D} \tag{6-2}$$

式中，$i_{p \cdot 2}$ 为两相短路全电流峰值（两相短路冲击电流或两相短路全电流最大瞬时值）（kA）。

当发生三相短路时，若三相导体在同一平面上，因任一时刻总有一相电流与另外两相电流方向相反，可以证明，中间相受力情况最为严重，该最大作用力 F_{k3} 为

$$F_{k3} = 0.173K_s i_{p \cdot 3}^2 \frac{l}{D} \tag{6-3}$$

式中，$i_{p \cdot 3}$ 为三相短路全电流峰值（三相短路冲击电流或三相短路全电流最大瞬时值）（kA）。

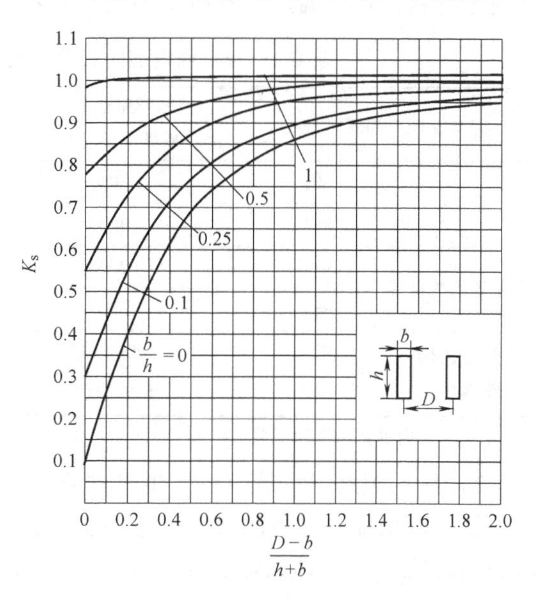

图 6-1 矩形截面导体的形状系数 K_s 与$\frac{D-b}{h+b}$的关系曲线

按正常工作条件选择的电器导体应能承受最大三相短路电流产生的电动力效应的作用，不致产生永久变形或遭到机械损伤，即要求具有足够的动稳定性。

6.1.2 短路电流的热效应

短路电流热效应计算主要是确定短路后导体所达到的最高温度。若将短路后的热力学过程看成一个绝热过程，则最高温度与短路热脉冲有确定的单调正相关关系，因此电气工程中一般将短路热脉冲作为短路电流热效应计算的结果。

短路热脉冲的工程计算方法有若干种，如假想时间法、假想电流法和近似数值积分法等，主要难点在于近端短路情况的计算。针对供配电系统，只涉及远端短路电流热效应计算，这里只介绍假想时间法。

1. 导体的发热过程分析

1）正常工作时，电流会在导体电阻中产生损耗，部分电能转化为热能。这些热能一部分使导体温度升高，另一部分散失在周围环境中，散失的速率与导体和周围环境的温差正相关。当发热与散热达到平衡时，温度趋于稳定，此时

$$\theta=\theta_{N}$$

且要求

$$\theta_{N}\leqslant\theta_{N\cdot max}$$

式中，θ_{N} 为导体正常工作时的温度；$\theta_{N\cdot max}$ 为导体长期最高允许工作温度。

除架空裸导线和裸母线以外，$\theta_{N\cdot max}$ 主要取决于被覆在导体上的绝缘材料的热性能，$\theta_{N\cdot max}$ 的一些常见值见表 6-1。$\theta_{N\cdot max}$ 的物理意义是，如果电气设备的实际工作温度长期超过 $\theta_{N\cdot max}$，则其寿命将会缩短，一般每超过 8℃，寿命大约缩短一半。但是对不同耐热等级的绝缘材料，这个温度是有所不同的。热稳定系数 $C=\sqrt{A(\theta_{k\cdot max})-A(\theta_{N\cdot max})}$。

表 6-1 导体或电缆的长期最高允许工作温度和短路最高允许温度

导体种类和材料		导体短路最高允许温度 $\theta_{k\cdot max}$/℃	导体长期最高允许工作温度 $\theta_{N\cdot max}$/℃	热稳定系数 C 值 /$(A\cdot s^{1/2}\cdot mm^{-2})$
硬母线	铝	200	70	87
	铜	300	70	171
交联聚乙烯电缆	铝芯	200	90	94
	铜芯	250	90	143
聚氯乙烯绝缘电缆	铝芯	160(140)	70	76(68)
	铜芯	160(140)	70	115(163)

注：括号内的数值适用于截面积大于 300mm² 的聚氯乙烯绝缘导体。

2）发生短路时，从短路发生时刻开始，由于短路电流 $I_{k}\gg I_{c}$（I_{c} 为计算电流），导体的发热量急剧增加，导体的温度也急剧上升，直到保护装置动作切断短路电流，这时导体温度达到最高值 θ_{k}。导体的热稳定性要求

$$\theta_{k}\leqslant\theta_{k\cdot max}$$

式中，$\theta_{k\cdot max}$ 为导体短路最高允许温度。

$\theta_{k\cdot max}$ 的物理意义为导体温度一旦超过这个值，元件将会因过热而永久损坏。$\theta_{k\cdot max}$ 的

常见值见表 6-1。

图 6-2 表示了短路前后导体温度的变化情况。图中 $t=t_0$ 时刻前，导体处于正常工作时的温度 θ_N；在 t_0 时刻短路发生，直到 $t=t_0+t_k$ 时刻短路故障被切除，温度达到最高值 θ_k；短路被切除后，导体温度逐渐下降，最终等于周围环境温度 θ_0。

2. 短路情况下导体最高温度 θ_k 的确定

确定短路后导体所达到的最高温度是短路电流热效应计算的主要目的，通过短路电流热效应过程的热力学分析，建立热平衡方程，求解 θ_k，将 θ_k 与 $\theta_{k \cdot max}$ 比较，从而判定是否满足热稳定要求。

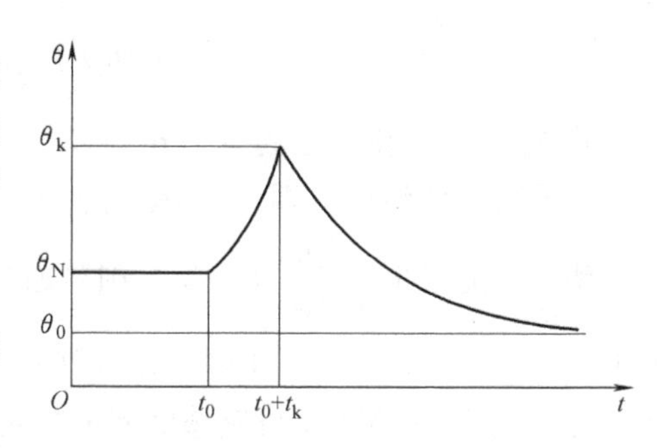

图 6-2 短路发生前后导体温度变化

（1）假设条件

1）由于短路持续时间很短，散热较少，因此可认为在短路持续时间内导体温升为绝热过程，这一假设使得计算结果偏于保守（计算温度高于实际温度），但是有利于电气设备运行安全。

2）由于导体温升速率快，幅度大，故导体电阻 R、比热容 c 等参数都不是常数，而随温度发生变化，温度为 θ 时导体电阻（Ω）记作 $R(\theta)$，温度为 θ 时导体比热容（J/kg·℃）记作 $c(\theta)$。

$$R(\theta)=\rho_0(1+\alpha\theta)\frac{l}{S} \tag{6-4}$$

$$c(\theta)=c_0(1+\beta\theta) \tag{6-5}$$

式中，ρ_0 为 0℃时导体的电阻率（$\Omega \cdot mm^2/m$）；α 为 ρ_0 的温度系数（/℃）；c_0 为 0℃时导体的比热容（J/kg·℃）；β 为 c_0 的温度系数（/℃）；l 为导体的长度（m）；S 为导体的截面积（mm^2）。

3）实际短路电流变化很复杂，尤其是发电机近端短路时，发电机励磁系统会做出相应调节，短路电流变化过程难以准确计算。考虑到供配电系统很少涉及近端短路，因此这里只介绍远端短路情况。

（2）热力学过程分析

由于假定短路持续时间内，导体温升为绝热过程，导体发热全部用来使温度上升，因此热平衡方程为

$$I_k^2(t)R(\theta)=c(\theta)m\mathrm{d}\theta \tag{6-6}$$

等式左边为导体在 dt 时间内的发热量，右边为导体温度由 θ 升高到 $\theta+\mathrm{d}\theta$ 所吸收的热量。将各参量表达式代入式（6-6）有

$$\frac{1}{S^2}I_k^2(t)=\frac{c_0\rho_m}{\rho_0}\left(\frac{1+\beta\theta}{1+\alpha\theta}\right)\mathrm{d}\theta \tag{6-7}$$

对式（6-7）两边积分，得

$$\frac{1}{S^2}\int_0^{t_k}I_k^2(t)\,\mathrm{d}t=\frac{c_0\rho_m}{\rho_0}\int_{\theta_N}^{\theta_k}\left(\frac{1+\beta\theta}{1+\alpha\theta}\right)\mathrm{d}\theta \tag{6-8}$$

设原函数为 $A(\theta)$，有

$$A(\theta)=\frac{c_0\rho_m}{\rho_0}\left[\frac{\alpha-\beta}{\alpha^2}\ln(1+\alpha\theta)+\frac{\beta}{\alpha}\theta\right] \tag{6-9}$$

则

$$\frac{1}{S^2}\int_0^{t_k} I_k^2(t)\,dt = A(\theta_k) - A(\theta_N) \tag{6-10}$$

即

$$A(\theta_k) = \frac{1}{S^2}\int_0^{t_k} I_k^2(t)\,dt + A(\theta_N) \tag{6-11}$$

若 θ_N 已知，则可通过式（6-9）求出 $A(\theta_N)$；若 θ_N 不能准确确定，则可假设为导体长期允许最高工作温度，即 $\theta_N \approx \theta_{N.max}$，亦可计算出 $A(\theta_N)$。

倘若再能求出 $\frac{1}{S^2}\int_0^{t_k} I_k^2(t)\,dt$，则可通过式（6-11）计算出 $A(\theta_k)$，再由式（6-9），就可求出 θ_k。将 θ_k 与 $\theta_{k.max}$ 比较，就可判断导体是否满足热稳定要求。

3. 远端短路热脉冲与假想时间的确定

图 6-3 为远端短路发生后 $I_k^2(t)$ 随时间变化的曲线，$\int_0^{t_k} I_k^2(t)\,dt$ 为图中阴影部分的面积，可采用假想时间法计算该积分。

（1）短路热脉冲

定义

$$Q = \int_0^{t_k} I_k^2(t)\,dt$$

为短路发生后的短路热脉冲，也就是图 6-3 中曲线下阴影部分的面积。短路热脉冲与短路后的实际发热量呈正相关，但是短路热脉冲并不表示（或按一定比例表示）短路后实际的发热量，因为短路热脉冲只是等于短路电流在恒定的单位电阻上产生的热量，而实际情况中电阻是随温度变化的。

（2）假想时间

假设短路全电流有效值 $I_k(t)$ 一直等于三相稳态短路电流 I_k，要产生与实际短路热脉冲相等的热脉冲所需要的时间，称为假想时间，记作 t_{im}，即有

$$\int_0^{t_k} I_k^2(t)\,dt = I_k^2 t_{im} \tag{6-12}$$

式中，I_k 为三相稳态短路电流有效值，$I_k = I_{k3}$。

如图 6-4 中所示，$ABCO$ 所围曲线阴影面积与 $FDEO$ 所围矩形面积相等，E 点所对应的时间就是假想时间 t_{im}，因此假想时间是根据热脉冲相等而推算的一个时间，故称为“假想”。

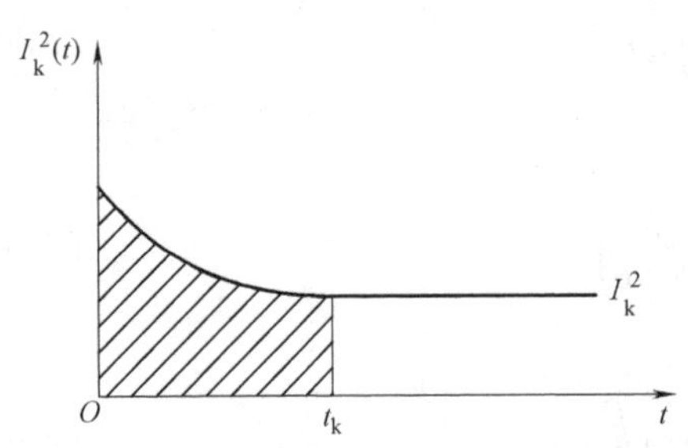

图 6-3　远端短路 $I_k^2(t)$ 随时间的变化曲线

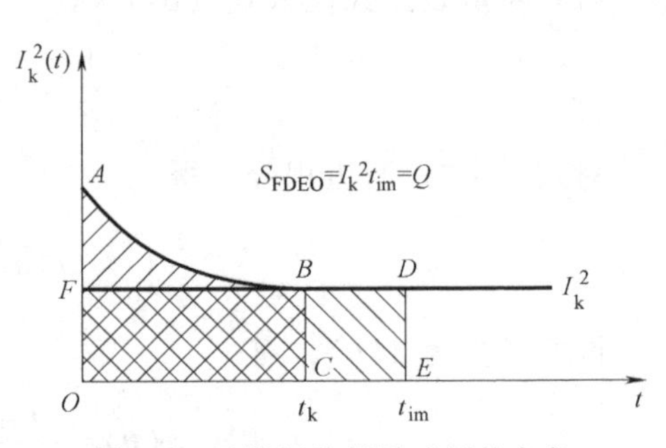

图 6-4　远端短路假设时间的定义

(3) 远端短路假想时间的计算

短路全电流为周期分量与非周期分量的叠加，对应的将假想时间分解成周期分量的假想时间 $t_{im \cdot AC}$，和非周期分量的假想时间 $t_{im \cdot DC}$，即

$$t_{im}=t_{im \cdot AC}+t_{im \cdot DC} \tag{6-13}$$

当 $t_k \geqslant 1s$ 时，导体发热主要由周期分量决定，可不计入非周期分量的影响，对远端短路，短路电流周期分量有效值 $I_k(t)=I_k$，为常数。

$$\int_0^{t_k} I_k^2(t)\,dt = I_k^2 t_k = I_k^2 t_{im \cdot AC} \tag{6-14}$$

则有

$$t_{im}=t_{im \cdot AC}=t_k \tag{6-15}$$

当 $t_k<1s$ 时，短路电流非周期分量为 $i_{DC}=\sqrt{2}I_{AC}(0)e^{-t/T_k}$，则

$$\int_0^{t_k} i_{DC}^2(t)\,dt = T_k I_{AC}^2(0)(1-e^{-2t_k/T_k}) = I_k^2 t_{im \cdot DC}$$

有 $I_{AC}(0)=I_k$，于是有

$$t_{im \cdot DC}=T_k(1-e^{-2t_k/T_k}) \tag{6-16}$$

式中，T_k 一般为 0.05s，考虑到 t_k 总是大于 0.1s 的，e^{-2t_k/T_k} 衰减已经过了 4 倍时间常数，可认为近似为零，故

$$t_{im \cdot DC} \approx T_k = 0.05s \tag{6-17}$$

将 $t_{im \cdot AC}$ 和 $t_{im \cdot DC}$ 代入式（6-12），可计算出远端短路总的假想时间

$$t_{im}=\begin{cases} t_k, t_k \geqslant 1s \\ t_k+0.05, t_k<1s \end{cases} \tag{6-18}$$

短路电流持续时间 t_k 按式（6-19）计算：

$$t_k=t_{op}+t_{QF} \tag{6-19}$$

式中，t_{op} 为主保护动作时间，是保护装置的启动机构、延时机构和执行机构动作时间的总和；t_{QF} 为断路器全分闸时间，指从断路器脱扣器接通至各相电弧全部熄灭所需要的时间，可从产品样本中查得该参数，通常，快速断路器 $t_{QF} \leqslant 0.15s$，普通断路器 $t_{QF} \leqslant 0.2s$。

6.1.3　开关电器的电弧产生与灭弧原理

开关设备在高压电器中占据重要地位，机械式的开关设备是利用触头的位移来开断电路电流的，发生在开关设备中的电弧称为开关电弧。

开关设备切断电路或关合电路时，若动、静触头之间的电场强度大于介质强度，则触头之间的绝缘气体被击穿，成为游离状态，此时具有很强的导电性能，使电流通过，绝缘介质部分具有了导电性，于是形成了电弧，这实质上是气体放电的一种形式。伴随着电弧，大量的电能转化为热能的形式发出，使电弧处的温度极高，高温区可达 5000℃ 以上。

在开关电器中，电弧是有害的，要求及时迅速地熄灭电弧，否则会引发短路、燃烧或爆炸，损坏开关设备。

1. 电弧的产生与维持

当电压大于 10~20V、电流大于 80~100mA 时开断电路，就可能产生电弧，根本原因在

于触头本身及其周围介质中含有大量可被游离的电子，当分断的触头之间存在着足够大的外施电压，这些电子就可能强烈地电游离，各种游离综合作用，使得触头在分断电路时产生电弧并得以维持。

(1) 强电场发射

开关触头分离瞬间，强电场发射占主导地位。由于动、静触头间隙很小，电场强度高，当电场强度大于 3×10^3V/m 时，阴极金属触头的电子在强电场力的作用下逸出，向阳极端加速运动，这一现象称为强电场发射。

(2) 碰撞游离

开关触头开距加大，电场强度减小，碰撞游离形成电弧。在游离途中，电子与中性介质粒子发生碰撞，将中性粒子裂解成自由电子和正电离子，这一现象称为碰撞游离，游离出的电子和正电离子又在电场的作用下加速运动，进而发生更多的碰撞游离。当触点间有足够多的电子和正电离子（统称载流子）时，导电通道形成，产生电弧弧柱。

(3) 热游离

开关触头分离后，热游离和热发射维持电弧稳定燃烧。电弧弧柱温度很高，高温区可达5000℃以上，介质粒子的布朗运动加剧，产生更多碰撞，又会使部分中性粒子裂解为电子和正电离子，这一过程称为热游离。在电弧稳定燃烧期间，电弧电压很低，弧柱主要靠热游离维持。

(4) 热发射

另外，电弧高温还会使阴极金属触头表面发射电子，同时融化触头形成金属蒸气，这一过程称为热发射。热发射也增加了弧隙的导电性，是维持电弧的另一个因素。

2. 电弧的熄灭

在游离的同时，电弧中还存在着一种与游离现象相反的过程，称为去游离，即电子和正电离子不断减少的过程。当游离和去游离达到动态平衡时，电弧处于稳定燃烧。要使电弧熄灭，必须使触头中的去游离率大于游离率，即电弧中离子消失的速率大于离子产生的速率。

(1) 载流子的复合

异性载流子重新结合成中性粒子，称为复合过程。这与电弧中的电场强度、温度及电弧截面积等因素有关，电弧中的电场强度越弱，电弧稳定性越低，电弧截面积越小，则其中正负带电粒子的复合越强烈。此外，复合与电弧接触的介质性质也有关系。

(2) 载流子的扩散

载流子散失到弧柱以外空间，称为扩散过程，使电弧区域的带电粒子减少。扩散的原因有以下两个：①电弧与周围介质的温度差；②电弧与周围介质的离子浓度差。扩散也与电弧截面积有关。电弧截面积越小，离子扩散也越强。

复合和扩散过程都使电弧中的离子数减少，即去游离增强，从而有助于熄灭电弧。

(3) 交流电弧的熄灭特点

由于交流电流每半个周期要经过零点一次，而电流过零时，电弧失去能量而自然熄灭，因此交流电弧每一个周期要暂时熄灭两次。电弧熄灭的瞬间，弧隙温度骤降，高温游离中止，去游离（主要为复合）大大增强，这时弧隙虽然仍处于游离状态，但弧隙中存在两个恢复过程，即介质强度恢复和弧隙电压恢复，电弧能否熄灭取决于这两个恢复过程的作用结果：如果弧隙电压恢复过程上升速度较快，幅值较大，大于弧隙介质强度恢复过程，此时介

质被击穿，电弧重燃；如果弧隙介质强度恢复过程始终大于弧隙电压恢复过程，则电弧熄灭。一般交流电弧经过若干周期的熄灭、复燃、熄灭等的反复，最终完全熄灭。因此交流电弧的熄灭，可利用交流电流过零时电弧要暂时熄灭的特性，特别是低压开关的交流电弧，显然是比较容易熄灭的。

具有较完善灭弧结构的高压断路器，熄灭交流电弧一般只需几个周期，而真空断路器的灭弧，一般只需要半个周期，即电流第一次过零时就能使电弧熄灭。

电弧还有很多其他特性，如近阴极效应，指在电弧电流过零后 0.1～1μs 的短暂时间内，近阴极介质强度急剧升高至 150～250V，若外加电压达不到这个数值，则电弧将会熄灭。

3. 灭弧的基本方法

加强弧隙的去游离过程、提高介质强度的恢复速度和降低弧隙电压的上升速度与幅值，是开关电器中熄灭电弧的基本方法。

（1）提高触头的分离速度，迅速拉长电弧

利用强力分闸弹簧，使动触头分离速度达 16m/s 以上，迅速拉长电弧，有利于减小弧柱中的电位梯度，增加电弧与周围介质的接触面积，加强冷却和扩散作用，使电弧熄灭。

（2）多断口灭弧

在每一相有两个或多个断口相串联，如图 6-5 所示。在熄弧时，多断口把电弧分割成多个串联的小电弧段，在触头行程相同的情况下，使电弧的总长度加长，弧隙电阻增大，降低了弧隙恢复电压，同时提高了介质强度的恢复速度，从而缩短灭弧时间。

（3）吹弧

利用油气体或压缩空气、六氟化硫（SF_6）气体等介质在灭弧室吹拂电弧，使电弧拉长、变细、冷却，加强扩散作用，减弱热游离，加快复合过程，有利于电弧熄灭，如图 6-6 所示。

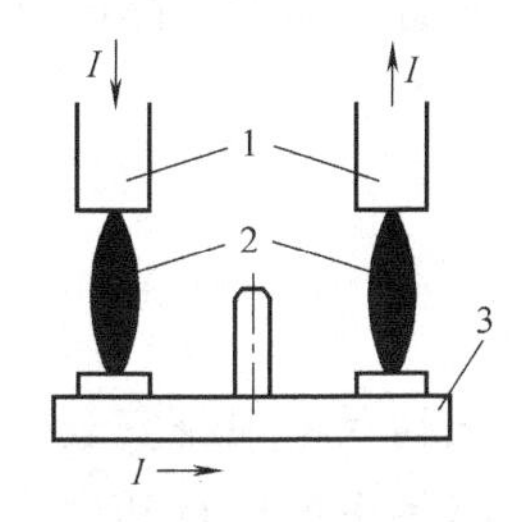

图 6-5　多断口灭弧

1—静触头　2—电弧　3—动触头

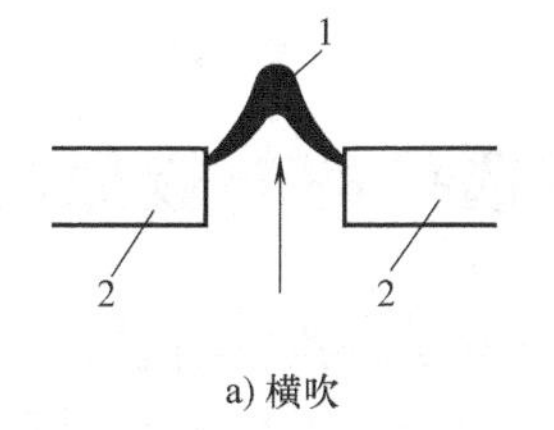

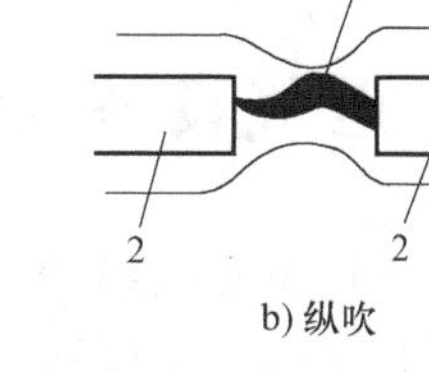

图 6-6　吹弧方式

1—电弧　2—触头

吹弧的方式有横吹、纵吹和混合吹几种。吹弧的介质（油流或气流）沿电弧方向、与触头运动方向平行的吹拂称为纵吹，能增强弧柱中载流子向外扩散，使吹弧介质更好地与炽热电弧接触，加强电弧的冷却，迅速灭弧。横吹时气流方向与电弧方向垂直，或者说与触头运动方向是垂直的，横吹不但能加强冷却和扩散作用，还能将电弧迅速吹弯吹长。有介质灭弧栅的横吹灭弧室，栅片能更充分地冷却和吸附电弧，加强去游离过程。混合吹结合了纵、横吹，灭弧效果更好。

（4）短弧灭弧

如图 6-7 所示，利用金属片（称为灭弧栅片）将长弧分割成若干段，根据电弧的近阴极效应，每两个栅片间都具有150~250V的起始介质强度，外加电压由维持长弧时的一个近阴极恢复电压，变成维持短弧时的若干个近阴极恢复电压的总和，因此介质强度恢复速度超过外加电压的可能性大为提高，有利于灭弧。

(5) 利用固体介质狭缝灭弧

利用绝缘材料按一定方式形成狭缝，将电弧引入狭缝中，如图6-8所示。电弧被拉长的同时，使电弧与灭弧片内壁紧密接触，对电弧表面进行冷却和吸附，产生强烈的去游离，从而迅速熄灭电弧。

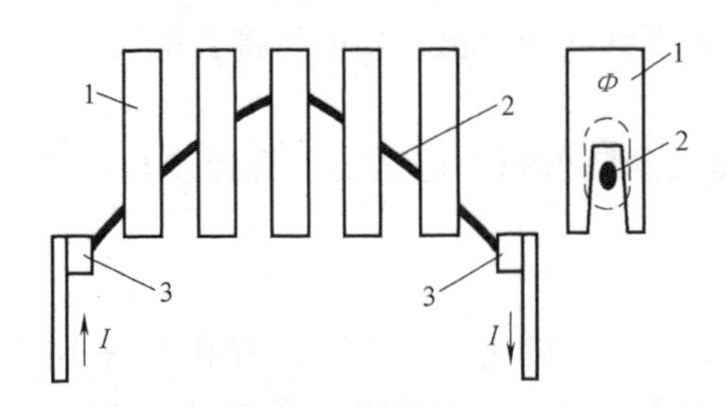

图6-7 短弧灭弧

1—金属栅片 2—电弧 3—触头

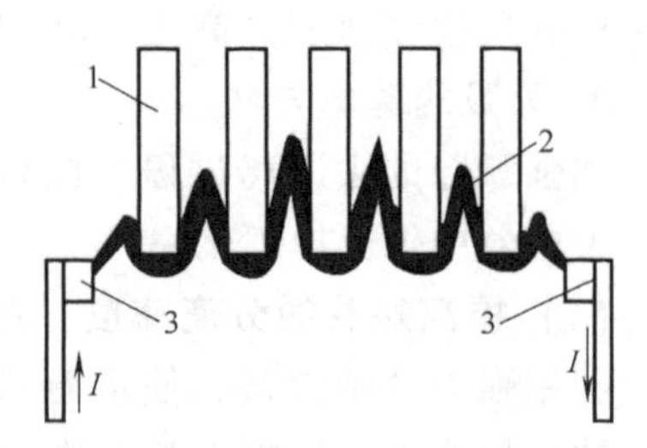

图6-8 介质狭缝灭弧

1—介质栅片 2—电弧 3—触头

(6) 采用耐高温金属材料制作触头

采用熔点高、导热系数和热容量大的耐高温金属制作静、动触头，可以减少热发射和电弧中的金属蒸气，从而减弱游离过程，有利于熄灭电弧。

(7) 采用优质灭弧介质

灭弧介质的特性，如导热系数、电强度、热游离温度、热容量等，对电弧的游离程度具有很大影响，这些参数值越大，去游离作用就越强。例如，六氟化硫（SF_6）气体作为灭弧介质，其灭弧性能比空气的优良100倍。另外，将触头置于真空中或适当加大弧隙间气体介质的压力，也有利于灭弧。

6.2 电气设备与线缆选择的一般原则

电气设备和线缆的选择，必须贯彻执行国家的技术经济政策，做到保障人身安全、供电可靠、技术先进和经济合理，确定设备的恰当类型和合适参数，以满足系统运行和生产工艺要求。在正常工作条件下，应符合使用要求和保证使用寿命；故障条件下，应尽可能设备不致损坏，并尽量不扩大故障范围。另外，还应按当地使用环境条件校核参数。

6.2.1 按正常工作条件选择参数

主要是选择设备额定电压和额定电流两个参数。

1. 额定电压

电器的额定电压是指与规定的使用和性能条件所对应的连续运行电压，并以此参数确定高压开关电器的有关试验条件。考虑到电网电压水平变动，为使电器在系统最高运行电压下不会发生绝缘损坏，电器的额定电压不应低于所在系统的最高运行电压，即

$$U_r \geqslant U_m \tag{6-20}$$

式中，U_r 为开关电器的额定电压（kV）；U_m 为系统的最高运行电压（kV）。

护套电线和电缆额定电压包括缆（线）芯对地额定电压 U_0 和缆芯之间的额定电压 U_r，用 U_0/U_r 表示。U_r 总是等于或大于系统标称电压 U_N（线电压），U_0 则分为两类：

第Ⅰ类 U_0 等于或大于相电压，用于大接地系统；

第Ⅱ类 U_0 大于第Ⅰ类，用于小接地系统，可以在小接地系统发生单相接地故障，非故障相对地电压升高时安全运行。

10kV 系统的电缆额定电压，第Ⅰ类为 6/10kV，只能用于接地的 10kV 系统；第Ⅱ类为 8.7/10kV，可用于不接地的 10kV 系统。对于 220/380V 低压系统的电缆，建筑物外（含建筑物电源进线）只能选 0.6/1kV 额定电压，建筑物内可选择 0.3/0.5kV 和 0.45/0.75kV 额定电压。

2. 额定电流

电器的额定电流是指在规定的使用和性能条件下，开关电器能够连续承载的电流有效值。为使电器的正常发热不超过允许值，电器的额定电流应大于该回路在各种合理运行方式下的最大持续工作电流，即

$$I_r \geqslant I_{c \cdot max} \tag{6-21}$$

式中，I_r 为电器的额定电流（A）；$I_{c \cdot max}$ 为电器安装回路在各种合理运行方式下的最大持续工作电流（A）。

设备的额定电流是在规定环境温度下给出的，因此，如果设备安装处的实际环境温度与规定温度不一致，应对额定电流进行修正。

最大持续工作电流 $I_{c \cdot max}$ 不仅要考虑系统正常运行情况，还要考虑变压器短时过负荷，或者系统一部分故障或停电后负荷的转移情况，根据实际运行确定。

6.2.2　按短路动、热稳定校验参数

开关电器在按正常工作条件选定后，应按最大可能通过的短路电流进行动、热稳定校验。短路点假设在被校验电器的出线端子上，流经系统最大运行方式下可能的最大短路电流，被校验电器经受系统短路时的电动力和热冲击而不被损坏，就称电气设备是动（或热）稳定的，否则就是不稳定的。

1. 动稳定校验

(1) 电器的动稳定性校验

对于一般电器，其导体长度 l、导体间的中心距 D、形状系数 K_i 均为定值，短路时所受电动力只与电流大小有关，因此设备生产厂家根据设备动稳定试验结果，给出设备所能承受的最大短路冲击电流瞬时值（又称峰值），作为其承受电动力冲击能力的参数，称为电器的额定峰值耐受电流（即动稳定电流），记作 i_{ms}，要求

$$i_{ms} \geqslant i_p \tag{6-22}$$

式中，i_{ms} 为电器的额定峰值耐受电流，即在规定的使用和性能条件下，开关电器在合闸位置能够承受的额定短时耐受电流第一个大半波的电流峰值，其值等于 2.5 倍额定短时耐受电流，可由产品样本查得；i_p 为设备安装处可能发生的最大三相短路全电流冲击值。

(2) 硬母线的动稳定性校验

硬母线的动稳定性，是将导体实际承受的最大应力与导体能够承受的最大应力相比较，

要求

$$\sigma_c \leqslant \sigma_{max} \tag{6-23}$$

式中，σ_c 为短路时母线可能承受的最大应力（Pa）；σ_{max} 为母线最大允许应力（Pa），硬铝母线取 69MPa，硬铜母线取 137MPa。

短路电流通过硬母线时，其应力为

$$\sigma_c = \frac{M}{W}$$

式中，M 为短路电流产生的力矩（N·m），当跨数大于 2 时，$M=\frac{F_{k3}l}{10}$，当跨数等于 2 时，$M=\frac{F_{k3}l}{8}$，F_{k3} 为三相短路时母线最大电动力（N），计算见式（6-3），l 为母线支撑绝缘子跨距（m）；W 为母线截面系数（m^3），与母线布置方式有关，对水平布置的三相母线，当母线平放时为 $0.167bh^2$，当母线立放时为 $0.167hb^2$，其中 b 为母线厚度（m），h 为母线宽度（m）。

考虑到机械共振条件的影响，实际的母线应力应乘以振动系数 β，根据跨数不同分别计算。

当跨数大于 2 时，母线应力 σ_c 为

$$\sigma_c = 1.72K_s i_p^2 \frac{l^2}{DW}\beta \times 10^{-2} \tag{6-24}$$

当跨数等于 2 时，母线应力 σ_c 为

$$\sigma_c = 2.16K_s i_p^2 \frac{l^2}{DW}\beta \times 10^{-2} \tag{6-25}$$

β 的取值与母线共振频率有关，一般为 1~1.1，其他参数同式（6-3）。

2. 热稳定校验

（1）电器的热稳定性校验

电器的热稳定性校验是将短路时设备实际承受的热脉冲与其所能够承受的最大热脉冲相比较，要求

$$I_k^2 t_{im} \leqslant I_{th}^2 t_{th} \tag{6-26}$$

式中，I_k 为设备安装处的最大三相短路电流稳态值（kA）；t_{im} 为假想时间，按式（6-18）计算可得；I_{th}、t_{th} 为设备生产厂家给出的参数，指设备在 t_{th}（s）内的热稳定电流为 I_{th}（kA），一般 t_{th} 为 1s、2s、4s，可由产品样本查得。

（2）导体的热稳定性校验

导体的热稳定意味着短路热效应不能使导体温度超过其短路最高允许温度，结合式（6-11）和式（6-12），热稳定条件为

$$\frac{1}{S^2}I_k^2 t_{im} \leqslant A(\theta_{k \cdot max}) - A(\theta_N) \tag{6-27}$$

式中，I_k 为设备安装处的最大三相短路电流稳态值（A）；$\theta_{k \cdot max}$ 为导体短路时的最高允许温度（℃），见表 6-1；θ_N 为导体短路前的正常工作温度（℃），按最不利情况，可取值为导体长期允许最高工作温度 $\theta_{N \cdot max}$；S 为导体的截面积（mm^2）。

将式（6-27）整理得

$$\int_0^{t_k} I_k^2(t)\,dt = I_k^2 t_{im} \tag{6-28}$$

6.2.3　按工作环境条件校验参数

选择电器和导体时，应按当地环境条件进行校验，环境条件分为正常使用条件和特殊使用条件两类，不仅对设备类型的选取有直接关系，还与设备的部分参数相关。

正常使用条件一般要求周围空气温度不超过 40℃，且在 24h 内测得的平均温度不超过 35℃；海拔不超过 1000m；户内周围空气不应受到尘埃、烟、腐蚀性和/或可燃性气体、蒸汽或盐雾的污染，户外周围空气污染等级不得超过相关国家标准中的Ⅱ级。另外，在户外正常使用时，还应考虑温度急剧变化、阳光辐射强度、风速（不超过 34m/s）、凝露、降水和覆冰的影响。

在二次系统中感应的电磁干扰幅值不超过 1.6kV。

但是当电气设备及导体工作环境条件与正常使用条件不符时，应按特殊使用条件考虑，并由电器设备制造厂家满足使用条件的特殊要求。

1. 环境温度

选择高压电器和导体的环境温度见表 6-2。

表 6-2　选择高压电器和导体的环境温度

类别	安装场所	环境温度	
		最高	最低
裸导体	户外	最热月平均最高温度	
	户内	该处通风设计温度。当无资料时，可取最热月平均最高温度加 5℃	
电缆	户外电缆沟	最热月平均最高温度	年最低温度
	户内电缆沟	户内通风设计温度。当无机械通风时，可取最热月平均最高温度加 5℃	
	电缆隧道	有机械通风时，取该处通风设计温度；无机械通风时，可取最热月的日最高温度平均值加 5℃	
	土中直埋	埋深处的最热月的平均地温	
高压电器	户外	年最高温度	年最低温度
	户内电抗器	该处通风设计最高排风温度	
	户内其他处	该处通风设计温度，当无机械通风时，可取最热月平均最高温度加 5℃	

注：1. 年最高（最低）温度为多年所测得的最高（最低）温度平均值。
2. 最热月平均最高温度为最热月每日最高温度的月平均值，取多年平均值。

高压电器的正常使用环境条件为周围空气温度不高于 40℃，当周围空气温度高于或低于 40℃时，其额定电流应相应减少或者增加。一般可考虑当环境温度高于 40℃但不高于 60℃时，环境温度每增高 1℃，应减少额定电流约 1.8%；当环境温度低于 40℃时，环境温度每降低 1℃，可相应增加额定电流约 0.5%，但其最大过负荷不得超过额定电流的 20%。

户外高压开关设备和导体在较强的阳光辐射条件下，为了使温升不超过规定值，必要时可采取适当的措施，如加盖遮阳、强迫通风或者降容使用。

2. 环境湿度

选择高压电器和导体用的相对湿度，应采用当地湿度最高月份的平均相对湿度，要求其平均值不超过90%。当相对湿度超过一般产品标准时，应采取改善环境的措施，如进行适当通风或者增设除湿设备。

湿热带地区应采用相应的湿热带专用型电器产品，亚湿热带地区可采用普通型电器产品，但应根据当地运行环境条件加强防潮、防水、防锈、防霉及防虫害等措施。

3. 海拔

高压电器设备正常使用环境的海拔不超过1000m。高海拔对电器的影响是多方面的，但主要是温升和外绝缘问题。

当海拔增加时，空气密度降低，散热条件变坏，使电气设备运行中温升增加。但是空气温度则随海拔的增加而相应降低，其值补偿了由于海拔增加对高压电器温升的影响，因此在高海拔（不超过4000m）地区使用时，高压电器的额定电流可以保持不变。

海拔增加时，由于空气稀薄，气压降低，空气绝缘强度减弱，使得高压电器外绝缘水平降低，但是对内绝缘没有影响。对于海拔大于1000m但不超过4000m的高压电器外绝缘，海拔每升高100m，其外绝缘强度约降低1%。

在海拔超过1000m的地区，应通过采取加强保护或加强绝缘等措施，保证高压电器安全运行。

加强保护是指选用特殊制作、性能优良的避雷器，使普通绝缘的高压电器使用于3000m以下的海拔地区。

加强绝缘是指在加强保护的措施不能满足要求时，按使用地区的海拔加强电器设备的外绝缘，选择适用于该海拔的产品，或向制作厂家提出加强外绝缘的技术要求。

随着海拔的增加，对导体载流量也有影响。裸导体的载流量应按所在地区的海拔和环境温度进行修正，其综合修正系统见表6-3。

表6-3 裸导体载流量在不同海拔及环境温度下的综合修正系数

导体最高允许温度/℃	适用范围	海拔/m	实际环境温度/℃						
			20	25	30	35	40	45	50
70	户内矩形、管形导体和不计日照的户外软导体	—	1.05	1.00	0.94	0.88	0.81	0.74	0.67
80	计及日照时户外软导体	≤1000	1.05	1.00	0.95	0.89	0.83	0.76	0.69
		2000	1.01	0.96	0.91	0.85	0.79	—	—
		3000	0.97	0.92	0.87	0.81	0.75	—	—
		4000	0.93	0.89	0.84	0.77	0.71	—	—
	计及日照时户外管形导体	≤1000	1.05	1.00	0.94	0.87	0.80	0.72	0.63
		2000	1.00	0.94	0.88	0.81	0.74		
		3000	0.95	0.90	0.84	0.76	0.69	—	—
		4000	0.91	0.86	0.80	0.72	0.65	—	—

4. 地震影响

为贯彻执行《中华人民共和国防震减灾法》，实行以“预防为主”的方针，使建筑机电工程设施（包括电力设备设施）经抗震设防后，减轻地震破坏，防止次生灾害，避免人员伤亡，减少经济损失。按有关规范规定，抗震设防烈度为 6 度及 6 度以上地区的建筑机电工程必须进行抗震设计，重要电力设施可按设防烈度提高 1 度进行抗震设计，但当设防烈度为 8 度及以上时可不再提高。因此，选择高压电器及导体时应根据当地的地震烈度选用能够满足抗震要求的产品，并采取适当的防震、抗震措施。

按相关规范要求，在机电设备抗震设计时，变压器安装就位后应焊接牢固，支撑面适当加宽，设置防止其移动和倾倒的限位器，接入和接出导体应采用柔性导体，并留有位移空间。

蓄电池、电力电容器应安装在抗震架上，安装重心较高时，应采取防止倾倒措施；连接线应采用柔性导体，当采用硬母线连接时，应装设伸缩节装置。

开关柜、配电箱的安装螺栓或焊接强度应满足抗震要求，元器件之间采用软连接，接线处应做防震处理，水平操作面上应采取防止滑动措施。

配电导体宜采用电缆或电线，在线缆引进、引出和转弯处，应在长度上留有余量；当采用硬母线敷设且直线段长度大于 80m 时，应每 50m 设置伸缩节。接地线应采取防止地震时被切断的措施。

6.3　电力线缆参数确定

在供配电系统中，电力电线和电力电缆，统称电力线缆，用以传输电能，有裸导体、电力电缆、绝缘电线、封闭母线（封闭母线槽）等。

6.3.1　导体材料与线缆类型选择

1. 导体材料

导体材料主要是铜和铝两种。铜材的电导率高，机械性能、抗疲劳强度均优于铝材，延展性好，便于加工和安装，因此固定敷设用的电线一般采用铜线芯。但是，铝材比重小，架空输电线路可考虑采用铝导线；相同电阻值时铝导体的截面积更大，在中频线路中因其电流趋肤效应弱，也宜采用铝导线。

2. 绝缘材料及护套

(1) 普通电线电缆

普通电线电缆所用的绝缘材料一般有聚氯乙烯（PVC）、交联聚乙烯（XLPE）、乙丙橡胶（EPR）等。

普通聚氯乙烯绝缘电线电缆制造工艺简便、重量轻、弯曲性能好，耐油、耐酸碱腐蚀，不延燃，且价格便宜；其缺点是对气候适应性差，低温时变硬发脆，不适宜在 -15℃ 以下的环境使用。普通聚氯乙烯具有一定的阻燃性能，但是在燃烧时会散发有毒烟气，因此在人流较密集场所如商业区、高层建筑和重要公共设施等，不宜采用聚氯乙烯绝缘或护套类电线电缆，而应采用低烟、低卤或无卤的阻燃电线电缆。

交联聚乙烯绝缘电力电缆的线芯长期允许工作温度为 90℃，短路热温度允许温度为

250℃，线缆介质损耗低、性能优良、结构简单、制造方便、外径小、重量轻、载流量大、敷设方便、耐腐蚀。普通的交联聚乙烯材料不具备阻燃性能，但是不含卤素，燃烧时不会产生大量毒气和烟雾。若要兼备阻燃性能，则须在绝缘材料中添加阻燃剂，这样会使电缆机械及电气性能下降，目前在制造过程中采用辐照工艺，提高其机械及电气性能，同时还能提高绝缘耐受温度。此外，交联聚乙烯材料对紫外线照射较敏感，不宜在露天环境下长期遭受强烈阳光照射，通常采用聚氯乙烯作外护套材料。因此，6～35kV 辐照交联聚乙烯绝缘聚氯乙烯护套电力电缆在供配电工程中被广泛采用。

交联乙烯-丙烯橡胶，简称乙丙橡胶，具有耐氧、耐臭氧和局部放电的稳定性。乙丙橡胶绝缘电缆有较优异的机械、电气性能，耐高温，线芯长期允许工作温度为 90℃，短路热稳定允许温度为 250℃，同时也耐严寒，即使在-50℃环境中，仍具有良好的柔韧性。特别是它不含卤素，又有阻燃特性，适用于要求阻燃的场所。

(2) 阻燃电线电缆

电线电缆的阻燃性是指在规定试验条件下，线缆试样被燃烧，使火焰蔓延仅在限定范围内，撤去火源后，残焰和残灼能在限定时间内自行熄灭的特性。

阻燃电线电缆的阻燃等级由高到低分为 A、B、C、D 四级，见表 6-4，其中 D 级仅适用于绝缘电线。

表 6-4 阻燃电缆分类表（成束阻燃性能要求）

类别	供火温度/℃	供火时间/min	成束电缆的非金属材料体积/(L/m)	焦化程度/m	自熄时间/h
A	≥815	40	≥7.0	≤2.5	≤1.0
B			≥3.5		
C			≥1.5		
D		20	≥0.5		

注：D 级标准仅适用于外径不大于 12mm 的绝缘电缆。

阻燃电缆的性能主要用氧指数和发烟性两项指标来评定。由于空气中氧气占 21%，所以对于氧指数超过 21 的材料在空气中燃烧会自熄，线缆绝缘材料的氧指数越高，则表示它的阻燃性能越好。电线电缆的发烟性用透光率来表示，透光率越小表示材料的燃烧发烟量越大，大量烟雾伴随有害的氯化氢（HCl）气体，妨碍救火，损害人体。

阻燃电缆按燃烧时烟气特性可分为三大类：一般阻燃电缆、低烟低卤阻燃电缆和无卤阻燃电缆。一般阻燃电缆阻燃性能好，价格低廉，但是含卤素，燃烧时烟雾浓、酸雾及毒气大。低烟低卤阻燃电缆燃烧时气体酸度较低，烟气透光率>30%，称为低卤电缆，其阻燃等级一般仅为 C 级。无卤电缆烟少、毒低、无酸雾，但阻燃性能差，价格较高，电压等级低，一般只能做到 0.6/1kV。

在要求高阻燃等级、低烟低毒及较高的电压等级使用场合，可采用聚氯乙烯或交联聚乙烯绝缘的隔氧层阻燃电缆，在电缆绝缘线芯和外护套之间填充一层无嗅无毒无卤的氢氧化铝 [$Al(OH)_3$]，当电缆遭受火灾时，填充层可阻断氧气供应，从而阻燃自熄，这种隔氧层电缆阻燃等级可达 A 级，耐压等级也达 35kV。另一种较为理想的阻燃电缆是采用聚烯烃绝缘，阻燃玻璃纤维填充，辐照交联聚烯烃护套的低压无卤电缆，可实现 A 级阻燃，发烟量也低

于 PVC 或 XLPE 绝缘的隔氧层阻燃电缆。

（3）耐火电线电缆

耐火电线电缆是指在规定试验条件下，在火焰中被燃烧一定时间内能保持正常运行特性的电缆，按耐火特性分为 N、NJ、NS 三种，见表 6-5。

表 6-5　耐火电缆性能表

代号	名称	供火时间/min+冷却时间/min	冲击	喷水	合格指标
N	耐火	90+15	—	—	2A 熔丝不熔断 指示灯不熄
NJ	耐火+冲击		√	—	
NS	耐火+喷水		—	√	

注：1. 试验方法按 GB/T 19216.21—2003 及 GB/T 19216.23—2003。
2. 试验电压：0.6/1kV 及以下电缆取额定电压；数据及信号电缆取相对地电压（110±10）V。
3. 供火温度均为 750℃。

耐火电缆按绝缘材质分为有机型和无机型。

有机型主要采用耐高温 800℃的云母带重叠包覆作为耐火层，外部采用聚乙烯或交联聚乙烯绝缘。一般有机类的耐火电缆本身并不阻燃，若既要耐火又要满足阻燃，则绝缘材料应选用阻燃型材料，这类电缆称为阻燃耐火型电缆。

无机型是采用氧化镁作为绝缘材料，铜管作为护套的矿物绝缘电缆，耐高温，允许在 250℃的高温下长期正常工作，而且只要火焰温度不超过铜的熔点 1083℃，电缆就安然无恙，是一种真正的耐火电缆。

无机型耐火电缆通常标注为 BTT 型，按绝缘等级及护套厚度分为轻型 BTTQ、BTTVQ（500V）和重型 BTTZ、BTTVZ（750V）两种，分别适用于线芯和护套间电压不超过 500V 及 750V 的场合。BTT 型电缆还耐腐蚀，外护层为铜质，机械强度高，还可兼作 PE 线，接地十分可靠。矿物绝缘电缆须严防潮气侵入，施工要求严格，必须配用各类专用接头和附件。

耐火电缆主要用于在火灾时仍需要保持正常运行的线路，如消防系统的应急照明、供电及报警、控制系统线路等。一、二类高层建筑消防负荷的干线，重要消防设施（消防水泵、消防电梯、消防风机等）的电源及控制线路，宜采用矿物绝缘型耐火电缆。

6.3.2　线缆的载流量

1. 线缆允许载流量

在给定的环境和敷设条件下，为使电线电缆稳定工作温度不超过其长期允许工作温度，线缆所允许通过的最大电流，称为线缆在给定条件下的允许载流量，记作 I_{con}，又称为约定载流量。

对绝缘导线或电缆，长期允许工作温度主要取决于绝缘材料；对裸导线，这一温度取决于接头处的发热氧化和因严重发热引起的机械性能劣化。

线缆允许载流量是由线缆生产厂家、相关权威研究机构等通过试验得出在特定条件下的各类电线电缆载流量数据，并以数据表格的形式编入产品样本参数或工程设计数据手册，供设计人员查阅。这些在试验环境条件下获得的线缆载流量称为表称允许载流量，简称表称载流量，给出表称载流量的特定环境条件称为表称环境条件。在实际应用中，线缆实际工作环境条件与表称环境条件存在着差异，需要对表称载流量进行修正，才能得到线缆实际的允许载流量。

2. 影响线缆载流量的因素

电线电缆的载流量一方面取决于自身材质，如线芯导电材料的损耗大小、绝缘材料的允许长期工作温度和允许短路温度等，另一方面也受外部环境情况的影响，包括敷设处的环境温度、敷设方式、敷设部位、周围其他管线（如热力管、其他线缆等）的敷设情况等。

(1) 环境温度

环境温度是指电线电缆无负荷时周围介质温度，见表6-6。电流在线缆中产生工作温升，环境温度加工作温升即为工作温度，在长期允许工作温度确定的情况下，允许温升随环境温度而改变，因此线缆允许载流量也随环境温度而不同。

表6-6 确定电缆、电线载流量的环境温度

<table>
<tr><th>敷设部分</th><th>通风条件</th><th>择取的环境温度</th></tr>
<tr><td>直埋地</td><td></td><td>埋深处最热月平均地温</td></tr>
<tr><td>水下</td><td></td><td>最热月日最高水温平均值</td></tr>
<tr><td>有热源设备厂房</td><td></td><td rowspan="2">最热月的日最高温度月平均值另加5℃，当隧道中电缆数量较多时，还应核算电缆发热影响</td></tr>
<tr><td>隧道、户内电缆沟</td><td>通风不良或无机械通风</td></tr>
<tr><td>隧道、户内电缆沟或户外明敷有遮阳时</td><td>有机械通风或通风良好</td><td rowspan="2">最热月日最高温度平均值</td></tr>
<tr><td>无热源设备厂房</td><td></td></tr>
</table>

(2) 敷设方式

线缆的稳定工作温度是发热与散热动态平衡的结果，而散热条件受不同敷设方式的影响。如穿管敷设的散热条件就不如在空气中明敷好，穿钢管敷设时散热条件就优于穿塑料管敷设。建筑物布线系统相关的国家标准（GB/T 16895.6—2014）中将电线电缆的敷设方式划分为A1、A2、B1、B2、C、D、E、F、G九大类，并给出了相应的载流量和换算系数，可查阅。

(3) 敷设部位

当电缆直埋地或穿管埋地时，除土壤温度外，土壤与电缆或保护管表面界面的热阻，称为土壤热阻，这也是影响电缆载流量的主要因素。从提高载流量的角度，电缆埋地敷设时宜选择热阻系数较小的垫层，也可采用特殊配方的敷设电缆用回垫土，代替普通的沙垫层，能够有效降低土壤热阻，提高电缆载流量。

电缆在不通风且有盖板的电缆沟内敷设时，电缆产生的热量在沟内积聚，使电缆沟内空气温度上升，电缆的长期允许载流量比空气可以自由流动的地方小。电缆沟空气的温升与电缆沟断面尺寸及电缆损耗有关。对于室外电缆沟盖板上无覆土的情况，还应计入阳光直射使盖板发热而导致沟内气温上升的因素，通常，日照可使沟内平均气温升高2~5℃。

(4) 多回路敷设

多回路单芯、多芯电缆成束敷设时发热相互影响，情况十分复杂，但也应考虑到电缆束中正常工作时不载流导体（如PE线），通过传热作用反倒会使散热条件得到改善。另外，

如果某一回路（管线或电缆）的实际电流不超过成束敷设的 30%额定电流，在选择载流量校正系数时，此回路数也可忽略不计。

3. 确定线缆实际允许载流量

依据电线电缆实际环境条件，分析影响载流量的主要因素，明确与表称环境条件的差异，选择适当的校正系数，对表称载流量进行修正，就可以得出线缆实际允许载流量。根据影响线缆载流量的因素不同，表称载流量校正系数有环境温度校正系数、敷设方式校正系数等。对电缆直埋地或穿管埋地，有不同土壤热阻系数的载流量修正系数；对多回路管线或多根多芯电缆成束敷设，有不同的载流量校正系数。各种载流量校正系数以表格或曲线的形式给出，在供配电工程设计相关手册中可查得。

线缆表称载流量值，空气中敷设是以环境温度 30℃ 为基准，埋地敷设是以环境温度 20℃ 为基准。当敷设处实际环境温度不同于基准值时，载流量应乘以温度校正系数 K_t，其计算公式为

$$K_t=\sqrt{\frac{\theta_{N\cdot max}-\theta_0'}{\theta_{N\cdot max}-\theta_0}}$$

式中，$\theta_{N\cdot max}$ 为电线电缆长期允许工作温度（℃）；θ_0' 为线缆敷设处的实际环境温度（℃）；θ_0 为表称环境温度（℃）。

电缆在托盘、梯架内多层敷设时载流量校正系数见表 6-7。

表 6-7　电缆在托盘、梯架内多层敷设时载流量校正系数

支架形式	电缆中心距	电缆层数	校正系数	支架形式	电缆中心距	电缆层数	校正系数
有孔托盘	紧靠排列	2	0.55	梯架	紧靠排列	2	0.65
		3	0.50			3	0.55

注：1. 表中数据不适用于交流系统中使用的单芯电缆。
2. 多层敷设时，校正系数较小，工程设计应尽量避免 2 层及以上的敷设方式。
3. 多层敷设时，平时不载流的备用电缆或控制电缆应放置在中心部位。
4. 本表的计算条件是按电缆束中 50%电缆通过额定电流，另 50%电缆不通电流。表中数据也适用于全部电缆载流 85%额定电流的情况。

其他多回路敷设，如多回路管线或多根多芯电缆成束敷设、多回路电缆直埋地、多回路电流在埋地管道内敷设、单多芯电缆在自由空气中敷设等条件下，电缆的载流量校正系数可查阅有关设计手册。

6.3.3　线缆截面积选择

1. 线缆相导体截面积选择

供配电系统的电线电缆相导体截面选择涉及线路安全、可靠、经济、电能质量、故障耐受能力、安全防护、机械强度等诸多方面的问题，必须满足下列条件：

（1）长期允许温升条件

电流通过线缆导体时要产生电能损耗，使导体发热。裸导体温度过高时，会使接头处氧化加剧，接触电阻增大，严重恶化可造成断线。而绝缘电线和电缆温度过高时，可使绝缘材料加速老化，减少线缆寿命，严重时甚至烧毁，或引起火灾。因此，导体的正常发热温度不

应超过其正常运行时的最高允许温度。

按发热条件（长期允许温升）选择线缆相导体截面积时，应使其允许载流量 I_{con} 大于或等于通过线路的计算电流 I_c，即

$$I_{con} \geqslant I_c$$

如果电线电缆敷设处的实际环境温度和敷设方式与线缆允许载流量所采用的环境条件不同时，应乘以相应的校正系数，确定出此时线缆的实际允许载流量，然后选出相应的相导体截面积。

（2）电压损失条件

线缆单位长度的阻抗与相导体截面积有关，因此线路电压损失也与相导体截面积相关。线路通过计算电流（正常最大负荷电流）时产生的线路电压损失，不应超过正常运行时允许的电压损失。

（3）机械强度条件

按线缆形式和敷设方式，确定出满足机械强度的最小截面积，所选裸导线和绝缘电线电缆的截面积不应小于其最小允许截面积。对于多芯电力电缆的最小截面积，铜导体不宜小于 2.5mm^2，铝导体不宜小于 4mm^2。

（4）经济电流条件

经济电流是指在线缆寿命周期内，按电缆的初始投资和运行损耗费用之和最小的原则确定的工作电流（范围）。10kV 及以下电力电缆应按经济电流校验导体截面积。

（5）按短路热稳定条件

要求线缆能承受短路电流的热冲击，其截面积应满足

$$S \geqslant S_{min} = \frac{I_{k3 \cdot max}}{C}\sqrt{t_{im}}$$

式中，S 为相导体截面积（mm^2）；S_{min} 为短路热稳定所要求的最小截面积（mm^2）；$I_{k3 \cdot max}$ 为线缆可能承受的最大三相短路电流（A）；C 为热稳定系数（$\text{A} \cdot \text{s}^{1/2} \cdot \text{mm}^{-2}$），$t_{im}$ 为假想时间（s）。

计算最大三相短路电流时，短路点应选取在通过线路的最大短路电流可能发生处，如绝缘电线首端和电缆线路中间分支或接头处。

2. 中性线导体截面积选择

低压配电系统中，中性线（N 线）上通过的电流可能与相线不同，因此 N 线导体截面积选择应考虑以下情况：

1）单相二线制系统中，由于 N 线导体电流与相导体电流相等，因此无论相线截面积大小，中性线截面积都应与相线截面积相同。

2）不考虑谐波时，平衡三相四线制系统中，当相线线芯不大于 16mm^2（铜）或 25mm^2（铝）时，中性线应选择与相线相等的截面积。当相线线芯大于 16mm^2（铜）或 25mm^2（铝）时，若中性线电流较小可选择小于相线截面积，但不应小于相线截面积的 50%，且不小于 16mm^2（铜）或 25mm^2（铝）。不平衡三相四线制系统，除按以上要求选择 N 线截面积外，还应根据 3 倍零序电流进行校验，其计算电流不应大于允许载流量，否则应加大 N 线截面积。

3）考虑有谐波电流时，各相三次谐波和 3 的奇数倍次谐波电流分量由于相位差为零，

在中性线导体中相互叠加，引起的中性线电流值可能超过相线电流值，对回路中电缆的载流量有显著影响，因此选择导线截面积时，应计入谐波电流的影响。

当三次谐波含有率大于 10%时，中性线的线芯截面积不应小于相线，例如以气体放电灯为主的照明线路、变频调速设备、计算机及直流电源设备等的供电线路。

当三次谐波含有率不超过 33%时，可按相线电流选择导体截面积，但计算电流值应除以表（6-7）中的校正系数。

当三次谐波含有率超过 33%时，它所引起的中性线电流超过基波的相电流，此时，应按中性线电流选择导线截面积，计算电流值同样应除以表 6-8 中的校正系数。

表 6-8　谐波电流作用下共管电线或电缆载流量校正系数

相电流中 3 次谐波分量(%)	校正系数		相电流中 3 次谐波分量(%)	校正系数	
	按相线电流选择截面积	按中性线电流选择截面积		按相线电流选择截面积	按中性线电流选择截面积
0~15(含 15)	1.0		33~45(含 45)		0.86
15~33(含 33)	0.86		45 以上		1.0

3. 保护线导体截面积选择

1）在发生接地故障时，有接地故障电流通过保护线（PE 线）导体，导体截面积要能满足故障电流热稳定性和保护灵敏性的要求。当 PE 线与相线导体材质相同时，PE 线的最小截面积见表 6-9，一般不宜选用铝导体作线缆的 PE 线。若 PE 线与相线导体材质不同，则 PE 线截面积的确定要使其得出的电导与表 6-9 中 PE 线截面积的电导相当。

2）PE 线也应有足够的机械强度，对铜导体线缆，有机械保护时截面积不小于 $2.5mm^2$；无机械保护时不小于 $4mm^2$；若采用电缆线芯或电缆金属外护层作 PE 线，则不做要求。

3）当两个或多个回路共用一个 PE 线时，对应于回路中最大线导体截面积，按表 6-9 选择。

表 6-9　保护导体（PE 导体）截面积的选择

相导体截面积 S/mm^2	保护导体截面积/mm^2
≤16	S
$16<S\leqslant 35$	16
>35	$\frac{1}{2}S$

6.3.4　配电线路电压损失计算

配电线路存在阻抗，线路导体通过电流时产生电压损失。线路首端电压 U_1 与末端电压 U_2 的代数差，记为 ΔU，一般以 ΔU 相对于系统标称电压的百分数表示电压损失，记作 $\Delta u\%$，即

$$\Delta u\% = \frac{\Delta U}{U_N}\times 100 = \frac{U_1 - U_2}{U_N}\times 100$$

高压配电线路的电压损失一般要求不超过线路标称电压的10%；从变压器低压侧母线至用电设备受电端的低压配电线路的电压损失，一般要求不超过用电设备额定电压的5%。如果线路电压损失超过允许值，将导致电压偏差超过标准规定的允许值。

为简化计算，忽略线路并联参数形成的导纳，并假设各相电抗相等。另外，可以证明，带有均匀分布负荷的三相线路，在计算线路电压损失时，可将其分布负荷集中于分布线段的中点，按集中负荷来计算。

1. 放射式供电线路的电压损失计算

放射式三相供电线路带一个集中负荷，如图6-9所示，线路AB所在电网标称电压为U_N，线路首、末端线电压分别为U_1和U_2，线路末端带有负荷$P+jQ$，功率因数为$\cos\varphi$，线路上的负荷电流为I，忽略线路的并联参数，线路全长阻抗为R、X。根据线路的单相等效电路，线路首、末端相电压关系为

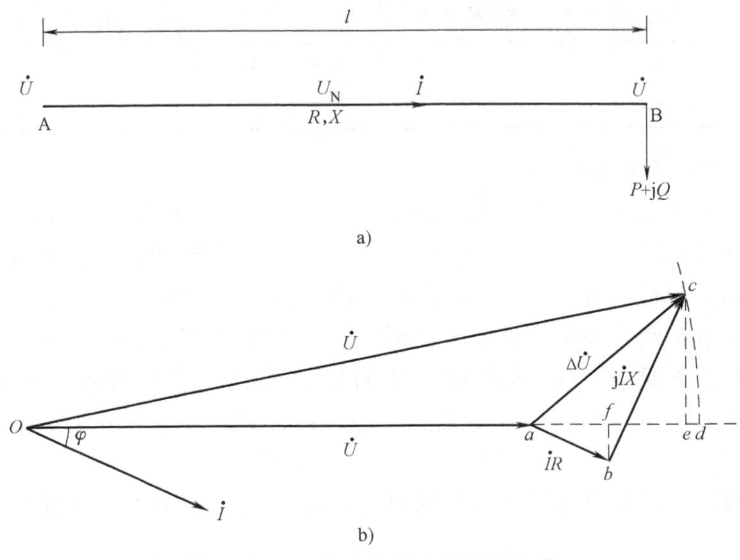

图6-9 一个集中负荷电压损失计算

据此画出线路首、末端电压关系的相量图如图6-9b所示，从图中可看出，线路首、末相电压损失即为线段$\overline{ad}$的长度。考虑线段$\overline{ed}$很短，可忽略不计，因此相电压损失近似为线段$\overline{ae}$的长度，换算为线电压，即有

$$\Delta U=\sqrt{3}\,\overline{ad}\approx\sqrt{3}\,\overline{ae}=\sqrt{3}\,(IR\cos\varphi+IX\sin\varphi)$$

$$=\frac{\sqrt{3}\,U_N\ (IR\cos\varphi+IX\sin\varphi)}{U_N}\approx\frac{PR+QX}{U_N}$$

线路电压损失百分数为

$$\Delta u\%=\frac{\Delta U}{U_N}\times100=\frac{PR+QX}{10U_N^2}\tag{6-29}$$

式中，$\Delta u\%$为线路电压损失百分数；P、Q分别为负荷有功功率（kW）和无功功率（kvar）；R、X分别为线路的电阻和电抗（Ω）；U_N为线路所在电网标称电压（kV）。

2. 树干式供电线路的电压损失计算

图 6-10a 为树干式三相供电线路带两个集中负荷，图 6-10b 为电压相量图，图中总的电压损失应为线段 $\overline{ae}$ 的长度，干线 BC 和 AB 段的电压损失分别近似为线段 $\overline{ab}$ 和 $\overline{cd}$ 的长度。工程计算中，近似认为将两段干线的电压损失代数相加，就等于总的干线电压损失，即

$$\overline{ae} \approx \overline{ab} + \overline{cd}$$

计算每一段干线的功率时，应是该段干线负荷侧的所有负荷功率加上线路损耗功率，但供配电系统线路一般较短，线路损耗与负荷功率相比可以忽略，因此近似计算时一般不考虑线路功率损耗。

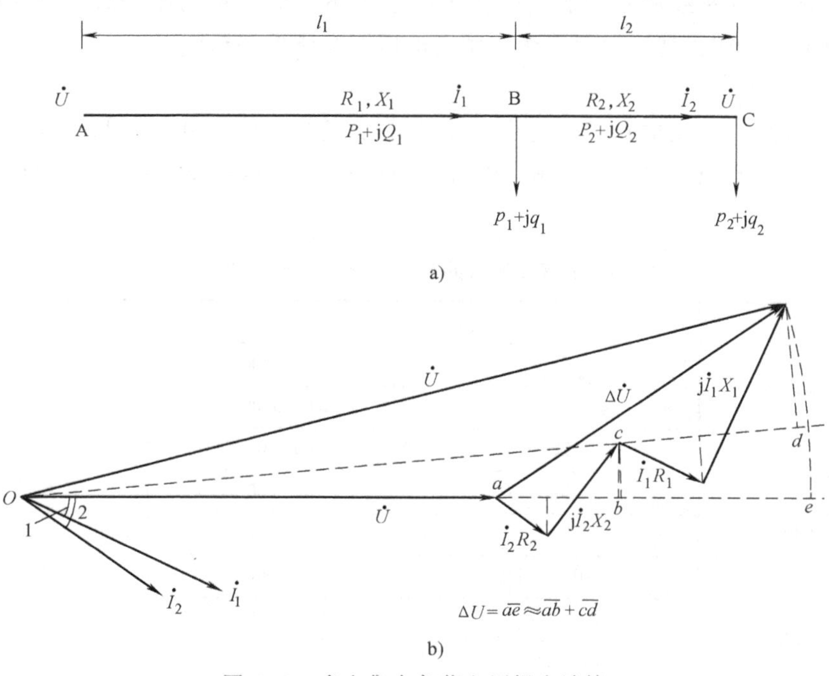

图 6-10　多个集中负荷电压损失计算

于是，若将线路首端至第一个负荷之间的干线称为第一段干线，其后顺次称为第 2，3，…，m 段干线，则电压损失一般的计算公式为

$$\Delta u\% \approx \frac{1}{10U_N^2}\left[\sum_{i=1}^{m}(P_iR_i + Q_iX_i)\right] \tag{6-30}$$

且有

$$P_i = \sum_{k=1}^{m} p_k, Q_i = \sum_{k=1}^{m} q_k \tag{6-31}$$

式中，$\Delta u\%$为干线电压损失百分数；P_i、Q_i 分别为第 i 段干线上的有功功率（kW）和无功功率（kvar）；p_k、q_k 分别为第 k 个负荷的有功功率（kW）和无功功率（kvar）；R_i、X_i 分别为第 i 段干线的电阻和电抗（Ω）；U_N 为线路所在电网标称电压（kV）。

3. 单相线路的电压损失计算

三相平衡系统中性线上无电流或无中性线，只有相线产生电压损失；而单相系统的负荷电流要通过相线和中性线两根导线，因此其电压损失应为一根相线电压损失的两倍。据此，

单相系统电压损失的计算公式为

$$\Delta u\% \approx \frac{2}{10U_N^2}\left[\sum_{i=1}^{m}(P_iR_i+Q_iX_i)\right] \tag{6-32}$$

式中，各参数含义同上，只是若负荷接于相电压，则 U_N 应取值为标称相电压。

6.3.5 封闭母线（母线槽）的选择

1. 额定参数的选择

(1) 额定电压

金属封闭母线（母线槽）的额定电压不应小于系统的标称电压。低压母线槽的额定电压有交流 380V、660V；高压封闭母线的额定电压有交流 1~35kV。

(2) 额定电流

金属封闭母线（母线槽）的额定电流不应小于线路的计算电流。低压母线槽的额定电流范围见表 6-10。高压封闭母线的额定电流等级按 GB/T 8349—2000《金属封闭母线》进行确定。

表 6-10 低压母线槽的额定电流（方均根值）范围

类型		电流范围/A	备注
密集绝缘母线槽	铜	250~6300	
	铝	200~5500	
空气绝缘母线槽	铜	100~800	800A 以上的电流不推荐使用
	铝	100~800	
照明母线槽	铜	16~200	
滑接式母线槽	DHG 系列	50~280	
	JDC 系列	150~1500	
	JDCⅡ系列	150~1250	
	DW 系列	80~450	

2. 动、热稳定性校验

金属封闭母线（母线槽）是经过短路动、热稳定试验的，其产品样本会给出封闭母线槽的额定峰值耐受电流 $i_{pw \cdot max}$、额定短时耐受电流 I_{sw} 及耐受时间 t_{sw}。

封闭母线槽的额定峰值耐受电流 $i_{pw \cdot max}$ 应不小于安装处的最大三相短路电流峰值 i_{k3}，即

$$i_{pw \cdot max} \geqslant i_{k3}$$

封闭母线槽的额定短时耐受电流 I_{sw} 应满足

$$I_{sw}^2 t_{sw} \geqslant I_{k3}^2 t_{im}$$

式中，I_{k3} 为母线安装处的最大三相短路电流稳态值；t_{im} 为假想时间。

3. 电压损失校验

对供电距离较长的封闭母线槽应校验其电压损失是否满足要求。封闭母线（母线槽）单位长度的阻抗参数可由厂家产品样本查得，电压损失计算公式同电线电缆，见 6.3.4 节内容。

6.4　配电变压器参数确定

由较高电压降至末级配电电压、直接做配电用的电力变压器可称为配电变压器，是供配电系统中的关键设备，对变配电所电气主接线形式及其可靠性、经济性有着重要影响，因此应正确合理地选择变压器的类型、台数和容量。

6.4.1　配电变压器类型的选择

配电变压器按相数分，有单相和三相两种。用户变电所一般采用三相电力变压器。单相负荷容量较大，由于不平衡负荷引起中性导体电流超过变压器低压绕组额定电流的 25%时，或只有单相负荷其容量不是很大时，可设置单相变压器。

配电变压器按绕组类型分，有双绕组、三绕组变压器和自耦变压器等。用户变电所一般采用双绕组电力变压器。在具有三种电压等级的变电所，当通过主变压器各侧绕组的功率达到变压器额定容量的 15%以上时，宜采用三绕组电力变压器。

配电变压器按绝缘及冷却方式分，有液浸式（采用矿物油绝缘时又称为油浸式）、干式和充气式（SF_6 气体绝缘）变压器等。油浸式变压器的铁心和绕组都浸入在矿物绝缘油中，其冷却方式有自冷、风冷、水冷和强迫由循环冷却等。干式变压器的冷却方式有自冷和风冷两种，采用风冷可提高变压器的过负荷能力。常用配电变压器性能比较见表 6-11。

表 6-11　常用配电变压器性能比较

类别	油浸式变压器		气体绝缘变压器	干式变压器	
	矿物油	硅油变压器	六氟化硫	普通及非包封绕组	环氧树脂浇注
价格	低	中	高	高	较高
安装面积	中	中	中	大(小)	小
绝缘等级	A	A 或 H	E	B 或 H	B 或 F
爆炸性	有可能	可能性小	不爆	不爆	不爆
燃烧性	可燃	难燃	不燃	难燃	难燃
耐湿性	良好	良好	良好	弱	优
耐潮性	良好	良好	良好	弱	良好
损耗	大	大	稍小	大	小
噪声	低	低	低	高	低
重量	重	较重	中	重(轻)	轻

注：括号内文字指非包封绕组干式变压器。

一般情况下，高层主体建筑内变电所应选用不燃或难燃型变压器；多层建筑物内变电所和防火、防爆要求高的车间内变电所，宜选用不燃或难燃型变压器。设置在民用建筑中的变压器，应选择干式、气体绝缘或非可燃性液体绝缘的变压器。当单台变压器油量为 100kg 及以上时，应设置单独的变压器室。

6.4.2　配电变压器参数的选择

1. 额定电压的选取

作为与电网连接的降压变压器，配电变压器一次绕组额定电压一般选为等于所接电网的标称电压，但是作为直接与发电机连接的升压变压器，其一次绕组额定电压应等于发电机输出电压，其电压值比系统标称电压高 5%。

配电变压器二次绕组额定电压一般选为比所在电网标称电压高 10%，但当二次侧线路供电距离短、电压损失小时，如用电设备专用变压器（电弧炉变压器）、向 380/220V 系统供电的末端配电变压器等，其二次绕组额定电压只需比所在电网标称电压高 5%。

2. 短路电压的选取

短路电压 u_k%的选取，主要考虑两个因素：

1）应满足电压偏差和电压波动的要求。一般来说，对容量不大（小于 1600kV·A）的变压器，选择短路电压较小的值，有利于减小电压偏差和电压波动。

2）对容量较大（1600kV·A 及以上）的变压器，应满足限制低压系统短路电流的要求。宜选择短路电压较大的值，对限制短路电流是有利的。

3. 额定容量的选取

变压器台数和容量应根据地区供电条件、负荷性质、用电容量、运行方式和经济发展等因素综合考虑确定。

1）变压器额定容量 $S_{r\cdot T}$ 应保证在最大负荷 S_c 下变压器长期可靠经济运行。

对仅有一台变压器运行的变电所，变压器额定容量应满足

$$S_{r\cdot T} \geqslant S_c$$

为节能运行和留有裕量，变压器的最大负荷率一般在 60%~85%之间，取 70%为宜。

有一、二级负荷的变电所中宜装设两台变压器，每台变压器容量可按下列条件选择：

$$S_{r\cdot T1} + S_{r\cdot T2} \geqslant S_c$$

$$S_{r\cdot T1} \geqslant S_{c(\text{I}+\text{II})}, S_{r\cdot T2} \geqslant S_{c(\text{I}+\text{II})}$$

考虑在事故情况下一台变压器断开后，另一台变压器仍能保证对一、二级负荷供电，在此时间内，部分三级负荷可切除，避免一台变压器承受总计算负荷时长时间过负荷运行。

2）配电变压器容量应满足大型电动机及其他冲击性负荷的起动要求。

大型电动机及其他冲击性负荷起动时，会导致变压器配电母线电压下降，一般规定电动机非频繁起动时母线电压不宜低于额定电压的 85%，要求变压器容量应与起动设备容量及起动方式相配合。

3）变压器低压侧电压为 0.4kV 时，单台变压器容量不宜大于 1250kV·A。

民用建筑使用的配电变压器，虽有的单台容量已达到 1600kV·A 及以上，但由于其供电范围和供电半径太大，电能损耗较大，不宜选用。但当用电设备容量较大、负荷集中且运行合理时，也可选用较大容量的变压器。

4）变压器容量应满足投入运行后 5~10 年预期负荷的需要，至少留有 15%~25%的裕量。

6.4.3 配电变压器联结组别的选择

三相变压器的绕组联结方法，应根据中性点是否引出和中性点的负载要求及与其他变压器并联运行条件等来选择。常用的绕组联结方法有星形、三角形和曲折形（Z 形）等。

35~110kV 降压电力变压器的联结组别一般为 Ynd11，20kV 及以下配电变压器有 Yyn0 和 Dyn11 两种常见的联结组别，如图 6-11 所示。Dyn11 联结组变压器高压绕组接成三角形，

有利于抑制零序谐波电流注入电网、承受单相不平衡负荷的能力强以及低压侧单相接地故障电流大，有利于切除接地故障，因此对低压采用 TN 及 TT 接地型式的供配电系统，应优先考虑选用 Dyn11 变压器。

对多雷地区及土壤电阻率较高的山区，宜选用联结组别为 Yzn11 的防雷变压器。

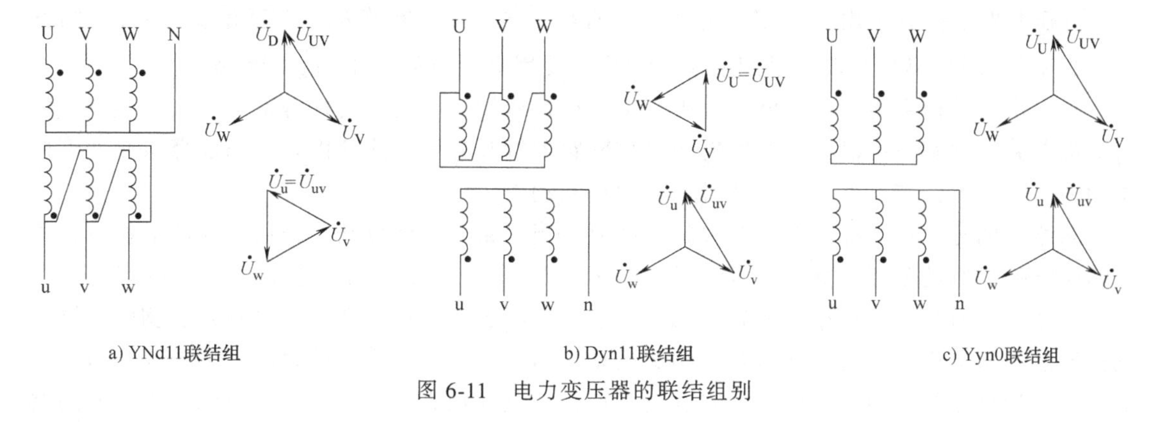

图 6-11 电力变压器的联结组别

6.4.4 配电变压器调压方式与电压分接头的选择

供配电系统中在电压偏差不能满足要求时，35kV 降压变电所的主变压器应采用有载调压方式，而 10（6）kV 配电变压器一般只采用无励磁手动调压方式。

变压器电压分接头是指在变压器一次绕组上有若干连接端，每个连接端上都标有绕组匝数变化的百分数，如图 6-12 所示电压分接头±5%，该百分数与电压升降方向相反。例如将一次侧连接到+5%端，变压器的电压比增大 5%，二次绕组的空载电压下降 5%。有载调压变压器可在不停电的情况下切换电压分接头，而无励磁调压变压器只有在变压器断电的情况下才能切换电压分接头。

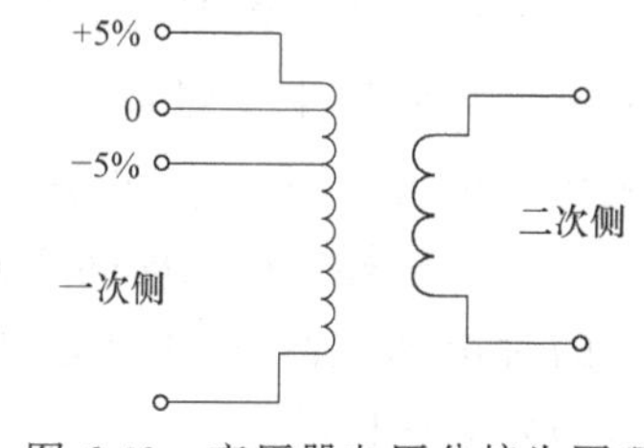

图 6-12 变压器电压分接头原理

选择合适的电压分接头，改变变压器的电压比，使出现最多负荷时的电压负偏差与出现最小负荷时的电压正偏差得到调整，使之保持在正常合理的范围内，但是并不能缩小正负偏差之间的范围。对无励磁调压，应首先考虑选用调压档次更密的变压器，如电压分接头±5%不满足要求时，可选用 2×（±2.5%）分接头的变压器。

对无励磁调压不满足要求，又不宜采用有载调压的供配电系统，则应考虑改变配电系统运行方式，尽量使三相负荷平衡，合理减小配电系统的阻抗，从而调整电压偏差。或者采用按电压水平调整，改变并联补偿电容器组的接入容量，能同时起到合理补充无功功率和调整电压偏差水平的作用。

6.5 高压断路器及隔离开关参数确定

6.5.1 高压断路器

本节介绍的高压断路器是指 3kV 以上的配电断路器，是供配电系统中重要的配电开关设备，用来控制电路通断，不仅能够关合、承载和开断正常回路电流，而且还能够在规定时间内承载和开断异常回路条件下的电流（如短路电流），在继电保护装置作用下还具有自动跳闸，保护电路的功能。

1. 高压断路器简介

高压断路器按其采用的灭弧介质分，有油断路器、真空断路器、六氟化硫（SF_6）断路器等类型。目前35kV及以下供配电系统中广泛使用真空断路器和SF_6断路器。

断路器的结构主要有动静触头、灭弧室、机械机构、外壳、支柱等部分。大多数机械机构中都有断路弹簧，可以在脱扣器失扣时将断路器触头分离。除此以外，断路器自身并无操作动力，若需要，应另外配置操动机构，驱动其动作。

断路器的分、合闸都与电弧有关。分闸时，当断路器接到分闸指令后，断路器机械机构中的断路弹簧驱动断路器触头运动，在触头分离的瞬间，三相动、静触头间先后有电弧产生，经过一段时间后，三相电弧先后熄灭，这时断路器才真正完全开断电路。合闸时，操动机构通过断路器机械机构驱动断路器触头运动，当动、静触头快要接触时，触头间断口会被击穿，称为预击穿，预击穿后断口间有电弧产生，直到触头完全闭合后，电弧消失，断路器才真正接通电路。

（1）高压真空断路器

真空断路器是利用“真空”（气压为10^{-6}～10^{-2}Pa）来灭弧，其触头装在真空灭弧室内。这种“真空”不是绝对真空，在触头断开时由于电子发射而产生少量电弧，称为真空电弧，它能在电路电流第一次过零时（即半个周期时）熄灭。这样，燃弧时间很短，也不至产生很高的过电压。图6-13所示为户内式真空断路器的外形结构图。

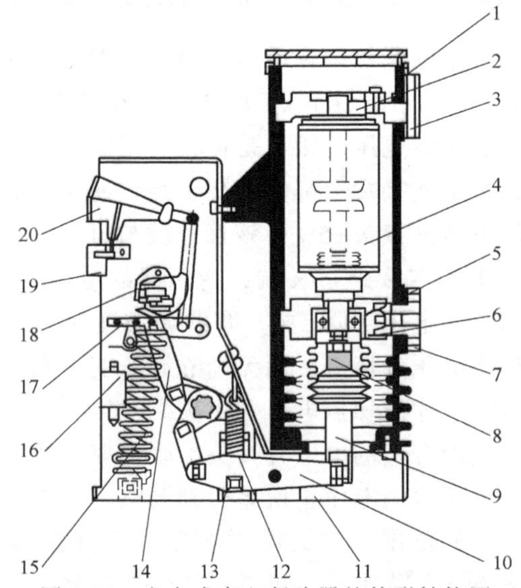

图6-13 户内式真空断路器的外形结构图

1—绝缘筒 2—上支架 3—上出线座 4—真空灭弧室 5—软连接 6—下支架 7—下出线座 8—碟簧 9—绝缘拉杆 10、14—四连杆机构 11—断路器壳体 12—分闸弹簧 13—缓冲器 15—储能弹簧 16—分闸脱扣器 17—手动分闸弯板 18—合闸凸轮 19—计数器 20—分合指示牌

真空断路器具有体积小、动作快、寿命长、安全可靠和便于维护检修等优点，主要应用于频繁操作和安全要求较高的场所。

真空断路器配用CD10等型电磁操动机构或CT7等型弹簧操动机构。

（2）高压SF_6断路器

SF_6断路器利用SF_6气体作为灭弧和绝缘介质，SF_6是一种无色、无味、无毒且不易燃的惰性气体。在150℃以下，其化学性能相当稳定。但在电弧高温作用下要分解出氟（F_2），氟具有较强的腐蚀性和毒性，且与触头的金属蒸气化合为一种具有绝缘性能的白色粉末状的氟化物。因此这种断路器的触头一般都设计成具有自动净化的功能。然而，这些分解和化合作用所产生的活性杂质大部分能在电弧熄灭后极短时间内自动还原，残余杂质也可用特殊吸附剂（如活性氧化铝）清除，因此对人身和设备不会产生危害。

SF_6 不含碳元素（C），对灭弧和绝缘介质来说，是极为优越的特性。与油断路器用油作为灭弧和绝缘介质相比，绝缘性更好，检修周期更长。因为绝缘油在电弧高温作用下要分解出碳（C），油中的含碳量增高，会降低油的绝缘和灭弧性能，所以油断路器在运行中要经常监视油色，分析油样，必要时更换新油。

SF_6 还不含氧元素（O），不存在触头氧化的问题。较之空气断路器，其触头磨损少，使用寿命长。另外，在电流过零时，电弧暂时熄灭后，SF_6 具有迅速恢复绝缘强度的能力，使得电弧难以复燃而很快熄灭。

SF_6 断路器的结构，按其灭弧方式可分为双压式和单压式两类。双压式有两个气压系统，压力低的作为绝缘，压力高的作为灭弧。而单压式只有一个气压系统，灭弧时 SF_6 气流靠压气活塞产生。

图 6-14 所示为单压式户内 SF_6 断路器的外形结构图，其灭弧室结构如图 6-15 所示。

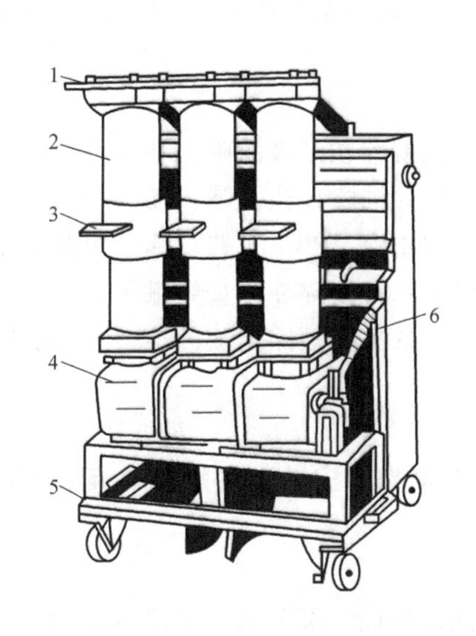

图 6-14　单压式户内 SF_6 断路器的外形结构

1—上接线端子　2—绝缘筒（内为气缸及触头灭弧系统）
3—下接线端子　4—操动机构箱
5—小车　6—断路弹簧

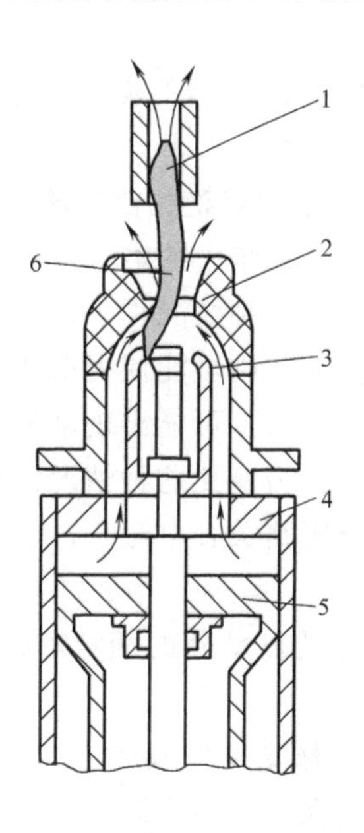

图 6-15　SF_6 断路器灭弧室的结构图

1—静触头　2—绝缘喷嘴　3—动触头
4—气缸（连同动触头由操动机构传动）
5—压气活塞　6—电弧

由图 6-15 可以看出，断路器分闸时，装有动触头和绝缘喷嘴的气缸由断路器操动机构通过连杆带动，离开静触头，造成气缸与活塞的相对运动，压缩 SF_6 气体，使之通过喷嘴吹弧，从而使电弧迅速熄灭。

SF_6 断路器具有断流能量大、灭弧速度快、绝缘性能好和检修周期长等优点，适于频繁操作，且无易燃易爆危险，特别是用作全封闭式组合电器；但是对制造加工精度要求高，密封性能要求严。

SF_6 断路器与真空断路器一样，也配用 CD10 等型电磁操动机构或 CT7 等型弹簧操动机构。

2. 高压断路器参数选择

(1) 一般参数选择

断路器的额定电压、额定电流，短路动、热稳定校验等一般参数选择，可参考6.2节中电气设备选择的一般原则。

(2) 额定短路开断电流

断路器的短路开断电流是指断路器在规定条件下能保证开断的最大短路电流，由断路器的灭弧能力确定，一般以短路电流的交流分量有效值表示。短路开断电流又分额定短路开断电流（I_{cr}）和最大短路开断电流（$I_{cr \cdot max}$），前者指开断该电流后，断路器仍能继续正常运行，并可以反复开断规定的次数；后者指虽然能保证开断该电流，但是开断后，断路器已受到实质性损坏，必须维修或报废。

断路器开断能力校验一般使用额定短路开断电流，要求

$$I_{cr} \geqslant I_{k3 \cdot max}$$

式中，I_{cr}为断路器的额定短路开断电流（kA）；$I_{k3 \cdot max}$为断路器安装处的最大三相短路电流有效值（kA）。

(3) 额定短路关合电流

供配电系统中的电气设备或线路在投入运行前可能就存在绝缘故障，甚至可能已经处于短路状态，这种情况称为预伏故障。如果未能及时发现并消除预伏故障，而将断路器关合到预伏故障上，则可能使得触头尚未闭合，触头间隙就被击穿，产生短路电弧。短路电弧对触头产生排斥力，可能出现动触头合不到底的现象，使电弧持续存在，烧毁触头，甚至引起断路器爆炸。为避免这种情况的出现，断路器应具有足够的关合短路电流的能力，一般以断路器的额定短路关合电流（i_{sp}）表示，要求

$$i_{sp} \geqslant i_p$$

式中，i_{sp}为断路器的额定短路关合电流（kA）；i_p为断路器安装处的短路电流最大瞬时值（kA）。

(4) 额定操作顺序

为了在短路发生时快速切除故障，又尽可能保证选择性，部分高压断路器设置了自动重合闸装置。当线路发生短路，上、下级保护无时限动作于跳闸，开断线路，然后再从电源侧开始逐级重新关合断路器，这时有可能出现以下几种情况：

1）若故障为瞬时性短路（如闪络），则断路器重合闸全部成功，线路立即恢复供电。

2）若故障为永久性短路且发生在下一级线路上，则因下一级断路器已经切除了故障，上级断路器应能重合闸成功，而下级断路器重合闸时因故障在本级线路上，会再次跳闸，重合闸失败。

3）若短路就发生在上级线路，则上级断路器关合时会再次跳闸，重合闸失败。

根据电力系统运行操作规程，重合闸失败的情况下，操作人员可以根据情况，在等待一定时间后第三次合闸，称为强送电。如果短路已消除，则可能强送电成功，否则断路器还会再次跳闸。

自动重合闸的断路器在短时间内会多次开断、关合短路电流，其短路开、合能力会有较大的下降。因此相关标准规定了严格的断路器重合闸操作顺序，并要求断路器生产厂家给出在额定操作顺序下的特性参数。

操作顺序用O、CO、t、t'和t''表示，O表示一次分闸操作；CO表示一次合闸操作后立即（无任何故意的时延）进行分闸操作；t、t'和t''表示连续操作之间的时间间隔，也称为无电流时间。

常见的额定操作顺序有

$$O—t—CO—t'—CO$$

式中，$t=3\text{min}$，不用于快速自动重合闸的断路器；$t=0.3\text{s}$，用于快速自动重合闸的断路器；$t'=3\text{min}$。

$$CO—t''—CO$$

式中，$t''=15\text{s}$，不用于快速自动重合闸的断路器。

3. 开合特定的空载、负载电路

正常情况下，断路器需要开断空载线路（架空线/电缆）、空载变压器、电容器组和高压电动机等，可能产生较高的操作过电压，为将其控制在安全范围内，必须限制开断电流的大小，分别用以下参数表示：额定架空线/电缆充电开断电流、额定空载变压器开断容量和额定电容器组开断电流等。

特殊情况下断路器在关合电容器组时，由于电容电压不能发生突变，关合的瞬间有很大的充电电流通过，称为电容器组关合涌流。在额定电压及使用条件相应的涌流频率下断路器能够关合电流的峰值称为断路器的额定电容器组关合涌流，用以表示断路器关合电容器组的能力。

4. 断路器额定参数示例

以ZN28-10Ⅰ-1250真空断路器为例，其主要参数如下：

额定电压：12kV；额定电流：1250A。

额定峰值耐受电流：50kA（峰值）；额定短时耐受电流：20kA（有效值）；额定短时耐受时间：4s。

额定短路开断电流：20kA（有效值）；额定短路关合电流：50kA（峰值）；额定操作顺序：O—0.3s—CO—180s—CO。

额定开合电容器组电流：630A；额定异相接地故障开断电流：17.3A。

额定雷电冲击耐受电压：75kV（相对地）、84kV（断口间）；1min工频耐受电压：42kV（相对地）、48kV（断口间）。

合闸时间：不大于0.1s；分闸时间：不大于0.06s。

5. 断路器操动机构

控制断路器的主触头状态、且在断路器本体以外的动力与机械装置称为断路器的操动机构。操动机构的基本功能是驱动断路器合闸、分闸以及维持分闸状态，一般有选择地与断路器组合配置。

按动力的性质，操动机构可分手动、电磁、弹簧、液压操动机构和压缩空气操动机构等类型。中压配电断路器常采用手力、电磁和弹簧操动机构。

电磁操动机构的主要元件为合闸线圈和分闸线圈。合闸时，合闸线圈通电，产生电磁力，克服断路器断路弹簧的拉力以及动触头系统的自重和摩擦力，使动、静触头闭合；分闸时，分闸线圈的电磁力将保持合闸状态的闭锁机构脱扣，断路弹簧的拉力作用将动静触头分离，电弧在灭弧室迅速熄灭，从而分断电路。

弹簧操动机构靠储存在弹簧中的机械能合闸，一般靠手动或电动机旋转压缩弹簧，实现弹簧储能。弹簧操动机构的分闸与电磁操动机构相同。

6.5.2 隔离开关

隔离开关是一种结构简单，在供配电系统中广泛使用的高压开关。它没有灭弧装置，既不能开断正常负荷电流，更不能开断短路电流，否则产生的电弧不易熄灭，甚至造成飞弧（相间或相对地经电弧形成短路），会损坏电器设备，并严重危及人身安全。

隔离开关的主要用途是保证检修配电装置时工作的安全，故又称为检修开关。在需要停电检修的部分和其他带电部分之间，用隔离开关构成足够的明显可见的空气绝缘间隔。必要时还应在隔离开关上附设接地开关，供检修时接地使用。电气线路或设备故障时，隔离开关不能动作，对线路和设备没有保护作用。

例如油断路器在使用过程中经常需要检修维护，在其两侧安装隔离开关，将断路器与电源隔离，形成明显断开点，用于保证电气检修时的安全。断电时，应先开断断路器，后开断隔离开关；而送电时，应先关合隔离开关，后关合断路器。

另外，隔离开关还具有一定的开合小电感电流和小电容电流的能力，一般可用来开、合避雷器、电压母线和空载母线；开合励磁电流不超过 2A 的空载变压器；关合电容电流不超过 5A 的空载线路。在供配电系统投入备用母线或旁路母线以及改变系统运行方式时，也常用隔离开关配合断路器，协同完成倒闸操作。

隔离开关一般由触头装置、绝缘支柱、底座、传动机构和操作机构组成，结构比较简单。隔离开关的型式也较多，按安装地点不同，可分为户内式和户外式；按绝缘支柱数目，可分单柱式、双柱式和三柱式；按动触头动作方式有旋转式、闸刀式和插入式等。

隔离开关的主要参数选择一般包括型式选择，额定电压、额定电流，短路动、热稳定性校验，其方法同前述。

6.6 高压熔断器及负荷开关参数确定

熔断器是出现最早并被广泛应用的一种过电流保护电器，它简单、可靠，具有理想的反时限保护特性，可开断过负荷电流和短路电流。负荷开关是用来开合正常负荷电流的开关电器，一般还可以开断一定程度的过负荷电流，大多数兼有隔离开关的功能。负荷开关-熔断器组合作为一种开关电器与保护电器的组合，在目前环网供电单元和箱式开关柜中得到广泛应用。

6.6.1 高压熔断器

1. 高压熔断器类型简介

按开断短路电流的能力，熔断器可分为限流型和非限流型。限流型熔断器能在短路电流达到最大值以前熔断，不但具有高分断能力，还具有限流作用。非限流型熔断器在电流过零时灭弧开断，如喷射跌落式熔断器。

按保护对象，高压限流熔断器分为：T 型，保护变压器；M 型，保护电动机；P 型，保护电压互感器；C 型，保护电容器；G 型，不特别指定保护对象。

按保护范围，高压限流熔断器可分为后备、通用和全范围保护三类。后备熔断器只考虑短路保护，最小开断电流比较高，不适合用于过负荷保护；通用熔断器最小开断电流较低，但大于熔化电流，具有一定的过负荷保护能力；全范围熔断器最小开断电流等于最小熔化电流，只要熔体熔化，就一定保证开断电流，因此全范围熔断器可以保护短路故障和任何情况下的过负荷。

2. 高压熔断器的工作原理

熔断器由熔体和熔断器座组成，核心部件是熔体。熔体在过电流作用下的温度和相态变化过程如图 6-16 所示，可分成以下几个过程。

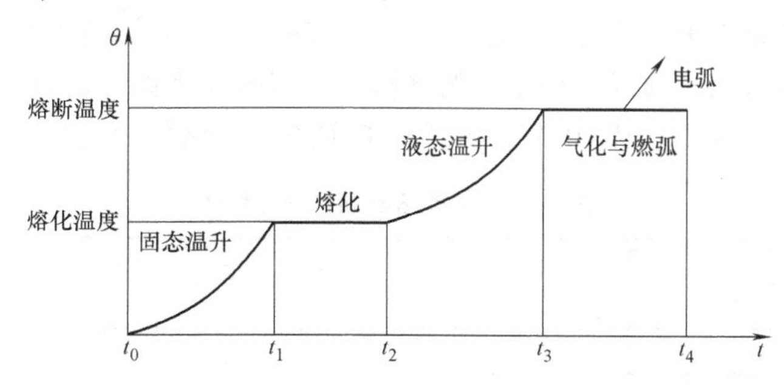

图 6-16　熔体在过电流作用下的温度和相态变化过程

1）固态温升过程。过负荷电流在熔体电阻上产生损耗发热，使熔体温度上升，直至熔体熔化温度，熔体开始熔化，即图中的 $t_0 \sim t_1$ 阶段。

2）熔化过程。电流发热全部用于熔化熔体，温度不再上升，熔体继续熔化，即图中的 $t_1 \sim t_2$ 阶段。

3）液态温升过程。熔体完全熔化后，电流发热使熔溶的熔体材料温度继续上升，直至气化温度，即图中的 $t_2 \sim t_3$ 阶段。

4）气化与燃弧过程。液态熔体开始变为金属蒸气，使熔体出现断口，伴随产生电弧，以及电弧产生至电弧熄灭的过程，即图中的 $t_3 \sim t_4$ 阶段。

熔断器熔体一旦因过电流作用开始熔化，便不再可能回到正常初始状态，但是要一直到达熔断，保护作用才得以实现。因此，熔断器在使用中应考虑上下级保护配合，应做到下级熔断器熔断时，上级熔断器尚未开始熔化。

3. 高压熔断器的保护特性

熔断器的弧前时间是指从过电流通过熔体开始，至熔体汽化，出现断口，产出电弧为止的这段时间；从电弧产生，至电弧熄灭的这段时间称为燃弧时间。弧前时间与燃弧时间之和为熔断器的动作时间。

（1）弧前时间-电流特性

在小倍数过负荷时，弧前时间较长，燃弧时间往往可以忽略不计，这时，熔断器的保护特性可以用弧前时间-电流特性来表示，又简称时间-电流特性，是在规定的动作条件下，弧前时间与过电流的函数曲线。通过熔体的电流越大，熔体动作时间就越短，具有反时限特性，如图 6-17 所示。每一种额定电流的熔体都有自己的

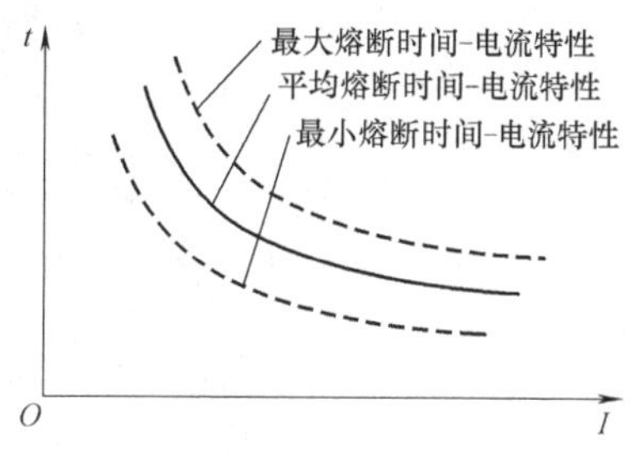

图 6-17　熔断器的弧前时间-电流特性

时间-电流特性，据此进行熔断器熔体电流的选择，获得熔断器作为过电流保护的选择性。

需要说明的是，由于产品特性参数的分散性，图中实线表示平均值，而虚线表示最大正、负偏差。目前，熔断器产品性能已经有较大改善，偏差范围可控制在±10%以内。

(2) I^2t 特性

当熔断器开断电流很大时，动作时间很短，可能在20ms或更短时间内开断，燃弧时间已不容忽略，以正弦波的有效值来分析电流的热效应已不合适，此时应采用焦耳积分 $\int_0^t i^2(t)\,dt$，即 I^2t 特性。熔断器熔体在极短时间内熔断，不考虑散热因素。考虑到产品特性参数的分散性，通常给出最小熔化 I^2t 特性和最大熔断 I^2t 特性，作为最不利保护配合的参数。由于熔体开断电流大，时间又极短，熔体熔化与起弧几乎同一时刻出现，因此最小熔化 I^2t 特性又称为弧前 I^2t 特性。某10kV系统用熔断器不同规格的 I^2t 特性见表6-12。

表6-12　某型熔断器的 I^2t 特性

额定电压/kV	额定电流/A	弧前 I^2t 最小值/$A^2\cdot s$	熔断 I^2t 最大值/$A^2\cdot s$
12	10	2.2×10^2	4.7×10^3
12	16	3.4×10^2	6.1×10^3
12	20	7.7×10^2	1.1×10^4
12	25	1.3×10^3	1.5×10^4

(3) 限流熔断器的截止电流特性

高压户内限流式熔断器通过的短路电流较大时，熔断器的开断时间远小于10ms，能将短路电流限制在远低于短路电流峰值的较小数值范围内，其截止电流特性如图6-18所示。

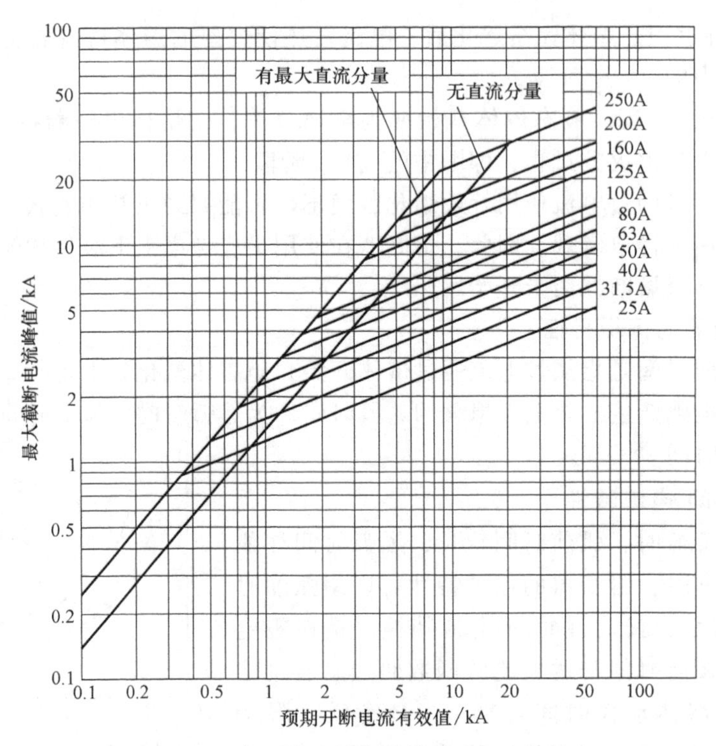

图6-18　高压限流熔断器的截止电流特性

例如熔体电流 100A 的高压限流熔断器，在预期短路电流有效值为 50kA 的情况下截止电流值约为 18kA。

4. 高压熔断器的主要参数选择

高压熔断器应按正常工作条件选择，不需要校验短路动、热稳定性，但是要校验开断电流的能力。

(1) 额定电压

高压限流型熔断器额定电压应与其工作电压相等，不能使用在低于其额定电压的供配电系统中。这是因为熔断器在限制和截断短路电流过程中会产生过电压，最大倍数通常限制在 2.5 倍相电压范围内，不超过同一电压等级电器绝缘水平。但是，如果熔断器使用在工作电压低于其额定电压的系统中，熔断器熔断时产生的过电压就有可能大大超过电器绝缘的耐受电压值。

(2) 额定电流

熔断器的额定电流包括熔断器底座额定电流和熔体额定电流。显然，熔断器底座额定电流不应小于所安装的熔体额定电流。

$$I_{FA} \geqslant I_{r \cdot FA}$$

式中，I_{FA} 为熔断器底座额定电流；$I_{r \cdot FA}$ 为熔体额定电流。

熔断器熔体通过正常工作电流时不应有任何熔化迹象，并考虑一定的裕量，应满足

$$I_{FA} = KI_N$$

式中，$I_{r \cdot FA}$ 为熔断器熔体额定电流；I_N 为被保护元件的工作电流，对于变压器取最大工作电流，对于电容器（组）取额定电流；K 为系数。

高压熔断器熔体的额定电流选择，与其熔断特性有关，不但考虑回路的正常工作电流，而且还应考虑在开合变压器、电动机或电容器等这类设备的回路中可能出现的瞬态涌流。在设计选型时，应优先选用时间-电流特性与保护对象特性相配合的专用熔断器熔体。

1）保护变压器。考虑到变压器的正常过负荷电流、低压侧电动机自起动尖峰电流等因素，保护电力变压器的熔体额定电流可按变压器一次侧额定电流的 1.5~2 倍选择。

2）保护电压互感器。电压互感器正常运行时相当于处于空载的变压器，保护电压互感器的熔断器熔体只限能承受电压互感器励磁电流的冲击，不必校验熔体额定电流，一般取 0.5A 或 1A 即可。

3）保护并联电容器。考虑到电容器在 1.3 倍额定电流下可长期工作，而且电容允许有 10%的偏差，因此保护电容器的熔体额定电流应按单台电容器额定电流的 1.5~2.0 倍选择，或成组电容器回路额定电流的 1.43~1.55 倍选择。

(3) 额定最大开断电流

熔断器的额定最大开断电流是指在规定使用和性能条件下，熔断器在规定电压下能开断的最大预期电流值。对限流式熔断器，额定最大开断电流应大于安装处（熔断器出线端子处）的最大三相短路电流有效值，即

$$I_{cr \cdot FA} \geqslant I_{k3 \cdot max}$$

式中，$I_{cr \cdot FA}$ 为熔断器的额定最大开断电流（kA）；$I_{k3 \cdot max}$ 为熔断器安装处的最大三相短路电流有效值（kA）。

(4) 额定最小开断电流

与断路器不同，熔断器除了有最大开断能力限制外，还有最小开断能力的限制。例如熔断器作为下一级的远后备保护时，故障电流太小，不能使熔断器可靠开断。因此熔断器还应校验最小开断电流的能力（称为额定最小开断电流）。对于后备限流式熔断器，额定最小开断电流值一般为额定电流的4~6倍，选用时应保证其额定最小开断电流小于被保护线路的预期最小短路电流。

5. 高压熔断器的保护选择性配合

熔断器的保护配合主要是指选择熔断器熔体电流时，应保证上下级熔断器之间、熔断器与电源侧继电保护之间以及熔断器与负荷侧继电保护之间动作的选择性，要求正确检出供配电系统的故障区，避免非故障区的保护误动作。

上、下级均选用限流型熔断器之间的配合要求下级熔断器动作时，保持上级熔断器不受影响。对于小故障电流，弧前时间大于0.1s，要求上级熔断器的弧前时间-电流特性曲线与下级熔断器的时间-电流特性曲线不相交且应在其右侧，如图6-19a所示，并保证上级熔断器所承受的允许电流至少比下级熔断器大20%。

对于短路电流很大，弧前时间小于0.1s，需要用I^2t特性进行验证，要求上级熔断器I^2t值大于下级熔断器I^2t值40%以上。

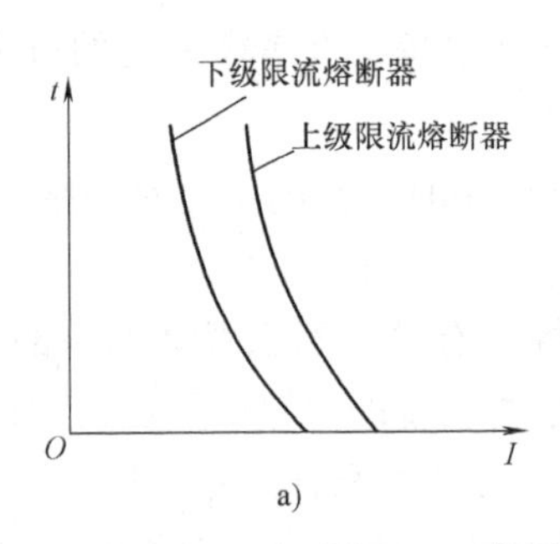

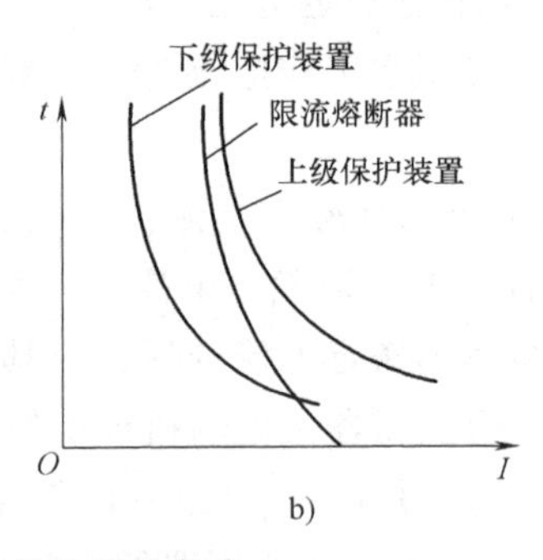

图6-19 高压熔断器的选择性配合

限流熔断器与其他上级或下级保护装置之间的配合要求，同样可以通过比较弧前时间-电流特性曲线确定，如图6-19b所示。当其他保护装置作为下级、熔断器为上级时，熔断器弧前时间-电流特性曲线与下级保护装置的动作时间-电流特性曲线可能有交点，为尽量扩大选择性范围，熔断器熔体电流应选择大些。当其他保护装置作为上级、熔断器为下级时，应使熔断器时间-电流特性曲线与上级保护装置的动作时间-电流特性曲线不相交，并使两者最接近部分相差1~3s即可。

6.6.2 高压负荷开关

负荷开关是用来开合正常负荷电流的开关电器，具有简单的灭弧装置，可以开断一定程度的过负荷电流，在过电流继电器等二次装置的配合下，可实现部分过负荷保护，但不能实施短路保护。负荷开关处于开断状态时，其触头断点可见，兼有隔离开关的功能。

高压负荷开关除按上述一般要求选择外，还须注意有关操作性能的开合电流参数。

(1) 额定有功负荷开断电流

高压负荷开关的额定有功负荷开断电流是指负荷开关在其额定电压下能够开断的最大有

功负荷电流，应能切断负荷开关回路最大可能的过负荷电流，即

$$I_{cr \cdot QB} \geqslant I_{ol \cdot max}$$

式中，$I_{cr \cdot QB}$ 为负荷开关的额定有功负荷开断电流（A），可查产品参数；$I_{ol \cdot max}$ 为负荷开关回路最大可能的过负荷电流（A）。

（2）额定电缆充电开断电流

高压负荷开关的额定电缆充电开断电流是指负荷开关在其额定电压下能够开断的最大电缆充电电流。使用高压负荷开关开断电缆线路的最大充电电流不应大于其额定电缆充电开断电流。12kV 负荷开关额定电缆充电开断电流为 10A。

（3）额定空载变压器开断电流

高压负荷开关的额定空载变压器开断电流是指负荷开关在其额定电压下能够开断的最大空载变压器电流。使用高压负荷开关开断的变压器空载电流应不大于其额定空载变压器电流（等于其额定电流的 1%），例如，负荷开关额定电流 630A，其额定空载变压器开断电流为 6.3A，开断的变压器容量一般不大于 1250kV · A。

（4）额定短路关合电流

高压负荷开关的额定短路关合电流是指负荷开关在其额定电压下能够关合的最大峰值预期电流。负荷开关的额定短路关合电流不应小于安装处的最大三相短路电流峰值。负荷开关的额定短路关合电流等于其额定峰值耐受电流，因此应满足短路动稳定条件。

6.6.3　负荷开关-熔断器电器组合

1. 转移电流

为防止熔断器单相熔断后系统断相运行，要求在熔断器与负荷开关之间设置联动装置，熔断器带撞击器，当任一相熔体熔断时，撞击器都会撞击负荷开关，使其立即跳闸。

当系统发生三相短路时，若短路电流足够大，则熔断器三相熔体都会熔断，但是由于各相电流相位不同，总有一相上的熔体会先于其他两相熔断，称其为首开相，其他两相称为次开相。首开相一旦熔断，负荷开关便会被撞击器撞击而跳闸。但是，如果直到负荷开关跳闸时，其他两相熔断器都还没有熔断，这时便出现了负荷开关开断短路电流的现象，也就是本应由熔断器开断的短路电流转移到了由负荷开关开断（首开相除外），称为电流转移现象。

电流转移现象是否发生，取决于熔断器时间-电流特性和撞击器联动时间。短路电流大或联动时间长，都有利于熔断器先于负荷开关开断，使电流转移现象不会发生。而对于给定的负荷开关-熔断器组合电器，联动时间是固定的，因此电流转移现象是否发生就仅取决于短路电流的大小，电流越小，次开相熔断时间越长，就越容易发生电流转移。

将刚好使电流转移现象出现的预期三相短路电流称为转移电流，记为 I_{trf}。若实际短路电流大于转移电流，则短路电流全部由熔断器开断；若实际短路电流小于转移电流，则首开相由熔断器开断，其余两相由负荷开关开断，此时故障已变为两相短路，负荷开关实际开断电流为三相短路电流的 87%。

选择负荷开关-熔断器组合时，应考虑对转移电流的校验。

当短路电流小于转移电流时，负荷开关的额定开断电流应大于电器组合的转移电流，两相短路电流由负荷开关开断。

当短路电流大于转移电流时，熔断器的额定最小开断电流应不大于电器组合的转移电流，三相短路电流全部由熔断器开断。

2. 交接电流

负荷开关-熔断器组合电器除了熔断器的撞击器外，还安装有热脱扣器或保护继电器，承担一定程度的过负荷保护。因此需要熔断器的保护特性与负荷开关热脱扣器的保护特性相互配合，当过电流较小时由热脱扣器驱动负荷开关动作，过电流较大时由熔断器动作，这两个动作电流的分界点，也就是两个保护装置时间-电流特性的交叉点对应的电流值，称为交接电流，记为 I_{to}，如图 6-20 所示。

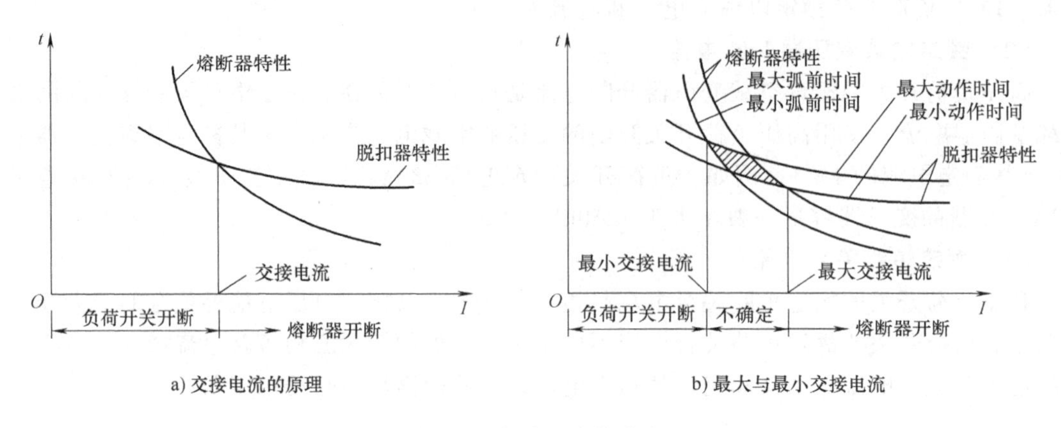

图 6-20 交接电流的确定

实际上，由于产品特性的分散性，交接电流存在交叉部分，如图 6-20b 所示，如果过负荷电流出现在最小和最大交接电流之间的不确定区域，则过负荷保护既可能由负荷开关动作，也可能由熔断器动作。

选择负荷开关-熔断器组合时，还应按最不利条件，对交接电流进行校验。

负荷开关的额定开断电流应大于最大交接电流，保证最大交接电流以下的过电流都可由负荷开关开断；而熔断器的额定最小开断电流应小于最小交接电流，保证最小交接电流以上的过电流都可由熔断器开断。

6.7 互感器参数确定

供配电系统中，电气参数测量、电能计量、继电保护、自动装置等都会使用电流互感器和电压互感器，是联系供配电一次系统与二次系统的关键设备。

在测量一次系统电气参数时，通过互感器，将一次系统的高电压（或大电流）转换成低电压（或小电流），降低对测量仪表绝缘和载流能力的要求，改善操作安全条件。互感器一、二次绕组靠磁场联系，在电气上隔离了一、二次系统，增强了二次系统设备和人员的电气安全性。同时，二次系统的故障也不会直接影响到一次系统。

6.7.1 电流互感器

1. 电流互感器的工作原理

图 6-21 所示为一只单相绕线式电流互感器的原理接线图。互感器铁心上一次绕组匝数

少，串联在供配电系统一次回路中，绕组流过一次回路的电流；互感器二次绕组匝数多，与供配电系统二次侧的测量仪表等串联，构成闭合的二次回路。

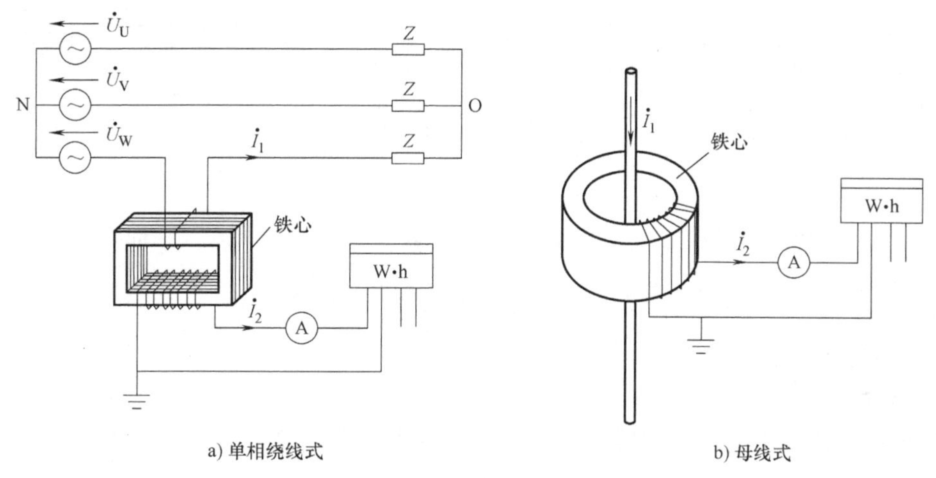

图 6-21　电流互感器的工作原理

互感器一次绕组阻抗远小于负荷阻抗，将其串入一次系统，可忽略对一次系统电流的影响，认为互感器一次绕组中的电流就是真实的一次系统电流。理论上，互感器二次绕组电流与一次绕组电流之比等于一、二次绕组匝数比，这样通过二次绕组电流的大小就可获知一次系统电流。

电流互感器二次绕组的阻抗很大，而二次回路的负荷阻抗又很小，相当于一台接近于短路运行的变流电流源。电流互感器二次回路严禁开路。若发生开路，则绕组铁心温度会急剧升高，可能烧坏铁心及绕组，而且开口处会出现幅值很大的尖脉冲，可高达 1000V，危及二次仪表或保护继电器的绝缘，并威胁人身安全。

图 6-21b 所示为母线式电流互感器，与绕线式电流互感器不同，本身没有一次绕组，而是将一次系统的母线作为其一次绕组，根据电流在其周围产生的磁场测量流过母线的一次电流。

2. 电流互感器接线方式

用单相电流互感器测量三相系统电流时，根据使用的互感器数量和各互感器间绕组的连接方式，可构成不同的接线方式。常用的有单相接线、两相不完全星形接线和三相星形接线等。

1）单相接线（见图 6-22a）：一次绕组通过的电流，可反映一次电路对应相的电流，常用于负荷平衡的三相电路中测量电流或过负荷保护接线。

2）两相不完全星形接线（见图 6-22b）：广泛用于中性点非有效接地的三相三线制系统中，用于电能计量或过电流保护接线。

3）三相星形接线（见图 6-22c）：三个一次绕组，正好反映各相电流，因此广泛应用于中性点有效接地的三相四线制系统中，用于电流测量、电能计量或过电流保护接线。

3. 电流互感器参数选择

(1) 额定电压

额定电压（一次回路电压）U_r 应与所在线路的标称电压 U_n 相符，设备最高工作电压

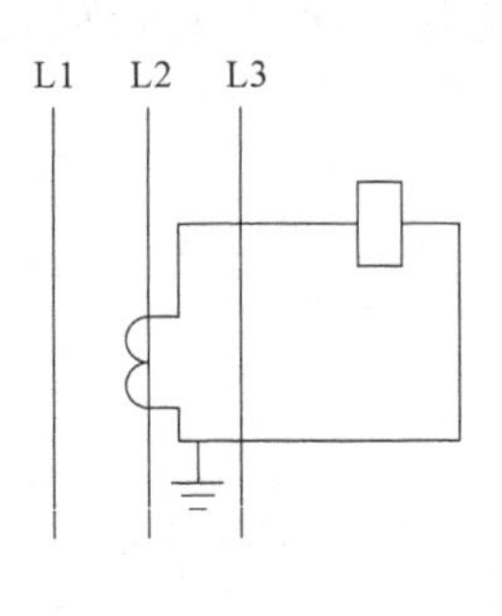

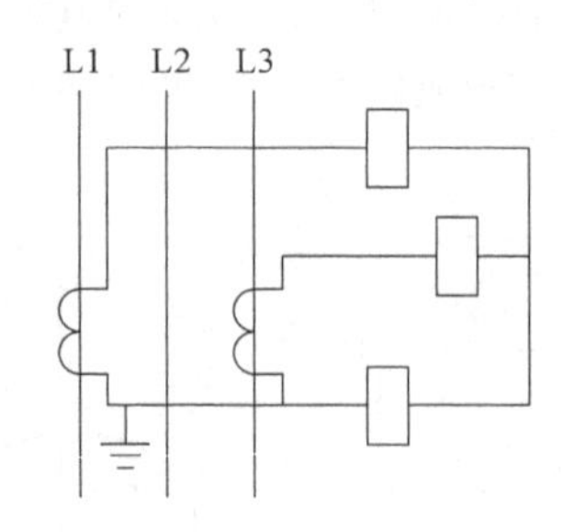

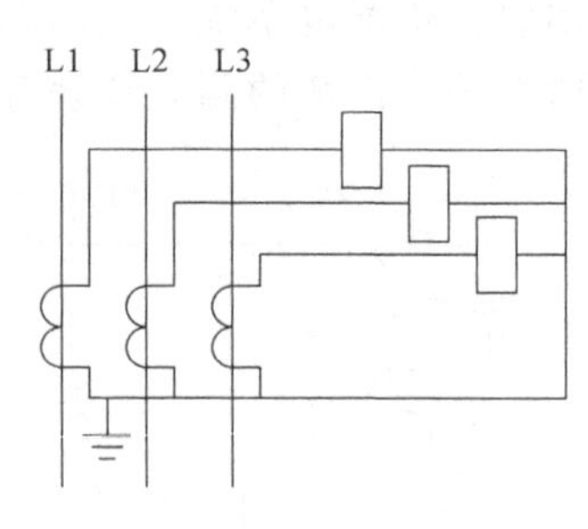

a) 单相接线　　b) 两相不完全星形接线　　c) 三相星形接线

图 6-22　电流互感器的常用接线方式

不应低于系统最高电压。

(2) 额定电流

对于测量、计量用电流互感器，其额定电流一次电流 I_{r1} 按线路正常负荷电流 I_c 的 1.25 倍选择。

对于保护用电流互感器，与测量共用时，只能选用相同的额定一次电流；单独用于保护回路时，其额定电流一次电流 I_{r1} 宜按不小于线路短时最大负荷电流选择。

电流互感器的额定二次电流 I_{r2} 已经标准化了，一般选为 5A 或 1A。

(3) 额定动稳定电流

电流互感器的额定动稳定电流是指在二次绕组短路的情况下，电流互感器能承受住其电磁力的作用而无电气或机械损伤的最大一次电流峰值。电流互感器额定动稳定电流不应小于使用处的最大三相短路电流峰值。

(4) 额定短时热电流

电流互感器的额定短时热电流是指在二次绕组短路的情况下，电流互感器能承受 1s 且无损伤的一次电流方均根值。电流互感器额定短时热电流应满足条件 $I_t^2 t \geqslant Q_t$。短路电流热效应 Q_t 按保护电器（断路器或熔断器）的不同可分别计算。

(5) 额定容量

电流互感器一次侧工作在额定状态下，在测量误差不超过其准确度等级所规定数值的前提下，二次侧所能承载的最大负荷，称为电流互感器在这一准确度等级下的额定容量，记作 S_r（××），其中××表示准确度等级，如 0.2、0.5 等。因为电流互感器二次额定电流均为 5A 或 1A，所以可用阻抗值替代额定容量，称为电流互感器的额定负荷。

另外，在温升不超过规定值时电流互感器所能承受的最大二次负荷，又称为电流互感器的极限容量，它与测量准确度无关，是受制于工作寿命的一个参数。

4. 电流互感器测量误差与准确度等级

(1) 电流误差

电流误差是指互感器在测量电流时，由于实际电流比与额定电流比不相等而造成的测量误差。电流误差百分数表示为

$$\Delta I\% = \frac{(K_n I_s - I_p) \times 100}{I_p}$$

式中，K_n 为额定电流比；I_p 为实际一次电流（A）；I_s 为在测量条件下，流过 I_p 时的实际二次电流（A）。

(2) 电流相位差

在电流为正弦波时，互感器的一次电流与二次电流相量的相角误差，称为相位差。理想互感器的相位差为零，若二次电流相量超前一次电流相量，则相位差为正值。相位差通常用分（′）或厘弧度（crad）表示。

(3) 复合误差

当计及二次绕组谐波对测量误差的影响，在一次电流很大、铁心饱和严重的情况下，引入复合误差的概念，对误差的表达比电流误差更准确，主要用于保护用电流互感器，为保护用继电器供电，其定义为

$$\varepsilon_c = \frac{100}{I_p}\sqrt{\frac{1}{T}\int_0^T (K_n i_s - i_p)^2 \mathrm{d}t}$$

式中，K_n 为额定电流比；I_p 为一次电流方均根值（A）；i_p 为一次电流瞬时值（A）；i_s 为二次电流瞬时值（A）；T 为一个周波的时间（s）。

(4) 标准准确度等级

测量用电流互感器的准确度等级是以该准确度等级在额定电流下所规定的最大允许电流误差百分数来标称的，标准准确度等级分为 0.1 级、0.2 级、0.5 级、1 级、3 级、5 级。通常精密测量用电流互感器选用 0.1 级，计量用电流互感器选用 0.2 级，变配电所一般测量用电流互感器选用 0.5 级和 1 级，给指示仪表等供电用电流互感器可选用 3 级或 5 级。

对于 0.1 级、0.2 级、0.5 级和 1 级，在二次负荷为额定负荷的 25%～100%之间的任一值时，其额定频率下的电流误差和相位差均不超过表 6-13 所列的限值。

表 6-13　测量用电流互感器（0.1 级～1 级）电流误差和相位差限值

准确度等级	在下列额定电流(%)下的电流误差(±%)				在下列额定电流(%)下的相位差							
					±(′)				±crad			
	5	20	100	120	5	20	100	120	5	20	100	120
0.1	0.4	0.2	0.1	0.1	15	8	5	5	0.45	0.24	0.15	0.15
0.2	0.75	0.35	0.2	0.2	30	15	10	10	0.9	0.45	0.3	0.3
0.5	1.5	0.75	0.5	0.5	90	45	30	30	2.7	1.35	0.9	0.9
1.0	3.0	1.5	1.0	1.0	180	90	60	60	5.4	2.7	1.8	1.8

在表 6-13 中可以看出，在 100%额定电流下的电流误差限值百分数就等于互感器标准准确度等级标号。3 级和 5 级测量用的电流互感器相位差不予规定，其电流误差不应超过表 6-14 所列限值。

表 6-14　测量用电流互感器（3 级和 5 级电流误差限值）

准确度等级	在下列额定电流(%)下的电流误差(±%)	
	50	120
3	3	3
5	5	5

注：对 3 级和 5 级的相位差限值不予规定。

还有一类特殊用途的测量用电流互感器，其后标以字母“S”，主要用于正常时负荷变化范围较大的系统测量，其准确度等级有 0.2S 和 0.5S。

保护用电流互感器的准确级是以额定准确限值一次电流下的最大复合误差的百分比来标称，其后标以字母“P”（表示保护用）。P 级保护用电流互感器的标准准确度等级有 5P 和 10P。

在额定频率和额定负荷下，保护用电流互感器电流误差、相位差和复合误差均不应超过表 6-15 所列限值。

表 6-15 保护用电流互感器误差限值

准确度等级	额定一次电流下的电流误差(±%)	额定一次电流下的相位差		额定准确限值一次电流下的复合误差(%)
		±(′)	±crad	
5P	1	60	1.8	5
10P	3	—	—	10

保护用电流互感器的额定准确限值一次电流是指在二次负荷为额定负荷条件下，复合误差不超过规定值时所允许的最大一次电流。额定准确限值一次电流与互感器一次额定电流之比称为准确限值系数，标准准确限值系数为 5、10、15、20、30。

例如，某电流互感器型号规格为 10P15，500/5A，表示该互感器为保护用电流互感器，一次额定电流为 500A，二次额定电流为 5A，测量误差限值（即最大允许误差）为 10%复合误差，准确限值系数为 15，即额定准确限值一次电流为 15×500A = 7500A，即可以认为当该互感器二次负荷为额定负荷时，如果被测一次电流不超过 7500A，则其测量误差（以复合误差计）不超过 10%。

5. 电流互感器二次回路严禁开路

电流互感器二次侧可等效为一个电流源，若发生开路，则开口处会产生很高的电压，并且铁心温度会急剧升高，其原理分析如下。

图 6-23 为铁心磁通与绕组电流的关系。电流互感器正常运行时，一、二次绕组磁动势

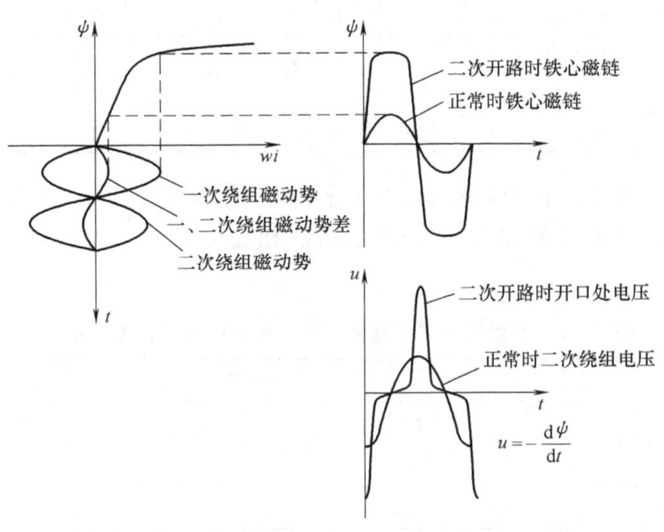

图 6-23 电流互感器二次绕组开路的磁通与电压

虽然较大，但相互抵消后铁心中只有较小的励磁磁通，铁心工作在磁化曲线的线性区域内，电压为正常的正弦波。

当电流互感器二次绕组开路时，二次绕组对一次绕组的去磁效应消失，很大的一次绕组磁动势使铁心磁通增大，工作点移动到磁化曲线的饱和区，造成危险后果：一是铁心磁滞损耗与涡流损耗增大，发热加剧，可能烧坏铁心及绕组；二是铁心磁通变成平顶波，非平顶部分斜率加大，使二次绕组的感应电动势出现幅值很大的尖脉冲，可高达 1000V，这样高的电压会危及二次仪表或继电器的绝缘，并威胁人身安全。因此，要求电流互感器二次回路严禁开路。

6.7.2　电压互感器

电压互感器与电流互感器是一种对偶的关系，各种特性和参数可相互比照。

1. 电压互感器工作原理

图 6-24 所示为一只单相电压互感器的工作原理。其一次绕组并联在系统的 V、W 相上，二次负荷并联在二次绕组上。由于一次绕组阻抗很大，因此并联接入一次系统后对一次系统电压的影响可忽略不计；二次绕组阻抗很小，但二次负荷阻抗相比大得多，因此电压互感器相当于一台接近开路运行的小容量变压器。

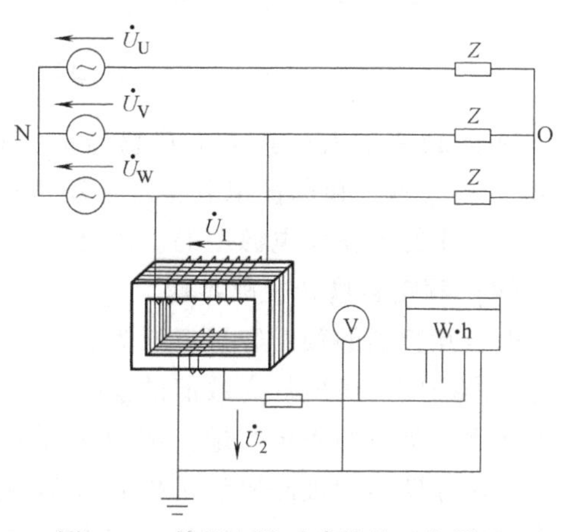

图 6-24　单相电压互感器的工作原理

2. 电压互感器接线方式

用单相电压互感器测量三相系统电压时，根据使用的互感器数量和各只互感器绕组之间的连接方式，可构成不同的接线方式。常用的有单相接线、两相不完全星形接线和三相星形接线，分别如图 6-25a ~ c 所示。

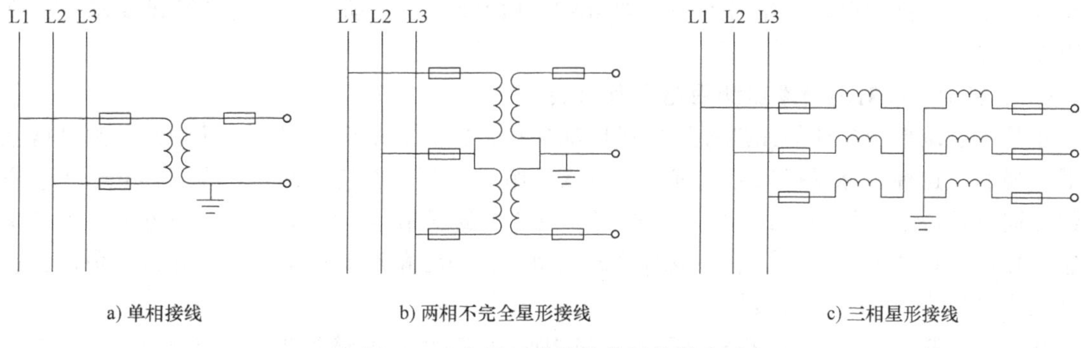

a) 单相接线　b) 两相不完全星形接线　c) 三相星形接线

图 6-25　电压互感器的常用接线方式

3. 电压互感器参数选择

(1) 额定一次电压

普通双绕组电压互感器的额定一次电压 U_{r1} 与所在线路的标称电压 U_N 相等；用于一次系统绝缘监视的三绕组电压互感器一次绕组额定电压为 $U_{r1}=U_N/\sqrt{3}$。

(2) 额定二次电压

普通双绕组电压互感器的额定二次电压 U_{r2} 一般为 100V；用于一次系统绝缘监视的三绕组电压互感器主二次绕组额定电压为 $U_{r2.1}=100/\sqrt{3}$V，剩余二次绕组额定电压为 $U_{r2.2}=100/3$V（中性点非直接接地系统）或 $U_{r2.2}=100$V（中性点直接接地系统）。

(3) 准确度等级

电压互感器的电压比定义为

$$K_u=\frac{U_{r1}}{U_{r2}}\approx\frac{N_1}{N_2}$$

式中，U_{r1}、U_{r2} 为电压互感器额定一、二次电压；N_1、N_2 为电压互感器一、二次绕组匝数；K_u 为电压互感器电压比，也称为互感比。

电压互感器的值误差（简称误差）$\Delta U\%$定义为

$$\Delta U\%=\frac{K_u U_2-U_1}{U_1}\times 100$$

根据 $\Delta U\%$的大小，电压互感器的准确度等级有 0.2 级、0.5 级、1 级、3 级和 3P 级、6P 级，一般测量和保护用电压互感器常选用 0.5 级和 3P 级，计量用电压互感器可选用 0.2 级，对兼作交流操作电源用的电压互感器可选用 1 级或 3 级。

(4) 额定容量和极限容量

电压互感器的额定容量定义为：一次侧工作在额定状态下的电压互感器，在测量误差不超过其准确度等级所规定数值的前提下，二次侧所能承载的最大负荷，称为电压互感器在这一准确度等级下的额定容量，记为 S_r（××），××表示准确度等级，如 0.2、0.5 等。

电压互感器的极限容量是指温升不超过规定值时互感器二次侧所能承载的最大负荷，它是受制于工作寿命的一个参数，与测量准确度无关。

另外，因为电压互感器使用时并联在一次系统上，不会承受系统短路电流，所以不用校验短路动、热稳定。但是电压互感器自身二次侧短路时，仍会有短路电动力和热冲击。如果选用专用于互感器的熔断器作为保护，如 RN2-10 熔断器，其动、热稳定是满足要求的，则可不做校验。

4. 小接地系统对地绝缘监测用电压互感器

小接地系统单相接地的无选择性绝缘监测保护，实际上是由专用的对地绝缘监测电压互感器实现的。这种互感器每只分别有一个一次绕组、一个二次绕组和一个辅助绕组，3 个绕组绕在同一铁心上，如图 6-26a 所示。选用 3 只这样的互感器，将 3 个一次绕组和 3 个二次绕组都接成接地星形，将 3 个辅助绕组接成三角形，但三角形不封闭，称为开口三角形，这种联结方式称为 Ynynd 开口接线。

图 6-26b 表示一个 10kV 系统中采用 3 只 JDZJ-10 型电压互感器进行对地绝缘监测，这 3 只互感器绕组之间按 Ynynd 开口接线。图中只画出了星形联结的一次绕组和开口三角形联结的辅助绕组，二次绕组的作用与一般的三相星形联结相同，不再讨论。JDZJ-10 型电压互感器的一次、二次及辅助绕组额定电压分别为 $10000/\sqrt{3}$V、$100/\sqrt{3}$V 和 $100/3$V。

图 6-27a 为正常运行时一次绕组的电压相量图；图 6-27b 为辅助绕组的电压相量，它与对应的一次绕组电压只相差一个电压比 $K(K=100\sqrt{3})$；图 6-27c 为开口三角形开口电压，辅

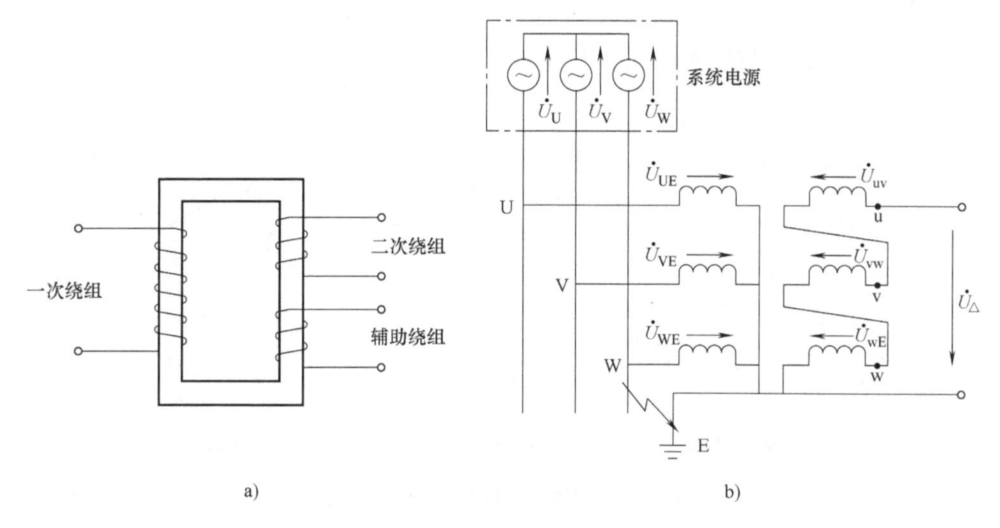

图 6-26　开口三角形电压分析接线图

助绕组三相电压平衡，因此开口电压等于 0。

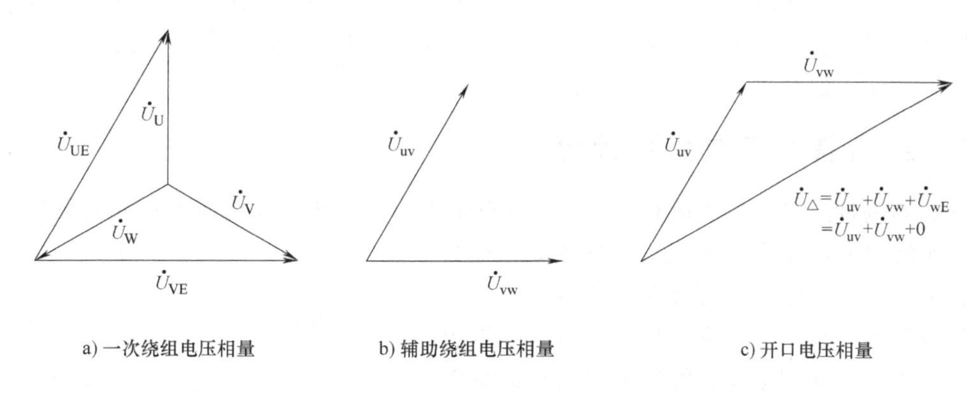

图 6-27　正常运行时的绕组和开口电压

图 6-28 为一次系统 W 相接地时电压互感器各绕组与开电压相量图。W 相接地时，$\dot{U}_{WE}=0$，但三相电源相电压不变。根据 KVL，互感器一次绕组电压有以下关系：

$$\dot{U}_{UE}=\dot{U}_{UW}=\dot{U}_U-\dot{U}_W=\sqrt{3}\,\dot{U}_U\mathrm{e}^{-\mathrm{j}30^\circ}$$

$$\dot{U}_{VE}=\dot{U}_{VW}=\dot{U}_V-\dot{U}_W=\sqrt{3}\,\dot{U}_V\mathrm{e}^{\mathrm{j}30^\circ}$$

$$\dot{U}_{WE}=0$$

一次绕组电压相量图如图 6-28a 所示，对应的辅助绕组电压为

$$\dot{U}_{uv}=\dot{U}_{UE/K},\dot{U}_{vw}=\dot{U}_{VE}/K,\dot{U}_{wE}=\dot{U}_{WE}/K=0$$

辅助绕组电压如图 6-28b 所示。根据 KVL，三角形开口电压为

$$\dot{U}_\triangle=\dot{U}_{uv}+\dot{U}_{vw}+\dot{U}_{wE}=\dot{U}_{uv}+\dot{U}_{vw}$$

三角形开口电压相量如图 6-28c 所示。从图中可求出开口电压大小为

$$U_{\triangle}=\sqrt{3}U_{uv}=\sqrt{3}U_{UE}/K=\sqrt{3}\times\sqrt{3}U_{U}/K=\frac{3\times\frac{10000}{\sqrt{3}}}{100\sqrt{3}}\text{V}=100\text{V}$$

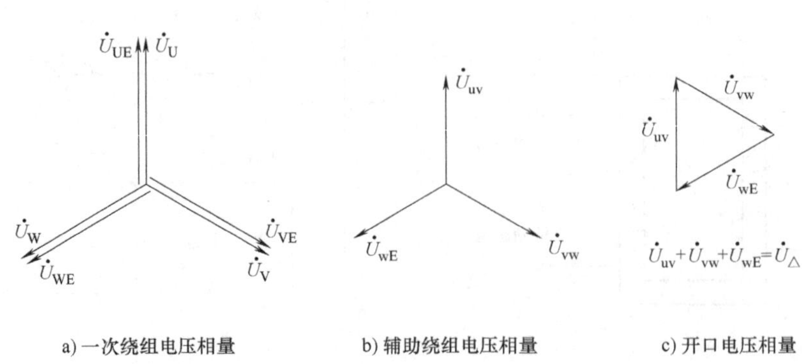

图 6-28　W 相接地时的绕组和开口电压

可见，三角形开口处的电压在正常时应为 0V，发生单相接地时为 100V，这一显著差异可作为判断是否发生单相接地故障的依据。对地绝缘监测电压互感器一般接在变配电所母线上，三角形开口电压只能判断是否发生了单相接地，星形联结的二次绕组可以判断是哪一相发生了接地，但到底是哪一回线路发生了接地，是无法判断的，因此称为无选择性的单相接地保护，只动作于信号。

6.7.3　互感器的二次负荷计算

互感器的测量准确度与负荷有关，每只互感器的负荷大小又与负荷本身的大小和负荷与互感器二次绕组的联结方式有关。如图 6-29 所示，两只单相电压互感器接成 V 形测量三相电压，但负荷是三相三角形联结，这时每一只互感器到底承担了多大负荷呢？从原理上看，每只单相互感器承担的负荷大小，等于互感器二次绕组电压乘以通过二次绕组的电流，如 BE1 所带的二次负荷就等于 $U_{21}I_{21}$。因此不管接线方式如何，只要用电路分析的方法求出二次绕组电压和电流，就可以求出互感器负荷大小。

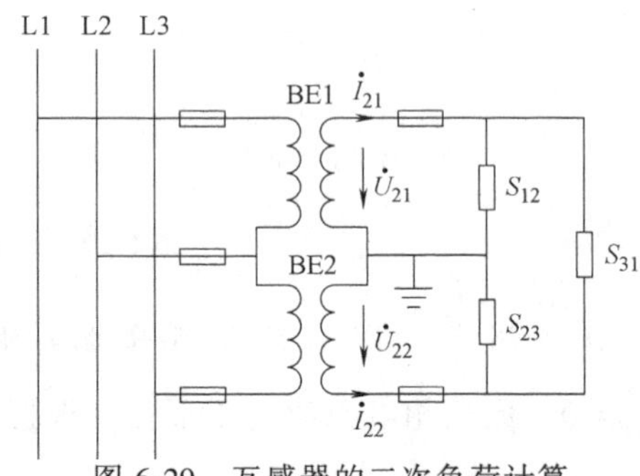

图 6-29　互感器的二次负荷计算

为了方便，常用工程设计手册将互感器典型连接方式下的二次负荷计算列成表格，使用时可直接查阅。要注意的是，电流互感器二次负荷阻抗很小，以致二次线路的阻抗和连接点的接触电阻都不能忽略，应一并作为负荷阻抗加以考虑。

特别提示，电压与电流互感器负荷阻抗与负荷容量的关系是相反的。电压互感器二次侧为电压源，负荷阻抗越小，负荷容量就越大；电流互感器二次侧为电流源，负荷阻抗越大，负荷容量就越大。

校验互感器二次负荷能力时，对测量用互感器，按二次负荷小于规定准确度等级下的额定容量校验。对于保护用电流互感器，需要按 10% 误差曲线进行校验。而对于供电用的电

压互感器，应按二次负荷小于极限容量进行校验。

思考与练习题

6-1　试描述短路电流的电动力效应和热效应。如何校验一般电器的动、热稳定性？

6-2　某电器铭牌标注其额定峰值耐受电流为 31.5kA。该电器安装处流过的最大三相短路电流交流稳态有效值为 16kA，且峰值系数 $K_p=1.5$。试计算该电器设备能否满足动稳定性要求。

6-3　某导体截面积为 $S=120\text{mm}^2$，热稳定系数 $C=143\text{A}\cdot\text{s}^{1/2}\cdot\text{mm}^{-2}$，流过的最大三相稳态短路电流为 25kA，假想时间为 0.6s。试校验其热稳定性。

6-4　线缆相导体截面积选择应满足哪些条件？这些条件相互之间存在什么样的关系？线缆保护导体截面积又如何选择？

6-5　某 220/380V 的 TN-C 配电系统的线路长 100m，线路末端接集中用电负荷，最大负荷为 120kW+j100kvar。线路采用 YJV_{22}-0.6/1.0kV 型四芯等截面积的铜芯交联聚乙烯绝缘钢带铠装聚氯乙烯护套电力电缆直接埋地敷设，环境稳定为 20℃，允许电压损失为 5%。已知线路末端三相短路电流为 15kA，线路首端安装的低压断路器短延时过电流脱扣器动作时间为 0.2s。试选择该线路电力电缆截面积。

6-6　10/0.4kV 配电变压器有哪两种常见的联结组？在 TN 及 TT 系统接地型式的低压电网中，宜选用哪种联结组的配电变压器？为什么？

6-7　10/0.4kV 配电变压器高压侧分接头接于±10%处时，二次空载电压为 410V，若将分接头改接在+5%处，则二次侧空载电压为多少？

6-8　使电弧熄灭的条件是什么？熄灭电弧的去游离方式有哪些？开关电器中有哪些常用的灭弧方法？

6-9　试说明断路器分闸时间、燃弧时间和开断时间三者之间的关系。

6-10　某断路器额定峰值耐受电流为 50kA，额定短路开断电流为 20kA，试确定其额定短路关合电流和 2s 额定短时耐受电流。

6-11　选择熔断器时应考虑哪些条件？在校验断流能力时，限流型熔断器与非限流型熔断器各应满足什么条件？

6-12　某变压器高压侧回路的负荷开关-熔断器组合电器，其转移电流为 880A，负荷开关的额定转移电流为 1150A（即最大能开断 1150A 的转移电流）。某电气技术员分析，大于 880A 的短路电流都由熔断器开断，只有小于 880A 的短路转移电流才需要负荷开关开断，而负荷开关的转移电流开断能力为 1150A，大于 880A。因此该技术员认为该负荷开关-熔断器组合电器可以配用任意容量的变压器。请你对这一分析和结论做出评述。

6-13　某保护用电流互感器型号规格为 5P15，200/5A，试解释其型号参数的含义。

6-14　某电压互感器准确度等级为 0.5 级，互感比为 100，二次侧电压表测量电压值为 99.3V，忽略电压表测量误差，试估算一次电压真实值的范围。

第 7 章

低压配电系统

50Hz 工频交流系统中，标称电压 1000V 以下的为低压配电系统。我国低压配电系统多为 220/380V（相电压/线电压）系统，一些工矿企业等有少量 380/660V 系统。低压配电系统是电力系统的最末端，一般处于非电气专业场所，面向非电气专业人员，且分布广泛，环境状况复杂多样，安全与环境问题特别突出，因此低压配电系统很多问题的出发点与中、高压系统有所不同，技术措施有自己的特点。本章除介绍低压配电系统结构、设备选择、保护等一般性问题以外，还将介绍其作为危害源产生的电击伤害及防护问题。

7.1 低压配电系统结构

低压配电系统的电源，一般是指为其供电的 10/0.38kV、20/0.38kV 或 35/0.38kV 变配电所，或用户自备低压电源装置，如柴油发电机、蓄电池逆变电源装置等。低压配电系统的负荷，一般是指终端用电设备。大多数低压配电系统只有一个电压等级。低压配电系统的结构描述，既包括电源与负荷间的网络接线和实现方式，也包括不同电源间的相互联系与工作配合方式，还包括系统的导体配置形式和接地形式等。

7.1.1 低压配电系统网络结构

1. 配电层级与供电范围

从电源到用电设备，低压配电系统典型配电层级为三级，如图 7-1 所示，分述如下。

1）电源级配电。又称（第）一级配电，指接于电源变压器或自备电源的配电装置所做的电能分配。该级配电装置一般位于变配电所或自备电源机房内，图 7-1 中，变配电所内的低压配电柜即为一级配电装置。该级配电馈出回路称为（第）一级配电回路。

2）中间级配电。又称（第）二级配电，指接于一级配电回路负荷侧的配电装置所做的电能分配，该级配电馈出回路既可能向下级配电装置供电，也可能直接向用电设备供电，前者馈电回路称为（第）二级配电回路，后者则称为终端回路。该级配电装置一般装设在配电间或建筑物公共部分其他适当的位置处。图 7-1 中，位于电气小间的楼层配电箱就属于中间级配电装置。

3）终端级配电。又称（第）三级配电，指接于二级配电回路负荷侧的配电装置向用电

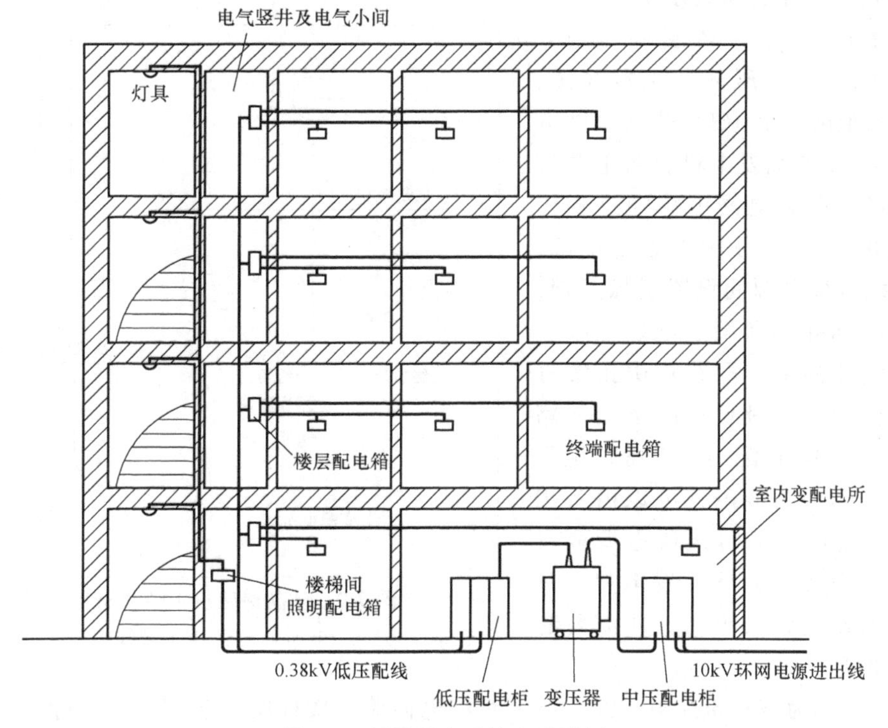

图 7-1　低压配电系统直观示例

设备或插座所做的电能分配。该级馈出回路均为终端回路，配电装置一般以房间或户为单位设置，装设在用户房间内。图 7-1 中，各功能房间的终端配电箱就是终端级配电装置。

220/380V 低压配电系统的供电电气距离（又称供电半径，可理解为线缆长度）一般不超过 300m，负荷密度高的城市中心区供电距离一般控制在 150m 左右，但对部分小容量线形分布负荷，供电半径可以延长，如路灯线路等。

2. 配电装置与配电回路

低压配电装置主要是配电盘（distribution board），它是指包含有多条进出线回路的不同形式的开关、控制设备的组合，并具有中性导体和保护导体端子的配电装置，能将一路电源进线的电能，通过若干路馈出线送出，为下级配电装置或用电设备供电。图 7-1 中，用于电源级配电的低压配电柜、中间级配电的楼层配电箱和终端级配电的终端配电箱等，是配电盘的典型产品型式。

低压配电回路是电气回路的一种。所谓电气回路（electric circuit），是指电气装置中电气设备的组合，它由同一个（组）保护器件提供过电流保护，通常由带电导体、保护导体（如果有的话）、保护器件和相连带的开关、控制设备及附件组成，简称回路。比如，一条线路连同电源端为其提供开关控制与过电流保护的低压断路器就构成一条回路。需要注意的是，该术语与电路分析中的“回路”（loop）含义有所不同，应注意甄别。在特别需要避免混淆的情况下，可用术语“环路”表示电路分析中“回路”（loop）的含义，如故障环路等。

为配电盘供电的回路称为配电回路（distribution circuit），为用电设备或插座等供电的回路称为终端回路（final circuit）。区分配电回路与终端回路，在电击防护中有重要意义。

3. 低压配电系统接线示例

图 7-2 所示为一高层建筑 10/0.38kV 变配电所低压部分主接线图，该供配电系统由一个 10kV 公共电网电源和一个 400V 柴油发电机自备电源作为供电电源，公共电网电源通过变压器变成 220/380V 低压配电系统电源，并与柴油发电机电源间设置机械互锁，以避免非同期并车和倒送电。三级负荷和一级负荷的工作回路均由正常母线段 WC 配出，一级负荷的备用回路由应急母线段 WC0 配出。正常情况下一级负荷工作回路故障，可以由备用回路供电，此时应急母线段电源取自变压器，不需要启动柴油发电机。只有当正常工作电源失电时，才需要起动柴油发电机。

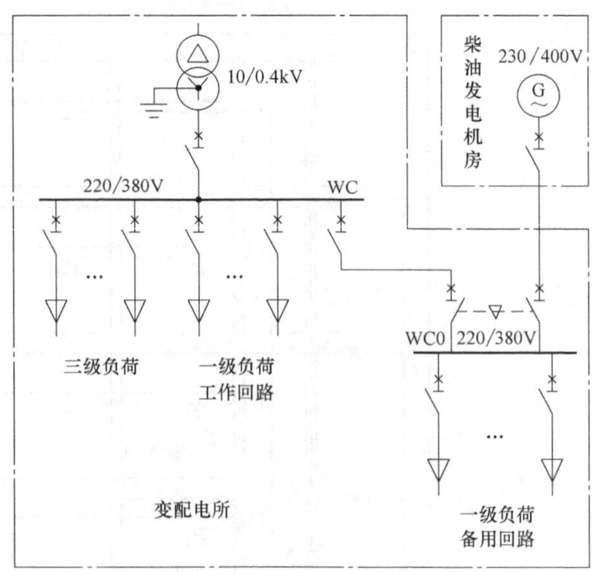

图 7-2　某高层建筑 10/0.38kV 变配电所简化低压主接线图

图 7-3 所示为该建筑配电干线（指一级配电回路，楼梯间应急照明回路除外）系统图。消防电梯、消防水泵、消防风机、应急照明等为一级负荷，各楼层一般照明、插座等为三级负荷。消防电梯采用双电源双回路放射式配电，在电梯机房末端配电箱处双电源切换。各楼层应急照明属于均匀散布性负荷，采用双电源双回路树干式配电，按楼层设置双电源切换照明配电箱。消防水泵和生活水泵安装在水泵房中，属于集中布置的同类负荷，以动力配电中心形式进行二级配电，采用双电源双回路分级放射式配电。负一（-1）层各消防风机位置分散，如果采用双电源双回路放射式配电，回路较多，考虑到单台风机功率都不大且属于同类负荷，故采用双电源双回路树干式配电。楼梯间属于专门的功能分区，服务于整栋建筑而不仅仅是某一楼层，其应急照明配电宜独立于各楼层应急照明，因此在负一层设置一只专用的楼梯间应急照明配电箱配电。各楼层的其他三级负荷采用树干式配电，由于负荷容量较大，用一路干线供所有楼层负荷在技术上不合理，故采用分区树干式配电，按楼层设置配电箱进行二级配电。

7.1.2　低压系统接地形式

低压系统的接地形式用字母组合表示，有 IT、TT、TN 三种。

第一个字母表示电源的接地情况：T 为电源一点直接接地；I 为电源不接地，或电源一点经高阻抗接地。

第二个字母表示电气设备外露可导电部分接地情况：T 为设备外露可导电部分直接接地，且该接地与电源接地间无任何电气连接；N 为设备外露可导电部分直接与电源接地电气连接。

这三种接地形式适用于任何相数、任何电源连接方式的系统，且此处“电源”的含义，不局限于低压系统的电源，还可以是低压系统的某一级配电装置。比如，某低压用户从低压

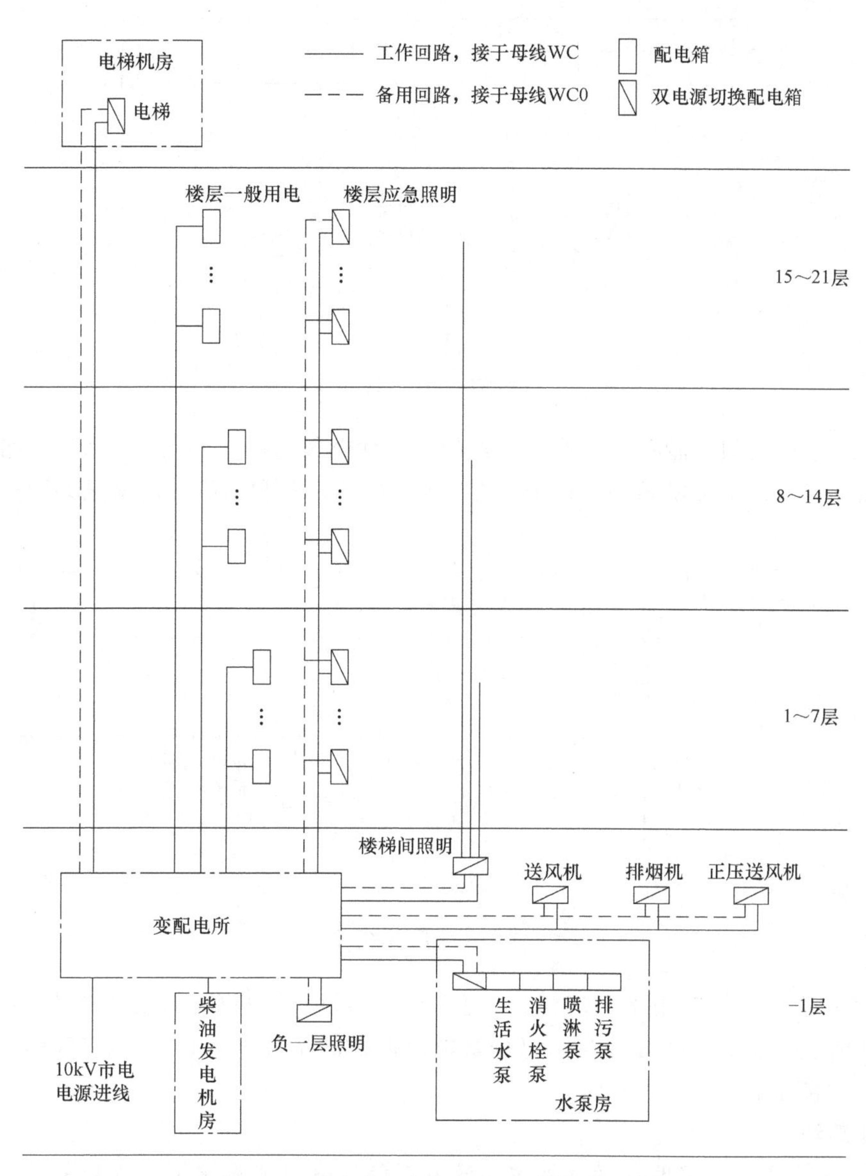

图 7-3　某高层建筑简化配电干线系统图

公共电网的分支配电箱处接入公共电网，则就该用户的低压系统而言，电源就在这只分支配电箱处。为简洁明了，下面以低压绕组星形联结的变压器为电源，介绍这三种接地形式。

1. IT 系统

IT 系统是电源不接地、用电设备外露可导电部分直接接地的系统，如图 7-4 所示。图中连接设备外露可导电部分和接地极的导体，就是 PE 导体。

IT 系统常用于对供电连续性要求较高或对电击防护要求较高的场所，前者如矿山的巷道供电，后者如医院手术室的配电等。

2. TT 系统

TT 系统是电源与用电设备外露可导电部分分别直接接地的系统，且这两个接地必须是

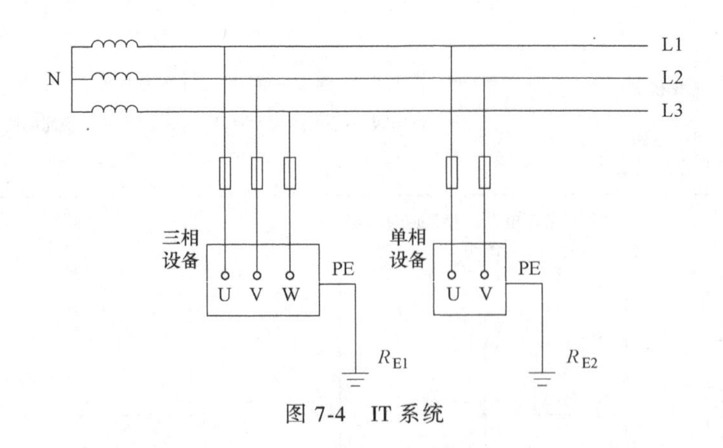

图 7-4 IT 系统

相互独立的，它们之间不能存在有意或无意的金属性电气连接，如图 7-5 所示。各设备的接地可以是独立接地，也可以是共同接地，图 7-5 中单相设备和单相插座就是共同接地。

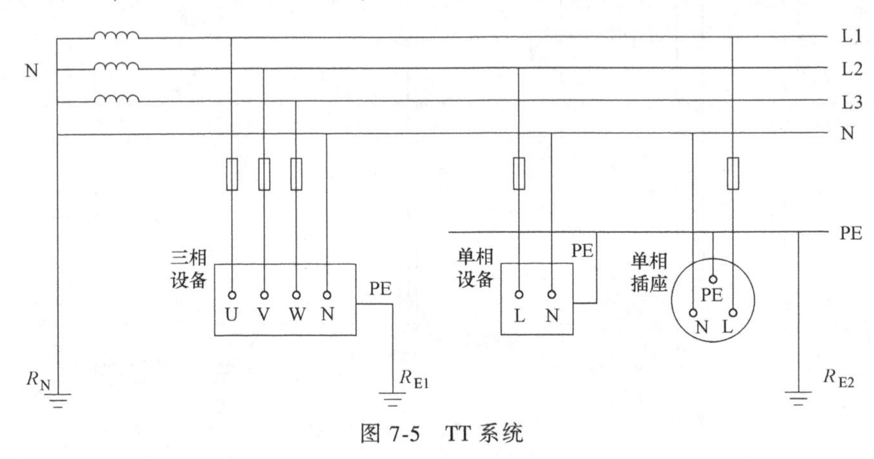

图 7-5 TT 系统

TT 系统在有些国家应用十分广泛，在我国则主要用于农网和部分城市公共低压电网，以及一些低密度的住宅小区等。在辅以剩余电流保护的条件下，TT 系统有很多优点，是一种值得推广的接地形式。

3. TN 系统

TN 系统是电源直接接地、设备外露可导电部分与电源地直接电气连接的系统，它有三种类型，分述如下。

(1) TN-S 系统

TN-S 系统如图 7-6 所示，与 TT 系统的不同，在于用电设备外露可导电部分通过 PE 线连接到电源接地点，与电源共用接地极，而不是连接到独立的设备接地极上。由于中性线（N 线）和保护线（PE 线）是分开的，故后缀“-S”。TN-S 系统中 N 线与 PE 线在电源点分开后，不能再有任何电气连接，这一条件一旦破坏，TN-S 系统便不再成立。

TN-S 系统是我国应用最为广泛的一种系统。在自带变配电所的建筑物中几乎无一例外地采用了 TN-S 系统，在建筑小区中，也有很多采用了 TN-S 系统。

(2) TN-C 系统

TN-C 系统如图 7-7 所示。它将 PE 线和 N 线的功能结合起来，由一根称为保护中性线

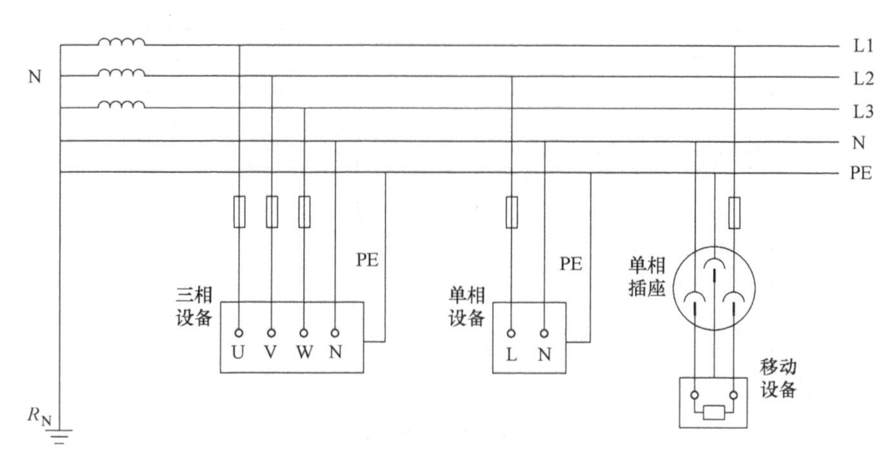

图 7-6 TN-S 系统

（PEN 线）的导体同时承担两者的功能。在用电设备处，PEN 线既连接到设备中性点（如果有的话），又连接到设备的外露可导电部分。按安全条件高于工作条件的原则，PEN 线应先连接设备外露可导电部分，再连接设备中性端子。

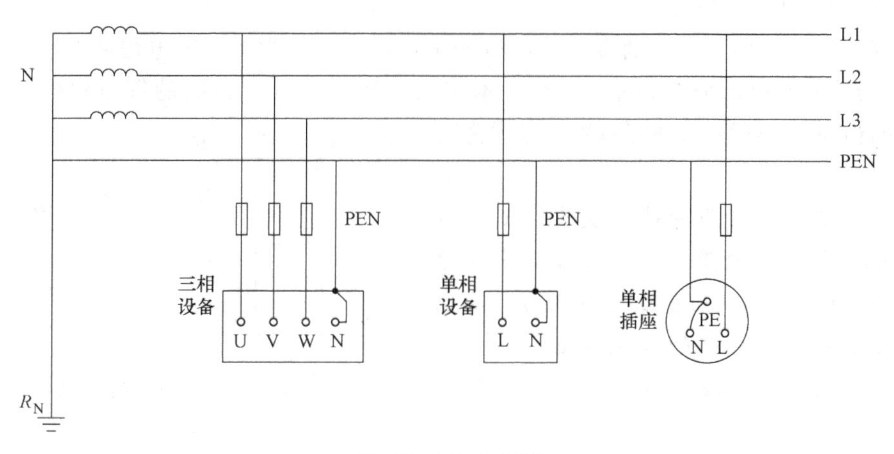

图 7-7 TN-C 系统

TN-C 系统曾在我国广泛应用，但由于它在技术上所固有的种种弊端（如正常时设备外壳带电，不能设置剩余电流保护等），现在已经很少采用，尤其是在民用建筑中已基本上不允许采用 TN-C 系统。

（3）TN-C-S 系统

TN-C-S 系统是 TN-C 和 TN-S 系统的组合形式，如图 7-8 所示。TN-C-S 系统中，从电源引出的那一段采用 TN-C 形式，到用电设备附近某一位置处，再将 PEN 线分成单独的 N 线和 PE 线，从这一点开始，系统相当于 TN-S 系统。

TN-C-S 系统也是应用比较多的一种系统。工厂的低压配电系统、城市公共低压电网、住宅小区的低压配电系统等常有采用。在采用 TN-C-S 系统时，一般都要辅以重复接地这一技术措施，即在系统由 TN-C 变成 TN-S 处，将 PEN 线再次接地，以提高系统的安全性能，如图 7-8 中虚线所示，但重复接地并不是 TN-C-S 系统成立的必要条件。

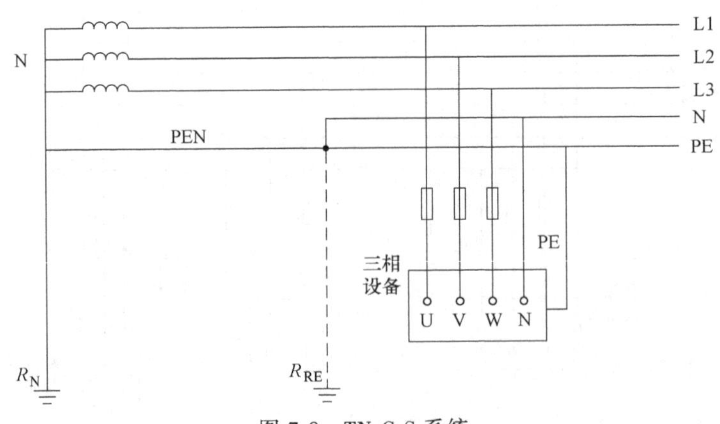

图 7-8 TN-C-S 系统

7.1.3 等电位联结及其与低压配电系统的关系

1. 等电位联结概念

多个可导电部分间为消除电位差而实施的阻抗可忽略的电气连通，称为等电位联结（Equipotential Bonding，EB）。

实施等电位联结的工程目的有两种，以安全为目的者称为保护等电位联结，以保证系统正常工作为目的者称为功能等电位联结。本书只关注以安全为目的的等电位联结，为了方便，后面的讨论中将保护等电位联结简称为等电位联结。

等电位联结主要有两种技术实现形式，如图 7-9 所示。图 7-9a 设置了一个金属等电位连接板（Equipotential Bonding Bar，EBB），所有等电位对象都通过该连接板间接连通；图 7-9b 是直接将两个等电位对象金属性连接，不需要连接板。

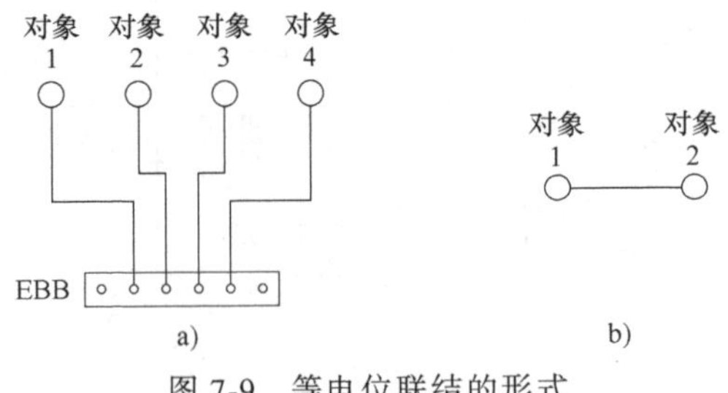

图 7-9 等电位联结的形式

2. 建筑物中等电位联结的工程做法

建筑物中等电位联结按作用范围不同，有总等电位联结和局部等电位联结两种做法，其中，总等电位联结是每栋建筑物都应该实施的，局部等电位联结一般在建筑物内一些电击危险性较高，或者防雷击电磁脉冲有要求的室空间或部位实施。

(1) 总等电位联结

总等电位联结（Main Equipotential Bonding，MEB）是以建筑物“栋”为对象实施的，其目的是在各管线（含接地引线）进入建筑物处消除电位差，以降低建筑物内不同金属部件间可能出现的电压。具体做法如下：

1）在建筑物电源进线处设置 MEB 接线端子箱。若建筑物电源进线不止一处，则每处都应设置 MEB 接线端子箱，并将它们可靠电气连通。

2）将建筑物内以下部分连接到 MEB 接线端子箱上。

① 电源进线配电箱的 PE（或 PEN）母排。

② 进出公共设施的金属管道，如上、下水管，热力、煤气管等。

③ 尽可能包括建筑物金属结构。

④ 如果有接地，那么应包括其接地引线。

总等电位联结系统图如图 7-10 所示。应注意在与煤气管道做等电位联结时，应采取措施将管道室内段与室外段电气隔离，以防止将煤气管道作为电流的散流通道。为防止雷电击穿隔离段在煤气管道内产生火花放电，在隔离段两端应跨接火花放电间隙。另外，图中保护接地与防雷接地原本是各自独立的接地极，若需要采用共同接地，则可像图中那样通过 MEB 端子板将它们联结起来。

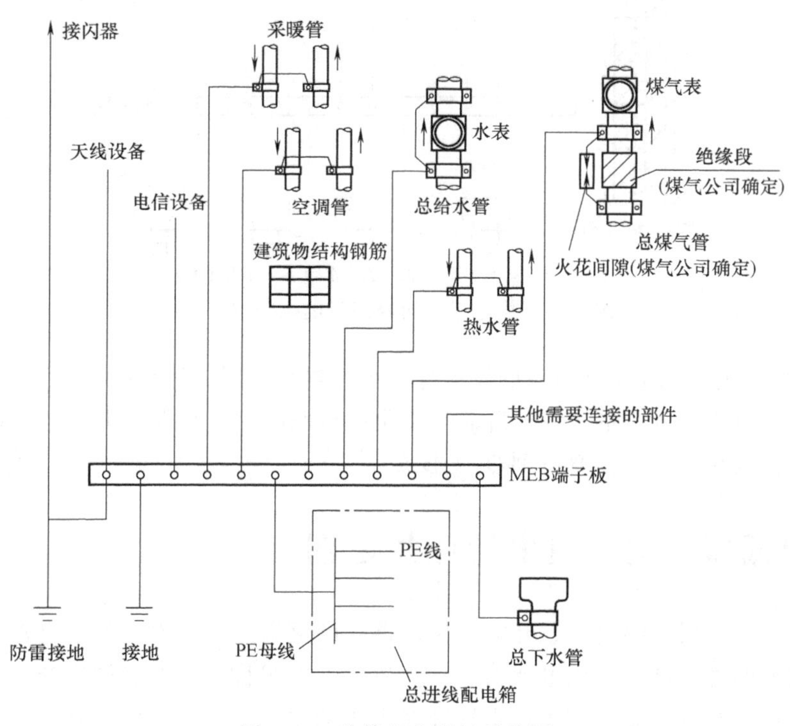

图 7-10　总等电位联结系统图

（2）局部等电位联结

局部等电位联结（Local Equipotential Bonding，LEB）实施对象为建筑物内局部空间或位置，根据具体情况而定。如医院手术室 LEB 就是局部空间实施的例子，而建筑物雷击电磁脉冲防护要求在防雷区分界处实施 EB，就是特定位置处实施的例子。局部等电位联结目的主要是在局部范围内进一步降低各可导电部分之间可能出现的电压，或者进一步分走雷电电流。图 7-11 所示为住宅卫生间局部等电位联结的系统示例，主要用作电击防护。

3. 等电位联结与低压配电系统的关系

建筑物中等电位联结是实施在环境上的安全措施，着眼点主要在于外界可导电部分，形式上不属于供配电系统的组成部分，但低压系统的电击防护、雷击电磁脉冲防护等技术条件都与其密切相关，低压系统中的 PE 导体常作为等电位对象参与等电位联结。因此不管从性能上还是从结构上，低压系统都与等电位联结密切相关。

当自动切断电源的措施不能满足电击防护要求时，还可在低压系统上采用一种称为“辅助等电位联结（Supplementary Equipotential Bonding，SEB）”的技术措施予以弥补，做法

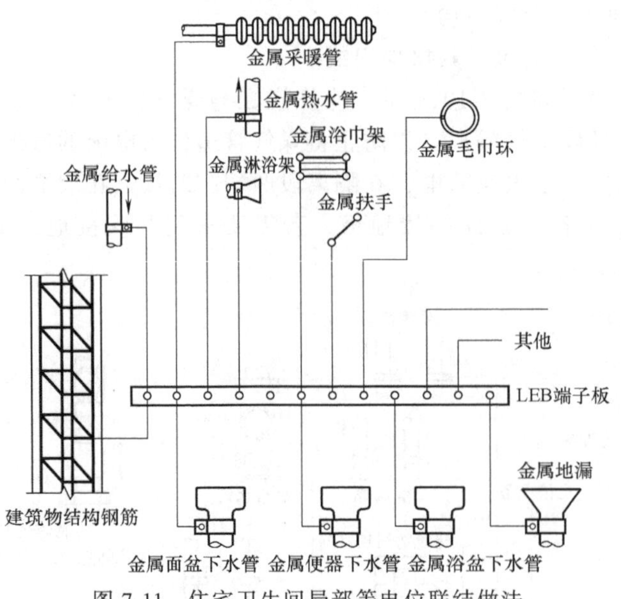

图 7-11　住宅卫生间局部等电位联结做法

是将可被同时触及的可能带不同电位的设备外露可导电部分用导体直接相连（见图 7-9b），以降低电位差，并构造故障环路，将电击危险转化成短路故障，靠保护电器自动切断电源实施保护。实际上，LEB 也是 SEB 的一种实现形式

7.2　常用低压开关与过电流保护电器

低压配电电器主要有隔离器、开关、熔断器、断路器、剩余电流保护电器、电涌保护器等，本节介绍前四种。部分低压电器与中、高压电器在名称上存在名同实异的情况，这主要缘于中、高压系统与低压系统相关技术标准对术语的定义不一致，应特别注意，不要混淆。

7.2.1　低压开关、隔离器及熔断器组合电器

按照 GB 14048.3—2008《低压开关设备和控制设备　第 3 部分：开关、隔离器、隔离开关及熔断器组合电器规范》，相关术语含义如下。

(1) 开关

开关指能承载、通断正常（含规定的过负荷）电流，并能在一定时间内承载短路等规定的非正常电流的机械电器。

按此定义，低压开关相当于中、高压系统的负荷开关。应当注意的是，定义中所谓“承载”短路等非正常电流，是指开关不会因为在规定的短时间内流过短路等非正常电流而丧失功能或损坏，并不是指能开断这些电流。

开关属于开关电器大类中的一种，除此之外，断路器、部分剩余电流保护电器等都属于开关电器。

(2) 隔离器

隔离器指在断开状态符合规定隔离功能要求、能通断空载（含电流可忽略情况）电路，

且能承载正常电流和一定时间内短路等规定的非正常电流的机械电器。

按此定义，低压隔离器相当于中、高压系统的隔离开关。

隔离器属于隔离电器大类中的一种，除此之外，插头插座、连接片、熔断器等都具有隔离电器的功能。

（3）隔离开关

隔离开关指在断开状态符合隔离器隔离要求的开关。

按此定义，低压隔离开关相当于中压系统有隔离功能的负荷开关。

（4）熔断器组合电器

熔断器组合电器指开关、隔离电器及隔离开关与熔断器构成的组合电器，具有过电流保护功能，有 6 种基本形式。

表 7-1 列示了以上各种低压电器功能及图形符号。

表 7-1　开关、隔离电器及熔断器组合电器功能与图形符号

类型		功能及符号		
		接通、承载、分断正常电流；承载规定时间内的短路电流；可接通短路电流	隔离功能。断开距离、泄漏电流符合要求，有断开位置指示，可加锁	同时具有左侧两种功能
开关、隔离电器		开关	隔离器	隔离开关
熔断器组合电器	熔断器串联	开关熔断器组	隔离器熔断器组	隔离开关熔断器组
	熔断体动作触头	熔断器式开关	熔断器式隔离器	熔断器式隔离开关

7.2.2　低压熔断器

低压熔断器的工作原理及特性和中压熔断器相同，工程应用中应注意以下几方面特点：

1）低压系统很可能处于非电气专业场所，面向非电气专业人员，熔断器因此按结构分为专职人员使用和非熟练人员使用两类，前者主要用于工业场所，后者用于家用及类似场所。这一类别划分是中压熔断器所没有的。

2）按分断能力，熔体分为“g”熔体和“a”熔体两类。“g”熔体有全范围分断能力，能分断自熔化电流至额定分断电流之间的全部电流；“a”熔体仅有部分范围分断能力，其最小分断电流大于熔化电流，一般以最小分断电流对熔体额定电流的倍数来表示，相当于中压的后备型熔断器。

3）按使用类别，熔体可分为“G”类（一般用途，常用于线路保护）、“M”类（保护电动机用）和“Tr”类（保护变压器用）三类。

分断范围与使用类别可以有不同的组合，如“gG”“aM”“gTr”等。

7.2.3 低压断路器

低压断路器是一种机械开关电器，它能接通、长期承载以及分断正常电路条件下的电流，并能接通、规定时间内承载以及分断非正常电路条件（如短路等）下的电流。借助过电流和欠电压脱扣器，低压断路器可以实现过电流保护和欠电压保护功能；配以分励脱扣器，低压断路器能实现远程控制功能。低压断路器还可以配置其他辅助单元实现诸如漏电保护、远程显示、故障报警等功能。

工程实际中，低压断路器绝大多数时候都配有某种脱扣器或辅助单元，最常见的情况是配有过电流脱扣器。因此若无特别说明，后面所说的低压断路器，都是至少配有过电流脱扣器的断路器，它是一种集开关和过电流保护功能于一体的组合电器。与中压系统相比较，它相当于将继电保护、断路器、断路器操动机构等部分的功能组合在一起，实现对电路的通、断控制与故障保护。

1. 低压断路器的结构、工作原理与保护特性

低压断路器由断路器和装于断路器壳架内的脱扣器组成。脱扣器有若干类型，通常会有过电流脱扣器，还可以选装欠电压脱扣器或分励脱扣器等。低压断路器的结构及各部分功能可归纳如下。

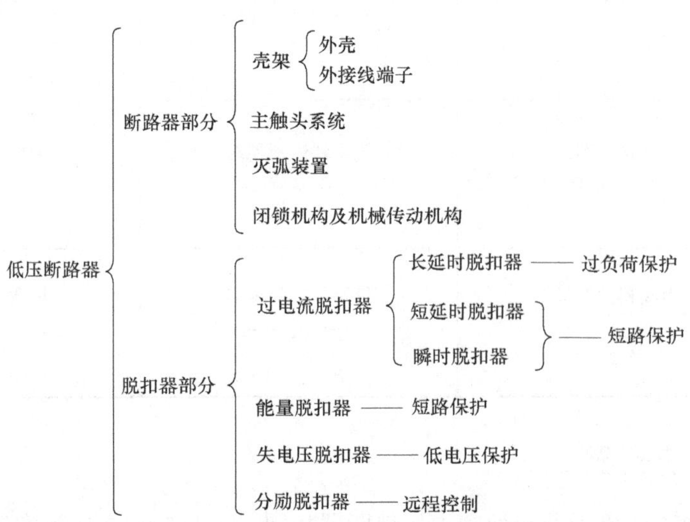

图 7-12 是装有热磁式脱扣器的低压断路器的原理结构。图中，断路器的主触头靠锁扣保持闭合状态，只要锁扣向上运动（称为失扣），主触头就会在分闸弹簧作用下分断。使锁扣失扣的机构称为脱扣器。图中，分励脱扣器主要用于控制分闸，失电压脱扣器用于低电压保护，它们分别应用电磁力增大和减小的原理脱扣；长延时过电流脱扣器用于过负荷保护，利用双金属片热膨胀系数不一致的特点，使其在过负荷情况下弯曲上顶达到脱扣目的；瞬时脱扣器用于短路保护，也是应用电磁力增大的原理脱扣。如果需要，还可以加装短延时脱扣器，动作原理与瞬时脱扣器相同，延时可以靠机械钟表机构完成。

除了热磁式脱扣器外，还有电子式脱扣器和微处理器式脱扣器等，它们的原理是相似的，不同之处在于技术实现形式，且后两者在保护特性上可以更为优异。低压断路器典型的

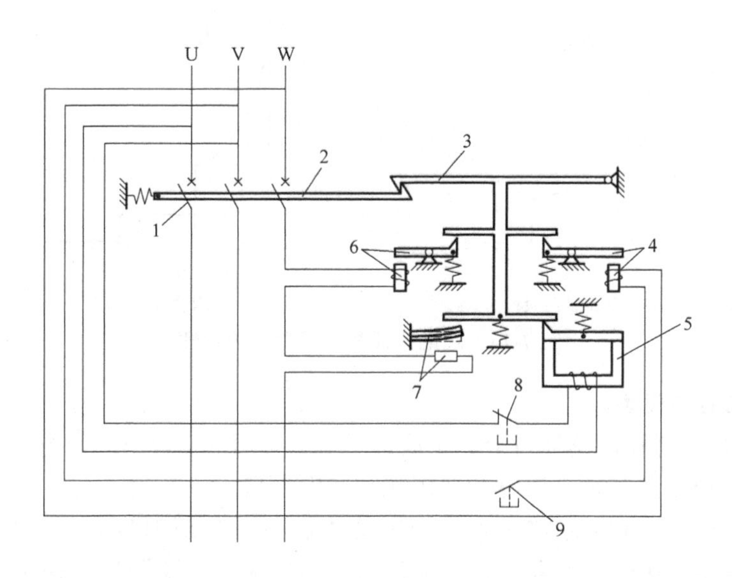

图 7-12　低压断路器的原理结构

1—主触头　2—跳钩　3—锁扣　4—分励脱扣器　5—失电压脱扣器　6—过电流瞬时脱扣器

7—过电流长延时脱扣器（含电加热器）　8—失电压脱扣试验按钮　9—分励脱扣按钮

过电流保护特性如图 7-13 所示。图中，长延时、短延时和瞬时脱扣器的动作电流值有的是可以在一定范围内调整的，短延时脱扣器的延时时间和部分长延时脱扣器动作时间也可以在一定范围内调整。

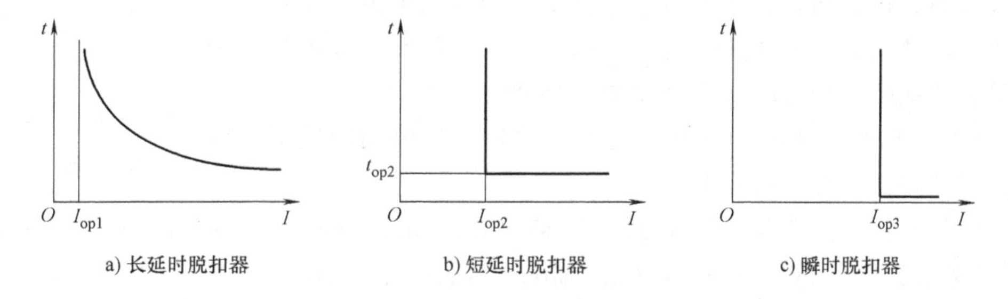

图 7-13　低压断路器过电流脱扣器保护特性

I_{op1}—长延时脱扣器动作电流　I_{op2}—短延时脱扣器动作电流

t_{op2}—短延时脱扣器动作时间　I_{op3}—瞬时脱扣器动作电流

从图 7-12 中可以看出，各种过电流脱扣器的动作与断路器跳闸是逻辑“或”的关系，因此动作时间短的脱扣器保护作用优先实现，但动作时间短的脱扣器动作电流值更大，由此形成了图 7-14a 中的两段式过电流保护特性，以及图 7-14b 中的三段式过电流保护特性，两者的区别在于是否装设有短延时脱扣器。

能量脱扣器是部分限流型低压断路器中一种独立于传统过电流脱扣器的新型脱扣器，其原理为依靠短路电流所产生的能量驱动脱扣器脱扣，具体技术实现方式可能各有不同。能量脱扣器需要在故障电流大到一定量值时才起作用，典型值如长延时脱扣器整定电流的 25 倍，因此它并不取代传统过电流脱扣器的保护作用。

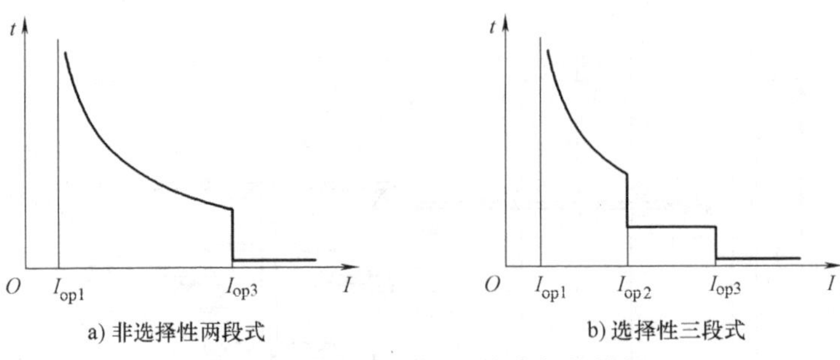

图 7-14　过电流脱扣器综合保护特性

2. 低压断路器的类型

按不同的标准，低压断路器可分为不同的类型，常用的有以下几种分类。

1）按开断短路电流特征，可分为非限流型和限流型。

非限流型断路器为电流过零灭弧，分断能力较低，分断时间较长，典型值为 0.10~0.15s；限流型断路器在电流尚未达到最大值时分断电流，分断预期短路电流能力较强，分断时间很短，典型值为 20~50ms。

2）按使用类别，可分为非选择型（A 型）与选择型（B 型）。

选择型断路器有长延时、短延时和瞬时脱扣器，可以通过短延时脱扣器与下级断路器在动作时间上的配合，达到保护选择性。非选择型断路器只有长延时和瞬时脱扣器。

3）按断电检修安全性，可分为有隔离功能和不适合隔离的断路器。

有隔离功能的断路器指断路器在断开位置时，具有符合隔离功能安全要求的隔离距离和自保持能力，并提供一种或几种方法显示主触点的位置，如独立的机械式指示器、操动器位置指示、动触头可视等。有隔离功能断路器的图形符号如图 7-15 所示。

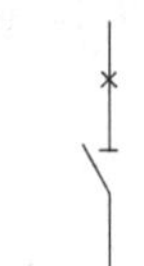

图 7-15　有隔离功能断路器的图形符号

4）按控制与保护对象，可分为电源断路器、配电用断路器、保护电动机用断路器、终端断路器等。

5）按结构形式，可分为开启式断路器（Air Circuit Breaker，ACB，又称框架式断路器）、模压外壳式断路器（Moulded Case Circuit Breaker，MCCB，又称塑壳式断路器）和微型断路器（Micro Circuit Breaker 或 Miniature Circuit Breaker，MCB，又称小型断路器）。

开启式断路器（ACB）各部件都安装在一个金属框架上，各部件不封闭，容量大，壳架电流通常为 630~2500A，高者可达 4000A 以上，一般为选择型，常用作低压电源总开关。模压外壳式断路器（MCCB）所有元件都被封闭在塑料外壳中，壳架电流通常在 630A 以下，常用作一、二级配电，一般为非选择型，现也有部分配以电子或微处理器式脱扣器的模压外壳式断路器是选择型的。微型断路器（MCB）大多做成模数化尺寸结构，额定电流通常在 63A 以下，最高不超过 125A，一般用作终端断路器。

6）按适用场所，可分为工业用（或称配电装置用）和家用及类似场所用两类，它们所遵循的标准不同，前者主要标准为 GB/T 14048.2—2008《低压开关设备和控制设备　第 2 部分：断路器》，ACB 和 MCCB 基本上属于这一类；后者主要标准为 GB/T 10963.2—2008《家用及类似场所用过电流保护断路器　第 2 部分：用于交流和直流的断路器》，主要是 MCB。

3. 限流型低压断路器的限流特性

限流型低压断路器在短路电流尚未达到峰值时开断电路，使得实际短路电流小于预期短路电流，如图 7-16 所示。

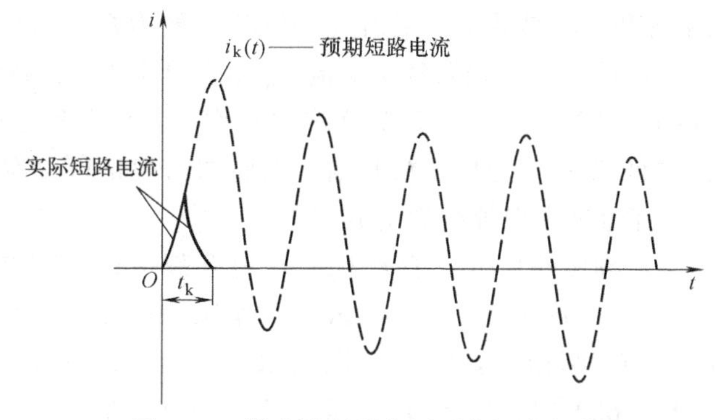

图 7-16　限流熔断器作用下的短路电流

某限流型低压断路器限制短路电流的特性如图 7-17a 所示。图中直线是预期短路电流峰值，折曲线是实际开断电流的峰值。等到预期短路电流达到一定量值后，限流作用才开始显现，且预期短路电流越大，限流效果越明显。

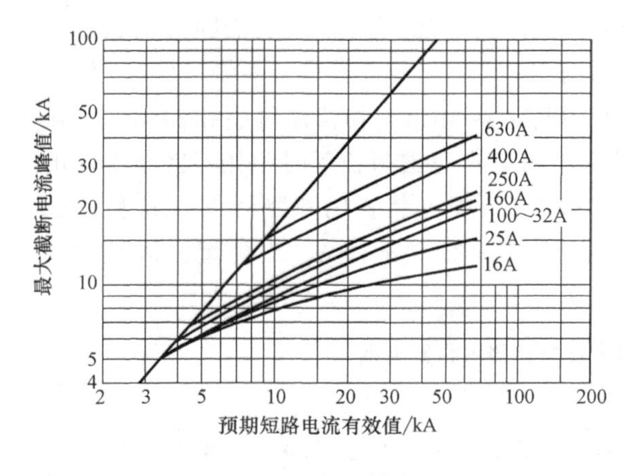

a) 限制短路电流特性

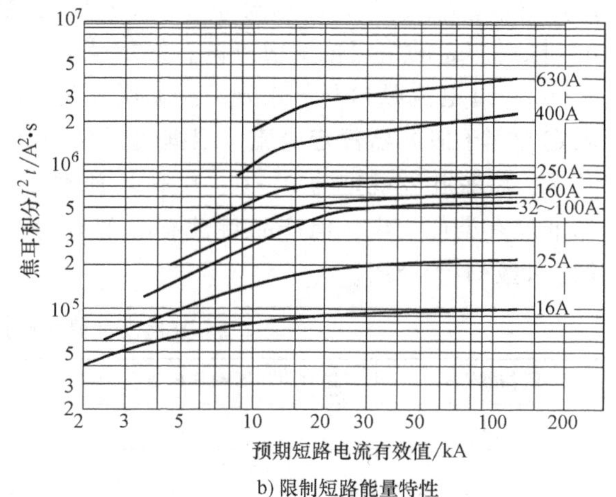

b) 限制短路能量特性

图 7-17　某限流型断路器的限流特性

限流型低压断路器不仅限制了短路电流大小，也限制了短路能量大小，如图 7-17b 所示。短路能量用焦耳积分特性 I^2t 表示。I^2t 即短路电流热脉冲 $\int_0^{t_k} i^2(t)\,\mathrm{d}t$ 的简写，其中，$i(t)$ 的波形如图 7-16 中实际短路电流所示。I^2t 随预期短路电流增大而上升，但预期短路电流越大，断路器限流作用越强，该值上升的速率越低，直至基本不再上升。

安装了限流型断路器的低压电网，短路期间不可能有超过断路器 I^2t 的能量作用在被保护元件上，因此 I^2t 又被称为允通能量。允通能量与被保护元件短路温升呈确定的正相关性，有些技术资料中又据此称其为热应力，可用于电网元件（主要是线缆）短路热稳定性校验。

4. 低压断路器的主要参数

（1）常规参数

低压断路器多数常规参数与中压断路器相同，注意以下几个特别之处。

1）壳架等级额定电流 I_{rQ}，指低压断路器壳架部分的额定电流，产品样本中常称为壳架等级电流，标记为 I_{nm}。断路器不可能每种规格都设计一种外壳和接线端子，若干种不同规格的断路器可能会使用同样一种外形体积的外壳和接线端子，甚至使用同样规格的触头、灭弧系统和机械装置等，后者在 MCCB 中最为常见。I_{nm} 即表征该壳架电气特性的一个参数。

2）过电流脱扣器额定电流 I_{rR}（或记作 I_{rT}），指装于壳架内的过电流脱扣器（release 或 tripper）的额定电流，产品样本中常称为断路器额定电流，标记为 I_n。一个断路器壳架内虽然只能装设一只过电流脱扣器，但脱扣器规格可以有若干种选择，只是所选脱扣器额定电流 I_{rR} 不宜超过壳架等级额定电流 I_{rQ}。

3）额定短路分断能力 I_{cn}。它包含额定运行短路分断电流 I_{cs} 和极限短路分断电流 I_{cu}。I_{cs} 指按 O—t—CO—t'—CO 试验操作顺序分断后，断路器完好，能继续承载并通断额定电流；而 I_{cu} 则指虽能安全分断，但分断后断路器可能已受到实质性损伤，须维修或报废。当 I_{cu} 小于 6kA 时，I_{cs} 与 I_{cu} 相等，只标注 I_{cn} 即可。

（2）过电流脱扣器保护特性参数

1）过电流脱扣器动作电流整定范围。长延时、短延时和瞬时脱扣器动作电流分别记作 I_{op1}、I_{op2}、I_{op3}，其整定范围都与脱扣器额定电流 I_{rR} 有关，有的为 I_{rR} 的某个固定倍数，有的则是在 I_{rR} 的给定范围内可调，给定范围视产品而定。

2）过电流脱扣器形式分类。家用及类似场所用断路器 MCB，其长延时脱扣器动作电流固定为等于脱扣器额定电流。根据瞬时脱扣器动作电流整定范围与长延时脱扣器额定电流的关系，将脱扣器规定为 B、C、D 等几种类型，见表 7-2。配电装置用断路器 MCCB 和 ACB 标准没有类似规定，但产品特性有类似划分。国外有的标准中还有 A、K 类型，因较少应用，此处不予介绍。

表 7-2　家用及类似场所用低压断路器脱扣器类型

脱扣器形式	瞬时脱扣器动作电流范围	适用条件
B	$(3\sim5)I_{rR}$	短路电流较低情况，如备用发电机线路，上级线路为长电缆等
C	$(5\sim10)I_{rR}$	一般情况，如一般照明线路等
D	$(10\sim20)I_{rR}$	高起动电流负荷线路，如电动机、变压器等

3）长延时脱扣器约定时间内的约定脱扣/不脱扣电流。这是产品标准对产品特性分散性程度的一种约束，我国现行标准 GB/T 14048.2—2008 对配电装置用断路器 MCCB 规定如下。

约定时间：$I_{rR}\leqslant 63$A 时，1h；$I_{rR}>63$A 时，2h。

约定不脱扣电流：$1.05I_{rR}$。

约定脱扣电流：$1.30I_{rR}$。

以上数据表明，如果将长延时过电流脱扣器动作值 I_{op1} 整定为 $I_{op1}=I_{rR}$，在断路器冷态情况下通过 $1.05I_{rR}$ 电流，则脱扣器必须保证在 1h（或 2h，视脱扣器额定电流而定）之内不脱扣；在此状态下将通过电流调整为 $1.30I_{rR}$，则脱扣器必须保证在其后的 1h（或 2h）之内脱扣。当通过电流在（1.05~1.30）I_{rR} 之间时，脱扣器是否在 1h（或 2h）之内脱扣则是不确定的。

对于家用及类似场所用的 MCB 断路器，这两个值分别为 $1.13I_{rR}$ 和 $1.45I_{rR}$。

特别应该注意的是，对于热磁式脱扣器中的长延时热脱扣器，其动作特性会受到环境温度的影响。有的热磁式脱扣器有环境温度补偿功能，在一定温度范围（如 5~40℃）内保护特性不随温度变化，但有的热磁脱扣器没有温度补偿功能，其保护特性应根据环境温度

修正。

(3) 参数示例

以 MTE10N3F500 型断路器为例，该断路器为开启式（ACB）、选择型（B 型），主要用作电源总开关，主要参数见表 7-3。

表 7-3　MTE10N3F500 型断路器主要参数

额定电压 U_r/V	400
壳架等级额定电流 I_{rQ}/A	1000
额定短路运行分断电流 I_{cs}/kA	65
极限短路分断电流 I_{cu}/kA	65
额定短时耐受电流 I_{sw}/kA	65
额定短时耐受时间 t_{sw}/s	1
额定峰值耐受电流 i_{pw}/kA	143
配用脱扣器型号	Micrologic 5.0(还可选配其他指定脱扣器型号)
配用脱扣器额定电流 I_{rR}/A	600、800、1000
长延时脱扣器整定电流范围 I_{op1}/I_{rR}	0.4~0.9,间隔 0.1;0.95、0.98、1.0
长延时脱扣器整定时间范围 t_{op1}/s	$6I_{op1}$ 时:0.5、1、2、4、5、6、7、8、9、10
短延时脱扣器整定电流范围 I_{op2}/I_{op1}	1.5、2、2.5、3、4、5、6、7、8、9、10
短延时脱扣器整定时间范围 t_{op2}/s	0.1、0.2、0.3、0.4、关闭
瞬时脱扣器整定电流范围 I_{op3}/I_{rR}	2、3、4、6、8、10、12、15、关闭
最大分断时间/ms	50

该断路器配用的脱扣器中，长延时和瞬时脱扣器动作电流是以脱扣器额定电流为倍数基准整定的，短延时脱扣器动作电流是以长延时脱扣器整定电流为倍数基准整定的，短延时和瞬时脱扣器都可以关闭。长延时脱扣器动作时间曲线可以调整，厂家约定以 6 倍动作电流对应的时间为时间表述基准。

7.3　低压配电线路过电流保护

7.3.1　过电流及保护原则

超过线路允许载流量的电流称为过电流。工频过电流主要有两种情况，一种是过负荷，主要是线路所带负荷过多，或电动机类设备所带机械负荷过重造成的；另一种是短路，是绝缘破坏造成的。过负荷电流相对较小，一般不超过线路允许载流量的 1~2 倍，短路电流则可能高达线路允许载流量的几倍至几十倍，大容量变压器低压侧的小截面积线路首端短路时，短路电流甚至可高达线路允许载流量的几百倍。因此，对短路和过负荷的保护，在响应时间和方式上会有所差异。

过负荷有两种不同的后果。对于轻度过负荷（如过负荷 15%），长时间作用下，其后果是绝缘寿命缩短，以及接头、端子等氧化加快，但并不会立刻产生故障；对于严重过负荷（如过负荷 100%或更高），会在短时间内使绝缘软化，介质损耗增大，耐压降低，从而导致

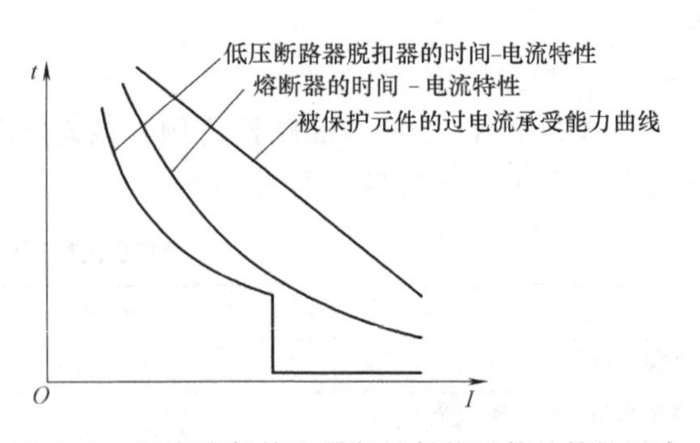

图 7-18　过电流保护电器与被保护元件的特性配合

短路，引发火灾或其他灾害。就 10%～20% 左右的轻度过负荷而言，工程上还未找到有效的保护办法，因此本节所介绍的过负荷保护，主要针对的是中重度过负荷情况。

线路及电气设备都有一定的承受过电流能力，其特点为过电流程度越小，所能承受的时间越长，如图 7-18 所示为线路过电流承受特性与保护装置保护特性之间的关系。过电流保护的原则是：保护装置应先于被保护元件被过电流效应损坏而动作。

低压系统过电流保护的目的，不仅要保证系统本身不受损坏，还应保证不能因系统故障而危及环境安全，在两者不能兼顾的情况下，应优先考虑后者。这也是低压系统不同于中、高压系统之处。

7.3.2　低压配电线路的短路保护

1. 短路保护的基本要求和装设条件

(1) 短路保护的基本要求

对于低压线路的短路保护，除满足关于保护的可靠性、快速性、选择性和灵敏性要求外，还应满足以下两个基本要求。

1）短路保护电器的开断电流应不小于其安装处的最大预期短路电流。

2）应保证被保护线路的短路热稳定性。即在导体温度上升到允许限值前切断电源。当短路电流持续时间大于 0.1s、小于 5s 时，切断时间应满足

$$t_k \leqslant \frac{C^2 S^2}{I_k^2} \tag{7-1}$$

式中，C 为热稳定系数（$A \cdot s^{1/2} \cdot mm^{-2}$），其值见表 7-4；$t_k$ 为短路电流持续时间（s），等于保护动作时间加断路器全分闸时间，或熔断器的最大熔断时间；S 为线缆导体截面积（mm^2）；I_k 为短路电流有效值（A）。

表 7-4　导体或电缆的热稳定系数

导体种类和材料	热稳定系数 C 值/$A \cdot s^{1/2} \cdot mm^{-2}$	导体种类和材料	热稳定系数 C 值/$A \cdot s^{1/2} \cdot mm^{-2}$
铝母线及导线、硬铝及铝锰合金	87	铜芯交联聚乙烯绝缘电缆	143
硬铜母线及导线	171	铝芯聚氯乙烯绝缘电缆	76
铝芯交联聚乙烯绝缘电缆	94	铜芯聚氯乙烯绝缘电缆	115

当短路电流持续时间小于 0.1s 时，按式（7-1）计算需要计及非周期分量对发热的影响。一般只有限流型熔断器或限流型断路器才能在如此短的时间内开断短路电流。对限流型保护电器，可根据最大焦耳积分能量 I^2t 进行热稳定校验，即

$$C^2 S^2 \geqslant I^2 t \tag{7-2}$$

(2) 短路保护的装设条件

线路首端应装设短路保护，线路分支处和载流量减小处一般应装设短路保护，且保护装设点应尽可能靠近分支点或载流量减小点，最远不能超过3m。如图7-19所示。

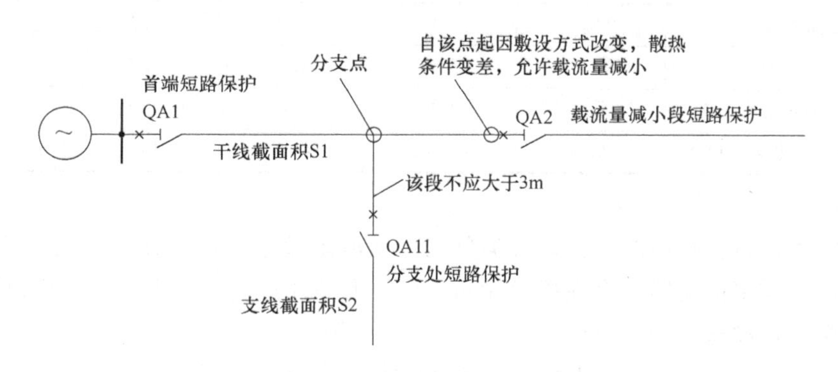

图7-19 短路保护装设位置示例

若线路负荷电流较小（一般认为小于16A），且分支线路截面积不变，则分支处可不装设短路保护，前提是干线和分支线间无保护选择性要求，且干线首端短路保护可以有效保护分支线，即分支线短路时保护灵敏系数和热稳定性等都能满足要求。工程实践中，末端照明线路属于这种情况。

如果线路首端短路保护能满足载流量减小线路段的短路热稳定条件，且该段线路敷设在不燃或难燃材料的管、槽内，则可以不单独为该段线路设置短路保护。

2. 低压断路器短路保护整定计算

低压断路器靠瞬时和（或）短延时脱扣器实施短路保护。因低压系统处于电力系统最末端，其保护整定直接受用电设备的影响，且对于最末一级配电线路，不存在选择性问题时，故保护动作值整定方法如下。

(1) 瞬时过电流脱扣器动作电流整定

1）按躲过配电线路的尖峰电流整定。其目的是防止正常工作时误动作。

对动力类线路为

$$I_{op3} \geqslant K_{rel3}[I'_{st \cdot M1} + I_{C(n-1)}] \tag{7-3}$$

对照明类线路为

$$I_{op3} \geqslant K_{rel3} I_C \tag{7-4}$$

式中，I_{op3} 为低压断路器瞬时过电流脱扣器动作值（A）；K_{rel3} 为低压断路器瞬时过电流脱扣器保护可靠系数，动力类线路取1.2，照明类线路取决于光源特性，具体见表7-5；$I'_{st \cdot M1}$ 为线路上起动电流最大一台电动机的全起动电流（A），包括周期分量与非周期分量，其值可取最大堵转电流的2倍；$I_{C(n-1)}$ 为除起动电流最大一台电动机以外的线路计算电流（A）；I_C 为照明线路的计算电流（A）。

低压动力类线路上的电动机一般不会全部同时起动，因此正常情况下最大可能的尖峰电流是：在其他设备正常工作的情况下，起动电流最大的一台电动机开始起动。式（7-3）表明即使在这种情况下，低压断路器瞬时过电流脱扣器也不能动作。

表 7-5 不同光源的照明线路保护电器选择计算系数

保护电器类型	计算系数	白炽灯、卤钨灯	荧光灯	高压钠灯、金属卤化物灯	荧光高压汞灯
RL7、NT 熔断器[①]	K_m	1.0	1.0	1.2	1.1~1.5
RL6 熔断器[①]	K_m	1.0	1.0	1.5	1.3~1.7
低压断路器长延时过电流脱扣器	K_{rel1}	1.0	1.0	1.0	1.1
低压断路器瞬时过电流脱扣器	K_{rel3}	10~12	4~7	4~7	4~7

① 熔断体额定电流小于 63A。

低压照明类线路在接通时，白炽灯类负荷冷态电阻较小，接通瞬间有较大的冲击电流；气体放电光源及配用镇流器也会在接通瞬间产生较大的冲击电流。因为瞬时脱扣器为无延时动作，因此必须躲过这个冲击电流。

2）按躲过下一级线路首端最大短路电流整定。这是为了满足选择性要求所做的整定，原理与中压系统的无时限电流速断保护相同，对最末一级配电线路无须做此整定。

低压断路器瞬时脱扣器的动作值取值为以上两者中较大者。

（2）短延时过电流脱扣器动作电流与延时时间整定

短延时脱扣器主要是为了保证选择性而设置，最末一级线路不会使用短延时脱扣器，因此其动作值整定不涉及末级照明线路。

1）动作电流按躲过短时间尖峰电流整定，即

$$I_{op2} \geqslant K_{rel2}[I_{st \cdot M1}+I_{C(n-1)}] \tag{7-5}$$

式中，I_{op2} 为低压断路器短延时过电流脱扣器动作值（A）；K_{rel2} 为低压断路器短延时过电流脱扣器保护可靠系数，取 1.2；$I_{st \cdot M1}$ 为线路上起动电流最大一台电动机的起动电流（A），只包括周期分量，可取最大堵转电流；$I_{C(n-1)}$ 为除起动电流最大一台电动机以外的线路计算电流（A）。

式（7-3）与式（7-5）的区别在于对电动机起动电流取值不同，前者取起动全电流的最大值，后者只取周期分量最大值，这是因为前者为瞬时脱扣器，电流哪怕只有瞬间超过脱扣器动作值，都会导致断路器跳闸；而后者为短延时脱扣器，一般到延时末期时，起动电流非周期分量已经衰减完毕，故不必考虑。

2）动作时间比下一级保护高出一个时限，该时限一般为 0.2s。若下级保护电器为熔断器，则下级保护动作时间应取为最大熔断时间。

（3）灵敏系数校验

瞬时和短延时脱扣器的灵敏系数要求不小于 1.3。在同时配置了瞬时和短延时过电流脱扣器的情况下，可不校验瞬时脱扣器的灵敏系数。

3. 熔断器短路保护整定计算

（1）动作电流整定

熔断器的保护整定就是确定熔体的额定电流。

1）按躲过配电线路的尖峰电流整定。

对动力类线路，熔体额定电流为

$$I_{r \cdot FA} \geqslant K_r[I_{r \cdot M1}+I_{C(n-1)}] \tag{7-6}$$

对照明类线路，熔体额定电流为

$$I_{r\cdot FA} \geqslant K_m I_C \tag{7-7}$$

式中，$I_{r\cdot FA}$ 为熔体额定电流（A）；K_r 为动力配电线路熔体选择计算系数，取决于起动电流最大一台电动机的额定电流与线路计算电流的比值，见表 7-6；$I_{r\cdot M1}$ 为线路上起动电流最大一台电动机的额定电流（A）；$I_{C(n-1)}$ 为除起动电流最大一台电动机以外的线路计算电流（A），只包括周期分量；K_m 为照明线路熔断体选择计算系数，取决于电光源类型和熔断体特性，取值见表 7-5；I_C 为线路的计算电流（A）。

表 7-6　K_r 值

$I_{r\cdot M1}/I_C$	≤0.25	0.25~0.40	0.40~0.60	0.60~0.80
K_r	1.0	1.0~1.1	1.1~1.2	1.2~1.3

2）按选择性整定。上、下级熔体的额定电流之比不应小于熔体的过电流选择比，过电流选择比因熔体类型而异，典型值如：1.6。

（2）灵敏性校验

用熔断器作短路保护时，灵敏性是否满足要求主要取决于熔体的熔断时间。若熔体的最大熔断时间小于式（7-1）所要求的时间，线路热稳定性得以满足，则认为保护有足够的灵敏性。

7.3.3　低压配电线路的过负荷保护

1. 过负荷保护的基本要求与装设条件

低压线路的过负荷保护应满足以下两条基本要求。

1）保护电器应在过负荷电流引起的导体温升对绝缘、接头、端子或导体周围物质造成损害之前分断电路。

2）对突然断电比过负荷造成的损失更大的线路，过负荷保护只动作于信号。

过负荷保护的难点在于要求 1）中所述的造成损害的时间的确定，这个时间不是一个固定值，而是过负荷程度的函数，如图 7-18 中被保护元件的过电流承受能力曲线所示。保护电器的保护特性一般并不平行于这条曲线，因此要检验是否能在全过负荷范围内有效保护，需要将整条曲线画出来进行比较，应用起来很不方便。工程上的做法是：以大量试验为基础确定产品标准，再通过标准之间的配合，以参数的形式进行保护有效性的判断。据此，对过负荷保护动作特性按以下条件进行整定和判断：

$$I_{op} \geqslant I_C \tag{7-8}$$

$$I_2 \leqslant 1.45 I_{con} \tag{7-9}$$

式中，I_{op} 为保护电器过负荷保护动作值（A）；I_C 为被保护线路计算电流（A）；I_2 为保护电器在约定时间内的约定动作电流（A）；I_{con} 为被保护线路的允许载流量（A）。

式（7-8）的意义很明确，即保证正常工作时保护电器不误动作；式（7-9）即保证保护电器先于线路被损坏而动作。考虑到保护电器动作电流的分散性，产品标准中一般以 I_1 表示规定时间下动作电流下限值，用 I_2 表示规定时间下动作电流上限值。系数 1.45 和参数 I_2 都是通过试验及标准之间的配合得出的，保护电器的 I_2 与 I_{op} 有一定的关系，如何确定 I_2 是确定过负荷保护是否有效的关键。

过负荷保护的装设地点原则上与短路保护类同，一般要求装设在线路首端、分支处和线路载流量减小处，其他更详细条件可参见 GB 50054—2011《低压配电设计规范》。

下面讨论典型保护电器 I_2 的取值问题。

2. 低压断路器实施的过负荷保护

低压断路器由长延时过电流脱扣器实施过负荷保护，I_2 取值为长延时脱扣器在约定时间内的约定脱扣电流，见本章 7.2 节。根据低压配电断路器 ACB 和 MCCB 的产品标准，I_2 与长延时脱扣器动作电流 I_{op1} 的关系为 $I_2=1.3I_{op1}$，式（7-9）于是可写成 $1.3I_{op1}\leqslant 1.45I_{con}$，也即 $I_{op1}\leqslant 1.16I_{con}$，取保守的估值，工程上一般按式（7-10）校验长延时脱扣器过负荷保护的有效性：

$$I_{op1}\leqslant I_{con} \tag{7-10}$$

式中，I_{op1} 为低压断路器长延时过电流脱扣器动作电流（A）；I_{con} 为断路器所保护线路的允许载流量（A）。

家用及类似场所用模数化终端断路器 MCB 产品标准规定 $I_2=1.45I_{op1}$，按以上同样方法分析可知，式（7-10）仍然适用。

式（7-10）说明，只要低压断路器长延时脱扣器的动作电流小于线路的允许载流量，就能保证断路器在线路绝缘发生不可逆的变化（如软化、碳化等）前切断线路。

3. 熔断器实施的过负荷保护

用式（7-9）校验熔断器过负荷保护的有效性时，I_2 取值为熔断器在约定时间内的约定熔断电流。校验方法与低压断路器类似，先找出 I_2 与 $I_{r\cdot FA}$ 的关系，再通过式（7-9）确定出 $I_{r\cdot FA}$ 和 I_{con} 的关系。现将部分熔断器的校验数据列于表 7-7 中。

表 7-7　用熔断器作过负荷保护时熔体电流与线路允许载流量的关系

专职人员用熔断器类型	$I_{r\cdot FA}$ 取值范围/A	$I_{r\cdot FA}$ 与 I_{con} 应满足的关系
螺栓连接熔断器	全值范围	$I_{r\cdot FA}\leqslant I_{con}$
刀型触点熔断器和圆筒帽型熔断器	$I_{r\cdot FA}\geqslant 16$	$I_{r\cdot FA}\leqslant I_{con}$
	$4<I_{r\cdot FA}<16$	$I_{r\cdot FA}\leqslant 0.85I_{con}$
	$I_{r\cdot FA}\leqslant 4$	$I_{r\cdot FA}\leqslant 0.77I_{con}$
偏置触刀熔断器	$I_{r\cdot FA}>4$	$I_{r\cdot FA}\leqslant I_{con}$
	$I_{r\cdot FA}\leqslant 4$	$I_{r\cdot FA}\leqslant 0.77I_{con}$

7.4 电流的人体效应与电击防护

作为加害源，低压系统最常见也是最严重的危害为电击和电气火灾。据统计，我国电力系统发生的电击约 80%发生在低压系统，因此电击防护是低压系统的重要问题之一。

7.4.1 人体通过电流时产生的生理反应

研究发现，电击危险程度取决于通过生命体的电流大小，呈正相关性，还与通电时间、电流波形、频率等因素有关。研究人员把人受电击时产生的生理反应划分为几种状态，这几种状态的临界点称为生理阈，与这些生理阈对应的电流称为阈值电流，或简称阈电流、阈值、阈。

1）反应阈。能引起人体肌肉不自觉收缩的最小电流值，称为反应阈。反应阈电流本身不会产生有害的生理效应，但它所引起的人体肌肉的不自觉收缩，可能造成二次事故，如使人从高处跌落等。反应阈电流很小，典型值为0.5mA。

2）感知阈。使人产生触电感觉的最小电流值称为感知阈。感知阈有个体差异，按50%概率计，成年男性的感知阈为1.1mA，女性为0.7mA。感知阈与电流持续时间长短无关，但与频率正相关，即人体对低频电流更敏感。

3）摆脱阈。手握电极通过电流时，人体受刺激的肌肉尚能自主摆脱电极所能承受的最大电流值，称为摆脱阈。可以认为：当通过人体的电流大于摆脱阈时，受电击者自救的可能性便不复存在。以50%概率计，成年男性的摆脱阈为16mA，女性为10.5mA，通用值取为10mA。摆脱阈与电流持续时间无关，在20~100Hz频率范围内基本上与频率无关。

4）室颤阈。通过人体能引起心室纤维性颤动的最小电流值，称为心室纤维性颤动阈，简称室颤阈。从医学上看，室颤很可能导致死亡，故室颤阈被认为是致命的人体电流值。试验发现，室颤阈不仅与通过受试对象的电流大小有关，还与通过电流持续的时间有关。达尔基尔（Dalzil）研究小组的研究结果认为，发生室颤的危险性与能量的累积有关，并提出电流持续时间0.01~5s条件下划分室颤界限的依据为

$$I^2t=K_D$$

式中，系数K_D按0.5%最大不引起室颤电流得出，为$116^2\text{mA}^2\cdot\text{s}$。而柯宾（Koeppen）的研究结果认为，室颤危险性与电流大小与电流作用持续时间之积有关，并提出室颤界限公式为

$$It=K_K$$

式中，系数K_K取为50mA·s，$t<1$s。

7.4.2 人体阻抗

虽然流过人体的电流是表征电击强度的最恰当电气参量，但对于低压系统来说，工程上更方便运用电压这一电气参量，它们之间的转换，需要用到人体阻抗参量。

人体阻抗由皮肤阻抗和人体内阻抗构成，其总阻抗呈阻容性。皮肤阻抗与接触面积、湿度、压力、是否受伤等因素关系较大。人体内阻抗基本上是阻性的，其量值由电流通路决定，接触面表面积所占比例较小，但当接触面表面积小至几平方毫米时，人体内阻抗会增大。

图7-20表示正常条件下、接触电压工频交流700V以下时，活人体阻抗与接触电压关系的统计曲线，电流通路是从手到脚，大的接触面积（100cm^{2}量级，大致表示整只手掌）及正常压力接触，手脚无水湿润或盐水

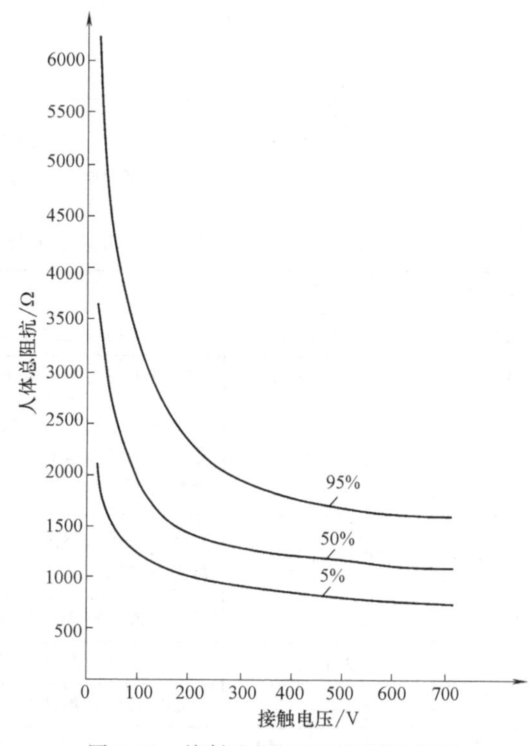

图7-20 接触电压700V以下适用于活人的人体阻抗统计图

湿润。从图中可见，当接触电压为 220V 时，只有 5%的受试者人体阻抗小于 1000Ω，而同一电压下阻抗小于 2125Ω 的人占受试总人数的 95%，也即有 90%的受试者人体阻抗在 1000~2125Ω 之间。

7.4.3 工程标准及典型量值

基于大量研究成果，国家标准 GB/T 13870.1—2008《电流对人和家畜的效应 第 1 部分：通用部分》对电流通过人体的效应做出了规定，其中 15~100Hz 交流电部分与工频交流低压系统密切相关。

1. 人体效应的约定时间/电流区域

如图 7-21 所示，综合考虑电击危险程度与电流量值和持续时间的关系，划分了电流对人体作用的区域范围，该图中各区域所产生的电击生理效应见表 7-8。

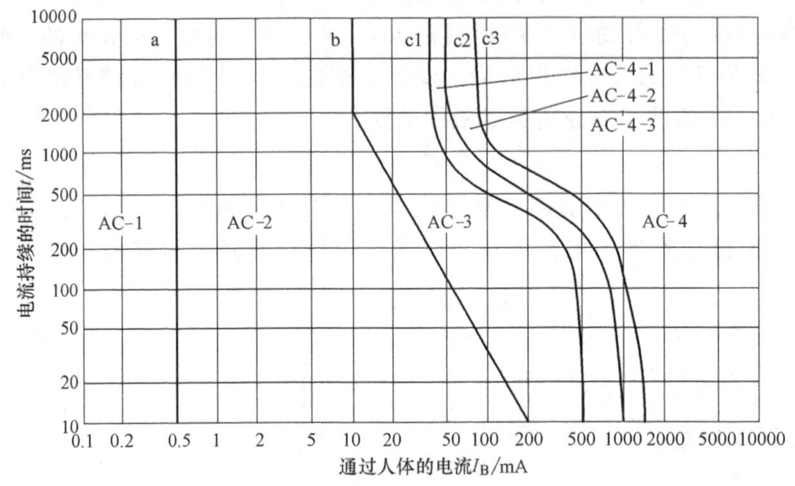

图 7-21 电流路径为左手到双脚的 15~100Hz 正弦交流电流人体效应的约定时间/电流区域

表 7-8 15~100Hz 正弦交流电的时间/电流区域

区域代号	区域界限	生理效应
AC-1	0.5mA 直线 a 左侧	有感知的可能性，但通常不会被“吓一跳”
AC-2	直线 a 至折线 b①	通常无有害的电生理效应，但可能有感知和不自主的肌肉收缩
AC-3	折线 b 至曲线 c1	通常不会发生器质性损伤。可能发生肌肉痉挛似的收缩，呼吸困难。随着电流量和通电时间增加，使心脏内心电冲动的形成和传导有可以恢复的紊乱，包括心房纤维性颤动和心脏短暂停搏，但不发生心室纤维性颤动
AC-4	在曲线 c1 以右	可能发生心跳停止、呼吸停止以及烧伤或其他细胞破坏等病理生理效应。心室纤微颤动的概率随电流增大和时间加长而增加
AC-4-1	c1 至 c2	心室纤维性颤动概率可增加到 5%
AC-4-2	c2 至 c3	心室纤维性颤动概率可增加到约 50%
AC-4-3	超过曲线 c3	心室纤维性颤动概率超过 50%

① 通电时间小于 10ms 时线 b 垂直下延，人体电流值仍保持为 200mA。

从图 7-21 中可以看出，由直线 a、折线 b 和曲线 c（为一簇曲线，分别为 c1、c2、c3）

将平面划分为 AC-1～AC-4 这 4 个区域，其中 AC-4 又根据发生室颤的概率分为 AC-4-1～AC-4-3 这 3 个区域。可以认为，发生在 AC-4 区域内的电击，都是致命的。

从图 7-21 中还可以看出，以 c1 曲线为依据，超过 500mA 的电流，哪怕在 10ms 内被切断，都是致命的，而现有的开关电器几乎没有能在 10ms 内切断电路的。因此对 500mA 以上的电流，靠切断电源对已经触电的人实施保护是不可靠的。另外，对于约 35mA（工程上取约值 30mA）以下的电流，作用时间长达 10s 以上都是不致命的，而 10s 已经可以认为是长时间接触。

室颤电流与电流在人体中流通的路径有关系。图 7-21 中室颤电流对应于“左手到双脚”通路，是较为不利的一种常见情况。若电流从别的通路流通，则室颤电流值可能有所不同，这种差别由心脏电流系数 F 表征，该参数及其应用在国家标准 GB/T 13870. 1—2008 中有详细规定。

2. 人体效应的约定时间/电压区域及安全电压

根据图 7-21 所示曲线和人体阻抗特性，可得出相应的约定时间/电压区域曲线。但人体阻抗与接触面积、压力、湿润情况等诸多因素有关，需规定相关条件，才能确定对应的人体阻抗。规定的条件不同，所得出的时间/电压区域曲线也不相同。现状工程实践中对交流 50Hz 工频交流电所用曲线如图 7-22 所示，两条曲线 L1 和 L2 分别代表正常和潮湿环境条件下的电压-时间关系，发生在曲线右侧区域的触电被认为是致命的。

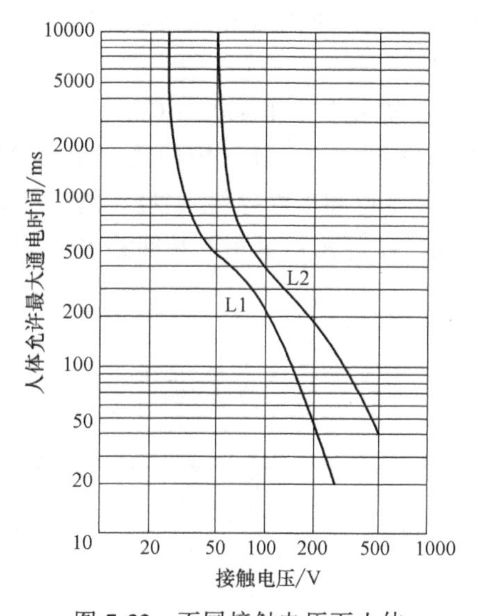

图 7-22　不同接触电压下人体允许最大通电时间

L1—正常环境条件　L2—潮湿环境条件

从图 7-22 可知，正常环境条件下，50V 以下电压不论接触时间多长，都不致发生致命电击，因此将 50V 电压作为正常环境条件下故障防护的电压限值。同理可查出潮湿环境条件下故障防护的电压限值为 25V。以上两个电压量值是对大多数故障条件下电击防护措施的效果进行评价的依据性数据。

3. 工程计算中正常环境条件下人体阻抗取值

尽管人体阻抗与诸多因素有关，且个体差异显著，但在一般的工程设计计算中，在正常环境和 50Hz 工频交流电作用下，忽略 5%以下人群更小的人体阻抗，人体阻抗的典型值可取为 1000Ω，近似按纯电阻考虑。

7.4.4　电击形式及对应的防护形式

电击指电流通过人或动物躯体而引起的生理效应，也指人或动物因电流通过而受到生理伤害的事件，分为直接电击和间接电击两种类型。

1. 直接电击与基本防护

因接触到带电部分而产生的电击，称为直接电击，又称直接接触。直接电击强度以承受相电压的情况居多，也有部分承受线电压的情况。

无故障条件下的电击防护叫作基本防护。基本防护主要是针对直接接触的防护。

2. 间接电击与故障防护

正常工作时不带电的部位，因故（主要是各类故障）带上危险电压后被人触及而产生的电击，称为间接电击，又称间接接触。间接电击发生的情况远较直接电击为多，电击强度范围较大，防护措施更为复杂，是电击防护的重点。

单一故障条件下的电击防护称为故障防护。故障防护主要是针对间接接触的防护。

7.5 剩余电流保护

7.5.1 概念及其与电击防护的关系

剩余电流保护是一种电流型漏电保护。与早期的电压型漏电保护相比，电流型漏电保护因其原理上的优点和工程实施上的方便，在电击防护和电气火灾预防工程中得到了广泛应用。

剩余电流（Residual Current）指在同一时刻，在电气回路给定位置处所有带电导体电流的代数和。在我国三相四线制和单相二线制的 TT、TN 和 IT 系统中，带电导体为相导体（L1～L3）和中性导体（N）。如图 7-23 所示，三相配电回路首端 A 点的剩余电流为 $i_{res.A}=i_{L1}+i_{L2}+i_{L3}+i_N$，单相终端回路 B 点剩余电流为 $i_{res.B}=i_L+i_N$。

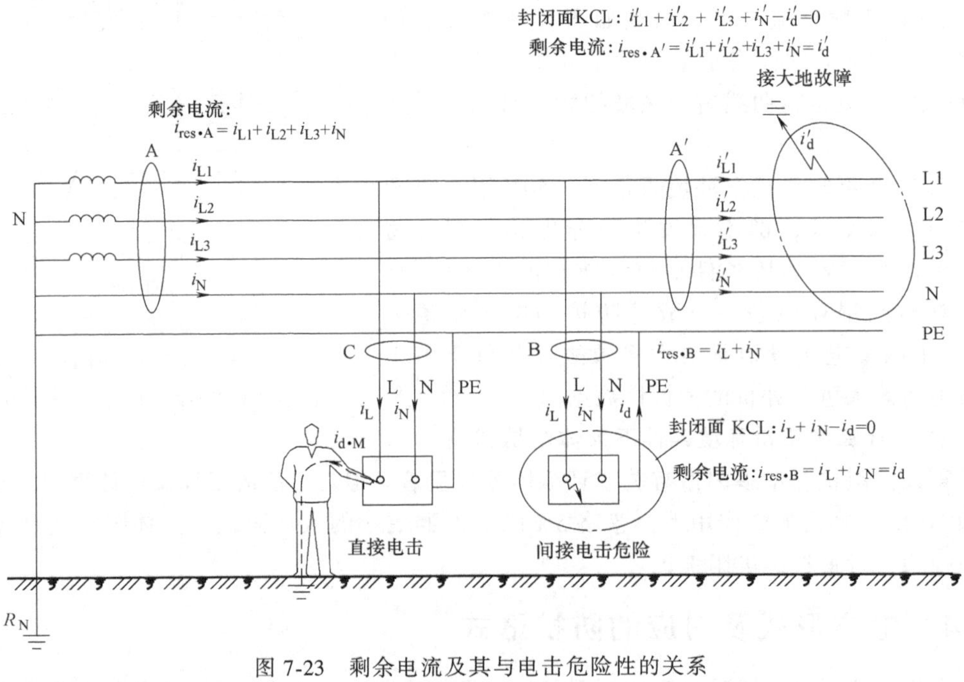

图 7-23　剩余电流及其与电击危险性的关系

从定义可知，剩余电流是对所有带电导体电流进行运算所得出的一个特征参量，它并不是一个真实的物理电流。提出这个特征参量的目的，是为了检测一个真实的物理电流——接地故障电流。工程实际中，直接检测接地故障电流是困难的。对接地故障电流路径可以预知的情况，如连接设备外露可导电部分的 PE 线，肯定是碰壳接地故障电流的通道，由于其数量庞大且分散，又远离电源侧配电装置，即使能够检测，检测信号也还需通信网络才能到达

配电装置，工程应用过于复杂；对接地故障发生位置是随机的情况，如线路绝缘破损接地等，无法预先设置检测装置。因此，如何在系统中确定位置处（一般是各级配电装置处）检测出到处都可能发生的接地故障，是工程实践对技术措施可行性的要求。而通过剩余电流间接检测接地故障，就是一个很好的解决方案。

仍如图 7-23 所示，人站立地面发生手到脚的直接电击，或者设备碰壳产生间接电击危险，甚至相导体接大地导致的 PE 线带危险电压，都会在故障点的电源侧产生剩余电流，这一结论用针对封闭面的广义 KCL 可以很容易地证明。因此，只要在配电回路或终端回路的电源端检测到剩余电流，就可以及时发现该回路任何位置处出现的接地故障，从而实施电击防护。

7.5.2　剩余电流保护装置

剩余电流保护装置（Residual Current operated protective Devices，RCD），是一类具有剩余电流保护功能的单独或组合电器的总称，本节介绍用于工频交流系统稳态剩余电流保护的 RCD。

1. 剩余电流检测

图 7-24 所示为电磁型剩余电流检测器件，将回路所有带电导体（相导体和中性导体）集束穿过一只电流互感器的铁心环，根据封闭面的 KCL，正常工作时，这些电流之和为零，它们各自产生的磁通相互抵消，不会在电流互感器的二次绕组中感应电流；当设备发生碰壳故障时，接地故障电流 $\dot{I}_d$ 从接地电阻 R_E 上流过，根据 KCL 有 $\dot{I}_U+\dot{I}_V+\dot{I}_W+\dot{I}_N=\dot{I}_d\neq0$。而电流（$\dot{I}_U+\dot{I}_V+\dot{I}_W+\dot{I}_N$）$=\dot{I}_{res}$，剩余电流 $\dot{I}_{res}$ 在铁心中产生磁场，互感器二次绕组感应电流量值与剩余电流大小呈正相关性，并直接表征了接地故障电流 $\dot{I}_d$ 的强度。

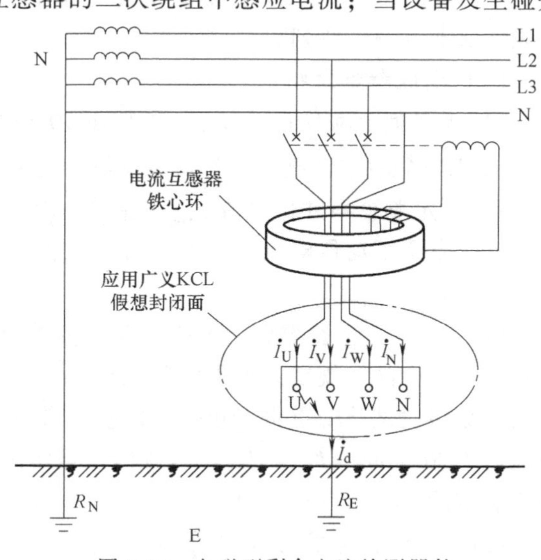

图 7-24　电磁型剩余电流检测器件

2. RCD 常用种类

现状工程中常用的 RCD 按功能区分有以下两种类型。它们按装置形式又分为固定式和移动式，移动式最常见的是带剩余电流保护的电源转换器和插头，固定式如固定的剩余电流保护插座，以及装设在配电箱中的各种剩余电流断路器等。

- RCD
  - 剩余电流断路器
    - 专业人员使用 CBR
    - 家用及类似用途
      - 无过电流保护功能 RCCB（又称剩余电流开关）
      - 有过电流保护功能 RCBO
  - 剩余电流继电器

（1）剩余电流断路器

剩余电流断路器指在正常运行条件下能接通、承载和分断电流，以及在规定条件下当剩余电流达到规定值时能使触点断开的机械开关电器。有以下几种类别。

1）专业人员使用 CBR。对应于开启式断路器（ACB）和模压外壳式断路器（MCCB），壳架电流一般在 100A 以上。

2）家用及类似用途。主要为终端微型断路器（MCB），壳架电流 125A 及以下，通常使用为 63A 及以下，主要用于终端回路，适合于非专业人员使用，分为不带过电流保护和带过电流保护两种类型。

不带过电流保护的剩余电流断路器（RCCB）不具备过负荷和短路保护功能，结构上不配置过电流脱扣器，性能上无开断短路电流的要求，故又称为剩余电流开关。带过电流保护的剩余电流断路器（RCBO）相当于在过电流保护基础上附加了剩余电流保护功能的断路器。

带剩余电流保护的电源转换器和固定式剩余电流保护插座都属于终端电具，一般由用户自行配置，其技术上看仍属于 RCCB 或 RCBO。

（2）剩余电流继电器

剩余电流继电器指能够检测剩余电流，并将其与整定值进行比较，最终将比较结果以逻辑形式表达出来的二次系统保护电器。它通常具有机械输出触点，但没有切断主电路的主触头系统，常与低压断路器或接触器组成组合开关保护电器，或者用于系统监测。

3. RCD 参数与特性

下面介绍 RCD 的主要参数，主要介绍 RCBO 和 RCCB 与保护有关的参数和特性，其他常规参数不再一一罗列。

（1）电流参数及特性

1）额定剩余动作电流 $I_{\Delta n}$，指使 RCD 按规定的条件动作的剩余电流标称最小值。若 RCD 有若干个动作电流整定值，该参数为最大整定值。

2）额定剩余不动作电流 $I_{\Delta no}$，指使 RCD 按规定条件不动作的剩余电流标称最大值。

额定剩余不动作电流 $I_{\Delta no}$ 总是与额定剩余动作电流 $I_{\Delta n}$ 成对出现的，产品标准推荐优选值为 $I_{\Delta no}=0.5I_{\Delta n}$。

以上 $I_{\Delta n}$、$I_{\Delta no}$ 参数表征了产品特性参数分散性的范围。同一型号规格的剩余电流保护电器，每只产品在规定条件下实际剩余动作电流 I_{Δ}（可通过试验测出）可能都不相等，同一只产品多次试验结果也不相等，这就是参数的分散性。生产厂家只保证产品的实际剩余动作电流 I_{Δ} 在区间（$I_{\Delta no}$，$I_{\Delta n}$］范围内。当实际剩余电流在 $I_{\Delta no}$~$I_{\Delta n}$ 之间时，RCD 是否动作是不确定的。

我国标准规定的额定剩余动作电流推荐系列值，RCBO 和 RCCB 的优选值为 6mA、10mA、30mA、100mA、300mA、500mA，CBR 除以上值外，还有 1A、3A、10A、20A。以上推荐值中，30mA 及以下属于高灵敏度，主要用于终端回路电击防护；50~1000mA 属于中等灵敏度，主要用于配电回路电击防护和漏电火灾防护；1000mA 以上属于低灵敏度，用于漏电火灾防护和接地故障监视。

3）额定剩余接通和分断能力 $I_{\Delta m}$。指规定条件下剩余电流断路器能够接通、承载和分断的剩余电流交流分量有效值。

（2）时间参数与特性

RCD 按动作时间特性分为无人为故意延时的一般型和有延时的延时型两类，其中延时

型又有固定延时型和 S 型两种。所谓 S 型是指具有反时限延时特性，可使上下级达成选择性配合。延时型 RCD 只有 $I_{\Delta n}$ 在 30mA 以上的规格。

1）剩余电流动作保护装置的分断时间，指从突然施加剩余动作电流瞬间起，到所有极触头间电弧熄灭瞬间为止的时长。

2）剩余电流动作保护的极限不驱动时间，指对 RCD 施加一个大于其剩余不动作电流的剩余电流，又没有使其动作的最大延时时间。

延时型 RCD 就是通过极限不驱动时间定义的，其定义为：对应一个给定的剩余电流值，能达到一个预定的极限不驱动时间，这种 RCD 称为延时型 RCD。延时型 RCD 除了固定延时型以外，还有反时限的 S 型。

RCCB 的产品标准对时间的规定见表 7-9，RCBO 除最后一列试验电流条件不同外，其他部分完全相同。从表中可见，当通过一般型 RCCB 的剩余电流达到额定剩余动作电流 5 倍时，分断电路时间不大于 0.04s。

表 7-9　AC 型和 A 型 RCCB 交流剩余电流（有效值）的分断时间和不驱动时间限值

型号	I_n/A	$I_{\Delta n}$/A	AC 型和 A 型 RCCB 在交流剩余电流(有效值)等于下列值时的分断时间和不驱动时间限值/s						
			$I_{\Delta n}$	$2I_{\Delta n}$	$5I_{\Delta n}$	$5I_{\Delta n}$ 或 0.25A	5~200A	500A	说明
一般型	任何值	<0.03	0.3	0.15		0.04	0.04	0.04	最大分断时间
		0.03	0.3	0.15		0.04	0.04	0.04	
		>0.03	0.3	0.15	0.04		0.04	0.04	
S 型	≥25	>0.03	0.5	0.2	0.15		0.15	0.15	最大分断时间
			0.13	0.06	0.05		0.04	0.04	最小不驱动时间

(3) 工况特性及对应类型

1）动作方式与电源电压无关/有关的 RCD，指 RCD 的检测、判断和分断功能是否受其安装位置处的电网电压影响，这主要涉及保护功能的可靠性问题。

2）用于无直流分量的 AC 型与有直流分量的 A、B 型 RCD。A 型对突然或缓慢上升的剩余正弦电流和剩余脉动直流电流能确保正确脱扣，B 型在 A 型基础上还可对平滑直流剩余电流确保正确脱扣。与 A、B 型对应，AC 型 RCD 只能对突然或缓慢上升的剩余正弦电流确保正确脱扣。RCCB 和 RCBO 标准中只有 AC 型和 A 型。

(4) 极数与电流回路数

剩余电流断路器的电流回路指与外电路一个独立导电路径相连的内部部件，如果该部件还具有接通和断开外电路的触头系统，则称该回路为 RCD 的一个极（pole）。只用来开闭中性线而不需要有短路通断能力的极叫开闭中性极。

(5) 正常/增强耐冲击电压下误脱扣能力

该能力指 RCD 在有电涌电流成为剩余电流情况下防误动作能力。

7.5.3　剩余电流保护设置

1. 剩余电流保护的性质

1）剩余电流保护主要用作间接电击防护，属于故障防护措施；也可用作直接电击防护的补充保护，属于基本防护的附加防护措施，但不能取代绝缘、外护物等基本防护措施；还可作为电气火灾危险防护。

2）作为电击防护的剩余电流保护属于自动切断电源的电击防护措施，切断电源的时间需要满足规定的要求。

2. 剩余电流保护设置的技术要点

（1）保护对象及装设位置

从电击防护角度看，剩余电流保护主要保护对象为终端回路，用作间接电击防护；也可对一级或二级配电回路进行保护，主要用作接地故障保护，以防范电气火灾危险为目的。RCD 常装设在被保护回路的电源端，但有的也装设在上级电源回路的末端，如农电网中分支线末端集中电能表箱或住宅单元电源进线配电箱的总电源开关处等。

对终端回路，在正常环境条件下，I 类手持设备、生产用电气设备、住宅和办公用房等处除空调插座外的插座回路等都必须安装 RCD，施工工地电气机械设备、户外电气装置、水中供电线路和设备、医院中可能直接接触人体的医疗设备等都必须安装 RCD。

对电击防护Ⅱ、Ⅲ类设备、非导电环境中的电气设备以及电气分隔供电的设备等不需要装设 RCD。消防设备，医院维持病人生命的医疗设备等相关规范明确不能中断供电的设备禁止设置切断主回路的剩余电流保护。

（2）额定剩余动作电流 $I_{\Delta n}$ 及延时时间选择

一般场所终端回路电击防护选 30mA，施工工地单台电气机械设备选 30~100mA，均为无延时动作。配电回路剩余电流保护主要作防电气火灾危险的接地故障保护，选 $I_{\Delta n}$ 不大于 300mA，延时通常选不大于 5s。电击危险性高的特殊场所 $I_{\Delta n}$ 范围大都在 6~30mA 之间，应严格遵守相关的规范规定。

（3）分级保护时应达到上下级之间的选择性配合

通常选上级为延时型，下级为一般型，上下级动作时间差不得小于 0.2s，上级 RCD 的极限不驱动时间应大于下级 RCD 的最大分断时间。当有 2 级及以上选择性配合时，最末一级选用一般型，其上一级选用 S 型，再上各级选用固定延时型是一个比较好的方案。

（4）RCD 电流回路数应与被保护回路带电导体数一致，并对应连接

接线要点是必须将主回路的所有带电导体对应接入 RCD 的所有电流回路。具体来说，对三相四线的 TT 和 TN-S 系统，必须将相线 L1~L3 和中性线 N 接入（3P+N）或 4P 极型的 RCD 的所有进、出线端子，特别注意不得遗漏中性线。对于三相三线制的 TT、TN-S 和 IT 系统，则只能选 3P 极型的 RCD。如图 7-25 所示，以 TN-S 系统为例列示了终端回路 RCD 的正确接法，其中设备 4 采用了直接接地，形成局部的 TT 系统，这在设备 4 设置了一般型 RCD 保护的前提下是允许的。

（5）TN-C 系统不能实施剩余电流保护

若确需在 TN-C 系统中设置剩余电流保护，则需将被保护设备改为局部 TT 或局部 TN-C-S 系统。

（6）IT 系统剩余电流保护设置

该保护通常不用于一次接地故障保护，而是用于二次接地故障保护，以及直接电击的附加防护。

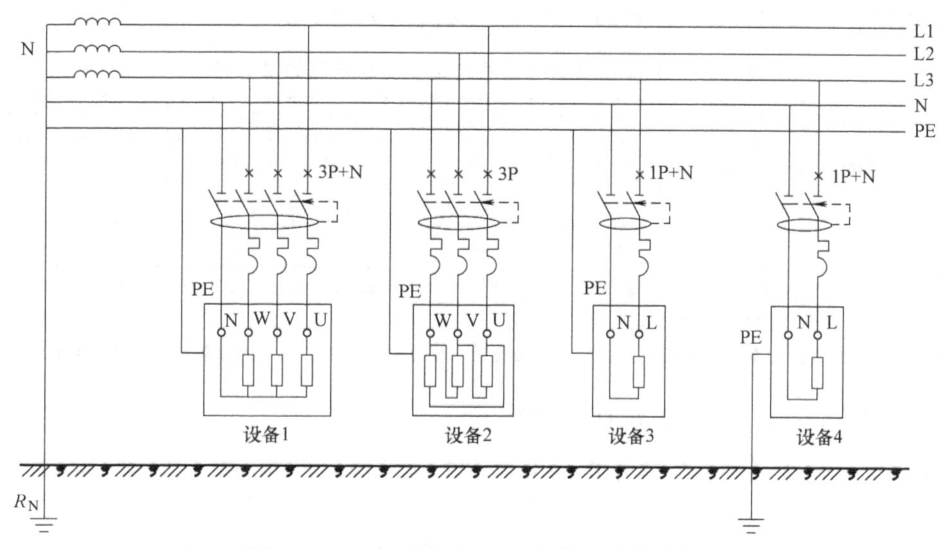

图 7-25　TN-S 系统中 RCD 的典型接线示例

7.6　低压系统自动切断电源的电击防护工程设计计算

首先明确，自动切断电源的电击防护措施是故障防护措施，是在基本防护措施基础上的独立的防护措施，但不能取代基本防护措施。另外，可能还需要附加防护措施的补充以保证其有效性，如辅助等电位联结。

其次，自动切断电源的措施是在装置外露可导电部分实施了保护接地，以及场所实施了保护等电位联结（有可能的情况下）条件下的故障防护措施。

第三，本节只针对正常环境条件进行讨论。

低压配电系统的故障防护与系统多方面的属性相关联，如接地形式、导线长度和截面积、保护设置、变压器联结组和运行方式、环境状况等。不同系统间、同一系统不同回路间乃至同一回路的不同设备间的故障防护情况都可能有所差异，需逐一考虑。因此，故障防护是低压配电系统电击防护工程实践的重点和难点，也是供配电系统设计阶段的一项重要工作。而自动切断电源的措施，是低压系统最常用的故障防护措施之一，是故障防护的重中之重。

7.6.1　自动切断电源的故障防护对切断时间的要求

靠自动切断电源进行故障防护，切断电源的时间应满足图 7-21 或图 7-22 所示曲线的要求，预期接触电压是依据性参量。考虑到 TN 和 TT 系统本身都有降低碰壳故障预期接触电压的作用，以及等电位联结等措施的影响，国家标准 GB/T 16895.21—2011《低压电气装置　第 4-41 部分：安全防护　电击防护》对 TN 和 TT 系统自动切断电源进行电击防护的时间做出了规定，IT 系统根据情况，或不需切断电源，或采用 TN 系统时间，或采用 TT 系统时间，详见后续介绍。

1）对于不超过 32A 的终端回路，其最长切断时间见表 7-10。就我国 220/380V 工频交流低压系统而言，按“120V<U_0≤230V”下“交流”列取值。

表 7-10　32A 及以下终端回路自动切断电源的最长时间　　（单位：s）

系统	50V<U_0≤120V		120V<U_0≤230V		230V<U_0≤400V		U_0>400V	
	交流	直流	交流	直流	交流	直流	交流	直流
TN	0.8	①	0.4	5	0.2	0.4	0.1	0.1
TT	0.3	①	0.2	0.4	0.07	0.2	0.04	0.1

注：1. 当 TT 系统内采用过电流保护电器切断电源，且保护等电位联结涵盖电气装置处所有外界可导电部分时，该 TT 系统可以采用 TN 系统最长切断时间。

2. U_0 为交流或直流系统电源线地标称电压。就我国三相星接或单相工频交流电源而言，该参量取值为电源标称相电压。

① 切断电源的要求可能是为了电击防护以外的原因。

2）在 TN 系统中的配电回路和除 32A 及以下终端回路以外的其他回路，切断时间不应大于 5s。

3）在 TT 系统中的配电回路和除 32A 及以下终端回路以外的其他回路，切断时间不应大于 1s。

7.6.2　TN 系统自动切断电源故障防护有效性判断

此处只讨论单一切断电源时间要求条件。若某一配电回路或配电箱只接有 32A 及以下终端回路，或只接有 32A 以上终端回路，称为单一切断电源时间要求条件。若某一配电回路或配电箱既接有 32A 及以下终端回路，又接有 32A 以上终端回路，称为不同切断电源时间要求条件。不同切断时间条件下，切断时间要求长的设备发生漏电碰壳故障时，故障电流在 PE 线上的压降会传导至切断时间要求短的设备外壳上，因此应按时间要求短的设备切断电源。

当 TN 系统发生相导体与设备外露可导电部分间阻抗可忽略的碰壳故障时，由保护电器自动切断电源作为电击防护手段，须满足的条件为

$$|Z_S|I_a \leq U_0 \tag{7-11}$$

式中，Z_S 为故障环路总计算阻抗（Ω），包括电源计算阻抗、电源至故障点间相导体计算阻抗、故障点到电源间保护导体计算阻抗，计算阻抗的含义是用对称分量法推导出的阻抗值，Z_S 等于 4.5 节中相中（保）单相短路电流计算中的相保阻抗；I_a 为保护电器在电击防护规定时间内自动切断电源的动作电流（A）；U_0 为电源相地标称电压（V）。

式（7-11）表明，TN-S 系统碰壳接地故障电流为相保单相短路电流，当该电流大于保护电器在电击防护允许时间内的动作电流时，电源能被足够快速地自动切断，间接电击防护有效。

下面讨论过电流保护电器和剩余电流保护电器是否满足式（7-11）的判断方法。

（1）过电流保护电器实施切断

1）熔断器。熔断器原本用作过电流（短路、过负荷）保护，因 TN 系统碰壳接地故障同时又是相保单相短路故障，可考虑由它兼作间接电击防护，条件是动作时间满足电击防护要求，判断方法是在熔断器的最大熔断时间-电流特性曲线上查出对应于故障电流 I_d 的熔断时间值，看其是否在电击防护规定时间范围以内。更便捷的方式是查表 7-11、表 7-12，它们

给出了满足动作时间要求所需的故障电流 I_d 与熔体额定电流 $I_{r\cdot FA}$ 的最小比值 K_{es}，熔断器作为电击防护时 I_a 取值为

$$I_a = K_{es} I_{r\cdot FA} \tag{7-12}$$

表 7-11　切断接地故障回路时间小于或等于 5s 时的 $I_d/I_{r\cdot FA}$ 最小比值 K_{es}

熔体额定电流/A	4~10	12~63	80~200	250~500
$K_{es}=I_d/I_{r\cdot FA}$	4.5	5	6	7

表 7-12　切断接地故障回路时间小于或等于 0.4s 的 $I_d/I_{r\cdot FA}$ 最小比值 K_{es}

熔体额定电流/A	4~10	16~32	40~63	80~200
$K_{es}=I_d/I_{r\cdot FA}$	8	9	10	11

2）低压断路器。与熔断器类似，低压断路器过电流脱扣器原本是作过电流保护用的，在 TN 系统中可兼作电击防护用。若碰壳接地故障电流 I_d 能使瞬时脱扣器可靠动作，由于瞬时脱扣器动作时断路器全分断时间一般不大于 0.15s，故安全条件满足；若 I_d 能使短延时脱扣器可靠动作，安全条件是否满足取决于短延时脱扣器的动作时间；若 I_d 仅能使长延时脱扣器可靠动作，则应从长延时脱扣器特性曲线上按最不利条件查出其动作时间来做出判断。

以上所述能使脱扣器可靠动作，是指考虑了一定裕量后 I_d 仍大于脱扣器动作整定值，对于瞬时和短延时脱扣器而言，该裕量即为短路保护灵敏系数所要求的 30%，即低压断路器瞬时和短延时脱扣器作电击防护时 I_a 取值为

$$I_a = 1.3 I_{op3\cdot QA}（或 I_{op2\cdot QA}） \tag{7-13}$$

式中，$I_{op3\cdot QA}$ 为低压断路器瞬时过电流脱扣器动作电流；$I_{op2\cdot QA}$ 为低压断路器短延时过电流脱扣器动作电流，要求动作时间已满足电击防护要求。

（2）剩余电流保护电器实施切断

对于 TN-S 系统，碰壳接地故障电流性质为剩余电流。对于瞬时动作的剩余电流保护电器，按表 7-9 数据，只要 I_d 大于其额定剩余动作电流 $I_{\Delta n}$，其切断时间不大于 0.3s，这个时间小于 TN 系统最短切断时间 0.4s 要求，可认为满足安全条件；对于延时动作的剩余电流保护电器，除要求 $I_d \geq I_{\Delta n}$ 外，还要看其动作时限是否满足要求。因此一般型 RCD 作为电击防护时 I_a 取值为

$$I_a = I_{\Delta n} \tag{7-14}$$

式中，$I_{\Delta n}$ 为剩余电流保护电器额定剩余动作动作电流。

7.6.3　TT 系统自动切断电源故障防护有效性判断

1. 设备碰壳故障条件下间接电击防护有效性判据

TT 系统只有少数情况下可通过降低预期接触电压进行电击防护，大多数情况下靠自动切断电源进行电击防护，这两种防护途径有效性的统一判据为

$$R_A I_a \leq U_L \tag{7-15}$$

式中，R_A 为设备外露可导电部分接地电阻与接地 PE 导体电阻之和（Ω）；I_a 为满足电击防

护时间要求的保护电器的动作电流（A）；U_L 为故障防护电压限值（V），正常环境条件下取为50V。

式（7-15）是一个具有逻辑趣味的电击防护有效性判据。设置了过电流保护或剩余电流保护的TT系统如图7-26所示，设备碰壳接地故障电流为 I_d，故障设备外壳上预期接触电压为 $U_t = R_A I_d$。假设安全条件 $R_A I_a \leq U_L$ 已满足，分析以下两种情况。

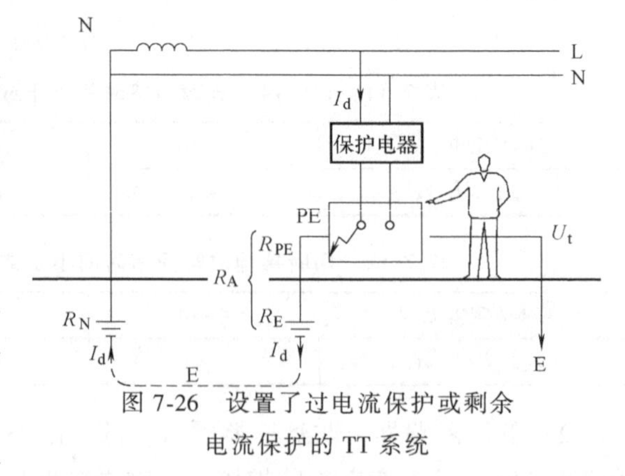

图7-26 设置了过电流保护或剩余电流保护的TT系统

1）若 $I_d<I_a$，则保护电器不能在规定时间内动作，但此时定有 $R_A I_d < R_A I_a$，由于预期接触电压 $U_t = R_A I_d$，且根据式（7-15）已有 $R_A I_a \leq U_L$，根据不等式的传递性可推得 $U_t = R_A I_d < U_L$，即预期接触电压小于故障防护安全电压，不会有电击危险。

2）若 $I_d \geq I_a$，则保护电器肯定在规定时间内动作，这时不管预期接触电压 $U_t = R_A I_d$ 是否大于 U_L，因电源已在规定时间内被切断，同样不会有电击危险。

2. 保护电器选择

TT系统终端回路一般应采用剩余电流保护电器进行接地故障保护，只有可长期确保故障回路阻抗很小且正常工作电流明显小于故障电流时，才有选用过电流保护电器兼作接地故障保护的可能性。

终端回路采用剩余电流保护电器时，式（7-15）中按必要条件取 $I_a = I_{\Delta n}$。为保证0.2s动作时间要求，故障电流 I_d 应显著大于 $I_{\Delta n}$，一般要求 $I_d \geq 5I_{\Delta n}$，即按充分条件保守计算应取 $I_a = 5I_{\Delta n}$，这在实际系统中几乎都是自动满足的。无延时动作的剩余电流保护电器，额定剩余动作电流 $I_{\Delta n} = 30\text{mA}$ 时，5倍动作电流下的动作时间不大于0.04s（见表7-9），已满足TT系统0.2s的切断时间要求。

7.6.4 IT系统自动切断电源故障防护有效性判断

1. 接地故障电流 I_d 的估算

接地故障电流大小是评价IT系统发生一次接地故障时系统电击危险性的基础性数据，低压系统中，该电流主要是对地电容电流，对地电导电流略而不计。该电流通常只能估算。正常工作时，回路每相对地泄漏电流 $I_{C\varphi}$ 的量值按表7-13数据估算，接地故障电流为正常情况下每相对地泄漏电流的3倍，即

$$I_d = 3\sum_{i=1}^{n} I_{C\varphi \cdot i} \tag{7-16}$$

式中，I_d 为IT系统接地故障电流（mA）；$I_{C\varphi \cdot i}$ 为第 i 回路正常工作时单相对地泄漏电流（mA），根据表7-13数据和线路长度逐条估算，设备泄漏电流较大时还需计入设备对地泄漏电流；n 为总回路数。

表 7-13　220/380V 单相及三相线路埋地、沿墙敷设穿管电线每公里泄漏电流

（单位：mA/km）

绝缘材质	截面积/mm²											
	4	6	10	16	25	35	50	95	120	150	185	240
聚氯乙烯	52	52	56	62	70	70	79	99	109	112	116	127
橡胶	27	32	39	40	45	49	49	55	60	60	60	61
聚乙烯	17	20	25	26	29	33	33	33	38	38	38	39

2. 电击防护有效性分析

(1) 一次接地故障时电击防护有效性判据

当发生第一次碰壳接地故障时，电击防护有效性判据为

$$R_A I_d \leqslant U_L \tag{7-17}$$

式中，R_A 为故障设备外露可导电部分接地电阻与接地 PE 导体电阻之和（Ω）；I_d 为系统接地故障电流（A）；U_L 为故障防护电压限值（V），正常环境条件下取 50V。

式（7-17）在一般情况下是比较容易满足的。例如，若 $R_A=10\Omega$，则只要 $I_d \leqslant 50/10\Omega=5A$ 就能满足。按正常时线路每相对地泄漏电流 60mA/km（典型中间值）估算，线路单位长度接地故障电流为 3×60mA/km＝180mA/km，需要总长 20～30km 的线路才能达到条件，这样的长度在低压系统中是很难出现的。

(2) 二次异相接地故障时自动切断电源电击防护有效性判断

1）故障设备分别接地情况。分别接地的两台设备发生异相碰壳接地故障时，应切断故障回路，因为此时总有一台故障设备的外壳对地电压达到或超过线电压的一半，对 220/380V 的系统该电压为 190V，如图 7-27 所示，这个电压有电击危险。由于故障电流较小，很难靠过电流保护电器在电击防护规定时间内切断故障，工程实践中主要靠剩余电流保护电器实施防护。这种情况与 TT 系统单一设备故障类似，但故障环路电源为线电压，动作时间应按表 7-10 中“$230V<U_0 \leqslant 400V$”列“TT 系统”要求取值，32A 及以下终端回路为 0.07s。

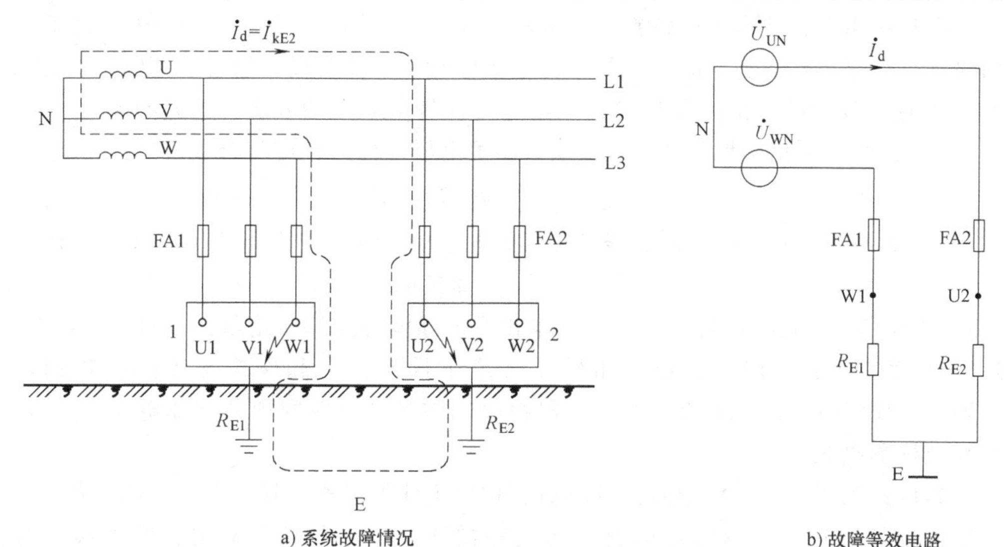

a) 系统故障情况　　b) 故障等效电路

图 7-27　设备分别接地的 IT 系统二次异相接地故障

用剩余电流保护实施电击防护需同时满足两条要求：①考虑供电连续性，一次接地故障时保护不动作，这要求 $I_{\mathrm{d}\cdot\text{一次故障}} \leqslant I_{\Delta \mathrm{no}}$，考虑到 $I_{\Delta \mathrm{no}}=\frac{1}{2}I_{\Delta \mathrm{n}}$，则 $I_{\mathrm{d}\cdot\text{一次故障}} \leqslant \frac{1}{2}I_{\Delta \mathrm{n}}$；②二次接地故障时剩余电流保护电器应该动作，这要求 $I_{\mathrm{d}\cdot\text{二次故障}} \geqslant I_{\Delta \mathrm{n}}$，为满足切断时间条件，一般还要求 $I_{\mathrm{d}\cdot\text{二次故障}}$ 显著大于 $I_{\Delta \mathrm{n}}$，通常以 5 倍为下限。于是 IT 系统分别接地设备二次接地故障采用剩余电流保护的安全条件为

$$2I_{\mathrm{d}\cdot\text{一次故障}} \leqslant I_{\Delta \mathrm{n}} \leqslant \frac{1}{5}I_{\mathrm{d}\cdot\text{二次故障}} \tag{7-18}$$

式中，$I_{\mathrm{d}\cdot\text{一次故障}}$ 按式（7-16）计算；$I_{\mathrm{d}\cdot\text{二次故障}}$ 参照图 7-27b 计算，接地 PE 线较长时应计入其电阻值。

2）故障设备共同接地情况。如图 7-28 所示，IT 系统中两台共同接地设备异相碰壳二次故障相当于相间短路，且每台设备终端回路上都有剩余电流产生，应由过电流或剩余电流保护电器切断电源。电击防护有效性判断需计算出故障环路的短路电流，再与保护电器动作值比较，确定是否能够自动切断电源。这种情况与 TN 系统发生碰壳故障类似，但故障环路电源为线电压，动作时间应按表 7-10 中“$230\mathrm{V}<U_0 \leqslant 400\mathrm{V}$”列“TN 系统”要求取值，32A 及以下终端回路为 0.2s。

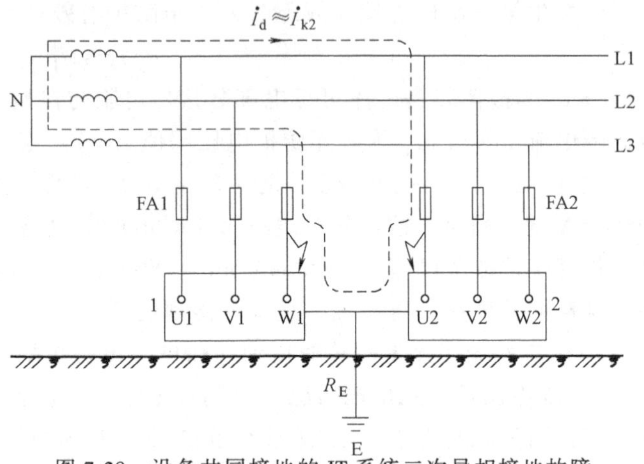

图 7-28　设备共同接地的 IT 系统二次异相接地故障

但在工程实践中碰到一个难题，IT 系统中二次碰壳接地故障可能发生在任意两台设备间，当设备数量较多时，任意两台设备的组合数量太大，逐一校验不符合工程实践的效率原则。工程中常采用一种技术加逻辑判断的方法来应对这一问题，思路是设立只与单台设备有关的判据，以全部单台设备判断结果的集合覆盖任意一种两台设备组合的判断。具体方法不止一种，本书采用 GB 50054—2011《低压配电设计规范》中的方法，判据如下。

① 当 IT 系统不配出中性导体时，设备 i 保护电器动作特性应符合式（7-19）要求：

$$2|Z_{\mathrm{c}i}|I_{\mathrm{a}i} \leqslant \sqrt{3}U_0 \tag{7-19}$$

② 当 IT 系统配出中性导体时，设备 i 保护电器动作特性应符合式（7-20）要求：

$$2|Z_{\mathrm{d}i}|I_{\mathrm{a}i} \leqslant U_0 \tag{7-20}$$

式中，$Z_{\mathrm{c}i}$ 为设备 i 碰壳故障时，包含相导体和保护导体的故障回路阻抗（Ω），均取正序阻抗；$Z_{\mathrm{d}i}$ 为设备 i 碰壳故障时，包含相导体（或中性导体）和保护导体的故障回路阻抗（Ω），均取正序阻抗；$I_{\mathrm{a}i}$ 为设备 i 保护电器在电击防护规定时间内的动作电流值（A）；U_0 为系统相地标称电压（V）。

式（7-19）和式（7-20）中阻抗的取值，理论上应按对称分量法取计算阻抗值，但对于两相短路，计算阻抗不包含零序阻抗，而线路的正、负序阻抗总相等，因此按正序阻抗取值。

思考与练习题

7-1　请判断以下说法的正确性，并说明理由。

（1）只有电源中性点接地的系统，才可能有中性线。

（2）保护线就是地线。

（3）电气设备的金属外壳叫作外界可导电部分。

（4）所有电气设备都有金属外壳。

（5）中性线与保护线作用相同，可以混用。

7-2　如图 7-29 所示系统，试分别指出它们的接地形式和导体配置形式。

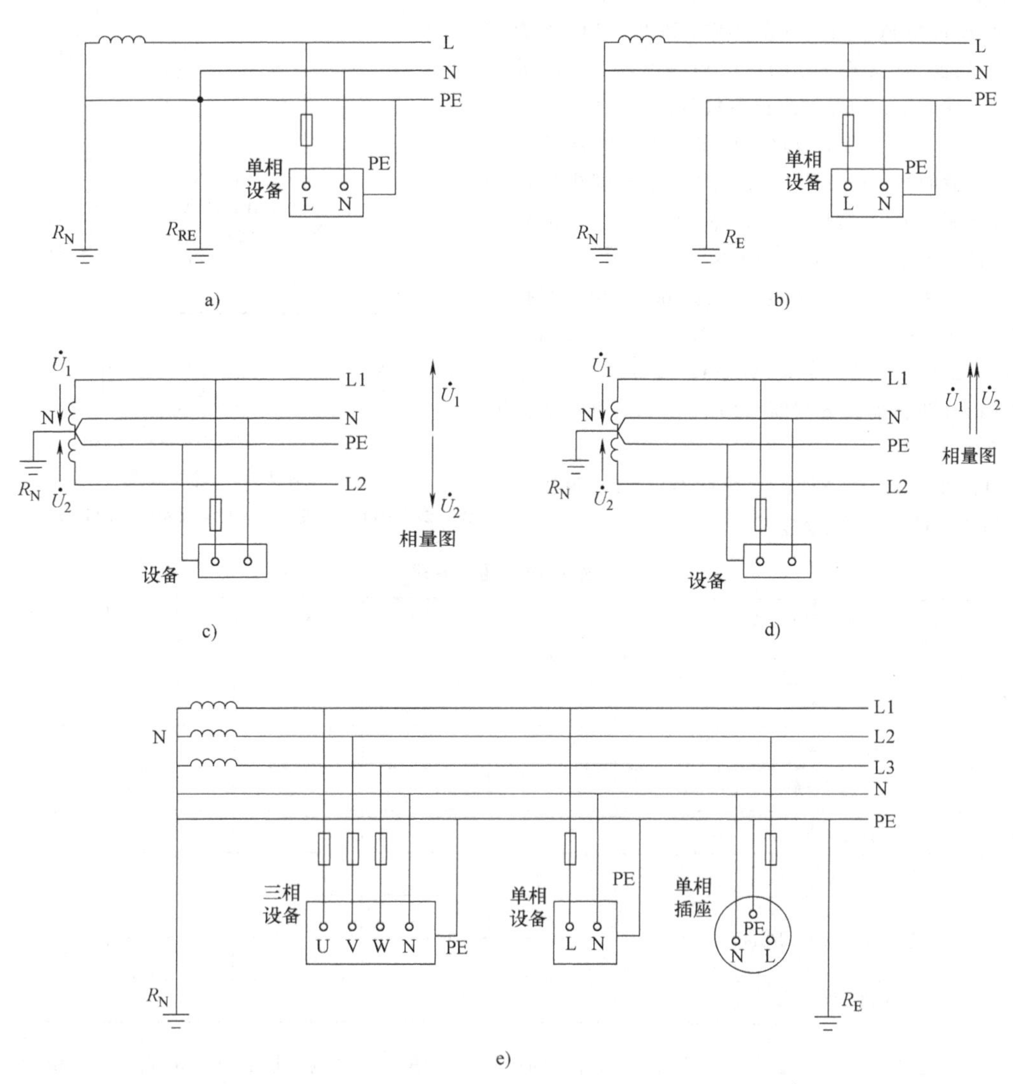

图 7-29　题 7-2 图

7-3　低压断路器壳架等级电流与脱扣器额定电流之间有什么关系？

7-4　低压断路器长延时、短延时和瞬时过电流脱扣器分别用作什么保护？它们的动作值整定范围与脱扣器额定电流是否有关？它们的动作值整定是否与脱扣器额定电流有关？

7-5　低压断路器与低压开关有什么异同？从功能上看，开关熔断器组能否替代低压断路器？

7-6　试辨析过电流、过负荷电流、短路电流这几个术语的异同。你能否找出既不是过负荷又不是短路的过电流情况？

7-7　某交联聚乙烯绝缘电缆型号规格为 YJV-1kV（4×50+25），热稳定系数为 $143\text{A}\cdot\text{s}^{1/2}\cdot\text{mm}^{-2}$，流过该线路的最大短路电流为 18kA，短路电流持续时间为 0.15s，试校验该线路短路保护能否满足热稳定性要求。

7-8　某住宅小区供配电系统如图 7-30 所示，变压器为 SC 干式变压器，线路 WD1 为一号楼（9 层住宅）的配电干线。请完成以下计算，并将结果填写在表 7-14 中。忽略变压器一次侧系统阻抗和低压母线阻抗，计算所需其他参数请查阅附录。

（1）试按表 7-14 分别计算不同变压器容量条件下线路 WD1 首端 F0、第一分支点 F11 和末端 F19 处的三相短路电流，以及 F19 处的单相短路电流。线路阻抗参数请查阅附表，变压器阻抗参数请自行计算。

（2）试计算为满足短路热稳定要求，WD1 所需达到的最小截面积。取首端 F0 处最大三相短路电流进行热稳定校验，电缆热稳定系数为 $143\text{A}\cdot\text{s}^{1/2}\cdot\text{mm}^{-2}$，QA1 短路电流全分断时间为 0.12s。

（3）若 QA1 脱扣器额定电流为 160A，瞬时脱扣器动作电流为 1600A；QA11 脱扣器额定电流为 40A，瞬时脱扣器动作电流为 500A，且 QA1 和 QA11 都是非限流型 MCCB 断路器，请判断 QA1 与 QA11 间短路保护是否具有选择性。

（4）按（3）中条件，试计算 QA1 瞬时脱扣器作 WD1 短路保护的灵敏系数。

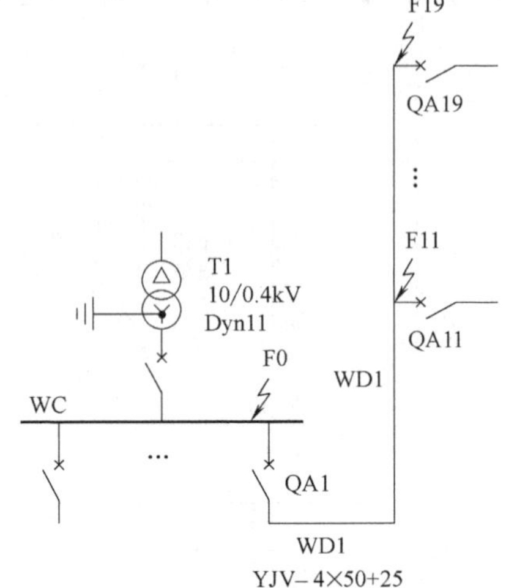

图 7-30　题 7-8 图

注：线路 WD1 长度：F0～F11 段 40m，F11～F19 段 25m。

表 7-14　题 7-8 表

变压器容量/kV·A	500	630	800	1000	1250
$u_k\%$	4	4	6	6	6
ΔP_k/kW	5.1	6.2	7.5	10.3	12.0
$I_{k3\cdot F0}$/kA					
$I_{k3\cdot F11}$/kA					
$I_{k3\cdot F19}$/kA					
$I_{k1\cdot F19}$/kA					
热稳定最小截面积/mm^2					
QA1 短路保护灵敏系数					

7-9　低压断路器作线路短路保护时，为什么瞬时脱扣器需要躲过电动机起动全电流的最大值，而短延时脱扣器只需躲过起动电流周期分量最大值？

7-10　某配电回路计算电流为 230A，线缆允许载流量为 237A，线路首端低压断路器长延时脱扣器动作值为 250A，请判断该回路设计是否正确。

7-11　试解释低压配电系统中“回路”“配电回路”“终端回路”等术语的含义。工程实践中这些术语还可以有其他叫法吗？

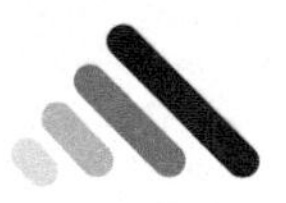

7-12　试解释“可导电部分”“导体”“带电部分”“危险带电部分”“带电导体”等术语的含义，并梳理它们之间的关系。

7-13　电流通过人体时的生理状态有哪几种？哪些生理状态是有害的、哪些是致命的？与各种生理状态相对应的电气参量是什么？

7-14　人体阻抗由哪几部分组成？其量值大小与哪些因素有关？

7-15　工程标准是如何从电流和电压的角度给出电击危险性判据的？正常环境条件下，故障防护安全电压和人体阻抗分别是多少？对于工频交流情况，为什么电流人体效应的约定时间/电流区域曲线是唯一的，而约定时间/电压区域曲线却有多种条件列示？

7-16　图 7-31 所示为 220/380V 三相四线制 TT 系统，试计算固定设备发生相端子碰壳故障时，故障电流大小以及电源中性点和各相导体对地电压量值。

7-17　图 7-32 所示为 220/380V 三相四线制 TN 系统，手持设备处相线与保护线间相保阻抗为 440mΩ。试计算手持设备发生相端子碰壳故障时的故障电流大小。若相线与保护线导体截面积完全相同且同在电缆缆芯中，忽略变压器短路阻抗，试计算正常和碰壳故障条件下电源中性点和各相导体对地电压量值。

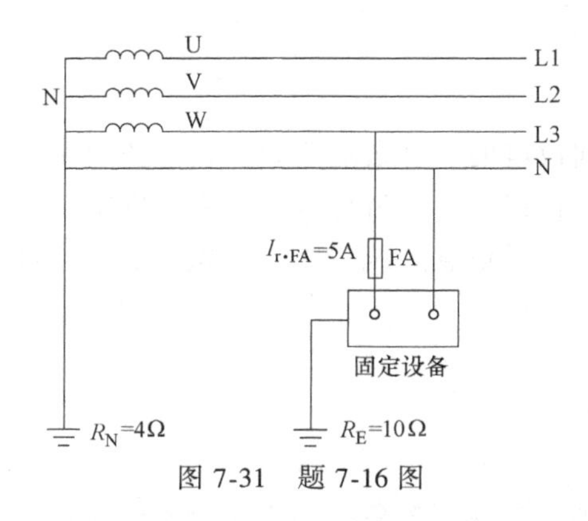

图 7-31　题 7-16 图

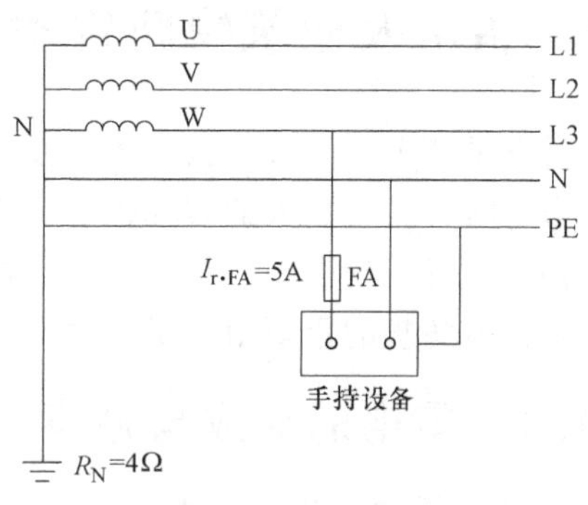

图 7-32　题 7-17 图

7-18　如图 7-33 所示，因施工错误，插座 N 线和 PE 线接反，相当于单相用电设备接到相线和 PE 线上供电，外壳接到 N 线。试分析如果没有 RCD，该设备是否能正常运行；设置了如图 7-33 所示 RCD 后，情况又会如何？

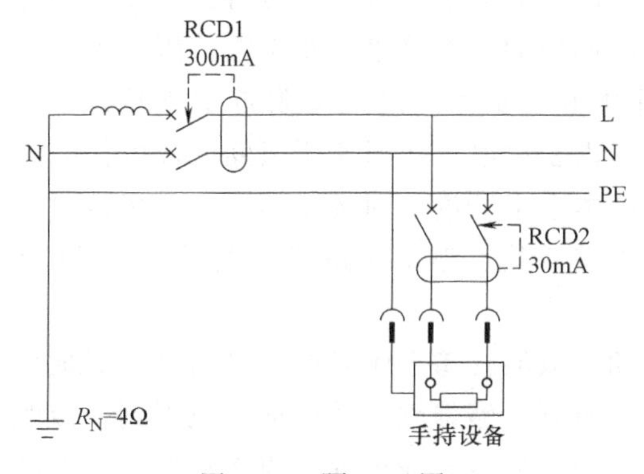

图 7-33　题 7-18 图

第 8 章

建筑物防雷及供配电系统过电压防护

8.1 雷电及建筑物防雷类别

雷电是雷云之间或雷云与大地及地表附着物之间放电的一种自然现象。雷电流通过地表的被击物时，具有极大的破坏性，其电压可达数百万伏以上，电流可高达几百千安培，造成人畜伤亡、建筑物损毁、线路停电、电气设备损坏及电子信息系统中断等严重事故。建筑物防雷是雷电防护的重要组成部分之一。

8.1.1 雷电的形成与危害

1. 雷云及雷电作用形式

大气中带电荷的云团称为雷云，是产生雷电的先决条件。气象学和大气物理学对雷云产生过程的研究表明，首先是水蒸气在高空因冷凝等原因形成积云，积云因其中小水滴和冰晶的密度增大而形成乌云，乌云因小水滴破裂、结冰或吸收被宇宙射线电离的带电粒子而带上电荷，称为雷云。雷云以带负电荷居多，也有少数带正电荷的情况。

雷云中的电荷分布是不均匀的，有许多堆积中心，因而不论是云中或是云地之间，各处电场强度是不一样的。当电场强度达到足以使附近空气绝缘破坏的程度（25~30kV/cm）时，该处空气游离，开始了雷云放电。相对于雷云间的放电，防雷工程更关注雷云对地面或地表附着物的放电，也就是本书中所说的对地雷闪。按能量传递的途径，雷云电荷所携带的能量作用于地表附着物（如建筑物、架空线路等）主要有以下几种形式。

(1) 直击雷

雷云对建筑物放电初期，只能将雷云附近的空气击穿，形成所谓的向下先导，如图 8-1a 所示。由于先导通道内空气游离不够强烈，放电向下发展到一定距离后因其顶端部场强衰减而暂时停歇下来，待电荷中心向通道补充电荷后再次放电，并继续向下发展。如此反复，形成了逐次发展的向下先导放电通道。

与此同时，因雷云接近建筑物，在建筑物上感应出大量异性电荷，感应电荷也会发展出上行的先导，称为向上或迎面先导，如图 8-1a 所示。当向下先导与向上先导间的空气被击穿时，雷云电荷通过游离的放电通道向建筑物泄放，形成雷电主放电，如图 8-1b 所示。主放电持续时间极短，为 50~100μs，放电电流可高达数百千安培，伴以强烈的闪光和巨大的

声响。主放电之后，雷云中的残余电荷还可能经过主放电通道向建筑物泄放，称为余辉放电。余辉放电电流较小，但持续时间较长，可长达数百毫秒。

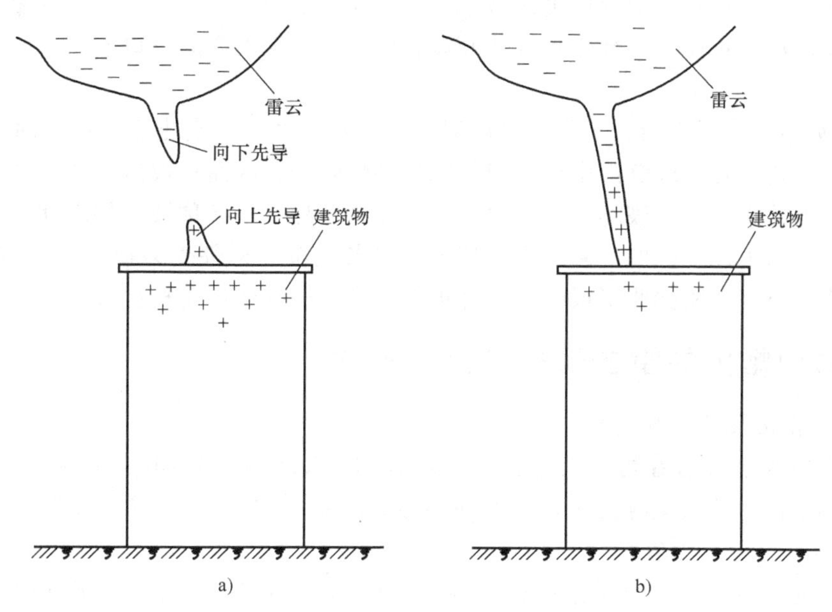

图 8-1　直击雷的形成

由于雷云中可能存在若干个电荷中心，所以在第一个电荷中心的上述放电完成之后，可能引起第二个、第三个中心向第一个通道放电。因此雷闪往往具有多重性，两次放电相隔 30~50ms，放电次数平均为 2~3 次，最高纪录有 40 多次，但第二次以后的放电电流一般较小。

（2）感应雷

有两种形式的雷闪感应，分述如下。

1）静电感应。当建筑物上空有雷云时，在附近所有建筑物上都会感应出与雷云异性的电荷。在雷云向大地或某一栋建筑放电后，雷云与大地间电场消失，积聚在其他建筑上部的电荷失去了异性电荷的束缚，会向地中泄放。这种电荷泄放与被击建筑中的电荷泄放类似，但泄放的电荷不是雷云的电荷，而是被雷云感应出的电荷，因此称为雷闪静电感应效应。

2）电磁感应。雷击建筑物附近大地或其他建筑物时，放电产生的空间电磁场可能在建筑物内发生电磁耦合，在建筑物内的金属物体或电气电子系统中产生感应电动势，进而发生火花放电或形成感应电流，这就是雷闪电磁感应效应。

（3）球形雷

球形雷是一个被电离的空气团，以每秒几米的速度在大气中漂浮运动，它常从烟囱、开着的门窗或缝隙进入建筑物内部，在室内来回滚动几次后，可能沿着原路出去，有时也会自行无声消失，但碰到人、畜后发出爆炸声，还会出现刺激性气体。球形雷的形成与特性，还没有确切的解释，本书不讨论球形雷防护问题。

2. 雷电的危害

1）热效应。强大的雷电流（几十至几百千安培）通过雷击点，并在极短时间内转换成热能，雷击点的发热量为 500~20000MJ，容易造成燃烧或金属熔化，熔化的金属飞溅又容易引起火灾、爆炸等事故。

2）电磁效应。由于雷电流量值大且变化迅速，在周围空间里会产生强大且变化剧烈的磁场，处于这个变化磁场中的导体可能被感应出很高的电动势。感应电动势可使闭合的金属导体产生环路电流，可能损坏环路；或使开口金属导体产生很高的开口电压，引发火花放电危险。

3）机械效应。①雷电流会产生很高的温度，当它通过树木或建筑物墙壁时，被击物体内部水分受热急剧气化，或缝隙中分解出的气体剧烈膨胀，因而在被击物体内部出现巨大的压强，使树木或建筑物遭受破坏，甚至爆裂成碎片，这种破坏又称被击物阻性热效应产生的机械力破坏。②雷电流产生的电磁力可能使电气设备或金属构件受力损坏。③雷电放电时，电弧高温使周围空气急剧膨胀形成冲击波，可能对周围的物体产生机械破坏。

8.1.2 对地雷闪的雷击形式与组合形式

1. 雷闪、雷击及其基本类型

雷电向大地或地表附着物的放电称为对地雷闪（Lightning Flash to Earth），简称闪击。雷闪过程中的单次对地放电称为雷击（Lightning Stroke）。通常一个雷闪过程包含有若干次雷击。

始于雷云向下先导的雷闪叫作下行雷闪（Downward Flash），始于建筑物向上先导的雷闪叫作上行雷闪（Upward Flash）。雷云放电按先后次序分为首次雷击和后续雷击，按放电的持续时间又分为短时雷击和长时间雷击。雷闪中基本的雷击形式如图 8-2 所示，图中波形为雷电流波形，正负号表示放电电荷的极性。

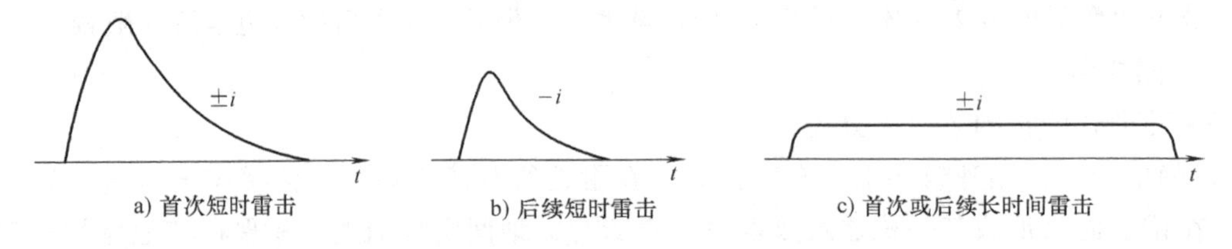

图 8-2　雷闪中雷击的三种形式

2. 雷闪的雷击组合形式

在平地和低矮建筑物上出现的大多是下行雷闪，在暴露地点（如山峰处）及高耸的建筑上出现的主要是上行雷闪。常见的雷闪组合形式如图 8-3 和图 8-4 所示。

通常上行雷闪的所有雷击能量都小于下行雷闪，因此在防雷工程中按不利条件考虑，一般取下行雷闪参数。

8.1.3 雷电参数

1. 气象参数

1）雷暴日。在指定的气象观测点，一天内只要听到过雷声，就叫一个雷暴日。

2）年平均雷暴日。一年内雷暴日总和的平均值，叫年平均雷暴日，单位为 d/a。

我国一般将年平均雷暴日在 15 以下的地区称为少雷区，40~90 的地区称为多雷区，超过 90 的地区称为强雷区。年平均雷暴日根据当地气象台、站资料确定。

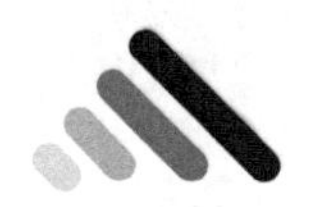

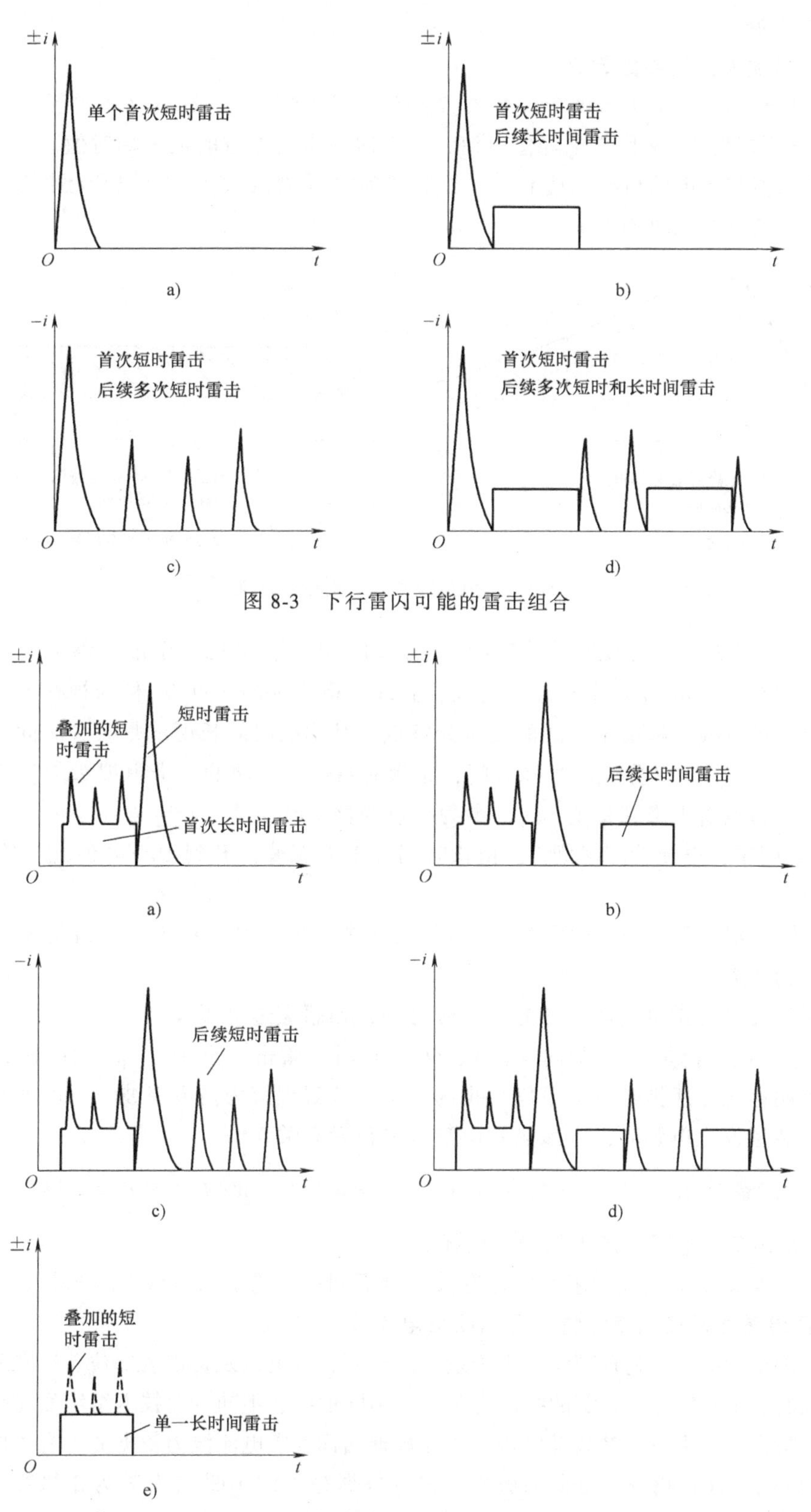

图 8-3　下行雷闪可能的雷击组合

图 8-4　上行雷闪可能的雷击组合

2. 电气参数

(1) 雷电流波形及参数定义

短时和长时间雷击雷电流波形及各参数定义如图 8-5 所示，具体解释如下。

1) 雷电流幅值 I，又称雷电峰值电流，指短时雷击雷电流的最大瞬时值。

雷电流幅值与雷电的机械效应有关，主要影响电动力的大小。该量值还影响波头陡度，继而间接与雷电电磁效应相关。

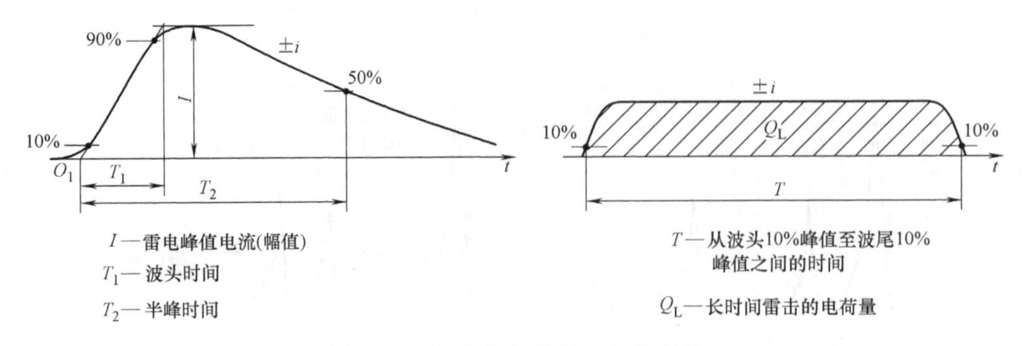

图 8-5　雷电流波形及雷击参数定义

2) 波头时间 T_1，又称视在波前时间，是短时雷击电流波的一个虚拟参数。将雷电流曲线上升阶段 10%I 和 90%I 两个点连一直线，直线与横坐标的交点 O_1 称为视在原点。以视在原点为起点，该直线与幅值水平线的交点为终点，其间的时间长度就是波头时间 T_1。

3) 波头时间 T_2，又称波尾半峰时间，是短时雷击电流波的一个虚拟参数。指以视在原点为起点，以雷电流下降到幅值 I 的一半为终点的整个时长。

4) 长时间雷击电流持续时间 T，指长时间雷击电流波上升到 10%峰值与下降到 10%峰值之间的时长。

5) 波头平均陡度。这是短时雷击电流波的一个导出参量，它表明了雷电流波头上升的速率，量值为 I/T_1。

波头平均陡度与雷电流产生的电磁效应有关，如感应过电压大小。

6) 雷电流的电荷量 Q_S（短时雷击）、Q_L（长时间雷击）和 Q_{FLASH}（雷闪），统称雷电荷量，是表明雷电流所携带电荷量值大小的参量，直观理解为雷电流波形下的面积。

当雷击装置发生电弧时，电弧热效应与雷电荷量有关。

7) 单位能量 W/R。$W/R=\int i^2(t)\,\mathrm{d}t$，$i(t)$ 是雷电流。W/R 是雷电流热脉冲，表明了雷电流在 1Ω 被击负荷电阻上产生的能量损耗。

单位能量与雷电流引起的阻性发热有关，继而间接与雷电的机械效应相关。

(2) 雷电参数量值的统计特征及标准雷电流波

雷电是随机性的大气物理现象，雷闪发生的时间、频度以及雷击的部位、次数和能量大小等都是随机的。虽然雷电有一定的统计规律，但不同地区、不同专业技术组织发布的统计数据常有不同。防雷工程中雷电参数是以基于统计数据的标准雷电流波为依据的，有关内容如下。

1) 雷闪的极性，指雷闪电荷的极性，典型数据是大约 10%的雷闪为正极性，90%的雷闪为负极性，随地域而不同。首次短时雷击中，正极性雷击的威胁更严重。

2）雷电流幅值。雷电流幅值范围很大，在电力系统防雷和建筑物防雷工程中数据有所不同。

在电力系统防雷工程中，根据我国部分地区实测结果，主放电雷电流幅值出现的概率可由下式求得：

$$\lg P = -\frac{I}{88}$$

式中，P 为雷电流幅值概率；I 为雷电流幅值（kA）。

例如，对于超过 100kA 的雷电流幅值，求得其概率为 0.073，即每 100 次雷闪中，大约有 7 次雷闪的主放电雷电流幅值超过 100kA。

在建筑物防雷工程中，雷电流幅值概率有类似规律，但数值略有不同，比如：国家标准 GB/T 21714—2015《雷电防护》中，幅值超过 100kA 的首次短时雷击发生的概率为 0.05。

3）时间。首次短时雷击按正极性雷击考虑，取 $T_1=10\mu s$，$T_2=350\mu s$；后续短时雷击按负极性雷击考虑，取 $T_1=0.25\mu s$，$T_2=100\mu s$；长时间雷击取 $T=0.5s$。另外，对于首次负极性短时雷击，可取 $T_1=1\mu s$，$T_2=200\mu s$。

（3）雷电波的表述

在以后的讨论中，常用到不同雷电波作用下设备或元件的参数表述，或标准化试验所采用的试验电源参数的表述，这些表述都涉及工程标准所规定的雷电波形式，通常用 T_1/T_2 方式表达，这里符号“/”没有除法运算的含义，仅指雷电波波头时间与半峰时间的一种组合。例如，常用的试验波形有 10/350μs 电流波、8/20μs 电流波、1.2/50μs 电压波等。

8.1.4　雷电防护等级与建筑物防雷类别

1. 雷电防护等级

所谓雷电防护等级（Lightning Protection Level，LPL），是对建筑物允许遭受的雷电威胁程度的一种划分，这种划分以一组雷电流参数的规定范围为依据，以建筑物遭受这一参数范围内雷击的概率为划分标准。雷电防护等级也表明雷电防护应该达到的要求，与具体的建筑物无关，因此又可称为雷电防护水平。

国家标准 GB 21714.1—2015《雷电防护　第 1 部分：总则》将雷电防护等级规定为Ⅰ、Ⅱ、Ⅲ、Ⅳ四个等级，划分这四个等级的雷电参数及其对应的概率见表 8-1～表 8-4。表 8-4 中的滚球半径又称最后击距，其含义与用途将在 8.2 节介绍。

表 8-1　各 LPL 对应的首次短时雷击的雷电流参数最大值及概率

雷电流参数及出现概率	雷电防护等级(LPL)			
	Ⅰ	Ⅱ	Ⅲ	Ⅳ
幅值 I/kA	200	150	100	
波头时间 T_1/μs	10	10	10	
波头时间 T_2/μs	350	350	350	
电荷量 Q_S/C	100	75	50	
单位能量 W/R/(MJ/Ω)	10	5.6	2.5	
雷电流参数小于以上数据的概率	0.99	0.98	0.95	

表 8-2　各 LPL 对应的后续短时雷击的雷电流参数最大值及概率

雷电流参数及出现概率	雷电防护等级(LPL)			
	Ⅰ	Ⅱ	Ⅲ	Ⅳ
幅值 I/kA	50	37.5	25	
波头时间 T_1/μs	0.25	0.25	0.25	
波头时间 T_2/μs	100	100	100	
平均陡度 I/T_1/(kA/μs)	200	150	100	
雷电流参数小于以上数据的概率	0.99	0.98	0.95	

表 8-3　各 LPL 对应的长时间雷击和雷闪的雷电流参数最大值及概率

长时间雷击				
雷电流参数及出现概率	雷电防护等级(LPL)			
	Ⅰ	Ⅱ	Ⅲ	Ⅳ
电荷量 Q_L/C	200	150	100	
时间 T/s	0.5	0.5	0.5	
雷闪				
雷电流参数及出现概率	雷电防护等级(LPL)			
	Ⅰ	Ⅱ	Ⅲ	Ⅳ
电荷量 Q_{FLASH}/C	300	225	150	
雷电流参数小于以上数据的概率	0.99	0.98	0.95	

表 8-4　各 LPL 雷电流参数最小值及其对应的滚球半径及概率

雷电流参数及出现概率	雷电防护等级(LPL)			
	Ⅰ	Ⅱ	Ⅲ	Ⅳ
最小雷电流幅值 I/kA	3	5	10	16
滚球半径 h_r/m	20	30	45	60
雷电流参数大于以上数据的概率	0.99	0.97	0.91	0.84

从以上各表可知，雷电防护等级Ⅰ对雷电防护的要求最高，其后依次递减。比如，对于防护等级Ⅰ，按表 8-1 和表 8-4 列示的参数，需要对雷电流幅值 3~200kA 的首次短时雷击进行防护，而 200kA 以上雷电流和 3kA 以下雷电流出现的概率均已低于 0.01，因此防护等级Ⅰ要求对大约 98%的首次雷击进行防护。

2. 建筑物防雷类别

所谓建筑物防雷类别，是按建筑物需要达到的雷电防护等级，对防雷建筑所做的一种划分。对于一栋具体的建筑物，其需要达到何种雷电防护等级，主要取决于对该建筑物的风险评估，但有管辖权的部门也可以不经风险评估就规定特定应用领域的建筑物所需达到的雷电防护等级，比如有爆炸危险性物质的场所。由此可知，雷电防护等级与建筑物防雷类别的关系，前者是标准，后者是需要达到何种标准，两者不是同一个概念，但表达时用同一个序数，比如，需要达到Ⅱ级雷电防护等级的建筑物，属于Ⅱ类防雷建筑。

3. 现状防雷工程对建筑物防雷类别的划分

(1) GB 50057—2010《建筑物防雷设计规范》对建筑物防雷类别的划分

从工程实践来看，依据 GB 21714.1~4—2015《雷电防护》，按照风险评估来确定建筑物的Ⅰ~Ⅳ类防雷类别是困难的，基础数据缺乏和计算工作过于烦琐是两个主要原因，还涉及法律法规、社会价值观等导致的对风险认识的差异等复杂问题。国家标准 GB 50057—2010《建筑物防雷设计规范》将建筑物按重要性、使用性质、发生雷电事故的可能性和后果分为三类，一类防雷建筑对雷电防护水平的要求最高，二类次之，三类最低。应特别说明的是，并不是所有的建筑都一定属于这三类防雷建筑中的某一类，对于不属于任何一类防雷建筑的建筑物，不需要专门的工程防雷措施。

(2) 各类别防雷建筑雷电流参数取值

就表 8-1~表 8-3 所示的雷电流最大参数而言，一、二类防雷建筑的雷电流参数取值分别对应于雷电防护等级Ⅰ、Ⅱ，三类防雷建筑对应于雷电防护等级Ⅲ和Ⅳ（等级Ⅲ、Ⅳ的雷电流最大参数及概率完全相同）。但对于表 8-4 所示的雷电流最小参数而言，一、二、三类防雷建筑雷电参数取值分别对应于雷电防护等级Ⅱ、Ⅲ、Ⅳ。这是建筑物防雷工程中确定雷电威胁程度的依据性数据。

(3) 建筑物年预计雷击次数计算

在划分建筑物防雷类别时，建筑物年预计雷击次数是一个重要的依据性风险参数，该参数对应于建筑物受雷击的概率。矩形建筑的年预计雷击次数 N 按式 (8-1) 计算：

$$N=kN_{g}A_{e} \tag{8-1}$$

式中，N 为建筑物年预计雷击次数（次/a）；k 为校正系数，取决于所在地的地理气象条件、建筑物结构特征等；N_g 为建筑物所处地区雷击大地的年平均密度［次/(km^2·a)］；A_e 为与建筑物截收相同雷击次数的地面等效面积（km^2）。

1) k 的取值。在一般情况下取 1；位于湖边、河边、山坡下或山地中土壤电阻率较小处，地下水露头处，土山顶部，山谷风口等处的建筑物，以及特别潮湿的建筑物取 1.5；金属屋面的砖木结构建筑物取 1.7；位于旷野的孤立建筑物取 2。

2) N_g 的取值。应按当地气象部门的资料确定；若无资料，则按式 (8-2) 估算：

$$N_{g}=0.1T_{d} \tag{8-2}$$

式中，T_d 为年平均雷暴日（d/a），根据当地气象部门资料取值。

3) A_e 的取值。A_e 是根据建筑物水平面积和高度确定的一个等效落雷地面面积，它是将建筑物因高度因素增加的落雷概率等效为建筑物地面每边增加了长度和宽度，在增加了长度和宽度的地面面积上计算雷击概率，如图 8-6 所示。具体计算方法如下。

建筑物高度 H<100m 时，每边增加的长度和宽度为 $D=\sqrt{H(200-H)}$，相应的等效面积为

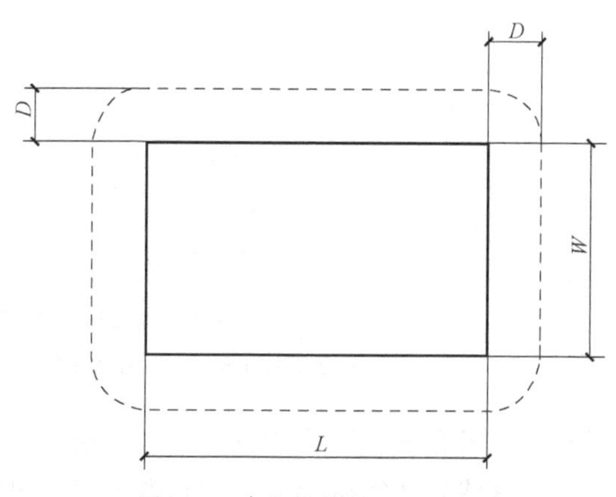

图 8-6　建筑物等效落雷面积

$$A_e=[LW+2(L+W)\sqrt{H(200-H)}+\pi H(200-H)]\times10^{-6} \tag{8-3}$$

建筑物高度 $H\geqslant100$m 时，每边增加的长度和宽度为 $D=H$，相应的等效面积为

$$A_e=[LW+2H(L+W)+\pi H^2]\times10^{-6} \tag{8-4}$$

式中，L、W、H 分别为建筑物的长、宽、高（m）。

若建筑物周边还有其他建筑物，则 A_e 的计算应进行修正。若建筑物各部分高度不一致，比如有裙楼和塔楼，或高低不一的塔楼等，则可沿建筑物周边逐点算出最大扩展宽度求取等效面积。若建筑物不是标准的矩形，则可按近似等效的原则转化成矩形计算，一般按保守的原则估算。

8.1.5 雷电能量在导体上的传输

雷电主放电波形是一个持续时间非常短（μs 级）的脉冲，通过傅里叶分析发现，其直流成分较大，还有大量的高次谐波，频率达 MHz 数量级，因此雷电电流、电压的波长都很短，其频谱中一些能量不能忽略的谐波波长，已达到可与一般公共建筑几何尺度相比拟的程度。根据传输线的概念，建筑防雷工程中的导体，有的情况下可以看成是长线，至于防雷工程中的电力线路，则肯定可以看成是长线。

因此，雷电电磁能量在导体上是以波的形式传输的，电压波表征了雷电的电场能量，电流波表征了雷电的磁场能量。当传输线波阻抗发生改变时，由于电压和电流比例的调整，因此会产生电压、电流波的折射与反射现象。有两种特殊情况比较重要，列举如下。

1）终端开路的传输线，电压波在终端发生全反射，且反射波与入射波叠加，使得电压增大一倍，如图 8-7a 所示。

2）终端短路的传输线，电流波在终端发生全反射，且反射波与入射波叠加，使得电流增大一倍，如图 8-7b 所示。

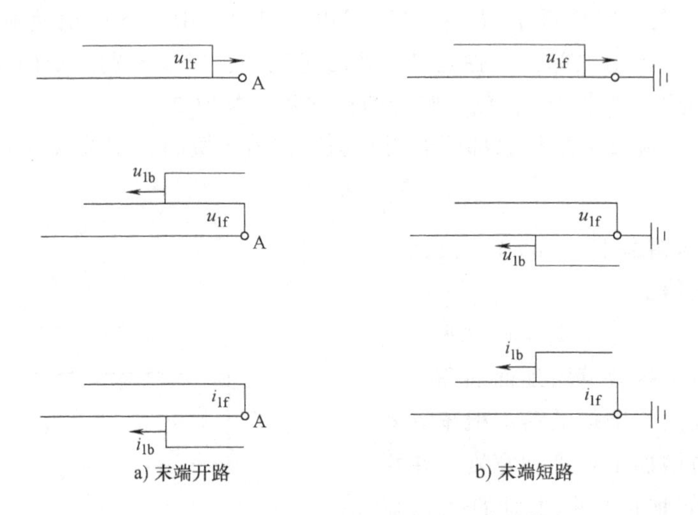

图 8-7 传输线末端开路和短路时波的行为

u_{1f}—电压前行波 i_{1f}—电流前行波 u_{1b}—电压反行波 i_{1b}—电流反行波

有时为了方便，可将建筑防雷工程中几十米的导体近似为集中参数电路进行分析，但这并不改变这些导体实质上是分布参数电路的事实。

8.2　综合防雷体系及建筑物防雷系统

本章建筑物防雷部分都不包括电力系统和信息系统露天架空干线部分，只包括建筑物本体、内部物体与系统，以及进出建筑物的公共管线。

8.2.1　建筑物综合防雷体系

建筑防雷从目标到措施都不是单一的，需要一系列防护措施相互配合与协作，才能达到各方面所需要的防护效果。由此形成的防护规则，就是所谓的综合防雷体系。

1）按照雷电所伤害的对象，防雷目标可进行如下分类：

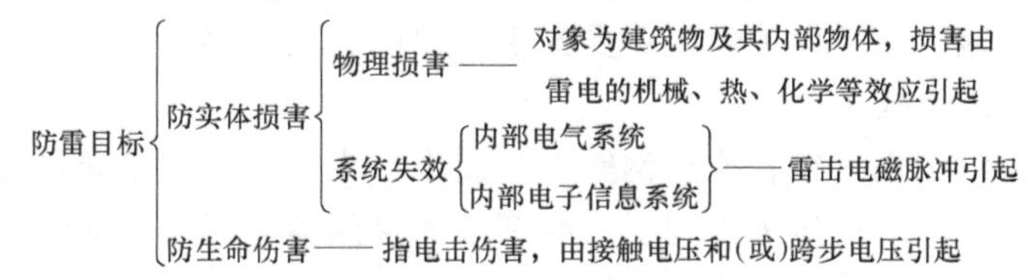

2）按照防护措施所保护的部位，现状工程防雷体系可归纳如下：

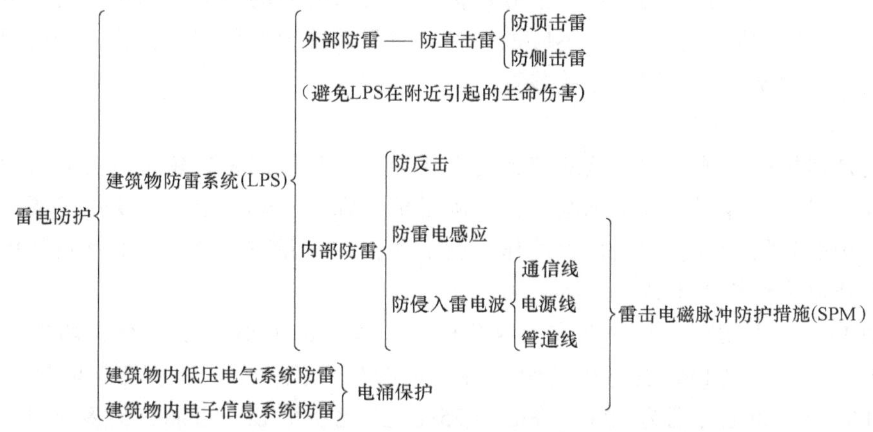

3）对综合防雷体系的理解。综合防雷体系是由雷电加害形式、防护目标和防护措施等要素综合形成的。这个体系中，建筑物防雷系统（Lightning Protection System，LPS）作为传统防雷体系的全部内容，主要用于防止雷电对建筑物的物理损害，包括机械损坏、火灾或爆炸破坏、化学品泄漏威胁等，同时还需避免由 LPS 在其附近引起的接触电压和跨步电压导致的电击伤害。雷击电磁脉冲防护措施（Surge Protection Measures，SPM㊀）是 20 世纪 90 年代前后出现的新的防雷技术，缘于电子信息系统从电磁兼容角度提出的雷电防护要求，其保护对象是建筑物内的电气电子系统，设防的防线有两道：一道是在建筑物实体上，另一道是在建筑物内部的电气电子系统中，且将 LPS 作为既有条件。

以上所列示的防雷措施中，电子信息系统的电涌保护本书不做专门介绍，其余的部分在本章介绍。

㊀ 缩写 SPM 按英文原文直接对应的名称应为“电涌防护措施”，但 IEC 标准将其定义为“LEMP protection measures”，国家标准将其表述为“LEMP 防护措施”。“LEMP”是“雷击电磁脉冲”的缩写，因此本书按照业界标准将其称为“雷击电磁脉冲防护措施”。

8.2.2 建筑物外部防雷系统

外部防雷系统主要防直击雷，含顶击和侧击两种情况。外部防雷系统是建筑防雷体系中的第一道防线，是内部防雷和雷击电磁脉冲防护的基础，是预防性措施。

建筑物外部 LPS 由接闪器、引下线和接地装置构成，其构成的基本思路是：引导雷闪击向防雷装置并通过防雷装置向大地泄放，从而避免雷电能量损害建筑物。建筑物外部防雷系统各组成部分的功能分述如下。

1. 接闪器

接闪器有接闪杆、接闪线、接闪带和接闪网等形式。设置接闪器的目的是利用其高出被保护建筑物的突出地位，将雷闪通道引向自身而非建筑物其他部分，然后通过引下线和接地装置将雷电流泄入大地，使被保护建筑免受损害。因此，接闪器实质上就是“引雷器”，以截获通向建筑物的雷闪为任务。

接闪器一般由镀锌圆钢、钢管或扁钢等专门制作，也可以利用金属屋面等作为自然接闪器，但须满足规定的条件。近年来出现了一些新型的接闪器，但其有效性需要有长期运行数据的支持才能验证，因此对其使用应持谨慎态度。

接闪器只是控制雷云的闪击点，不应具备改变雷云性质的功能，如中和雷云电荷等。凡具有改变雷云性质的防雷装置，都不应视作外部防雷系统中的接闪器，接闪器的设置和保护范围的确定等技术条件不适用于这些装置。

2. 引下线

引下线是连接接闪器与防雷接地装置的金属导体，其作用是构建雷电流向大地泄放的通道。引下线一般由镀锌圆钢或扁钢制作，应满足机械强度、热稳定及耐腐蚀等要求。对于钢筋混凝土结构的建筑，可利用结构钢筋作为引下线，在电磁兼容要求高的建筑物中，还可以采用同轴屏蔽电缆作为引下线。

独立的 LPS 引下线可以是一根或少数几根，非独立的 LPS 引下线至少两根。根据建筑物的防雷类别，非独立 LPS 引下线的间距有规定的最大值，一、二、三类防雷建筑沿建筑周边长度计算最大间距分别为 12m、18m 和 25m，因此一个 LPS 可能有很多根引下线。各引下线间最好有环形导体电气连通，以均衡电位并降低空间电磁感应强度和反击距离。

3. 防雷接地装置

防雷接地装置是防雷系统与大地的交界面，可以使雷电流更有效率地向大地中泄放，并降低这一过程所产生的次生危害的严重程度。

防雷接地装置可以由建筑物基础的自然接地极构成，也可以设置专门的人工接地极构成，有 A 型与 B 型两种。A 型接地装置安装在被保护建筑物外，且接地极不环绕建筑物，接地极总数不少于 2；B 型接地装置接地极安装在建筑物外且围绕建筑物成闭合环路，环路导体至少 80% 埋入土壤。A 型接地装置不能满足引下线间等电位联结和均衡墙体附近局部地电位要求，B 型接地装置和建筑物基础接地装置则可以较好地满足这些要求。

4. 外部 LPS 示例

图 8-8 是独立 LPS 的一个示例，一座独立接闪杆塔保护一栋建筑物，接闪杆塔与建筑物是分开的。接闪杆塔的接闪器是一根尖端金属棒，置于杆塔顶端；沿杆塔设置专用引下线；接地极由两个垂直接地极和一个水平接地极连接而成，属于 A 型接地装置。图 8-9 是非独立

LPS 的一个示例，该建筑屋面采用接闪网进行整体防护，屋面高出接闪网的设备处用接闪杆进行局部防护；用镀锌圆钢作为人工引下线，按规定的最大间距装设了多根引下线；在建筑基础四周用镀锌圆钢构成环形接地极，属于 B 型接地装置，埋深应在 0.5m 以上。图中，引下线上设有测试接头，又称断接卡，平时连通，断开则可以测量每一引下线的接地电阻。如果是采用建筑物钢筋等作为自然引下线，则无须断开，只要留出测试接头即可。

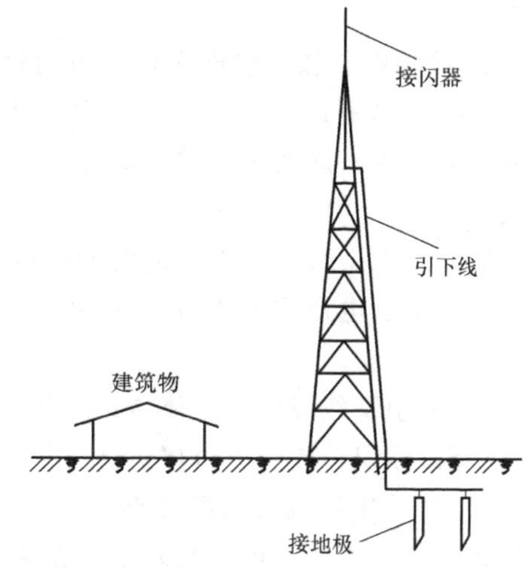

图 8-8　独立的建筑物外部防雷系统示例

5. 高层建筑侧击雷防护

侧击雷防护主要涉及需防护部位的确定和接闪器的设置两个问题。

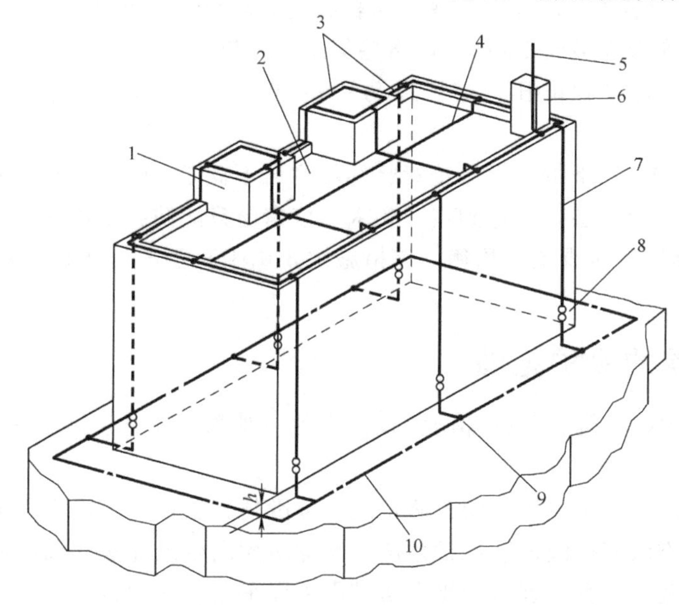

图 8-9　非独立的建筑物外部防雷系统示例

1—屋面楼梯间　2—屋面　3—接闪带　4—网格金属　5—接闪杆　6—屋面设备　7—引下线　8—测试接头　9—引下线与接地极连接点　10—环形接地极　h—环形接地极埋设深度

研究和数据统计表明，高层建筑遭受的直击雷中主要是顶击雷，侧击雷仅占百分之几，且雷电流参数比顶击雷低得多，危险性较小。因此，尽管从理论上看，凡是滚球能够触碰到的高层建筑侧面部分都应防侧击雷，但对高度低于 60m 的建筑，一般不予考虑。对于高度高于 60m 的建筑，也仅考虑建筑物上部高度为建筑物总高 20%，且未延伸到 60m 以下的部分需要进行侧击雷防护。

用于侧击雷防护的接闪器，其保护范围统一按三类防雷建筑确定。最好的办法是采用外墙金属装饰构件等自然接闪器，或明敷的引下线兼作接闪器。对于外墙上有突出安装的设备或突出物体的情况，则应设置专门的接闪器，如将安装设备的支架做成金属框架兼作接闪器等。

6. 接触电压和跨步电压电击危险性防护

外部 LPS 通过雷电流时，在引下线附近可能产生电击危险。危险之一是引下线上可能出现接触电压，该电压与雷电流在引下线接触点以下长度上的压降和接地装置上的部分压降有关。

危险之二是引下线附近地面的跨步电压，该电压与人员站立处接地电流在土壤中的散流场有关。接触电压和跨步电压防护的技术路径主要是均衡电位和绝缘，具体有以下一些措施。

1）将引下线设置在周围 3m 内都不可能有人员进入的地点，或用围栏等实体限制措施和/或警告标识，减少人员接近 3m 内危险区域的概率。

2）对采用建筑物钢筋等金属结构作为自然引下线的情况，设置引下线数量不小于 10 根且相互电气连通，可有效降低每根引下线上的雷电流压降并均衡电位。

3）在引下线入地点 3m 范围内，保证地表层绝缘电阻率不小于 50kΩ · m，或接地极以上土壤中铺设 5cm 厚沥青层或 15cm 厚砾石层等绝缘材料。

以上措施既可以防接触电压，又可以防跨步电压。如果不能做到，还可以采用以下措施。

1）将距地面 2.7m 以下的引下线绝缘，绝缘耐压不低于 100kV（1.2/50μs 电压波），如 3mm 厚的交联聚乙烯绝缘层就可达到这一要求。该措施只能防接触电压。

2）用网状接地装置实现电位均衡。该措施主要用于跨步电压防护，对接触电压也有一定降低作用。

8.2.3 接闪器的保护范围

确定接闪器的保护范围，是外部防雷设计中的一项重要工作，也是 SPM 划分防雷区的重要依据之一。

接闪器保护范围是一个三维空间，确定这个范围的方法是以雷击人工模拟实验为依据发展出来的。常用的方法有折线法、保护角法、滚球法和网格尺寸法。前两种方法常用于输电线路接闪线的保护范围计算，建筑物雷电防护则主要采用后两种方法。

1. 滚球法

(1) 滚球法原理

滚球法不仅可用于计算接闪器的保护范围，还可用于计算较高建筑物对邻近较低建筑物的保护范围。滚球法的理论依据为雷电闪击距离理论，该理论的电气-几何模型认为，当雷闪先导到达建筑物、地面和接闪器附近时，其雷击点有一定的选择范围，可能是建筑物或地面，也可能是接闪器。雷闪先导是否发展为主放电，以及最终向何处放电，取决于雷电流大小和距离。在给定雷电流幅值条件下，先导最终发展成为主放电的距离称为最后击距，即先导从逐步发展到达能够完成“最后一击”的距离。最后击距与雷电流幅值的关系为

$$h_r = 10I^{0.65} \tag{8-5}$$

式中，h_r 为最后击距（m）；I 为首次短时雷击雷电流幅值（kA），按表 8-4 最小值取值。

先导会向最先进入最后击距范围的物体放电。当雷电流参数大于表 8-4 所给最小值时，如果先导已到达距接闪器 h_r 处，而距先导 h_r 范围内都还没有其他物体，则主放电击向接闪

器的概率为表 8-4 所给出的值，即雷闪按不小于表中给定的概率被接闪器截收。

(2) 滚球法做法

与上述理论相对应的可操作方法之一为滚球法，滚球法是设立以 h_r 为半径的一个假想硬壳球体（称为滚球），在需要防直击雷的建筑物周边所有可能部位滚动，当球体只能触及接闪器或只触及接闪器和地面（包括与大地接触并能承受雷击的金属物），而不能触及被保护建筑物时，建筑物各部位就得到接闪器的保护，否则需要对建筑物上被滚球触及的区域设置进一步的保护。

(3) 滚球半径的确定

滚球半径取值取决于建筑物防雷类别划分。按 GB 21714. 1~4—2015《雷电防护》等级划分的滚球半径取值见表 8-4；按 GB 50057—2010《建筑物防雷设计规范》规定滚球半径取值见表 8-5。如果对风险有特殊要求，可根据式（8-5）和雷电流概率统计值计算求取滚球半径。

表 8-5　滚球半径及网格尺寸的取值

建筑物防雷类别	滚球半径 h_r/m	接闪网网格尺寸/m×m
第一类防雷建筑物	30	≤5×5 或≤6×4
第二类防雷建筑物	45	≤10×10 或≤12×8
第三类防雷建筑物	60	≤20×20 或≤24×16

2. 网格尺寸法

在建筑物上设置接闪网作为接闪器时，一般应在建筑物的边沿和突出位置装设，接闪网的网格尺寸按表 8-5 确定即可，不必用滚球法对其保护范围进行校核。当然也可以单独按滚球法的原则对接闪网的保护范围进行确定。

网格尺寸法和滚球法是两种相互独立的确定保护范围的方法，它们所确定的保护范围可能出现差别，但只要满足其中任一种，就可认为建筑物得到保护。网格尺寸法相对来说更简单一些，但只能用于接闪网，无普遍性，而滚球法适用于任何形式的接闪器。

3. 典型接闪器保护范围计算示例

典型的接闪器有接闪杆、接闪线、接闪带、接闪网等。以下对接闪杆、线的情况进行介绍。

(1) 单支接闪杆的保护范围计算

单根接闪杆保护范围是以接闪杆为轴心的一个空间椎体，锥面为弧形，锥底为平面。

1）接闪杆高度 $h \leq h_r$。接闪杆高度小于或等于滚球半径时，保护范围可按下列步骤通过作图确定，如图 8-10

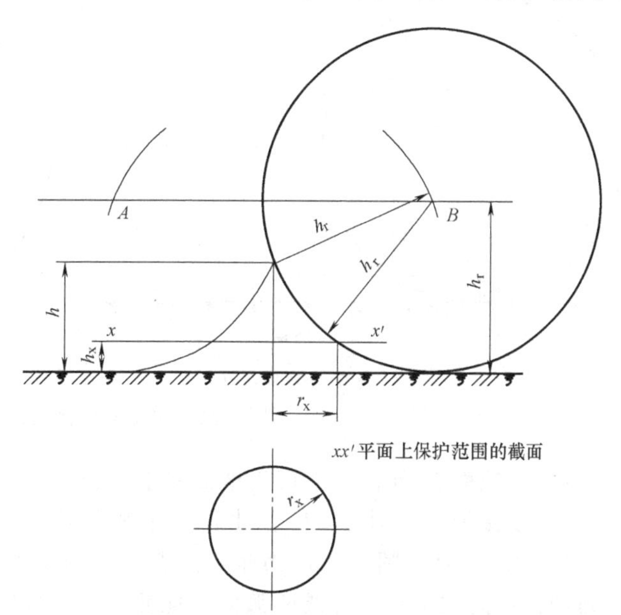

图 8-10　单支接闪杆的保护范围

所示。

① 距地面 h_r 处作一平行于地面的平行线。

② 以杆尖为圆心，h_r 为半径，作弧线交于平行线的 A、B 两点。

③ 以 A、B 为圆心，h_r 为半径作弧线，该弧线与杆尖相交并与地面相切。此弧线以接闪杆为轴的 360°旋转弧面与地面所围合的空间就是保护范围。

④ 接闪杆在 h_x 高度的 xx' 平面上和在地面上的保护半径 r_x、r_0 也可按式（8-6）和式（8-7）确定：

$$r_x=\sqrt{h(2h_r-h)}-\sqrt{h_x(2h_r-h_x)} \tag{8-6}$$

$$r_0=\sqrt{h(2h_r-h)} \tag{8-7}$$

式中，r_x 为接闪杆在 h_x 高度的 xx' 平面上的保护半径（m）；h_r 为滚球半径（m），按表 8-5 确定；h_x 为被保护物的高度（m）；r_0 为接闪杆在地面上的保护半径（m）；h 为接闪杆的高度（m）。

2）接闪杆高度 $h>h_r$。接闪杆高度大于滚球半径时，高出滚球半径的部分无效，在接闪杆上取高度 h_r 的一点代替接闪杆杆尖作为圆心，其余的做法同上述①项，但式（8-6）和式（8-7）中的 h 用 h_r 代替。

（2）单根接闪线保护范围计算

以等高杆塔单根接闪线为例进行介绍，其保护范围在两端为半弧面圆锥体，沿线为一弧面三角形廊道，保护范围具体确定方法如下。

确定架空接闪线的高度时应计及弧垂的影响。在无法确定弧垂的情况下，当等高杆塔间的距离小于 120m 时，架空接闪线中点的弧垂宜采用 2m；距离为 120~150m 时宜采用 3m。当接闪线的高度 $h \geqslant 2h_r$ 时，无保护范围；当接闪线的高度 $h<2h_r$ 时，应按下列方法确定保护范围，如图 8-11 所示。

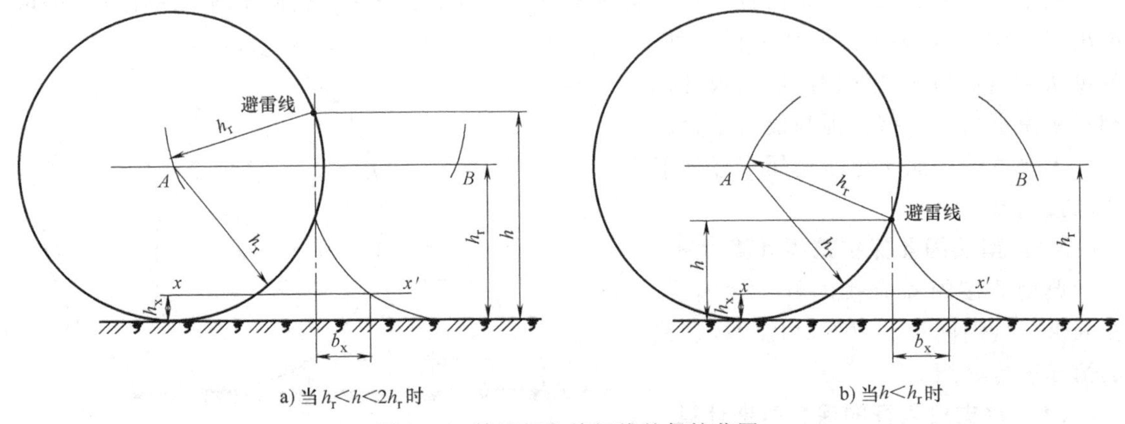

图 8-11　单根架空接闪线的保护范围

1）距地面 h_r 处作一平行于地面的水平线。

2）以接闪线为圆心，h_r 为半径，作弧线交于平行线的 A、B 两点。

3）以 A、B 为圆心，h_r 为半径作弧线，该两弧线与接闪线相交或相切并与地面相切。该弧线沿接闪线滑动所形成的弧面与地面所围合的空间就是保护范围。

4）当 $h<2h_r$ 且大于 h_r 时，保护范围最高点的高度 h_0 按式（8-8）计算：

$$h_0 = 2h_r - h \tag{8-8}$$

5）接闪线在被保护物高度 h_x 的 xx'平面上的保护宽度 b_x 按式（8-9）计算：

$$b_x = \sqrt{h(2h_r - h)} - \sqrt{h_x(2h_r - h_x)} \tag{8-9}$$

式中，b_x 为接闪线在 h_x 高度的 xx'平面上的保护宽度（m）；h 为接闪线的高度（m）；h_r 为滚球半径（m）；h_x 为被保护物的高度（m）。

6）接闪线两端的保护范围按单支接闪杆的方法确定。

8.2.4　建筑物内部防雷系统

建筑物内部 LPS 的防护目标是防止雷电在建筑物室空间产生电火花。雷电在室空间产生电火花的能量来源主要有 3 个：进入建筑物的金属管线引入的雷电电涌，雷闪和雷电流沿外部 LPS 下泄时产生的电磁感应，以及雷电流沿外部 LPS 下泄时产生的反击。防室空间雷电电火花的基本技术手段是等电位联结[⊖]和外部 LPS 的电气绝缘（旧称间距）。

建筑物内部电火花可能出现在内部金属构件上，也可能出现在外部 LPS 与内部接地的金属构件之间，还可能出现在引入建筑物的金属管线上及其与内部金属之间。

等电位联结对以上 3 个来源的电火花都有防范作用，外部 LPS 的电气绝缘则主要用于防反击。

1. 沿金属管线侵入雷电电涌引起的电火花危险的防护

进入建筑物的金属管线可分为两类：一类是金属给水管、暖气管等外界可导电部分，另一类是电力或通信等系统的线路，不排除这些线路敷设在金属管道中或者有屏蔽层。雷电直接击中这些管线或者击中管线附近大地及地表附着物，都可能有危险的雷电电涌侵入建筑物，在室空间产生电火花。

进入建筑物的金属管线与室内金属物体之间、管线相互之间以及线缆的屏蔽层（或穿线用金属管道）与芯线导体之间，都可能发生电火花。电火花是因电位差过大引起的，因此等电位联结是有效的防护手段。

（1）对外引金属管道的防护

将外引金属管道在进入建筑物处进行等电位联结，可有效降低沿管道侵入的雷电电涌产生的管线之间及其与建筑物内金属物体间的电位差。由于等电位联结通常是接地的，因此还可以通过大地泄放大部分雷电电涌电流。

这一等电位联结措施与防电击的总等电位联结措施防护目标不同，但技术路径相同，都是降低电位差，且安装做法几乎完全一致，包括对煤气管道安装绝缘段并桥接隔离火花间隙（Isolating Spark Gap，ISG）等做法都相同，因此可以一并实施。

（2）对外引线路的防护

外引线路如果既没有屏蔽层又没有敷设在金属管道中，为防止芯线导体上雷电电涌过电压击穿绝缘产生电火花，应在建筑物入口处将带电导体通过电涌保护器（详见 8.6 节和 8.7 节）连接至等电位联结板（Equipotential Bonding Bar，EBB），低压线路的 PE 线应直接连接至 EBB。

⊖ 英文为“equipotential bonding”，在现行国家标准中称谓不一，电击防护技术体系中称为“等电位联结”，雷电防护技术体系中称为“等电位连接”，这是国内工程界的现状。为避免混乱，本书统一称为“等电位联结”。

如果外引线路有屏蔽层，或者敷设在金属管道中，则应在建筑物入口处将屏蔽层或金属管道进行等电位联结。雷电流在线路屏蔽层产生的纵向压降会在屏蔽层与带电导体与之间引起电位差，该电位差若超过绝缘的冲击耐压，则可能产生电火花，如图 8-12 所示。防护措施是将带电导体通过电涌保护器连接至 EBB。

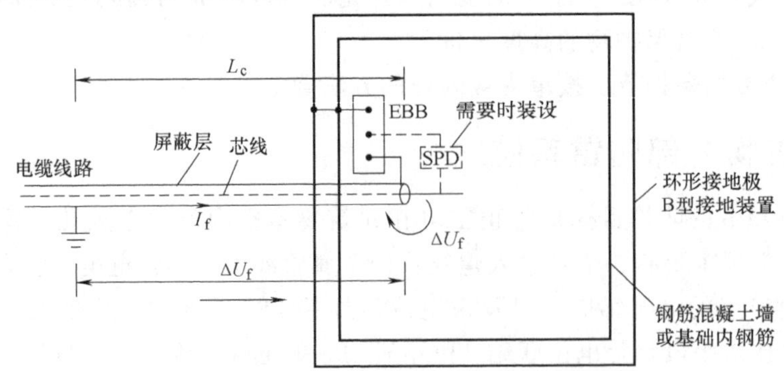

图 8-12　电缆屏蔽层雷电流纵向压降与绝缘过电压的关系

SPD—电源保护器

2. 电磁感应现象及其引起的电火花危险的防护

雷电流通过建筑物外部防雷装置时，会在周围空间产生磁场。雷电流及其所产生的磁场都是急剧变化的，变化的磁场会在建筑物内的金属环路中产生电磁感应。若金属环路是闭合的，则会在环路中产生感应电流；若金属环路是开口的，则会在开口处产生感应电压。

图 8-13 所示为外部 LPS 引下线中雷电流在附近金属环路开口上产生感应电压的示例，若感应电压足够大，则可击穿环路开口发生火花放电，可能引发燃烧、爆炸等灾害。建筑物中有很多自然形成的开口金属环，如两根平行敷设的金属管道，相当于有两个开口的金属环，开口在各处，这种开口是横向的；又如，金属管道连接处法兰盘如果电气连接不良，也形成开口金属环路，这种开口是纵向的。以上开口的纵、横向是以管线走向为基准，沿管线走向为纵，跨不同管线为横。

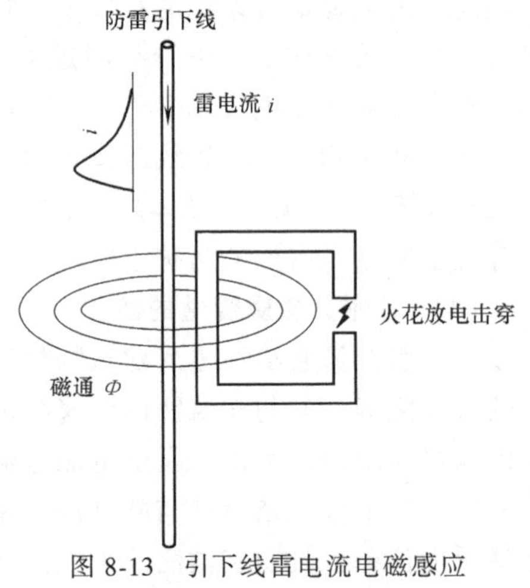

图 8-13　引下线雷电流电磁感应导致的火花放电

防雷电电磁感应电火花的方法是封闭金属环或磁屏蔽，以前者最为常见。对金属管道纵向接头处，或金属构架（如金属梯架、金属电缆槽盒等）连接处，如果不能确保电气连通，则应该在两端用导体跨接。对平行敷设的金属管线或金属构架，当间距小于 100mm 时，应最少每隔 30m 用导体横向跨接一次，将大面积金属环路划分为若干小面积金属环路，以减小磁场感应的面积。对于交叉的金属管线或金属构架，如果间距小于 100mm，则应在交叉处用导体跨接。

3. 反击及其防护

(1) 反击现象及产生原理

雷电流通过防雷系统向大地泄放时，外部 LPS 的引下线可能对附近的物体发生放电，

这种现象称为反击。

独立的外部 LPS 反击发生的原理如图 8-14 所示，由于引下线和接地装置几何尺寸通常在几十米至一百多米的范围内，可以近似按集中参数电路进行分析。引下线和接地装置都有阻抗存在，雷电流下泄时会在这些阻抗上产生电压降。图 8-14 中接闪杆引下线上距接地点 x（单位为 m）高处的对参考地电压为

$$u(x,t)=[R_{\mathrm{i}}+R(x)]i_{\mathrm{f}}(t)+L(x)\frac{\mathrm{d}i_{\mathrm{f}}(t)}{\mathrm{d}t} \tag{8-10}$$

式中，$u(x, t)$ 为引下线上距接地点电气距离 x 处对参考地的电压（kV）；$i_{\mathrm{f}}(t)$ 为引下线上雷电流（kA）；R_{i} 为接地装置的冲击接地电阻（Ω）；$R(x)$ 为引下线距接地点电气距离 x 处与接地点间的电阻（Ω）；$L(x)$ 为引下线距接地点电气距离 x 处与接地点间的电感（μH），$L(x)=L_0x$，L_0 为引下线单位长度电感（μH/m），典型值可取 1.5μH/m；$\frac{\mathrm{d}i_{\mathrm{f}}(t)}{\mathrm{d}t}$ 为雷电流波的波前斜率（kA/μs）。

建筑物内距引下线一定距离的未与地绝缘的金属构件，其电位可能还是参考地电位，这时引下线与金属构件间的电压就等于 $u(x, t)$，越到高处电压值越大。若 $u(x, t)$ 大到足以使尺度为 $s(x)$ 的空气击穿（忽略墙厚），则接闪杆引下线会向变配电所的金属构件放电，这就是反击。在地中，$u(0, t)$ 也可能达到击穿土壤向室内接地装置放电的量值，形成大地中的反击。

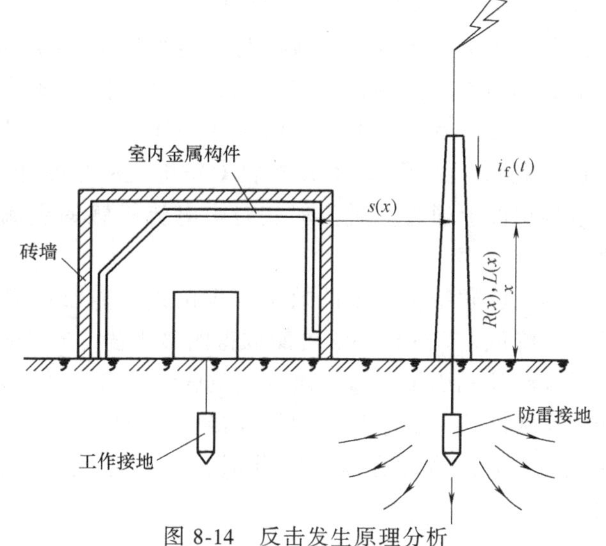

图 8-14　反击发生原理分析

空气中反击发生与否与间距 $s(x)$ 有关，可按式（8-11）估算：

$$s_{\min}(x)=0.4R_{\mathrm{i}}+0.045x \tag{8-11}$$

式中，$s_{\min}(x)$ 为引下线距接地点电气距离 x 处不发生反击所允许的最小间距（m）；R_i 为接地装置的冲击接地电阻（Ω）；x 为引下线上某一点与接地点间的长度（m）。

同理可推导出土壤中不发生反击所允许的最小间距为

$$s_{\min}(0)=0.4R_{\mathrm{i}}$$

（2）反击的防护

防反击的措施主要有外部 LPS 电气绝缘（旧称间距）和等电位联结两种。

1）外部 LPS 电气绝缘。式（8-11）实际上就是一类防雷建筑独立外部 LPS 电气绝缘防反击的计算公式，绝缘物质为空气，$s_{\min}(x)$ 是绝缘物质的厚度。非独立的 LPS 情况要复杂一些，$s_{\min}(x)$ 的计算要考虑雷电流被多根引下线分流的情况，计算公式为

$$s_{\min}(x)=k_{\mathrm{c}}\frac{k_{\mathrm{i}}}{k_{\mathrm{m}}}x \tag{8-12}$$

式中，$s_{\min}(x)$ 为引下线距接地点或最近一个等电位联结点电气距离 x 处不发生反击所允许

的最小间距（m）；x 为引下线上某一点距接地点或最近一个等电位联结点的长度（m）；k_i 为反映雷电流参数强度的系数，取决于建筑物防雷类别，一、二和三类防雷建筑分别取值为 0.08、0.06 和 0.04；k_m 为反映绝缘冲击耐压的系数，取决于空间绝缘材料，空气取 1，钢筋混凝土、砖瓦、木材取 0.5，有多种材料时取最低值；k_c 为分流系数，1、2 和 3 根及以上引下线时分别取值 1、0.66 和 0.44。

式（8-12）中，k_i 和 k_m 对给定的建筑都是固定取值，分流系数 k_c 与引下线的数量和相互间是否有连接、连接是否形成网格等诸多因素有关。分流系数的含义是在有多根引下线的情况下，单根引下线可能分得的最大雷电流占总雷电流的份额。

还需注意的是，反击防护也可能与生命伤害有关。图 8-15 所示为引下线布置情况，要按防反击的要求留足安全间距，以防止雷电流下泄时引下线向人体放电。

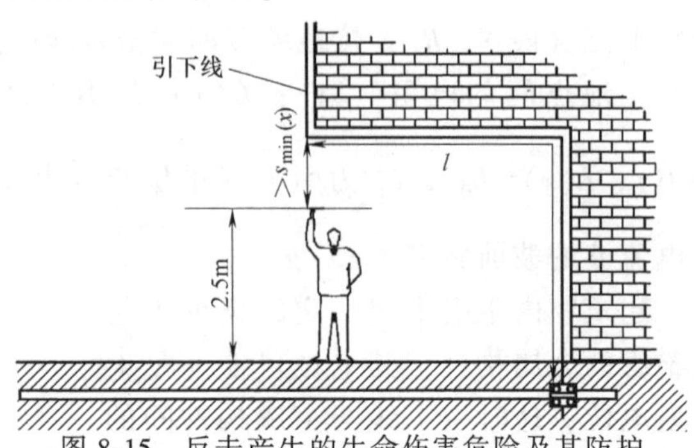

图 8-15　反击产生的生命伤害危险及其防护

2）等电位联结。当现场没有足够的空间维持防反击间距时，可采用等电位联结措施，即将防雷引下线或接地极与可能被反击的金属构件电气连通，强制消除其间电位差，防止反击发生，但这一做法使金属构件分走雷电流，必须校验金属构件对雷电流的耐受能力，以及周围环境是否允许有雷电流从这些金属构件上通过。对于那些对雷电流敏感的金属构件，应谨慎应用，并采取相应的防护措施。

等电位联结防反击的效果，应按式（8-12）进行校核，有时可能需要若干处等电位联结，以降低 $s_{min}(x)$ 中 x 可能取得的最大值。对于高层钢筋混凝土建筑，每隔 3 层左右用环形导体将外围引下线做一次等电位联结是有效的，环形导体因此称为均压环，可以利用建筑物边梁或圈梁中的结构主钢筋焊接连通形成；对于筒体剪力墙主钢筋作为引下线的，由于在建筑物内部，附近有电气竖井时，应与电气竖井内的 PE 排每隔一段距离做一次等电位联结。

8.3　建筑物上的雷击电磁脉冲防护措施

8.3.1　传统建筑物防雷与雷击电磁脉冲防护的关系

建筑防雷工程近 30 年来的变化和发展大多体现在内部防雷上，主要的工程背景是建筑物内电子信息设备安装密度急剧增加，雷电损坏电子信息设备的情况大量出现，带来一系列严重的后果。这表明传统建筑物防雷体系对电子信息系统已存在着不可忽略的失防。

传统的建筑物内部 LPS 主要是防反击、雷电感应和雷电波沿管线的侵入，防护的目标是避免在建筑物内引起火花放电。在涉及建筑物内电气电子系统防雷问题时，又将雷电感应（空间辐射的雷电能量）和侵入雷电波（导体传导的雷电能量）统称为雷击电磁脉冲，防护的目标是避免建筑物内部电气电子设备损坏，防护体系的名称叫雷击电磁脉冲防护（SPM）。

概括地说，当保护对象为建筑物（含建筑物内室空间）时，就是传统的建筑物防雷系

统（LPS）；当保护对象为建筑物内电气电子系统时，就是雷击电磁脉冲防护（SPM）。SPM 将 LPS 作为既有条件看待，其本身又分两个环节实施：第一个实施环节仍然在建筑物上，称为建筑物上的雷击电磁脉冲防护措施，目的是衰减进入室内的雷电能量；第二个实施环节是在电气电子系统内部，称为电涌保护，目的是阻隔或耗散耦合进入电气电子系统的雷电能量，以避免对设备造成损坏。

应特别注意的是，在建筑物这一实体上，SPM 与内部 LPS 的技术措施多有重叠，技术条件有的相同，有的又有所差异，因此常会造成理解上的混淆。实际上，如果内部 LPS 与 SPM 需要在相同地点采用同一种技术措施，按两者中技术要求更严格者实施一次即可。

8.3.2　雷击电磁脉冲防护的防雷区及划分

雷击电磁脉冲防护需要对室内空间进行划分，以便有针对性地采取措施，这种划分的结果就是防雷区。

1. 雷击电磁脉冲防护概念

雷击电磁脉冲（Lightning Eletromagnetic Impulse，一般简称为 LEMP）是指作为内部系统骚扰源的电闪电流和电闪电磁场。“内部系统”在雷击电磁脉冲防护中是一个专用术语，指建筑物内的电气和电子系统，通常有低压配电系统、控制系统、信息通信系统等。LEMP 的产生主要有以下 3 种途径。

1）自然界天空中雷电波电磁辐射对建筑物内部的电磁干扰。

2）当建筑物防雷装置接闪后，流经 LPS 的雷电流对建筑物内部的电磁干扰。

3）由外部的各种金属管线引来的雷电电涌对建筑物内部的干扰。

闪电是一种能量很高的骚扰源，雷击能释放出数百兆焦耳的能量脉冲，而电子设备可承受的雷电脉冲能量可低至 mJ 级，差别很大。传统的防雷方式，常常对微电子设备起不到保护作用，对建筑物内低压系统也多有失防。

防雷击电磁脉冲本质上属于内部防雷的范畴，但外部防雷措施对防雷击电磁脉冲也有很大作用。我国现代的平顶建筑大多采用接闪带（网）作为接闪器，而较少使用接闪杆，原因之一就是接闪带有利于敷设多根引下线，有利于形成等电位联结和笼式金属网，这对屏蔽雷电电磁波和均衡电位都有很大好处。

2. 防雷区及划分

根据被保护系统所在空间可能遭受 LEMP 的严重程度及被保护系统（设备）所要求的电磁环境，可将被保护空间划分为若干不同的区域，称为防雷区（Lightning Protection Zone，LPZ）。在相邻防雷区交界面的两侧，区内电磁环境有明显差异，造成这种差异的原因有外部防雷系统的作用、建筑物的自然屏蔽的作用、人为的屏蔽措施及自然或人为的分流作用等。

下面以图 8-16 为例，说明防雷区的划分原则与方法。

1）$LPZ0_A$ 区。本区内的各物体都可能遭到直接雷击，因此各物体都有可能导走全部雷电流；本区的电磁场没有衰减。图 8-16 中接闪器保护范围以外的空间都属于 $LPZ0_A$ 区，图中建筑物接闪器除了采用接闪带以外，还专为屋顶高出接闪带的一台电动机设置了接闪杆保护。

2）$LPZ0_B$ 区。本区内的各物体不可能遭到直接雷击，但本区内的电磁场没有衰减。图

8-16 中接闪器保护范围以内、建筑物外墙及屋面以外的空间就是 $LPZ0_B$ 区。

3）LPZ1 区。本区内的各物体不可能遭到直接雷击，流经各导体的电流比 $LPZ0_B$ 区进一步减小；本区内的电磁场可能衰减，这取决于屏蔽措施。图 8-16 中建筑物以内、信息设备间以外的空间就是 LPZ1 区，此处 $LPZ0_B$ 区与 LPZ1 区的交界面是建筑物的墙体和屋面，由于建筑构件的自然屏蔽和钢筋的分流作用，使得这两个区域的电磁环境有显著差异。

4）随后的防雷区（LPZ2、3 等）。如果需要进一步减小所导引的电流和（或）电磁场，可引入随后的防雷区，并根据被保护系统所要求的电磁环境去选择随后防雷区的电磁条件。图 8-16 中信息设备房以内、设备外壳以外的空间就划分为 LPZ2 区，设备外壳以内的空间划分为 LPZ3 区，这是根据设备对电磁环境的要求确定的防雷区。

通常，防雷区的数字越高，电磁环境的参数越低。

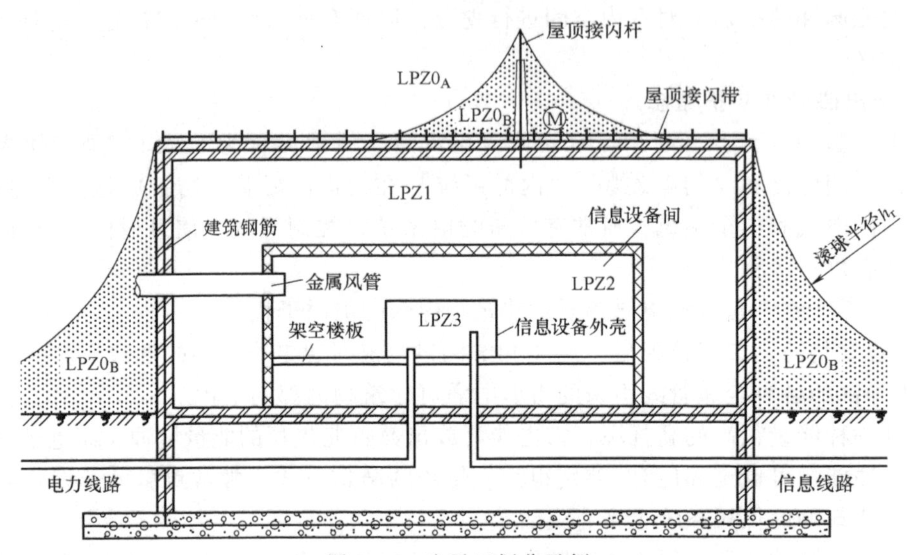

图 8-16　防雷区划分示例

8.3.3　实施在建筑物上的雷击电磁脉冲防护措施

在建筑物上实施的防雷击电磁脉冲措施主要有屏蔽、等电位联结、接地、间距等，这些措施不仅可直接衰减 LEMP 的强度，还构成内部系统电涌保护的基础。

1. 接地系统与等电位联结

防 LEMP 的接地系统是由接地装置和联结网络（Bonding Network）共同构成的三维低阻抗金属网络。

接地装置即建筑物 LPS 的接地装置，有向大地泄放 LEMP 能量的作用，最好选用 B 型接地装置，且宜用导体连接形成网格，网格尺寸小到 5m 左右对 LEMP 防护有很好的效果。

联结网络是由建筑物金属构件和内部系统所有可导电部分（带电导体除外）相互连接形成的网络，目的是避免出现危险电位差。联结网络通常是三维的，因此还有一定的磁场屏蔽作用。

实际工程中，通常先将建筑物金属构件相互连接形成联结网络骨架，并预留与内部系统的连接点。内部系统的外露可导电部分、PE 线、屏蔽层等相互连接成 S 形（星形）或 M 形

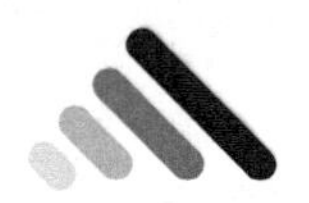

（网格形）结构，接入联结网络，典型的接入方式有 S_S 型（星形结构单点接入）、M_M 型（网格形结构网状接入）和 M_S 型（网格形结构单点接入）等，还可混合成所谓的组合 1 型和组合 2 型，如图 8-17 所示。

用于 LEMP 防护的等电位联结，就是人为地将原本分开的各个可导电部分用导体连接起来，其目的在于减小雷电流在它们之间产生的电位差，并可能分走部分雷电流。上面介绍的防 LEMP 的接地系统已经实现了很好的等电位联结，但作为以防雷区为保护对象的 LEMP 防护，还是有必要明确等电位联结的具体要求，以免遗漏。

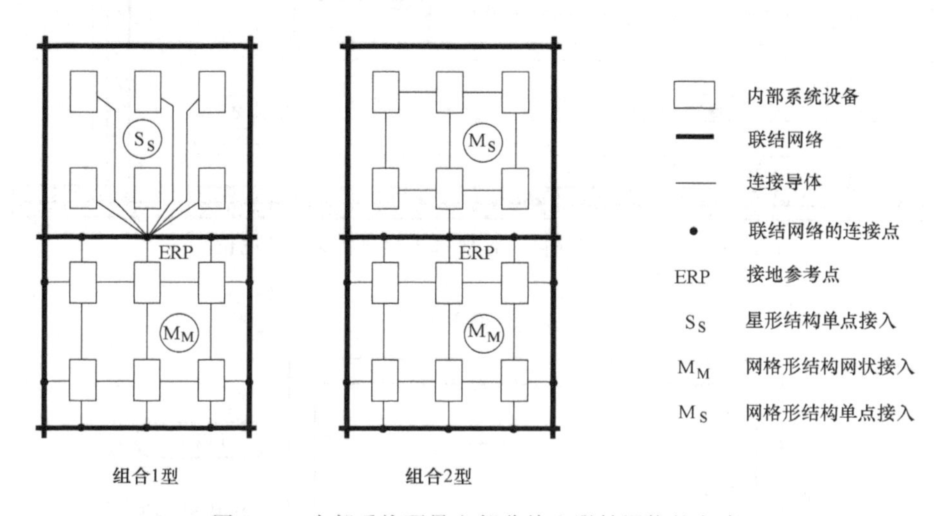

图 8-17　内部系统可导电部分接入联结网络的方式

（1）在防雷区界面处应实施等电位联结

穿越各防雷区界面的金属物和系统，以及在一个防雷区内部的金属物和系统，均应在防雷区界面处做符合下列要求的等电位联结。

1）等电位联结在 $LPZ0_A$（或 $LPZ0_B$）与 LPZ1 区界面处的具体实施。所有进入建筑物的外来可导电物均应在 $LPZ0_A$ 或 $LPZ0_B$ 与 LPZ1 区的界面处做等电位联结，这与内部 LPS 的要求完全相同，只是对带电导体设置电涌保护器的目的略有不同，前者是防雷电电涌损坏内部系统，后者是防火花放电引燃引爆。图 8-18 是各种管线从同一位置进入建筑物时等电位联结方法。当外来的可导电物、电力线、通信线等是在不同地点进入建筑物时，宜沿分界面设若干等电位联结带，并将其就近连到内部环形接地联结带或兼有此类功能的钢筋上，它们在电气上是导通的，并应连通到接地装置（含基础接地装置）上，如图 8-19 所示。

环形接地极和内部环形导体应连到钢筋或其他屏蔽构件上，例如建筑金属立面，宜每隔 5m 连接一次。

2）等电位联结在各后续防雷区界面处的具体实施。各后续防雷区界面处的等电位联结，与在 LPZ0 与 LPZ1 区界面处等电位联结原则相同。

进入防雷区界面处的所有导电物以及电力、通信线路，均应在界面处做等电位联结。具体方式为采用一局部等电位联结带做等电位联结。所谓局部等电位联结带，是指设在 LPZ1 区以后各防雷区交界处的等电位联结带。各种屏蔽结构或其他局部金属物，例如设备的金属外壳，也连到该局部等电位联结带做等电位联结。

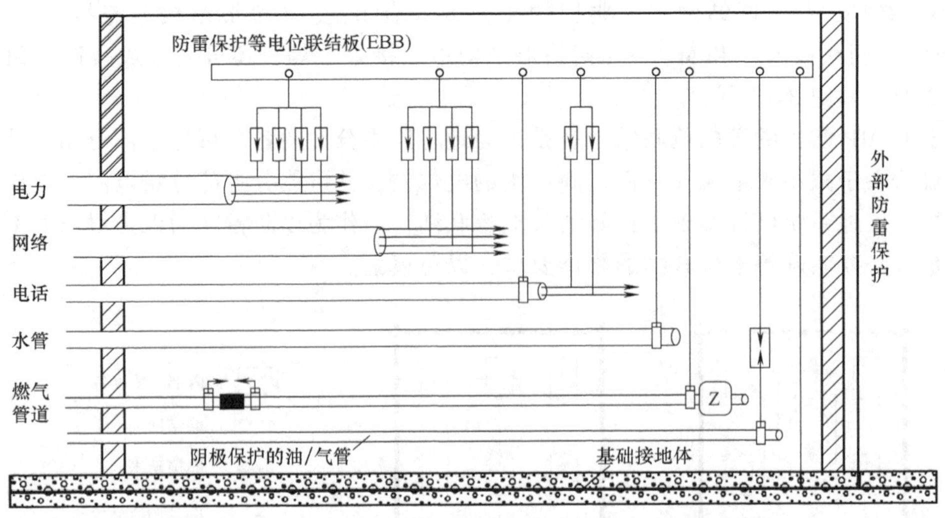

图 8-18　外来金属管线同一位置进入建筑物时的等电位联结

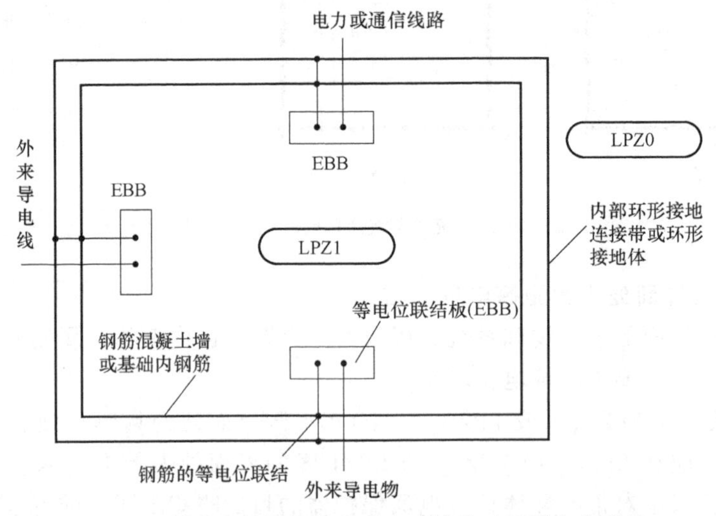

图 8-19　外来金属管线多点进入建筑物时的等电位联结

(2) 在防雷区内部实施等电位联结

某一防雷区内所有电梯轨道、吊车、金属地板、金属门框架、设施管道、电缆桥架等大尺寸的内部可导电物，其等电位联结应以最短路径连到最近的等电位联结带或其他已做了等电位联结的金属物体上。平行敷设的长金属管线，各管线之间宜附加多次相互连接。

2. 屏蔽

(1) 屏蔽的目的和对象

屏蔽是衰减辐射耦合电磁干扰的基本措施。由于雷电流的电磁辐射可以影响到 1km 以外的微电子设备，所以无论是本建筑物遭到雷击，还是远处的建筑物或空中发生雷击，都会有电闪电磁脉冲侵入建筑物。因此，有必要对安装有大量电子设备的房间采取屏蔽措施，保证电子设备工作所需的电磁环境。

实施对象包括建筑物室空间的屏蔽、内部线缆的屏蔽、设备机壳的屏蔽以及进入建筑物

的外部线路的屏蔽等。

(2) 屏蔽的工程方法

1）利用建筑物的金属构件作为屏蔽。根据法拉第笼原理，封闭的金属笼内电场强度接近于零，因此对外部电磁干扰有较大的衰减作用。可以采用低电阻的金属材料或磁性材料做成六面封闭体。

建筑物金属结构遍及各处，利用结构钢筋构成法拉第笼是最常用的做法，这种做法与联结网络做法重叠，可合并实施，如图 8-20a 所示。钢筋屏蔽的效果与钢筋直径、钢筋网格尺寸及钢筋的层数有关，图 8-20b 为磁屏蔽的效果曲线。

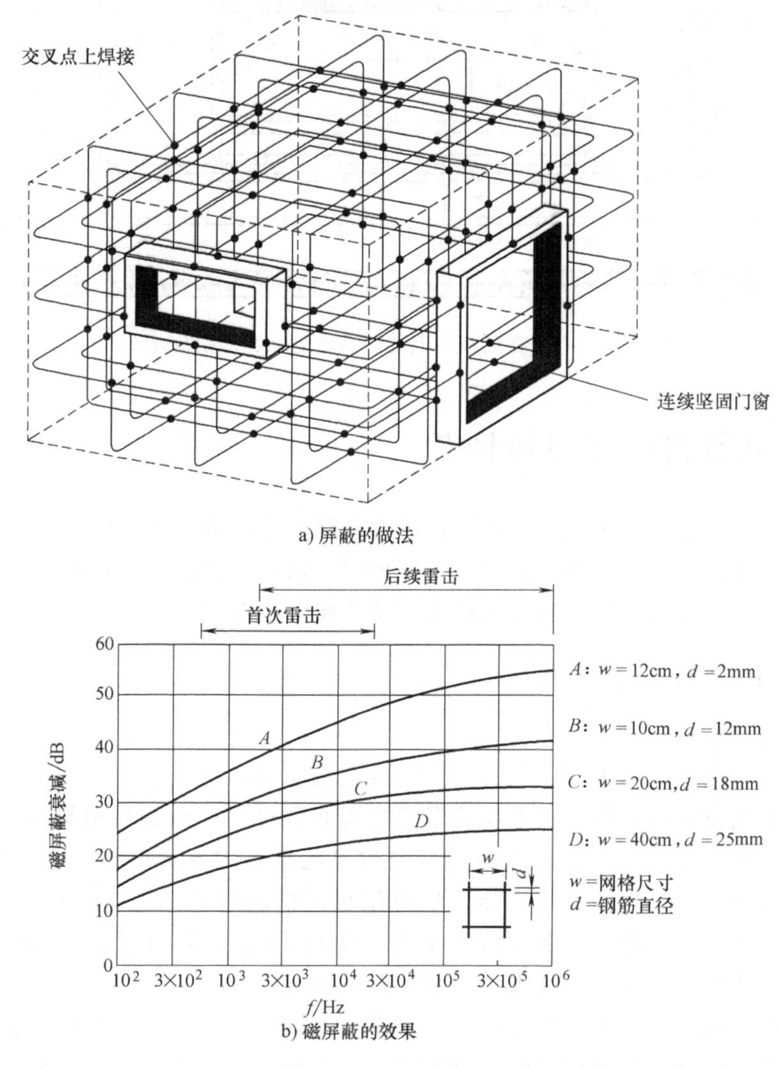

a) 屏蔽的做法

b) 磁屏蔽的效果

图 8-20　利用结构钢筋屏蔽房间

2）人工屏蔽。当自然屏蔽不能满足要求时，应进行人工屏蔽。按屏蔽对象，屏蔽敏感设备和骚扰源的人工屏蔽室分别称为主动屏蔽室和被动屏蔽室；按屏蔽效应，又可分为静电屏蔽室、电磁屏蔽室和磁屏蔽室等。

3. 综合示例

图 8-16 所示的建筑，在实施了屏蔽和等电位联结措施后的情形，如图 8-21 所示。

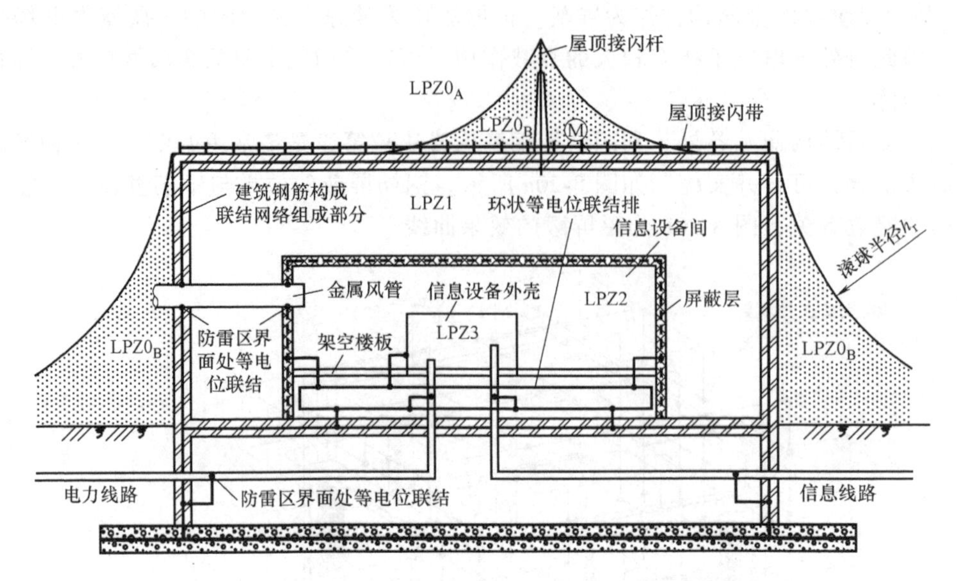

图 8-21　实施在建筑物上的防雷击电磁脉冲措施示例

8.4　变配电所雷电过电压防护

过电压与设备耐压是一对矛盾，如果将过电压看作是加害者的破坏强度，则设备耐压就是受害者的承受能力，电气设备是否因过电压损坏，取决于这两者的相对强弱。在过电压强于设备耐压时，为了避免电气设备受到损坏，需要设置过电压保护。

8.4.1　过电压与设备耐压

1. 过电压及其分类

供配电系统过电压是指出现了超过正常电压范围的高电压值，它不仅指工频正弦电压，也包括其他频率或波形的电压。过电压的形式主要有两种，一种是带电导体对地的过电压，称为相地（低压系统还包括中地）过电压或共模过电压，主要威胁线路和电气设备的对地绝缘；另一种是带电导体之间的过电压，称为相间（低压系统还包括相中）过电压或差模过电压，它不仅威胁相间绝缘，还因为过电压直接作用于负荷阻抗，会在负荷阻抗上产生过电流，使负荷发热增大，可能烧毁设备，甚至引发火灾。

还有另一类形式的过电压，是与电能传输方向一致的过电压，称为纵向过电压，如开关断口间的过电压，或同相绕组的匝间过电压等。与之对应，上述相间和相地过电压都可称为横向过电压。本章主要讨论横向过电压。

工程实践中过电压主要有如下两种分类。

(1) 按能量来源分类

根据产生过电压的能量来源，可将过电压分为外部过电压（又称大气过电压或雷电过电压）和内部过电压两大类，列示如下：

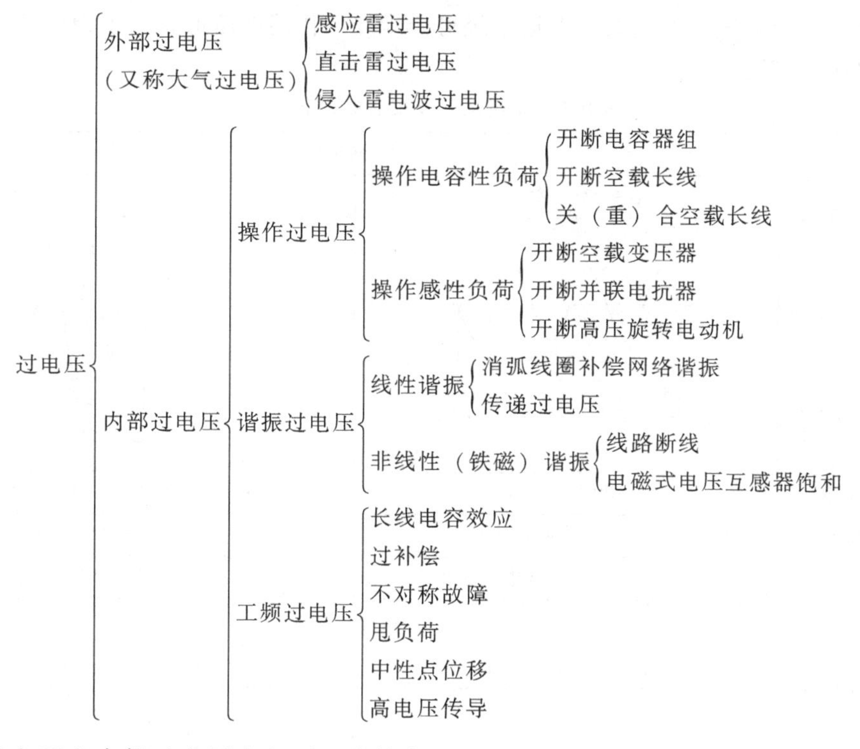

外部过电压和内部过电压有以下一些特点。

1）外部过电压的能量来自于雷电，过电压幅值与系统标称电压无关。中、低压系统绝缘水平较低，所受危害最大；高压和超高压系统绝缘水平比较高，所受危害相对较小。

2）内部过电压的能量来源于系统自身，过电压幅值与系统标称电压密切相关。高压和超高压系统因绝缘裕度较小，所受危害最为严重；而中、低压系统绝缘裕度较大，危害相对较轻。

3）产生外部过电压的雷电能量量值很大，但瞬间就可释放完毕；内部过电压能量可以由系统源源不断地补充，持续时间较长，因此在防护方式上，两者有所区别。

（2）按持续时间分类

根据持续时间的长短，又可将过电压分为瞬时过电压和暂时过电压两类，列示如下：

过电压
- 瞬时过电压
  - 大气过电压
  - 操作过电压
- 暂时过电压
  - 谐振过电压
  - 工频过电压

过电压的持续时间不同，本质上还是能量的特征决定的。瞬时过电压的能量是无补充的，一旦释放完毕就不再显现，持续时间通常为 μs 量级；暂时过电压的能量是有补充的，持续时间为 ms 及以上量级，甚至可以持续存在。

2. 电气设备耐受电压

电气设备的耐受电压是指设备的绝缘对电压的承受能力，简称耐压。试验表明，绝缘的耐压不仅取决于绝缘结构本身的属性，还取决于外加电压的形式、量值、作用时间及作用次数等。因此，绝缘的耐压参数一般与作用于其上的电压形式（称为作用电压）一同给出，这些参数是由专门的试验测定的。根据系统可能承受的作用电压形式，工程界规定了一些标准化的绝缘耐受试验，见表 8-6。

表 8-6 作用电压及相应的耐受试验

分类	低频电压	
	持续（工频）	暂时
电压波形	$1/f$，T_d	$1/f$，T_d
电压波形范围	$f=50\text{Hz}, T_d \geqslant 1\text{h}$	$10\text{Hz}<f<500\text{Hz}, 0.03<T_d<3600\text{s}$
标准电压波形	T_d 在有关设备标准中规定	$48\text{Hz}<f<62\text{Hz}, T_d=60\text{s}$
标准耐受试验	在有关设备标准中规定	短时工频试验
分类	瞬态电压	
	缓前波（操作过电压）	快前波（雷电过电压）
电压波形	100%，50%，T_1，T_2	90%，100%，50%，30%，T_1，T_2
电压波形范围	$20\mu\text{s}<T_1<5000\mu\text{s}, T_2<20\text{ms}$	$0.1\mu\text{s}<T_1<20\mu\text{s}, T_2<300\mu\text{s}$
标准电压波形	$T_1=250\mu\text{s}, T_2=2500\mu\text{s}$	$T_1=1.2\mu\text{s}, T_2=50\mu\text{s}$
标准耐受试验	操作冲击试验	雷电冲击试验

表 8-7 给出了中压系统电气设备的耐受电压要求。

表 8-7 中压系统电气设备选用的耐受电压

系统标称电压/kV	设备最高电压/kV	设备类别	雷电冲击耐受电压/kV（1.2/50μs 波形）				短时（1min）工频耐受电压（有效值）/kV			
			相对地	相间	断口		相对地	相间	断口	
					断路器	隔离开关			断路器	隔离开关
6	7.2	变压器	60(40)	60(40)	—	—	25(20)	25(20)	—	—
		开关	60(40)	60(40)	60	70	30(20)	30(20)	30	34
10	12	变压器	75(60)	75(60)	—	—	35(28)	35(28)	—	—
		开关	75(60)	75(60)	75(60)	85(70)	42(28)	42(28)	42(28)	49(35)

注：1. 括号内和外数据分别对应是和非低电阻接地系统。
2. 开关类设备将设备最高电压称作“额定电压”。

采用不同波前陡度的冲击电压对相同的试品进行耐压试验，还可得出电气设备冲击耐压与作用时间的关系曲线，称为电气设备的伏秒特性曲线。图 8-22 所示为气体绝缘的伏秒特性，图中用不同的电压波形对相同试品做试验，对发生在波前的击穿，取击穿时刻和击穿电

压为曲线坐标点；对发生在波尾的击穿，取击穿时刻和电压峰值为曲线坐标点。波前越缓，所对应的绝缘击穿电压越低，击穿时间越长。

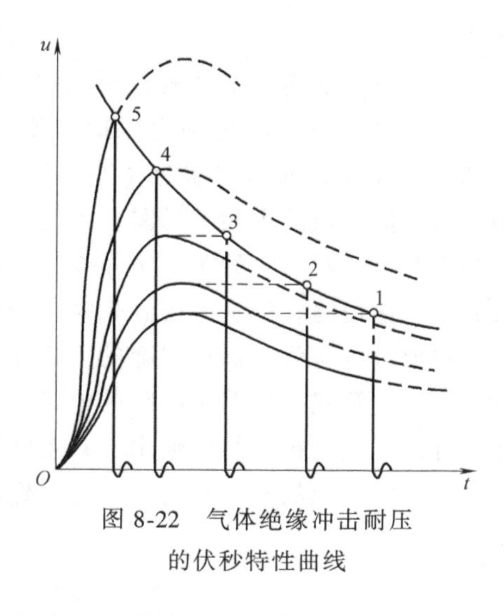

图 8-22　气体绝缘冲击耐压的伏秒特性曲线

8.4.2　避雷器的工作原理、类别与特性参数

1. 避雷器工作原理

避雷器是中、高压系统最主要的过电压保护器件，低压系统中的电涌保护器，原理与避雷器类似。理想避雷器的工作原理如图 8-23 所示，它们连接在相导体与地之间，在工作电压和设备可承受的过电压作用下，避雷器阻抗无穷大，无电流通过；当超过设备承受能力的过电压到来时，避雷器先于设备导通，阻抗为零，相当于对地短路，允许任意大的电流通过，泄放过电压能量。

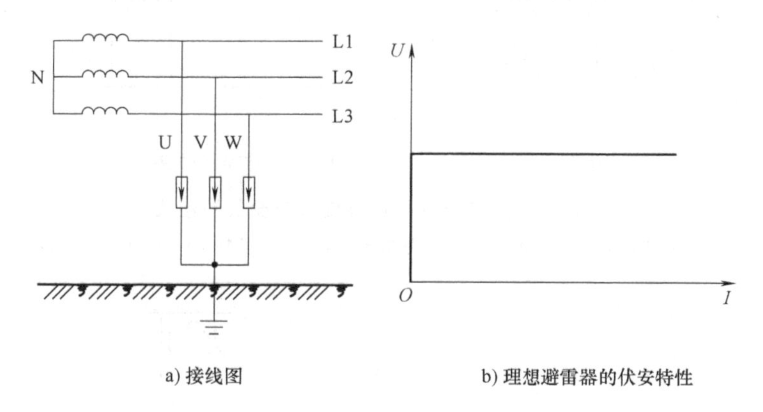

a) 接线图　　b) 理想避雷器的伏安特性

图 8-23　理想避雷器的工作原理

雷电过电压在导体上是以行波的形式传输的，过电压行波通过后，避雷器仍处于导通状态，这时在系统正常工频电压作用下，避雷器中可能有工频电流通过，称之为工频续流。若三相避雷器都导通，则相当于三相导体通过避雷器短路，工频续流量值近似等于避雷器安装位置处三相短路电流。一般要求在工频续流第一次过零时就被截断，否则会引起继电保护动作，或烧毁避雷器。

2. 避雷器的类别与特性

常用的避雷器类别如下：

- 避雷器
  - 保护间隙
  - 排气管式避雷器（管式避雷器）
  - 阀式避雷器
    - SiC 阀式避雷器
      - 普通阀式避雷器
      - 磁吹阀式避雷器
    - 金属氧化物避雷器

SiC 阀式避雷器已经处于逐步淘汰过程的后期，但其在系统中还有一定的保有量，且追溯历史，很多与避雷器及过电压保护有关的概念、方法和术语都来源于它，因此本书仍将对其进行介绍。

(1) 保护间隙与排气管式避雷器

图 8-24、图 8-25 分别为保护间隙和排气管式避雷器的原理结构，它们都有两个间隙，分别为主（内）间隙和辅助（外）间隙，所不同的是排气管式避雷器的主间隙位于排气管中，而保护间隙的主间隙暴露在大气中。正常情况下，工作电压不足以使间隙击穿，避雷器相当于开路，对系统的正常工作没有任何影响，辅助间隙可防止主间隙被外物意外短接而导致系统对地短路。当过电压到来时，间隙被击穿，相导体通过间隙电弧接地，限制了相导体上的对地过电压值。保护间隙的灭弧能力较差，往往不能及时熄灭工频续流，引起继电保护跳闸。排气管式避雷器主间隙的电弧高温使排气管管壁上的产气材料产生大量气体，这些气体从环形电极的排气孔中喷出，对主间隙电弧形成吹弧作用，其灭弧能力比保护间隙有较大提高。辅助间隙的作用是防止正常工作时内间隙泄漏电流使管壁温度上升，影响使用寿命。

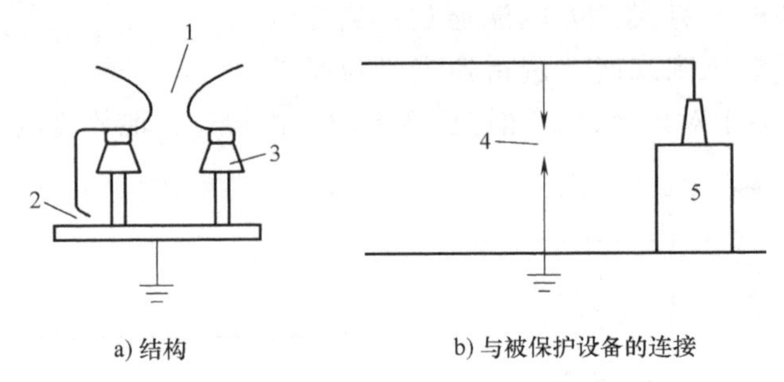

a) 结构　　b) 与被保护设备的连接

图 8-24　保护间隙及其与被保护设备的连接

1—主间隙　2—辅助间隙　3—绝缘子　4—保护间隙　5—被保护设备

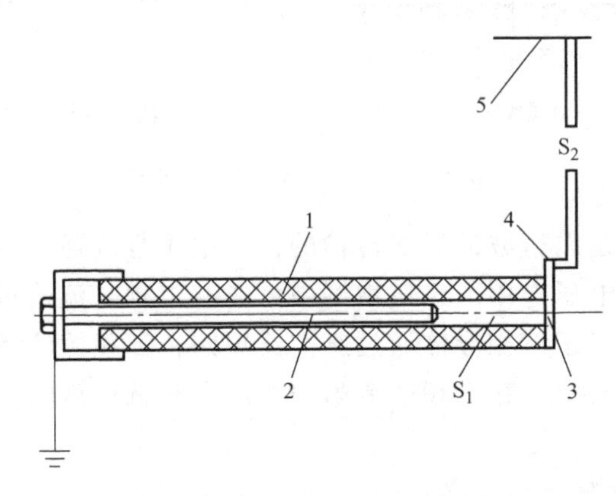

图 8-25　排气管式避雷器的原理结构

1—产气管　2—棒形电极　3—排气孔　4—环形电极　5—相导体

S_1—主间隙　S_2—辅助间隙

排气管式避雷器的灭弧能力取决于产气量，产气量又取决于电弧电流（主要是工频续流）大小，而工频续流又近似等于该点短路电流。因此在使用排气管式避雷器时，对安装处的短路电流大小有要求。若短路电流过小，则可能因产气量太少而不能吹熄电弧，但短路电流过大造成产气过多，又会使管内气压过度增大而引起爆炸。排气管式避雷器产品会给出对短路电流上、下限值的要求，设计时应确认安装处实际短路电流在产品给出的允许范围之

内，这一工作称为排气管式避雷器短路电流的校合。

保护间隙和排气管式避雷器的伏秒特性陡峭，不容易与被保护设备绝缘特性配合，动作后电压急剧下降，形成陡峭的截波，威胁被保护设备的匝间绝缘，且特性受气象条件的影响较大，因此一般用于线路的保护，以泄放过电压能量为主要任务。

（2）阀式避雷器

阀式避雷器的核心元件是阀片，阀片从电气特性上看是一种非线性电阻器，主要有 SiC 和 ZnO 两种，后者属于金属氧化物阀片。两种阀片的伏安特性如图 8-26 所示，图中还示出了理想阀片的伏安特性。从图中看出，ZnO 阀片的特性更接近于理想特性，即在正常工作电压作用下电阻更大，在导通之后电阻更小。

SiC 阀片关断性能较差，在正常工作电压作用下就会产生较大的泄漏电流，使阀片发热，特性变差，这又会进一步加大泄漏电流，使阀片在短时间内就被热损坏。因此，SiC 阀式避雷器都是由间隙与阀片串联构成的，用间隙来隔断正常工作条件下阀片上的泄漏电流，如图 8-27 所示。根据电压等级的不同，SiC 阀式避雷器串联的间隙数目不一，多者可达上百个。

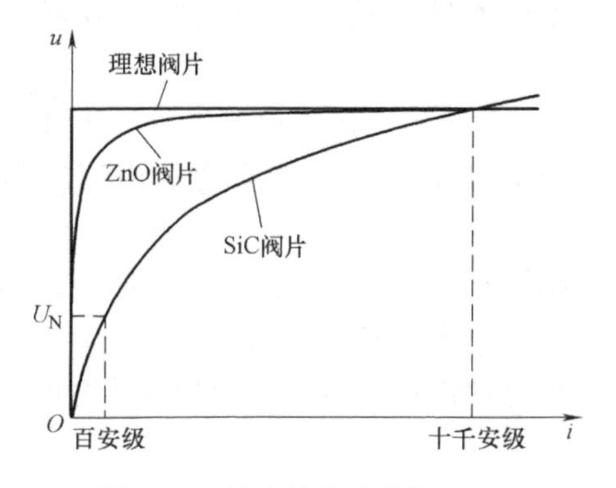

图 8-26　阀片的伏安特性

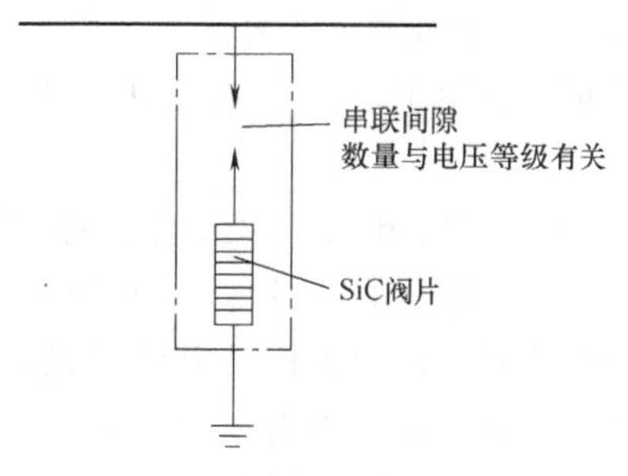

图 8-27　SiC 阀式避雷器的原理结构

ZnO 阀片的关断性能非常好，在正常工作电压作用下泄漏电流小到可以忽略，不需要用间隙来隔断，因此仅由阀片就可以构成避雷器。由于在过电压波前上升过程中，阀片导通程度随电压上升而增大，不断地泄放过电压能量，因此它不只是在完全导通后才限制过电压幅值，而是在完全导通之前就已经对过电压幅值进行了衰减。

SiC 阀式避雷器由于有串联间隙，间隙逐一击穿后才导通阀片，因此响应时间长，对陡波前过电压防护效果差，且通流容量较小，还需要间隙承担灭弧任务，这些都是它不及金属氧化物避雷器之处。但由于阀片电阻的存在，其动作后无截波现象（指电压瞬间下降一个很大的数值），且因阀片电阻与电流反相关，使得冲击电流过去后阀片电阻增大，限制了工频续流的量值，有利于工频续流的截断，这是它优于保护间隙和排气管式避雷器之处。

ZnO 避雷器由于无串联间隙，响应速度很快，可用于陡波保护，且无续流、通流容量大、耐重复动作，相比于 SiC 阀式避雷器有较大的优势，因此已逐渐取代 SiC 避雷器。

阀式避雷器保护特性比较平缓，可与被保护设备耐压特性较好配合，主要用于变配电所电气设备的保护。

3. 阀式避雷器的主要参数

由于有间隙和无间隙的阀式避雷器其动作过程不尽相同，因此 SiC 与 ZnO 避雷器的参数有些是共同的，有些是各自特有的，分述如下。

（1）SiC 避雷器的参数

1）额定电压。额定电压又称灭弧电压，指为保证工频续流电弧在第一次过零时熄灭，所允许加在避雷器上的最高工频电压。

电弧在电流过零时刻熄灭后是否重燃，取决于介质绝缘强度恢复速率与外加电压上升速率的竞争，外加电压越高，其上升速率越快，电弧重燃的可能性就越大。避雷器的额定电压就是为保证电弧不重燃所允许的最高外加工频电压。因此，避雷器安装处相导体上可能出现的最高相地工频电压应小于避雷器的额定电压。在供配电系统中，最高工频电压主要是指系统单相接地时非故障相的对地电压，对小接地系统，该电压取系统标称线电压的 110%（中性点不接地）和 100%（中性点经消弧线圈接地）；对大接地系统，该电压取系统标称线电压的 80%。

2）工频放电电压。工频放电电压指在工频电压作用下，使避雷器发生放电的最低电压。由于间隙击穿特性的分散性，因此避雷器产品样本给出的工频放电电压数据为一个范围。

SiC 避雷器因负荷能力低，不能在导通情况下承受持续的内部过电压能量，因此不能在内部过电压作用下动作，这要求工频放电电压下限应高于系统可能出现的内部工频过电压值。

3）冲击放电电压。冲击放电电压指在规定的标准波形冲击电压作用下，使避雷器发生放电的最低电压幅值。考虑到产品特性的分散性，通常给出的是上限值。

由于供配电系统操作过电压对绝缘的威胁低于雷电冲击过电压，因此冲击放电电压一般按雷电冲击电压波形给出。

4）残压。残压指避雷器导通后，冲击放电电流在避雷器上产生的最大电压降。

冲击放电电流在间隙和阀片上产生的压降，主要与阀片阻抗和电流大小有关，阀片阻抗为非线性特性，其量值本身也与电流大小有关，因此必须指定与残压相对应的电流大小。SiC 阀式避雷器主要用于变配电所保护，由于架空进线的变配电所一般都设置了进线段保护，电缆进线的变配电所不会有直接雷击雷电波侵入，因此进入避雷器的雷电流远小于实测的直接雷击雷电流。根据运行统计数据，我国标准规定对标称电压 220kV 及以下系统的避雷器，与残压相对应的冲击电流取值为 5kA。

5）通流容量。通流容量指避雷器不被热损坏所允许通过的规定电流。我国规定普通型阀片通流容量要达到通过 20/40μs、峰值 5kA 冲击电流和 100A 工频半波电流各 20 次。

（2）ZnO 避雷器的参数

1）额定电压。额定电压指避雷器两端允许施加的最大工频电压有效值。它是与避雷器热负荷有关的电气参量，意指当等于避雷器额定电压的系统短时过电压加在避雷器阀片上时（这时避雷器的温度已高于正常工作温度），又有雷电过电压到来，这种情况下避雷器仍能吸收规定的雷电过电压能量，且吸收后特性变化在规定范围内，不发生热崩溃。

2）最大持续运行电压。最大持续运行电压指允许持续作用在避雷器两端的最大工频电压有效值，这是由避雷器长期老化特性所限定的一个参量。避雷器在不高于此电压的系统上

运行，其寿命可达设计值，且当避雷器动作泄放规定限值内的雷电能量后，能在此电压下正常冷却，不至于发生热崩溃。

3）起始动作电压 U_{1mA}。起始动作电压指避雷器中泄漏电流为 1mA 时所对应的电压。由于无间隙的 ZnO 避雷器无明确的导通点，1mA 电流大约正好位于 ZnO 避雷器伏安特性曲线的转折处，电压超过 U_{1mA} 后，电流开始急剧增大，阀片开始明显发挥限压和泄流作用，因此称 1mA 为起始动作电流，而非放电电流。

4）残压。其物理意义与 SiC 阀式避雷器相同，只是 ZnO 避雷器不仅可用于雷电过电压保护，还可用于操作过电压和陡波保护，因此其残压为一组值，分列如下。

① 雷电冲击下的残压：波形 8/20μs、峰值 5kA 电流作用下的阀片电压。

② 操作冲击下的残压：波形 30～100μs/60～200μs、峰值 0.5kA、1kA、2kA 电流作用下的阀片电压。

③ 陡波冲击下的残压：波形 1/5μs、峰值与雷电冲击相同的电流作用下的阀片电压。

5）通流容量。概念与 SiC 避雷器相同，通常试验电流波形为冲击电流（4/10μs）与近似方波电流（2ms），电流峰值和通流次数由产品样本给出。

（3）避雷器的参数示例

表 8-8 示出了用于 10kV 系统的几种不同型号 SiC 阀式避雷器的参数，表 8-9 示出了用于 0.22～35kV 系统的 Y 系列金属氧化物避雷器的参数。

表 8-8　SiC 阀式避雷器参数

型号	系统标称电压(有效值)/kV	避雷器额定电压(有效值)/kV	工频放电电压(有效值)/kV		1.2/50μs 冲击放电电压(峰值)/kV	8/20μs,5kA 标称电流下残压(峰值)/kV
配电用 FS3-10	10	12.7	≥26	≤31	≤50	≤50
电站用 FZ-10	10	12.7	≥26	≤31	≤45	≤45
旋转电机用磁吹式 FCD3-10	10	12.7	≥25	≤30	≤31	≤33

表 8-9　Y15W 系列金属氧化物避雷器

型号 Y15W-	系统标称电压(有效值)/kV	避雷器额定电压(有效值)/kV	避雷器持续运行电压(有效值)/kV	直流 1mA 参考电压/kV	工频 1mA 参考电压(有效值)/kV	陡波冲击电流下残压(峰值)/kV	8/20μs,5kA 雷电冲击电流下残压(峰值)/kV	操作冲击电流下残压(峰值)/kV	2ms 方波冲击电流(峰值)/A
0.28/1.3	0.22	0.28	0.24	≥0.6			≤1.3		50
0.5/2.6	0.38	0.5	0.42	≥1.2			≤2.6		50
12.7/50	10	12.7	6.6	≥25	≥24.5	≤57.5	≤50	≤42.5	75
42/134	35	42	23.4	≥73	≥72	≤154	≤134	≤114	

8.4.3　变配电所外部过电压保护

变配电所的雷电过电压，主要是侵入雷电波过电压。侵入雷电波在变配电所内的行为非常复杂，以下采用简化模型进行分析，所得到的结论与多年运行数据进行反复比对修正，防护效果已经比较令人满意。

1. 阀式避雷器的保护原理

为了使避雷器可靠保护电气设备，必须满足以下条件：

1）避雷器的伏秒特性应能与被保护设备配合，在任何大气过电压波形下，避雷器伏秒特性都应在被保护绝缘的伏秒特性之下。

2）避雷器的残压要低于被保护设备的冲击耐压。

当避雷器与被保护设备安装在同一位置处时，以上两个条件是充要条件。但如果安装在不同位置，情况有所不同，分析如下。

（1）行波过程分析

如图 8-28 所示，以有间隙阀式避雷器为例，假设避雷器与变压器间的电气距离为 l，过电压侵入波为斜角波 $u=\alpha t$，波速为 v，以侵入波到达避雷器时刻为 $t=0$，则过电压侵入波在避雷器和变压器上产生的电压分别如图 8-29a、b 所示。避雷器和变压器上的电压可按以下几个阶段划分。

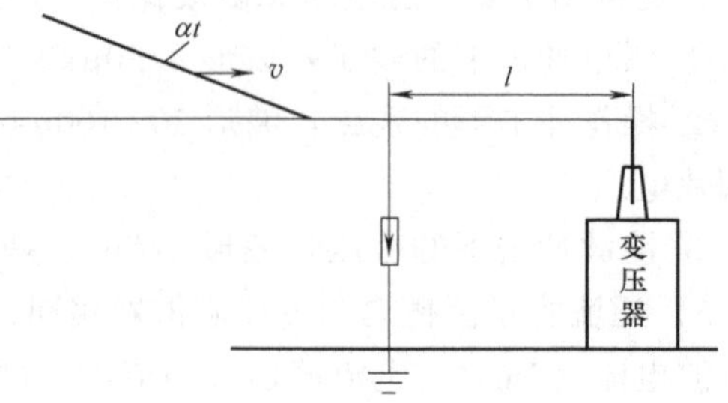

图 8-28 避雷器和变压器间距 l 安装

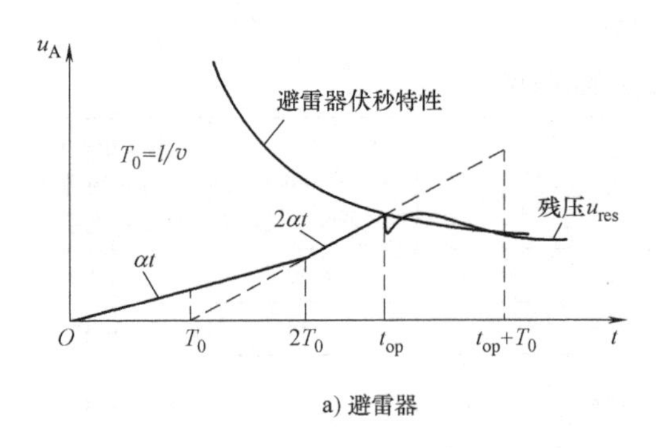

a) 避雷器

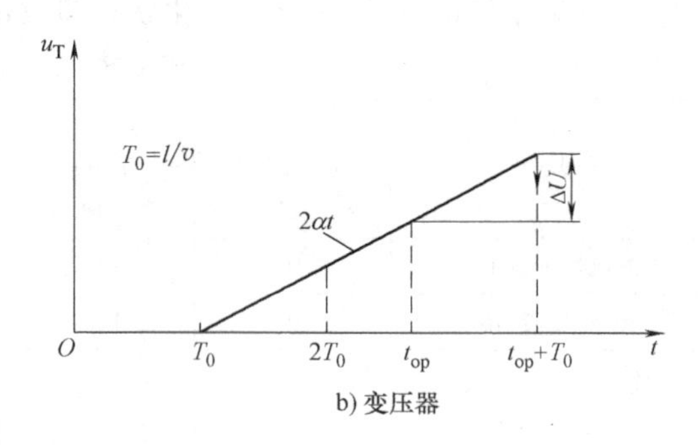

b) 变压器

图 8-29 避雷器和变压器间距 l 时的电压波形

1）$0 \leqslant t<T_0$：行波已到达并经过避雷器，但尚未到达变压器，此阶段有

$$u_A(t)=\alpha t$$

$$u_T(t)=0$$

2）$T_0 \leqslant t<2T_0$：行波已到达并经过变压器，但反射波尚未到达避雷器。行波到达变压器时，由于变压器上电感电流不能突变，在短时间内仍等于零，因此相当于开路，侵入波会发生全反射（见图 8-7a），这时变压器上电压 $u_T(t)$ 为入射波与反射波的叠加，按 2α 速率上升，此阶段有

$$u_A(t)=\alpha t$$

$$u_T(t)=2\alpha(t-T_0)$$

3）$2T_0 \leqslant t<t_{op}$：反射波已到达并经过避雷器，但避雷器上电压尚未上升到与避雷器伏秒特性相交，避雷器尚未动作（t_{op} 为避雷器动作时刻），此阶段有

$$u_A(t)=\alpha t+\alpha(t-2T_0)=2\alpha(t-T_0)$$

$$u_T(t)=2\alpha(t-T_0)$$

4）$t_{op}\leqslant t<t_{op}+T_0$：避雷器已动作，但残压还未到达变压器，此阶段有

$$u_A(t)=u_{res}$$
$$u_T(t)=2\alpha(t-T_0)$$

5）$t\geqslant t_{op}+T_0$：限压效果到达变压器，u_T（t）开始下降。

可见，当 $t=t_{op}$ 时避雷器上电压最高，之后由于避雷器动作，其上电压不会超过避雷器残压 u_{res}（t）的上限 U_{res}，但变压器上电压继续上升；当 $t=t_{op}+T_0$ 时变压器上电压最高，之后由于避雷器残压到达而下降。故变压器和避雷器所承受的最大电压之差为

$$\Delta U=u_T(t_{op}+T_0)-u_A(t_{op})=2\alpha(t_{op}+T_0)-2\alpha t_{op}=2\alpha T_0=2\alpha\frac{l}{v}$$

在避雷器限压作用到达变压器前瞬间，变压器上电压最高，其量值 $U_{max\cdot T}$ 为

$$U_{max\cdot T}=U_{res}+\Delta U=U_{res}+2\alpha\frac{l}{v}\tag{8-13}$$

由式（8-13）可知，即使避雷器保护作用生效，变压器上的最大电压也要比避雷器上残压高出 ΔU，避雷器与变压器相距越远，侵入波波头越陡，这个高出部分就越大。因此，缩短变压器与避雷器间的间距，或降低侵入雷电波波头陡度，对降低变压器上的过电压，都是有利的。

（2）变压器耐受雷电过电压能力的校核

由于变配电所具体接线方式的复杂性及对地电容的存在，因此变压器上的电压与上面的推导结果略有出入，变压器实际承受的过电压为一振荡波形，该振荡以残压 U_{res} 为基准，第一次振荡超过 U_{res} 的幅度就是 ΔU，其后收敛振荡，如图 8-30 所示。

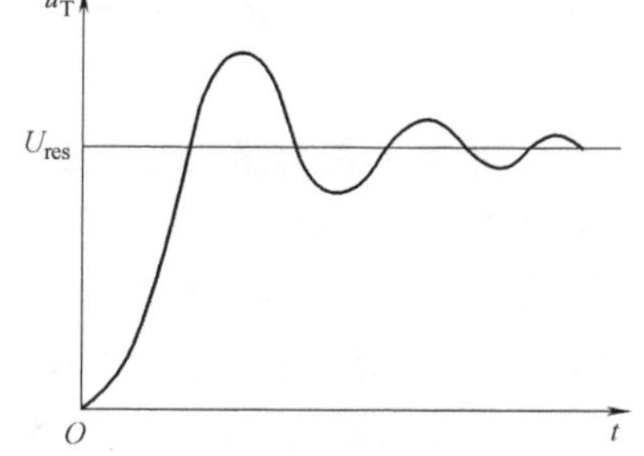

图 8-30　雷电波侵入时，变压器上电压的实际典型波形

变压器对雷电过电压的耐受能力本应用变压器的 1.2/50μs 雷电冲击耐压校核，但从图 8-30 可以看出，由于波的反射和避雷器导通对波形的改变，变压器实际承受的过电压波形与标准雷电冲击波形相差较大，因此再用雷电冲击耐压来校核变压器的过电压耐受能力是不合适的。分析和试验都表明，图 8-30 所示过电压对变压器绝缘的作用与截波的作用较为近似，因此常以变压器多次截波耐压 U_{it} 来校核受避雷器保护的变压器承受雷电过电压的能力。根据试验和经验，变压器多次截波耐压 U_{it} 与三次截波冲击试验电压 $U_{it\cdot3}$ 有相关性，关系为 $U_{it}=U_{it\cdot3}/1.15$，这一结论也可以推广到变配电所其他设备。

当雷电波侵入时，如果受避雷器保护的变压器上受到的最大冲击电压 $U_{max\cdot T}$ 小于设备本身的多次截波耐压 U_{it}，则设备是安全的。以式（8-13）为依据，即要求

$$U_{res}+2\alpha\frac{l}{v}\leqslant U_{it}\tag{8-14}$$

式中，U_{res} 为避雷器 5kA 冲击电流下的残压（kV）；U_{it} 为变压器的多次截波耐压值（kV）；α 为侵入雷电波波头陡度（kV/μs）；l 为变压器与避雷器间电气距离（m）；v 为雷电波传播速度（m/μs）。

2. 变配电所中变压器与避雷器间最大允许电气距离 l_m

(1) 最大允许电气距离 l_m 的由来

从式（8-14）可以推出

$$l \leqslant \frac{U_{it}-U_{res}}{2\alpha/v}=l_m \tag{8-15}$$

式（8-15）表明，避雷器的保护作用是有一定距离范围的。表 8-10 示出了变压器和避雷器的相关参数，从表中可知，多次截波耐压 U_{it} 比普通阀式避雷器 5kA 残压 U_{res} 高 40%左右，比磁吹阀式避雷器 5kA 残压 U_{res} 高 80%左右，因此，若变配电所中采用磁吹阀式避雷器，则 l_m 比使用普通阀式避雷器要大。另外，降低侵入波波头陡度也能使 l_m 增大。

表 8-10 变压器多次截波耐压值 U_{it} 与避雷器残压 U_{res} 的比较

额定电压/kV	变压器三次截波耐压/kV	变压器多次截波耐压/kV	FZ 避雷器 5KA 残压/kV	FCZ 避雷器 5KA 残压/kV	变压器多次截波耐压与避雷器的残压比	
					FZ	FCZ
35	225	196	134	108	1.46	1.81
110	550	478	332	260	1.44	1.83
220	1090	949	664	515	1.43	1.85

(2) 变配电所内其他设备与避雷器间的最大允许距离 l'_m

变压器是变配电所中最重要但耐压水平最低的电力设备，因此对其他设备，最大允许距离比变压器大，一般可增大 35%左右，即

$$l'_m=1.35l_m \tag{8-16}$$

(3) 推荐的避雷器至主变压器间的最大电气距离

由于按式（8-15）计算所需参数较多，每一参数的取值又有多种情况，工程应用中很不方便。规程 DL/T 620—1997《交流电气装置的过电压保护和绝缘配合》和标准 GB/T 50064—2014《交流电气装置的过电压保护和绝缘配合设计规范》给出了可直接引用的避雷器与变压器最大距离取值，见表 8-11。从表中可以看出，就保护距离而言，金属氧化物避雷器（MOA）的优势在更高电压等级体现更为明显。

表 8-11 普通/金属氧化物阀式避雷器至变压器间的最大电气距离 （单位：m）

系统额定电压/kV	进线段长度/km	进线路数			
		1	2	3	≥4
35	1	25/25	45/40	50/50	55/55
	1.5	40/40	55/55	65/65	75/75
	2	50/50	75/75	90/90	105/105
110	1	45/55	70/85	80/105	90/115
	1.5	70/90	95/120	115/145	130/165
	2	100/125	135/170	160/205	180/230

注：1. 全线架设有避雷线时，按进线段长度为 2km 选取；进线段长度在 1~2km 之间时，按补插法确定。
2. 表中数据为“普通阀式避雷器/金属氧化物阀式避雷器”。

8.5　电涌与电涌保护器

电涌（Surge）研究及电涌保护是近 30 来年发展起来的一个新的技术领域，是雷击电磁脉冲（LEMP）防护的组成部分之一，与建筑物上的 LEMP 防护共同构成 SPM。电涌保护是在传统防雷体系（LPS）对电子信息系统失防的背景下产生的，但其设防对象已不局限于雷电，还包括操作过电压等其他来源的能量冲击，保护对象也从电子信息系统扩展到低压配电系统。

从危害来源看，雷电是电涌保护最主要的设防对象，因此它属于防雷技术体系的一部分；而从受害对象看，电子信息设备是电涌保护的主要保护对象，目的是防止电磁干扰对电子信息设备的破坏，因此它又属于电磁兼容（EMC）技术体系的一部分；低压配电系统作为电子信息系统的电源，也被纳入电涌保护的范围，因此它还属于电力系统过电压防护技术体系的一部分。多个工程技术体系的交叉，导致电涌保护从概念、术语到方法都比电力系统传统瞬态过电压防护有更宽阔的背景。

8.5.1　电涌

1. 什么是电涌

电涌是以雷击电磁脉冲和（或）操作电磁脉冲为骚扰源，在电气电子系统中耦合的能量脉冲。从该定义理解，电涌是骚扰源耦合到电气电子系统中产生的一种干扰，但一旦系统中产生了电涌，它对系统设备或元件而言又是一种骚扰源。图 8-31 所示为低压配电线路中工频电压叠加了电涌电压时的波形，从图中可见，雷击电磁脉冲产生的电涌电压幅值远大于工频电压，但持续时间很短。操作电磁脉冲产生的电涌幅值相对较小，持续时间长一些。

2. 雷电耦合电涌的途径

(1) 传导（阻性）耦合

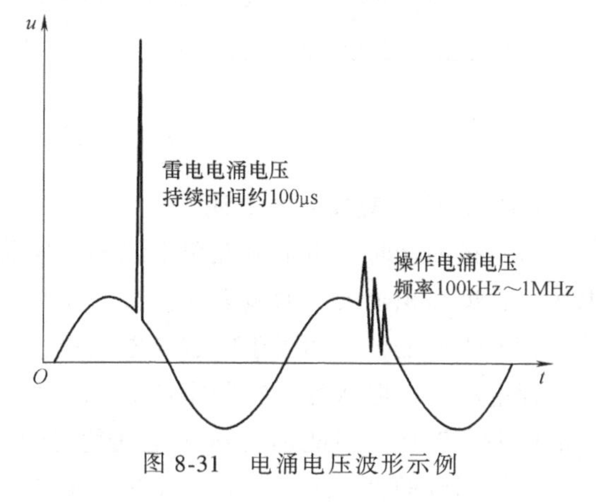

图 8-31　电涌电压波形示例

传导耦合指雷击电磁脉冲通过导体传递到电气电子系统中，形成电涌。除了雷闪直击线路形成的电涌外，还可能有其他传递方式。如图 8-32 所示，雷击建筑物时接闪器承受 100% 雷电流 i，该雷电流幅值大小可按表 8-1 取值，随建筑防雷类别而异。由于在电源线路引入处实施了总等电位联结，从接闪器引下的雷电流在 EBB 处大致按波阻抗反比关系被各导体分流，其中一部分通过接地装置进入大地，粗略估算这部分电流占 50%，剩余的 50%进入与 EBB 连接且在远处接地的各种金属管线，并且大致估算这些管线均分这剩下的 50%雷电流。因此，进入各管线的总电流 $i_s=0.5i$；若管线的总数为 n，则进入每一管线的电流为 $i_i=\frac{i_s}{n}=\frac{0.5i}{n}=\frac{i}{2n}$；若一路电缆有 m 芯导体，则每芯导体电流为 $i_v=\frac{i_i}{m}=\frac{i}{2mn}$，这是电缆无屏蔽的情况。若电缆有屏蔽层，则多达 50%～70%的电流将沿屏蔽层流走，一般有屏蔽层时缆芯导体总电流按 50%i_v 计算。

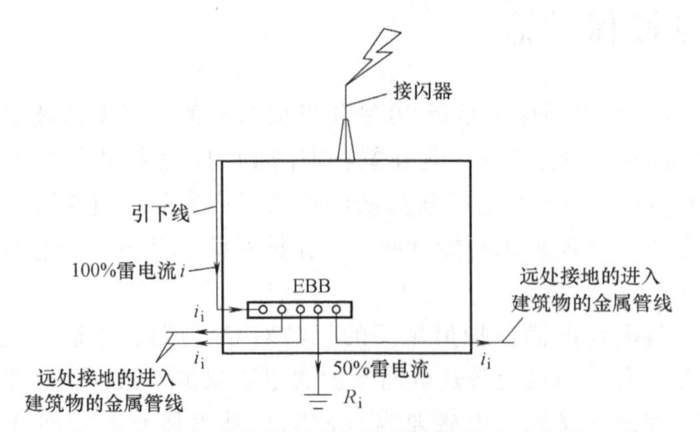

图 8-32　雷击建筑物引入电源系统的雷电流估算方法

(2) 感性辐射耦合

雷电流产生的磁场会在金属环路中感应电动势。若环路是闭合的，则在环路中产生电涌电流；若环路有开口，则在开口上产生电涌电压。图 8-33a 所示为电源线和信号线形成开口环路的例子，有雷电电磁场时，设备内电源线与信号线端头之间会产生电涌电压。图 8-33b 为两芯电缆的例子，雷电电磁场在芯线环路中感应电涌电流，该电流直接流过负荷阻抗和信号源。

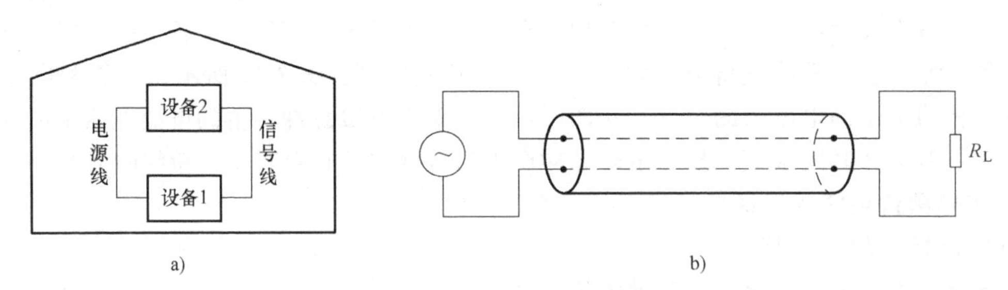

图 8-33　感性（电磁场）耦合的电涌

(3) 容性辐射耦合的电涌

雷击接闪器时，雷电流在引下线和接地装置阻抗上产生压降，使接闪器处有很高的对地电压，且迅速积聚大量的雷电荷。接闪器与远方信号线导体间有耦合电容效应存在，接闪器上电荷的快速上升，相当于电容充电过程，信号线导体作为电容的另一极也有电荷注入，形成电涌电流。一般认为，在距雷击点 2km 的范围内，电子信息系统都可能被传导或辐射耦合的电涌所破坏，因此称 2km 为电涌危害的“危险半径”。

容性耦合的另一个常见途径是中、低压系统间通过变压器绕组间等效电容耦合电涌，但其量值通常不大。

8.5.2　电涌保护器

电涌保护器（Surge Protective Device，SPD）是一种用于带电系统中限制瞬态过电压并耗散电涌能量的含非线性元件的保护器件，用以保护电气电子系统免遭雷电或操作过电压及涌流的损害，分为低压配电系统用和电子信息系统用两大类，本书只介绍低压配电系统用电

涌保护器。

1. 电涌保护器的原理与类别

(1) 电涌保护器的工作原理、基本功能和失效模式

电涌保护器的工作原理与避雷器类似，所不同的是电涌保护器主要用于建筑物内低压配电系统和电子信息系统，而避雷器主要用于中、高压系统和室外低压架空线路。低压系统电涌保护器应具有以下基本功能：

1）系统无电涌时，SPD 不应对系统正常工作特性产生影响。

2）系统出现电涌时，SPD 呈低阻抗，一则限制电涌电压达至保护要求，二则通过泄放电涌电流耗散电涌能量。

3）SPD 泄放电涌电流后可能继发工频续流，SPD 应能截断任何可能的工频续流。

4）在泄放电涌电流和截断工频续流后，SPD 应能在系统正常电应力下恢复到高阻抗状态。

当耗散的电涌能量大于 SPD 所设计的最大吸收能量时，SPD 可能因热损坏失效，制造或材料缺陷也可能导致 SPD 在正常工作条件下失效。SPD 失效模式分为开路失效模式和短路失效模式两种。

在开路失效模式下，失效的 SPD 呈恒高阻抗，不再具有保护作用，但其对系统正常工作无任何影响，也因此难以被发现，通常需要在 SPD 上附加失效指示功能，以起到告知作用。

在短路失效模式下，失效的 SPD 呈恒低阻抗，严重影响系统的正常工作，影响方式和程度与保护模式有关，需要在系统上设置后备保护将失效 SPD 从系统中脱离，或选择配置了短路失效脱离器的 SPD。

脱离器有多种类型，除了用于短路失效模式 SPD 外，还有用于从系统中将其他非正常状态的 SPD 脱离出来的脱离器，如过热、泄漏电流过大等。

(2) 电涌保护器的结构和类型

SPD 结构中至少有一个非线性保护元件，非线性元件主要有两种类型：①限压型元件，如压敏非线性电阻、雪崩二极管或抑制二极管（一般选用双向击穿型）等；②开关型元件，如空气间隙、气体放电管、晶闸管、三端双向晶闸管等。SPD 可以仅由限压型或开关型元件构成，也可以由限压型和开关型元件串、并联构成。

根据所用非线性元件性质及其组合方式，SPD 按保护特性可以分为以下几种类别。

1）电压开关型 SPD　简称开关型 SPD。无电涌时呈高阻抗状态，当电涌电压达到一定值时突变为低阻抗，其动作电压波形示例如图 8-34a 所示。这类 SPD 具有通流容量大的特点，适用于 LPZ0 区与 LPZ1 区界面的雷电电涌保护，主要作用是泄放雷电能量，但特性陡峭、残压较高，不适合作为设备的保护。

2）电压限制型 SPD　简称限压型 SPD。无电涌时呈高阻抗状态，但随着电涌电压和电流的上升，其阻抗持续下降，其动作电压波形示例如图 8-34b 所示。电压限制型 SPD 特性比电压开关型 SPD 平缓，但通流容量小，一般用于 $LPZ0_B$ 及以后防雷区，主要用作设备保护。

3）混合型 SPD　是将开关型和限压型元件组合在一起的一种 SPD，随其承受的冲击电压不同而分别呈现开关型特性、限压型特性，或同时呈现两种特性，其动作电压波形示例如

图 8-34c 所示，该示例是先呈现电压开关型、后呈现电压限制型特性的混合型 SPD，也有呈现特性顺序相反的混合型 SPD。

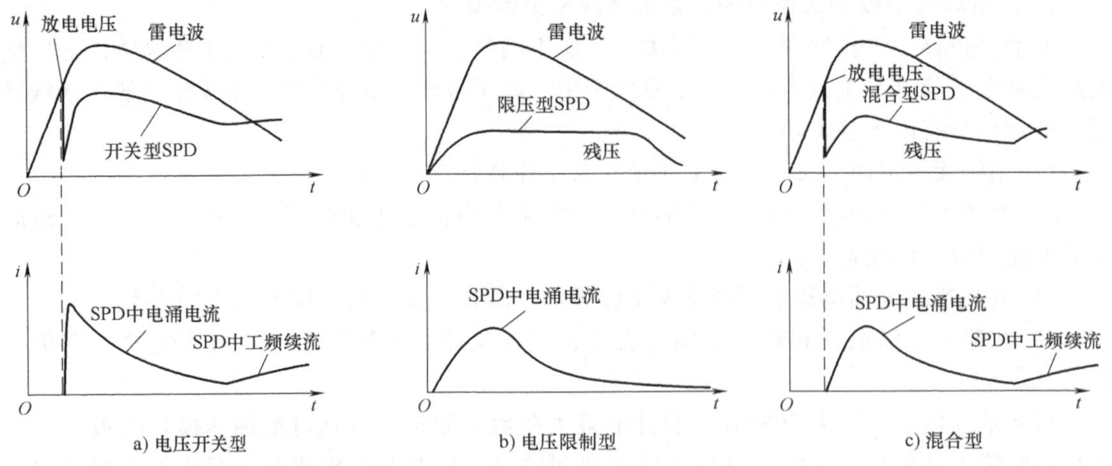

图 8-34　各类型电涌保护器的保护特性示例

2. 电涌保护器的冲击分类试验

SPD 产品的参数标定、形式试验和合格性检验等都依赖于一系列配套的标准化试验，此处介绍主要的 3 种标准化试验，分别叫作Ⅰ类、Ⅱ类和Ⅲ类冲击试验，它们是 3 种独立的试验。针对电涌保护器的不同应用条件，生产厂家可以选择其中一种或几种进行试验。

所谓电涌保护器的应用条件，主要指其安装位置和保护任务。在建筑物中，可能遭受直接雷击的区域（如 $LPZ0_A$ 区）或雷电能量几乎未衰减的区域（如 $LPZ0_B$ 区）称为自然暴露或高暴露区，装置于该区域分界面的 SPD 可能经受较大的能量冲击，因此其主要任务是泄放雷电能量，因其特性很难与被保护设备相配合，一般不能直接保护设备；在远离高暴露区的地方，系统中的雷电能量已经衰减，波形也发生了变化，装置于这些区域的 SPD 主要任务是进一步泄放能量和限制电压，并以合适的特性可靠地保护被保护设备。

因此，应用于高暴露区和低暴露区的 SPD，其工作条件、保护要求都有所不同，对其特性参数的要求会有所差异。设立三种冲击试验，正是为了体现这种差异。

(1) 试验用电压电流波形与参数

SPD 的冲击试验是在规定的标准电压和标准电流下进行的，这些标准电压、电流大体上符合特定防雷区的实际雷电能量和波形。

1）电涌保护器的试验电压。一般采用 1.2/50μs 的冲击电压作为试验电压，这是指视在波前时间为 1.2μs，半峰时间为 50μs 的冲击电压波。波形图见表 8-6 中的快前波。

2）电涌保护器的试验电流。常用两种试验电流。

① 8/20μs 波形的试验电流 i_{sn}。这种电流波形的视在波前时间 T_1 为 8μs，半峰时间 T_2 为 20μs。波形形状和参数定义见图 8-5 短时雷击波形图。

该试验电流波主要模拟系统中低暴露区域的电涌电流，这些地点受直接雷电放电电流冲击的概率低，更多承受的是已经被大幅衰减的雷电放电电流，以及雷电感应电涌电流或操作电涌电流，因此工程中也将其称为电涌冲击电流，且由于其持续时间短，有时又称其为短持续电流波。

② 冲击电流试验电流 i_{imp}。i_{imp} 是一种由 3 个参量定义的电流波，主要模拟高暴露区域受直接雷击形成的电涌电流。这 3 个定义参量分别是电流幅值 I_{peak}、电荷量 Q 和比能量 W/R。它们的含义如下：

电流幅值 I_{peak} 是试验电流 i_{imp} 的最大瞬时值；电荷量 Q 等于试验电流-时间波形下的面积，表明试验电流能向被试 SPD 转移的电荷量；比能量 $W/R=\int i_{imp}^2\mathrm{d}t$，是试验电流的热脉冲，表明试验电流在 1Ω 电阻上产生的热量。这 3 个参数量值间应满足一些条件（这只是试验的规定），推荐量值见表 8-12。

表 8-12　电涌保护器试验电流 i_{imp} 的参数

I_{peak}/kA	Q/A·s	W/R/(kJ/Ω)
20	10	100
12.5	6.25	39
10	5	25
5	2.5	6.25
2	1	1
1	0.5	0.25

具有表 8-12 量值关系的试验电流 i_{imp}，其波形并无统一规定，但有 3 个对波形的约束条件必须遵守：①电流峰值 I_{peak} 应在 50μs 内达到；②电荷量 Q 应在 10ms 内转移到被试 SPD；③比能量应在 10ms 内释放。满足定义参量和 3 个约束条件的波形不具有唯一性，各国及各行业标准规定不尽相同，学界对此有不同的观点。就我国工程现状来看，用于低压配电系统的 SPD 主要采用 10/350μs 冲击电流波形 i_{imp} 进行试验，该波形模拟的是直接雷击引入的电涌电流。由于分流作用，进入低压系统的直接雷击电流量值远小于雷击建筑物的雷电流量值，因此表 8-12 中试验电流只规定到 20kA，该量值远小于建筑物防雷参数（见表 8-1）中的雷电流值。当然，如果需要，厂家可以取更大的试验电流值进行试验。

因为试验电流 i_{imp} 模拟的是直接雷击情况，因此工程中也将其称为雷电冲击电流，以区别于电涌冲击电流 i_{sn}，且由于其持续时间显著长于 i_{sn}，因此有时又称其为长持续电流波。

3）复合波。复合波由复合波冲击发生器产生，这种发生器输出端开路时输出 1.2/50μs 冲击电压，短路时输出 8/20μs 冲击电流，且输出开路电压和短路电流幅值之比为 2Ω，称其为发生器的虚拟输出阻抗。发生器接到 SPD 时，SPD 中实际的电流不是发生器的短路电流，而是取决试验电压和 SPD 非线性阻抗特性。

（2）三类冲击试验及动作负荷试验

1）以下三类冲击试验，所测试的主要是表征 SPD 能量耐受性的参数，即 SPD 在耗散电涌能量时自身不被损坏的能力。在此基础上还可以测量一些保护特性参数，如电压保护水平等。

Ⅰ类试验：用 1.2/50μs 冲击电压、8/20μs 电涌冲击电流 i_{sn} 和雷电冲击电流 i_{imp} 做的试验，用以确定 SPD 的标称放电电流 I_n（8/20μs 试验电流下）和最大冲击电流 I_{imp}（冲击电流试验电流下，如 10/350μs）。Ⅰ类试验模拟了部分导入直接雷击冲击电流的情况，通过Ⅰ类试验的 SPD 通常推荐用于高暴露区域，如安装在 LPZ0 与 LPZ1 区界面的电压开关型 SPD。

Ⅱ类试验：用1.2/50μs冲击电压和8/20μs冲击电流 i_{sn} 做的试验，用以确定SPD的标称放电电流 I_n（8/20μs）和最大放电电流 I_{max}（8/20μs）。通过Ⅱ类试验的SPD用于低暴露地点，对电压限制型SPD应进行该项试验。

Ⅲ类试验：用开路时输出1.2/50μs的冲击电压、短路时输出8/20μs冲击电流的复合波发生器做的试验，依次按预定开路电压 U_{oc} 的10%、25%、50%、75%和100%冲击受试SPD，如果SPD满足热稳定性要求，则可以确认该SPD的开路电压为 U_{oc}。与前面的 I_{imp}、I_{max} 类似，U_{oc} 也是表征SPD能量耐受性的参数。Ⅲ类试验模拟了末端用电设备处SPD的工作情况，常用于相导体与中性导体间进行差模保护的SPD，因为这种情况下用电设备阻抗会分走部分电涌电流，冲击发生器内阻抗正是模拟了用电设备阻抗的分流情况。

Ⅰ~Ⅲ类冲击试验的相关信息归纳见表8-13。

表8-13　三类冲击试验归纳

试验类别	试验波形	所测参数	适用保护模式	主要用途
Ⅰ	1.2/50μs电压波，i_{imp}、i_{sn} 电流波	冲击电流 I_{imp}，标称放电电流 I_n，电压保护水平 U_p	共模，差共模	高暴露区域SPD，如LPZ0/1区分界面等电位联结处、建筑物架空线进线处
Ⅱ	1.2/50μs电压波，i_{sn} 电流波	最大放电电流 I_{max}，标称放电电流 I_n，电压保护水平 U_p	共模，差共模	低暴露区域SPD，如分配电箱处、建筑物电缆进线处
Ⅲ	复合波	开路电压 U_{oc}	差模	配电系统末端SPD，如终端配电箱处、电源插座处

2）动作负载试验：在施加最大持续工作电压 U_c（含义见后）条件下，SPD应能承受规定的的放电电流或冲击电压而不使其特性发生不可接受的劣化。规定的放电电流即Ⅰ、Ⅱ类试验的 I_{imp} 或 I_{max}，规定的冲击电压即Ⅲ类试验的 U_{oc}。之所以称为动作负载试验，是因为SPD动作后，一部分电涌能量通过SPD向大地泄放，另一部分则直接消耗在SPD中，因此SPD相当于一个消耗电涌能量的负载，其负载能力并不是无限大，过大的能量会将其损坏，主要表现形式为热崩溃。表征SPD负载能力的参量需要从技术原理和工作状态入手分析得出，有时还需要辅以实验验证，而参量的量值则必须通过试验确定。动作负载试验是Ⅰ、Ⅱ、Ⅲ类冲击试验的组成部分之一。

以上试验电流 i_{imp} 和 i_{sn}，其所携带的能量有较大区别，同一电流峰值下 i_{imp} 所携带的能量远大于 i_{sn}，因此在 i_{imp} 冲击下动作负载更重，这也就是高暴露地点SPD需要进行Ⅰ类试验的原因之一。

3. 电涌保护器的主要参数

1）最大持续工作电压 U_c，指允许持续施加在SPD保护模式上的最大工频电压有效值。U_c 与SPD的长期工作可靠性、泄漏电流、发热与老化等密切相关。U_c 不应低于线路中可能出现的最大持续运行电压，否则可能出现寿命缩短、特性劣化、不能吸收规定电涌能量等后果。系统中持续时间5s以上的工频电压即需要考虑与 U_c 的配合，但5s内的暂时过电压不考虑与 U_c 的配合。

较高的 U_c 值对 SPD 的可靠性和寿命都是有利的，但 U_c 与电压保护水平 U_P 有正相关性，其最大取值受电压保护水平的约束。

2）暂时过电压试验值 U_T，指 SPD 能够承受的暂时过电压（TOV）最大值。电涌保护中，TOV 指持续时间为 200ms~5s 的工频过电压，如高压系统故障在低压系统中引起的暂时过电压，或低压系统故障引起的暂时过电压等。

3）电压保护水平 U_p，指 SPD 在规定陡度电压波形下最大放电电压标称值。这是表示 SPD 将电涌过电压限制到何种程度的参量，该值越小，对过电压的限制效果越好。

电压保护水平应低于设备的冲击耐压，这是保护的必要条件，因此保护水平低对设备是有利的。但电压保护水平 U_p 与最大持续工作电压 U_c 正相关，例如，当标称放电电流 I_n 在 1~20kA 之间时，ZnO 压敏电阻 U_p 与 U_c 的比值在 3.3~4.6 之间。U_p 量值小导致 U_c 过低，容易在正常工作时产生过大的泄漏电流，影响使用寿命。

4）标称放电电流 I_n。这是表征 SPD 多次通过 i_{sn}（8/20μs）能力的参数，也是确定 SPD 电压保护水平 U_p 时所对应的电流。要求 SPD 通过幅值为 I_n 的电流波 i_{sn} 规定次数后，其特性变化不得超过规定的允许范围。I_n 应接近于安装位置处预期频繁出现的电涌电流，它是表征Ⅰ、Ⅱ类 SPD 常规通流容量并规定电压保护水平 U_p 参量条件的参数，可由Ⅰ类或Ⅱ类试验测出。

5）最大放电电流 I_{max}，指 SPD 能通过的最大 i_{sn}（8/20μs）电流幅值。SPD 在运行中已经多次动作并泄放不大于 I_n 的电涌电流、已经到达动作次数寿命末期的条件下，再通过幅值为 I_{max} 的电流波 i_{sn}，SPD 应仍能在 U_c 电压作用下截断续流，且能在 U_c 电压作用下冷却至正常状态，不会发生热崩溃或闪络等实质性损坏。它是表征Ⅱ类 SPD 极限通流容量的参数，由Ⅱ类试验测定。

同一 SPD 的 I_{max} 一般为 I_n 的 2~2.5 倍。

6）冲击电流 I_{imp}，指 SPD 能通过的最大 i_{imp}（如 10/350μs 波形）电流幅值。SPD 在运行中已经多次动作并泄放不大于 I_n 的电涌电流、已经到达动作次数寿命末期的条件下，再通过幅值为 I_{imp} 的电流波 i_{imp}，SPD 仍能在 U_c 电压作用下截断续流，且能在 U_c 电压作用下冷却至正常状态，不会发生热崩溃或闪络等实质性损坏。它是表征Ⅰ类 SPD 极限通流容量的参数，由Ⅰ类试验测定。

7）开路电压 U_{oc}，指 SPD 在复合波作用下，承受多次规定的不高于 U_{oc} 的 1.2/50μs 电压冲击，已经到达动作次数寿命末期的条件下，再承受电压 U_{oc}（1.2/50μs）冲击后，SPD 仍能在 U_c 电压作用下冷却至正常状态，不会发生热崩溃或闪络等实质性损坏。U_{oc} 可看成是 SPD 在满足热稳定条件下能够承受的最高冲击电压，主要用于末端差模保护的 SPD。末端电涌保护由于负荷阻抗分流作用，实际流过 SPD 的电涌电流不好确定，如果用电流表征 SPD 通流容量，难以与实际电涌电流进行比对，因此用电压值来表征，负荷阻抗的分流效应由试验波发生器的内阻抗模拟，但在 SPD 上产生热效应的仍然是电流。

8）额定开断续流 I_{fi}，指 SPD 本身能断开的预期工频短路电流，主要用于有间隙元件的 SPD。

9）残流 I_{PE}，指 SPD 按厂家说明连接，施加最大持续工作电压 U_c 时，流过 PE 接线端子的电流。该电流与 SPD 的泄漏电流有关，从系统角度看其性质为剩余电流。

10）响应时间，指从暂态过电压开始作用于 SPD 的时刻，到 SPD 实际导通放电时刻之间的时长，一般小于 25ns。

作为示例，某系列通过Ⅰ类和Ⅱ类试验的 SPD 主要参数见表 8-14，其中 a、b 型和 c、d 型分别是同系列的不同型号，a、b 型是电压开关型 SPD，c、d 型是电压限制型 SPD。

表 8-14　某 SPD 主要参数示例

SPD 通过的试验	Ⅰ类试验		Ⅱ类试验	
	a 型	b 型	c 型	d 型
额定电压 U_r/V	230		230	
最大持续工作电压 U_c/V	260	440	275	440
电压保护水平 U_p/kV	0.9	1.5	1.5	2.0
标称放电电流(8/20μs)I_n/kA	35/50/100		5/10/20/30	
最大放电电流(8/20μs)I_{max}/kA	—		10/20/40/65	
冲击电流(10/350μs)I_{imp}/kA	35/50/100		—	
额定开断续流 I_{fi}/kA	3(260V 电压下)		—	
适用接地系统	TT,TN	IT	TT,TN	IT

8.6　低压系统电涌保护配置

在电涌保护技术出现之前，低压系统有传统的避雷器保护，其原理、方法与中、高压系统相同，主要针对架空线实施。但传统避雷器保护措施不仅不能阻止过大的雷电能量通过低压系统进入电子信息设备，而且对低压系统本身的设备也存在失防之处。就建筑物内的低压系统而言，电涌保护不仅将低压系统传统防雷措施纳入其体系，还弥补了传统防雷措施的不足，已完全涵盖了低压系统传统雷电过电压保护的功能。

8.6.1　电涌保护对象分级

电涌防护等级是以建筑物中电子信息系统为对象划分的。将低压配电系统看作电子信息系统电源时，低压配电系统的防护等级与电子信息系统的防护等级等同，因此有时也可统称为建筑物的电涌防护等级。应注意不要将其与建筑物的防雷类别混淆，尽管它们都是基于雷电风险评估的划分。

电涌防护等级有两个独立的划分依据，一个是雷击风险，另一个是电子信息系统的重要性和使用性质。前者需要计算一个名为“防雷装置拦截效率”的参数，根据参数量值大小分级。两种依据的具体划分方法，在国家标准 GB 50343—2012《建筑物电子信息系统防雷技术规范》中有明确规定。

不论按哪一个依据，电涌防护都分为 A、B、C、D 四个等级，其中 A 级要求最高，D 级最低。对一般建筑，按两种依据中任一种进行分级即可，但对特殊的重要建筑，应取两种分级中较高的一个等级。

8.6.2　电涌保护的目的及在综合防雷体系中的地位

电涌保护的目的，是通过在电气电子设备的电源侧限制雷电过电压（兼限制大部分操

作过电压）并耗散雷电能量，以保护设备的绝缘及硬件不致损坏。

电涌保护是建筑物内部防雷的重要组成部分，是综合防雷体系的末端环节，是在采用了基本建筑防雷措施的前提下，专门针对耦合到低压配电系统和电子信息系统中的雷电能量进行的防护。与基本建筑防雷措施相比较，电涌保护中的雷电能量相对较小，但被保护设备所能承受的雷电能量也小，且对保护的响应时间要求高。考虑到低压系统一般处于非电气专业场所、面向非电气专业人员，对人身安全和环境安全要求极高，电涌保护必须兼顾这些方面的因素。所以，电涌保护与中、高压系统防雷保护既有相似之处，又有一些自身的特点，且与建筑物的其他防雷措施相互关联，这是在理解电涌保护时必须明确的工程背景。

电涌保护主要涉及 3 个方面的问题：①低压配电系统可能遭受的雷电能量冲击的形式和强度；②低压电气设备承受雷电能量冲击的能力；③如何将雷电能量冲击降低到电气设备的承受能力范围以内，这包括保护的设置、保护器件的选择、保护的配合、保护效果的评估，以及电涌保护与系统其他部分的关系与协调等。以上问题①已在前面做了介绍，后面主要对问题②、③的主要部分进行讨论。

8.6.3　电涌保护对象的耐受水平

低压配电系统电涌保护的对象为低压配电设备和用电设备。低压系统设备分为 4 种过电压（安装）类别，各类设备的冲击耐压见表 8-15。因系等同采用 IEC 标准，表中系统标称电压与我国实际情况略有差异，就我国最量大面广的 220/380V 低压系统而言，应选择 230/400V 这一行的数据。以后讨论中耐压参数均以这一电压等级为准。

表 8-15　低压系统各类设备的额定冲击电压耐受值　（单位：V）

系统标称电压	从交流或直流标称电压导出线对中性点的电压	设备的额定冲击耐压 过电压（安装）类别			
		Ⅰ	Ⅱ	Ⅲ	Ⅳ
230/400	≤300	1500	2500	4000	6000
400/690	≤600	2500	4000	6000	8000

过电压类别Ⅰ：需要将过电压限制到特定低水平的设备，如电子电路或电子设备，如电视、音响、计算机等。这一类别设备的冲击耐压为 1.5kV。

过电压类别Ⅱ：由终端级配电装置供电的设备，如家用电器、可移动式电动工具或类似负荷。这一类别设备的冲击耐压为 2.5kV。

过电压类别Ⅲ：安装于固定配电装置中的设备，如中间级配电箱及安装于配电箱中的开关电器、电缆、母线等，以及永久连接至配电装置的工业用电设备，如电动机等。这一类别设备的冲击耐压为 4kV。

过电压类别Ⅳ：使用在低压系统电源端的设备，如主配电柜中的电气仪表和前级过电流保护设备、纹波控制设备、稳压设备等。这一类别设备的冲击耐压为 6kV。

各类过电压（安装）类别设备在系统中的位置及耐压如图 8-35 所示。

8.6.4　电涌保护的布局

所谓布局，指低压电网中电涌保护的设置位置和保护针对性。由于在同一电压等级电网

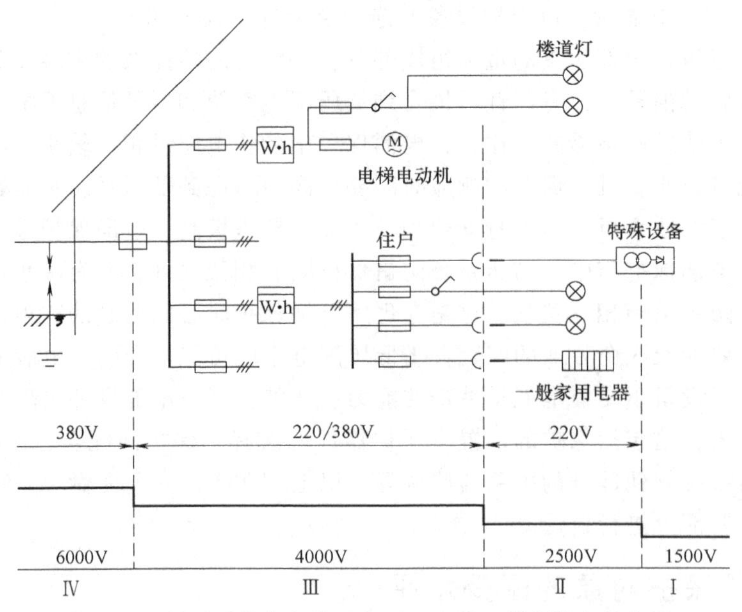

图 8-35　低压系统中各类过电压（安装）类别设备的位置

不同位置处分布有多种冲击耐压水平的电气设备，因此电涌保护基本上都采用了分散、多级的布局来应对。该布局要求在系统中恰当的位置设置恰当的电涌保护器。所谓恰当，至少应遵循以下两条原则。

1）电涌保护器的电压保护水平应与被保护设备的冲击耐压相配合。这一原则要求在冲击耐压不同的设备处设置不同电压保护水平的电涌保护器。

2）在任何两个防雷区的界面处，应设置电涌保护器。一般在 LPZ0 区和 LPZ1 区的界面处设置通过Ⅰ类试验的 SPD，其他界面设置通过Ⅱ或Ⅲ类试验的 SPD。这一要求的目的是避免将前一个防雷区中较高的雷电能量引入后一个防雷区。

电涌保护系统的“级”，是按其所保护对象的过电压（安装）类别划分的，按照从电源到负荷的方向，称为第一、二、三级保护，分别保护过电压（安装）类别Ⅳ、Ⅲ、Ⅱ类的设备。对过电压安装类别Ⅰ类的设备，其电涌保护可称为第四级，但保护不是在低压配电系统上实施的，而是在设备本身的电源端实施的。注意不要将电涌保护布局中的分级与前面介绍的电涌防护等级相混淆。

图 8-36 为电涌保护系统布局的一个例子。图中第三级 SPD 可以安装在插座中，也可以安装在终端配电箱中，第一、二级都安装在各级配电箱（柜）中。图中电涌保护器电压保护水平数值是必要条件，实际应用中可能取值更低。

8.6.5　电压保护模式

所谓保护模式，是指 SPD 在相导体 L、中性导体 N 和地（或接地的 PE 导体）之间的电气连接方式。基本的保护模式见表 8-16。

低压系统中 SPD 还常采用一种所谓的“3+1”接法，即在三相导体与中性导体之间以及中性导体与地（通常为接地的 PE 导体或配电箱接地端子）之间各接一只 SPD，这实际上是一种不完全的差模与共模混合保护模式。“3+1”接法中，对接于 N—PE 间的 SPD 要求很

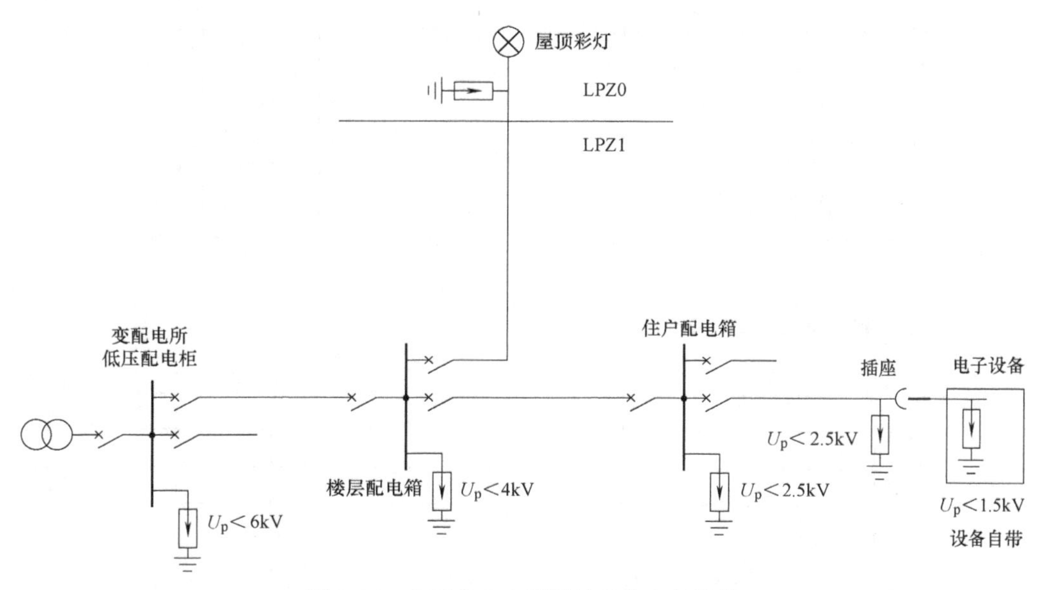

图 8-36　高层住宅电涌保护系统布局示例

高，要考虑三相 SPD 的涌流同时通过的情况。这种接法的缺点是共模过电压时，放电电压和残压都较高。

各种保护模式的示例如图 8-37 所示。

表 8-16　SPD 保护模式及特点

保护模式	SPD 连接的导体	保护的对象
共模保护模式	相-地、中-地	载流导体对地绝缘
差模保护模式	相-中	相绝缘、绕组匝间绝缘、负荷电路或元件
	相-相	相间绝缘、绕组匝间绝缘、负荷电路或元件
全模保护模式	共模+差模	

图 8-37a 所示保护模式又叫连接方式 1 或 CT1，图 8-37d 所示保护模式又叫连接方式 2 或 CT2，它们都有 N—PE 间 SPD，用于 N 导体与 PE 导体在 SPD 安装位置附近无连接的情况。如果 N 导体与 PE 导体在 SPD 安装位置附近有连接，如 TN-C-S 系统 PEN 线分开为 PE 线和 N 线位置处，则无须设置 N—PE 间 SPD。

SPD 制造厂家生产具有多于一种保护模式的 SPD，或将多只 SPD 组合在一起作为单一产品单元供货，这类 SPD 称为多极 SPD。多极 SPD 的参数应该是总体参数，而不是单一一只 SPD 的参数。比如，CT1 连接的 4 只 SPD 作为一个单独的产品单元，其相地和相间电压保护水平是不一样的，相间差模电压保护水平是两只 SPD 串联后的值，而相地共模电压保护水平是单只 SPD 的值，它们均应由厂家试验确定并标定。如果厂家不承诺将这种产品用于差模保护，则可以不提供差模电压保护水平参数；又如，CT2 连接的 4 只 SPD 作为一个单独的产品单元，有总放电电流 I_{total} 参数，表示在规定条件下 4 只 SPD 都导通的情况下通过 PE 导体的电流，实际上就是 N-PE 间 SPD 允许通过的最大涌流。

以上电涌保护的差模与共模模式，与过电压模式是相对应的。在中、高压系统的过电压保护中，一般多涉及共模过电压，即各带电导体对地的过电压。低压配电系统电涌保护中的

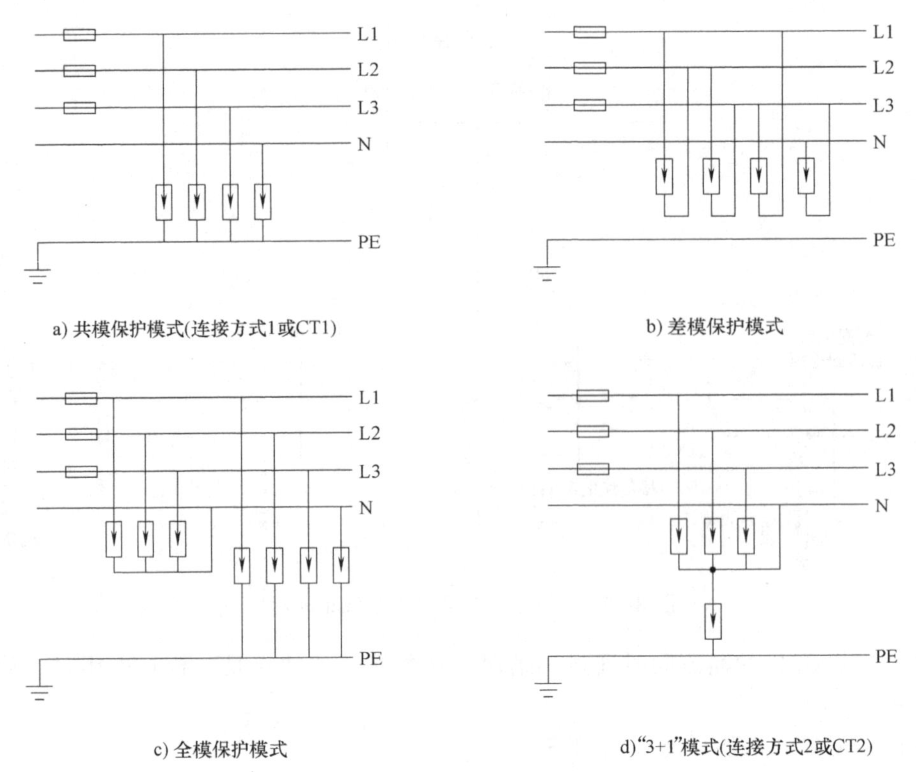

图 8-37　电压保护模式示例

差模过电压，是带电导体之间的过电压，因为已经是系统最末端，差模过电压直接作用在用电设备负荷阻抗上，不仅威胁相间绝缘，还可能因负荷阻抗上发热增加而导致热损坏，甚至引发火灾、爆炸等事故，因此电涌保护中差模保护的重要性是不能忽视的。

8.7　电涌保护器选择

电涌保护配置确定后，系统中何处装设有电涌保护器、电涌保护器与系统的连接形式等都已确定，接下来的工作就是确定电涌保护器的型号规格。

8.7.1　主要参数选择

1. 电压保护水平 U_p 的选择

电压保护水平应小于被保护设备的冲击耐压。如图 8-38a 所示，考虑电涌保护器的引线阻抗压降、波过程和器件老化等因素，原理上按以下两式计算 SPD 的电压保护水平。

$$\left.\begin{aligned}&\text{对电压限制型 SPD:}\quad K_1\left(U_p+L_0 l\frac{\mathrm{d}i}{\mathrm{d}t}\right)\leqslant K_2 U_w\\&\text{对电压开关型 SPD:}\,K_1\left(\max\left\{U_p,L_0 l\frac{\mathrm{d}i}{\mathrm{d}t}\right\}\right)\leqslant K_2 U_w\end{aligned}\right\}\tag{8-17}$$

式中，U_p 为电涌保护器的电压保护水平（kV），产品样本给出；U_w 为被保护设备的冲击耐压（kV），可按表 8-15 选取；L_0 为将电涌保护器连接至线路的引线的单位长度电感（μH/

m)，由引线设计选型确定；l 为电涌保护器引线的长度（m），由引线安装设计确定；i 为通过电涌保护器的电涌电流（kA），由电涌强度计算和 SPD 特性确定；$\frac{di}{dt}$为流过电涌保护器的电涌电流波头陡度（kA/μs）；K_1 为考虑 SPD 和被保护设备之间振荡及波过程的系数；K_2 为配合裕度系数。

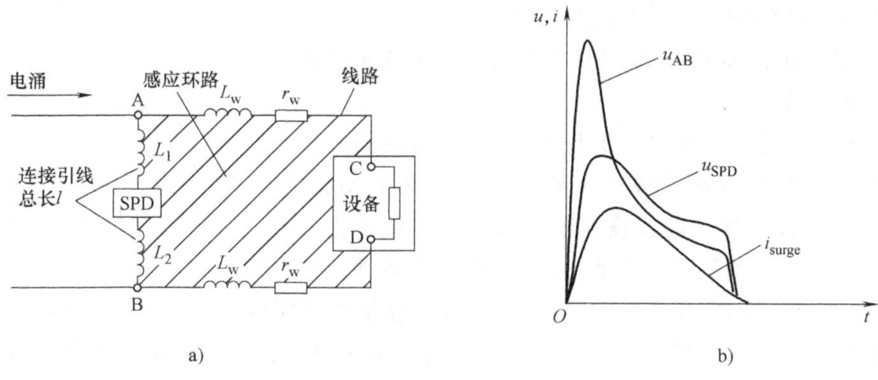

图 8-38　电涌保护器有效电压保护水平确定

L_1、L_2—引线等效电感　L_w、r_w—线路等效电感、电阻

下面对式（8-17）的原理和工程应用予以阐述。

（1）电涌保护器的有效电压保护水平 $U_{p/F}$

如图 8-38a 所示，SPD 通过引线连接到低压线路上，当 SPD 导通时，有电涌电流通过。电涌电流会在引线电感上产生电压降（忽略引线电阻电压降），SPD 限制线路电涌电压的程度因此被削弱。如图 8-38b 所示，线路与 SPD 连接处电涌电压 u_{AB} 大于 SPD 端子间电压 u_{SPD}，其程度与引线长度、单位长度电感、SPD 类型及电涌特征等有关。式（8-17）左侧 $L_0 l\frac{di}{dt}$项就是电涌电流在引线上的电压降。

对于限压型 SPD，引线电压降 $L_0 l\frac{di}{dt}$峰值时间与 SPD 残压峰值时间基本一致，故 u_{AB} 近似为两者代数和；对于电压开关型 SPD，引线电压降 $L_0 l\frac{di}{dt}$峰值时间与 SPD 残压峰值时间是错开的，u_{AB} 有两个波峰，故取引线电压降和 SPD 电压保护水平两者较大者近似为最大的峰值。

假设线路单位长度电感 L_0 = 1.0μH/m，SPD 标称放电电流为 20kA，引线长 0.5m（每边 0.25m），则引线上最大电感压降为 $L_0 l\frac{di}{dt}$ = 1.0μH/m×0.5m×（20kA/8μs）= 1.25kV。这个电压对于冲击耐压 1.5~6kV 的低压设备而言是不能忽略的。引线电阻上也有压降，因其量值小而忽略不计。

将引线电压降峰值记作 ΔU，ΔU 按 $L_0 l\frac{di}{dt}$取波前电流平均陡度计算；将 SPD 与线路连接处电涌电压 u_{AB} 峰值称为 SPD 在安装处的有效电压保护水平，记作 $U_{p/F}$，则根据式（8-17）有

$$\left.\begin{aligned}&\text{对电压限制型 SPD：}\quad U_{p/F}=U_p+\Delta U\\&\text{对电压开关型 SPD：}\quad U_{p/F}=\max\{U_p,\Delta U\}\end{aligned}\right\}\tag{8-18}$$

为降低引线电压降 ΔU，可在安装方式上采取一些措施。图 8-39a 所示为无引线连接方式，又称开尔文式接线方式（Kelvin wiring method），该方式引线长度为零，但主线路的长度可能有所增加。图 8-39b 所示为无感连接方式，通过减小引线所形成的环路面积降低引线电感，从而近似达到图 8-39a 连接的效果。

（2）电涌保护器有效电压保护水平 $U_{p/F}$ 与被保护设备电涌电压的关系

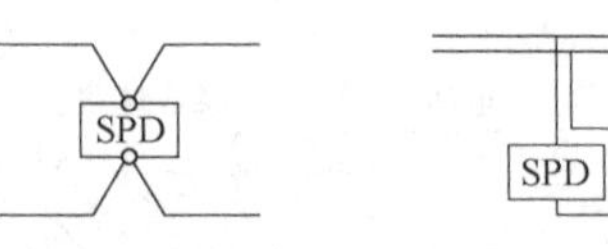

a) 无引线连接方式　　b) 无感连接方式

图 8-39　SPD 降低引线压降的接线方式

仍如图 8-38a 所示，当被保护设备与 SPD 不在同一位置时，线路、设备和 SPD 构成的电路会产生复杂的振荡，由于 SPD 的非线性特性，以及设备阻抗和线路阻抗的多样性，加上行波的折射和反射，因此这种振荡有很多种可能形态，设备实际承受的电压 u_{CD} 可能远高于 SPD 连接处线路电压 u_{AB}，设备阻抗大时高得更多，有可能达到 u_{AB} 的 2 倍左右，式（8-17）左边系数 K_1 正是考虑这种振荡对保护效果影响的修正系数。

K_1 与 SPD 和被保护设备间电气距离有关，但这个关系取决于 SPD 特性、系统形式、负荷特性和电涌波形等诸多因素，很难有统一的标准，相关的研究仍在进行中。就工程实践而言，一般当电气距离不大于 10m 时，可以不考虑振荡现象带来的影响。

（3）被保护设备冲击耐压值的修正

被保护电气设备的雷电冲击耐压是在规定波形下试验得出的，SPD 动作后改变了电涌波形，且改变的形式和程度与诸多因素相关，已如前述。因此，被保护设备在变化了的电涌波形下的耐压，与标准波形下的冲击耐压有一定的不同，有必要对耐压值进行修正。式（8-17）右侧系数 K_2 就包含了这一因素。

（4）电压保护水平选择的工程实用方法

由于电涌保护相关问题的研究还在不断深入，尤其是器件、设备和系统间的关系在标准层面的配合仍在不断协调过程中，式（8-17）中 K_1、K_2 很难有一个既准确又普遍适用的取值方法，工程实践中更多根据已有的经验选择 SPD 电压保护水平 U_p。在没有相关标准明确规定 U_p 量值的情况下，按国家标准 GB/T 21714.4—2015《雷电防护　第 4 部分：建筑物内电气和电子系统》资料性附录的推荐，采用以下方法选择 SPD 的电压保护水平 U_p。

1）当 SPD 与设备之间的线路长度可以忽略（典型案例如 SPD 安装在终端设备处）时，有

$$U_{p/F}\leqslant U_w\tag{8-19}$$

2）当线路长度小于 10m（典型案例如 SPD 安装在插座接口或中间配电箱处）时，有

$$U_{p/F}\leqslant 0.8U_w\tag{8-20}$$

但是，如果考虑系统失效可能导致生命伤害或公共服务系统中断，则应满足更严格的条件，即

$$U_{p/F}\leqslant 0.5U_w\tag{8-21}$$

3）当线路长度大于或等于 10m（典型案例如 SPD 安装在电源进线或中间配电箱处）时，有

$$U_{p/F} \leqslant 0.5(U_w - U_i) \tag{8-22}$$

式中，U_i 为 SPD 与线路、被保护设备所构成的环路（见图 8-38a）中的感应电压。

对有屏蔽的建筑房间和屏蔽线缆，或仅线路有屏蔽但屏蔽层两端有等电位联结的情况，式（8-22）可不计感应电压 U_i。

2. 最大持续工作电压 U_c 的选择

U_c 不能低于系统中可能出现的最大持续运行电压，以保证 SPD 不被热损坏，或因过热缩短寿命及降低保护性能。系统最大持续运行电压应考虑以下几个因素：

1）系统标称电压及正常运行时的电压偏差，考虑 10%的裕量。

2）系统故障条件下持续时间大于 5s 的工频故障电压。系统故障条件下持续时间在 200ms～5s 之间的暂时过电压（TOV），再早也需作为选取 U_c 的因素之一予以考虑，后来的 SPD 标准提出了另一个参数对应 TOV，该参数就是“暂时过电压试验值 U_T”。因此 U_c 的选取只考虑 5s 以上的持续电压，具体见表 8-17。

表 8-17　低压系统中电涌保护器的最大持续工作电压 U_c 最小值

电涌保护器接于	系统接地形式				
	TN—S	TN—C	TT	IT 带中性线	IT 不带中性线
L—N	$1.1U_0$	不适用	$1.1U_0$	$1.1U_0$	不适用
L—PE	$1.1U_0$	不适用	$1.1U_0$	$\sqrt{3}U_0$	$\sqrt{3}U_0$
N—PE	U_0	不适用	U_0	U_0	不适用
L—PEN	不适用	$1.1U_0$	不适用	不适用	不适用

注：1. 表中 U_0 为系统标称相地电压，等于系统标称相电压。

2. 不考虑 10%偏差者，均为严重故障下才可能出现的情况，不考虑不利因素叠加。

选择大一些的 U_c 值，对 SPD 延长运行寿命和降低失效概率都是有利的，但 SPD 电压保护水平 U_p 值与 U_c 值正相关，这是器件本身的特性。较低的 U_p 值和较高的 U_c 值不能兼得，因此只能在两者各自的约束条件下寻找可行值。如果找不到可行值，则应选用另外的 SPD，或改变电涌保护的配置，以提高保护所允许的 U_p 值。

3. 通流容量 I_n、I_{max}、I_{imp} 选择

标称放电电流 I_n 与电压保护水平 U_p 相关，最大放电电流 I_{max}、冲击电流 I_{imp} 与 SPD 的能量耐受性有关，因此与 SPD 的预期寿命有关。

通过精确计算确定 I_n、I_{max} 和 I_{imp} 的值在现阶段还是比较困难的，包括风险评估在内的相关理论研究还在不断深入，与电涌保护相关的多个技术领域各自独立研究所获得的成果不尽相同，各自的标准规定常有差异，即使对于已经达成一致意见的成果，有些也会随着研究的深入而出现新的变化。如以下介绍的部分数据，在有些标准的修改草案中已经有所增补或改变。

（1）标称放电电流 I_n 选取

标称放电电流 I_n 按系统中预期相当频繁出现的近似 8/20μs 电涌电流选取。“相当频繁”取决于一个概率值，该值源于风险评估。图 8-40 所示为 ZnO 压敏电阻构成的 SPD 的伏安特性，从图中可以看出，SPD 的残压是与通过的涌流量值相关的，而电压保护水平 U_p 是按 I_n

下的残压标定的，如果 SPD 中出现了超过 I_n 的电涌电流，实际残压可能大于 U_p，按 U_p 设计的保护可能失防。根据风险评估，出现这种情况的概率不能超过给定值。

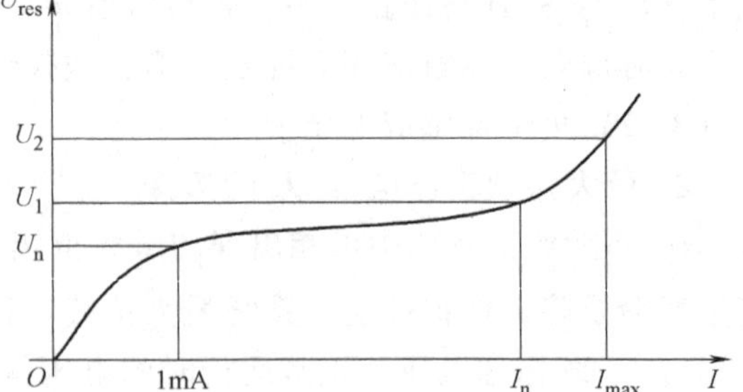

图 8-40　某限压型 SPD 残压与通过电流的关系

U_1—I_n 下的残压　U_2—I_{max} 下的残压

U_n—标称导通电压（或称转折电压）

工程实践中可操作性较强的选取方法如下：

1）防护雷电电涌的 SPD，安装在被保护对象起始点处，标称放电电流 I_n 不应小于 5kA。

2）安装在被保护对象起始点处，第二种接线方式 CT2 中 N—PE 间 SPD 的标称放电电流 I_n，在三相系统中不应小于 20kA，单相系统不应小于 10kA。

3）如果是将低压配电系统作为建筑物中电子信息系统的电源系统考虑，则可以按照表 8-18 选取标称放电电流 I_n。

表 8-18　电子信息设备电源系统电涌保护器通流容量推荐值

雷电防护等级	总配电屏(箱)		分配电箱	设备机房配电箱和需要特殊保护的电子信息设备端口处	
	LPZ0 与 LPZ1 边界		LPZ1 与 LPZ2 边界	后续防护区的边界	
	10/350μs Ⅰ类试验	8/20μs Ⅱ类试验	8/20μs Ⅱ类试验	8/20μs Ⅱ类试验	1.2/50μs 和 8/20μs Ⅲ类试验
	I_{imp}/kA	I_n/kA	I_n/kA	I_n/kA	U_{oc}/kV(I_n/kA)
A 级	≥20	≥80	≥40	≥5	≥10(≥5)
B 级	≥15	≥60	≥40	≥5	≥10(≥5)
C 级	≥12.5	≥50	≥20	≥3	≥6(≥3)
D 级	≥12.5	≥50	≥10	≥3	≥6(≥3)

（2）冲击电流 I_{imp} 选取

对可能泄放直接雷击电流的 SPD，应校验冲击电流参数 I_{imp}，要求为按给定的概率，SPD 承受的实际雷电冲击电流不得大于 I_{imp}。这主要取决于风险评估。当无法确定时，可按以下方法取值：

1）每种保护模式下都应满足 I_{imp}≥12.5kA。

2）第二种接线方式 CT2 中 N—PE 间 SPD 的冲击电流 I_{imp}，在三相系统中不应小于 50kA，单相系统不应小于 20kA。

3）如果是将低压配电系统作为建筑物中电子信息系统的电源系统考虑，则可以按照表 8-18 选取冲击电流 I_{imp}。

（3）最大放电电流 I_{max} 选取

一般情况下，I_n 已经足以表征Ⅱ类试验 SPD 的特性，I_{max} 仅用于特殊情况，如 SPD 的级间配合，或考虑极端情况下 SPD 电压保护水平值（如图 8-40 中 U_2）等。

I_{max} 是能量耐受指标，其量值与 I_n 有关联性。SPD 的预期寿命，主要取决于安装处超过 I_{max} 电涌电流发生的概率，因此 I_{max} 量值高一些对预期寿命是有利的，但其量值会受到 I_n 的制约。

4. 额定开断续流 I_{fi} 选择

SPD 的额定开断续流 I_{fi} 应大于安装处预期的短路电流；TT 和 TN 系统中 N—PE 间不会出现短路电流，因此 N—PE 间 SPD 的额定开断续流 I_{fi} 按不小于 100A 选取即可。

8.7.2　类型选择

1. 所通过的试验类别选择

用于第一级电涌保护的 SPD，以及 LPZ0 与 LPZ1 区交界处的 SPD，应选用通过 Ⅰ 类试验的产品，这类 SPD 一般是电压开关型的，主要作用是泄放雷电能量。用于末级电涌保护的 SPD 一般选用通过Ⅲ类试验的产品，这类 SPD 一般是以 ZnO 或半导体器件为非线性元件构成的，以限制电压幅值为主要任务。用于中间级电涌保护的 SPD 一般选用通过Ⅱ类试验的 SPD，这类 SPD 一般是限压型或混合型的，非线性元件一般为 ZnO 或 SiC，以限制过电压和进一步泄放能量为主要任务。

2. 自身保护功能选择

SPD 自身保护功能主要有热保护和过电流保护。热保护主要用于在 SPD 过热损坏时自动脱离，从而将已失效的 SPD 退出系统；过电流保护主要用于限制 SPD 导通后过大冲击电流量值，防止发生爆炸等危及环境安全的事故，并在工频续流未能被 SPD 截断时作为后备保护。

并非所有的 SPD 都具有自身保护功能。在选择 SPD 时，应根据系统原本的保护设置情况恰当取舍。

3. 信息功能选择

SPD 的信息主要是动作次数和失效信息，因此有的 SPD 具有动作次数显示和失效警告显示，有的还具有就地或远传信号功能，可将失效、动作次数等信息传至远方值班人员处。

8.7.3　电涌保护的配合及其与电涌保护器参数选择的关系

电涌保护的配合，包括电涌保护系统本身的级间配合、电涌保护与低压系统接地形式的配合，以及与系统其他保护（如剩余电流保护、过电流保护等）的配合等内容。电涌保护器参数是达成配合的重要因素之一，但不是唯一因素。相关问题本书不予详述，但读者应建立配合的概念，在实际工程中不能忽略配合问题，具体做法可查阅相关资料。

思考与练习题

8-1　雷击建筑物有哪些形式？雷击造成灾害的途径有哪些？

8-2　试判断以下说法的正确性。

（1）直击雷指顶击雷，感应雷指侧击雷。

（2）主放电雷击能量最大，持续时间最长。

（3）一次向下雷闪必定包含一次主放电，并可能有多次余辉放电。

（4）受静电感应雷击的建筑并未受到雷云闪击。

8-3 少雷区、多雷区、强雷区是依据什么划分的？

8-4 雷电是一种自然现象，但防雷工程中雷电参数取值为什么与人为划分的建筑物防雷类别相关？

8-5 图 8-41 所示建筑为三类防雷建筑，欲在其屋顶设接闪杆做保护。

（1）若只允许设一根接闪杆，这种方案是否可行？若可行，请确定接闪杆的位置和高度；若不可行，请用计算证明。

（2）若要求在建筑屋顶 4 个角上各设一根接闪杆，且 4 根接闪杆等高，试计算接闪杆的最小高度。

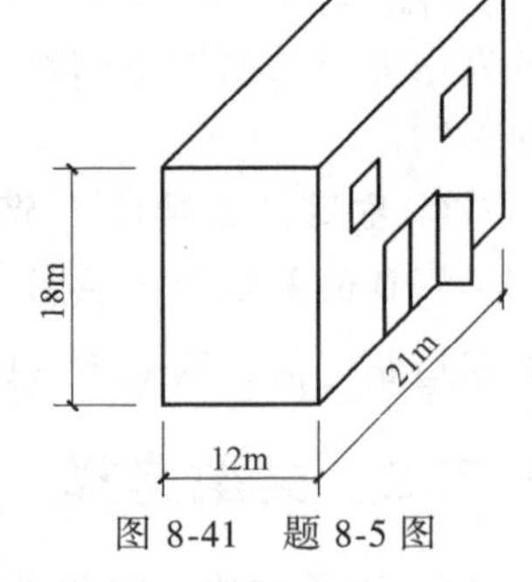

图 8-41　题 8-5 图

8-6 如图 8-42 所示，在新修三类防雷建筑旁原有一根接闪杆，接闪杆高度为 50m，试计算该新修建筑能否得到接闪杆保护。

8-7 图 8-43 所示为二类防雷建筑，建筑物塔楼顶已设置了有效的接闪网保护，试回答以下问题。

（1）该建筑是否还需要防侧击雷？

（2）该建筑裙楼是否已受到塔楼的保护？

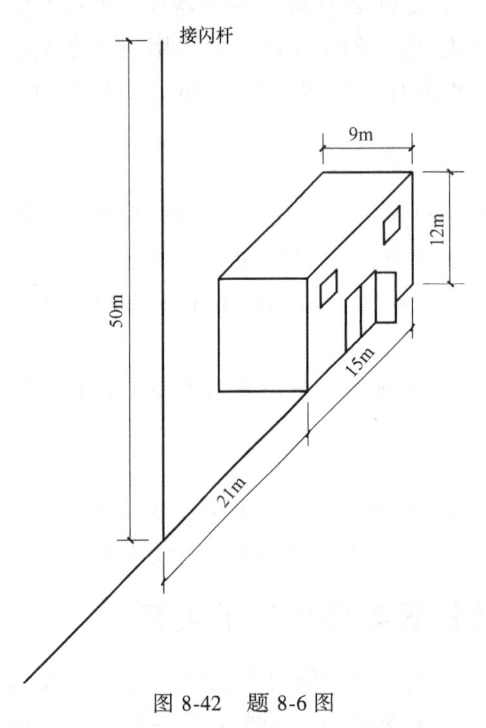

图 8-42　题 8-6 图

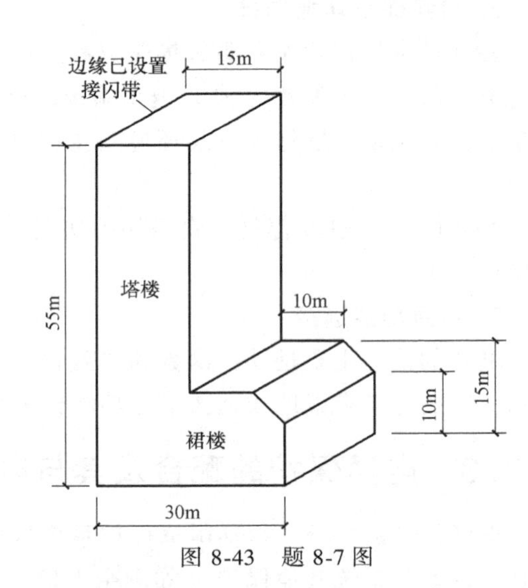

图 8-43　题 8-7 图

8-8 一根接闪杆高 40m，用作一栋二类防雷建筑的直击雷防护，防雷接地装置冲击接地电阻为 10Ω，接闪杆杆尖和引下线单位长度的电阻、电感分别为 0.15mΩ/m 和 1.0μH/m，试估算雷击该接闪杆时，其顶端和距地 10m 处可能出现的最大对参考地电压幅值。雷电参数按Ⅱ级 LPL 取值，请查阅表 8-1。

8-9 雷击电磁脉冲防护所保护的对象是谁？保护措施实施在哪些环节？与传统的建筑物内部防雷有什么区别与联系？

8-10 关于防雷区划分的标准，有以下 3 种说法，请判断哪一种最恰当。

（1）防雷区是按空间区域可能遭受的 LEMP 强度划分的。

（2）防雷区是按照空间区域中电子信息设备所能承受的电磁干扰强度划分的。

（3）$LPZ0_A$、$LPZ0_B$ 和 LPZ1 区是按照空间区域内可能遭受的 LEMP 强度划分的，LPZ1 以后的防雷区是按照空间区域中电子信息设备所能承受的电磁干扰强度划分的。

8-11　什么是过电压？过电压按能量来源分为哪些类别？各类别有哪些特点？过电压按持续时间又可分为哪些类别？

8-12　什么是作用电压？电气设备耐受电压与作用电压有什么关系？

8-13　试判断以下说法的正确性。

（1）内部过电压能量小、持续时间短。

（2）内部过电压都是暂时过电压。

（3）外部过电压都是瞬时过电压。

（4）相间过电压为差模过电压，相地过电压为共模过电压。

（5）高电压工程中暂时过电压量值一般用标幺值表示。

（6）若雷电冲击过电压直到峰值时刻都未能击穿设备绝缘，则设备绝缘不再会被击穿。

8-14　常用避雷器有哪几种类型？每种类型各有哪些特点？

8-15　避雷器与变压器间电气距离与避雷器保护效果有什么关系？其原理是什么？

8-16　试分析降低雷电波波前陡度的作用。

8-17　什么是避雷器中的工频续流？工频续流的量值如何估算？避雷器不能快速切断工频续流有哪些不良后果？

8-18　什么是避雷器的残压？避雷器残压与被保护设备冲击耐压之间最低限度应满足什么关系？

8-19　试判断以下说法的正确性。

（1）按 EMC 的观点，雷击电磁脉冲 LEMP 是发射器的电磁骚扰，电涌是感受器所受到的电磁干扰。

（2）电涌就是过电压。

（3）高暴露地点的特征是雷击电磁脉冲强度无衰减或衰减较少。

（4）SPD 的Ⅰ类试验和Ⅱ类试验有部分参数测试是重叠的。

（5）限压型 SPD 中非线性元件不可能有间隙。

（6）混合型 SPD 一定是先呈现开关型特性，导通后才呈现限压型特性。

8-20　常有报道，称处于关机状态的电子信息设备在一场雷雨之后被损坏，有的甚至连电源插座的开关都是断开的。请分析产生这种情况有哪些可能性。

8-21　某建筑物由低压架空线供电，进入建筑物前 25m 改为电缆，并在架空线转电缆处设置了户外电压开关型 SPD。该建筑利用基础金属构件作为接地极，防雷接地、电击防护接地和电子信息系统接地共用该接地极。按建筑物内部防雷要求，在电源进线处实施了总等电位联结。试分析雷击架空线和雷击建筑物外部防雷系统时，若雷击点放电电流相同，架空线转电缆处 SPD 承受的电涌电流有何不同。

8-22　电涌保护器Ⅰ类试验中冲击电流 i_{imp} 有 3 个定义参量 I_{peak}、Q 和 W/R，仅从原理（而非试验标准规定）上看，I_{peak} 与 Q 量值有无确定关系？Q 与 W/R 量值有无确定关系？I_{peak} 与 W/R 量值有无确定关系？

8-23　某限压型 SPD 标称放电电流 $I_n=10kA$，最大放电电流 $I_{max}=20kA$，电压保护水平 $U_p=1.5kV$。当通过该 SPD 的实际电涌电流达到 18kA（8/20μs）时，该 SPD 是否被损坏？其残压是否可能超过 1.5kV？

8-24　某限压型 SPD 长期持续工作电压 $U_c=260V$，用于 220/380V 三相三线制 IT 系统，3 只 SPD 采用 CT1 连接方式进行共模保护，试判断该 U_c 值选取是否正确。

8-25　低压系统电气设备的雷电冲击耐受电压分为几个等级？就 220/380V 系统而言，各等级的雷电冲击耐受电压值分别是多少？

8-26　电涌保护为什么要采用分散、多级的布局？

8-27　用电设备上共模和差模过电压产生危害的途径有何不同？

8-28　“3+1”接线的保护模式中，各只 SPD 一般应选用哪种形式？

第 9 章

供配电系统电能质量

本章主要介绍供配电系统常见电能质量问题的产生原因、现象、危害、评价指标，以及基本的治理技术措施。

9.1　电能质量的基本概念

9.1.1　电能质量问题

质量是任何商品均具备的属性，电能作为一种商品，也有其质量标准。偏离标准的电压和电流会干扰电气设备正常工作，一直是电力系统致力解决的问题。

20 世纪 80 年代以来，新型用电负荷的出现对电能质量产生了更大的影响。一方面由于计算机的普及、IT 产业和微电子控制技术的迅猛发展，大量基于计算机的控制设备和电子装置投入使用，其性能对电压质量非常敏感；另一方面由于电力电子技术的广泛应用，各种大型非线性负荷（炼钢电弧炉、变频调速电动机和无功补偿装置等）在电力系统中日益普及，其非线性、冲击性、不平衡的用电特性引起电能质量恶化。电能质量问题是众多单一类型的电力扰动问题的总称，任何由于电力供应造成的用户设备故障或错误动作都是电能质量问题。

电能质量由电力系统给定位置的电特性描述，以电压、电流或频率的实际值与标准值的偏差来体现。与其他产品质量问题的责任认定不同，电能质量问题不仅可能由电力生产方造成，也可能由用户的负荷运行造成，因此电能质量问题是电网系统特性与用户负荷特性相互耦合的结果。

对于输变电系统来说，因其可以对频率和电压进行调节，其电能质量关注频率和电压两方面指标，即要求输变电系统提供电压和频率符合规定的电能。对于供配电系统来说，因其只能对电压进行适度调节，又由于负荷电流特性影响系统电压质量，供配电系统电能质量主要关注电压质量和电流质量。

（1）电压质量

电压质量描述特定供电点电压，包括幅值和波形，偏离其理想状态的程度。电压质量是用户对供配电系统的主要电能质量要求之一，电力供应方有责任采取技术措施向用户提供电

压质量合格的电能。

(2) 电流质量

电流质量是指系统特定线路上流过的负荷电流偏离理想波形的程度（电流畸变程度）。负荷电流质量对系统电压质量造成影响的过程可以用图9-1解释。图中电流电压下标最末位数字表示频率相对于基波频率的倍数，“1”表示基波，“3”表示三次谐波。假设母线A电压可看成理想电压源，即只有基波分量$u_1(t)$。非线性负荷产生的三次谐波电流流过母线A与母线B之间的线性系统元件时，在其上产生三次谐波电压降$\Delta u_3(t)$。于是母线B的电压就是母线A的电压与负荷电流$i_L(t)$（包括基波分量和三次谐波分量）在AB间系统元件上的电压降［$\Delta u_1(t)$和$\Delta u_3(t)$］的叠加，因此母线B的电压就包含有三次谐波分量，也就是说B点的电压是畸变的。这样，在母线B接入的所有负荷实际上都是在畸变电压下运行，即非线性负荷导致的谐波电流影响了系统向其他用户供电的电压质量（母线B电压），因此电力供应方会限制负荷电流的畸变率。从这个角度来说，用户有责任采取技术措施改善负荷的电流质量。

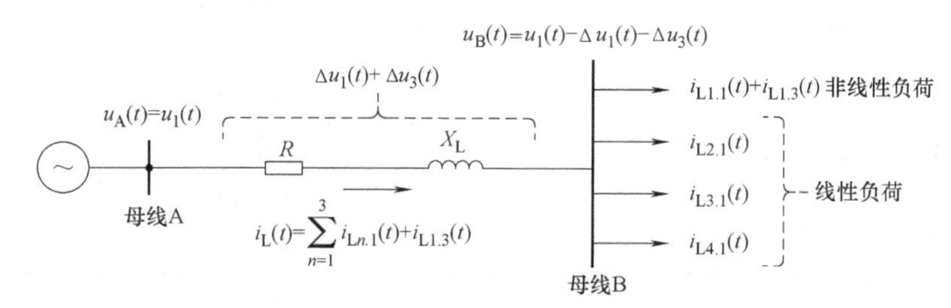

图9-1 负荷电流质量对供配电系统电压质量的影响

事实上，要求理想的电能质量是既不经济，也不现实的，因此有一系列国际和国家标准对电能质量指标进行规定。电能质量标准与设备对其敏感性密切相关。只有当电能质量指标的偏离可能导致设备不能正常工作或损坏时，才认为是需要分析与解决的电能质量问题。

电能质量问题原则上可以从两方面着手解决，一是增强负荷的抗电磁扰动能力，二是限制供配电系统供电指标使其满足负荷对电能质量相关指标的要求。后续部分涉及的都是通过第二种方式对电能质量问题进行治理。

9.1.2 电能质量问题类别与现象

电压、电流、频率指标偏离标准值的现象繁多，原因也很复杂。电能质量问题本质上是电磁扰动现象。表9-1为IEEE-Std. 1159—2009标准给出的电力系统常见电磁扰动现象类别及特性参数。该标准将电磁扰动分为暂态和稳态两大类：其中暂态扰动按照持续时间由短到长分为瞬态、短时、长时和间歇性扰动；稳态扰动分为三相不平衡和波形畸变。

暂态扰动主要由持续时间和幅值描述；电压波动是一种不规则的间歇性扰动，由幅值和波动频率描述；三相不平衡和波形畸变是稳态扰动，三相不平衡主要由幅值描述，而波形畸变主要由频谱描述。

1. 瞬态扰动

电能质量中瞬态扰动包括冲击脉冲和振荡。

1）冲击脉冲是指具有极性的、叠加于正常电压或电流波形上的非工频骤变。通常使用

其波头时间 T_1 和波长时间 T_2 进行描述。图 9-2a 所示为一个典型冲击电压波形，记为 1.2/50μs。图 9-2b 为雷电引起的冲击电流波形，可见冲击脉冲导致的冲击电流持续时间仅为几十微秒，幅值可能超过 20kA。

表 9-1　电能质量电磁扰动现象分类

类别			典型频谱	典型持续时间	典型幅值
瞬态	冲击脉冲	纳秒	5ns 上升	<50ns	
		微秒	1μs 上升	50ns~1ms	
		毫秒	0.1ms 上升	>1ms	
	振荡	低频	<5kHz	0.3~50ms	0~4p.u.
		中频	5~500kHz	20μs	0~8p.u.
		高频	0.5~5MHz	5μs	0~4p.u.
短时变动（方均根）	瞬时	暂降		0.5~30 周波	0.1~0.9p.u.
		暂升		0.5~30 周波	1.1~1.8p.u.
	暂时	中断		0.5 周波~3s	<0.1p.u.
		暂降		30 周波~3s	0.1~0.9p.u.
		暂升		30 周波~3s	1.1~1.4p.u.
	短时	中断		3s~1min	<0.1p.u.
		暂降		3s~1min	0.1~0.9p.u.
		暂升		3s~1min	1.1~1.2p.u.
长时变动（方均根）	持续中断			>1min	0.0p.u.
	欠电压			>1min	0.8~0.9p.u.
	过电压			>1min	1.1~1.2p.u.
	电流过负荷			>1min	
电压波动			<25Hz	间歇	0.1%~7%，0.2~2P_{st}
三相不平衡	电压			稳态	0.5%~2%
	电流			稳态	10%~30%
波形畸变	直流偏移			稳态	0~0.1%
	谐波		0~9kHz	稳态	0~20%
	间谐波		0~9kHz	稳态	0~2%
	缺口			稳态	
	噪声		宽频带		0~1%
频率变动				<10s	±0.10Hz

冲击脉冲主要由雷击造成，时间短、幅值大。系统遭受雷击时，瞬时过电压脉冲叠加在工频电压上，造成电压波形上出现上升沿很陡的大幅值短时脉冲。冲击脉冲加在设备绝缘上，极易导致设备绝缘破坏。

2）振荡是指突发的电压、电流短时非工频正负极性快速变化，通常用幅值、时长及主要频率范围描述。按照频率范围的不同，振荡分为高、中、低频。

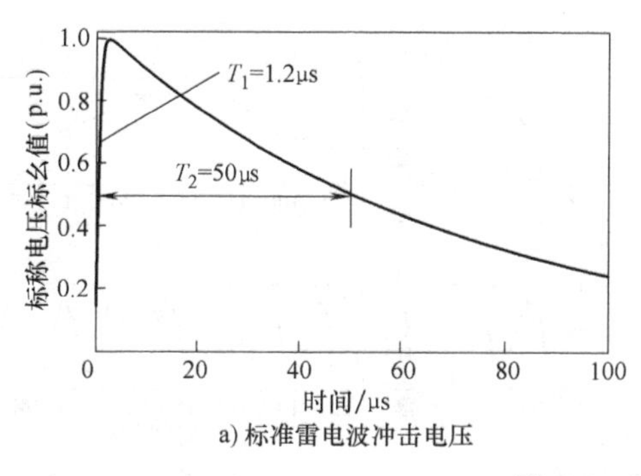

a) 标准雷电波冲击电压

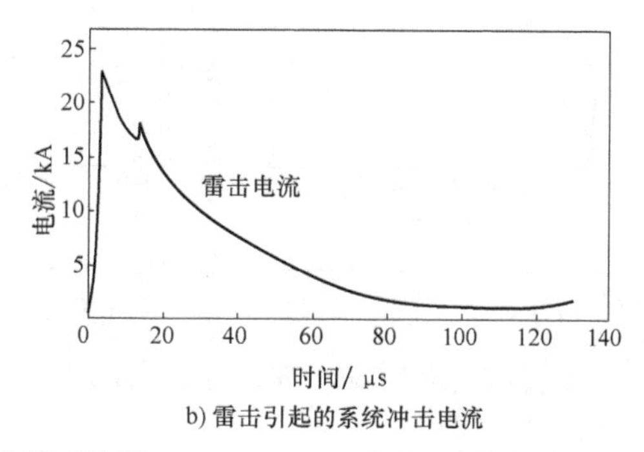

b) 雷击引起的系统冲击电流

图 9-2　冲击脉冲波形

高频振荡主要是系统对冲击瞬态扰动的响应；中频振荡则主要由于设备投切产生，例如背靠背并联电容器（在附近已有电容器投入时，再投入电容器）、电力电缆投入或切除；低频振荡主要由电容器投切造成。设备投切导致设备所在电路换路，表现为电压或电流波形的局部振荡。振荡的最大幅值与设备的投切时刻相关。图 9-3a 为背靠背电容器组投入造成的中频振荡电流波形，图 9-3b 为电容器组投入造成的低频电压振荡波形。振荡易导致设备绝缘或电力电子设备损坏。

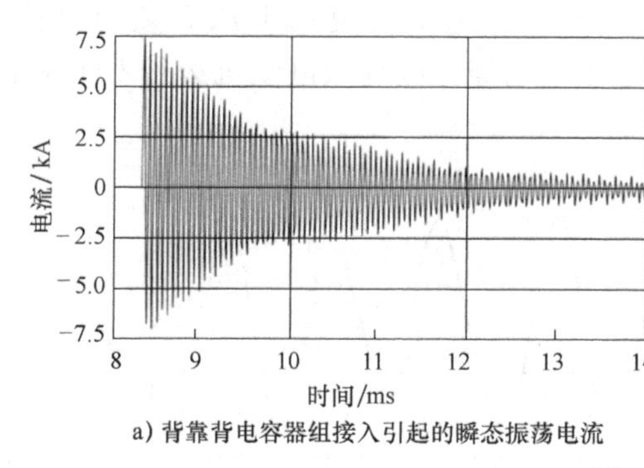

a) 背靠背电容器组接入引起的瞬态振荡电流

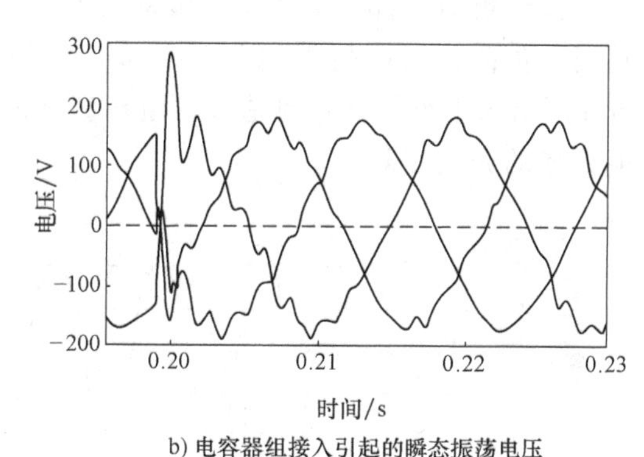

b) 电容器组接入引起的瞬态振荡电压

图 9-3　振荡波形

2. 短时变动

短时变动指电压的短时中断、暂降和暂升，主要由故障和大容量电动机起动造成。当出现短路故障时，故障点附近电压不同程度下降，离故障点越近，下降越多，甚至中断；而一旦故障切除，电压又恢复到正常状态。图 9-4 所示为电压中断、暂降、暂升时的有效值及波形变化。

现代精密制造设备、计算机、变频器及各种微电子装置和自动调速装置等用电负荷对电压扰动非常敏感。电子器件耐压能力普遍较低，电压暂升极易引起其绝缘损坏；瞬间电压中断会引起电子和照明设备误操作或关机；甚至持续 16ms、幅值为 0.85~0.9p.u. 的电压暂降便可导致设备停机。调查资料表明，在所有配电系统事故中，电压暂降引起的事故占 70%~80%，成为最受关注的电能质量问题。

3. 长时变动

长时变动指超过 1min 的电压持续中断、过高（过电压）或过低（欠电压）。过电压和欠电压的主要原因是负荷过轻或过重，或者是电压调节装置工作不正常。电压持续中断一般

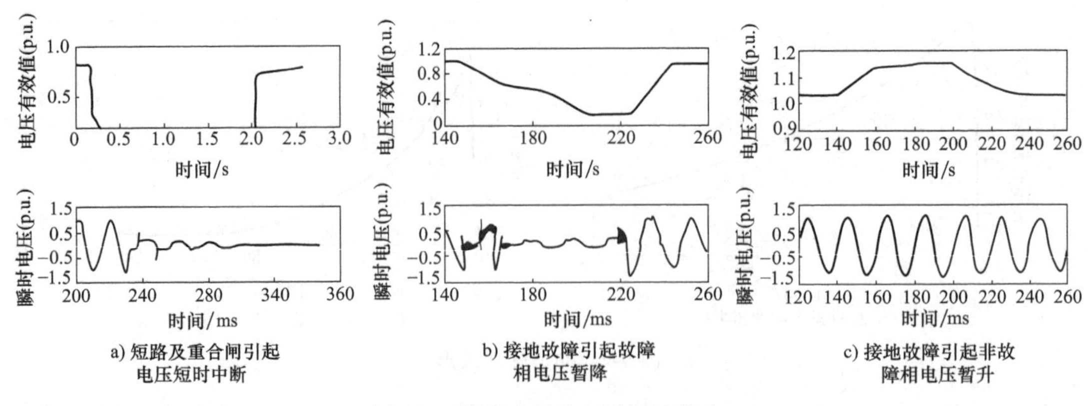

图 9-4　故障引起的电压短时变动

是由永久性故障引起。过电压易对绝缘造成威胁，欠电压易造成设备不正常工作，而电压持续中断直接破坏供电的连续性。

4. 电压波动

电压波动是指电压有效值（方均根值）的快速变动。大容量电动机反复起动、电弧炉等冲击波动负荷等都会造成电压波动。当系统中有大型负荷投入和切除，或者电弧炉等冲击负荷时，负荷接入点附近电压受到负荷冲击电流的影响，造成反复的电压有效值升降。图 9-5 所示为电弧炉运行时造成的电压波动波形。电压波动会导致伺服电动机运行不正常和照明设备的光闪变效应。

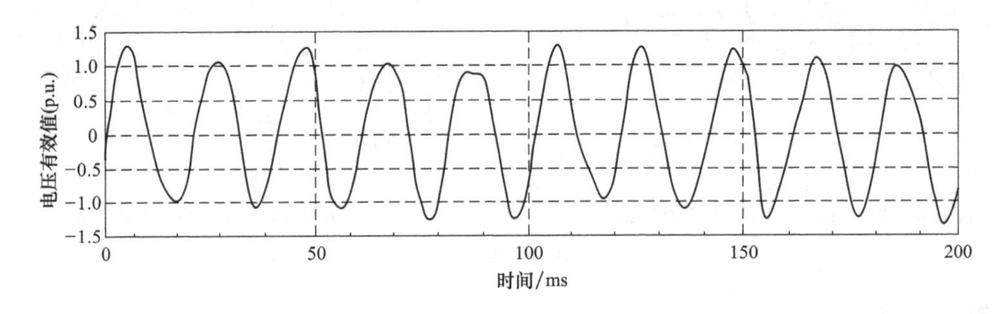

图 9-5　电弧炉运行时造成的电压波动波形

5. 三相不平衡

三相不平衡是指三相电压或电流幅值不等或者相邻相的相位差不是 120°的情况。三相不平衡主要由于三相负荷不平衡、系统三相元件参数不一致、系统谐波等原因造成。三相不平衡易导致电气设备损耗增加，甚至威胁供电安全。

6. 波形畸变

波形畸变是指电压或电流中因含非基波分量造成的偏离正弦波形的稳态现象。电力电子装置及其他非线性负荷工作时，其电流除了基波分量，还有谐波分量，造成电流畸变，畸变的电流流入系统，引起系统的电压波形畸变。所有非线性设备都是谐波源。图 9-6 所示分别为变频器、计算机的畸变电流波形。畸变波形的谐波分量易导致继电保护误动、设备过负荷及绝缘损坏等。

本章后续章节分别对配电系统常见和主要的电能质量问题，即电压短时变动中的电压暂

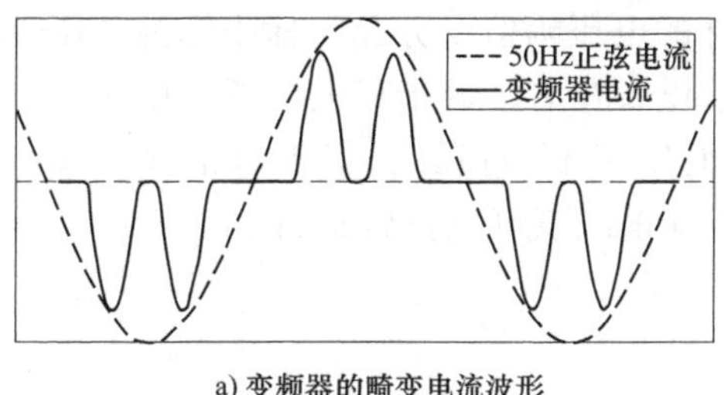

a) 变频器的畸变电流波形

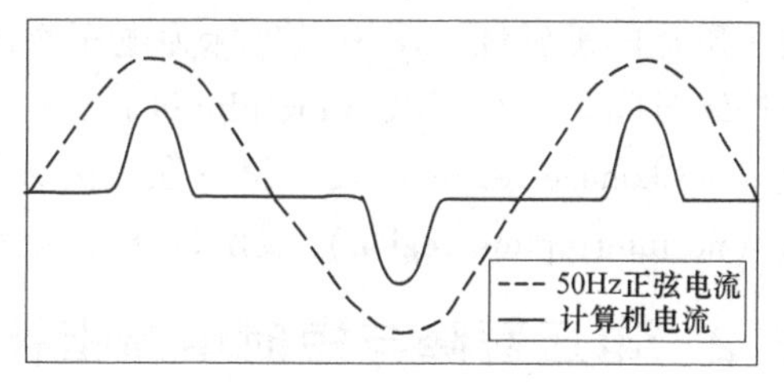

b) 计算机的畸变电流波形

图 9-6　非线性负荷的畸变电流波形

降、电压长时变动中的电压偏离（过/欠电压）、电压波动、三相不平衡、谐波，介绍其危害、限值及治理的技术措施。

9.2　电压暂降

9.2.1　电压短时变动限值

由表 9-1 可知，电压短时变动一般持续 0.5 周期到 1min，当电压幅值小于 0.1p.u. 时称为电压暂时中断；电压幅值在 0.1～0.9p.u. 之间时，称为电压暂降；电压幅值在 1.1～1.8p.u.、1.1～1.4p.u.、1.1～1.2p.u. 之间时，分别称为瞬时、暂时和短时电压暂升。

图 9-7 所示是美国信息技术工业协会（ITIC）在大量试验数据支持下，根据计算机等信息设备对电压短时变动的抗干扰能力，形成的电压限制曲线（ITIC 曲线），反映了该类设备

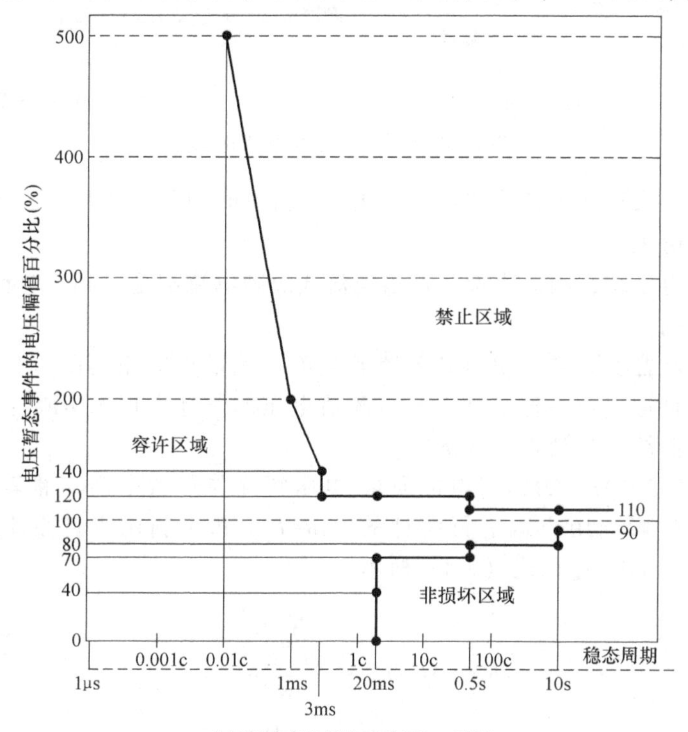

图 9-7　美国信息技术工业协会（ITIC）电压容限曲线（60Hz，120V/240V）

对电压质量的敏感性。图中纵坐标为电压暂态事件的电压幅值百分比，横坐标为电压暂态事件的持续时间。禁止区域（prohibited region）表示设备在该区域指标电压下会损坏；非损坏区域（no-damage region）表示设备在该区域指标电压下不会损坏，但不能正常工作；容许区域（no interruption region）表示设备在该区域指标电压下可以正常运行。

9.2.2 电压暂降与短时中断指标

电压暂降是配电系统最常见的电压质量问题之一，下面以电压暂降为例介绍其表述和计算方法。电压暂降主要产生原因是：大负荷投入时的冲击电流或故障时的短路电流流过系统元件阻抗，产生较大电压降落，从而在公共连接点（PCC）引起短时电压暂降。

电压暂降 $d\dot{U}_{sag}$ 由冲击电流或短路电流大小及系统电源到 PCC 的阻抗 Z_s 决定。图 9-8 示出等效电路图及电压暂降前后电压的相量关系。图 9-8a 中，有

$$\dot{U}_{sag}=\dot{E}\frac{Z_f}{Z_f+Z_s} \tag{9-1}$$

式中，Z_s 和 Z_f 分别为系统到 PCC 及 PCC 到故障点的阻抗。图 9-8b 中，$\dot{U}_{pre}$ 和 $\dot{U}_{sag}$ 分别为电压暂降前后 PCC 电压，δ_{sag} 为二者相位差，$d\dot{U}_{sag}$ 为电压暂降值。

$$d\dot{U}_{sag}=\dot{U}_{pre}-\dot{U}_{sag} \tag{9-2}$$

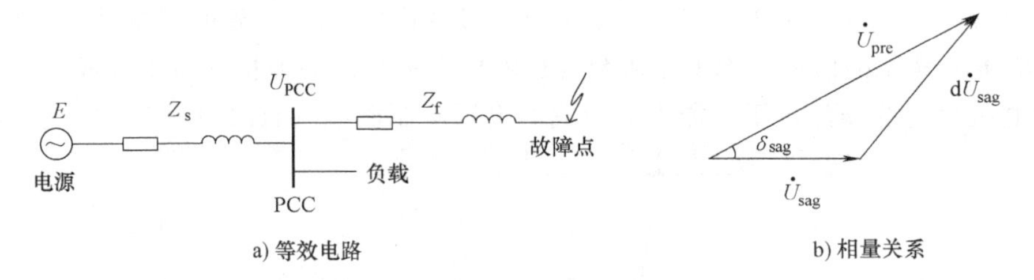

图 9-8 电压暂降与系统阻抗的关系

电压暂降用其三大特征进行描述：暂降幅值、持续时间及相位跳变。暂降幅值可以用电压暂降峰值或有效值表示。

对于三相供配电系统，因为大部分冲击电流或故障电流都是三相不对称的，三相电压暂降也大多是不对称的。

SARFI 指标用来描述特定周期内某系统或某单一测量点电压暂降（短时中断）事件的发生频度。包括两种形式：一种是针对某一阈值电压的统计指标 $SARFI_X$；另一种是针对某类敏感设备的容限曲线的统计指标 $SARFI_{curve}$。

国家标准 GB/T 30137—2013《电能质量 电压暂降与短时中断》推荐采用如下两种形式，分别为利用事件影响用户数进行统计的 $SARFI_{X\text{-}C}$ 和仅利用事件发生次数进行统计的 $SARFI_{X\text{-}T}$，分别如式（9-3）和式（9-4）所示：

$$SARFI_{X-C}=\frac{\sum_{i=1}^{N}N_i}{N_T} \tag{9-3}$$

$$SARFI_{X-T}=\frac{ND}{D_T} \tag{9-4}$$

式中，X 为电压方均根阈值，X 可能的取值为 90、80、70、50 或 10 等，用电压方均根占标称电压的百分数形式表示，即为 $X\%$；当 $X<100$ 时，N_i 为第 i 次事件下承受残余电压小于 $X\%$ 的电压暂降（或短时中断）的用户数；N_T 为所评估测点供电的用户总数；D_T 为监测时间段内的总天数；D 为指标计算周期天数，可取值 30 或 365，对应指标分别表示每月或每年残余电压小于 $X\%$ 的电压暂降（或短时中断）的平均发生次数，$D \leqslant D_T$。

$SARFL_{curve}$ 指标是统计电压暂降（短时中断）事件超出某一敏感设备容限曲线所定义的区域的概率，不同的容限曲线对应不同的 $SARFL_{curve}$ 指标。例如，对于 IT 类设备，可按照 $SARFL_{ITIC}$ 指标统计，只有在 ITIC 曲线包围区域外部的电压暂降（短时中断）事件才考虑计入 $SARFL_{curve}$ 指标。

为了检测电压暂降和短时中断，需要计算各相电压方均根值。电压方均根有两种计算方法：

1）半周波刷新电压方均根值：

$$U_{rms(1/2)}(k)=\sqrt{\frac{1}{N}\sum_{i=1+(k-1)\frac{N}{2}}^{(k+1)\frac{N}{2}}u^2(i)} \tag{9-5}$$

2）每周波刷新电压方均根值：

$$U_{rms(1)}(k)=\sqrt{\frac{1}{N}\sum_{i=1+(k-1)N}^{kN}u^2(i)} \tag{9-6}$$

式中，N 为每周期采样点数；$u(i)$ 为第 i 次采样的电压波形的瞬时值；k 为被计算的窗口序号。

9.2.3 电压暂升/暂降抑制

由图 9-7 可见，计算机等电子设备对电压的短时变动非常敏感，为保证设备运行安全及功能正常，常采用一些技术措施对电压暂降进行抑制。

1. 避雷器及电涌保护器

前述章节已经对避雷器和电涌保护器的工作原理及用途进行了详细的讲述，二者都是并联于被保护设备旁，动作于过电压的保护装置，对其动作值和通流能力进行合理选取后，可防止过电压脉冲和电压暂升对设备的危害。

需要注意的是，避雷器或电涌保护器动作也会形成一定程度电压暂升或暂降，因此在进行参数选择的时候必须保证其残压满足用电设备的电压容限要求。

2. 不间断电源（Uninterruptable Power System，UPS）

UPS 的工作方式有备用式、线上交错式和在线式。UPS 主要由充电机、储能装置（如蓄电池）和逆变器组成。

离线式 UPS 由系统直接供电给用电设备，同时为电池充电，当系统电压出现扰动时，系统回路自动切断，UPS 的逆变器将储能装置的直流电变换成交流电向负荷供电，直到系统电压恢复正常。

在线式 UPS 直接接受系统供电，并整流为直流电，一边向储能装置充电，一边将储能装置的直流电逆变为交流向负荷供电。负荷与系统电源是隔离开的，不会受到电源切换影响。

线上交错式 UPS 的基本工作方式与离线式类似，不同之处在于：线上交错式虽不全程介入供电，但随时监视系统电压状况，可调节线圈匝数完成一定程度的升压和减压，减少储能装置模式切换。图 9-9 所示为线上交错式 UPS 的工作方式。

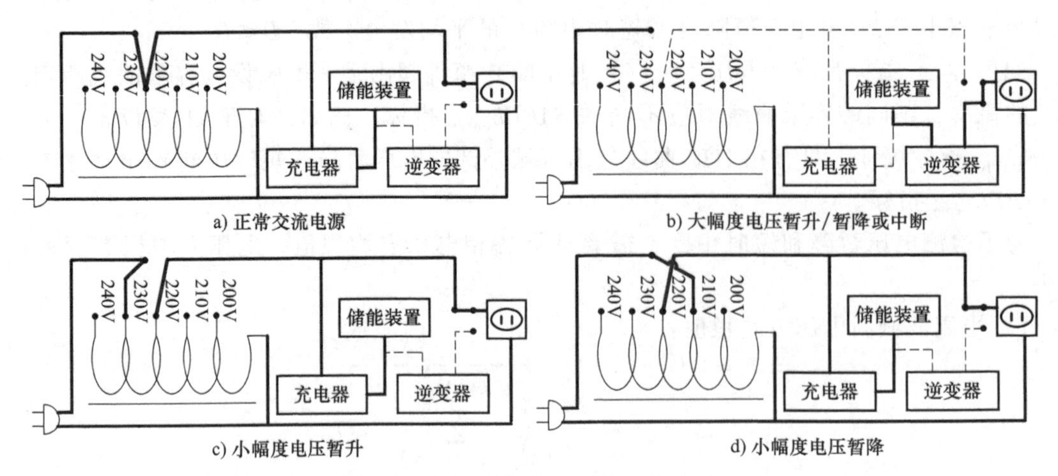

图 9-9　线上交错式 UPS 的工作方式

UPS 是抑制电压暂降危害的有效手段，缺点是由于储能装置容量限制，供电容量不能太大，且费用较高。

3. 动态电压恢复器（Dynamic Voltage Regulator，DVR）

DVR 主要用于电压暂降的补偿。世界上第 1 台 DVR 由 Westinghouse 公司于 1996 年研制成功，安装于 Duke 电力公司 12.47kV 系统，装置容量为 2MV · A，用于抑制纺织厂电压暂降。随后 ABB、西门子等公司产品陆续成功应用于微处理器制造厂等敏感负荷用户。从图 9-7 可见，毫秒级响应速度基本可满足敏感负荷要求。

(1) DVR 的工作原理及组成

如图 9-10 所示，DVR 串接在电源与敏感负荷之间，相当于一个动态受控电压源。当电压暂降发生时，DVR 能在毫秒级时间内向系统补偿与电压暂降相同大小的电压，使得 PCC 电压恢复正常值。

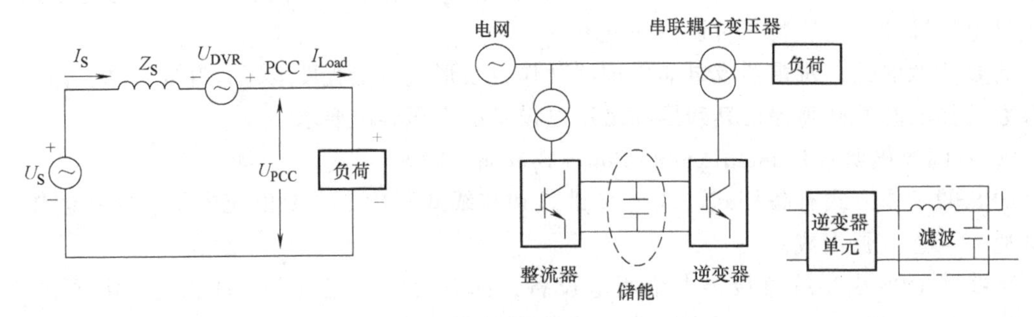

图 9-10　DVR 补偿电压暂降的基本原理及组成

DVR 由储能单元、逆变单元、串联耦合变压器单元及检测控制单元等组成。

1）储能单元。DVR 的储能装置决定了其补偿电压暂降的能力，即电压暂降深度和时

长。一般来讲，电容器储能用于陡而短的电压暂降补偿，蓄电池储能用于长而浅的电压暂降，超级电容则介于二者之间。储能装置通过整流器从系统获得能量补充。也有不用储能装置的 DVR，其所需能量直接从系统获取，这里不做讨论。

2）逆变单元。DVR 向交流系统补偿电压缺额，需要逆变单元将直流电能转换为交流。常用逆变装置为三相电压源型逆变器（VSI）。由于 VSI 不能控制输出电压的大小，只能将直流变换为相同幅值的交流，因此要求有较大的储能装置提供高电压；又由于 VSI 的输出波形为阶梯形，因此需要滤波器将其高频谐波滤除，产生正弦波。

3）串联耦合变压器单元。DVR 通过 3 个单相耦合变压器将补偿电压注入系统，其电压比通常为 1：1，变压器的额定容量、电压及电流、短路阻抗等必须满足系统及注入功率要求。

4）检测控制单元。为了达到向系统补偿合适的电压暂降波形的目的，采用脉宽调制（PWM）控制器发出脉冲给逆变器，控制其电压幅度。

（2）DVR 控制技术

DVR 控制技术决定了 DVR 的响应速度和补偿效果，主要包括检测方法、补偿策略和控制策略三部分。

1）检测方法：DVR 需要实时检测电压暂降幅度，一般检测峰值或有效值。

2）补偿策略：电压暂降不仅改变负荷电压大小，还改变其相位，因此可根据不同的相位补偿目标确定补偿策略。主要有完全补偿、同相补偿和最小能量补偿，如图 9-11 所示。图中，$\dot{U}_{pre}$ 和 $\dot{U}_{sag}$ 分别为电压暂降前后的负荷电压，δ 为二者相位跳变值，I 为负荷电流，$\dot{U}_L$ 为设定的补偿目标电压，$\dot{U}_{DVR}$ 为需要 DVR 补偿的电压。

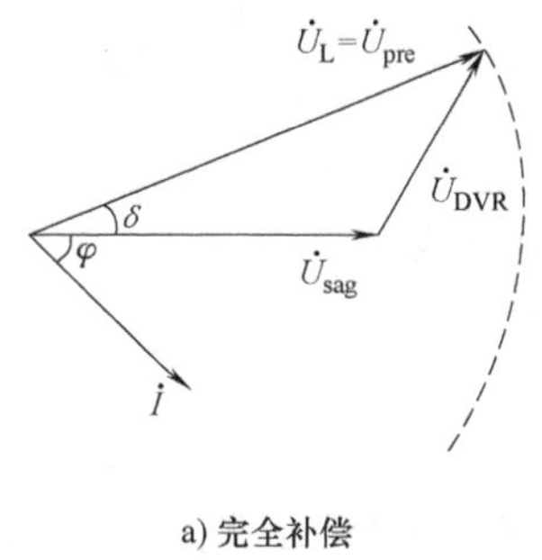

a) 完全补偿

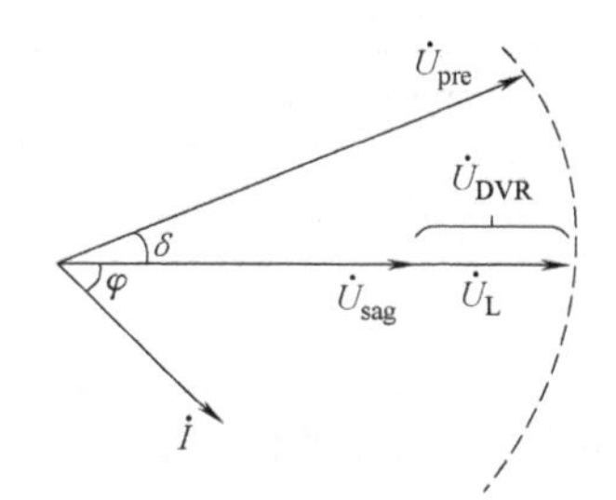

b) 同相补偿

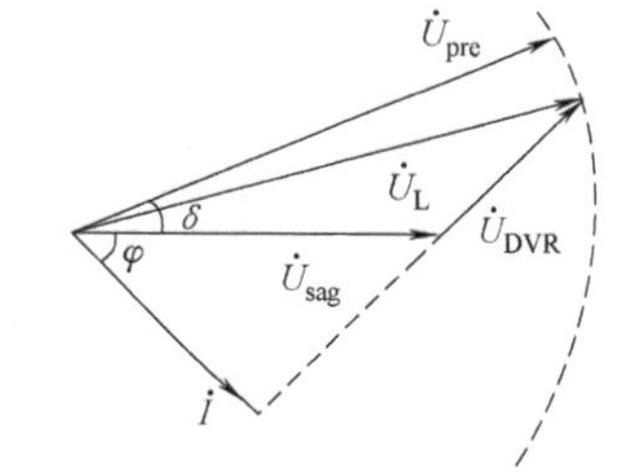

c) 最小能量补偿中的零有功功率补偿

图 9-11 DVR 的补偿策略

① 完全补偿是为实现补偿前后负荷电压相位不变。此时 DVR 需要同时补偿电压差额的幅值和相位，不能控制注入功率。可用于对电压相位跳变敏感的负荷。

② 同相补偿是为最小化补偿电压的幅值。此时必须调整负荷电压相位始终与电压暂降后的电网电压相位一致，补偿电压与负荷电流及补偿前电压无关。

③ 最小能量补偿是为尽量减少 DVR 有功输出，充分利用其储能能力，分为零有功功率补偿和最小有功功率补偿。前者调整负荷电压相位使补偿电压与负荷电流相位垂直，DVR 输出零有功功率；后者调整负荷电压相位使电网电压与负荷电流相位最小，DVR 输出最小有功功率。

3）控制策略：最常见 DVR 控制策略为比例积分（PI）控制，另外也有前馈控制、谐振控制、有源阻尼控制等。

图 9-12 为采用 DVR 补偿前后的仿真波形。可见其补偿响应速度是很快的。

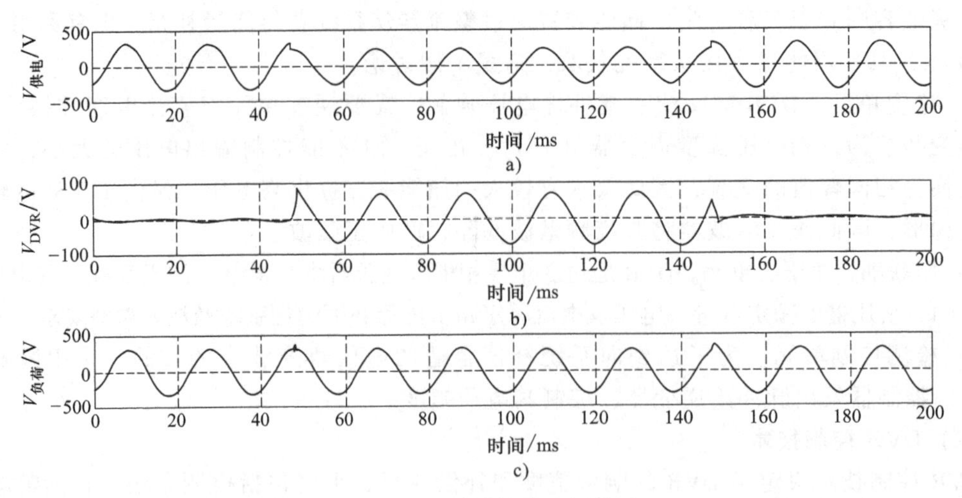

图 9-12　DVR 补偿前后的波形

（3）DVR 的主要参数选择

图 9-13 为 DVR 的简化等效电路模型。其中，X_{DVR} 表示耦合变压器和滤波器的电感分量，R_{DVR} 表示与 DVR 电能损耗对应的电阻，均与耦合变压器额定电压和容量密切相关。DVR 参数除了遵循电气设备参数原则的一般原则外，还需要确定的主要参数是其补偿电压和补偿容量。

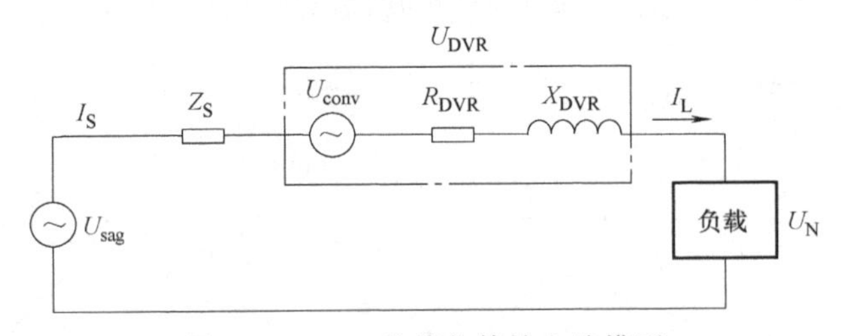

图 9-13　DVR 的简化等效电路模型

1）补偿电压。由图 9-13 的等效电路，DVR 的补偿电压可由式（9-7）计算：

$$\dot{U}_{DVR}=\dot{U}_N+Z_{DVR}\dot{I}_L-\dot{U}_{sag} \tag{9-7}$$

式中，$Z_{DVR}=R_{DVR}+jX_{DVR}$；$\dot{U}_{sag}$ 为系统标称电压；$\dot{I}_L$ 为通过 DVR 的负荷电流。

$$\dot{I}_L=\left(\frac{P_L+jQ_L}{\dot{U}_N}\right)^* \tag{9-8}$$

式中，P_L 和 Q_L 分别为负荷有功和无功功率，负荷视在功率为 $S_L=P_L+jQ_L$。

考虑到 DVR 等效阻抗相较回路其他部分阻抗可忽略不计，于是

$$\dot{U}_{DVR}\approx\dot{U}_N-\dot{U}_{sag}=\left(1-\frac{\dot{U}_{sag}}{\dot{U}_N}\right)\dot{U}_N \tag{9-9}$$

2）补偿功率。由式（9-9）可以得到 DVR 的视在功率为

$$\widetilde{S}_{\mathrm{DVR}}=\left(1-\frac{\dot{U}_{\mathrm{sag}}}{\dot{U}_{\mathrm{N}}}\right)\widetilde{S}_{\mathrm{L}} \tag{9-10}$$

其有功功率和无功功率分别为

$$P_{\mathrm{DVR}}=P_{\mathrm{L}}\left[1-\left|\frac{U_{\mathrm{sag}}}{U_{\mathrm{N}}}\right|\cos(\theta_{\mathrm{L}}-\delta_{\mathrm{sag}})\right] \tag{9-11-1}$$

$$Q_{\mathrm{DVR}}=Q_{\mathrm{L}}\left[1-\left|\frac{U_{\mathrm{sag}}}{U_{\mathrm{N}}}\right|\sin(\theta_{\mathrm{L}}-\delta_{\mathrm{sag}})\right] \tag{9-11-2}$$

式中，θ_{L} 和 δ_{sag} 分别为负荷的功率因数角和电压暂降前后电压相位差。

DVR 功率由负荷大小及功率因数、电压暂降幅度及相位跳变决定。

9.3　电压偏差

9.3.1　电压偏差限值

电压偏差也是供配电系统中常见电能质量问题，属于长时电压变动，主要是指电压偏差百分比在 10%~20%以内的过电压或欠电压。

持续欠电压会影响电动机转速，增加电动机电流，甚至烧毁电动机；由于电容器设备无功出力与电压的二次方成正比，持续欠电压会极大降低电容器输出无功；持续欠电压还会极大降低照明器输出光通量，还可能导致电子设备停止运行。

过电压可能会引起电子设备停止运行；反复过电压还会加速电气设备绝缘老化速度，降低绝缘寿命。

第 1 章已经给出了电压偏差的定义及电压偏差百分比的数学表述，即

$$\Delta U=\frac{U-U_{\mathrm{N}}}{U_{\mathrm{N}}}\times 100\% \tag{9-12}$$

为限制供配电系统电压偏差范围，国家标准 GB/T 12325—2008《电能质量 供电电压偏差》对系统供电电压偏差做了如下规定：

1）35kV 及以上供电电压正、负偏差的绝对值之和不超过额定电压的 10%。

2）20kV 及以下三相供电电压偏差为标称电压的±7%。

3）220V 单相供电电压偏差为标称电压的+7%、-10%。

满足上述电压偏差限值的公共电网电压即为合格电压，从图 9-7 可见，电子负荷在该限值下可以正常运行。

9.3.2　电压偏差调整——变压器分接头调节

在系统合理设计的前提下，产生电压偏差的根本原因是电流通过系统元件时造成的电压损失。电压损失是指电流流经系统某部分时，在其上产生电压降落而导致的两端电压幅值（有效值）的代数差。

如果系统用电负荷和区域变电站母线电压都不变，则系统沿线电压损失不变，沿线各点电压偏差也就不变。但事实上系统实际负荷是在最大值和最小值之间不断变化的，因此沿线

某点电压偏差也就在最大和最小电压偏差之间变动，如图 9-14 所示。这种情况对于参数固定的系统是无法避免的。

对电压偏差进行调整通常有两种途径，一是调节变压器分接头以改变母线电压，二是补偿无功以减少电压损失。本小节介绍通过改变变压器分接头进行电压偏差调整的方法。

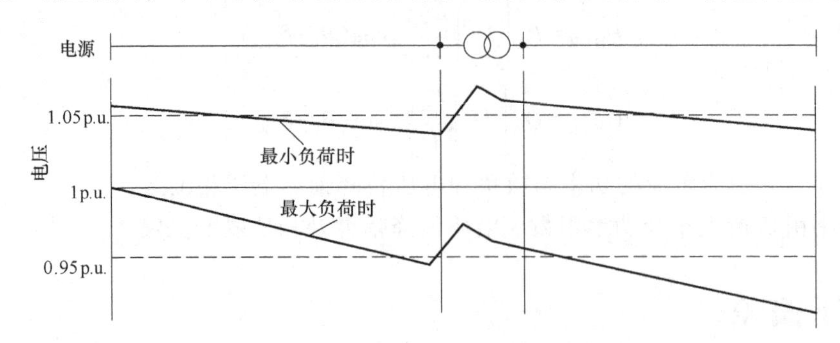

图 9-14　最大负荷和最小负荷时电压偏差示意

1. 变压器分接头

变压器分接头就是变压器一次绕组或者二次绕组上预留出一些可接出的抽头，如图 9-15 所示。根据电磁场理论，变压器两侧电压比与两个绕组的匝数比成正比，不同的分接头提供不同的一、二次绕组匝数比，改变分接头即调节一、二次绕组匝数比，从而调节二次电压。

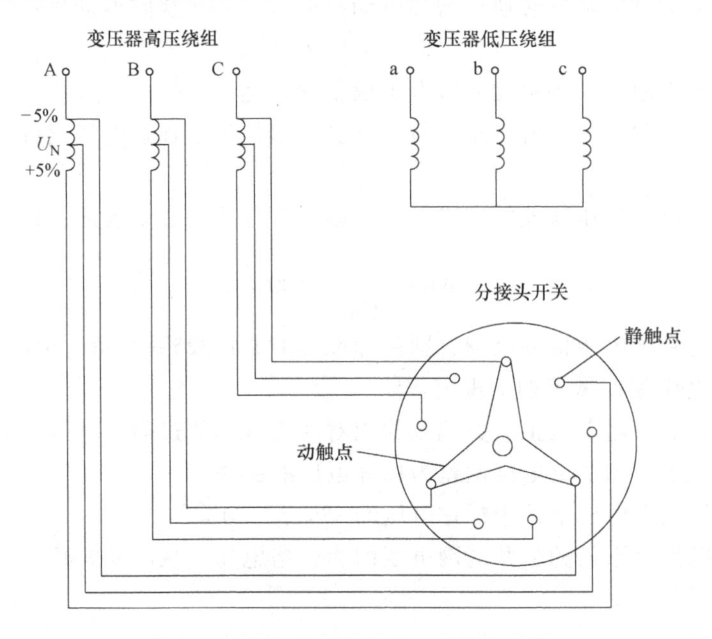

图 9-15　电力变压器的电压分接头接线

不能在运行时完成分接电压切换的变压器称为无载调压变压器；能在运行中完成分接电压切换的变压器称为有载调压变压器。

2. 无载调压变压器调压

考虑成本，用户大多采用无载调压变压器，电压分接头一般为±2×2.5%或±5%。运行时应该合理选择变压器分接头，将电压偏差限制在一定范围。具体方法分析如下。

假定某降压变压器一次侧最大、最小负荷时的实际电压分别为 $U_{1 \cdot \max}$ 和 $U_{1 \cdot \min}$，变压器最大、最小负荷时电压损失（归算到一次侧）分别为 $\Delta U_{T \cdot \max}$ 和 $\Delta U_{T \cdot \min}$，变压器电压比 $n=U_f/U_{r2}$，其中 U_f 为一次侧分接头电压，U_{r2} 为二次侧额定电压。

1）最大负荷时，变压器电压损失大，二次电压较低，此时要求变压器二次侧不得低于最低电压 $U_{2 \cdot \min}$，即

$$U_{2 \cdot \min} \geqslant (U_{1 \cdot \max} - \Delta U_{T \cdot \max}) \frac{U_{r2}}{U_{f1}} \tag{9-13}$$

于是变压器一次侧分接头电压 U_{f1} 的取值范围为

$$U_{f1} \geqslant (U_{1 \cdot \max} - \Delta U_{T \cdot \max}) \frac{U_{r2}}{U_{2 \cdot \min}} \tag{9-14}$$

2）最小负荷时，变压器电压损失小，二次电压较高，此时要求变压器二次侧不得高于最高电压 $U_{2 \cdot \max}$，即

$$U_{2 \cdot \max} \leqslant (U_{1 \cdot \min} - \Delta U_{T \cdot \min}) \frac{U_{r2}}{U_{f2}} \tag{9-15}$$

于是变压器一次侧分接头电压 U_{f2} 的取值范围为

$$U_{f2} \leqslant (U_{1 \cdot \min} - \Delta U_{T \cdot \min}) \frac{U_{r2}}{U_{2 \cdot \max}} \tag{9-16}$$

3）兼顾最大负荷和最小负荷的情况，因此分接头电压 U_f 应满足

$$U_{f2} \leqslant U_f \leqslant U_{f1} \tag{9-17}$$

若变压器分接头不能满足式（9-17），则说明采用无载调整分接头方式不能达到限制电压偏差的目的，可采用有载调压变压器。

3. 有载调压变压器调压

有载调压变压器可在运行过程调整分接头，负荷大时调高电压，负荷小时调低电压，给母线电压调整提供了更大的空间。这种调压方式也称为逆调压。

图 9-16 所示为有载调压变压器逆调压的例子。图中实线为最大负荷时的沿线电压分布，虚线为最小负荷时的沿线电压分布。图中无括号的数字为该点电压偏差的百分数，括号内的数字为在该元件上的电压损失百分数。由于调压变压器通过改变分接头在最大负荷时提高

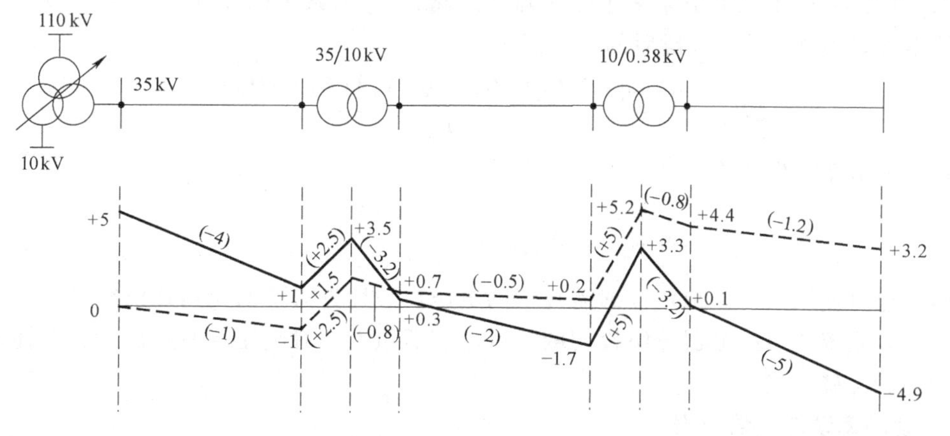

图 9-16　有载调压变压器逆调压

35kV 母线电压至 105%的额定电压，在最小负荷时将 35kV 母线电压降低到 100%额定电压，因此保证了运行过程中沿线电压偏差在允许范围。分接头电压的确定方式与无载调压变压器相同。

9.3.3 电压偏差调整——无功补偿

本小节介绍通过系统无功补偿，减少系统元件电压损失，从而调整电压偏差的方法。

系统元件（变压器、线路等）输送的功率越大，其上电压损失越大，系统各点电压偏差越难以控制。对于配电系统来说，有功功率大小很难调节，因此降低无功功率是减少电压损失的可行途径。无功补偿的目的是尽量使得系统输送功率中的无功功率最小。

在供配电系统中，大部分负荷是感性的，因此是感性无功，这时使用第 3 章中的并联电容器在提高功率因数的同时，也降低系统无功功率。另外，常见可以动态补偿系统无功的装置还有静态无功补偿器和静止无功发生器。

1. 并联电容器组

供配电系统电压损失主要由变压器和线路产生，当无功补偿装置目的是补偿电压损失时，其补偿容量应使用电压损失与无功功率的关系进行分析。

对于图 9-17 所示系统，若欲对变压器和线路上的电压损失进行补偿，首先计算二者补偿前的总电压损失。

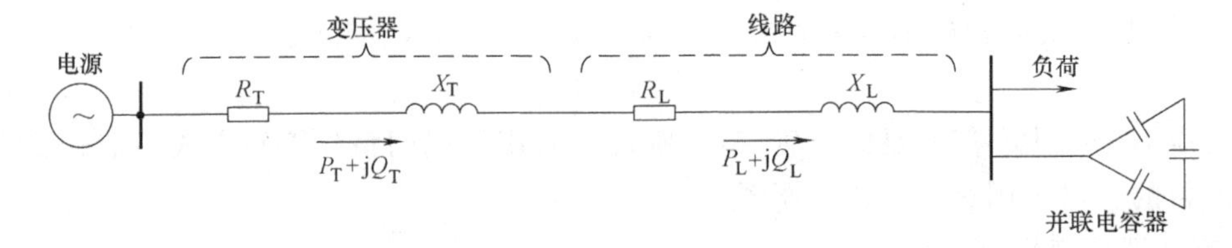

图 9-17　利用并联进行电压补偿

$$\Delta U_{pre}=\frac{P_TR_T+P_LR_L+Q_TX_T+Q_LX_L}{U_N} \tag{9-18}$$

式中，P 和 Q 分别为线路/变压器上的有功功率和补偿前无功功率；R 和 X 分别为变压器/线路电阻和电抗；下标 T 和 L 分别表示变压器和线路；U_N 为系统标称电压。

当补偿容量为 ΔQ 时，补偿后的电压损失为

$$\Delta U_{post}=\frac{P_TR_T+P_LR_L+(Q_T-\Delta Q)X_T+(Q_L-\Delta Q)X_L}{U_N} \tag{9-19}$$

可补偿的电压损失值为

$$\Delta U_{pre}-\Delta U_{post}=\frac{\Delta Q(X_T+X_L)}{U_N} \tag{9-20}$$

当然，也可使用式（9-20）根据需补偿的电压损失计算需要的无功补偿容量。

固定接入系统或由接触器分组投切的并联电容器组无法对电压调节所需的无功性质和容量进行动态和准确补偿。

2. 无功功率动态补偿原理

随着电力电子技术的发展及其在电力系统中应用的普及，使用晶闸管的静止无功补偿装

置在电压调整上得到广泛应用。静止是相对传统的同步调相机而言。静止无功补偿装置可以实现类似同步调相机对电压的动态调节作用。

图 9-18a 所示为系统、负荷和无功补偿器组成的单相等效电路图。假设系统电阻远小于电抗，即 $R \ll X$；且负荷变化很小，即 $\Delta U \ll U$。此时无功功率与系统电压的特性曲线如图 9-18b 所示。可见，该特性曲线是向下倾斜的，即随着系统供给的无功功率 Q 的增加，供电电压下降。由于系统电压变化不大，特性曲线的横坐标也可以变换为无功电流。

由电力系统分析可知，系统的特性曲线可近视表示为

$$U=U_0\left(1-\frac{Q}{S_{SC}}\right) \quad \text{或} \quad \frac{\Delta U}{U_0}=-\frac{\Delta Q}{S_{SC}} \tag{9-21}$$

式中，U_0 为无功功率为零时的系统电压；S_{SC} 为系统短路容量。

投入补偿器后，系统供给的无功是负荷和补偿器无功功率之和，即

$$Q=Q_L+Q_r \tag{9-22}$$

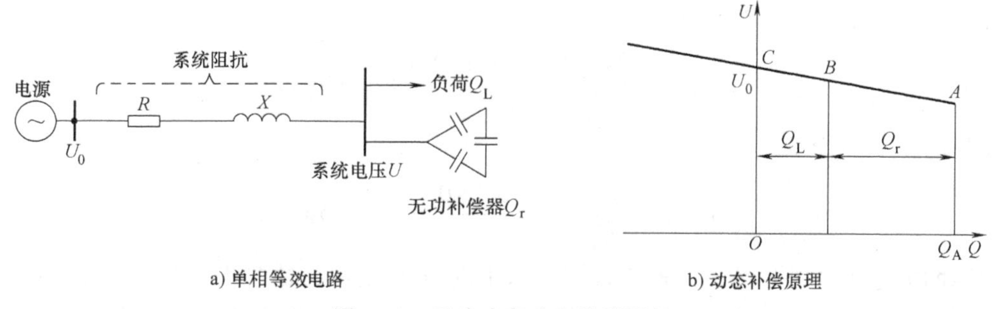

图 9-18 无功功率动态补偿原理

当负荷无功功率 Q_L 变化时，如果补偿器的无功功率 Q_r 总能够弥补 Q_L 的变化，则供电电压可以保持恒定。图 9-18b 中示出使无功功率保持在 Q_A 时的无功功率与电压的关系。如果将工作点保持在 $Q=0$ 处（图中 C 点），则实现了功率因数的完全补偿。由此可见，补偿功率因数的功能可以看作电压调整功能的特例。

为分析方便，把系统和负荷一起用戴维南等效电路等效，得到图 9-19a 的电路。图中忽略电阻，其等效阻抗记为 X_S，等效电压源为等效前无功补偿器连接点处未接补偿器时的电压。由于补偿器具有维持电压恒定的功能，将其等效为一个恒定电压源，其电压值为未接补偿器时连接点处的正常工作电压，记为 U_{ref}。于是，其电压-电流特性即为一水平直线，如图 9-19b 所示。由于电压维持恒定，特性曲线的横坐标也可以认为是无功功率。

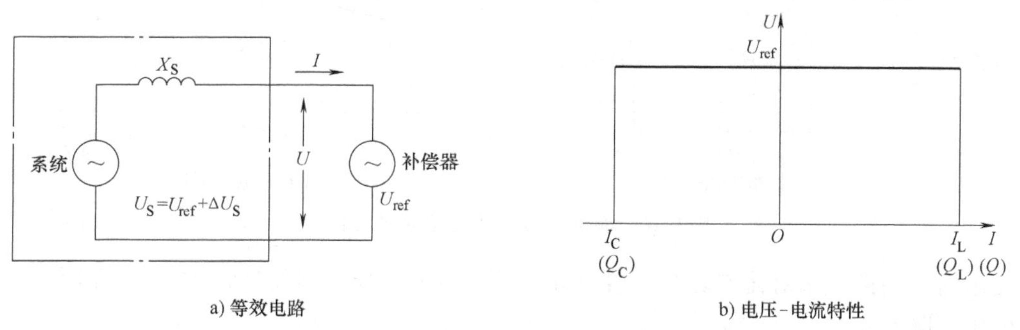

图 9-19 理想补偿器等效电路及特性

如果由于某种原因导致连接点处电压变化 ΔU_S，接入补偿器后，即可使电压回到正常值，此时补偿器所吸收的无功功率为

$$Q_r = \frac{\Delta U_S U_{ref}}{X_S} \tag{9-23}$$

当采用标幺值表示时，一台可吸收 Q_r 无功功率的补偿器，可以补偿的系统电压变化为

$$\Delta U_{S*} = \frac{Q_{r*} X_{S*}}{U_{ref*}} \tag{9-24}$$

在标幺值系统中，三相电路与单相电路的公式是相同的，也与三相的连接方式无关。

例如：一台+25Mvar（容性）、-10Mvar（感性）的补偿器，接在短路容量为 500MV·A 的系统母线上，基准容量取 100MV·A，基准电压取 U_{ref}，则

$$X_{S*} = \frac{U_{ref*}^2}{S_{SC*}} = \frac{1}{5} = 0.2\text{p. u.}$$

则该补偿器可补偿的电压升高为

$$\Delta U_{S*.1} = \frac{X_{S*} Q_{L*}}{U_{ref*}} = \frac{0.2 \times 0.1}{1} = 0.02\text{p. u.}$$

可补偿的电压下降为

$$\Delta U_{S*.2} = \frac{X_{S*} Q_{C*}}{U_{ref*}} = \frac{0.2 \times 0.25}{1} = 0.05\text{p. u.}$$

实际的静止无功补偿装置一般不设计成水平的电压-电流特性曲线，而是设计成图 9-20b 所示的倾斜特性曲线，其等效电路可以看成是在原有电压源基础上串联了一个等效电抗 X_r，如图 9-20a 所示。下面分析这样设计的优点。

当负荷无功变化引起连接点电压变化 ΔU_S 时，则投入补偿器后补偿的无功功率为

$$Q_{r*} = \frac{\Delta U_{S*} U_{ref*}}{X_{S*} + X_{r*}} \tag{9-25}$$

可见，所需要的无功功率比理想补偿器时有所减少，连接点电压也随之有了变化，即

$$\Delta U_* = \Delta U_{S*} \frac{X_{r*}}{X_{S*} + X_{r*}} \tag{9-26}$$

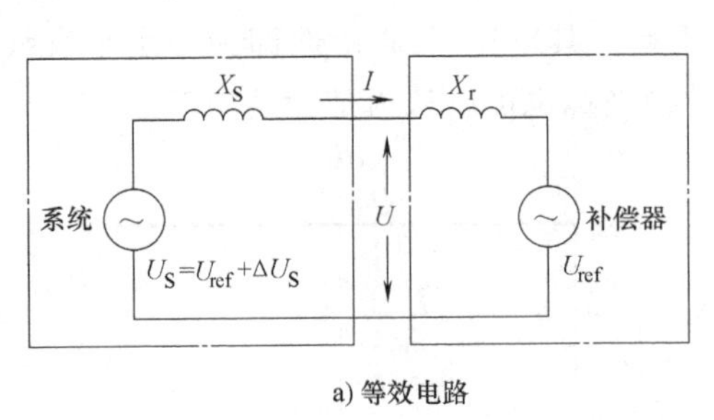

a) 等效电路

b) 电压-电流特性

图 9-20　实际补偿器等效电路及特性

使用前面的例子来对比实际补偿器与理想补偿器的差异。例如吸收 25Mvar 容性无功时，补偿电压下降 0.025p. u.，则

$$0.025=I_{*}X_{r*}=\frac{Q_{C*}}{U_{ref*}}X_{r*}$$

可得

$$X_{r*}=0.025\frac{U_{ref*}}{Q_{C*}}=0.025\times\frac{1}{0.25}=0.1\text{p. u.}$$

于是，当系统电压下降 5%时，补偿器所需吸收的容性无功功率为

$$Q_{r*}=\frac{\Delta U_{S*}U_{ref*}}{X_{S*}+X_{r*}}=\frac{0.05\times1}{0.2+0.1}=0.167\text{p. u.}（有名值为 16.7\text{Mvar}）$$

当系统电压上升 2%时，补偿器所需吸收的感性无功功率为

$$Q_{r*}=\frac{\Delta U_{S*}U_{ref*}}{X_{S*}+X_{r*}}=\frac{0.02\times1}{0.2+0.1}=0.067\text{p. u.}（有名值为 6.7\text{Mvar}）$$

可见，所需容量分别比理想补偿器所需容量减小了 33%。

由式（9-26）可计算得到，当系统电压下降 5%时，连接点电压下降 1.67%；当系统电压上升 2%时，连接点电压上升为 0.67%。

也就是说，为维持连接点电压变化为系统电压变化 1/3 的补偿器，需要容量为理想补偿器的 2/3。补偿器特性的斜率由控制系统的参数决定，工程实际中，一般为 1%～10%之间。

3. 静止无功补偿器（Static Var Compensator，SVC）

SVC 并联接入系统，向系统注入可连续调节的感性或容性无功功率，以维持安装点电压恒定，并有利于系统无功平衡。

SVC 的基本类型有：固定电容器（Fixed Capacitor，FC）型、晶闸管投切电容器（Thyristor Switched Capacitor，TSC）型、晶闸管控制电抗器（Thyristor Controlled Reactor，TCR）型及饱和电抗器（Saturated Reactor，SR）型。SVC 系统是其基本类型的组合，通常采用三角形接法接入系统。

TSC 由双向晶闸管与电容器及限流电抗器组成，如图 9-21 所示。TSC 不能像 TCR 那样对电容器进行相控，否则会导致极大充放电电流，损坏电容器和晶闸管。因此，TSC 只能进行电容器的投入和切除，即 TSC 对无功的调节只能分步进行，无法做到连续。当然，这一特征也使得 TSC 无谐波产生，因而可以单独使用，不需要滤波器。

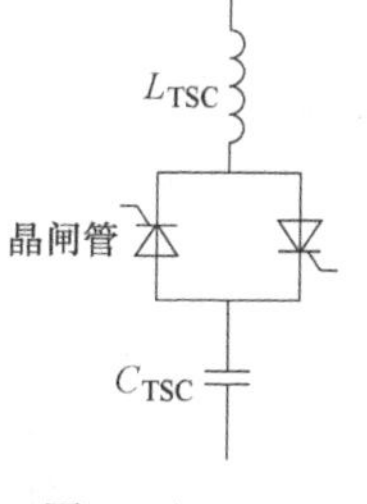

图 9-21　TSC 的组成

TSC 的阻抗 X_{TSC} 由电感 L_{TSC} 和电容 C_{TSC} 构成，用式（9-27）计算。电感的作用一是为了抑制电容器投入时的涌流，二是避免谐波谐振。TSC 在频率 f_r 处达成谐振，谐振频率由式（9-28）求得。一般将谐振频率调谐到 120～210Hz 之间的谐波频率，以避免来自系统的谐波引起谐振。TSC 只能进行容性无功补偿。

$$X_{TSC}=\frac{1}{2\pi fC_{TSC}}-2\pi fL_{TSC}\tag{9-27}$$

$$f_r=\frac{1}{2\pi\sqrt{L_{TSC}C_{TSC}}}\tag{9-28}$$

TCR 由双向晶闸管与两侧电抗器串联组成，如图 9-22a 所示。通过控制晶闸管的触发延迟角 α（电压正向过零点与晶闸管触发点的相位差），调节电抗器感性电流 I_L 的大小。当 $\alpha=90°$时，I_L 最大；当 $\alpha=180°$时，$I_L=0$。这相当于是通过改变晶闸管的触发延迟角改变

TCR 接入系统的电感值。增大触发延迟角，增大接入系统电感值，即减小 TCR 吸收的感性无功。

值得注意的是：由于晶闸管变换出不同幅值和持续时间的电流，如图 9-22b 所示，这种波形的电流必然包含谐波，因此 TCR 使用时需要并联滤波器滤除谐波，仅向系统注入基波电流。

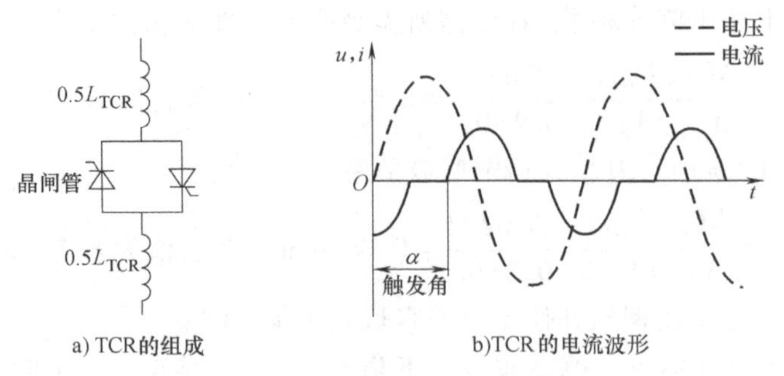

图 9-22　TCR 的基本工作原理

FC/TCR 型是最常用的 SVC 系统，由固定电容器（FC）和相控电抗器（TCR）组成，如图 9-23 所示。固定电容器向负荷提供容性无功电流 I_C，提高功率因数，并兼作滤波器；当负荷变动导致容性无功电流过量时，由相控电抗器吸收多余的容性无功电流，维持较高功率因数。当相控电抗器不需投入时，就成为常规并联电容器组。因此 FC/TCR 型 SVC 可以实现从容性到感性的无功补偿，图 9-23 给出了 TCR、FC 的特性及其联合作用时的无功补偿范围，图中 U_{ref} 为参考电压。

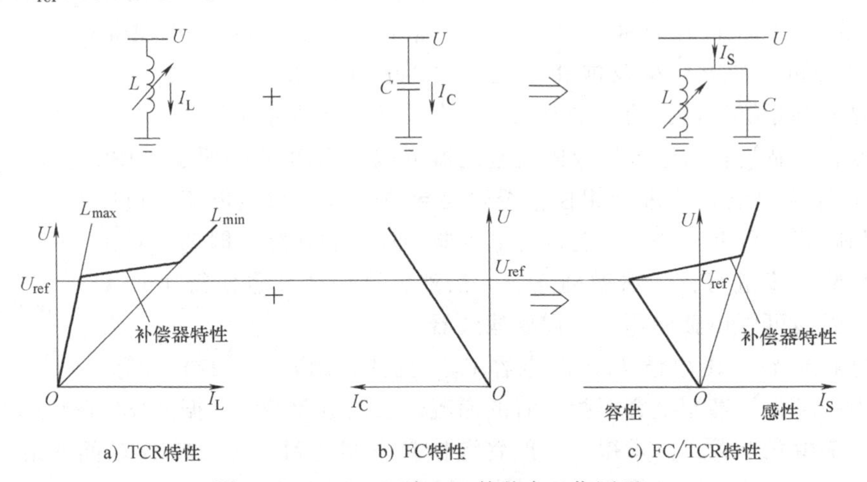

图 9-23　FC/TCR 型 SVC 的基本工作原理

图 9-24 所示为 FC/TCR+TSC 型 SVC 系统，其中模式①即为 FC/TCR 型 SVC，模式②和③为增加 TSC 后对无功补偿范围不同程度的延伸。

图 9-25a 所示为一个典型的 FC/TCR+TSC 型 SVC 系统完整一次接线图，图 9-25b、c 为其静态电压-电流和电压-无功调节特性，图中，B_C 和 B_{LMX} 分别为 TSC 和 FC/TCR 的电纳。电压互感器提供当前电压幅值和相位信息，控制器根据设定电压 U_{ref}，确定应补偿无功功率，并向 TCR 和 TSC 的晶闸管发出投切的触发信号。

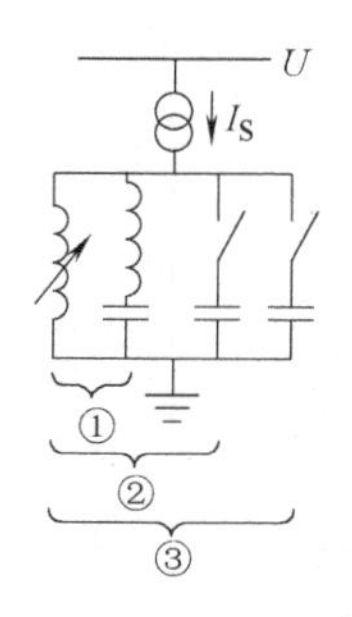

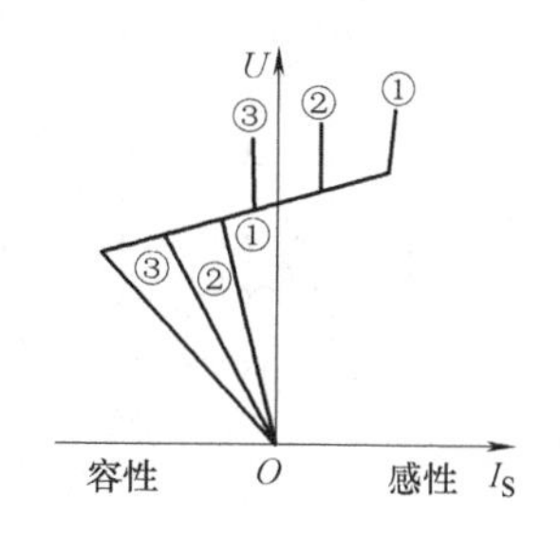

图 9-24 FC/TCR+TSC 型 SVC

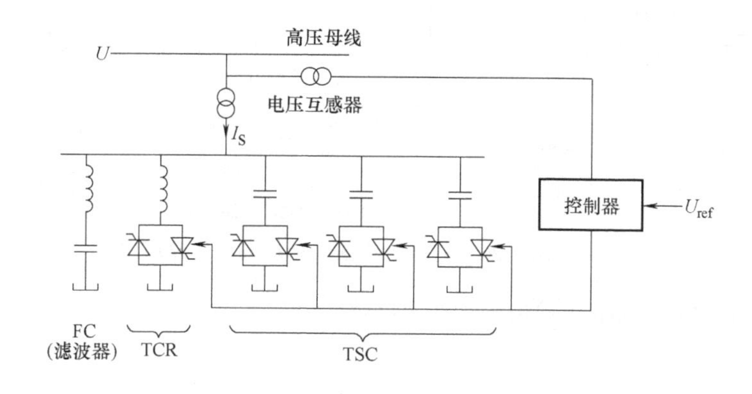

a) 一次接线

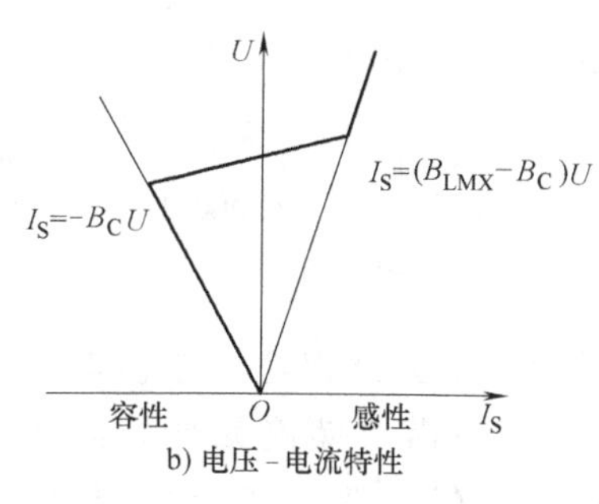

b) 电压 - 电流特性

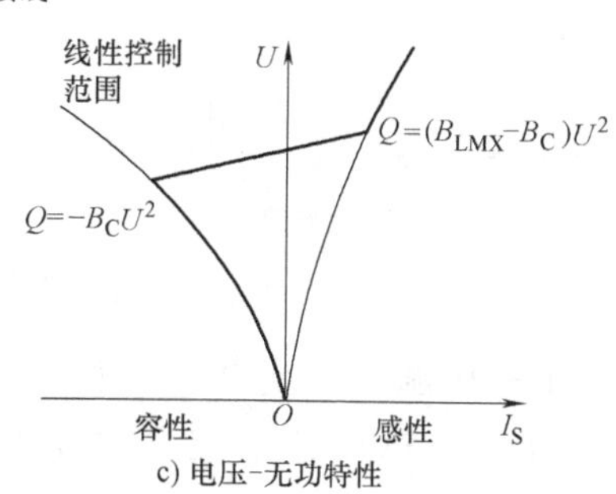

c) 电压 - 无功特性

图 9-25 典型 SVC 系统及其静态电压调整特性

4. 静止无功发生器（SVG）

SVG 是指采用全控型电力电子器件（GTO 或 IGBT）组成的桥式变流器来进行动态无功补偿的装置，也叫静止同步补偿器（STATCOM），主要采用脉宽调制（PWM）方式实现动态无功平衡。

由于运行效率的原因，目前 SVG 主要采用电压源型桥式电路（逆变器），如图 9-26a 所示。电压源型 SVG 需要通过一个串联电抗器后，并入系统。逆变器相当于一个电压源，其工作原理是通过调节逆变电路输出交流电压，改变电抗器 X 上的电压差，从而改变通过电抗器流入系统的电流。如图 9-26b 所示，当逆变器端电压 U_1 大于 SVG 接入点系统电压 U_S 时，SVG 从系统吸收容性无功；反之，SVG 从系统吸收感性无功。全控性电压源型逆变器的电压调节方法可参考相关电力电子教材，这里不再赘述。

理想的 SVG 是不消耗有功的，但实际的电抗器及逆变器都存在损耗，若用电阻等效二

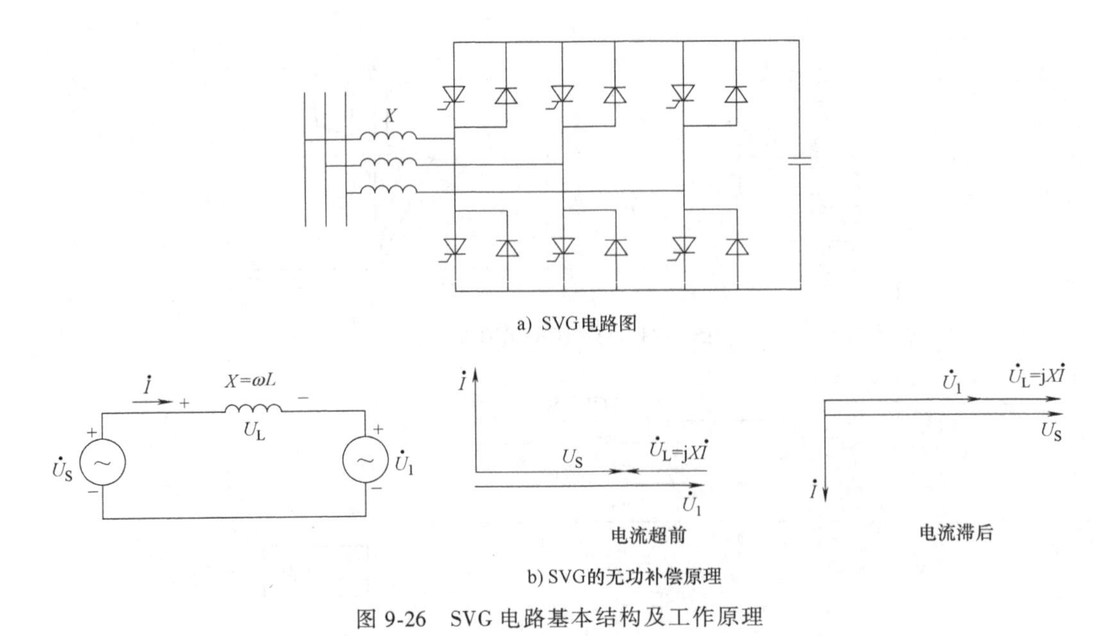

图 9-26 SVG 电路基本结构及工作原理

者损耗，则 SVG 等效电路及相量图如图 9-27 所示。

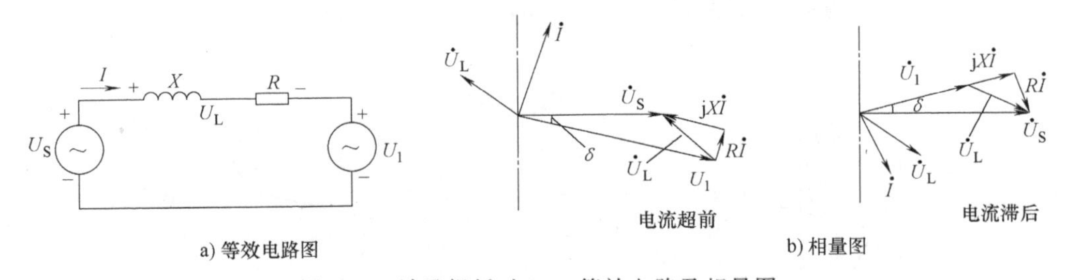

图 9-27 计及损耗时 SVG 等效电路及相量图

对于三相电压源型逆变器，三相电流之和恒为零，因此仅考虑基波时，理论上可认为没有无功功率在 SVG 与系统之间往返，SVG 工作不需要储能元件。但实际上，考虑到交流电路吸收的电流并不仅含基波，其谐波的存在会造成少许无功能量在电源和 SVG 之间往返。所以，为维持 SVG 正常工作，其直流侧仍需一定大小电容（或电感），但所需储能元件容量远比 SVG 所能提供的无功容量小。而 SVC 所需储能元件容量至少应等于其所提供无功功率的容量。因此，SVG 中储能元件的体积和成本比同容量的 SVC 中的大大减小。

SVG 的控制目标是调节需要补偿的无功功率。当系统电压基本恒定时，控制 SVG 的无功功率等效于控制其无功电流，主要分为间接控制和直接控制：间接电流控制是将 SVG 当作交流电压源，通过对 SVG 逆变器所产生的交流电压基波相位和幅值的控制，来间接控制其交流侧电流；直接电流控制采用跟踪型 PWM 控制技术对电流波形的瞬时值进行反馈控制。针对 SVG 的具体控制技术有很多。

SVG 的电压-电流特性如图 9-28 所示。通过改变控制系统参数（电网电压参考值），其电压-电流特性可上下移动。当电网电压下降，补偿器电压-电流特性向下调整时，SVG 可调整交流侧电压幅值和相位，使其所能提供的最大无功电流 I_{Lmax} 和 I_{Cmax} 维持不变。SVC 能提

供的最大电流受并联电抗器和电容器阻抗特性限制，随着电压降低而减小，因此 SVG 的运行范围比传统 SVC 大。

根据电力电子理论，SVG 的电压源型逆变器可以通过多重化技术或 PWM 技术，有效消除谐波。SVG 的连接电抗器所需电感量比 SVC 小很多。如果采用降压变压器接入电网，则还可以利用变压器漏抗，其连接电抗器还可进一步减小。

与 SVC 相比，SVG 的不足是控制方法和控制系统复杂，使用数量较多的大容量自关断器件，因此价格高很多。

表 9-2 列出配电系统中常用无功功率补偿装置的性能对比。

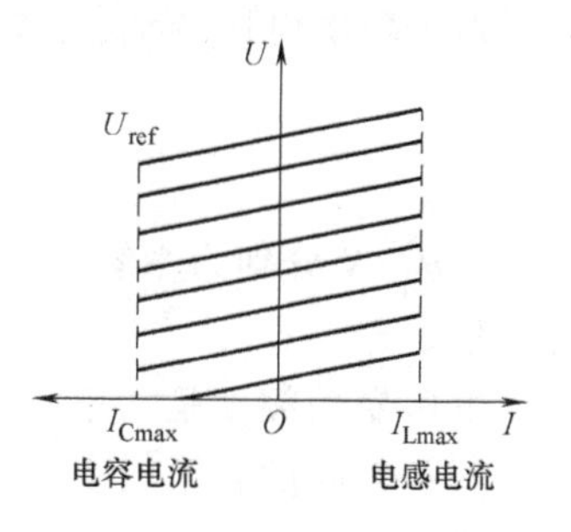

图 9-28　SVG 的电压-电流特性

表 9-2　各种无功功率补偿装置性能对比

装置	TCR 或 FC/TCR	TSC	TCR+TSC	SVG
响应速度	较快	较快	较快	快
吸收无功	连续	分级	连续	连续
控制	较简单	较简单	较简单	复杂
谐波电流	大	无	大	小
分相调节	可以	有限	可以	可以
损耗	中	小	小	很小
噪声	小	小	小	很小

9.4　电压波动

9.4.1　电压波动限值

电压波动是指连续出现的电压有效值变化。电压波动主要由周期或非周期性变动负荷引起，电压波动考察点一般是系统 PCC。

电压波动幅度一般不大，其主要危害是引起照明设备中光源的闪烁，使得照明质量下降；或引起电视机、计算机显示器中显像管工作不正常，图像变形；或使电动机转速不均匀，影响所生产产品的质量；或导致电子设备、自控设备或测试仪器无法正确工作。

电压波动的上述不利影响不仅跟电压波动大小相关，因其间歇性特征，还跟电压波动的发生频度相关。频度越高，影响越大。

电压波动的程度以电压变动及电压变动频度表述。

电压变动 $d\%$ 定义为：电压方均根的最大、最小值之差与系统标称电压的比值百分比，即

$$d\% = \frac{U_{max} - U_{min}}{U_N} \times 100\% \tag{9-29}$$

式中，U_{max} 为 PCC 电压方均根值曲线上相邻两个极值电压中的极大值；U_{min} 为 PCC 电压方均根值曲线上相邻两个极值电压中的极小值；U_N 为系统标称电压。

对于单次电压变动，$d\%$的计算公式可根据定义推导得出。

$$d\% = \frac{R\Delta P_L + X\Delta Q_L}{U_N^2} \times 100\% \tag{9-30}$$

式中，R、X 分别为系统电阻和电抗；ΔP_L、ΔQ_L 分别为最大和最小负荷的有功、无功功率变化量。

电压变动频度是指单位时间内电压变动的次数。电压由大到小或由小到大各算一次变动，同一方向的若干次变动，若间隔时间小于 30ms，则算一次变动。电压变动频度 r 的计算公式为

$$r = m/T \tag{9-31}$$

式中，m 为某一规定时间内电压变化的次数；T 为观察周期，以分钟、小时等计。

当电压波动呈周期性时，可通过电压方均根值曲线测量其电压变动及频度。

当电压变动及频度达到一定范围时，照明设施照度变化会使人眼对灯光闪烁感到不适，这种现象称为闪变。

电压波动引起的闪变效应不仅跟电压变动及频度相关，还跟人眼及人脑对闪变的响应相关。用短时闪变值 P_{st} 和长时闪变值 P_{lt} 进行评价，其计算方法见相关文献。

为限制电压波动的危害，国家标准 GB/T 12326—2008《电能质量：电压波动与闪变》对中低压系统 PCC 电压变动限值和变动频度见表 9-3。

表 9-3　电压波动限值

R/(次/h)	d(%)	
	LV、MV(中低压)	HV(高压)
$r\leqslant1$	4	3
$1<r\leqslant10$	3	2.5
$10<r\leqslant100$	2	1.5
$100<r\leqslant1000$	1.25	1

9.4.2　电压波动抑制

电压波动可以认为是快速变动的电压偏差，对其进行抑制的措施可从两方面考虑。

(1) 隔离波动负荷

这是从系统结构方面采取的措施，当波动负荷与 PCC 的电气距离足够长的时候，波动负荷对该点造成的电压变动就会减弱。一般采用对波动负荷单独回路供电的方式对其影响进行隔离。

(2) 静止无功补偿器（SVC）**和静止无功发生器**（SVG）

根据 SVC 和 SVG 的工作原理及响应时间，这些装置也可用于抑制电压波动。

(3) 有源滤波装置

有源电力滤波器能够对大小和频率都变化的谐波及无功进行补偿。有源滤波装置的工作原理如图 9-29 所示。

有源滤波装置由两大部分构成，即指令电流运算电路和补偿电流发生电路（包含电流

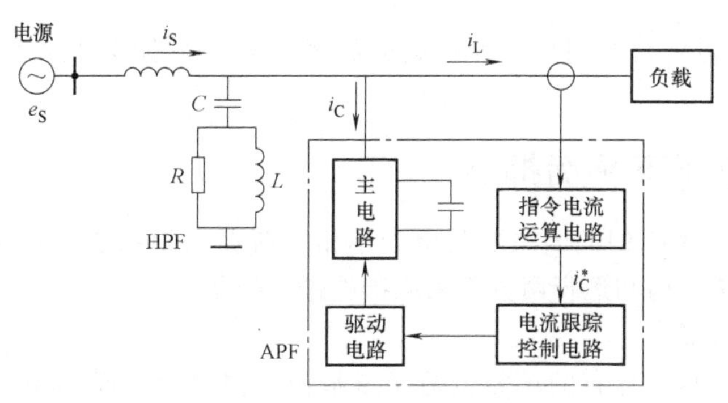

图 9-29　有源滤波装置的工作原理

跟踪控制电路、驱动电路和主电路）。其工作原理是：检测补偿对象的电压和电流，经指令电流运算电路计算得到补偿电流的指令信号，该信号经补偿电流发生电路放大，得出补偿电流，补偿单流与负荷电流中要补偿的谐波及无功等电流抵消，最终得到期望的电源电流。

有源滤波装置可以用来补偿造成电压波动的电流，从而达到抑制电压波动的目的。

9.5　三相电压不平衡

9.5.1　三相电压不平衡限值

三相系统中，线电压的基波有效值不相等，或者线电压之间的相位差不相等，都称为三相电压不平衡。

三相电压不平衡时，三相电流不一致，为满足最大相的要求，三相设备（如变压器）的利用率会降低；三相电压不平衡时的负序电流分量会使电动机因产生附加损耗过热，产生附加转矩降低使用效率；对于多相整流装置，三相不平衡电压使电流在各整流元件上导通的时间和大小发生差异，因而必须降低整流装置的允许功率，导致部分元器件效能得不到充分利用；对于三相补偿电容，不对称电压会引起三相无功功率输出不平衡。鉴于三相电压不平衡带来的上述问题，需要对其加以限制。

当三相电压不平衡时，其负序分量或零序分量便不为零。因此，三相电压不平衡的程度用三相电压负序不平衡度 ε_{U2} 和零序不平衡度 ε_{U0} 表示，分别定义为三相系统电压基波负序分量或零序分量与电压基波正序分量的方均根值的百分比，即

$$\varepsilon_{U2}=\frac{U_2}{U_1}\times100\% \tag{9-32}$$

$$\varepsilon_{U0}=\frac{U_0}{U_1}\times100\% \tag{9-33}$$

式中，U_1 为三相电压正序分量的方均根值；U_0 为三相电压零序分量的方均根值；U_2 为三相电压负序分量的方均根值。

国家标准 GB/T 15543—2008《电能质量　三相电压不平衡》对三相电压不平衡度做了限值规定，分别从系统和用户两个方面进行限定：

1）电力系统公共连接点电压不平衡度限值为：负序电压不平衡度不超过 2%，短时不

得超过 4%。

2）接于公共接点的每个用户，引起该点负序电压不平衡度允许值一般为 1.3%，短时不超过 2.6%。

9.5.2 三相电压不平衡抑制

产生三相电压不对称的原因主要是由于单相负荷在三相系统中容量和位置的不合理分布。因此可以从系统结构和运行两方面采取措施进行抑制。

（1）均衡单相负荷

系统设计中使三相上分布的单相负荷尽量平衡；同时应考虑到用电设备功率因数的不同，尽量使有功和无功功率在三相系统达到均衡，低压系统三相之间的容量之差不宜超过 15%。

在系统运行中，也可以采取切换负荷接入相的措施平衡三相负荷，以达到平衡三相电压的目的。负荷切换操作采用自动装置进行，通过检测到的三相负荷不平衡度进行切换决策。

（2）静止无功补偿器（SVC）和静止无功发生器（SVG）

SVC 和 SVG 可以通过补偿无功进行分相电压调节，因此也是一种有效的改善三相电压不平衡的措施。

9.6 谐波

9.6.1 谐波限值

谐波是一种广泛存在于电力系统的稳态电力扰动，是对周期性交流量进行傅里叶级数分析，得到的频率为基波频率大于 1 的整数倍的分量。

向公共电网注入谐波电流或在公共电网中产生谐波电压的电器设备，统称为谐波源。冶金、化工等企业和电气化铁路用的换流设备，家用电器中的非线性用电设备等接入电网，产生大量谐波电流注入电网中。

谐波的主要危害有：

1）谐波电流流入系统后，通过系统阻抗产生谐波压降，叠加在基波电压上，引起电压波形畸变，对其他设备产生影响。

2）谐波电流在旋转电动机绕组中流通，使电动机产生附加功率损耗而过热，产生脉动转矩和噪声。

3）引起无功补偿电容器组谐振和谐波电流放大，导致电容器组因过负荷或过电压而损坏。

4）谐波频率高于基波，其趋肤效应和邻近效应更为显著，使输电线路、变压器等因产生附加损耗而过热；

5）电压或电流波形的畸变改变电压或电流变化率，影响断路器的开断。

6）对仪表、继电保护和自动控制装置等产生干扰等。

1. 谐波表示法

根据傅里叶变换理论，稳态周期性函数 $f(t)$ 在满足狄里赫利条件时，可以分解成如下

傅里叶级数形式：

$$f(t) = A_0 + \sum_{h=1}^{\infty}[a_h\cos(2\pi hf_0t)] + \sum_{h=1}^{\infty}[b_h\cos(2\pi hf_0t)]$$
$$= A_0 + \sum_{h=1}^{\infty}[A_h\cos(2\pi hf_0t + \varphi_h)] \tag{9-34}$$

式中，A_0 为直流分量幅值；h 为谐波次数；A_h、φ_h 分别为第 h 次谐波的幅值和相位；f_0 为基波频率。

当基波分量与一定幅值和相位的谐波分量叠加时，波形就会畸变，所谓畸变是指波形不再是正弦形状。图 9-30 所示为不同谐波分量导致的波形畸变。

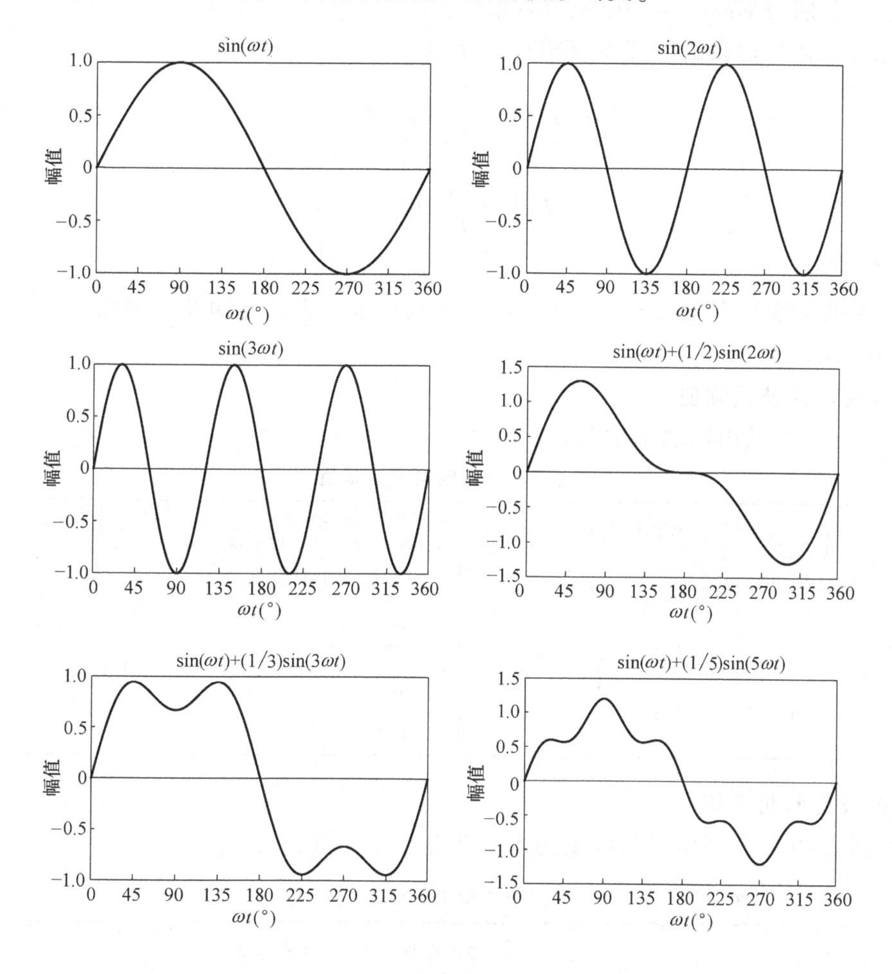

图 9-30　不同谐波分量导致的波形畸变

2. 主要谐波指标

(1) 谐波电压含量 U_H 及谐波电流含量 I_H

$$U_H = \sqrt{\sum_{h=2}^{\infty}U_h^2} \tag{9-35-1}$$

$$I_{\mathrm{H}}=\sqrt{\sum_{h=2}^{\infty} I_h^2} \tag{9-35-2}$$

式中，U_h 为第 h 次谐波电压方均根值；I_h 为第 h 次谐波电流方均根值。

（2）第 h 次谐波电压、电流含有率 HRV_h、HRI_h

$$HRV_h=\frac{U_h}{U_1}\times 100\% \tag{9-36-1}$$

$$HRI_h=\frac{I_h}{I_1}\times 100\% \tag{9-36-2}$$

式中，U_1、I_1 分别为基波电压、电流方均根值。

（3）电压、电流总谐波畸变率 THD_{V}、THD_{I}

$$THD_{\mathrm{V}}=\frac{U_{\mathrm{H}}}{U_1}\times 100\% \tag{9-37-1}$$

$$THD_{\mathrm{I}}=\frac{I_{\mathrm{H}}}{I_1}\times 100\% \tag{9-37-2}$$

3. 谐波限值

系统最终的谐波水平与系统参数和负荷的非线性度均有关，因此谐波限值也是从系统和用户两方面进行规定。

（1）公共电网谐波限值

表 9-4 列出对公共电网的谐波限值。

表 9-4　公共电网谐波限值

电网标称电压/kV	电压总谐波畸变率(%)	各次谐波电压含有率(%)		电网标称电压/kV	电压总谐波畸变率(%)	各次谐波电压含有率(%)	
		奇　次	偶　次			奇　次	偶　次
0.38	5.0	4.0	2.0	35	3.0	2.4	1.2
6	4.0	3.2	1.6	66			
10				110	2.0	1.6	0.8

（2）谐波电流允许值

表 9-5 列出 PCC 全部用户向该点注入谐波电流允许值。

表 9-5　注入 PCC 的谐波电流允许值（只列出 2~13 次）

标准电压/kV	基准短路容量/MV·A	谐波次数及谐波电流允许值/A											
		2	3	4	5	6	7	8	9	10	11	12	13
0.38	10	78	62	39	62	26	44	19	21	16	28	13	24
6	100	43	34	21	34	14	24	11	11	8.5	16	7.1	13
10	100	26	20	13	20	8.5	15	6.4	6.8	5.1	9.3	4.3	7.9
35	250	15	12	7.7	12	5.1	8.8	3.8	4.1	3.1	5.6	2.6	4.7
66	500	16	13	8.1	13	5.4	9.3	4.1	4.3	3.3	5.9	2.7	5.0
110	750	12	9.6	6.0	9.6	4.0	6.8	3.0	3.2	2.4	4.2	2.0	3.7

9.6.2　配电系统的谐波基本特征

1. 谐波基本特性

(1) 对称特性（见图 9-31）

1）满足 $f(-t)=-f(t)$ 时，称为奇对称，展开的傅里叶级数只有正弦分量。

2）满足 $f(-t)=f(t)$，称为偶对称，展开的傅里叶级数只有余弦分量（或加上直流分量）。

3）满足 $f\left(t\pm\frac{T}{2}\right)=-f(t)$，称为半波对称，展开的傅里叶级数只有奇次谐波。

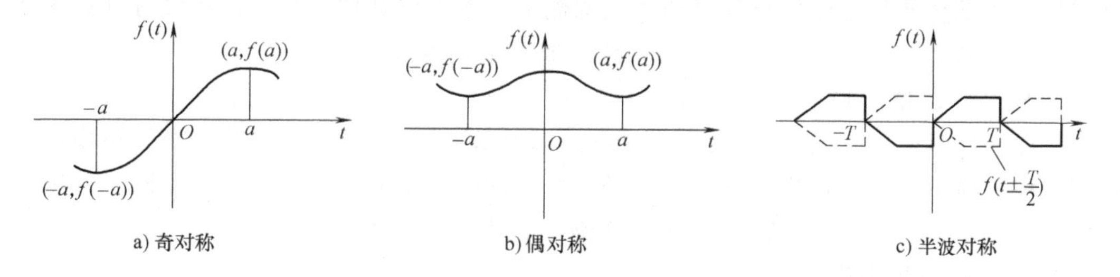

图 9-31　谐波的对称特性

(2) 相序特性

三相系统的三相相量根据相序关系可分为正序、负序和零序，如图 9-32 所示。由谐波的相量图可以看出：1+3n 次谐波（n 为 0 及正整数）的三相相量之间服从正序关系；2+3n 次谐波的三相相量之间服从负序关系；3+3n 次谐波（n 为 0 及正整数）的三相相量之间服从零序关系，见表 9-6。因此，谐波对系统的影响跟谐波的相序特性密切相关。例如，基波负序电流对电动机存在不良影响，负序谐波电流也同样存在。

值得注意的是，零序谐波三相相位相同，因此三相零序谐波之和是不能相互抵消的。这个特征导致零序谐波电流在中性线上的叠加，极其容易导致中性线过负荷。

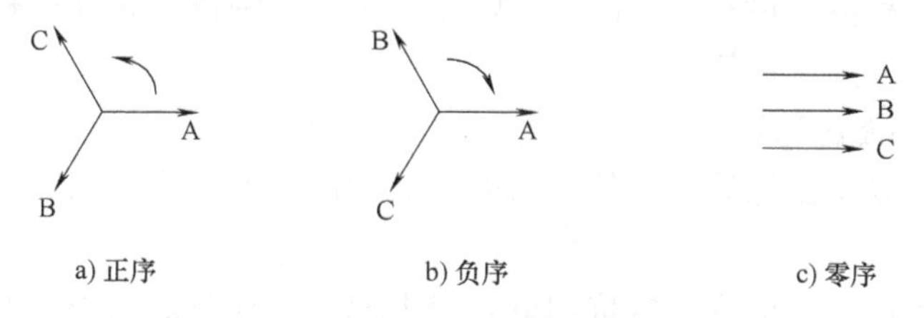

图 9-32　三相正序、负序、零序的关系

表 9-6　各次谐波注的三相相序特征

h	1	2	3	4	5	6	7	8	9	10	11	12	13	14	15
相序	+	−	0	+	−	0	+	−	0	+	−	0	+	−	0

2. 配电系统谐波特性

电力系统主要谐波来源为负荷，谐波次数与负荷类型密切相关。

(1) 整流装置

整流装置是电力系统中主要谐波负荷，其特征谐波次数为奇次，因此半波对称畸变波形最为常见。

单相整流装置负荷主要是各种家用电器，如电视机、录像机、计算机、调光灯具、调温炊具等。一般产生3、5、7等奇数次谐波，以3、5次谐波含量通常最大。

三相整流装置负荷一般采用Yd或Dy接线的三相变压器供电，由于3次及3的倍数次谐波的零序性质，在三角形联结的绕组内可形成环流，但其电动势在星形联结绕组内不能形成谐波电流，因此采用Yd或Dy接线的三相直流变压器，能使注入电网的谐波电流中消除3及3的倍数次谐波。

(2) 变频装置

变频装置常用于风机、水泵、电梯等设备中，由于变频装置两侧交流频率不同，因此其在直流环节的耦合使得谐波成分很复杂。电源侧电流中除整数次谐波外，还含有分数次谐波(间谐波)。这类装置功率一般较大，对系统组成的影响也较大。

(3) 电弧炉、电石炉

由于加热原料时电炉的三相电极很难同时接触到高低不平的炉料，使得燃烧不稳定，因此引起三相负荷不平衡，产生谐波电流，经变压器的三角形联结绕组而注入电网。其中主要是2次、7次谐波，平均可达基波的8%、20%，最大可达45%。

(4) 气体放电类电光源

荧光灯、高压汞灯、高压钠灯与金属卤化物灯等属于气体放电类电光源，其伏安特性呈现十分严重的非线性性质，主要产生奇次谐波电流。

9.6.3 谐波抑制

对系统中谐波的抑制一般从两方面考虑：一是限制谐波的产生和流通；二是在谐波源附近尽量将谐波吸收到剩余量最小，即滤波。

1. 限制谐波产生和流通

限制谐波产生和流通的方法很多，如：采用Dyn11联结组别的三相配电变压器，利用其一次绕组的三角形联结，形成零序谐波（3及3的倍数次）通路，使其不致注入中压系统；增加换流装置的相数，提高谐波次数，降低谐波电流幅值；在并联补偿电容器上串联电抗器，限制谐波电流放大作用等。

2. 滤波器滤波—无源滤波

在谐波源附近装设交流滤波器，使进入电网的谐波电流减少。交流滤波器分为无源交流滤波器和有源交流滤波器。

交流无源滤波器由电力电容、电抗和电阻等无源元件通过适当组合而成。无源滤波器是配电系统中使用最广泛，技术、经济上都较合理的抑制谐波方式。

由于配电系统的谐波特性，因此其中最常用的是单调谐滤波器和二阶高通滤波器的组合。其典型配置是若干组单调谐滤波器加上一组二阶高通滤波器，组成一套滤波装置。如对6脉动整流装置进行滤波时，其典型配置为5、7、11次单调谐滤波器加上13次以上的高通滤波器（有的还加3次单调谐滤波器）。这两种滤波器的接线较简单、灵活，调谐容易，参数的设计也较简便。

(1) 单调谐滤波器

1）基本工作原理。单调谐滤波电路如图9-33a所示。根据单调谐滤波器的电路，其阻

抗为

$$Z(h\omega_1)=R+\mathrm{j}\left(h\omega_1 L-\frac{1}{h\omega_1 C}\right) \tag{9-38}$$

式中，h 为谐波次数；ω_1 为基波角频率。

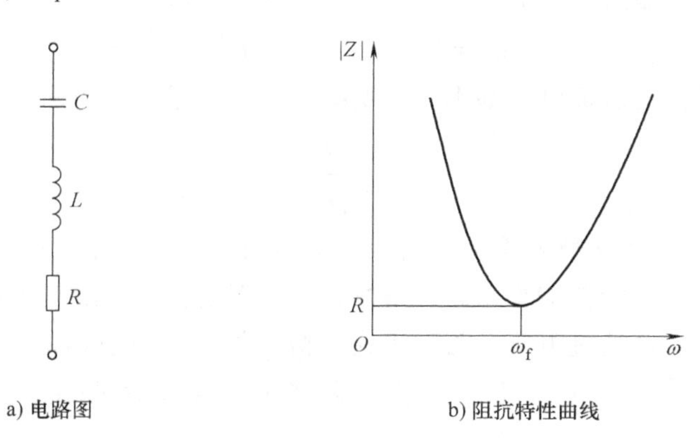

a) 电路图　　b) 阻抗特性曲线

图 9-33　单调谐滤波器

因此，单调谐滤波器的调谐角频率为

$$\omega_f=\frac{1}{\sqrt{LC}} \tag{9-39}$$

在调谐频率下，回路阻抗等于电阻 R，R 主要是电感元件的线圈电阻，因此在调谐频率下，滤波器阻抗很小。若将滤波器并联在系统中，则调谐频率的谐波电流经滤波器支路分流接地，起到滤除系统谐波的作用；而对其他非调谐分量分流很少。图 9-33b 是单调谐滤波器的阻抗特性曲线。

显然，单调谐滤波器在低于调谐频率的频段为容性，在高于调谐频率的频段为感性。对于基波频率，单调谐滤波器可以起到无功补偿的作用。

对于滤波器来说，描述其滤波特性的一个重要指标是品质因数。品质因数 q 定义为：电路谐振时，一个周期内储能元件的最大储能与能量消耗之比。

$$q=\frac{\omega_f L}{R}=\frac{\sqrt{L/C}}{R} \tag{9-40}$$

q 值是滤波器调谐锐度指标。品质因数越高，特性曲线越陡，滤波带宽越小。单调谐滤波器的品质因数通常为 30～100。

2）参数确定。单调谐滤波器由电阻、电感和电容组成，其相关参数确定不仅要考虑达成调谐频率，还需要考虑无功补偿及其他因素。

① 电容。为了使电力滤波器充分发挥无功补偿功能，首先根据滤波器的回路数，分配无功补偿容量，进而确定单调谐滤波器电容。

由于系统电压中谐波含量必须通过各种技术措施限制在较小的范围，因此滤波器支路流过的电流可以近似认为只有基波电流和调谐频率的谐波电流。根据式（9-39）的电容电感关系，若系统额定基波相电压为 $U_{(1)}$，则基波电流 $I_{f(1)}$ 为

$$I_{f(1)}=\frac{U_{(1)}}{\frac{1}{\omega_1 C}-\omega_1 L}=\omega_1 C\frac{n^2}{n^2-1}U_{(1)}\approx\omega_1 CU_{(1)} \tag{9-41}$$

式中，n 为谐振频率与基波频率的倍数，$n=\omega_f/\omega_1$。

单相滤波器的基波无功容量为

$$Q_C=U_{(1)}I_{f(1)}\approx\omega_1 CU_{(1)}^2 \tag{9-42}$$

于是，当已知滤波器需提供的基本无功功率时，滤波器电容为

$$C\approx\frac{Q_C}{\omega_1 U_{(1)}^2} \tag{9-43}$$

② 电感。滤波器在调谐频率前后分别呈现容性和感性。由于实际元器件参数不可能完全达到理想状态，如果实际调谐频率高于谐波频率，则呈容性的滤波器很容易与系统感性电抗形成并联谐波，导致谐波过电压。为防止这种情况发生，滤波器的实际调谐角频率 ω_f 会略低于待滤除的谐波角频率 ω_h，确保在谐波频率下，滤波器呈感性，因此滤波电感应确定为

$$L=\frac{1}{\omega_f^2 C} \tag{9-44}$$

③ 电阻。由单调谐滤波器特性曲线图 9-33b 可见，当电容电感参数确定时，滤波器电阻越大，滤波效果越差，损耗越大；另一方面，电阻增大会使得滤波范围宽一些，弥补因电容电感值偏差造成的调谐不准确。确定电阻时应综合考虑上述因素。

安装单调谐滤波器的目的是降低 PCC 的谐波电压，或者是降低负荷注入系统的谐波电流。对于给定谐波电压/电流限值，滤波器在谐振点的阻抗，即 R 值可由下列步骤求出。

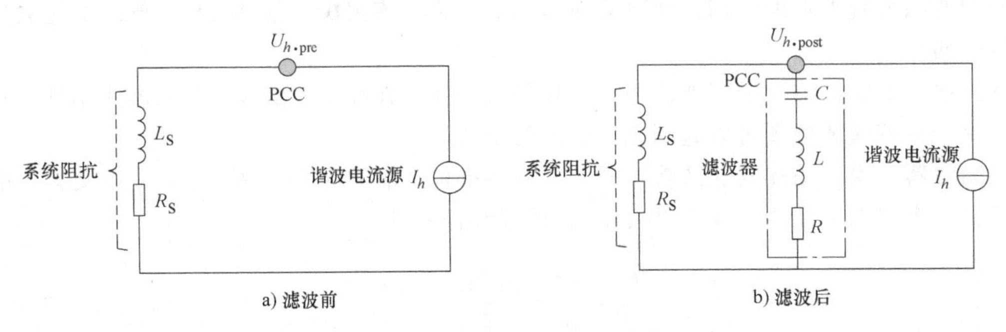

图 9-34　滤波前后 PCC 谐波电压

设滤波前后 PCC h 次谐波电压分别为 $U_{h\cdot\text{pre}}$ 和 $U_{h\cdot\text{post}}$，假定滤波器调谐频率为谐波电流源频率，由图 9-34 所示电路得

$$U_{h\cdot\text{post}}=\frac{R}{R+Z_{S\cdot h}}U_{h\cdot\text{pre}}=\frac{R}{R+R_S+j\omega_f L_S}U_{h\cdot\text{pre}}$$

式中，$Z_{S\cdot h}$ 为系统的第 h 次谐波阻抗，$Z_{S\cdot h}=R_S+j\omega_f L_S$。

因此，假定 $U_{h\cdot\text{post}}$ 为 PCC 谐波电压限值，滤波器电阻应不大于

$$R=\frac{Z_{S\cdot h}U_{h\cdot\text{post}}}{U_{h\cdot\text{pre}}-U_{h\cdot\text{post}}} \tag{9-45}$$

调谐频率 h_f 通常略低于待滤除谐波频率 h，例如将 5 次谐波滤波器的调谐频率设定为 4.8 次。于是，滤波器在 h 次谐波的阻抗实际低于计算值，需要使用式（9-46）对滤波效果进行验算。

$$U_{h \cdot \mathrm{post}}=\frac{R+\mathrm{j}\omega_h L(1-k^2)}{R+\mathrm{j}\omega_h L(1-k^2)+R_S+\mathrm{j}\omega_h L_S}U_{h \cdot \mathrm{pre}} \tag{9-46}$$

式中，$k=h_f/h$。

滤波器电阻是会消耗系统有功功率的，因此在滤波器性能满足要求的前提下，电阻值越小越好；另一方面，在滤波器电路谐振时，其电感或电容上的电压降会非常大，因此若出于电感电容耐压的考虑，有时也会适当增加电阻值。

（2）二阶高通滤波器

1）基本工作原理。图 9-35a 为二阶高通滤波器的一次接线电路图。二阶高通滤波器可以看成电感上并联了一个电阻的单调谐滤波器。当电阻很大、电感元件接近开路时，二阶高通滤波器就是单调谐滤波器；当电阻很小、电感元件接近短路时，二阶高通滤波器就是电容器滤波电路。

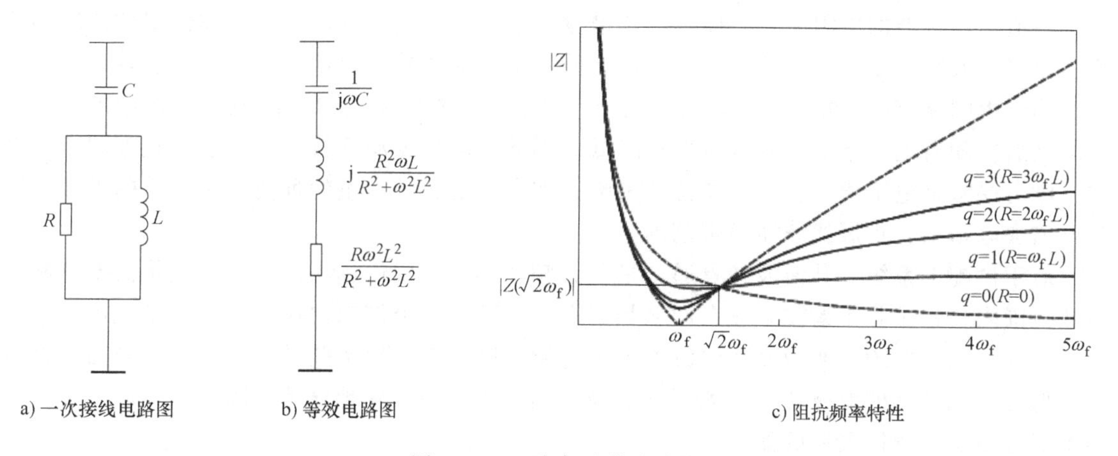

a) 一次接线电路图　　b) 等效电路图　　c) 阻抗频率特性

图 9-35　二阶高通谐滤波器

二阶高通滤波器的等效串联电路如图 9-35b 所示，其阻抗表达式为式（9-47）。二阶高通滤波器谐振频率与单调谐滤波器定义相同。

$$Z=R+\mathrm{j}(X_L-X_C)=\frac{R\omega^2L^2}{R^2+\omega^2L^2}+\mathrm{j}\left(\frac{R^2\omega L}{R^2+\omega^2L^2}-\frac{1}{\omega C}\right) \tag{9-47}$$

图 9-35c 所示为二阶高通滤波器的阻抗频率特性曲线，其横坐标为角频率与谐振角频率的倍数，纵坐标为滤波器阻抗绝对值。对低于谐振频率的谐波，滤波器呈较高的容性阻抗；对高于谐振频率的谐波，滤波器呈感性。谐振点后，阻抗较小，且由于 R 的限制，RL 并联电路虚部也变化不大，出现一个较低阻抗的频率范围，该范围即高通滤波范围。

2）品质因数。二阶高通滤波器的品质因数根据定义得

$$q=\frac{X_{RL}}{R_{RL}}=\frac{R^2\omega_f L}{R^2+\omega_f^2L^2}\bigg/\frac{R\omega_f^2L^2}{R^2+\omega_f^2L^2}=\frac{R}{\omega_f L} \tag{9-48}$$

高通滤波器的 q 表达式中电阻在分子上，与单调谐滤波器相反。这是因为高通滤波器

中，电阻与电感并联，电阻越大，调谐越尖锐。由高通滤波器谐波特性曲线可见，正是由于电阻的作用，使得高频段出现一个低阻抗区间，并且电阻越小，高通段越平坦。因此二阶高通滤波器与单调谐滤波器相比，品质因数小很多，这就带来二阶高通滤波器较高的有功损耗问题。

3）阻抗频率特性。将二阶高通滤波器的谐振角频率及品质因数表达式代入式（9-47），并且将角频率用基准值为调谐频率的标幺值 ω_* 表示，得到

$$Z(\omega)=R(\omega)+\mathrm{j}X(\omega)=Z(\omega_*)\frac{1}{\omega_\mathrm{f}} \tag{9-49}$$

式中，$Z(\omega_*)=\dfrac{\omega_*^2 q}{C(q^2+\omega_*^2)}+\mathrm{j}\dfrac{q^2\omega_*^2-q^2-\omega_*^2}{\omega_* C(q^2+\omega_*^2)}$

由图 9-35c 的滤波器阻抗频率特性可以看出，当调谐频率不变时，不同品质因数的阻抗曲线有一个共同的交点，该交点发生在$\sqrt{2}\omega_\mathrm{f}$ 处，此时滤波器阻抗为

$$|Z(\sqrt{2}\omega_\mathrm{f})|=\frac{1}{\sqrt{2}C\omega_\mathrm{f}} \tag{9-50}$$

该值与滤波器的电阻无关，即：当调谐频率一定时，电容增加时，滤波器阻抗曲线会下移，使得滤波特性更好。因此，二阶高通滤波器适合兼作较大容量的无功补偿装置。

同时由图 9-35c 还可看出，在曲线族交点之前，随着电阻增加，滤波器阻抗增加，而在交点之后，随着电阻增加，滤波器阻抗降低。因此，如果要滤除较大量的谐振频率附近的谐波，则需要降低电阻值，使滤波器特性更陡；如果要滤波较大量的远离谐振频率的谐波，则需要增加电阻值，扩展滤波器通带范围。

对于供配电系统，其谐波特点通常是谐波频率越高，幅值越小。于是一般将需要滤除的谐波范围内，最小频率谐波设置在调谐频率点，较高频率谐波依次排列于其通带范围。

此外，式（9-50）明确显示滤波器阻抗与调谐频率成反比例关系，即：当滤波器调谐频率降低时，滤波器的滤波特性会大幅度下降，频率越低，下降越显著。因此，二阶高通滤波器不适合用于低频段谐波的滤除。

4）参数选择。

① 电容。首先根据分配的补偿容量确定所需电容值。

$$Q_\mathrm{C}=U_{(1)}I_{\mathrm{f}(1)}\approx\omega_1 CU_{(1)}^2 \tag{9-51}$$

② 电感。根据滤波器的调谐频率定义，电感由式（9-52）计算确定。

$$L=\frac{1}{\omega_\mathrm{f}^2 C} \tag{9-52}$$

③ 电阻。与单调谐滤波器类似，若已知滤波前 PCC h 次谐波电压为 $U_{h\cdot\mathrm{pre}}$，滤波后谐波电压要求小于 $U_{h\cdot\mathrm{post}}$，则

$$Z_h=\frac{U_{h\cdot\mathrm{post}}}{U_{h\cdot\mathrm{pre}}-U_{h\cdot\mathrm{post}}}Z_{\mathrm{S}\cdot h} \tag{9-53}$$

式中，$Z_{\mathrm{S}\cdot h}$ 和 $Z_{\mathrm{f}\cdot h}$ 分别为系统和滤波器在 h 次谐波频率下的阻抗。由于

$$Z_h=\frac{R(k_h\omega_\mathrm{f})^2L^2}{R^2+(k_h\omega_\mathrm{f})^2L^2}+\mathrm{j}\left[\frac{R^2k_h\omega_\mathrm{f}L}{R^2+(k_h\omega_\mathrm{f})^2L^2}-\frac{1}{k_h\omega_\mathrm{f}C}\right] \tag{9-54}$$

式中，$k_h = h/h_f$。

于是可计算出满足不同次数谐波电压要求的若干滤波器电阻。

进一步，由滤波器的有功损耗计算式可以证明，一般情形下，滤波器电阻越小时，其等效电阻越大，因此在满足滤波器性能条件下，滤波器电阻采用最大值。

对于单次谐波，达到同样的滤波效果，采用单调谐滤波器的损耗小很多。高通滤波器有综合滤波功能，可滤除若干次高次谐波，并减少滤波器回路数，特别是当结合所需无功补偿容量考虑时，用几组单调谐滤波器加一组高通滤波器是比较经济合理的。

3. 滤波器滤波—有源滤波

无源滤波器虽然应用十分广泛，但也存在一些问题，如当系统结构或参数发生变化或滤波器本身参数变化时，滤波器可能产生谐波放大，且对电压波动、负序等不能综合治理。随着大功率电力电子器件技术的发展和突破，采用脉宽调制（PWM）技术等构成的有源电力滤波器（APF）得到推广应用。

有源滤波器响应快，补偿效果好，且不受电网谐波阻抗影响，不足之处是价格昂贵。若将APF的优良性能与无功补偿装置（FC）的低成本结合，则可构成混合型滤波器，降低滤波成本。

9.7　分布式能源接入对电能质量的影响

由于风电、太阳能等可再生能源发电具有间歇性、随机性、可调度性低的特点，因此大规模接入后对电网运行会产生较大的影响。本节简单介绍目前主要的分布式能源——风电和光伏接入配电系统对电能质量的影响。

9.7.1　风电接入对电能质量的影响

风电并网给系统带来电能质量问题主要有如下3个方面。

1. 谐波

风电给系统带来谐波的途径主要有两种：

(1) 风力发电机配备的电力电子装置

电力电子装置是非线性设备，也就是谐波源。对于直接和电网相连的恒速风力发电机，软起动阶段通过电力电子装置与电网相连，因此产生一定量的谐波；对于变速风力发电机，其通过整流和逆变装置接入系统，也会带来程度不同的谐波问题。

(2) 风力发电机并联补偿电容器与线路电抗谐振

在实际运行中，曾经观测到在风电场出口变压器的低压侧产生大量谐波的现象，这是由于风力发电机并联补偿电容器与线路电抗谐振，放大了系统原有谐波。

2. 电压稳定性

大型风电场及其周围地区，常常会由于如下原因出现较大幅度电压波动。

1）风力发电机组起动时，产生较大的冲击电流。

2）当风速超过切出风速或发生故障时，风力发电机会从额定出力状态自动退出并网状态，风力发电机组脱网会导致电网电压突然降落。

3. 频率稳定性

大型电网具有足够的备用容量和调节能力，风电接入一般不会影响频率稳定。但对于孤网运行的微网，风电接入带来的频率稳定性问题不容忽视。

9.7.2 光伏接入对电能质量的影响

太阳能光伏发电系统主要由太阳能光伏电池组、控制器、蓄电池和交直流逆变器组成。其中光伏电池实现光电转换功能；控制器用于整个系统的过程控制；蓄电池用于暂时存储光伏电池转换来的电力；交直流逆变器将光伏电池发出的直流电能变换为交流。

光伏发电系统的发电能力受日照的影响，会出现较大的不易预测的波动，可能引起电压波动；其逆变环节会产生两个电能质量问题，谐波和直流量注入。

9.7.3 电能质量改善措施

分布式能源接入电网产生的电能质量问题，可从分布式能源及系统两方面分别采用措施，加以改善。

(1) 降低分布式能源装置对电网电能质量的影响

1）采用高性能电力电子装置，提高其自身功率因数、减少谐波发生量。

2）安装电能质量治理装置，如 SVC 等，加强风电侧无功支撑。

3）配备足够的储能装置，平抑发电量波动带来的电压波动。

(2) 提高系统接纳分布式能源的能力

1）增加系统的可控备用容量。

2）采用先进的 FACTS（柔性交流输电系统）技术。

思考与练习题

9-1 试比较冲击与振荡暂态特征的异同。解释为什么雷电过电压产生的是冲击暂态过程，而电容器投切产生的是振荡暂态过程。

9-2 试比较电压降落、电压损失、电压偏差的区别与联系。

9-3 如图 9-36 所示系统，已知 Z_S 和 Z_f 的标幺值分别为 $Z_{S*}=1.0+j2.0$ 和 $Z_{f*}=1.0+j6.0$，基准容量为 100MV·A，基准电压为 PCC 平均电压 115kV（PCC 标称电压为 110kV）。若某非金属性故障电流 $I_{f*}=0.1$，故障持续时间为 0.1s，试评价该故障对 PCC 接入的负荷造成不可接受的电压暂降。若故障电流 $I_{f*}=0.15$ 呢？

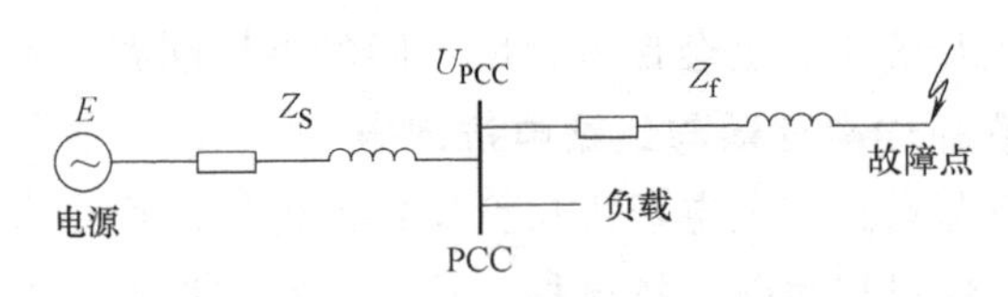

图 9-36 题 9-3 图

9-4 某 0.38kV 系统的相电压为 $u(t)=\sqrt{2}U[1+0.1\times\cos(2\pi ft)]\cos(2\pi f_1 t)$，其中 $U=0.22$kV，$f=8$Hz，$f_1=50$Hz。试画出该电压波形。这个系统电压有什么电能质量问题？指标是什么？

9-5 如图 9-37 所示，某 0.38kV 系统 PCC 通过三相线路分别向三组单相设备供电，三组单相负荷功率不同，这可能会给 PCC 电压造成什么电能质量问题？用什么指标对该问题进行描述？如果想要获得准确的

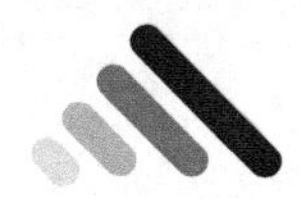

指标值，需要知道哪些系统参数？

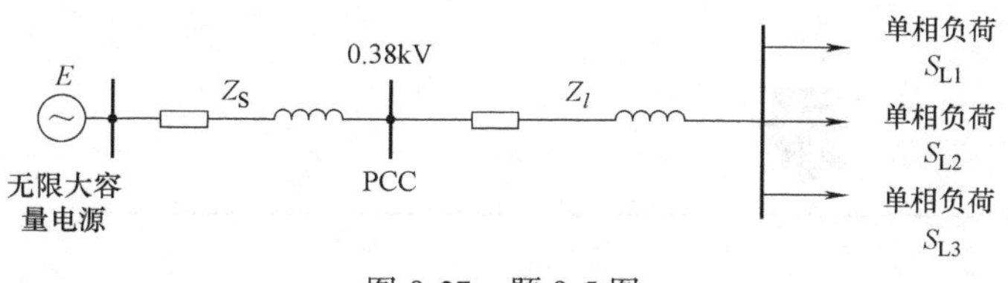

图 9-37　题 9-5 图

9-6　某 0.38kV 系统采用三相四线制接线，其中一个三相回路的中性线截面积与相线截面积相同，额定载流量为 80A。这个回路的基波负荷电流为 40A。由于向非线性负荷供电，负荷电流中含有 30A 三次谐波电流。请问相线和中性线上实际电流有效值为多少？这个回路能否承载这些负荷？

附　　录

附表 1　用电设备组的需要系数、二项式系数及功率因数值

用电设备组名称	需要系数 K_d	二项式系数		最大容量设备台数 x[①]	$\cos\varphi$	$\tan\varphi$
		b	c			
小批生产的金属冷加工机床	0.16~0.2	0.14	0.4	5	0.5	1.73
大批生产的金属冷加工机床	0.18~0.25	0.14	0.5	5	0.5	1.73
小批生产的金属热加工机床	0.25~0.3	0.24	0.4	5	0.6	1.33
大批生产的金属热加工机床	0.3~0.35	0.26	0.5	5	0.65	1.17
通风机、水泵、空压机及电动发电机组	0.7~0.8	0.65	0.25	5	0.8	0.75
非连锁的连续运输机械及铸造车间整砂机械	0.5~0.6	0.4	0.4	5	0.75	0.88
连锁的连续运输机械及铸造车间整砂机械	0.65~0.7	0.6	0.2	5	0.75	0.88
锅炉房和机加工、机修、装配等类车间的吊车($\varepsilon=25\%$)	0.1~0.15	0.06	0.2	3	0.5	1.73
铸造车间的吊车($\varepsilon=25\%$)	0.15~0.25	0.09	0.3	3	0.5	1.73
自动连续装料的电阻炉设备	0.75~0.8	0.7	0.3	2	0.95	0.33
非自动连续装料的电阻炉设备	0.65~0.7	0.7	0.3	2	0.95	0.33
实验室用的小型电热设备(电阻炉、干燥箱等)	0.7	0.7	0	—	1.0	0
工频感应电炉(未带无功补偿装置)	0.8	—	—	—	0.35	2.68
高频感应电炉(未带无功补偿装置)	0.8	—	—	—	0.6	1.33
电弧熔炉	0.9	—	—	—	0.87	0.57
点焊机、缝焊机	0.35	—	—	—	0.6	1.33
对焊机、铆钉加热机	0.35	—	—	—	0.7	1.02
自动弧焊变压器	0.5	—	—	—	0.4	2.29
单头手动弧焊变压器	0.35	—	—	—	0.35	2.68
多头手动弧焊变压器	0.4	—	—	—	0.35	2.68
单头弧焊电动发电机组	0.35	—	—	—	0.6	1.33

（续）

用电设备组名称	需要系数 K_d	二项式系数		最大容量设备台数 x[①]	cosφ	tanφ
		b	c			
多头弧焊电动发电机组	0.7	—	—	—	0.75	0.88
生产厂房及办公室、阅览室、实验室照明[②]	0.8~1	—	—	—	—	0
变配电所、仓库照明[②]	0.5~0.7	—	—	—	1.0	0
宿舍（生活区）照明[②]	0.6~0.8	—	—	—	1.0	0
室外照明、应急照明[②]	1	—	—	—	1.0	0

① 如果用电设备组的设备总台数 $n<2x$ 时，则最大容量设备台数取 $x=n/2$，且按四舍五入修约规则取整数。

② 各类照明灯具的 cosφ 和 tanφ 值请参见附表 4。

附表 2　照明用电设备需要系数

建筑类别	K_d	建筑类别	K_d
生产厂房（有天然采光）	0.80~0.90	宿舍区	0.60~0.80
生产厂房（无天然采光）	0.90~1.00	医院	0.50
办公楼	0.70~0.80	食堂	0.90~0.95
设计室	0.90~0.95	商店	0.90
科研楼	0.80~0.90	学校	0.60~0.70
仓库	0.50~0.70	展览馆	0.70~0.80
锅炉房	0.90	旅馆	0.60~0.70

附表 3　旅游旅馆用电设备的 K_d、cosφ 及 tanφ

用电设备组名称	K_d	cosφ	tanφ
照明：客房	0.35~0.45	0.95	0.33
其他场所	0.50~0.70		
冷水机组、泵	0.65~0.70	0.80	0.75
通风机	0.60~0.70	0.80	0.75
电梯	0.18~0.22	0.50	1.73
洗衣机	0.30~0.35	0.70	1.02
厨房设备	0.35~0.45	0.75	0.88
窗式空调器	0.35~0.45	0.80	0.75

附表 4　照明用电设备的 cosφ 及 tanφ

光源类别	cosφ	tanφ	光源类别	cosφ	tanφ
白炽灯、卤钨灯	1.00	0.00	高压钠灯	0.45	1.98
荧光灯（无补偿）	0.55	1.52	金属卤化物灯	0.40~0.61	2.29~1.29
荧光灯（有补偿）	0.90	0.48	镝灯	0.52	1.60
高压汞灯	0.45~0.65	1.98~1.16	氙灯	0.90	0.48

附表 5　电梯的需要系数 K_d（美国国家电气法规）

电梯台数	1	2	3	4	5	6
K_d	1	0.91	0.85	0.80	0.76	0.72

附表 6　BW 型并联电容器的技术数据

型号	额定容量/kvar	额定电容/μF	型号	额定容量/kvar	额定电容/μF
BW0.4-12-1	12	240	BWF6.3-20-1W	30	2.4
BW0.4-12-3	12	240	BWF6.3-40-1W	40	3.2
BW0.4-13-1	13	259	BWF6.3-50-1W	50	4.0
BW0.4-13-3	13	259	BWF6.3-100-1W	100	8.0
BW0.4-14-1	14	280	BWF6.3-120-1W	120	9.63
BW0.4-14-3	14	280	BWF10.5-22-1W	22	0.64
BW6.3-12-1TH	12	0.96	BWF10.5-25-1W	25	0.72
BW6.3-12-1W	12	0.96	BWF10.5-30-1W	30	0.87
BW6.3-16-1W	16	1.28	BWF10.5-40-1W	40	1.15
BW10.5-12-1W	12	0.35	BWF10.5-50-1W	50	1.44
BW10.5-16-1W	16	0.46	BWF10.5-100-1W	100	2.89
BWF6.3-22-1W	22	1.76	BWF10.5-120-1W	120	3.47
BWF6.3-25-1W	25	2.0			

附表 7　SC 系列 10kV 铜绕组低损耗电力变压器的技术数据

额定容量/kV·A	额定电压/kV		联结组标号	空载损耗/W	负载损耗/W	短路电压（%）	空载电流（%）
	一次	二次					
30	10	0.4	Yyn0 Dyn11	240	620	4	2.8
50				300	890	4	2.4
80				370	1270	4	2.0
100				400	1480	4	2.0
125				480	1750	4	1.6
160				550	2430	4	1.6
200				650	2600	4	1.6
250				750	3050	4	1.6
315				920	3650	4	1.4
400				1000	4300	4	1.4
500				1180	5100	4	1.4
630				1350	6200	6	1.2
800				1550	7500	6	1.2
1000				1800	10300	6	1.0
1250				2200	12000	6	1.0
1600				2600	14500	6	1.0

附表 8　常用高压断路器的技术数据

类别	型号	额定电压/kV	额定电流/A	开断电流/kA	断流容量/MV·A	动稳定电流标称值/kA	热稳定电流/kA	固有分闸时间/s	合闸时间/s	配用操动机构型号
少油户外	SW2-35/1000	35①	1000	16.5	1000	45	16.5(4s)	≤0.06	≤0.4	CT2-XG
	SW2-35/1500		1500	24.8	1500	63.4	24.8(4s)			
少油户内	SN10-35 Ⅰ	35①	1000	16	1000	45	16(4s)	≤0.06	≤0.2	CT10
	SN10-35 Ⅱ		1250	20	1000	50	20(4s)		≤0.25	CT10Ⅳ
	SN10-12 Ⅰ	12	630	16	300	40	16(4s)	≤0.06	≤0.15	CT8
			1000	16	300	40	16(4s)		≤0.2	CT10 Ⅰ
	SN10-12 Ⅱ		1000	31.5	500	80	31.5(2s)	≤0.06	≤0.2	CT10 Ⅰ、Ⅱ
	SN10-12 Ⅲ		1250	40	750	125	40(2s)	≤0.07	≤0.2	CD10Ⅲ
			2000	40	750	125	40(4s)			
			3000	40	750	125	40(4s)			
真空户内	ZN23-35	35①	1600	25		63	25(4s)	≤0.06	≤0.075	CT12
	ZN3-10 Ⅰ	10①	630	8		20	8(4s)	≤0.07	≤0.15	CD10 等
	ZN3-10 Ⅱ		1000	20		50	20(20s)	≤0.05	≤0.10	
	ZN4-10/1000		1000	17.3		44	17.3(4s)	≤0.05	≤0.2	CD10 等
	ZN4-10/1250		1250	20		50	20(4s)			
	ZN5-10/630		630	20		50	20(2s)	≤0.05	≤0.1	专用 CD 型
	ZN5-10/1000		1000	20		50	20(2s)			
	ZN5-10/1250		1250	25		63	25(2s)			
	ZN12-10/1250		1250	25		63	25(4s)	≤0.06	≤0.1	CD8 等
	ZN12-10/2000		2000							
	ZN12-10/1250		1250	31.5		80	31.5(4s)			
	ZN12-10/2000		2000							
	ZN12-10/2500		2500	40		100	40(4s)			
	ZN12-10/3150		3150							
	ZN24-10/1250-20		1250	20		50	20(4s)	≤0.06	≤0.1	CD8 等
	ZN28-10 Ⅱ/1250	12	1250	31.5		80	31.5(4s)			
	ZN28-10 Ⅱ/2000		2000							
SF_6 户内	LN2-35 Ⅰ	35①	1250	16		40	16(4s)	≤0.06	≤0.15	CT12 Ⅱ
	LN2-35 Ⅱ		1250	25		63	24(4s)			
	LN2-40.5	40.5	1600	25		63	25(4s)			
	LN2-12	12	1250	25		63	25(4s)	≤0.06	≤0.15	CT12 Ⅰ CT8 Ⅰ

① 这是运行中的老产品铭牌额定电压值，现今断路器一般以设备最高电压作为额定电压。

附表 9　常用高压隔离开关的技术数据

型号	额定电压/kA	额定电流/A	极限通过电流/kA		5s 热稳定电流/kA	操动机构型号
			峰值	有效值		
GN_8^6-6T/200	6	200	25.5	14.7	10	CS6-1T（CS6-1）
GN_8^6-6T/400		400	40	30	14	
GN_8^6-6T/200		600	52	30	20	
GN_8^6-10T/200	10	200	25.5	14.7	10	S6-1T（CS6-1）
GN_8^6-10T/400		400	40	30	14	
GN_8^6-10T/600		600	52	30	20	
GN_8^6-10T/1000		1000	75	43	30	

附表 10　RN1 型室内高压熔断器的技术数据

型号	额定电压/kV	额定电流/A	熔体电流/A	额定断流容量/MV·A	最大开断电流有效值/kA	最小开断电流(额定电流倍数)	过电压倍数(额定电压倍数)
RN1-6	6	25	2,3,5,7.5,10,15,20,25,30,40,50,60,75,100	200	20	1.3	2.5
		50					
		100					
RN1-10	10	25			11.6	—	
		50					
		100					

附表 11　RN2 型室内高压熔断器的技术数据

型号	额定电压/kV	额定电流/A	三相最大断流容量/MV·A	最大开断电流/kA	当开断极限短路电流时，最大电流峰值/kA	过电压倍数（额定电压倍数）
RN2-6	6	0.5	1000	85	300	2.5
RN2-10	10			50	1000	

附表 12　常用电流互感器的技术数据

型号	额定电流/A	级次组合	准确度等级	额定二次负荷/Ω				1s 热稳定倍数	动稳定倍数	选用铝母线截面尺寸(长/mm×宽/mm)
				0.5 级	1 级	3 级	B 级			
LCZ-35	20～300,600,400,800,1000/5	0.5/0.5 0.5/3 B/B	0.5	2					150	
			3			2				
			B				2		100	
LQJ-10	5,10,15,20,30,40,50,60,75,100/5,160,200,315,400/5	0.5/3 1/3 0.5/D 1/D	0.5	0.4	0.6			90	225	
			1		0.4			75	160	
			3			0.6				
LMZ-10	300,400,500,600,750,800,1000,1500/5	0.5/3	0.5	0.4	0.8					30×4 40×5 50×6 60×8 80×8
			1		0.4					
			3			0.6				

附表 13　常用电压互感器的技术数据

型号	额定电压/V			额定容量($\cos\varphi=0.9$)/V·A			大容量/V·A	联结组
	一次绕组	二次绕组	辅助绕组	0.5 级	1 级	3 级		
JDZJ-6	$6000/\sqrt{3}$	$100/\sqrt{3}$	100/3	30	50	100	200	1/1/1-12-12
JDZJ-6				50	80	200	400	
JDZB-6								
JDZJ-10	$10000/\sqrt{3}$	$100/\sqrt{3}$	100/3	40	60	150	300	
JDZJ-10				50	80	200	400	
JDZB-10								
JSJW-6	$6000/\sqrt{3}$	$100/\sqrt{3}$	100/3	80	150	320	640	Y0/Y0/
JSJW-10	$10000/\sqrt{3}$	$100/\sqrt{3}$	100/3	120	200	480	960	
JDZ-6	6000	100	—	50	80	200	300	1/1-12
JDZ-10	10000	100	—	80	120	300	500	1/1-12

附表 14　常用高压开关柜的技术数据

开关柜型号	类别型式	设备最高电压/kV	额定电流/A	断路器型号	操动机械型号	电流互感器型号	电压互感器型号	高压熔断器型号	避雷器型号	接地开关型号	外形尺寸(长/mm×宽/mm×高/mm)
JYN1-40.5	单线线移开式	40.5	1000	SN10-35	CD10 CT8	LCA-35	JDJ2-35 JDZJ2-35	RN2-35	FZ-35 FYZ1-35		1818×2400×292
JYN2-12		12	630-2500	SN10-10 Ⅰ Ⅱ Ⅲ ZN28-12	CD10 CT8	LZZB6-10 LZZQB6-10	JDZ6-10 JDZJ6-10	RN2-10	FCD3	JN-101	840×1500×2200
KYN-12			630-2500	SN10-10 Ⅰ Ⅱ Ⅲ ZN28-12	CD10 CT8	CDJ-10	JDZ-10 JDZJ-10	RN2-10		JN-10	800×1650×2200

附表 15　C65 系列小型低压断路器的技术数据

型号	额定电压/V	额定电流/A	极数	分断能力/kA	脱扣特性	隔离性能
C65a	220/380V	6~63	1~4P	4.5	C	有
C65N		1~63		6	B/C/D	
C65H				10	C/D	
C65L				15	C/D	

注：C65N 断路器额定电流系列为（单位为 A）：1、2、3、4、6、10、16、20、25、32、40、50、63。

附表 16　VigiC65 漏电保护附件的技术数据

型号	额定电压/V	额定电流/A	额定剩余动作电流/mA	过电压保护(280V,±5%)	类型
VigiC65ELE(G)	220/380V	≤40	30、300	有	1P+N、2~4P
VigiC65ELE		≤63	30	无	
VigiC65ELM		≤63	300	无	2~4P

附表 17　C65N、C65H 热脱扣器 B、C 型额定电流温度修正系数

额定电流/A	20℃	25℃	30℃	35℃	40℃	45℃	50℃	55℃	60℃
1	1.05	1.02	1.00	0.98	0.95	0.93	0.90	0.88	0.85
2	2.08	2.04	2.00	1.96	1.92	1.88	1.84	1.80	1.74
3	3.18	3.09	3.00	2.91	2.82	2.70	2.61	2.49	2.37
4	4.24	4.12	4.00	3.88	3.76	3.64	3.52	3.36	3.24
6	6.24	6.12	6.00	5.88	5.76	5.64	5.52	5.40	5.30
10	10.6	10.3	10.0	9.70	9.30	9.00	8.60	8.20	7.80
16	16.8	16.5	16.0	15.5	15.2	14.7	14.2	13.8	13.5
20	21.0	20.6	20.0	19.4	19.0	18.4	17.8	17.4	16.8
25	26.2	25.7	25.0	24.2	23.7	23.0	22.2	21.5	20.7
32	33.5	32.9	32.0	31.4	30.4	29.8	28.4	28.2	27.5
40	42.0	41.2	40.0	38.8	38.0	36.8	35.6	34.4	33.2
50	52.5	51.5	50.0	48.5	47.4	45.5	44.0	42.5	40.5
63	66.2	64.9	63.0	61.1	58.0	56.7	54.2	51.7	49.2

附表 18　NS 系列塑料外壳式低压配电用断路器的技术数据

断路器额定电流/A	长延时脱扣器额定电流/A	极限分断能力代号	额定极限短路分断能力/kA		额定运行短路分断能力/kA 交流		瞬时脱扣器整定电流倍数		电寿命(次)
			有效值(AC 380V)	cosφ	380V 有效值	cosφ	配电用	保护电动机用	
100	16,20,22	N	18	0.3	14	0.3	10	12	10000
	45,50,63	H	35	0.25	18	0.25			
	80,100	L	100	0.2	50	0.2			
200	100,125	N	25	0.25	19	0.3	5~10	8~12	8000
	160,180	H	42	0.25	25	0.25			
	200,225	L	100	0.2	50	0.2			
400	200,250	N	30	0.25	23	0.25	10	12	5000
	315,350	H	42	0.25	25	0.25	5~10	—	
	400	L	100	0.2	50	0.2			
630	500,630	N	30	0.25	23	0.25	5~10	—	5000
		H	42	0.25	25	0.25			
1250	630,700,800,1000,1250	L	50	0.25	38	0.25	4~7	—	3000

附表 19　M 系列低压断路器（1000~4000A）的技术数据

额定电流/A	交流 380V 时极限通断能力有效值/kA				最大飞弧距离/mm	机械寿命(次)	插入式触头机械寿命(次)	电寿命(次)
	瞬时	cosφ	短延时(0.4s)	cosφ				
1000	40	0.25	30	0.25	350	10000	1000	2500
1500	40	0.25	30	0.25	350	10000	1000	2500
2500	60	0.2	40	0.25	350	5000	600	500
4000	80	0.2	60	0.2	400	5000	—	500

附表 20　M 系列低压断路器（1000~4000A）过流脱扣器技术数据

断路器额定电流/A	脱扣器额定电流/A	选择性低压断路器半导体脱扣器整定电流/A			非选择性低压断路器脱扣器整定电流/A		
					热-电磁式		电磁式
		长延时	短延时	瞬时	长延时	瞬时	瞬时
1000	600 800 1000	420~600 560~800 700~1000	1800~6000 2400~8000 3000~10000	6000~12000 8000~16000 10000~20000	420~600 560~800 700~1000	1800~6000 2400~8000 300~10000	600~1800 800~2400 1000~3000
1500	1500	1050~1500	4500~15000	15000~30000	1050~1500	4500~15000	1500~4500
2500	1500 2000 2500	1050~1500 1400~2000 1750~2500	4500~9000 6000~12000 7500~15000	10500~21000 14000~28000 17500~35000	1050~1500 1400~2000 1750~2500	4500~15000 6000~20000 7500~25000	1500~4500 2000~6000 2500~7500
4000	2500 3000 4000	1750~2500 2100~3000 2800~4000	7500~15000 9000~18000 12000~24000	17500~35000 21000~42000 28000~56000	1750~2500 2100~3000 2800~4000	7500~25000 9000~30000 12000~40000	2500~7500 3000~9000 4000~12000

附表 21　常用低压熔断器的技术数据

型号	额定电压/V	额定电流/A		最大分断电流/kA	
		熔断器	熔体	电流	cosφ
RT0-100	交流 380 直流 440	100	30,40,50,60,80,100	50	0.1~0.2
RT0-200		200	(80,100),120,150,200		
RT0-400		400	(150,200),250,300,350,400		
RT0-600		600	(350,400)450,500,550,600		
RT0-1000		1000	700,800,900,1000		
RM10-15	交流 220,380,500 直流 220,440	15	6,10,15	1.2	0.8
RM10-60		60	15,20,25,35,45,60	3.5	0.7
RM10-100		100	60,80,100	10	0.35
RM10-200		200	100,125,160,200	10	0.35
RM10-350		350	200,225,260,300,350	10	0.35
RM10-600		600	350,430,500,600	10	0.35
RL-15	交流 380 直流 440	15	2,4,5,6,10,15	25	
RL-60		60	20,25,230,35,40,50,60	25	
RL-100		100	60,80,100	50	
RL-200		200	100,125,150,200	50	

附表 22　架空裸导线的最小截面积

线路类别		导线最小截面积/mm^2		
		铝及铝合金绞线	钢芯铝绞线	铜绞线
35kV 及以上线路		35	35	35
3~10kV 线路	居民区	35	25	25
	非居民区	25	16	16

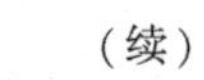
（续）

线路类别		导线最小截面积/mm²		
		铝及铝合金绞线	钢芯铝绞线	铜绞线
低压线路	一般	16	16	16
	与铁路交叉跨越	35	16	16

附表 23　绝缘导线芯线的最小截面积

线路类别			芯线最小截面积/mm²		
			铜芯软线	铜线	铝线
照明用灯头引下线		室内	0.5	1.0	2.5
		室外	1.0	1.0	2.5
移动式设备线路		生活用	0.75	—	—
		生产用	1.0	—	—
敷设在绝缘支持件上的绝缘导线（L为支持点间距）	室内	$L\leq 2m$	—	1.0	2.5
	室外	$L\leq 2m$	—	1.5	2.5
		$2m<L\leq 6m$	—	2.5	4
		$6m<L\leq 15m$	—	4	6
		$15m<L\leq 25m$	—	6	10
穿管敷设的绝缘导线			1.0	1.0	2.5
沿墙明敷的塑料护套线			—	1.0	2.5
板孔穿线敷设的绝缘导线			—	1.0(0.75)	2.5
PE 线和 PEN 线	有机械保护时		—	1.5	2.5
	无机械保护时	多芯线	—	2.5	4
		单芯干线	—	10	16

附表 24　电线、电缆芯线允许长期工作温度

电线电缆种类		线芯允许长期工作温度/℃	电线电缆种类			线芯允许长期工作温度/℃
橡胶绝缘电线	500V	65	通用绝缘软电缆			65
塑料绝缘电线	500V	70	橡胶绝缘电力电缆			65
黏性油浸纸绝缘电力电缆	1~3kV	80	不滴流油浸纸绝缘电力电缆	单芯及分相铅包	1~6kV	80
	6kV	65			10kV	70
	10kV	60		带绝缘	35kV	80
	35kV	50			6kV	65
交联聚乙烯绝缘电力电缆	1~10kV	90			10kV	65
	35kV	80	裸铝、铜母线或裸铝、铜绞线			70
聚氯乙烯绝缘电力电缆	1~6kV	70	乙丙橡胶绝缘电缆			90

附表 25　确定电缆载流量的环境温度

电缆敷设场所	有无机械通风	择取的环境温度
土中直埋		埋深处的最热月平均地温
水下		最热月的日最高水温平均值
户外空气中、电缆沟		最热月的日最高温度平均值
有热源设备厂房	有	通风设计温度
	无	最热月的日最高温度月平均值另加 5℃
一般性厂房、室内	有	通风设计温度
	无	最热月的日最高温度平均值
户内电缆沟	无	最热月的日最高温度月平均值另加 5℃
隧道		
隧道	有	通风设计温度

附表 26　铜、铝及钢芯铝绞线的允许载流量（环境温度 25℃，最高允许温度 70℃）

铜绞线			铝绞线			钢芯铝绞线	
导线型号	载流量/A		导线型号	载流量/A		导线型号	载流量/A
	屋外	屋内		屋外	屋内		屋外
TJ-16	130	100	TJ-16	105	80	LGJ-16	105
TJ-25	180	140	TJ-25	135	110	LGJ-25	135
TJ-35	220	175	TJ-35	170	135	LGJ-35	170
TJ-50	270	220	TJ-50	215	170	LGJ-50	220
TJ-70	340	280	TJ-70	265	215	LGJ-70	275
TJ-95	415	340	TJ-95	325	260	LGJ-95	335
TJ-120	485	405	TJ-120	375	310	LGJ-120	380
TJ-150	570	480	TJ-150	440	370	LGJ-150	445
TJ-185	645	550	TJ-185	500	425	LGJ-185	515
TJ-240	770	650	TJ-240	610	—	LGJ-240	610

附表 27　矩形母线允许载流量（竖放）（环境温度 25℃，最高允许温度 70℃）

母线尺寸（宽/mm×厚/mm）	铜母线（TMY）载流量/A			铝母线（LMY）载流量/A		
	每相的铜排数			每相的铝排数		
	1	2	3	1	2	3
15×3	210	—	—	165	—	—
20×3	275	—	—	215	—	—
25×3	340	—	—	265	—	—
30×4	475	—	—	365	—	—
40×4	625	—	—	480	—	—
40×4	700	—	—	540	—	—
50×5	860	—	—	665	—	—
50×6	955	—	—	740	—	—
60×6	1125	1740	2240	870	1355	1720
80×6	1480	2110	2720	1150	1630	2100
100×6	1810	2470	3170	1425	1935	2500

（续）

母线尺寸（宽/mm×厚/mm）	铜母线(TMY)载流量/A			铝母线(LMY)载流量/A		
	每相的铜排数			每相的铝排数		
	1	2	3	1	2	3
60×8	1320	2160	2790	1245	1680	2180
80×8	1690	2620	3370	1320	2040	2620
100×8	2080	3060	3930	1625	2390	3050
120×8	2400	2400	4340	1900	2650	3380
60×10	1475	2560	3300	1155	2010	2650
80×10	1900	3100	3990	1480	2410	3100
100×10	2310	3610	4650	1820	2860	3650
120×10	2650	4100	5200	2070	3200	4100

注：母线平放时，宽为 60mm 以下，载流量减少 5%，当宽为 60mm 以上时，应减少 8%。

附表 28　绝缘导线明敷时的允许载流量　（单位：A）

芯线截面积/mm^2	橡胶绝缘导线				塑料绝缘导线			
	BLX、BBLX		BX、BBX		BLV		BV、BVR	
	25℃	30℃	25℃	30℃	25℃	30℃	25℃	30℃
2.5	27	25	35	32	25	23	32	29
4	35	32	45	42	32	29	42	39
6	45	42	58	54	42	39	55	51
10	65	60	85	79	59	55	75	70
16	85	79	110	102	80	74	105	98
25	110	102	145	135	105	98	138	129
35	138	129	180	168	130	121	170	158
50	175	163	230	215	165	154	215	201
70	220	206	285	265	205	191	265	247
95	265	247	345	322	250	233	325	303
120	310	280	400	374	283	266	375	350
150	360	336	470	439	325	303	430	402
185	420	392	540	504	380	355	490	458

附表 29　聚氯乙烯绝缘导线穿钢管时的允许载流量　（单位：A）

芯线截面积/mm^2	两根单芯线			管径/mm		三根单芯线			管径/mm		四根单芯线			管径/mm	
	环境温度					环境温度					环境温度				
	25℃	30℃	35℃	D	DG	25℃	30℃	35℃	G	DG	25℃	30℃	35℃	G	DG
BLV 铝芯															
2.5	20	18	17	15		18	16	15	15		15	14	12	15	
4	27	25	23	15		24	22	20	15		22	20	19	15	
6	35	32	30	15		32	29	27	15		28	26	24	20	
10	49	45	42	20	15	44	41	38	20	15	38	35	32	25	15
16	63	58	54	25	15	56	52	48	25	15	50	46	43	25	20
25	80	74	69	25	20	70	65	60	32	20	65	60	50	32	25
35	100	93	86	32	25	90	84	77	32	25	80	74	69	32	25
50	125	116	108	32	25	110	102	95	40	32	100	93	86	50	32
70	155	144	134	50	32	143	133	123	50	32	127	118	109	50	40
95	190	177	164	50	40	170	158	147	50	40	152	142	131	70	
120	220	205	190	50		195	182	168	50		172	160	148	70	
150	250	233	216	70		225	210	194	70		200	187	173	70	
185	285	266	246	70		255	238	220	70		230	215	198	80	

（续）

芯线截面积 /mm²	两根单芯线 环境温度			管径 /mm		三根单芯线 环境温度			管径 /mm		四根单芯线 环境温度			管径 /mm	
	25℃	30℃	35℃	D	DG	25℃	30℃	35℃	G	DG	25℃	30℃	35℃	G	DG
BV 铜芯															
1.0	14	13	12	15	15	13	12	11	15	15	11	10	9	15	15
1.5	19	17	16	15	15	17	15	14	15	15	16	14	13	15	15
2.5	26	24	22	15	15	24	22	20	15	15	22	20	19	15	15
4	35	32	30	15	15	31	28	26	15	15	28	26	24	15	20
6	47	43	40	15	20	41	38	35	15	20	37	34	32	20	25
10	65	60	56	20	25	57	53	49	20	25	50	46	43	25	25
16	82	76	70	25	25	73	68	63	25	32	65	60	56	25	32
25	107	100	92	25	32	95	88	82	32	32	85	79	73	32	40
35	133	124	115	32	40	115	107	99	32	40	105	98	90	32	
50	165	154	142	32		146	136	126	40		130	121	112	50	
70	205	191	177	50		183	171	158	50		165	154	142	50	
95	250	233	216	50		225	210	194	50		200	187	173	70	
120	290	271	250	50		260	243	224	50		230	215	198	70	
150	330	308	285	70		300	280	259	70		265	247	229	70	
185	380	355	328	70		340	317	294	70		300	280	259	80	

附表 30　聚氯乙烯绝缘导线穿塑料管时的允许载流量　　（单位：A）

芯线截面积 /mm²	两根单芯线 环境温度			管径 /mm	三根单芯线 环境温度			管径 /mm	四根单芯线 环境温度			管径 /mm
	25℃	30℃	35℃		25℃	30℃	35℃		25℃	30℃	35℃	
BLV 铝芯												
4	24	22	20	20	22	20	19	20	19	17	16	20
6	31	28	26	20	27	25	23	20	25	23	21	25
10	42	39	36	25	38	35	32	25	33	30	28	32
16	55	51	47	32	49	45	42	32	44	41	38	32
25	73	68	63	32	65	60	56	40	57	53	49	40
35	90	84	77	40	80	74	69	40	70	65	60	50
50	114	106	98	50	102	95	88	50	90	84	77	63
70	145	135	125	50	130	121	112	50	115	107	99	63
95	175	163	151	63	158	147	136	63	140	130	121	75
120	200	187	173	63	180	168	155	63	160	149	138	75
150	230	215	198	75	207	193	179	75	185	172	160	75
185	265	247	229	75	235	219	203	75	212	198	183	90
BV 铜芯												
1.0	12	11	10	15	11	10	9	15	10	9	8	15
1.5	16	14	13	15	15	14	12	15	13	12	11	15
2.5	24	22	20	15	21	19	18	15	19	17	16	20
4	31	28	26	20	28	26	24	20	25	23	21	20
6	41	36	35	20	36	33	31	20	32	29	27	25
10	56	52	48	25	49	45	42	25	44	41	38	32
16	72	67	62	32	65	60	56	32	57	53	49	32

（续）

芯线截面积/mm^2	两根单芯线			管径/mm	三根单芯线			管径/mm	四根单芯线			管径/mm
	环境温度				环境温度				环境温度			
	25℃	30℃	35℃		25℃	30℃	35℃		25℃	30℃	35℃	
BLV 铜芯												
25	95	88	82	32	85	79	73	40	75	70	64	40
35	120	112	103	40	105	98	90	40	93	86	80	50
50	150	140	129	50	132	123	114	50	117	109	101	63
70	185	172	160	50	167	156	144	50	148	138	128	63
95	230	215	198	63	205	191	177	63	185	172	160	75
120	270	252	233	63	240	224	207	63	215	201	185	75
150	305	285	263	75	275	257	237	75	250	233	216	75
185	355	331	307	75	310	289	268	75	280	260	242	90

附表 31　聚氯乙烯绝缘及护套电力电缆允许载流量　（单位：A）

电缆额定电压	1kV				3kV			
最高允许温度	65℃							
芯数×截面积/mm^2	15℃地中直埋		25℃空气中敷设		15℃地中直埋		25℃空气中敷设	
	铝	铜	铝	铜	铝	铜	铝	铜
3×2.5	25	32	16	20	—	—	—	—
3×4	33	42	22	28	—	—	—	—
3×63	42	54	29	37	—	—	—	—
3×10	57	73	40	51	54	69	42	54
3×16	75	97	53	68	71	91	56	72
3×25	99	127	72	92	92	119	74	95
3×35	120	155	87	112	116	149	90	116
3×50	147	189	108	139	143	184	112	144
3×70	181	233	135	174	171	220	136	175
3×95	215	277	165	212	208	268	167	215
3×120	244	314	191	246	238	307	194	250
3×150	280	261	225	290	272	350	224	288
3×180	316	407	257	331	308	397	257	331
3×240	361	465	306	394	353	455	301	388

附表 32　交联聚乙烯绝缘聚氯乙烯护套电力电缆允许载流量　（单位：A）

电缆额定电压	1kV　3~4 芯				3kV　3 芯			
最高允许温度	90℃							
芯数×截面积/mm^2	15℃地中直埋		25℃空气中敷设		15℃地中直埋		25℃空气中敷设	
	铝	铜	铝	铜	铝	铜	铝	铜
3×16	99	128	77	105	102	131	94	121
3×25	128	167	105	140	130	168	123	158

（续）

电缆额定电压	1kV　3~4芯				3kV　3芯			
最高允许温度	90℃							
芯数×截面积/mm^2	15℃地中直埋		25℃空气中敷设		15℃地中直埋		25℃空气中敷设	
	铝	铜	铝	铜	铝	铜	铝	铜
3×35	150	200	125	170	155	200	147	190
3×50	183	239	155	205	188	241	180	231
3×70	222	299	195	260	224	289	218	280
3×95	266	350	235	320	266	341	261	335
3×120	305	400	280	370	302	386	303	388
3×150	344	450	320	430	342	437	347	445
3×180	389	511	370	490	382	490	394	504
3×240	455	588	440	580	440	559	461	587

附表33　电缆在不同环境温度时的载流量校正系数

电缆敷设地点		空气中				土壤中			
环境温度/℃		20	25	30	35	10	15	20	25
缆芯最高工作温度	60℃	1.069	1.0	0.926	0.864	1.054	1.0	0.943	0.882
	65℃	1.061	1.0	0.935	0.866	1.049	1.0	0.949	0.894
	70℃	1.054	1.0	0.943	0.882	1.044	1.0	0.953	0.905
	80℃	1.044	1.0	0.953	0.905	0.038	1.0	0.961	0.920
	90℃	1.038	1.0	0.961	0.920	1.033	1.0	0.966	0.931

附表34　电缆在不同土壤热阻系数时的载流量校正系数

土壤热阻系数/(℃·m·W^{-1})	分类特征（土壤特性和雨量）	校正系数
0.8	土壤很潮湿，经常下雨。如湿度大于9%的沙土；湿度大于14%的沙-泥土等	1.05
1.2	土壤潮湿，规律性下雨。如湿度大于7%但小于9%的沙土；湿度为12%~14%的沙-泥土等	1.0
1.5	土壤较干燥，雨量不大。如湿度为8%~12%的沙-泥土等	0.93
2.0	土壤干燥，少雨。如湿度大于4%但小于7%的沙土；湿度为4%~8%的沙-泥土等	0.87
3.0	多石地层，非常干燥。如湿度小于4%的沙土等	0.75

附表35　电缆埋地多根并列时的载流量校正系数

电缆外皮间距/mm	电缆根数							
	1	2	3	4	5	6	7	8
100	1	0.90	0.85	0.80	0.78	0.75	0.73	0.72
200	1	0.92	0.87	0.84	0.82	0.81	0.80	0.79
300	1	0.93	0.90	0.87	0.86	0.85	0.85	0.84

附表 36　低压母线单位长度阻抗值　　（单位：mΩ/m）

母线规格[①] /mm	R'[③]	$R'_{\varphi P}$[③] $=R'_{\varphi}+R'_{P}$	X'		$X'_{\varphi P}$	
			D[②]/mm		D_n[②]=200mm, D/mm	
			250	350	250	350
3[2(125×10)]+125×10[④]	0.014	0.042	0.147	0.170	0.317	0.344
3[2(125×10)]+80×10	0.014	0.054	0.147	0.170	0.340	0.367
4(125×10)	0.028	0.056	0.147	0.170	0.317	0.344
3(125×10)+80×10	0.028	0.078	0.147	0.170	0.341	0.369
3(125×10)+80×6.3	0.028	0.088	0.147	0.170	0.343	0.370
4[2(100×10)]	0.016	0.032	0.156	0.181	0.336	0.366
3[2(100×10)]+100×10	0.016	0.048	0.156	0.181	0.336	0.366
3[2(100×10)]+80×10	0.016	0.066	0.156	0.181	0.350	0.380
4(100×10)	0.033	0.066	0.156	0.181	0.336	0.366
3(100×10)+80×10	0.033	0.073	0.156	0.181	0.349	0.378
4(80×10)	0.040	0.080	0.168	0.193	0.361	0.390
3(80×10)+63×10	0.040	0.116	0.168	0.193	0.380	0.410
铜 4(100×10)	0.025	0.050	0.156	0.181	0.336	0.366
铜 3(100×10)+80×10	0.025	0.056	0.156	0.181	0.350	0.380
铜 4(80×8)	0.031	0.062	0.170	0.195	0.364	0.394
铜 3(100×10)+63×6.3	0.031	0.078	0.170	0.195	0.382	0.412
铜 3(80×8)+50×5	0.031	0.104	0.170	0.195	0.394	0.423
4(100×8)	0.040	0.080	0.158	0.182	0.340	0.368
3(100×8)+80×8	0.040	0.090	0.158	0.182	0.352	0.381
3(100×8)+63×6.3	0.040	0.116	0.158	0.182	0.370	0.399
4(80×8)	0.050	0.100	0.170		0.364	
3(80×8)+63×6.3	0.050	0.126	0.170		0.382	
3(80×8)+50×5	0.050	0.169	0.170		0.394	
4(80×6.3)	0.060	0.120	0.172		0.368	
3(80×6.3)+63×6.3	0.060	0.136	0.172		0.384	
3(80×6.3)+50×5	0.060	0.179	0.172		0.396	
4(63×6.3)	0.076	0.152	0.188		0.400	
3(63×6.3)+40×4	0.076	0.262	0.188		0.426	
4(50×5)	0.119	0.238	0.199		0.423	
3(50×5)+40×4	0.119	0.305	0.199		0.437	
4(40×4)	0.186	0.372	0.212		0.451	

注：当采用密型母线作为配电导线时，该导线的阻抗值应按产品生产厂家提供的数值和实际安装长度进行计算在计算保护线的阻抗时，还要考虑工程中保护线的配置方式。

① 母线规格一栏除注明铜以外，均为铝母线；母线规格建议优先采用 100×10、80×8、63×6.3、50×5 及 40×4。

② 本表所列数据对于母线平放或竖放均适用，PEN 线在边位，D 为相线间距，D_n 为 PEN 线与邻近相线中心间距。当变压器容量≤630kV·A 时，D 为 250mm；当变压器容量≥630kV·A 时，D_n 为 350mm。

③ R'、$R'_{\varphi P}$ 为 20℃时导线单位长度电阻值。

④ 3［2（125×10）］表示 3 根相线，每相由两块截面为 125mm×10mm 的母线组成；125×10 表示中性线截面尺寸为 125mm×10mm。

附表 37 线路单位长度电阻值

（单位：mΩ/m）

R'[①]															
S/mm^2[②]		185	150	120	95	70	50	35	25	16	10	6	4	2.5	1.5
铝		0.156	0.192	0.240	0.303	0.411	0.575	0.822	1.151	1.798	2.876	4.700	7.050	11.280	
铜		0.095	0.117	0.146	0.185	0.251	0.351	0.510	0.702	1.097	1.754	2.867	4.300	6.880	11.476
$R'_{\varphi P}=1.5(R'_{\varphi}+R'_{P})$[③]															
$S_p=S/mm^2$[②]	4×	185	150	120	95	70	50	35	25	16	10	6	4	2.5	1.5
铝		0.468	0.576	0.720	0.909	1.233	1.725	2.466	3.453	5.394	8.628	14.100	21.150	33.840	
铜		0.285	0.351	0.438	0.555	0.753	1.053	1.503	2.106	3.291	5.262	8.601	12.900	20.640	34.401
$S_p\approx S/2$ $/mm^2$	3×	185	150	120	95	70	50	35	25	16	10	6	4		
	2×	95	70	70	50	35	25	16	16	10	6	4	2.5		
铝		0.689	0.905	0.977	1.317	1.850	2.589	3.930	4.424	7.011	11.364	17.625	27.495		
铜		0.420	0.552	0.596	0.804	1.128	1.580	2.397	2.699	4.277	6.932	10.751	16.770		
电缆铅包电阻		1.1	1.3	1.5	1.7	2.0	2.4	2.9	3.1	4.0	5.0	5.5	6.4		
布线钢管电阻 管径		0.7 G80		0.7 G65			0.8 G50	0.9 G40		1.3 G32	1.5 G25	2.5 G20			

① R'为导线 20℃时单位长度电阻值。相线、N 线、PE 线、PEN 线该值只与导体截面积相关。

② S 为相线线芯截面积，S_p 为 PEN 或 PE 线线芯截面积。

③ $R'_{\varphi P}$为计算单相对地短路电流用，其值取导线 20℃时电阻的 1.5 倍。

附表 38 线路单位长度电抗值

（单位：mΩ/m）

X'															
线芯 S/mm^2		185	150	120	95	70	50	35	25	16	10	6	4	2.5	1.5
架空线[①]		0.30	0.31	0.32	0.33	0.34	0.35	0.36	0.37	0.38	0.40				
绝缘子布线[②]	$D=150mm$	0.208	0.216	0.223	0.231	0.242	0.251	0.266	0.277	0.290	0.306	0.325	0.338	0.353	0.368
	$D=100mm$	0.184						0.241	0.251	0.265	0.280	0.300	0.312	0.327	0.342
	$D=70mm$	0.162										0.277	0.290	0.305	0.321

（续）

X'															
全全塑电缆	四芯	0.076			0.079	0.078	0.079	0.080	0.082	0.087	0.094	0.100			
纸绝缘电缆	四芯	0.068		0.070	0.069		0.070	0.073		0.082	0.088	0.093	0.098		
交联电缆(四等芯)			0.077	0.076	0.077	0.078	0.079	0.080		0.082	0.085	0.092	0.097		
管子布线			0.08		0.09			0.10			0.11		0.12	0.13	0.14
布线钢管的零序电抗 X'^{0}_{P}		0.6		0.6			0.8	0.9		1.0	1.1				
管径		G80		G65			G50	G40		G32	G25	G20			
$X'_{\varphi P}$															
S/mm^2		185	150	120	95	70	50	35	25	16	10	6	4	2.5	1.5
架空线	$S_p=S$	0.57	0.59	0.61	0.63	0.65	0.67	0.69	0.71	0.75	0.77				
	$S_p\approx S/2$	0.60	0.62	0.63	0.65	0.67	0.69	0.72	0.73	0.767					
绝缘子布线 $D=150mm$	$S_p=S$	0.448	0.464	0.478	0.493	0.517	0.537	0.563	0.583	0.611	0.643	0.681	0.707	0.737	0.767
	$S_p\approx S/2$	0.470	0.491	0.498	0.516	0.539	0.559	0.587	0.597	0.627					
绝缘子布线 $D=100mm$	$S_p=S$							0.513	0.533	0.561	0.591	0.631	0.655	0.685	0.716
	$S_p\approx S/2$							0.537	0.547	0.576					
绝缘子布线 $D=70mm$	$S_p=S$											0.585	0.611	0.645	0.673
全塑电缆	$S_p=S$	0.152	0.152	0.152	0.158	0.156	0.158	0.160	0.164	0.174	0.188	0.200	0.200		
	$S_p\approx S/2$	0.179	0.161	0.161	0.186	0.178	0.187	0.191	0.192	0.201	0.224	0.211	0.234		
纸绝缘电缆	$S_p=S$	0.136	0.136	0.140	0.138	0.138	0.140	0.146	0.146	0.164	0.176	0.186	0.196		
	$S_p\approx S/2$	0.155	0.155	0.153	0.163	0.163	0.177	0.179	0.182	0.198	0.219	0.219			
钢管布线	$S_p=S$		0.20	0.21	0.23	0.22	0.21	0.24	0.23	0.25	0.26	0.26	0.28	0.29	0.32
	$S_p\approx S/2$		0.21	0.21	0.21	0.23	0.22	0.25	0.25	0.25					
	钢管作保护线		0.69	0.69	0.70	0.70	0.90	1.01	1.00	1.11	1.22	1.42	1.43	1.44	1.45

① 架空线水平排列，PEN 线在中间，线间距离依次为 400mm、600mm、400mm。

② 绝缘子布线水平排列，PEN 线在边位，D（mm）为线间距离。

附表 39　S11-M 系列 10（6）/0.4 变压器的阻抗平均值（归算到 400V 侧）

电压/kV	容量/kV·A	短路电压(%)	负载损耗/kV	电阻/mΩ Dyn11			电抗/mΩ Dyn11			电阻/mΩ Yyn0			电抗/mΩ Yyn0		
				正、负序	零序	相保	正、负序	零序	相保	正、负序	零序	相保	正、负序	零序	相保
				R^{+}、$R^{-\perp}$	$R^{0\perp}$	$R_{\varphi P}^{\perp}$	X^{+}、$X^{-\perp}$	$X^{0\perp}$	$X_{\varphi P}^{\perp}$	R^{+}、$R^{-\perp}$	$R^{0\perp}$	$R_{\varphi P}^{\perp}$	X^{+}、$X^{-\perp}$	$X^{0\perp}$	$X_{\varphi P}^{\perp}$
10/0.4	200	4	2.50	10.00	10.00	10.00	30.40	30.40	30.40	10.00	36.00	18.67	30.40	116.00	58.93
	250	4	3.05	7.81	7.81	7.81	23.75	23.75	23.75	7.81	29.20	14.94	23.75	100.20	49.23
	315	4	3.65	5.89	5.89	5.89	18.43	18.43	18.43	5.89	20.30	10.69	19.43	79.70	39.52
	400	4	4.30	4.30	4.30	4.30	15.41	15.41	15.41	4.30	15.10	7.90	15.41	63.00	31.27
	500	4	5.10	5.26	5.26	5.26	12.38	12.38	12.38	3.26	12.48	6.33	12.38	53.10	25.95
	630	4.5	6.20	2.50	2.50	2.50	11.15	11.15	11.15	2.50	8.70	4.57	11.15	40.24	20.85
	800	4.5	7.50	1.88	1.88	1.88	8.80	8.80	8.80	1.88	6.50	3.42	8.80	31.80	16.47
	1000	4.5	10.30	1.65	1.65	1.65	7.00	7.00	7.00	1.65	5.80	3.03	7.00	28.20	14.07
	1250	4.5	12.00	1.23	1.23	1.23	5.63	5.63	5.63	1.23	4.40	2.29	5.63	22.60	11.29
	1600	4.5	20.00	1.25	1.25	1.25	4.32	4.32	4.32	1.25	3.20	1.90	4.32	17.10	8.58

附表 40 SC 系列 10（6）/0.4 变压器的阻抗平均值（归算到 400V 侧）

电压/kV	容量/kV·A	短路电压(%)	负载损耗/kV	电阻/mΩ Dyn11 正、负序 R^{+}、$R^{-\perp}$	电阻/mΩ Dyn11 零序 $R^{0\perp}$	电阻/mΩ Dyn11 相保 $R^{\perp}_{\varphi P}$	电抗/mΩ Dyn11 正、负序 X^{+}、$X^{-\perp}$	电抗/mΩ Dyn11 零序 $X^{0\perp}$	电抗/mΩ Dyn11 相保 $X^{\perp}_{\varphi P}$	电阻/mΩ Yyn0 正、负序 R^{+}、$R^{-\perp}$	电阻/mΩ Yyn0 零序 $R^{0\perp}$	电阻/mΩ Yyn0 相保 $R^{\perp}_{\varphi P}$	电抗/mΩ Yyn0 正、负序 X^{+}、$X^{-\perp}$	电抗/mΩ Yyn0 零序 $X^{0\perp}$	电抗/mΩ Yyn0 相保 $X^{\perp}_{\varphi P}$
10/0.4	160	4	1.98	12.38	12.38	12.38	38.04	38.04	38.04	12.38	37.4	20.72	38.04	405.00	160.36
	200	4	2.24	8.96	8.96	8.96	29.93	29.93	29.93	8.96	35.46	17.79	29.93	359.8	139.89
	250	4	2.41	6.17	6.17	6.17	24.85	24.85	24.85	6.17	33.03	15.12	24.85	303.4	117.70
	315	4	3.10	5.00	5.00	5.00	19.70	19.70	19.70	5.00	29.86	13.29	19.70	230.00	89.8
	400	4	3.60	3.60	3.60	3.60	15.59	15.59	15.59	3.60	16.88	8.03	15.59	214.8	81.99
	500	4	4.30	2.75	2.75	2.75	12.50	12.50	12.50	2.75	12.88	6.12	12.50	177.7	67.57
	630	4	5.40	2.18	2.18	2.18	9.92	9.92	9.92	2.18	10.19	4.85	9.92	150.1	56.65
	630	6	5.60	2.26	2.26	2.26	15.07	15.07	15.07	2.26	11.44	5.32	15.07	197.8	75.98
	800	6	6.60	1.65	1.65	1.65	11.89	11.89	11.89	1.65	7.96	3.75	11.89	148.7	57.49
	1000	6	7.60	1.22	1.22	1.22	9.52	9.52	9.52	1.22	7.73	3.39	9.52	109.1	42.71
	1250	6	9.10	0.93	0.93	0.93	7.62	7.62	7.62	0.93	6.49	2.78	7.62	79.00	31.41
	1600	6	11.00	0.69	0.69	0.69	5.96	5.96	5.96	0.69	4.43	1.94	5.96	58.00	23.31
	2000	6	13.30	0.53	0.53	0.53	4.77	4.77	4.77	0.53	2.91	1.32	4.77	46.30	18.61
	2500	6	15.80	0.40	0.40	0.40	3.82	3.82	3.82	0.40	2.18	0.99	3.82	36.70	14.78

附表 41　DL 型电磁式电流继电器的技术数据

型号	最大整定电流/A	长期允许电流/A		动作电流/A		最小整定值时功率消耗/W	返回系数
		线圈串联	线圈并联	线圈串联	线圈并联		
DL-11/2	2	4	8	0.5～1	1～2	0.1	0.8
DL-11/6	6	10	20	1.5～3	3～6	0.1	0.8
DL-11/10	10	10	20	2.5～5	5～10	0.15	0.8
DL-11/20	20	15	30	5～10	10～20	0.25	0.8
DL-11/50	50	20	40	12～25	25～50	1.0	0.8
DL-11/100	100	20	40	25～50	50～100	2.5	0.8

附表 42　GL 型感应式电流继电器的技术数据

型号	额定电流/A	整定值		速断电流倍数	返回系数
		动作电流/A	10 倍动作电流的动作时间/s		
GL-11/10,-21/10	10	4,5,6,7,8,9,10	0.5,1,2,3,4	2～8	0.85
GL-11/5,-21/5	5	2,2.5,3,3.5,4,4.5,5			
GL-15/10,-25/10	10	4,5,6,7,8,9,10	0.5,1,2,3,4		0.8
GL-15/5,-25/5	5	2,2.5,3,3.5,4,4.5,5			

附表 43　建筑物防雷分类（摘引自 GB 50057—2010《建筑物防雷设计规范》）

防雷类别	符合条件的建筑物
第一类防雷建筑	在可能发生对地闪击的地区，遇下列情况之一时，应划为第一类防雷建筑： (1)凡制造、使用或贮存火炸药及其制品的危险建筑物，因电火花而引起爆炸、爆轰，会造成巨大破坏和人身伤亡者 (2)具有 0 区或 20 区爆炸危险场所的建筑物 (3)具有 1 区或 21 区爆炸危险场所的建筑物，因电火花而引起爆炸，会造成巨大破坏和人身伤亡者

（续）

防雷类别	符合条件的建筑物
第二类防雷建筑	(1)国家级重点文物保护的建筑物 (2)国家级的会堂、办公建筑物、大型展览和博览建筑物、大型火车站和飞机场、国宾馆、国家级档案馆、大型城市的重要给水泵房等特别重要的建筑物(飞机场不含停放飞机的露天场所和跑道) (3)国家级计算中心、国际通信枢纽等对国民经济有重要意义的建筑物 (4)国家特级和甲级大型体育馆 (5)制造、使用或贮存火炸药及其制品的危险建筑物,且电火花不宜引起爆炸或不致造成巨大破坏和人身伤亡者 (6)具有 1 区或 21 区爆炸危险场所的建筑物,且电火花不宜引起爆炸或不致造成巨大破坏和人身伤亡者 (7)具有 2 区或 22 区爆炸危险场所的建筑物 (8)有爆炸危险的露天钢质封闭气罐 (9)年预计雷击次数大于 0.05 次/a 的部、省级办公建筑物和其他重要或人员密集的公共建筑物以及火灾危险性场所 (10)年预计雷击次数 0.25 次/a 的住宅、办公楼等一般性民用建筑物或一般性工业建筑物
第三类防雷建筑	(1)省级重点文物保护的建筑物及省级档案馆 (2)年预计雷击次数大于或等于 0.01 次/a,且小于或等于 0.05 次/a 的部、省级办公建筑物和其他重要或人员密集的公共建筑物,以及火灾危险性场所 (3)年预计雷击次数大于或等于 0.05 次/a,且小于或等于 0.25 次/a 的住宅、办公楼等一般性民用建筑物或一般性工业建筑 (4)在平均雷暴日大于 15d/a 的地区,高度在 15m 以上的烟囱、水塔等孤立的高耸建筑物;在年平均雷暴日小于或等于 15d/a 的地区,高度可为 20m 及以上的烟囱、水塔等孤立的高耸建筑物

附表 44　建筑物电子信息系统雷电防护等级（摘引自 GB 50343—2012《建筑物电子信息系统防雷技术规范》）

防护等级	符合条件的建筑物
A 级	(1)国家级计算中心、国家级通信枢纽、特级和一级金融设施、大中型机场、国家级和省级广播电视中心、枢纽港口、火车枢纽站、省级城市水、电、气、热等城市重要公用设施的电子信息系统 (2)一级安全防范单位,如国家文物、档案库的闭路电视监控和报警系统 (3)三级医院电子医疗设备
B 级	(1)中型计算中心、二级金融设施、中型通信枢纽、移动通信基站、大型体育场(馆)、小型机场、大型港口、大型火车站的电子信息系统 (2)二级安全防范单位,如省级文物、档案库的闭路电视监控和报警系统 (3)雷达站、微波站电子信息系统,高速公路监控和收费系统 (4)二级医院电子医疗设备 (5)五星及更高星级宾馆电子信息系统
C 级	(1)三级金融设施、小型通信枢纽电子信息系统 (2)大中型有线电视系统 (3)四星及以下级宾馆电子信息系统
D 级	除以上 A、B、C 级以外一般用途的电子信息系统设备

参考文献

[1] 王维俭. 电力系统继电保护基本原理［M］. 北京：清华大学出版社，1991.

[2] 杨岳. 供配电系统［M］. 2版. 北京：科学出版社，2015.

[3] 斐克，索普. 电力系统微机保护：第2版［M］. 高翔，译. 北京：中国电力出版社，2011.

[4] 何光宇，孙英云. 智能电网基础［M］. 北京：中国电力出版社，2010.

[5] 杨岳. 电气安全［M］. 3版. 北京：机械工业出版社，2017.

[6] 全国建筑物电气装置标准化技术委员会. 建筑物电气装置国家标准汇编［M］. 2版. 北京：中国质检出版社，2012.

[7] 法国施耐德电气有限公司. 电气装置应用（设计）指南［M］. 施耐德电气（中国）投资有限公司，译. 北京：中国电力出版社，2011.

[8] HASES P. 低压系统防雷保护［M］. 傅正财，叶蜚誉，译. 北京：中国电力出版社，2005.

[9] SEIP G G. 西门子电气安装技术手册［M］. 胡明忠，译. 北京：中国建筑工业出版社，1996.

[10] 汤涌. 电力负荷的数学模型与建模技术［M］. 北京：科学出版社，2012.

[11] WAKILEH G J. 电力系统谐波：基本原理、分析方法和滤波器设计［M］. 徐政，译. 北京：机械工业出版社，2011.

[12] 全国电压电流等级和频率标准化技术委员会. 电能质量　供电电压允许偏差：GB/T 12325—2008［S］. 北京：中国标准出版社，2008.

[13] 全国电压电流等级和频率标准化技术委员会. 公用电网谐波：GB/T 14549—1993［S］. 北京：中国标准出版社，1993.

[14] 全国电压电流等级和频率标准化技术委员会. 电能质量　三相电压不平衡：GB/T 15543—2008［S］. 北京：中国标准出版社，2009.

[15] 全国电压电流等级和频率标准化技术委员会. 电能质量　电压波动和闪变：GB/T 12326—2008［S］. 北京：中国标准出版社，2009.

[16] IEEE Power & Energy Society. IEEE Recommended Practice for Monitoring Electric Power Quality：IEEE Std. 1159—2009［S］. New York：IEEE，2009.

[17] 陈珩. 电力系统稳态分析［M］. 北京：中国电力出版社，2014.

[18] SHORT T A. 配电可靠性与电能质量［M］. 徐政，译. 北京：机械工业出版社，2008.

[19] GÖNEN T. Electric Power Distribution Engineering［M］. Boca Raton：CRC Press，2014.

[20] 国家电力监管委员会电力可靠性管理中心. 电力可靠性技术与管理［M］. 北京：中国电力出版社，2007.

[21] 汤蕴璆. 电机学［M］. 北京：机械工业出版社，2011.

[22] 肖白，周潮，穆钢. 空间电力负荷预测方法综述与展望［J］. 中国电机工程学报，2013，33（25）：78-92.

[23] 中国航空工业规划设计研究院. 工业与民用配电设计手册［M］. 4版. 北京：中国电力出版社，2016.